CCNP ROUTE 300-101

学习指南

Implementing
Cisco IP Routing (ROUTE)
Foundation Learning Guide

CCNP ROUTE 300-101

〔美〕 **Diane Teare** **Bob Vachon** **Rick Graziani** 著

YESLAB 工作室 译

人民邮电出版社

北京

图书在版编目（CIP）数据

CCNP ROUTE 300-101学习指南 /（美）戴安娜·蒂尔 (Diane Teare)，（美）鲍勃·瓦尚 (Bob Vachon)，（美）瑞克·格拉齐亚尼 (Rick Graziani) 著；YESLAB 工作室译. -- 北京：人民邮电出版社，2016.7（2023.6重印）
ISBN 978-7-115-42507-2

Ⅰ. ①C… Ⅱ. ①戴… ②鲍… ③瑞… ④Y… Ⅲ. ①计算机网络—路由选择—指南 Ⅳ. ①TN915.05-62

中国版本图书馆CIP数据核字(2016)第120912号

版权声明

◆ 著　　[美] Diane Teare　Bob Vachon　Rick Graziani
　　译　　YESLAB 工作室
　　责任编辑　傅道坤
　　责任印制　焦志炜
◆ 人民邮电出版社出版发行　　北京市丰台区成寿寺路 11 号
　　邮编　100164　电子邮件　315@ptpress.com.cn
　　网址　http://www.ptpress.com.cn
　　固安县铭成印刷有限公司印刷
◆ 开本：800×1000　1/16
　　印张：41　　　　　　　　　　2016 年 7 月第 1 版
　　字数：966 千字　　　　　　　2023 年 6 月河北第 19 次印刷
　　著作权合同登记号　图字：01-2014-7503 号

定价：108.00 元

读者服务热线：(010)81055410　印装质量热线：(010)81055316
反盗版热线：(010)81055315

内容提要

  本书是 Cisco CCNP ROUTE 300-101 认证考试的官方学习指南。全书包括 8 章和 3 个附录，涵盖如下内容：基础网络及路由概念、EIGRP 部署、OSPF 部署、控制路由更新、路径部署控制、企业 Internet 连接、实施 BGP、路由器与路由协议的加固。配置示例和验证输出阐述了实施这些路由协议以及排除其故障的技巧，章尾的复习题可帮助读者巩固阐述的概念。

  本书深入而全面地探讨了与 ROUTE 考试相关的主题，可帮助读者备考 ROUTE。

关于作者

Diane Teare，拥有 P.Eng、CCNP、CCDP、CCSI、PMP 认证，是网络、培训、项目管理和在线教育领域的专家。她有 25 年网络硬件和软件设计、实施和排错的经验，一直致力于教学、课程设计和项目管理工作。她在网络设计和路由技术领域造诣颇深。Diane 是 CCSI，并持有 CCNP、CCDP 和 PMP 证书。她是最大的一家 Cisco 培训合作伙伴的 CCNA 和 CCNP 路由交换课程的讲师和课程负责人。她曾是这家公司的线上教学的负责人，她负责规划并支持这家公司在加拿大所有的线上培训课程，其中包括 Cisco 课程。Diane 拥有电气工程应用科学的学士学位，以及管理科学应用科学的硕士学位。她出版或与他人合作出版了以下 Cisco Press 图书：本书的第一版；*Designing Cisco Network Service Architectures (ARCH)* 第二版；*Campus Network Design Fundamentals*；*Authorized Self-Study Guide Building Scalable Cisco Internetworks (BSCI)*；*Building Scalable Cisco Networks*。Diane 参与编辑了以下两本图书的前两个版本：*Authorized Self-Study Guide Designing for Cisco Internetwork Solutions (DESGN)* 和 *Designing Cisco Networks*。

Bob Vachon，是加拿大安大略省萨德伯里市凯布莱恩学院（Cambrian College）的教授，教授 Cisco 网络架构课程。他有超过 30 年的计算机网络和信息技术领域的工作和教学经验。自 2001 年以来，Bob 作为团队领导、主要作者和主题专家，参与到 Cisco 和 Cisco 网络技术学院的各种 CCNA、CCNA-S 和 CCNP 项目中。他也是 *Routing Protocols Companion Guide* 和 *Connecting Networks Companion Guide* 的合著者之一，并撰写了 *CCNA Security (640-554) Portable Command Guide*。在闲暇时间，Bob 喜欢弹吉他、打台球、打理自己的花园或者享受白水独木舟漂流。

Rick Graziani，在加利福尼亚州阿普托斯的卡布利洛学院（Cabrillo College）教授计算机科学与计算机网络课程。Rick 拥有近 30 年的计算机网络和信息技术领域的工作和教学经验。在从事教学工作以前，Rick 曾在多家公司的 IT 部门就职，其中包括 SCO 公司（Santa Cruz Operation）、天腾电脑公司、洛克希德导弹和空间公司。他拥有美国加州州立大学蒙特瑞湾分校计算机科学和系统理论的文学硕士学位。Rick 还为 Cisco 网络技术学院课程工程团队工作，为 Cisco Press 撰写了其他书籍，其中包括 *IPv6 Fundamentals*。Rick 非常喜欢利用空闲时间冲浪，他很享受在他最爱的圣克鲁斯海滩冲浪。

关于技术审稿人

Denise Donohue，CCIE #9566（路由交换），是 Chesapeake NetCraftsmen 的高级解决方案架构师。Denise 自 20 世纪 90 年代中期就开始从事计算机系统相关的工作，自 2004 年开始专注网络设计工作。在那段时间，她为几乎所有行业（私有和公有以及各种规模）都设计了大量网络。Denise 还是诸多 Cisco Press 图书的作者和合著者，其中涉及数据和语音网络技术，并在 Cisco Live 和其他业界活动中发表演讲。

献辞

将本书献给我的先生 Allan Mertin——谢谢你的爱、鼓励和耐心；献给我出色的儿子 Nicholas——谢谢你的爱，谢谢你与我分享对这个世界的探索；先给我的父亲母亲 Syd 和 Beryl，谢谢你们的鼓舞。

——**Diane**

将本书献给卡布利洛学院 CIS/CS 系、职员和管理层，尤其要感谢我的学生，我很荣幸在如此优秀的学院中教授计算机网络课程。我还要感谢所有家人和朋友，谢谢你们的爱与鼓励。

——**Rick**

将本书献给我美丽的妻子 Judy 和我的女儿们——Lee-Anne、Joë lle、Brigitte 和 Lilly。感谢你们在这次写作项目中的鼓励和忍耐。我还要将本书献给我在卡布利洛学院的学生和院长 Joan Campbell，感谢你们长久以来的支持。

——**Bob**

致谢

我们想要感谢很多人，有你们的帮助才有本书的问世。

Cisco Press 团队：执行编辑 Mary Beth Ray 协调了整个项目，为本书提供了必要的指导，对不可避免的障碍给予了理解。总编辑 Sandra Schroeder 使本书投入生产。Vanessa Evans 多次有效地组织物流管理。开发编辑 Chris Cleveland 一直协调并确保我们都能够输出最好的稿件。

我们还想要感谢项目编辑 Mandie Frank 和文字编辑 Keith Cline，感谢你们在本书的编辑流程中做出的杰出工作。

Cisco 路由课程开发团队：非常感谢开发了路由课程的团队成员。

技术审稿人：我们想要感谢本书的技术审稿人 Denise Donahue，感谢你通篇的审校和宝贵的修改建议。

我们的家人：当然了，如果没有家人无条件的理解和耐心，也不会有本书问世的这一天。你们总是在这里鼓舞并激励着我们，万分感谢。

Diane：我还想表达一些特殊感谢。首先，感谢 Bett Bartow（多年前是他最初邀请我为 Cisco Press 写作）和 Mary Beth Ray，感谢当我们最终见面时的热情款待，以及坚持邀请我参与这个项目。其次，感谢与我在本书中合作的 Rick 和 Bob；与你们一起工作我感到很荣幸！

Rick：我要额外感谢 Mary Beth Ray，感谢你多年前给我机会参与到 Cisco Press 的写作中，感谢你成为我的好友。我还要感谢两个好朋友 Diane 和 Bob，感谢你们让我参与到本书的创作工作中。

Bob：我要特别感谢 Mary Beth Ray 和她在 Cisco Press 的团队，感谢你们的全面支持、专业精神和专业技能。还要感谢我的合作者 Diane 和我的好朋友 Rick，我很荣幸与你们共同参与的诸多项目。

前言

网络持续扩张，由于支持着越来越多的协议和用户，它们变得越来越复杂。本书教你如何设计、实施和监控一个可扩展的路由网络。本书着重使用中到大型网络站点中常用来连接 LAN 和 WAN 的 Cisco 路由器。

在本书中，你会学到大量有关路由技术的技术细节。首先，本书详细介绍了基本网络和路由协议原理，接着介绍 IPv4（IP 版本 4）和 IPv6（IP 版本 6）路由协议：EIGRP（增强型内部网关路由协议）、OSPF（开放最短路径优先）和 BGP（边界网关协议）。本书中还包含企业 Internet 连接的相关内容，介绍了管理路由更新和控制路径选择等内容，还涉及保障 Cisco 路由器安全的最佳做法。

本书通过配置案例和相应的输出内容展示了排错技术，展示了与网络运行相关的重点内容。每章末尾的复习题强调并帮助读者强化每一章的重点概念。

本书引领读者迈向获得 CCNP 或 CCDP 认证的目标，提供了有足够深度的信息，能够帮助读者准备 ROUTE 300-101 考试。

本书基于 Cisco IOS 15.1 和 15.2 版本提供了命令和配置案例。

本书读者对象

本书适用于网络架构师、网络设计师、系统工程师、网络工程师，以及所有负责增长型路由网络的实施与排错的网络管理员。

如果你是为了获得 CCNP 或 CCDP 认证而参加 ROUTE 考试，本书将为你提供有深度的学习材料。为了能够从本书中充分受益，你应该通过 CCNA 路由与交换认证，或掌握了相同级别的知识，其中包括以下内容。

- 掌握有关 OSI 参考模型和网络基础的实用知识。
- 能够操作及配置 Cisco 路由器，其中包括：
  - 查看并阅读路由器的路由表；
  - 配置静态路由和默认路由；
  - 使用 HDLC（高级数据链路控制）或 PPP（点到点协议）启用 WAN 串行连接，在接口和子接口上配置帧中继 PVC（永久虚电路）；
  - 配置 IP 标准和扩展访问列表；
  - 管理网络设备安全性；
  - 配置网络管理协议，以及管理设备配置和 IOS 的镜像及许可证；
  - 使用多种工具检查路由器配置，比如 **show** 和 **debug** 命令。
- 掌握与 IPv4 和 IPv6 相关的 TCP/IP 协议栈的实用知识，能够使用这两种协议建立并排错 Internet 和 WAN 连接。

■ 能够在 IPv4 和 IPv6 中，对基本的 EIGRP 和 OSPF 路由协议进行配置、检查和排错。

如果你欠缺上述知识和技术，你可以通过 ICND1（互联 Cisco 网络设备第 1 部分）和 ICND2（互联 Cisco 网络设备第 2 部分）课程进行知识积累，或者也可以阅读 Cisco Press 出版的其他相关书籍。

本书结构

本书中包含以下章节和附录。

■ **第 1 章，"基础网络及路由概念"**，一上来概述了路由协议，重点描述了路由协议的特征及其相互之间的区别。介绍了不同底层技术对于路由协议的限制，然后详细介绍了二层和三层 VPN 对路由协议的影响，其中包括 DMVPN（动态多点虚拟专用网）。本章还包含了 RIPv2 和 RIPng 的配置。

■ **第 2 章，"EIGRP 部署"**，介绍了 EIGRP 邻居关系，以及 EIGRP 在网络中选择最优路径的方法。本章还包含了末节路由、路由汇总的配置和 EIGRP 的负载均衡。介绍了用于 IPv6 的基本 EIGRP，其中包括路由汇总。本章最后介绍了一种配置 IPv4 和 IPv6 EIGRP 的新方法：命名的 EIGRP。

■ **第 3 章，"OSPF 部署"**，介绍了基本 OSPF 和 OSPF 的邻接关系，解释了 OSPF 如何构建路由表。本章还包含 OSPF 汇总和末节区域。本章涵盖了 OSPFv3 的配置，涉及 IPv4 和 IPv6 地址家族。

■ **第 4 章，"控制路由更新"**，讨论了与路由和使用多种 IP 路由协议相关的网络性能问题。本章介绍了在不同路由协议之间实施路由重分布的方法，在不同路由协议之间控制路由信息的方法，其中包括分布列表、前缀列表和 route-map。

■ **第 5 章，"路径控制部署"**，一开始介绍了 CEF（Cisco 快速转发）交换方式。本章还介绍了路径控制基础，以及两种路径控制工具：PBR（基于策略的路由）和 Cisco IOS IP SLA（服务等级协定）。

■ **第 6 章，"企业 Internet 连接"**，描述了企业连接 Internet 的方式，Internet 已经成为众多企业的重要资源。规划去往 ISP（Internet 服务提供商）的单连接或去往多个 ISP 的冗余连接，都是非常重要的工作，本章一开始便介绍了这部分内容。本章还介绍了 IPv4 和 IPv6 单连接的相关内容，讨论了使用多条 ISP 连接来增强 Internet 连接的恢复能力。

■ **第 7 章，"实施 BGP"**，介绍了企业如何使用 BGP 连接到 Internet。本章介绍了 BGP 的术语、概念和工作原理，提供了 BGP 的配置、验证和排错技术。本章涵盖了 BGP 属性，以及如何在路径选择进程中使用这些属性，还介绍了使用 route-map 来修改 BGP 路径属性以及过滤 BGP 路由更新的方法。本章最后介绍了如何使用 BGP 来建立 IPv6 Internet 连接。

■ **第 8 章 "路由器与路由协议的加固"**，介绍了如何保证 Cisco 路由器管理平面的安全，并提供了推荐做法。本章介绍了使用路由协议认证的好处，并展示了 EIGRP、

OSPF 和 BGP 的路由协议认证配置。本章最后介绍了 Cisco VRF-Lite 和 EVN（Easy 虚拟网络）。

■　**附录 A，"每章末尾复习题的答案"**，包含了每章末尾复习题的答案。

■　**附录 B，"IPv4 补充内容"**，提供了工程师在规划 IPv4 地址时，能够用到的帮助工具和补充信息。本章包含了子网划分辅助工具、十进制到二进制转换表、IPv4 编址回顾、IPv4 访问列表回顾、IP 地址规划、使用 VLSM（变长子网掩码）实现层级式编址、路由汇总和 CIDR（无类域间路由）。

■　**附录 C，"BGP 补充内容"**，提供了与 BGP 相关的补充信息，其中包括：BGP 路由汇总、与 IGP（内部网关协议）之间的重分布、团体、路由反射器、通告默认路由和不通告私有 AS 号。

■　**附录 D，"缩写与简称"**，指出了本书中涉及的缩写、简称与首字母简写所代表的含义。

本书使用的图标

 路由器 交换机 多层交换机 Cisco IOS 防火墙 路由/交换处理器 接入服务器

 PIX防火墙 笔记本 服务器 PC 认证服务器 摄像头

 以太网连接 串行线路连接 网络云 IP电话 模拟电话

命令语法约定

本书在介绍命令语法时使用与 IOS 命令参考一致的约定，本书涉及的命令参考约定如下：

- 需要逐字输入的命令和关键字用粗体表示，在配置示例和输出结果（而不是命令语法）中，需要用户手工输入的命令用粗体表示（如 **show** 命令）；
- 必须提供实际值的参数用斜体表示；
- 互斥元素用竖线（|）隔开；
- 中括号[ ]表示可选项；
- 大括号{ }表示必选项；
- 中括号内的大括号[{ }]表示可选项中的必选项。

配置和验证案例

本书中的大多数配置和验证案例都是使用 Cisco IOL（IOS over Linux）虚拟环境（与 ROUTE 课程中使用的环境相同）实现的。这个环境是在 Linux 上运行 IOS 软件，而不是运行在真实路由器和交换机硬件上。因此对于这些配置案例要了解以下事项：

- 设备上所有以太网类型的接口都是 "Ethernet"（不是 "FastEthernet" 或 "GigabitEthernet"）；
- 案例中实用的所有 PC 实际上都是运行在 IOL 中的，并通过 IOS 命令来执行 ping 和路由追踪测试；
- 接口的状态总是 up/up，除非手动把它关闭。举例来说，如果设备 1 上的一个接口关闭了，设备 2 上与设备 1 该接口相连的接口仍会显示为 up/up（它不会反映实际状态）。

目录

本章会讨论下列内容：

■ 几种动态路由协议之间的区别；

■ 不同的流量类型、网络类型和覆盖性（Overlaying）网络技术如何影响路由的选择；

■ 区分多种连接分支机构的方式，并描述这些方式对路由协议的影响；

■ 如何配置下一代路由信息协议（RIPng）。

第 1 章

基础网络及路由概念

本章会从概述路由协议说起，着重介绍区分各个路由协议的特性。本章会介绍不同底层技术的限制是如何影响路由协议的，继而考察 2 层和 3 层 VPN 会如何影响路由协议。本章还会介绍一种可扩展的 VPN 解决方案，即动态多点虚拟专用网络（DMVPN），同时还会介绍一款简单路由协议——RIPng 的配置方法，这款路由协议支持 Internet 协议第 6 版（IPv6）。

1.1 区分路由协议

动态路由协议在当今的企业网络中扮演着重要的角色。动态路由协议林林总总，每种协议都有其优势及限制。这些协议的工作方式各不相同，需要分别进行描述和比较。影响管理员选用动态路由的重要特性有三种：收敛、是否支持汇总以及是否可以扩展到更大的环境中。

在完成本节内容的学习后，读者应该能够：

- 了解通用的企业网络基础设施；
- 描述动态路由协议在企业网络基础设施中的作用；
- 了解不同路由协议之间的主要区别；
- 描述 IGP 和 EGP 路由协议之间的区别；
- 描述不同类型的路由协议；
- 了解收敛的重要性；
- 描述路由汇总；
- 描述影响路由协议可扩展性的因素。

> **注释** 术语 IP 为广义，同时适用于 IPv4 和 IPv6。如有特指，本书会以 IPv4 和 IPv6 这两个术语分别代指专门的协议。

1.1.1 企业网络基础设施

介绍当今企业的网络基础设施乍看之下似乎有点复杂。大量的互联设备以及物理拓扑和逻辑拓扑之间的区别是这种复杂性的两个原因。为分析方便起见，我们将大多数这类设备根据其在网络基础设施中的功能，对应到了不同的区域。图 1-1 所示为一个企业网络基础设施的示例。

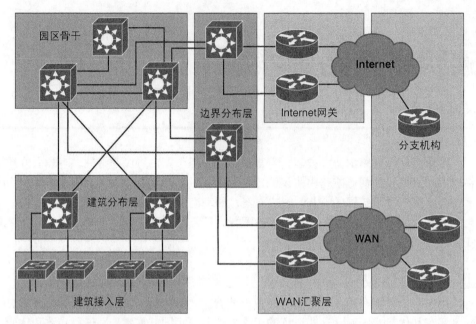

图 1-1 企业网络基础设施

为了更好地理解一个高度抽象的典型企业网络拓扑，我们需要将它划分为下面两个主要的区域。

- **企业园区**：企业园区为终端用户和设备提供网络通信服务和资源的接入。这个区域分布在一个地理位置之中，这个位置既可以是一层楼、一栋建筑，也可以是相同位置中的几栋建筑。在单园区的网络中，这部分可以充当网络的核心或骨干层，也负责与整体网络基础设施其他部分之间建立互连。园区通常采用由核心层、分布层和接入层组成的分层模型进行设计，并由此创建出一个可扩展的网络环境。
- **企业边界**：企业边界会为在地理上分隔的远程站点的用户提供与在主站点用户相同的服务。访问服务的能力是由在企业网络边界汇聚来自多种设备和技术的连通性实现的。网络边界汇聚了从服务提供商那里租用的私有 WAN 链路，同时它也会让用户建立 VPN 连接。此外，网络边界也会为园区和分支机构的用户提供 Internet 连通性。

1.1.2 动态路由协议的作用

路由协议在当今的网络中扮演着重要的角色。从企业园区，到分支结构，再到企业边界的所有网络段中，路由协议都得到了广泛的使用。图 1-2 所示为一个部署动态路由协议角色的示例。

路由协议的基本目标是在路由器之间交换网络可达性信息，并动态地适应网络变化。这些协议使用路由算法来确定网络中不同网络段之间的最优路径，并使用最优路径更新路由表。

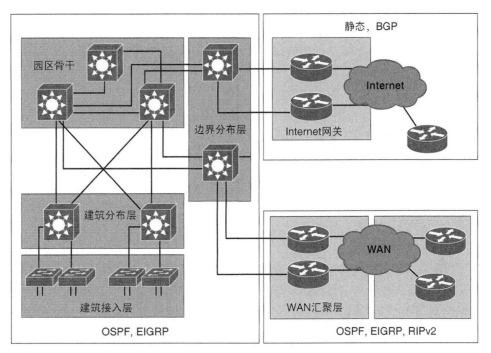

图 1-2　动态路由协议角色

如果可行，在整个企业中使用同一种 IP 路由协议才是最佳做法。但在大多数情况下，读者管理的网络环境中都会有多种路由协议共存。使用多路由协议的一个常见例子是组织机构是多宿主的，也即通过两个或多个 Internet 服务提供商来提供 Internet 连通性。在这样的情况下，与服务提供商交换路由信息的协议常用边界网关协议（Border Gateway Protocol，BGP），而在组织内部，则往往会使用开放最短路径优先（Open Shortest Path First，OSPF）协议或增强型内部网关路由协议（Enhanced Interior GatewayRouting Protocol，EIGRP）。在较小规模的网络中，也可以使用 RIPv2。在企业连接到一个 ISP 的单宿主环境中，客户和 ISP 之间则通常会使用静态路由。

选择哪一款路由协议会影响路由器所选择的路径；例如，不同的管理距离、度量和收敛时间都会让路由器选择不同的路径。

非对称路由或非对称流量是指返回路径和原始路径不同的流量。非对称路由会在许多有冗余路径的网络中出现。非对称绝不是一种负面的特性，不仅如此，它还常常是人们的一种需求，因为它可以更加有效地利用可用带宽，比如在一个 Internet 连接中，下行流量可能比上行流量要求使用更高的带宽。BGP 包含了一组可以在 Internet 连接双方向上控制流量的工具。但多数路由协议都没有专门的工具来控制流量的方向。

如果要在特定需求下尽量提升网络利用率，设计目标中往往就会包含实现最优路由。这些需求应该放到应用、用户体验和性能参数的大环境中综合进行考虑。

1.1.3 选择一个动态路由协议

在为一个组织机构选择最优的路由协议时，存在几种不同的可能性。对于何者才是最优的选择，并没有一个放之四海而皆准的回答，所以理解每种协议的优势和缺陷是非常重要的。以下是用于选择动态路由协议的需求和协议特性列表。

- 需求：
  - 网络规模；
  - 支持多供应商；
  - 对该协议的了解程度。
- 协议特性：
  - 路由算法类型；
  - 收敛速度；
  - 可扩展性。

以上列出了各个机构常见的输入需求。读者可能需要根据自己的需求来考虑网路规模，如是否使用了多供应商的服务，对该协议的了解程度等。此外，管理员可能也需要考虑各个路由协议特定的普遍协议特征。

除了不同组织在路由协议方面需求迥异之外，网络的不同部分也存在着不同的需求。在企业园区网中，路由协议必须满足高可用性需求，同时能够提供非常快速的收敛。在中心和分支机构地区之间的企业边界，路由协议不仅需要判断最优路径，有时支持同时使用多个不等价 WAN 链路是非常重要的。若小型办公室是通过 3G 或 4G 移动网络进行连接的，此时交换的数据量就是收费的，因此路由协议增加的负载也就应该尽可能低。

1.1.4 IGP 与 EGP

在分析单个路由协议的行为之前，可将类似的协议分组在一起。路由协议可按照几种不同的方式进行分类。一种方式是各协议在自治系统内还是在自治系统间进行操作来进行分类。一个自治系统（Autonomous System，AS）表示在一个共同管理员管控下的网络设备集合。一家企业的内部网络或一个 ISP 的网络基础设施都属于典型的 AS。

路由协议可基于其在 AS 内交换路由还是在不同的自治系统之间交换路由分为下面两类。

- **内部网关协议（IGP）**：用于组织机构内部，在 AS 内交换路由。这类协议可以支持小型、中型和大型组织机构，但其扩展性存在限制。这些协议可提供非常快速的收敛，且基本功能性配置起来不复杂。企业中最常用的 IGP 是增强型内部网关路由协议（EIGRP）和开放最短路径优先（OSPF）以及路由信息协议（RIP）（较少使用）。在服务提供商的内部网络中，名为中间系统到中间系统（Intermediate System-to-Intermediate System，IS-IS）的路由协议最为常用。
- **外部网关协议（EGP）**：此类协议用于在不同的自治系统之间交换路由。边界网关协议（BGP）是现今唯一在用的 EGP。BGP 的主要功能是在 Internet 这个最大网络中所包含的不同自治系统之间，交换大量路由。

图 1-3 说明了 IGP 和 EGP 的区别。

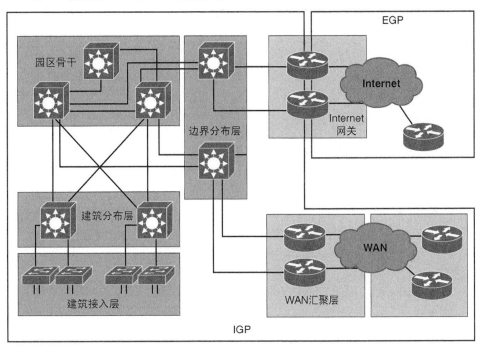

图 1-3　IGP 与 EGP

1.1.5　路由协议类型

根据路由器之间所交换的网络可达性信息，路由协议可以分为距离矢量、链路状态或路径矢量。表 1-1 显示了 RIP、EIGRP、OSPF、IS-IS 和 BGP 路由协议是如何根据路由协议类型进行划分的。

表 1-1　　　　　　　　　　　　　　路由协议分类

	内部网关协议		外部网关协议
	距离矢量	链路状态	路径矢量
IPv4	RIPv2　　EIGRP	OSPFv2　　IS-IS	BGP-4
IPv6	RIPng　　IPv6 的 EIGRP	OSPFv3　　IPv6 的 IS-IS	MBGP

路由协议可被分为以下几组。

- **距离矢量协议**：距离矢量路由方式会确定到网络中任意链路的方向（矢量）和距离（如链路开销或跳数）。距离矢量协议会将路由器作为去往最终目的路径上的路标。这样的标志只能标志出方向和距离，但不对链路的具体情况进行描述。对路由器而言，其掌握的远程网络信息仅包括到达网络的距离或度量，以及使用哪个路径或接口到达该网络。距离矢量路由协议并没有实际的网络拓扑图。早期的距离矢量协议，如 RIPv1 和 IGRP，针对拓扑改变只能进行周期性的路由信息交换。这些距离矢量协议的后期版本（EIGRP 和 RIPv2）实现了触发更新机制来应对拓扑的变化。

- **链路状态协议**：链路状态型协议会使用最短路径优先（SPF）算法创建整个网络的拓扑或至少是区域内网络的拓扑。一个链路状态路由协议就像拥有完整的网络拓扑图。路由器会使用这个拓扑图而不是路标来确定到达目的的最优路径。设备不需要拥有从源到目的路径上的路标，因为所有的链路状态路由器都会共享相同的网络"地图"。链路状态路由器使用链路状态信息来创建拓扑图，并选择到达拓扑中所有目的网络的最优路径。OSFP 和 IS-IS 协议属于典型的链路状态型路由协议。

- **路径矢量协议**：路径矢量路由协议不仅交换目的网络的存在信息，也交换如何到达相应目的的路径信息。路由器会使用路径信息来判断最优路径并防止出现路由环路。路径矢量协议与距离矢量协议类似，它也没有网络拓扑的抽象描述信息。路径矢量协议会使用路标来标示出目的网络的方向和距离，但其中也会包含有关目的位置特定路径的额外信息。唯一广泛使用的路径矢量协议是 BGP。

1.1.6　收敛

收敛描述的是路由器在注意到网络中发生变化时，交换有关变化的信息，执行必要的计算以重新评估最优路由的过程。

一个收敛的网络，指的是一种所有路由器都拥有相同网络拓扑视图的状态。收敛是网络的正常状态，也是我们所预期的状态，当参与路由协议的路由器之间交换完成所有路由信息之时，收敛即告实现。网络中的任何拓扑变化都会暂时打破收敛的状态，直到变化被传播到所有路由器上，同时最优路径也被重新计算出来为止。

如图 1-4 所示，连接分支 B 的主通道断开引发了拓扑变化，并因此打破了网络的收敛状态。当有关这条 WAN 链路不可用的信息被传播到路由器上时，路由协议就会开始判断到达受影响目的网络的新最优路径。

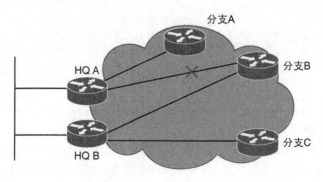

图 1-4　收敛

收敛时间描述了在拓扑变化之后，网络设备需要多久才能到达收敛状态。业务连续性要求网络服务具有高可用性。为了最小化停机时间并快速响应网络变化，人们期望收敛时间越短越好。然而，收敛的速度会受到几种因素的影响。一个决定性因素是管理员选择的路由协议。每种协议都使用不同的机制来交换信息、触发更新并计算最优路径。IGP 使用默认设置就能让收敛时间保持在一个可接受的水平上，而作为 EGP 的 BGP 响应网络变化的默认方式却很缓慢。

有几种可以影响路由协议收敛时间的方式。第一种常用的方式是微调该路由协议使用的计时器。管理员可以通过调整计时器来命令路由协议更加频繁地交换信息。使用更快的计时器，网络变化时也会更快被检测出来，有关变化的信息也会更快地得到发送。不过，把计时器调整得更快同时也会增加协议的开销，或者在性能较弱的平台上产生更高的使用率，这一点读者也要铭记在心。

第二种常用的影响收敛时间的方式是配置路由汇总。路由汇总减少了需要在路由器之间交换的信息量，并降低了需要接收拓扑变化信息的路由器数量。无论使用何种路由协议，以上两种方法都有助于减少收敛所需的时间。

1.1.7 路由汇总

通过对路由进行汇总，管理员得以减少路由器维护并交换的路由信息量，并由此减少路由开销，提升了路由的稳定性和扩展性。这可以缩小路由器的路由表规模，并提升网络的收敛速度。

路由汇总的目的是将几个子网汇聚成一个能描述这些子网的聚合条目。如图 1-5 所示，路由汇总减少了路由表的大小，因为路由器 B 只收到一条汇总路由，而不是 8 条明细路由。

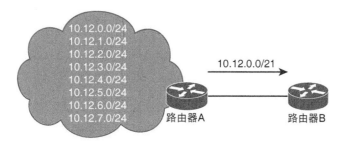

图 1-5　路由器 A 上的路由汇总

此外，路由汇总也减少了需要在两路由器之间交换的更新信息数量。例如，如果网络 10.12.6.0/24 变为不可达，网络就会发生一些变化。路由器 A 不需要向邻居通告有关不可达网络的前缀，因为汇总路由并不会因网络变化而受到影响。

路由汇总可以让更新的频率更低，需要更新的信息数量也更小，还可以降低收敛时间。为此，路由汇总技术广泛地应用在规模较大的网络中，因为在这样的网络中，收敛时间可能会成为今后网络增长的限制性因素。

不同的路由协议支持不同的路由汇总方式。一些距离矢量协议支持在每个出向接口上配置路由汇总，而链路状态协议仅支持在区域边界执行路由汇总。

切记，在规划路由汇总时，为了有效地实施路由汇总，网络中的 IP 地址必须以连续地址块的方式，分层进行分配。

1.1.8 路由协议扩展性

随着网络规模的拓展，路由协议不稳定的风险也会增加，同时收敛时间也可能延长。而扩展性描述的就是路由协议用以支持网络进一步扩展的功能。

扩展性因素包括：

- 路由数量；
- 邻接邻居的数量；
- 网路中路由器的数量；
- 网络设计；
- 变化频率；
- 可用资源（CPU 和内存）。

扩展网络的能力依赖于整体网络结构和编址机制。邻接邻居的数量、路由条目的数量、路由器的数量及其利用率，以及网络变化频率是最能影响协议扩展性的几大因素。

无论路由协议类型如何，层级型的编址、结构化的地址分配以及路由汇总都能提升整体的扩展性。

每种路由协议也都拥有一些其他的协议相关的特性，以便提升这个协议整体的扩展性。例如，OSPF 支持使用分层的区域，将一个大网络划分为几个子域。而 EIGRP 支持配置末节路由器来优化信息交换过程并提升扩展性。

路由协议的扩展性以及这个协议用于支持更大网络的配置方式，在评估使用何种路由协议时，可能扮演着重要的角色。

1.2 理解网络技术

管理员可以在多种不同的网络技术上设置路由协议。管理员应该考虑各个方案所存在的限制，及其如何影响路由协议的部署和操作，这是非常重要的。

完成本节内容后，读者应该能够：

- 区分流量类型；
- 区分 IPv6 地址类型；
- 描述 ICMPv6 邻居发现；
- 区分网络类型；
- 描述 NBMA（Nonbroadcast Multiaccess，非广播多路访问）对路由协议的影响；
- 描述 Internet 是如何影响企业路由的。

1.2.1 流量类型

以不同类型的 IP 地址作为目的 IP 地址，设备可以将流量发送给一个接收方，或者选定的多个接收方，再或者同时发给一个子网内的所有设备。路由协议可以使用不同的流量类型来控制路由信息的交换方式。

从不同的地址类型选择一个目的 IP，即可让设备发送不同类型的流量。

- **单播**：单播地址用于在一对一的情景中。单播流量只会在一台发送方设备和一台接收方设备之间进行交换。数据包的源地址只能是单播地址。
- **组播**：组播地址标识不同设备上的一组接口。发往组播地址的流量会被同时发送给多个目的。一个接口可能属于任意数量的组播组。在 IPv4 中，组播地址的预留地址空间范围是 224.0.0.0～239.255.255.255。IPv6 预留的组播地址前缀则为 FF00::/8。
- **任播**：一个任播地址会被分配给一个或多个节点上的一个接口。当数据包被发往一个任播地址时，它就会被路由到拥有这个地址的最近的接口。这个最近的接口是根据特定路由协议的距离度量发现的。共享相同地址的所有节点的行为都应一致，使得无论服务所请求的是哪一个节点，提供的服务都是相似的。任播的一个常见用例是 Internet DNS 服务器。相同的服务器在全世界有很多实例，而若以任播地址来充当目的地址，请求即会被发送给最近的一台服务器。图 1-6 中任播的箭头表示一个目的比另一个更近。
- **广播**：在发送流量给子网中的所有设备时，即会使用 IPv4 广播地址。信息会从一台发送方设备被传输给所有相连的接收方设备。如果希望与本地网络上的所有设备通信，就要使用本地广播地址 255.255.255.255。定向广播地址是每个子网的最后一个 IPv4 地址，通过这个地址，一台设备即可访问远程网络中的所有设备。IPv6 不使用广播地址，而是以组播地址代之，我们会在 1.2.2 节中讨论这种情形。

图 1-6 说明了 4 种不同的流量类型。

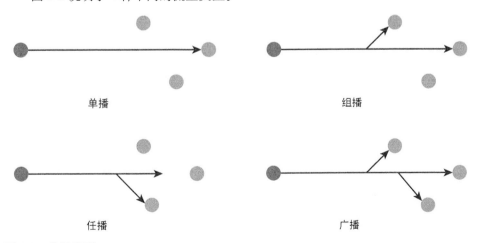

单播   组播

任播   广播

图 1-6 流量类型

早期的路由协议仅使用广播来交换路由信息。那些包含有路由更新的广播消息无谓地影响到了直连到相同网络上的其他设备，因为每台设备都需要在收到广播包时进行处理。所有的现代 IGP 都使用组播地址来完成邻居发现、交换路由信息和发送更新的工作。

表 1-2 列出了路由协议所使用的一些知名 IPv4 和 IPv6 组播地址。请注意，组播地址中的低位值在 IPv4 和 IPv6 中相同。

表 1-2　　　　　路由协议使用的知名 IPv4 和已分配的 IPv6 组播地址

IPv4 组播地址	描述
224.0.0.5	用于 OSPFv2：所有 OSPF 路由器
224.0.0.6	用于 OSPFv2：所有指定 OSPF 路由器
224.0.0.9	用于 RIPv2
224.0.0.10	用于 EIGRP

IPv6 组播地址	描述
FF02::5	用于 OSPFv3：所有 OSPF 路由器
FF02::6	用于 OSPFv3：所有指定 OSPF 路由器
FF02::9	用于 RIPng
FF02::A	用于 IPv6 的 EIGRP

1.2.2　IPv6 地址类型

如图 1-7 所示，IPv6 地址有几种不同基本类型。熟悉这些类型是很重要的，因为路由协议也会使用到其中的某些类型。

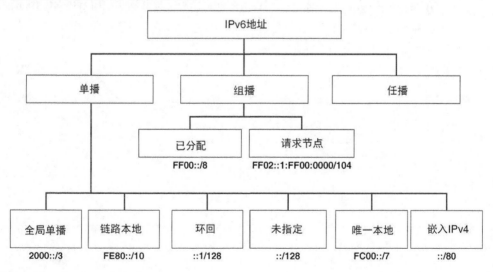

图 1-7　IPv6 地址类型

RFC 3587 指定 2000::/3 是 IANA 可以分配给区域互联网注册管理机构（Regional

Internet Registry，RIR）的全局单播地址空间。全局单播地址是全局单播前缀中的一个 IPv6 地址，它等同于一个公有 IPv4 地址。这些地址是唯一且全局可路由的。全局单播地址的分配和结构使路由协议可以执行路由前缀汇总，而路由汇总可以限制全球路由表中路由表条目的数量。链路上使用的全局单播地址通过组织机构不断向上汇总，直至 ISP 为止。

IPv6 链路本地地址使用前缀 FE80::/10（1111 1110 10）。任意一台 IPv6 设备必须至少拥有一个链路本地地址，设备既可以通过默认使用 EUI-64 或使用私有扩展自动进行配置，也可以静态进行配置。路由器的链路本地地址通常是静态配置的，这样做可以在查找 IPv6 路由表及检查 IPv6 路由协议信息时更容易认出这个地址。本地链路上的节点可以使用链路本地地址来通信；这类节点不需要使用全局唯一地址来通信。链路本地地址是不可路由的，只能存在于链路或网络中。

因为没有广播地址，所以组播地址在 IPv6 中得到了大量的使用。读者可以通过前缀部分的 FF00::/8 识别出这类地址。组播地址分为分配的组播地址和请求节点组播地址两种。路由协议广泛使用分配的组播地址。分配的组播地址与 IPv4 中那些由路由协议（如 EIGRP 和 OSPF）使用的知名组播地址类似。请求节点组播地址则由 ICMPv6 邻居发现（Neighbor Discovery，ND）协议用来执行地址解析。NDP 与 IPv4 中的 ARP 类似，其作用是将一个 2 层 MAC 地址映射为一个 3 层 IPv6 地址。

唯一本地地址是全局唯一且用于本地通信的 IPv6 单播地址。这类地址并非全球 Internet 可路由，而是只能在限定的区域（如一个站点）内进行路由。它也可在有限的站点集合之间进行路由。唯一本地 IPv6 单播地址由 FC00::/7 前缀进行标识。

正如在 IPv4 中那样，IPv6 中同样规划了特殊的环回地址以作测试之用；发送给该地址的数据会被"环回"到发送方的设备。但在 IPv6 中，仅一个地址（而不是一整个地址块）具有这一功能——这个环回地址是 0:0:0:0:0:0:0:1，通常表示为"::1"。

在 IPv4 中，全零的地址有特殊的含义，它指代主机本身，这个地址用于设备不知道自己的情形。在 IPv6 中，这一概念得到了正式化，全零地址被称为"未指定"地址"::"。这个地址会用来充当源 IPv6 地址，一般表示缺失全局单播地址，或数据包的源地址无关紧要。

> **注释** 有关 IPv6 编址的更多信息，可以参见 Rick Graziani 著作的 *IPv6 Fundamentals*（Cisco Press，2013）。

1.2.3 ICMPv6 邻居发现

IPv6 的 Internet 控制消息协议（Internet Control Message Protocol for IPv6，ICMPv6）与 IPv4 的 ICMP（ICMPv4）类似。ICMPv6 也像 ICMPv4 一样使用信息类消息（informational message）和错误消息（error message）来测试 3 层连通性，并告知源如网络不可达等这类问题。

ICMPv6 也比其 IPv4 版本要强健得多，它包含了 RFC 4861 中定义的 ICMPv6 邻居发现协议。ICMPv6 邻居发现的作用是执行 IPv6 中的自动地址分配、地址解析和重复地址检测。ICMPv6 邻居发现包含 5 种消息。

- **路由器请求**（Router Solicitation，RS）：由一台设备发送给所有 IPv6 路由器的组播消息，请求来自路由器的路由器通告消息。

- **路由器通告**（Router Advertisement，RA）：由一台 IPv6 路由器发送给所有 IPv6 设备的组播消息。包含的链路信息有前缀、前缀长度和默认网关地址。RA 也会向主机表明是否需要使用无状态或状态化 DHCPv6 服务器。

- **邻居请求**（Neighbor Solicitation，NS）：由一台设备在知道另一台设备的 IPv6 地址但不知道其以太网 MAC 地址时，向所请求的节点组播地址发送的消息。这种做法与 IPv4 的地址解析协议（Address Resolution Protocol，ARP）的做法相似。

- **邻居通告**（Neighbor Advertisement，NA）：通常是由一台设备为了响应邻居请求消息而发送的消息。这类消息会以单播的形式发送，告知接收方自己的与 NS 消息中 IPv6 地址对应的以太网 MAC 地址。

- **重定向**（Redirect）：与 IPv4 中的同类消息功能相似。这类消息也是由一台路由器发送，用来告知数据包的源链路上存在距离目的更近的下一跳路由器。

1.2.4 网络类型

并不是所有的 2 层网络拓扑都支持所有类型的流量。鉴于网络若不支持某些类型的流量有可能会影响路由协议的工作，所以读者了解某些网络技术的限制非常重要。如图 1-8 所示，有三种常见的网络类型，我们会通过下面的分项进行详细的描述。

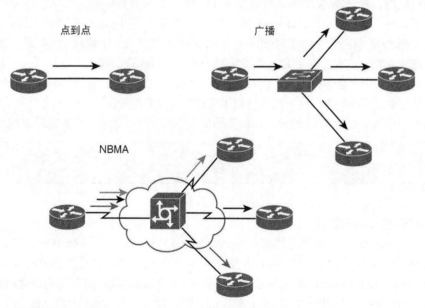

图 1-8　网络类型

- **点到点网络**：即连接一对路由器的网络。由一端发送的数据包恰好被链路另一端的一个接收方接收到。串行链路就是典型的点到点连接。

- **广播网络**：即连接许多台路由器，并能够将一个消息发送给所有连接的路由器的网络。以太网就是典型的广播网络。
- **非广播多路访问（NBMA）网络**：可以支持许多路由器但没有广播能力的网络。发送方如果通知所有相连的邻居设备，则需要为每一台接收方设备独立创建同一个数据包的副本。在数据包可以进行传输之前，发送方必须知道接收方的地址。帧中继（Frame Relay）和异步传输模式（Asynchronous Transfer Mode，ATM）都属于 NBMA 类型的网络。

虽然点到点网络和广播网络并不会给路由器增加任何麻烦，但 NBMA 网络却引入了一些挑战，因此管理员需要通过配置对路由协议执行邻居发现的方式进行一些调整。距离矢量协议需要进行额外的配置，这也改变了路由协议在邻居之间交换消息的默认方式。这是因为这类协议存在水平分割这种避免环路的机制，这种机制会防止将从一个接口收到的信息还从这个相同的接口传输出去。

1.2.5 NBMA 网络

NBMA 网络可以采用多种拓扑，其中最常见的是星型拓扑和部分网状拓扑。这是因为全网状拓扑不能很好地扩展，且对于有大量互连区域的网络来说非常昂贵。帧中继技术是 NBMA 网络的最常见的用例。有几种方式可以调整路由协议，使其能够在星型帧中继 NBMA 网络中正常工作。

如果使用一个帧中继多点接口来互连多个站点，可达性有可能会出现问题，这与帧中继 NBMA 自身的特性有关。帧中继 NBMA 拓扑有可能造成以下问题。

- **水平分割**：对于距离矢量路由协议来说，水平分割规则减少了路由环路。如图 1-9 所示，其避免了从一个接口上收到的路由更新再从相同的接口转发出去。在使用星型帧中继拓扑的情境中，一台分支路由器通过一个物理接口将更新发送给一台连接有多条 PVC（永久虚拟电路，Permanent Virtual Circuit）的中心路由器。中心路由器在物理接口上接收到更新，但不能通过相同的接口将更新转发给其他分支路由器。如果每个物理接口上仅连接一个 PVC，那么使用水平分割也就不是问题了，因为这种连接方式相当于点到点连接。

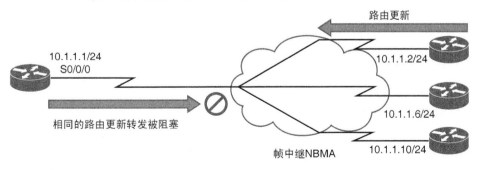

图 1-9　水平分割

- **邻居发现**：在 NBMA 网络中，OSPF 默认会按照非广播网络模式工作，且邻居也不会自动被发现。邻居可以静态进行配置，但静态配置邻居需要手动完成，并将中心路由器配置为指定路由器（Designated Router，DR）。OSPF 默认情况下会将 NBMA 网络当作以太网来处理，而在以太网中，在一个网络段上所有路由器之间交换路由信息需要通过一台 DR。因此，只有中心路由器才能充当 DR，这是因为它是唯一一个与所有其他路由器都存在 PVC 连接的路由器。
- **广播复制**：对于通过一个接口连接多个 PVC，支持多点连接的路由器来说，路由器必须在每条连接远程路由器的 PVC 上复制诸如路由更新广播这样的广播包。这些复制的广播数据包会消耗带宽，并造成用户流量的显著延迟波动。

当一台路由器通过一个 WAN NBMA 链路连接到多个物理位置时，可以在一个物理接口上使用逻辑子接口来建立多条虚电路。子接口也克服了一些 NBMA 网络的限制。子接口有两种不同的类型可供选择。

- **点到点子接口**：每个连接路由器的子接口分别使用自己的子网进行编址。从路由协议的角度看，这种连接看起来就像是多个物理的点到点链路，这也就意味着这类接口不存在与邻居发现和水平分割规则有关的问题。图 1-10 显示了一个点到点子接口的示例。
- **点到多点子接口**：所有虚电路共享同一个子网。因为编址往往采用私有地址，因此节省地址空间倒不算是这类子接口的最大优势。因为 EIGRP 和 OSPF 都需要执行额外的配置才能支持这种底层技术，因此建议读者选择点到点子接口。

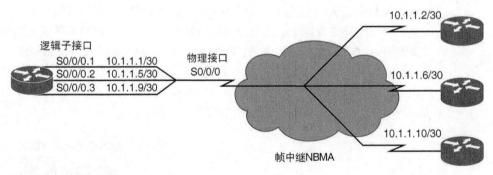

图 1-10　点到点子接口

1.2.6　Internet 上的路由

在决定如何连接远程站点和（像总部站点这样的）中心站点时，有几种不同的选项和技术可供选择。一种方式是租用 Internet 连接，这种方式是比较便宜的方案。

关于为什么不能使用 IGP 路由协议来通过 Internet 建立连接，有如下几个原因。

- 所有 IGP 只能在直连的邻居设备之间建立邻接关系。而通过 Internet 连接的路由器之间都相隔数跳距离。
- 组织机构内部通常都会使用私有 IPv4 编址，而发往 Internet 的数据包只有使用公有 IPv4 地址才能进行路由。如果希望通过 Internet 在远程站点之间路由内部流量，将会需要大量使用地址转换技术（NAT）。而依赖 NAT 技术会极大增加网络的复杂程度，因为发送方和接收方的 IPv4 地址都需要被转换为公有 IPv4 地址。
- Internet 作为一种传输介质是不可靠的。任何位于传输路径中的人都可以窃听或修改数据。若没有额外的安全机制作为辅助，则 Internet 不适合用来交换私有数据。

为了克服上述障碍，管理员可以使用不同的隧道技术通过 Internet 来扩展私有网络。虽然这些隧道涉及多种不同的技术，但这些技术一般被统称虚拟专用网络（Virtual Private Network，VPN），人们可以通过这些隧道来交换信息，其效果类似于远程主机直连到相同的私有网络中。大部分 VPN 技术也支持路由协议。路由器之间的邻居邻接关系通过隧道接口建立，隧道接口在 VPN 建立时即会创建出来。

VPN 技术对辅助的安全机制进行了有效的整合，提供了适宜的认证、加密和抗重放保护机制。

1.3　连接远程位置与总部

在连接远程站点与总部时，未必只能使用诸如专线或帧中继连接这样的传统解决方案。像多协议标签交换（Multiprotocol Label Switching，MPLS）和 DMVPN 这样的新型技术目前同样得到了广泛的使用，因为这些技术与传统解决方案相比，能够在更低开销的情况下提供更大程度的灵活性。了解这些新型 VPN 技术对于读者来说非常重要，因为这些技术也会影响路由协议的部署和配置。

在完成本节内容的学习后，读者应该能够：

- 了解连接分支机构和远程位置的方式；
- 描述静态和默认静态路由的使用方法；
- 描述点到点串行链路上，PPP 的基本配置；
- 描述点到点串行链路上，帧中继的基本概念；
- 解释 VRF Lite；
- 描述路由协议在 MPLS VPN 上的工作方式；
- 解释如何使用 GRE 来连接分支机构；
- 描述动态多点虚拟专用网络；
- 描述多点 GRE 隧道；
- 描述下一跳解析协议；
- 了解 IPSec 在 DMVPN 方案中扮演的角色。

1.3.1 静态路由原则

本节会对最适合使用静态路由的情况进行介绍。静态路由可在以下情景中使用。

- 不希望在如拨号链路这样的低带宽链路上转发动态路由更新时。
- 管理员需要对路由器使用的路由进行完全掌握时。
- 对动态识别的路由须有备份路由时。
- 必须能连通一个只能通过一条路径访问的网络（末梢网络）时。如图 1-11 所示，路由器 A 到达路由器 B 上的 10.2.0.0/16 网络只有一条路径。管理员可以在路由器 A 上配置一条通过其串行 0/0/0 接口到达 10.2.0.0/16 网络的静态路由。
- 一台路由器连接其 ISP 且只需有一条指向 ISP 路由器的默认路由，因而不需要从 ISP 学习许多路由时。
- 一台路由器性能不足且没有处理动态路由协议必要的 CPU 或内存资源时。

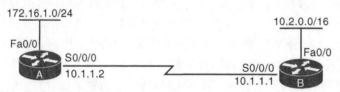

图 1-11 配置静态路由

静态路由的一个完美的使用场景是星型拓扑，在这种拓扑中，所有远程站点默认都要返回到中心站点（中心），中心站点的一台或两台路由器有每个远程站点所有子网的静态路由。需要注意的是，如果没有合理的设计，随着网络增长到数百台路由器的规模，每台路由器都有大量的子网时，每台路由器上的静态路由数量也会增加。每次增加了新的子网或路由器时，管理员都必须在好几台路由器上增加到达新网络的静态路由。维护网络的管理负担可能变得过于沉重，这使得使用动态路由成为了更好的选择。

静态路由的另一个缺陷是当互连网络的拓扑发生变化时，管理员可能需要在问题区域周围配置新的静态路由来重路由流量。相反，如果使用的是动态路由，路由器就必须学习新的拓扑。路由器之间相互共享信息，且它们的路由进程可以自动发现是否存在替代路由，并在不需管理员干预的情况下重路由。因为路由器可以相互独立地建立起对于新拓扑状况的认识，因此这个称为收敛于新路由。动态路由与静态配置的路由相比，收敛速度要更快。

1. 配置 IPv4 静态路由

管理员可以使用全局配置模式下的命令 **ip route** *prefix mask* {*address* | *interface* [*address*]} [**dhcp**] [*distance*] [**name** *next-hop-name*] [**permanent**| **track** *number*] [**tag** *tag*]来创建 IPv4 静态路由。表 1-3 对这条命令的参数进行了介绍。

表 1-3   ip route 命令

ip route 命令	**描述**
prefix mask	希望添加进 IPv4 路由表的那个远程网络的 IPv4 网络地址和子网掩码
address	访问目的网络的下一跳 IPv4 地址
interface	访问目的网络的本地路由器出站接口
dhcp	（可选）启用动态主机配置协议（Dynamic Host Configuration Protocol，DHCP）服务器，以便为默认网关分配静态路由（选项 3）
distance	（可选）分配给该路由的管理距离，必须大于等于 1
name *next-hop-name*	（可选）给该路由定义一个名称
permanent	（可选）指明即使与该路由相关联的接口关闭，这条路由也不会从路由表中移除
track *number*	（可选）该这条路由关联一个跟踪对象。这个数的合法取值范围是 1~500
tag *tag*	（可选）这个值可以在路由映射中进行匹配使用

如图 1-11 所示，如果连接两路由器间的链路没有使用动态路由协议，那么这条链路两端的路由器上就都必须配置静态路由；否则，远程路由器就不知道如何将数据包发回给位于其他网络的发送方设备——即只能实现所谓的"单通"。

配置静态路由时，必须指明下一跳 IP 地址或出接口，以告知路由器应当将流量发送到哪个方向。图 1-11 显示了两边的配置。路由器 A 了解直连网络 172.16.1.0 和 10.1.1.0。它需要获得访问远程网络 10.2.0.0 的路由。路由器 B 则了解直连网络 10.2.0.0 和 10.1.1.0；它需要获得访问远程网络 172.16.1.0 的路由。注意在路由器 B 上，路由器 A 的串行接口 IP 被作为下一跳 IP 地址。而在路由器 A 上，**ip route** 命令则指明该路由以其 S0/0/0 接口作为出接口。若使用下一跳 IP 地址，则这个地址应该是链路另一端路由器接口的 IP 地址。若使用出接口，那么本地路由器就会将数据从指定接口发送给其直连链路另一端的路由器。指定出接口时，虽然路由表中的条目表示"直连"，但这条路由仍是管理距离为 1 的静态路由，而不是管理距离为 0 的直连网络。

> 注释　本节描述了 IPv4 静态路由的使用和配置。相同的方式和类似的配置也适用于 IPv6 静态路由。

Cisco 快速转发（Cisco Express Forwarding，CEF）默认即在多数运行 Cisco IOS 12.0 或之后版本的 Cisco 平台上启用。在 IOS 12.0 之前的版本中，在点到点链路上使用出接口而不是下一跳 IP 地址来配置静态路由效率更高。使用出接口表示路由器不需在路由表中执行递归查找来寻找出接口。然而，鉴于目前 IOS 默认启用 CEF，因此建议使用下一跳 IP 地址。

> 注释　CEF 使用存储在数据层的两种主要数据结构，为实现高效的数据包转发提供了优化的查找功能，这两种数据结构一种是转发信息库（Forwarding Information Base，FIB），它是路由表的副本，另一个则是包含 2 层编址信息的邻接表。两个表中的信息会组合起来使用，所以无须对下一跳 IP 地址进行递归查找。换句话说，当路由器上启用了 CEF 时，使用下一跳 IP 的静态路由只需要执行一次查找。

2. 配置静态默认路由

在有些情况下，路由器并不需要了解远程网络的详细信息。通过配置，路由器会将所有流量（或所有在路由表中没有更详细条目的流量）发往指定的方向；这种方式称为默认路由。默认路由既可以通过路由协议动态通告，也可以静态进行配置。

要创建静态默认路由，也需要通过 **ip route** 命令来实现，不过目的网络（命令中的 *prefix*）和子网掩码（命令中的 *mask*）都要设置为 0.0.0.0。这个全零地址是一种通配符标记，任何目的地址都可以匹配这个地址。由于路由器会尝试匹配最长公共比特位，所以路由表中所列出的网络都会先于默认路由被匹配出来。但如果目的网络没有列在路由表中，路由器则会使用默认路由转发该流量。

在图 1-12 中，路由器 A 上去往 10.2.0.0 网络的静态路由被替换为了指向路由器 B 的静态默认路由。在路由器 B 上，我们增加了一条静态默认路由，指向其 ISP。从路由器 A 172.16.1.0 网络发往 Internet 的流量都会发送给路由器 B。路由器 B 可以判断出流量的目的网络不匹配其路由表中的任何明细条目，因此会将流量发送给 ISP。而 ISP 则会继而将流量路由至最终目的。

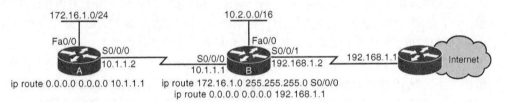

图 1-12 配置静态默认路由

在图 1-12 中，为了访问网络 172.16.1.0/24，路由器 B 还需要拥有一条指向其 S0/0/0 接口的静态路由。

在图 1-12 中，若在路由器 A 上输入 **show ip route** 命令，就会看到如例 1-1 所示的输出信息。

例 1-1 *show ip route 命令*

```
RouterA# show ip route
<Output omitted>
Gateway of last resort is not set
C    172.16.1.0 is directly connected, FastEthernet0/0
C    10.1.1.0 is directly connected, Serial0/0/0
S*   0.0.0.0/0 [1/0] via 10.1.1.1
```

3. 基本 PPP 概述

点到点协议（Point-to-Point Protocol，PPP）与之前的高级数据链路（High-Level Data Link

Control，HDLC）协议相比有几点优势。本节会对 PPP 进行介绍，并考察该协议的几大优势。HDLC 是连接两台 Cisco 路由器时的默认串行封装方式。Cisco 版本的 HDLC 是私有的，该协议增加了协议类型（protocol type）字段。因此，Cisco HDLC 只能与其他 Cisco 设备共用；所以，如果需要连接到非 Cisco 路由器时，可以使用 PPP 封装。

基本的 PPP 配置非常简单。在接口上配置 PPP 后，网络管理员可以应用更多的 PPP 选项。

要将串行接口的封装方式设置为 PPP 协议，需要使用接口配置命令 **encapsulation ppp** 来实现。

下面是在接口 serial 0/0/0 上启用 PPP 封装的示例。

```
R1# configure terminal
R1(config)# interface serial 0/0/0
R1(config-if)# encapsulation ppp
```

接口模式命令 **encapsulation ppp** 没有其他参数。切记，如果管理员没有在 Cisco 路由器上配置 PPP，串行接口的默认封装是 HDLC。其他 PPP 配置选项包括 PPP 压缩、PPP 链路质量监测、PPP 多链路以及 PPP 认证。

以下的简略的配置列表表示，路由器 R1 在串行接口上配置了 IPv4 和 IPv6 地址。PPP 是一种支持包括 IPv4 和 IPv6 在内的多种 3 层协议的 2 层封装协议。

```
hostname R1
!
interface Serial 0/0/0
ip address 10.0.1.1 255.255.255.252
ipv6 address 2001:db8:cafe:1::1/64
encapsulation ppp
```

4．PPP 认证概述

RFC 1334 定义了两种用于认证的协议：PAP 和 CHAP。PAP 是一种非常基础的两步认证过程。它没有加密，用户名和密码以明文的形式发送。如果认证获得接受，连接就可以建立起来。CHAP 比 PAP 更安全。它包括共享密钥的三步交换过程。

PPP 会话的认证过程是可选的。若使用认证，那么对端认证就会在 LCP（链路控制协议）建立链路并选择认证协议后进行。若使用认证，那么认证就会发生在网络层协议配置阶段开始之前。

认证要求链路的发起方输入认证信息。这有助于确保该用户必须获得网络管理员的许可才能发起会话。两端的路由器会相互交换认证消息。

要想指明 CHAP 或 PAP 协议在接口上请求的顺序，需要使用接口配置命令 **ppp authentication**。

```
Router(config-if)# ppp authentication { chap | chap pap | pap chap | pap } [ if-needed ]
[ list-name | default ] [ callin ]
```

在上述命令前面添加关键字 **no** 即可禁用认证。

表 1-4 解释了接口配置命令 **ppp authentication** 的语法。

表 1-4 PPP 命令语法

ip route 命令	描述
chap	在串行接口上启用 CHAP
pap	在串行接口上启用 PAP
chap pap	在串行接口上同时启用 CHAP 和 PAP，在执行 PAP 之前先执行 CHAP 认证
pap chap	在串行接口上同时启用 CHAP 和 PAP，在执行 CHAP 之前先执行 PAP 认证
if-needed（可选）	在部署 TACACS 和 XTACACS 协议的情况时使用。如果用户已经提供了认证则不执行 CHAP 或 PAP 认证。此选项只能在异步接口上使用
list-name（可选）	在部署 AAA/TACACS+的情况下使用。指定 TACACS+认证方式列表的名称。若没有指定列表名称，系统则会使用默认值。列表需要使用 **aaa authenticationppp** 命令进行创建
default（可选）	在部署 AAA/TACACS+的情况下使用。使用 **aaa authenticationppp** 命令指定默认值
callin	指明只对入站（收到的）呼叫进行认证

在启用 CHAP 或 PAP 认证后，本地路由器在允许数据流通过之前，会首先要求远程设备证明自己的身份。认证的执行过程如下。

■ PAP 认证要求远程设备发送名称和密码来与本地用户名数据库中的条目或远程 TACACS/TACACS+中的条目进行匹配。

■ CHAP 认证向远程设备发送挑战请求。远程设备必须使用共享密钥来加密挑战值并将加密后的值及其名称发回给本地路由器。本地路由器会使用远程设备的名称在其本地用户名数据库中，或在远程 TACACS/TACACS+数据库中查找对应的密钥。路由器会使用查找到的密钥加密原始的挑战消息，并验证加密的值是否相同。

两边的路由器都会认证对方，也都会接受对方的认证，所以两端配置 PAP 认证的命令都是成双成对的。每台路由器发送的 PAP 用户名和密码必须与另一台路由器 **username** *name* **password** *password* 命令中指明的用户名密码相同。

PAP 提供的认证方式比较简单，它让远程节点可以通过两次握手的方式建立其身份。认证只会在链路初始建立的过程中执行。一台路由器上的主机名必须与另一台路由器为 PPP 配置的用户名相同，密码也必须相同。配置用户名和密码参数的命令为 **ppp pap sent-username** *name* **password** *password*。

R1 的（部分）运行配置如下。

```
hostname R1
username R2 password sameone
!
interface Serial0/0/0
```

```
ip address 10.0.1.1 255.255.255.252
ipv6 address 2001:DB8:CAFE:1::1/64
encapsulation ppp
ppp authentication pap
ppp pap sent-username R1 password sameone
```

R2 的（部分）运行配置如下。

```
hostname R2
username R1 password 0 sameone
!
interface Serial 0/0/0
 ip address 10.0.1.2 255.255.255.252
 ipv6 address 2001:db8:cafe:1::2/64
 encapsulation ppp
 ppp authentication pap
 ppp pap sent-username R2 password sameone
```

CHAP 使用三次握手的方式周期性地验证远程节点的身份。一台路由器上的主机名必须与另一台路由器配置的用户名相同，密码也必须相同。认证不仅会在初始链路建立的过程中执行，在链路建立后还会不断重复。下面是 CHAP 的配置示例。

R1 的（部分）运行配置。

```
hostname R1
username R2 password sameone
!
interface Serial0/0/0
 ip address 10.0.1.1 255.255.255.252
 ipv6 address 2001:DB8:CAFE:1::1/64
 encapsulation ppp
 ppp authentication chap
```

R2 的（部分）运行配置。

```
hostname R2
username R1 password 0 sameone
!
interface Serial 0/0/0
 ip address 10.0.1.2 255.255.255.252
 ipv6 address 2001:db8:cafe:1::2/64
 encapsulation ppp
 ppp authentication chap
```

5. PPPoE

PPP 可以用于所有的串行链路，包括那些由老式拨号模拟和 ISDN 调制解调器所建立的链路。此外，ISP 通常也会以 PPP 协议作为宽带连接上使用的数据链路协议。这样使用有几方面的原因：首先，PPP 支持分配 IP 地址给 PPP 链路的远端。启用 PPP 后，ISP 可以使用 PPP 给每个客户分配一个公有 IPv4 地址。更重要的是，PPP 还支持 CHAP 认证。ISP 通常希望使用 CHAP 来认证客户，因为在认证过程中 ISP 可以检查记账记录并确定客户的账单是否已经支付，这些都可以在 ISP 允许客户连接到 Internet 之前完成。

ISP 因为认证、审计和链路管理功能而对 PPP 倍加推崇。客户也能体会到以太网连接的便捷和稳定。但问题在于，以太网链路本身并不支持 PPP。这个问题的一种解决方案是创建"以太网上的 PPP（PPP over Ethernet，PPPoE）"。如图 1-13 所示，PPPoE 允许将 PPP 帧封装在以太网帧中进行发送。

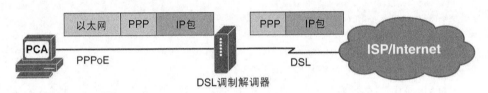

图 1-13　以太网连接上的 PPP 帧（PPPoE）

PPPoE 会在以太网连接上创建 PPP 隧道。这样做可以将 PPP 帧通过从客户路由器到 ISP 的以太网线缆发送给 ISP。调制解调器会剥离以太网头部，将以太网帧转换为 PPP 帧，然后在 ISP 的数字用户线路（Digital Subscriber Line，DSL）网络上传输这些 PPP 帧。

由于能够在路由器之间发送和接收 PPP 帧，因此 ISP 可以继续采用与拨号模拟网络和 ISDN 相同的认证方式。为了让它正常工作，客户和 ISP 的路由器都需要进行一些额外的配置，包括 PPP 配置。例 1-2 显示了 PPPoE 客户端的配置。要想理解这些配置，需要考虑下面几点。

1．为了创建一条 PPP 隧道，我们需要配置一个拨号接口。拨号接口是一个虚接口。PPP 的配置需要在拨号接口（而不是物理接口）下完成。拨号接口需要通过 **interface dialer number** 命令来创建。客户端可以配置静态 IP 地址，但由 ISP 自动分配一个公有 IP 地址的做法更为常见。

2．PPP CHAP 配置定义的往往是单向认证，即由 ISP 认证客户的身份。客户路由器上配置的主机名和密码必须与 ISP 路由器上配置的主机名和密码相同。

3．接下来，需要通过 **pppoe enable** 命令启用连接到 DSL 调制解调器的物理以太网接口，这条命令会启用 PPPoE 并将物理接口和拨号接口链接起来。拨号接口通过使用相同编号的 **dialer pool** 和 **pppoe-client** 命令与以太网接口链接。拨号接口编号不需与拨号池编号相同。

4．为适应 PPPoE 头部，最大传输单元（Maximum Transmission Unit，MTU）应该从 1500 减少到 1492。以太网帧的默认最大数据字段是 1500 字节。然而，在 PPPoE 中，以太网帧负载中包含了一个带头部的 PPP 帧，而这个头部会将可用的数据 MTU 减少为 1492 字节。

例 1-2　PPPoE 客户端的配置

```
interface Dialer 2
 encapsulation ppp          ! 1. PPP and IP on the Dialer
 ip address negotiated

_ppp chap hostname Bob       ! 2. Authenticate inbound only
 ppp chap password D1@ne

 ip mtu 1492
 dialer pool 1                      ! 3. Dialer pool must match

interface Ethernet0/1
 no ip address
 pppoe enable
 pppoe-client dial-pool-number 1    ! 3. Dialer pool must match
```

注释　有关 PPP 的更多信息，请参见 *Connecting Networks Companion Guide*（Cisco Press，2014）。

6. 基本帧中继概述

根据组织机构的需求，帧中继与传统的点到点租用线缆相比有几点优势。

租用线缆可以提供永久独占的性能，被大量用于构建 WAN。租用线缆一直是传统的连接方式，但这种方式存在一些缺点，其中一点是客户需要为固定性能的租用线缆付费。说这是缺点是因为 WAN 流量通常是变化的，因此总会有一些带宽遭到浪费。此外，每个端点都需要在路由器上占用一个独立的物理接口，而这会增加设备的开销。针对租用线缆进行任何更改往往都需要运营商工作人员亲临现场。帧中继是一种高性能的 WAN 协议，工作在 OSI 参考模型的物理层和数据链路层。帧中继与租用线缆不同，它只需要一个到帧中继提供商的接入电路就能够与连接到同一个提供商的其他站点通信，如图 1-14 所示。任意两站点间的性能可以不同。

帧中继是一种交换型的 WAN 技术，虚电路（Virtual Circuit，VC）由服务提供商（Service Provider，SP）通过网络创建。帧中继可以在一个物理接口上复用多条逻辑 VC。VC 通常是数据链路连接标识符（Data-Link Connection Identifier，DLCI）标识的 PVC。DLCI 在本地路由器和路由器连接的帧中继交换机之间本地有效。因此，PVC 每端的 DLCI 可能不同。SP 的网络负责通过 PVC 发送数据。为了建立 IP 层的连通性，必须动态或静态地定义 IP 地址与 DLCI 间的映射关系。

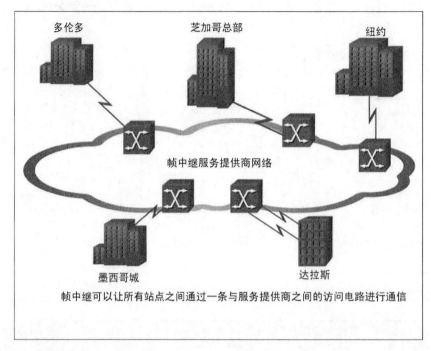

图 1-14　帧中继服务

　　在默认情况下，帧中继网络是 NBMA 型网络。NBMA 环境中所有路由器都在相同的子网中，广播（和组播）包不能按照其在如以太网的广播环境中的方式发送。

　　为了模拟 IP 路由协议所要求的 LAN 广播性能（例如，给一个 IP 子网中所有可达的邻居设备发送 EIGRP Hello 或更新数据包），Cisco IOS 实现了伪广播特性，路由器会为每一个通过 WAN 介质可达的邻居创建一个广播或组播包的副本，并通过该邻居对应的 PVC 进行发送。

　　当路由器通过同一个 WAN 接口可达大量邻居设备时，伪广播就需要进行严格的控制，因为这会增加 CPU 资源和 WAN 带宽的占用。伪广播可以在配置帧中继时，通过静态映射中的关键字 **broadcast** 进行控制。然而，在由 IPv4 的帧中继反向地址解析协议（Inverse Address Resolution Protocol，INARP）或 IPv6 的帧中继反向邻居发现（Inverse Neighbor Discovery，IND）所创建的动态映射中，由于邻居都是可达的，因此伪广播也就无法控制。所以动态映射总是会允许伪广播。

　　只有在路由协议的抑制计时器过期或者接口出现故障后，帧中继邻居丢失的情况才能检测出来。只要还有一条 PVC 是活跃的，接口就会被视为是启用的。

　　帧中继允许使用全网状、部分网状和中枢辐射型（也称为星型）拓扑来连接远程站点，如图 1-15 所示。

　　例如，使用反向 ARP 动态映射在物理接口上部署 IPv4 的 EIGRP 非常简单，因为这本身就是默认设置。图 1-16 所示为一个示例网络。例 1-3 是图中路由器 R1 上的配置。物理接口 Serial 0/0 上封装了帧中继协议且指定了接口 IP 地址。反向 ARP 默认启用，而且会自动把 PVC 另一端设备的 IP 地址与本地 DLCI 进行映射。EIGRP 使用的自治系统编号为 110，管理员需要在 EIGRP 路由进程下使用 **network** 命令，将相关的接口和网络包含在内。

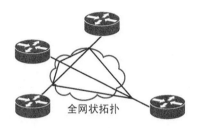

全网状拓扑

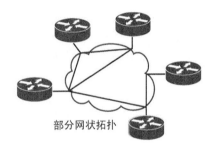

部分网状拓扑

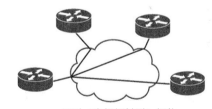

星型（中枢辐射型）拓扑

图 1-15 帧中继拓扑

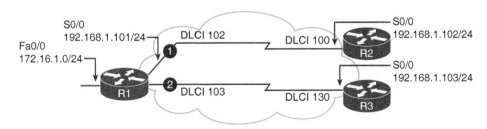

图 1-16 物理帧中继接口上的 EIGRP

注释　EIGRP 会在第 2 章中进行更加深入的讨论。

例 1-3　图 1-16 中路由器 R1 的配置（使用动态映射的配置方法）

```
interface Serial0/0
 encapsulation frame-relay
 ip address 192.168.1.101 255.255.255.0
!
router eigrp 110
 network 172.16.1.0 0.0.0.255
 network 192.168.1.0
```

水平分割在帧中继物理接口上默认是禁用的。因此，来自路由器 R2 的路由会被发送给路由器 R3，反之亦然。注意反向 ARP 并不会为路由器 R2 和 R3 之间的通信提供动态映射，因为它们之间没有通过 PVC 相连，所以必须手工配置此映射。

注释　有关帧中继的更多信息，请参见 *Connecting Networks Companion Guide*（Cisco Press, 2014）。

7．VPN 连通性概述

当代的业务需求主宰了连接远程和分支机构的新趋势。传统的解决方案，如租用线缆或帧中继，无论是在性能上、在部署的服务数量上、在 WAN 带宽还是在开销上都有不足。下一代 VPN 需要能够在中心和分支站点之间实现快捷而又简便的全网状互联方案，同时兼顾扩展性和安全性方面的优势。

8．基于 MPLS 的 VPN

服务提供商使用 MPLS 技术构建穿越服务提供商核心网络的隧道。穿越 MPLS 骨干的流量是基于标签进行转发的，而这些标签在转发流量之前已经在核心路由器间相互分发。对于 3 层 MPLS VPN，服务提供商会参与客户路由。服务提供商在 PE 和 CE 路由器之间建立路由对等体关系。在 PE 路由器上接收到的客户路由随后会被重分布进 MP-BGP 中，并通过 MPLS 骨干传输给远程 PE 路由器。在远程 PE 上，这些客户路由会从 MP-BGP 被重分布回远程 PE-CE 路由协议当中。本地站点和远程站点 PE-CE 路由器之间所使用的路由协议很可能截然不同。

2 层 MPLS VPN CE 路由器可以使用任意 2 层协议与 PE 路由器在 2 层相连，其中以太网是最常用的协议。2 层流量在 PE 路由器之间发送，并通过预先建立好的伪线路进行传输。伪线路模拟 PE 路由器之间的线缆，负责承载 2 层数据帧穿越 IP-MPLS 骨干网络。有两种基本的 2 层 MPLS VPN 服务基础设施。虚拟专用线服务（Virtual Private Wire Service，VPWS）是一种点到点技术，可以在 PE 上使用任何 2 层传输协议。第二类 2 层 MPLS VPN 是虚拟专用局域网服务（Virtual Private LAN Service，VPLS），其在 MPLS 上模拟以太网多路访问 LAN 网段，并提供多点到多点的服务。

9. VPN 隧道

VPN 隧道技术林林总总，通用路由封装（Generic Routing Encapsulation，GRE）、IPSec 和 DMVPN 则是其中最为常用的技术。

- GRE 是一种由 Cisco 开发的隧道协议，这种协议可以将任意 3 层协议封装在一个点到点的、穿越 IP 网络的隧道之中。通过 GRE 隧道传输的流量是不加密的，因此这类流量很可能成为各类安全攻击的目标。为此，GRE 流量通常需要使用 IPSec 进行封装，形成 GRE-over-IPSec 隧道。
- IPSec 是使用一组加密协议在 3 层保障流量安全的协议框架。对于任何使用 IP 作为传输协议的网络应用或通信，IPSec 也可以起到安全防护的效果。
- DMVPN 解决方案的结构主要用来在大型网络中，进一步扩展 IPSec 的星型拓扑及分支到分支（spoke-to-spoke）拓扑。这种方案可以提供动态建立星型和分支到分支型 IPSec 隧道的功能，因此可以减少延迟并优化网络性能。DMVPN 支持在中心和分支之间运行动态路由协议及 IP 组播，它也适用于如 DSL 或线缆连接等在物理接口上使用动态 IP 地址的环境。

10. 混合 VPN

基于 MPLS 的 VPN 和隧道 VPN 不是互斥的；它们可能在相同的 IP 基础设施中共存。在有些情况下，客户希望将流量封装到隧道当中，穿越服务提供商的网络，但由于法律法规，这些流量必须进行加密。客户可以将这两种 VPN 的最佳特性组合起来，创建出一种新的、混合的 VPN。这类服务包括 GRE 上的 3 层 MPLS VPN 或 DMVPN 上的 3 层 MPLS VPN。上述两类 VPN 的共同点是在公有 IP 基础设施上创建客户自己的私有 IP-MPLS 网络。第一种方案不包括流量加密。第二种更安全，因为 DMVPN 可以使用 IPSec。所以它也提供了端到端通路测试的可能性，对流经网络的流量进行优化。混合型 VPN 的主要缺点在于，多层封装会降低 MTU 的效率，同时增加网络的延迟和复杂程度。

1.3.2 MPLS VPN 上的路由

起初，分支机构都是通过租用线缆进行连接的。之后，服务提供商开始使用 ATM 或帧中继 VC 来提供基于点到点数据链路层连通性的 2 层 VPN。客户构建自己的 3 层网络来承载 IP 流量。因此，2 层和 3 层流量存在独立的网络。为了优化操作开销并提供额外服务，服务提供商希望有一个基于 IP 的网络能够提供如图 1-17 所示的 2 层和 3 层 VPN 方案。

MPLS 是一种用来在包交换的网络上承载数据的传输机制。它的设计目的是提供极大的灵活性，并与 3 层或 2 层技术实现无缝的操作。MPLS VPN 是 MPLS 的服务扩展，旨在为服务提供商和大型企业提供构建灵活、可扩展且安全的 VPN 的服务。MPLS VPN 有两种类型：2 层 MPLS VPN 和 3 层 MPLS VPN。

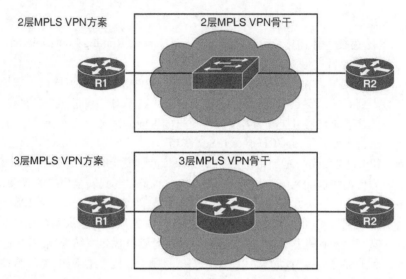

图 1-17　MPLS VPN 方案

图 1-17 展示了 2 层 MPLS VPN 和 3 层 MPLS VPN 骨干的基本区别。客户路由器（例中为 R1 和 R2）通过 MPLS VPN 骨干连接，这一点对于界定两者的区别很重要。

2 层 MPLS VPN 骨干方案通过骨干网提供 2 层服务，R1 和 R2 会使用相同的 IP 子网直接连接在一起。如果在 2 层 MPLS VPN 上部署路由协议，R1 和 R2 路由器之间将建立邻接关系。图中展示了通过骨干网的连通性，骨干网在此可以表示为一个大交换机。

3 层 MPLS VPN 骨干方案通过骨干网提供 3 层服务，R1 和 R2 连接到 ISP 的边界路由器。每一端都使用独立的 IP 子网。若在此类 VPN 上部署路由协议，服务提供商需要参与其中。邻居邻接关系需要在客户的 R1 和最近的 PE 路由器以及 R2 和其最近的 PE 路由器之间建立。图中展示了通过骨干网的连通性，骨干网可被表示为一个大路由器。

从客户的角度看，选择 3 层还是 2 层 MPLS VPN 将很大程度上取决于客户的需求。

3 层 MPLS VPN 适用于希望将其路由操作外包给服务提供商的客户。服务提供商为客户站点维护并管理路由。

2 层 MPLS VPN 对于运行自己的 3 层基础设施并要求服务提供商提供 2 层连通性的客户来说比较适合。在使用 2 层 MPLS VPN 的情况下，客户可以管理自己的路由信息。

1.3.3　GRE 隧道上的路由

GRE 是一种可以将众多协议的数据包封装到 IP 隧道中的隧道协议，这种协议可以通过 IP 网络在 Cisco 路由器之间创建虚拟的点到点链路，如图 1-18 所示。

图 1-18 GRE 隧道

　　一般来说，隧道是一个逻辑接口，它可以提供一种将乘客包封装在传输协议中的方式。GRE 隧道是 Cisco 开发的点到点隧道，可以将多种乘客协议通过 IP 网络进行传输。它由三种主要的元素构成。

- 乘客协议或被封装协议，如被封装的 IPv4 或 IPv6。
- 承载协议，如 GRE，这款协议被 Cisco 定义为多协议承载协议，并记录在了 RFC 2784 中。
- 传输协议，如 IP，承载被封装的协议。

GRE 有以下特性。

- GRE 在 GRE 头部中采用了协议类型字段来支持所有 OSI 3 层协议的封装。GRE 的 IP 协议号为 47。
- GRE 本身是无状态的。它默认不包含任何流控机制。
- GRE 不包含任何用于保护其负载的安全机制。
- GRE 头部以及封装隧道的 IP 头部会对隧道中的数据包产生至少 24 字节的额外负载。

　　GRE 隧道提供了通过 Internet 或 WAN 连接分支结构的可能性。GRE 隧道的主要优势在于其支持 IP 组播，因此适合用来充当路由协议的隧道封装协议。然而，在以 GRE 隧道作为连接方式时，有几点问题应该考虑。通过隧道发送的流量不会被加密，因此容易受到中间人攻击。要想解决这个问题，应该将 GRE 和 IPSec 组合起来使用。GRE 负责封装明文数据包，IPSec 则负责加密封装包，形成 GRE-over-IPSec 隧道。

1.3.4　动态多点虚拟专用网络

　　对于一般的星型拓扑，在中心和远程分支之间通常可以部署静态隧道（通常使用 GRE 和 IPSec），如图 1-19 所示。当有新的分支需要增加到网路中时，就需要在中心路由器上进行配置。此外，分支之间传输的流量需要经过中心站点，需要从一个隧道发出然后进入另一个隧道。静态隧道对于小型网络来说是合适的方案，但在分支数量不断增加时，这种方案就变得不可接受了。

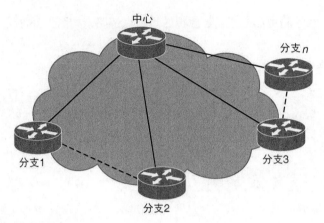

图 1-19 中心辐射型拓扑

Cisco DMVPN 特性可以让大型和小型 IPSec VPN 更好地实现扩展。Cisco DMVPN 特性组合了 mGRE 隧道、IPSec 加密以及下一跳解析协议（Next HopResolution Protocol，NHRP），为众多 VPN 用户提供了简单的规划方案。如果使用了合理的对端认证方式（如启用 PKI 的对端认证），DMVPN 设计方案本身也可以完美支持动态编址的分支路由器。

DMVPN 的主要优势如下。

- **中心路由器的配置减少**：以前，管理员需要为每台分支路由器分别定义独立的 GRE 隧道，并分别配置 IPSec。DMVPN 特性则可以在中心路由器上配置一个 mGRE 隧道接口和一个 IPSec 配置文件，并管理所有的分支路由器。因此，即使有额外的分支路由器增加到网络中，中心路由器上的配置也能保持恒定。
- **自动的 IPSec 初始化**：GRE 使用 NHRP 来配置并解析对端的目的地址。这个特性可以立即触发 IPSec 建立点到点 GRE 隧道而不需要进行任何 IPSec 对等体的配置。
- **支持动态编址的分支路由器**：在使用点到点 GRE 和 IPSec 星型 VPN 网络时，配置中心路由器需要知道分支路由器的物理接口 IP 地址。分支 IP 地址必须配置成 GRE 和 IPSec 隧道的目的地址。DMVPN 让分支路由器可以拥有动态物理接口 IP 地址，并向中心路由器注册其物理接口 IP 地址。这个过程也可以支持通过动态公有 IPv4 地址连接 Internet 的分支路由器。

1.3.5 多点 GRE

DMVPN 方案的一个重要特征是扩展性，这种扩展性是由多点 GRE（mGRE）提供的。mGRE 技术使得一个 GRE 接口可以支持多个 GRE 隧道，简化了配置复杂性。GRE 隧道也支持 IP 组播和非 IP 协议。IP 组播又进一步让设计者可以使用路由协议来分发路由信息并检测 VPN 的变化。所有的 DMVPN 成员都使用 GRE 或 mGRE 接口在设备之间构建隧道。

mGRE 配置的主要特点如下。

- 在一台路由器上，只需配置一个隧道接口即可支持多个远程 GRE 对等体。在星型网络中，中心上的一个 mGRE 隧道接口可容纳许多分支 GRE 对等体。这极大地简化了中心设备的管理，因为管理员无需重新配置中心就可以添加新的分支。
- 为了获取其他对等体的 IP 地址，使用 mGRE 的设备需要通过 NHRP 来构建动态 GRE 隧道。对等体也可以使用动态分配的地址，NHRP 会在随后在向中心注册时使用这个地址。
- mGRE 接口支持单播、组播和广播流量。

图 1-20 显示了部署 mGRE 的两种方式。

- 左图中的中心站点使用 mGRE 接口进行了优化。在这种部署方案中，中心站点上只需要使用一个接口。然而，管理员此时必须部署 NHRP，使中心能学习到分支的地址并正确地规划分支到中心的 GRE 隧道。
- 右图所有星型网络中的设备都使用了 mGRE 接口。通过 NHRP，这些设备可以建立部分网状或全网状的 GRE 隧道。在每台设备上只需配置一个 mGRE 接口，这可以极大简化配置工作，提升网络的易管理性。

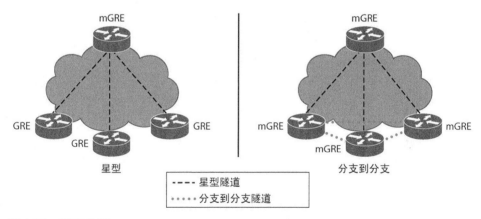

图 1-20　GRE 选项

1.3.6　NHRP

DMVPN 支持在分支路由器上使用动态物理 IP 地址。当分支设备连接到网络时，分支的动态相互发现过程就会初始化，该过程是通过 NHRP（Next Hop Resolution Protocol）协议实现的。

NHRP 是一种客户端-服务器模型的协议，如图 1-21 所示，其中中心设备充当服务器，分支设备充当客户端。路由器使用 NHRP 来确定 IP 隧道网络中下一跳的 IP 地址。分支路由器在初始连接到 DMVPN 网络时，会向中心路由器（NHRP 服务器）注册自己的内部（隧道）和外部（物理接口）地址。这个注册过程会让中心路由器上的 mGRE 接口在无须提前知道分支隧道目的地址的情况下，即可向注册的分支路由器构建一条动态的 GRE 隧道。因此，NHRP 会在中心路由器上为每个分支创建一个隧道 IP 地址到物理接口 IP 地址之间的映射。

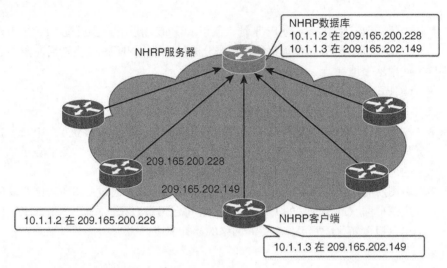

图 1-21　NHRP 客户端-服务器模型协议

从路由协议的角度看，NHRP 域操作与多点帧中继网络这样的 NBMA 网络类似。

在 mGRE 网络中使用 NHRP 可以将内部隧道 IP 地址映射到外部传输 IP 地址。在采用星型拓扑部署 DMVPN 时，管理员无须在中心路由器上配置有关分支的 GRE 或 IPSec 信息。在（通过 NHRP 命令）配置 GRE 隧道所连接的分支路由器时，需要将中心路由器作为下一跳服务器。当分支路由器启动时，它会自动初始化与中心路由器之间的 IPSec 隧道。接下来，它会使用 NHRP 向中心路由器通告自己当前的物理接口 IP 地址。这样执行通告的好处如下。

■ 中心路由器上的配置可以得到削减和简化，因为管理员不需要配置对等体路由器的 GRE 或 IPSec 信息。这些信息都会通过 NHRP 动态学习过来。

■ 在向 DMVPN 网路中添加新的分支路由器时，管理员不需要更改中心路由器或任何一台当前分支路由器上的配置。新的分支路由器上需要配置中心路由器的信息，当它启动时，它会动态向中心进行注册。动态路由协议会将路由信息从分支传输给中心路由器。中心则会将新的路由信息传输给其他的分支，也会将其他分支发来的路由信息传输给这台新的分支。

■ 在图 1-22 中，一个分支希望向另一个分支发送 IP 流量，后者的隧道接口上配置的 IP 地址为 10.1.1.3。始发路由器会向中心路由器发送一条 10.1.1.3 IP 地址的查询信息，因为中心路由器在网络中充当 NHRP 服务器。中心路由器会以映射信息进行应答——IP 地址 10.1.1.3 映射到接收分支路由器的物理接口（209.165.202.149）。

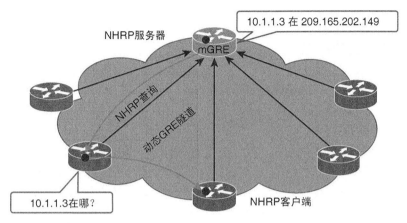

图 1-22　NHRP 示例

1.3.7　IPSec

　　安全性也是 DMVPN 方案的重要组成部分。安全服务是通过使用 IPSec 框架来实现的。IPSec 是一个开放标准的框架，它定义了如何实现安全的通信。这个框架依赖现有的算法，来实现加密、认证和密钥交换的功能。

　　IPSec 提供 4 种重要的安全服务。

- **保密性**（加密）：发送方可以在通过网络传输数据包之前对其进行加密，以确保没人可以窃听通信的内容，即使通信被截获也不可读。
- **数据完整性**：接收方可以验证通过隧道传输的数据没有通过任何形式遭到篡改。IPSec 可以使用校验和来确保数据的完整性，这是一种简单的冗余校验。
- **认证**：认证可以确保连接的对端确为我们认定的通信对象。接收方可以通过验证信息源来认证数据包的源。IPSec 使用 Internet 密钥交换（Internet Key Exchange，IKE）协议来认证可以独立进行通信的用户和设备。IKE 使用几种类型的认证方式，包括用户名和密码、一次性密码、生物识别技术、预共享密钥（Pre-Shared Key，PSK）和数字证书。
- **抗重放保护**：抗重放保护确认每个数据包都是唯一且非重复的。设备会将目的主机上的滑动窗口与接收数据包的序列号进行对比，以保护 IPSec 数据包。如果数据包的序列号在滑动窗口之前，那么这个数据包要么是迟达数据包，要么是重复数据包。迟达和重复的数据包会被丢弃。

　　IPSec 的认证和加密功能在 DMVPN 方案中扮演着重要的角色。认证功能确保只有期望的对端才能与其他对端建立通信。进行认证的最常用方式是 PSK 或证书。鉴于 PSK 必须在所有位置之间进行全员共享，因此推荐使用证书。

　　一般来说，当 DMVPN 通过 Internet 连接远程站点时，管理员都会启用加密。通过租用的 WAN 链路将分支站点连接到中心站点也使用加密，这种做法正在成为一种常态，因为服务提供商提供的设备也是不可靠的。

1.4　路由和 TCP/IP 操作

路由协议是 TCP/IP 协议栈的一部分，主要工作在第 3 层。网络通信需要借助大量协议来处理广泛的任务，以实现设备之间的通信。

1.4.1　MSS、分段和 PMTUD

IP 协议的设计初衷是应用于广泛的传输介质。IPv4 数据包的最大长度为 65535 字节。带有逐跳扩展头部和巨型帧负载选项的 IPv6 数据包最长可以支持 4294967295 字节。但多数传输链路都会强制使用一个比较小的最大数据包长度，这个长度称为最大传输单元（Maximum Transmission Unit，MTU）。

当路由器收到比出接口 MTU 更大的 IPv4 数据包时，它就必须对数据包进行分片，除非 IPv4 头部中设置了 DF（Don't Fragment，不分段）位。对数据包进行重组则由目的 IPv4 地址所在的目的设备负责。分片会造成下列问题：

- 对数据包进行分片会消耗 CPU 和内存资源；
- 目的设备重组数据包，会消耗 CPU 和内存资源；
- 如果一个分片被丢弃，整个数据包都要重传；
- 执行 4 到 7 层过滤的防火墙可能无法正确处理 IPv4 分片。

为了避免分片，TCP 最大分段长度（Maximum Segment Size，MSS）定义了接收方设备在一个 TCP 段中可以接受的最大数据量。TCP 段可以通过一个 IPv4 数据包进行发送，也可以分片后使用多个 IPv4 数据包发送。发送方和接收方之间不会对 MSS 进行协商。发送设备需要对 TCP 分段的尺寸进行限制，使其不大于接收方设备所报告的 MSS 长度。

为了对避免 IPv4 数据包进行分片，所选 TCP MSS 为出接口的最小缓冲区大小和 MTU 减 40 字节。40 字节包含了 20 字节的 IPv4 头部和 20 字节的 TCP 头部。例如，默认的以太网 MTU 是 1500 字节。那么，通过以太网接口发出的 IPv4 数据包，其 TCP 段的 TCP MSS 就应该是 1460，即用以太网 MTU 的 1500 字节减去 IPv4 头部的 20 字节，再减去 TCP 头部的 20 字节。

TCP MSS 有助于避免在 TCP 连接两端对数据包进行分片，但不能避免因路径中的链路 MTU 更小而造成的分段。路径 MTU 发现（Path MTUDiscovery，PMTUD）可以用来确定从数据包的源到目的之间路径上的最小的 MTU 值。仅 TCP 协议支持 PMTUD。

执行 PMTUD 的主机会使用由出接口确定的完整 MSS，并设置数据包的 TCP DF 位，使其不会被其他设备执行分片。如果路径上的某台路由器因为其出接口的 MTU 更低而要对数据包进行分片，那么这台设备就会因为 DF 置位而丢弃该数据包，并向数据包的始发设备发送一条 ICMP 目的不可达消息。ICMP 目的不可达消息会包含一段代码，指出其"需要分段但 DF 置位"及造成丢包的出接口 MTU。源接到 ICMP 消息，将 MSS 减小到 MTU 以下，然后重传消息。

如果路由器发送了 ICMP 目的不可达消息，但这条消息却被其他路由器、防火墙或源设备本身屏蔽掉，PMUTD 就会出现问题。PMTUD 依赖 ICMP 消息，所以在设备上过滤 ICMP 数据包时，应该针对"不可达"或"超时"的数据包制定例外条件。

1.4.2 IPv6 分片与 PMTUD

IPv6 路由器不会对数据包进行分片，除非这台设备是数据包的源。如果一台 IPv6 路由器收到了比其出接口 MTU 大的数据包，它会丢弃这个数据包并向源发送一个 ICMPv6 数据包过大消息，其中会包含这个较小的 MTU。

IPv6 的 PMTUD 工作原理与 IPv4 的 PMTUD 相似。RFC 1918，Path MTU Discovery for IP version 6，建议 IPv6 设备应执行 PMTUD。

1.4.3 带宽延迟积

TCP 在高带宽、长往返延迟的路径上可能会经历瓶颈。这些网络被称为长肥管道（long fat pipe）或长肥网络（long fat network），简称 LFN。关键参数是带宽延迟积（Bandwidth Delay Product，BDP），也就是带宽（bps）与往返延迟（单位为秒的 RTT）的乘积。BDP 是用来"填满管道"所需的比特数（换句话说，也就是在流水线满载时，TCP 必须处理的未确认数据总量）。BDP 会被用来优化 TCP 窗口大小，以达到充分利用链路的目的，使得这条链路上随时都可以传输最大的数据量。TCP 窗口大小应使用 BDP。TCP 窗口大小表示在收到确认之前可以发送的数据总量，这个值通常是 MSS 的几倍。

1.4.4 TCP 饥饿

TCP 结合了可靠性、流控和拥塞避免机制。而 UDP 则是一款轻量型协议，其目的在于更快更简单地传输数据，因此不包含上述这些特性。

在拥塞期间，当网络中同时有 TCP 和 UDP 流量在传时，TCP 会尝试减少对带宽的占用，这称为慢启动。但 UDP 并没有任何流控机制，因此会继续发送流量，而这可能会用尽 TCP 舍让出的可用带宽。这种现象称为 TCP 饥饿/UDP 独占（TCP starvation/UDP dominance）。

虽然我们未必能够轻易分离出基于 TCP 和基于 UDP 的流量，但是当我们将使用这两种传输层协议的应用混合起来使用时，了解上述操作还是很重要的。

1.4.5 延迟

延迟是一个消息从一点到另一点所经历的总时间。网络延迟是数据包从源端经过网络到达最终的目的端的总时间。有几种因素可能会导致延迟，包括传播延迟、序列号、数据协议、路由、交换、队列和缓存。

TCP 的流控和可靠性特性会对端到端的延迟造成影响。TCP 会要求建立虚拟连接，并针对消息确认、窗口大小、拥塞控制和其他 TCP 机制建立双向通信，而这些都会对延迟构成影响。

UDP 是一种不包含可靠性校验或流控机制的协议。设备只需要发送含有 UDP 段的数据包，并假设这个数据包会到达目的地。UDP 通常用于流媒体这种要求延迟，同时也可以容忍偶发丢包的应用。UDP 的延迟非常低，比多数 TCP 链接延迟要低。

1.4.6 ICMP 重定向

ICMP 重定向消息的作用是让路由器能够通知数据包的发送方，特定目的存在更优路由。

例如，在图 1-23 中，两台路由器 R1 和 R2 都被连接到与主机 PCA 相同的以太网段。PCA 的 IPv4 的默认网关是路由器 R1 的 IPv4 地址。PCA 会将发往 PCX 的数据包发给其默认网关 R1。R1 检查其路由表并确定下一跳是 R2，与 PCA 在相同的以太网段上。因此 R1 会使用与从 PCA 接收这个数据包相同的接口将其转发出去。R1 还会发送一条 ICMP 重定向消息，告知 PCA 到达 PCX 通过 R2 的路由更优。于是，PCA 就可以使用 R2 作为下一跳路由器，以便更加直接地转发后续数据包了。

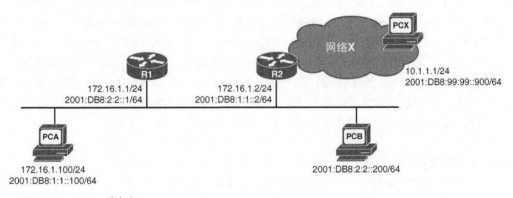

图 1-23 ICMP 重定向

ICMPv6（IP 第 6 版的 ICMP）重定向消息与 ICMPv4 重定向消息的功能相同，但前者还包含了一个额外的特性。在图 1-23 中，PCA 和 PCB 位于不同的 IPv6 网络中。R1 是 PCA 的 IPv6 默认网关。PCB 与 PCA 位于相同以太网段，但处于不同的 IPv6 网络之中。在发送 IPv6 包给 PCB 时，PCA 会将数据包发送给其默认网关 R1。而 R1 也会采用与 IPv4 相似的做法，将这个 IPv6 数据包转发给 PCB，但与 IPv4 的 ICMP 不同之处在于，它将会向 R1 发送一条 ICMPv6 重定向消息，通知其 PCA 有更优路由。于是，PCA 可以直接将后续的 IPv6 数据包发送给 PCB 了，虽然 PCB 位于不同的 IPv6 网络中。

1.5 实施 RIPng

RIP 是一种在小型网络中使用的 IGP 协议。它是一种以跳数作为路由度量的距离矢量路由协议。RIP 有三个版本，即 RIPv1、RIPv2 和 RIPng。RIPv1 和 RIPv2 在 IPv4 网络中执行路由。而 RIPng 则用于在 IPv6 网络中进行路由。

在完成本节内容的学习后，读者应该能够：

- 描述 RIP 的一般特征；
- 描述如何对 RIPng 进行基本的配置和验证；
- 描述如何通过配置 RIPng 来共享默认路由；
- 分析 RIPng 数据库。

1.5.1 RIP 概述

RIP 是最老的路由协议之一，它是一种标准化的 IGP 路由协议，能够工作在混合供应商的路由器环境中。它是配置最简单的路由协议之一，因此适合应用于小型网络环境中。

RIP 是一种使用跳数（即路由器数量）作为度量的距离矢量协议。如果一台设备有两条到达目的网络的路径，那么跳数更少的路径将会被用来转发流量。如果一个网络距离 16 跳或更远，路由器则会认为该网络不可达。

RIP 采用了水平分割这种路由环路避免技术。水平分割的作用是防止从一个接口收到的路由信息再从相同的接口通告出去。带有毒性反转的水平分割是一种类似的技术，但可以发送度量为 16 的更新，而 RIP 认为度量值为 16 的网络是不可达的。这种工作方式的理念是，最好明确告知邻居设备，一条路由是不可达的。当一台路由器上不再拥有去往某个特定网络的路由时，它就会使用路由毒化（将度量设置为 16）来告知自己的邻居。

RIP 也可以在等价链路上执行流量负载分担。默认值为 4 条等价路径之间可以执行负载分担。如果路径最大数量被设置为 1，则设备会禁用负载分担功能。

在图 1-24 中，PC1 正在向 PC2 发送流量。数据包会选择哪条路径呢？RIP 会将选择直接的路径——即通过 100Mbit/s 链路的路径——因为通过这条路径到达目的只需跨越两跳，而通过三条 1Gbit/s 链路的跳数是 4。所以此时，RIP 会选择较差的路径。如 OSPF 或 EIGRP 这样更加先进的协议则不会选择通过 100Mbit/s 链路的那条较差路径。流量会通过 1Gbit/s 链路进行转发。

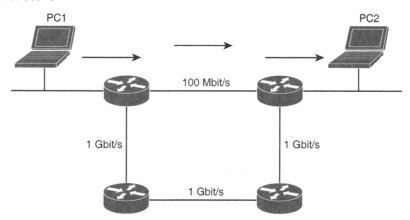

图 1-24 RIP 使用跳数作为度量

RIP 有三个版本：RIPv1、RIPv2 和 RIPng。表 1-5 对 RIPv2 和 RIPng 进行了比较。

表 1-5   RIPv2 和 RIPng 特性比较

特性	RIPv2	RIPng
通告路由	IPv4	IPv6
传输协议	UDP（端口 520）	UDP（端口 521）
使用的组播地址	224.0.0.9	FF02::9
支持 VLSM	是	是
度量	跳数（最大 15）	跳数（最大 15）
管理距离	120	120
路由更新	每 30 秒及拓扑变化时进行	每 30 秒及拓扑变化时进行
支持认证	是	是

RIPv1 是一种有类路由协议，它已经被无类路由协议 RIPv2 所取代了。无类路由协议被视为第二代协议，因为当初设计它们的目的就是解决早期有类路由协议的一些限制。有类网络环境中的一个严重的限制是，路由更新过程中不交换子网掩码，这就要求相同主网络中的所有子网络都要使用相同的子网掩码。RIPv1 被视为是一款传统的、已经过时的协议。

RIPng 的工作方式与 RIPv2 相似。两种协议都是用 UDP 作为传输层协议，都使用组播地址来交换路由更新（RIPv1 使用广播）。因为两协议都是无类的，所以它们也都支持VLSM。两个协议都以跳数作为度量，且管理距离（路由源的可信度）都为 120。对于这两种协议，每 30 秒以及当网络发生变化时，路由更新就会在网络中传播。这两个协议也都支持认证。

RIPv2 和 RIPng 有两个主要的区别：

■   RIPv2 通告 IPv4 的路由，并使用 IPv4 进行传送，而 RIPng 通告 IPv6 的路由并使用 IPv6 进行传送；

■   RIPng 的配置与 RIPv2 的配置相比有很大不同。

1.5.2   RIPv2 概述

本节为不太熟悉 RIP 配置的读者展示了一个简单的 RIPv2 配置示例。配置 RIPv2 的方法与配置 EIGRP 相似。

在图 1-25 中，所有路由器都配置了基本的管理特性，且参考拓扑中标记出的所有接口都已经进行了配置且已经启用。网络中没有配置静态路由，也没用启用路由协议；因此当前远程网络是无法访问的。在本网络中，需要以 RIPv2 作为动态路由协议使用。

要启用 RIP 协议，需要使用 **router rip** 命令进入路由器配置模式。要对某个网络执行RIP 路由器，需要使用 **network** *network-address* 路由器配置模式命令，并输入每个直连网络的有类网络地址。**version 2** 命令的作用是启用 RIPv2。

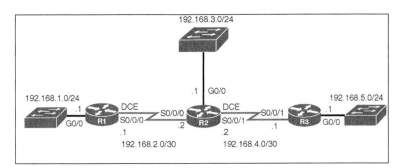

图 1-25 RIPv2 拓扑

例 1-4 显示了路由器 R1 上的 RIPv2 配置。

例 1-4 *R1 上的 RIPv2 配置*

```
R1(config)# router rip
R1(config-router)# network 192.168.1.0
R1(config-router)# network 192.168.2.0
R1(config-router)# version 2
R1(config-router)#
```

在默认情况下，RIPv2 会自动在主类网络边界汇总网络，将路由汇总为有类网络地址。如果有断开或不连续的子网，则有必要禁用自动路由汇总，通告子网来确保所有网络的可达性。当路由汇总被禁用时，协议会在有类网络边界发送子网路由信息。

如需修改 RIPv2 的默认自动汇总行为，可以使用路由器配置模式命令 **no auto-summary**：

```
Router(config-router)# no auto-summary
```

ip summary-address rip *ip-address network-mask* 接口命令的作用是汇总特定接口下的地址或子网，这称为手工汇总。管理员只能给每个有类子网配置一个汇总地址。下面的示例指定了 IP 地址和网络掩码，标识了要被汇总的路由：

```
Router(config-if)# ip summary-address rip 10.2.0.0 255.255.0.0
```

管理员可以使用 **show ip protocols** 命令来验证目前使用的是自动汇总还是手工汇总。

> 注释 RIP 路由汇总不支持超网通告（通告小于有类主网的网络前缀），除非这个网络是通过路由表中学习到的超网。

1.5.3 配置 RIPng

下面，我们会首先介绍图 1-26 拓扑中，R2 上的基本 RIPng 配置。R1 上已经预配好了 RIPng 协议。此外，R1 上也已配置了一条静态路由，用来将所有未知的流量路由到 Internet 中。在本节稍后，我们会通过配置 R1，让它与 R2 通过 RIPng 共享这条默认路由。

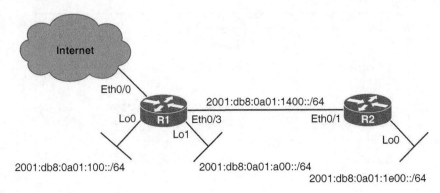

图 1-26 RIPng 拓扑

1. 基本的 RIPng 配置

接下来，需要使用 **ipv6 unicast-routing** 命令来启用 IPv6 路由，如例 1-5 所示。IPv4 路由在 Cisco 路由器上默认就会启用，但 IPv6 路由则并非如此。

例 1-5 ipv6 unicast-routing 命令

```
R2> enable
R2# configure terminal
Enter configuration commands, one per line. End with CNTL/Z.
R2(config)# ipv6 unicast-routing
```

在 R2 上，使用 **ipv6 router rip** *name* 命令启用 RIPng，将进程名称设置为 CCNP_RIP。邻居路由器之间的路由进程名称无须相同。

```
R2(config)# ipv6 router rip CCNP_RIP
```

尝试配置 RIPng 路由进程时，如果未启用 IPv6 路由，**ipv6 router rip** *name* 命令就无法使用。

在 R2 上，使用 **show ipv6 interface brief** 验证 Ethernet0/1（连接 R1）和 Loopback0（模拟 R2 的 LAN）配置了 IPv6 地址。

注意在例 1-6 中，两个接口上都各配置了两个 IPv6 地址。以"2001"开头的地址是全局 IPv6 地址，这个 IPv6 地址是使用 **ipv6 address** *ipv6_address/prefix* 命令配置的。"FE80"是链路本地地址，这个地址是在配置全局 IPv6 地址时自动获取的，如果刚刚在接口配置模式下通过命令 **ipv6 enable** 启用 IPv6，接口也会自动获取链路本地地址。链路本地地址会在交换路由信息时使用。

例 1-6 show ipv6 interface brief 命令

```
R2# show ipv6 interface brief
Ethernet0/0             [administratively down/down]
    unassigned
```

（待续）

```
Ethernet0/1              [up/up]
    FE80::A8BB:CCFF:FE00:2010
    2001:DB8:A01:1400::2
Ethernet0/2              [administratively down/down]
    unassigned

<Output omitted>

Ethernet3/3              [administratively down/down]
    unassigned
Loopback0                [up/up]
    FE80::A8BB:CCFF:FE00:2000
    2001:DB8:A01:1E00::1
```

如例 1-7 所示，管理员在 R2 上使用 **ipv6 rip** *name* **enable** 接口命令在接口 Ethernet0/1 和 Loopback0 上启用了 RIPng。如果该接口没有启用 IPv6，而管理员却尝试为其启用 RIPng，那么 **ipv6 rip** *name* **enable** 命令则会被拒绝。

例 1-7　在接口上启用 RIPng

```
R2(config)# interface ethernet 0/1
R2(config-if)# ipv6 rip CCNP_RIP enable
R2(config-if)# interface loopback 0
R2(config-if)# ipv6 rip CCNP_RIP enable
```

如果忘记使用 **ipv6 router rip** *name* 命令创建路由进程，而又在接口上启用了 RIPng，设备会接受启用 RIPng 的命令。此时，Cisco IOS 会自动创建 RIPng 进程。

假设用户在配置 RIPng 的第 2 步中，创建了名为 CCNP_RIP 的 RIPng 路由进程，但在第 4 步中却犯了一个错误：在接口上使用了 CCNP_PIR 进程名启用 RIPng。这条命令并不会被拒绝。Cisco IOS 会创建一个新的名为 CCNP_PIR 的 RIPng 进程。此时设备上就会出现两个路由进程，一个是用户直接创建的，另一个是 Cisco IOS 替用户创建的。因为 RIPng 进程名只在本地有意义，且两接口都会被包含在相同的路由进程中，所以 RIPng 的配置可以正常工作，即使管理员定义了两个名称不同的进程。

如例 1-8 所示，管理员在 R2 上输入了 **show ipv6 protocols** 命令。**show ipv6 protocols** 命令可以显示出所有配置的 IPv6 协议信息。此时，因为设备上只配置了 RIPng，因此这条命令的输出信息列出了启用 RIPng 的接口。

例 1-8　show ipv6 protocols 命令

```
R2# show ipv6 protocols
IPv6 Routing Protocol is "connected"
IPv6 Routing Protocol is "ND"
```

（待续）

```
IPv6 Routing Protocol is "rip CCNP_RIP"
  Interfaces:
    Loopback0
    Ethernet0/1
  Redistribution:
    None
```

　　如例 1-9 所示，管理员在 R2 上使用了 **show ipv6 route** 命来验证 IPv6 路由表。注意，R2 从 R1 那里学习了两个 LAN 网络的信息。

例 1-9　R2 的 IPv6 路由表

```
R2# show ipv6 route
IPv6 Routing Table - default - 7 entries
Codes: C - Connected, L - Local, S - Static, U - Per-user Static route
       B - BGP, R - RIP, I1 - ISIS L1, I2 - ISIS L2
       IA - ISIS interarea, IS - ISIS summary, D - EIGRP, EX - EIGRP external
       ND - ND Default, NDp - ND Prefix, DCE - Destination, NDr - Redirect
       O - OSPF Intra, OI - OSPF Inter, OE1 - OSPF ext 1, OE2 - OSPF ext 2
       ON1 - OSPF NSSA ext 1, ON2 - OSPF NSSA ext 2
R   2001:DB8:A01:100::/64 [120/2]
       via FE80::A8BB:CCFF:FE00:130, Ethernet0/1
R   2001:DB8:A01:A00::/64 [120/2]
       via FE80::A8BB:CCFF:FE00:130, Ethernet0/1
C   2001:DB8:A01:1400::/64 [0/0]
       via Ethernet0/1, directly connected
L   2001:DB8:A01:1400::2/128 [0/0]
       via Ethernet0/1, receive
C   2001:DB8:A01:1E00::/64 [0/0]
       via Loopback0, directly connected
L   2001:DB8:A01:1E00::1/128 [0/0]
       via Loopback0, receive
L   FF00::/8 [0/0]
       via Null0, receive
```

　　路由表中 RIPng 路由的度量显示为 2。在 RIPng 中，发送方路由器认为自己已经有一跳远；因此，R1 使用度量 1 通告其 LAN。当 R2 收到更新时，会给度量值增加跳数 1。因此，R2 就会认为 R1 的 LAN 在两跳之外。

　　注释　RIPv2 和 RIPng 在计算远程网络的跳数上存在显著的区别。在 RIPng 中，路由器在接收到 RIPng 更新时就会给度量值加 1，然后在 IPv6 路由表中用该度量值标识对应的网络。在 RIPv1 和 RIPv2 中，路由器接收到 RIP 更新，在其 IPv4 路由表中使用该度量标识网络，然后在发送更新给其他路由器之前将度量值加 1。这种操作方式的效果是，RIPng 的跳数度量比 RIPv1 和 RIPv2 大 1。

IPv6 中没有有类网络的概念，所以在 RIPng 中没有任何自动路由汇总机制。要想使用手工汇总的方式，让 RIPng 在接口上通告汇总的 IPv6 地址，需要在接口配置模式下使用 **ipv6 rip summary-address** 命令来实现。

在例 1-10 中，R1 上的两个环回接口被 RIPng 进程 CCNP_RIP 从 Ethernet 0/3 接口汇总通告了出去。

例 1-10 ipv6 rip summary-address 命令

```
R1(config)# interface Ethernet 0/3
R1(config-if)# ipv6 rip CCNP_RIP summary address 2001:db8:A01::/52
```

汇总 IPv6 前缀的过程与汇总 IPv4 网络的过程相同。2001:DB8:A01:100::/64 和 2001:DB8:A01:A00::/64 前缀的前 52 位相同，因此可以表示为 2001:DB8:A01::/52。

2. 传播默认路由

在图 1-27 中，管理员给 R1 配置了一条静态默认路由，用来将所有未知流量发往 Internet。

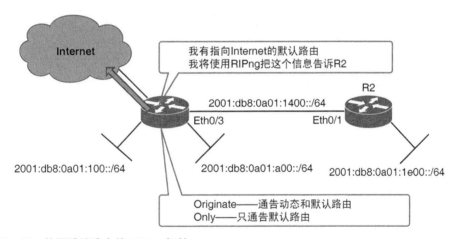

图 1-27 使用默认路由的 RIPng 拓扑

如果希望 R1 与 R2 共享默认路由，需要使用下面的命令来实现：

```
R1(config-if)# ipv6 rip name default-information originate | only
```

管理员需要在接口配置模式中输入这条命令。在本例中，管理员需要进入 Ethernet 0/3 的接口配置模式，因为 R1 就是通过这个接口连接到 R2 的。

通过 RIPng 共享默认路由信息有两种方式。

■ 第一种方式是通过 **originate** 关键字指定。此时，R1 会共享默认路由信息以及所有其他路由的信息（例如，R1 的 LAN 网络）。

■ 第二种方式是通过 **only** 关键字来共享默认路由信息。使用 **only**，R1 就只会与 R2

共享默认路由。

注意 **default-information originate** 命令会向邻居路由器通告默认路由，即使路由器的路由表中并没有本地默认路由。

R1 上有一条预配的 IPv6 路由。这条默认路由会将流量路由给 Internet。管理员可以在 R1 上，使用 **ipv6 rip** *name* **default-information originate** 命令将默认路由共享给 R2。RIPng 进程的名称是 CCNP_RIP。管理员应当在 Ethernet 0/3 接口的配置模式中输入这条命令。

在例 1-11 中，R1 会将其默认路由以及所有其他的 RIPng 路由通过 RIPng 路由进程共享给 R2。

例 1-11　在 R1 上传播默认路由

```
R1(config)# interface Ethernet 0/3
R1(config-if)# ipv6 rip CCNP_RIP default-information originate
```

在 R2 上，管理员可以使用 **show ipv6 route rip** 命令来验证 R2 是否已经共享了自己的默认 IPv6 路由。

注意在例 1-12 中，R2 在 IPv6 路由表里已经有了默认路由。这条路由是通过 RIPng 学习过来的。此外，读者也可以看到，除了默认路由之外，R2 也学习到了所有其他的 RIPng 路由。

例 1-12　R2 的 IPv6 路由表

```
R2# show ipv6 route rip
IPv6 Routing Table - default - 9 entries
Codes: C - Connected, L - Local, S - Static, U - Per-user Static route
       B - BGP, R - RIP, I1 - ISIS L1, I2 - ISIS L2
       IA - ISIS interarea, IS - ISIS summary, D - EIGRP, EX - EIGRP external
       ND - ND Default, NDp - ND Prefix, DCE - Destination, NDr - Redirect
       O - OSPF Intra, OI - OSPF Inter, OE1 - OSPF ext 1, OE2 - OSPF ext 2
       ON1 - OSPF NSSA ext 1, ON2 - OSPF NSSA ext 2
R    ::/0 [120/2]
     via FE80::A8BB:CCFF:FE00:130, Ethernet0/1
R    2001:DB8:A01:100::/64 [120/2]
     via FE80::A8BB:CCFF:FE00:130, Ethernet0/1
R    2001:DB8:A01:A00::/64 [120/2]
     via FE80::A8BB:CCFF:FE00:130, Ethernet0/1
```

如例 1-13 所示，管理员在 R1 的 Ethernet 0/3 接口上输入了 **ipv6 rip** *name* **default-information only** 命令。使用这条命令之后，R1 就只会通过 RIPng 路由进程与 R2 共享默认路由。

例 1-13　在 R1 上使用 only 仅传播默认路由

```
R1(config)# interface Ethernet 0/3
R1(config-if)# ipv6 rip CCNP_RIP default-information only
```

ipv6 rip *name* **default-information only** 命令会覆盖 **ipv6 rip** *name* **default-information originate** 命令。这两条命令一次只有一条能够生效。

在 R2 上，管理员可以使用 **show ipv6 route rip** 命令来验证 RIPng 仅从 R1 学习了默认路由。

请注意在例 1-14 中，路由器行为的变化。R1 现在仅通过 RIPng 向 R2 通告默认路由。路由更新及 R2 的路由表中都不包含其他的 RIPng 路由。

例 1-14   在 R2 上验证默认路由

```
R2# show ipv6 route rip
IPv6 Routing Table - default - 6 entries
Codes: C - Connected, L - Local, S - Static, U - Per-user Static route
       B - BGP, R - RIP, I1 - ISIS L1, I2 - ISIS L2
       IA - ISIS interarea, IS - ISIS summary, D - EIGRP, EX - EIGRP external
       ND - ND Default, NDp - ND Prefix, DCE - Destination, NDr - Redirect
       O - OSPF Intra, OI - OSPF Inter, OE1 - OSPF ext 1, OE2 - OSPF ext 2
       ON1 - OSPF NSSA ext 1, ON2 - OSPF NSSA ext 2
R    ::/0 [120/2]
     via FE80::A8BB:CCFF:FE00:130, Ethernet0/1
```

行为的变化不是瞬间发生的。将默认路由共享方式从 originate 改为 only 后，R2 不会继续共享非默认路由的信息。然而，R1 仍会在自己的路由表中保留非默认路由，直到这些路由在 180 秒后过期并被路由表移除。管理员可以在 R2 上使用 **clear ipv6 rip** 命令清理 RIPng 进程，来加速上述过程。此时路由器会清除 RIPng 路由并重新学习。注意，在生产网络上不要执行这样的操作。

1.5.4   RIPng 的数据库

show ipv6 protocols 命令显示 RIPng 已经启用，同时显示了启用 RIPng 的接口。**show ipv6 route rip** 命令显示了通过 RIPng 学到的路由。不过，还有一条命令在了解 RIPng 行为时非常有用：**show ipv6 rip**。

例 1-15 中的 **show ipv6 rip** 命令显示了路由器上所有有关 RIPng 路由进程的信息。输出信息的最后一部分还显示了启用 RIPng 的接口——与 **show ipv6 protocols** 命令相似。

例 1-15   在 R2 上验证 RIPng 进程

```
R2# show ipv6 rip
RIP process " CCNP_RIP", port 521, multicast-group FF02::9, pid 138
     Administrative distance is 120. Maximum paths is 16
     Updates every 30 seconds, expire after 180
     Holddown lasts 0 seconds, garbage collect after 120
     Split horizon is on; poison reverse is off
     Default routes are not generated
```

（待续）

```
      Periodic updates 308, trigger updates 1
      Full Advertisement 0, Delayed Events 0
 Interfaces:
    Loopback0
    Ethernet0/1
 Redistribution:
    None
R2#
```

然而，与命令 **show ipv6 protocols** 相比，**show ipv6 rip** 还会显示一些其他的信息，比如使用的接口号、Hello 计时器以及 Dead 计时器。示例中显示的所有设置都是系统默认值。

例 1-16 中的 **show ipv6 rip database** 命令会输出下列信息。

- RIP 进程（一台路由器上可以有多个 RIPng 进程）。
- 路由前缀。
- 路由度量：RIPng 使用跳数作为度量。例中三条路由的度量都为 2。这意味着算上自己的一跳，这台路由器距离目的网络 2 跳。
- installed 和 expired：关键字 installed 表示这条路由在路由表中。如果网络变为不可达状态，路由将在 Dead 计时器到期后变为 expired。输出信息中也会列出已经过期的路由值（单位是秒）。
- expires in：如果这个数倒计时到 0，这条路由就会从路由表中移除并被标识为过期。这个计时器为 Dead 计时器，默认值为 Hello 计时器值的 3 倍——180 秒。

例 1-16　在 R2 上验证 RIPng 数据库

```
R2# show ipv6 rip database
RIP process "CCNP_RIP", local RIB
 2001:DB8:A01:100::/64, metric 2, installed
     Ethernet0/1/FE80::A8BB:CCFF:FE00:7430, expires in 155 secs
 2001:DB8:A01:A00::/64, metric 2, installed
     Ethernet0/1/FE80::A8BB:CCFF:FE00:7430, expires in 155 secs
 2001:DB8:A01:1400::/64, metric 2
     Ethernet0/1/FE80::A8BB:CCFF:FE00:7430, expires in 155 secs
R2#
```

在例 1-17 中，命令 **show ipv6 rip next-hops** 的输出信息中列出了 RIPng 进程以及每个进程下的所有下一跳地址。每个下一跳地址是通过哪个接口学到的也会列在输出信息之中。下一跳可能是这台路由器学习到这条路由的那个 IPv6 RIP 邻居的地址，或者是 IPv6 RIP 通告消息中明确列出的下一跳设备。IPv6 RIP 邻居可以选择使用明确列出的下一跳通告其所有的路由。此时，邻居的地址就不会出现在下一跳的显示中。最后，括号中显示了 IPv6 RIP 路由表中使用这个下一跳的路由数量。

例 1-17 在 R2 上验证 RIPng 下一跳地址

```
R2# show ipv6 rip next-hops
 RIP process "CCNP_RIP", Next Hops
  FE80::A8BB:CCFF:FE00:7430/Ethernet0/1 [3 paths]
R2#
```

1.6 总结

在本章中，读者了解了路由协议的分类，学习了多种网络技术，连接远程站点到中心站点的方法以及 RIPng。本章的内容涵盖了下列主题。

- 企业网络中静态路由和动态路由协议的作用。
- IGP 和 EGP 路由协议的区别。
- 三种类型的路由协议：距离矢量、链路状态和路径矢量。
- 收敛时间的重要性以及路由汇总是如何减少收敛时间并提升可扩展性的。
- 四种流量类型：单播、组播、任播和广播。
- 点到点、广播和 NBMA 网络的区别。
- 点到点子接口是如何克服 NBMA 网络限制的。
- 如何使用 VPN 给公有 Internet 提供安全性。
- 常见的 VPN 类型：基于 MPLS 的 VPN、GRE+IPsec 以及 DMVPN。
- 客户如何使用路由协议和 3 层 MPLS VPN 与服务提供商互连。
- 静态 GRE 隧道如何建立虚拟点到点链路并支持动态路由协议。
- 使用 DMVPN，通过简单的星型配置提供全网状的 VPN 互连。
- DMVPN 与 NHRP、mGRE 和 IPsec 技术之间的关系。
- RIPv2 和 RIPng 的区别和相似之处。
- 如何配置 RIPng。
- 在 RIPng 中如何传播默认路由。
- 本章中的一些关键内容在于收敛时间、是否支持汇总以及扩展能力是如何影响人们选择路由协议的。通过 NBMA 网络建立路由协议时，建议使用点到点子接口。DMVPN 可以作为一种可扩展的方案。RIPng 是支持 IPv6 的简单 IGP 协议。

1.7 复习题

回答以下问题，并在附件 A 中查看答案。

1. 什么是收敛的网络？
2. 静态路由的两个缺点是什么？
   a. 要想反映拓扑的变化就必须重新进行配置
   b. 度量复杂
   c. 涉及收敛

　　　d．无动态路由发现功能

3．**show ip route** 和 **show ipv6 route** 命令通常会提供以下哪两项信息？

　　　a．下一跳

　　　b．度量值

　　　c．CDP

　　　d．主机名

4．以下哪一项不是动态路由协议？

　　　a．RIPv1

　　　b．CDP

　　　c．EIGRP

　　　d．BGP

　　　e．RIPv2

5．什么是度量值？

　　　a．路由算法使用的测量标准

　　　b．用来管理网络资源的一组技术

　　　c．TCP/IP 网络中的域间路由

　　　d．限制输入或输出传输速率的服务

6．以下哪项不是路由协议的分类？

　　　a．链路状态

　　　b．默认

　　　c．路径矢量

　　　d．距离矢量

7．什么是自动汇总？

8．RIPng 的默认管理距离是多少？

　　　a．90

　　　b．100

　　　c．110

　　　d．120

9．将每种路由协议特性及其描述配对。

　　　距离矢量协议

　　　链路状态协议

　　　收敛时间

　　　扩展性

　　　EGP

　　　IGP

　　　a．工作在自治系统内

b. 工作在自治系统间

c. 描述了路由协议对变化作出响应所需的时间

d. 描述支持网络增长的能力

e. 仅与邻居交换最优路由

f. 每台路由器自己确定最优路径

10. 哪三项优势是路由汇总的结果？（选三项）

a. 路由表更小

b. 使用的 IP 地址更少

c. 路径选择更加精确

d. 路由更新数量更少

e. 提升收敛速度

11. IPv6 支持哪三种类型的地址？（选三项）

a. 单播

b. 组播

c. 任播

d. 广播

12. 现代 IGP 路由协议默认使用哪种类型的流量来发送通告？

a. 单播

b. 组播

c. 任播

d. 广播

13. 通过 Internet 连接两个远程站点的 GRE 隧道支持封装动态路由协议。

a. 对

b. 错

14. 将每种 DMVPN 组件与其功能配对。

__IPSec

__mGRE

__NHRP

a. 提供了一种可扩展的隧道框架

b. 提供了分支之间动态发现的能力

c. 为密钥提供了管理和传输保护的功能

15. 关于 RIPng，下列哪种说法是正确的？

a. 它只能在 IPv4 网络中进行路由

b. 它使用跳数作为度量值

c. 它是一种链路状态协议

d. 它可路由最多 17 跳远的网络

本章会讨论下列内容：

■ 建立 EIGRP 邻居关系；

■ 构建 EIGRP 拓扑表；

■ 优化 EIGRP 的工作方式；

■ 配置 IPv6 的 EIGRP；

■ 配置命名的 EIGRP。

第 2 章

EIGRP 部署

增强型内部网关协议（Enhanced Interior Gateway Routing Protocol，EIGRP）是一种由 Cisco 设计的高级距离矢量型路由协议。EIGRP 的基本配置简单易懂，因此在小型网络中得到了广泛的应用。EIGRP 的高级特性则可实现快速收敛、高扩展性并且可以对多种协议进行路由，能够满足复杂网络环境的需求。

EIGRP 同时支持 IPv4 和 IPv6。虽然在 IPv4 和 IPv6 中，EIGRP 的标准配置方式有所区别，但在刚刚引入的命名 EIGRP 配置模式下，它们的配置方式已经实现了统一。

在完成本节内容的学习后，读者应该能够：

- 解释 EIGRP 的邻居关系；
- 解释 EIGRP 如何选择网络中的最佳路径；
- 通过 EIGRP 配置末节路由、路由汇总和负载分担；
- 配置基本的 IPv6 EIGRP，并使用路由汇总进行优化；
- 通过命名的配置模式来配置 EIGRP。

2.1 建立 EIGRP 邻居关系

EIGRP 是作为较老的内部网关路由协议（Interior Gateway RoutingProtocol，IGRP）的增强版本进行开发的，与高级内部网关协议有许多相同的特点，比如高速收敛、部分更新以及支持多个网络层协议的能力。配置 EIGRP 的第一步是在多种接口类型上建立 EIGRP 邻居关系。重要的是要知道如何验证这些关系已经妥善建立，以及 Hello、保持计时器这样的参数和不同的 WAN 技术是如何影响会话建立的。

在完成本节内容的学习后，读者应该能够：

- 描述 EIGRP 的特征；
- 描述 EIGRP 是如何确保可靠传输的；
- 描述 EIGRP 将路由添加到路由表中的步骤；
- 修改 EIGRP 计时器；
- 描述帧中继网络中，EIGRP 在何处建立邻接关系；
- 描述在 3 层 MPLS VPN 网络中，EIGRP 在何处建立邻接关系；
- 描述在 2 层 MPLS VPN 以太网络中，EIGRP 在何处建立邻接关系。

2.1.1 EIGRP 的特征

EIGRP 不同于其他路由协议的关键性能包括快速收敛、支持可变长子网掩码（Variable-Length Subnet Masking，VLSM）、部分更新以及支持多种网络层协议。有关这款协议的设计及其架构的基本描述，已经通过指导性 RFC 的形式进行了发布，因此 Cisco 得以在控制 EIGRP 和客户体验的同时，将这项协议开放给其他厂商，以提升 EIGRP 的互操作性。

EIGRP 是 Cisco 的私有协议，这项协议将链路状态型协议和距离矢量型协议的优势结合了起来。不过，EIGRP 是一种距离矢量路由协议。EIGRP 包含了很多 RIP 等其他距离矢量协议中所没有的高级特性，这也正是 EIGRP 被称为高级距离矢量路由协议的原因。

EIGRP 和它的前身 IGRP 一样容易配置，而且适用于大量的网络拓扑。但是，让 EIGRP 成为高级距离矢量协议的原因，在于这项协议中增加了许多链路状态协议的特性，比如动态的邻居发现等。EIGRP 是增强型的 IGRP，因为它在任何时候都可以进行快速收敛，并且保证拓扑是无环的。这项协议的特性包括下面这些。

- **快速收敛**：EIGRP 使用扩散更新算法（Diffusing Update Algorithm，DUAL）来实现快速收敛。运行 EIGRP 的路由器会将自己邻居的路由表储存起来，因此可以快速适应网络的变化。如果本地路由表中没有合适的路由，且拓扑表中也没有合适的备份路由，EIGRP 才会询问邻居来发现替换路由。直至找到替换路由或者确定没有替换路由存在时，EIGRP 才会停止发送查询消息。
- **部分更新**：EIGRP 发送部分触发更新而不是周期更新。只有当路径发生变化或路由度量值发生变化时才会发送。这些更新消息中只会包含变化的链路信息，而不会包含整个路由表中的信息。部分更新的传播会被自动限制，以便保证唯有需要这些信息的路由器才会接收到这些更新。因此，与 IGRP 相比，EIGRP 所消耗的带宽显著降低。这种工作方式也与链路状态协议的工作方式不同，链路状态协议会将变化发送更新给区域内的所有路由器。
- **支持多种网络层协议**：EIGRP 使用负责特定网络层协议需求的模块来支持 IP 第 4 版（IPv4）和 IP 第 6 版（IPv6）。在 IPv4 和 IPv6 网络中部署 EIGRP 时，它的快速收敛及复杂的度量计算系统可以提供优越的性能和稳定性。
- **使用组播和单播**：EIGRP 会使用组播和单播，而不是广播来建立路由器之间的通信。因此，终端站点不会受到路由更新或查询消息的影响。IPv4 的 EIGRP 使用的组播地址是 224.0.0.10，而 IPv6 的 EIGRP 使用的组播地址则是 FF00::A。

> **注释** EIGRP 曾经被称为混合型协议，鉴于这种说法并不准确，因此目前已经不再使用。EIGRP 不是距离矢量和链路状态路由协议的组合，而是拥有一些链路状态协议特征的距离矢量路由协议。因此，我们目前一般会用高级距离矢量这种说法来描述 EIGRP 协议。

EIGRP 的其他特性还包括下面这些。

- **支持 VLSM**：EIGRP 是一种无类路由协议，所以它会通告每个目的网络的子网掩码。因此，EIGRP 可以支持不连续的子网和 VLSM。
- **跨越所有数据链路层协议和拓扑的无缝连通性**：EIGRP 不需进行特殊的配置就能跨越任何 2 层协议进行工作。其他路由协议，比如开放最短路径优先（Open Shortest Path First，OSFP）协议，则在配置方面对于以太网和帧中继等不同的 2 层协议存在不同的要求。EIGRP 的设计初衷是在 LAN 和 WAN 环境中进行有效的操作。EIGRP 的标准中包含了对 WAN 专用点到点链路和非广播多路访问（NonBroadcast Multi-Access，NBMA）拓扑的支持。在跨越 WAN 链路建立邻居关系时，EIGRP 可以适应不同类型的介质和速率，并且可以通过配置来限制协议在 WAN 链路上使用的带宽总量。
- **复杂的度量值**：EIGRP 是通过 32 位数来表示度量值的，因此足够精确。EIGRP 支持非等价度量负载分担，因此管理员可以在网络中更加高效地分配流量。

> **注释** IP 这个术语是 IP 的统称，包含 IPv4 和 IPv6。除此之外，如果特指 IP 协议的版本，可以分别使用术语 IPv4 和 IPv6 进行表述。

> **注释** 虽然本章中也有一些回顾性的内容，但这一章默认读者拥有 CCNA EIGRP 的基本知识。如果读者需要更全面地回顾 EIGRP 或其他路由协议，可以参见 *Routing Protocols Companion Guide*（Cisco Press，2014）。

2.1.2 EIGRP 特性

EIGRP 中使用的关键技术之一是可靠传输协议（Reliable Transport Protocol，RTP），这项技术的作用是实现可靠的信息交换。

如图 2-1 所示，EIGRP 直接运行在 IP 层上，其协议号为 88。RTP 是 EIGRP 中的一项组件，负责把 EIGRP 数据包可靠、有序地传输给所有邻居设备。它支持将组播或单播数据包混合进行传输。在网络段上使用组播时，数据包会被发送给 EIGRP 的预留组播地址：在 IPv4 中，这个地址为 224.0.0.10，在 IPv6 中为 FF02::A。

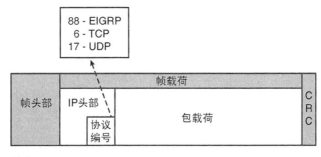

图 2-1 EIGRP 封装

由于效率原因，RTP 仅会采用可靠的方式来发送特定的 EIGRP 数据包，接收方需要发送一条 EIGRP 确认消息。例如，在以太网这类有组播能力的多路访问网络中，不需要以可靠方式单独向所有邻居发送 Hello 包。此时，EIGRP 会发送一个组播 Hello 包，其中包含一个标识符，告知接收方这个数据包不需要确认。其他类型的包，比如更新包，则包含表示需要确认的标识符。可靠传输协议可以快速发送组播包，即使还有数据包未经确认也会继续发送。在链路拥有多种速率的情况下，协议的这项特性有助于将网络收敛时间保持在一个比较低的水平。

2.1.3 EIGRP 操作概述

EIGRP 协议的操作是基于存储在三个表中的信息来实现的：邻居表、拓扑表和路由表。

存储在邻居表中的主要信息是一组 EIGRP 路由器已经与之建立邻接关系的邻居设备。标识邻居的是其主 IP 地址和指向该邻居的直连接口。

拓扑表包含邻居路由器通告的所有目的路由。拓扑表中的每个条目都与通告该目的网络的那些邻居相互关联。拓扑表中会记录每个邻居所通告的度量值。这个度量值是邻居存储在路由表中，标识到达特定目的的度量值。另一个重要的信息是这台路由器到达同一个目的网络的度量值。这个度量值是邻居通告的度量加上到达邻居的链路开销。到达目的网络度量值最优的路由称为后继路由（successor），这种路由会被放在路由表中并通告给其他邻居。

在 EIGRP 中，建立和发现邻居路由的过程会同时进行。以图 2-2 中的拓扑为例，这个过程可以概括为如下所示。

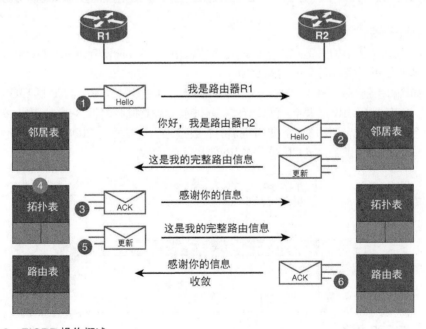

图 2-2　EIGRP 操作概述

1. 一台新的路由器（此例中为路由器 R1）在链路上启动，并通过所有配置了 EIGRP 的接口对外发送 Hello 包。

2. 在一个接口上接收到 Hello 包的路由器（R2）通过更新数据包进行应答，这个数据包中包含了路由表中的所有路由，但不包含通过该接口学习到的路由（水平分割）。R2 向 R1 发送一个更新包 1，但在 R2 发送 Hello 包给 R1 之前，邻居关系尚未建立。来自 R2 的更新包设置了初始化位，表示这是初始化过程。更新包中会包含邻居（R2）所知道的路由信息，其中包括邻居为每个目的通告的度量值。

3. 在两台路由器都交换了 Hello 包且邻居邻接关系也已经建立起来之后，R1 会向 R2 回复一个 ACK 数据包，表示自己接收到了更新信息。

4. R1 提将所有更新包的信息提取到拓扑表中。拓扑表包含所有相邻的邻接路由器通告的目的网络。表中会列出每个目的、所有可以到达目的的邻居，以及它们对应的度量值。

5. R1 给 R2 发送一个更新包。

6. 收到更新包后，R2 向 R1 发送一个 ACK（确认）数据包。

在 R1 和 R2 成功交换更新包之后，它们就可以使用拓扑表中的后继路由来更新自己的路由表了。

2.1.4　IPv4 EIGRP 的基本配置与验证

本节会使用图 2-3 中的拓扑讨论基本的 EIGRP 配置，包括如何配置 EIGRP 进程，分析邻居邻接关系，以及配置不同的 Hello 和保持计时器。本节还会介绍如何通过配置被动接口来优化 EIGRP 的工作方式。

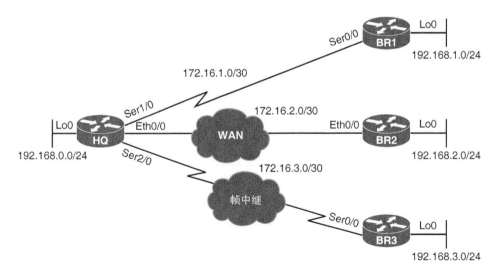

图 2-3　基本的 EIGRP 拓扑

例 2-1 中显示了使用 **network** 命令和自治系统编号 100 在两个接口上启用 EIGRP 的配

置方法。

例 2-1 在 BR1 上配置 EIGRP

```
BR1> enable
BR1# configure terminal
Enter configuration commands, one per line. End with CNTL/Z.
BR1(config)# router eigrp 100
BR1(config-router)# network 172.16.0.0
BR1(config-router)# network 192.168.1.0
```

要想在两台路由器之间建立 EIGRP 邻居关系，两台路由器必须都属于相同的自治系统。自治系统编号在路由器上唯一地标识 EIGRP 进程，并且会用来定义 EIGRP 路由域。来自相同路由域的路由器会相互交换 EIGRP 路由，这些路由会被标记为 EIGRP 内部路由。有不同自治系统编号的路由器则不会交换路由信息。在两个独立的 EIGRP 域中，有不同自治系统编号的路由器必须配置重分布才能共享路由信息。

为在路由器上启用 EIGRP 路由进程，需使用 **router eigrp** *autonomous-system-number* 命令进行配置。

使用 **network** *ip-address* [*wildcard-mask*]命令可将一或多个本地接口包含在 EIGRP 进程中。与 **network** 命令相匹配的接口会启用 EIGRP 并开始收发 EIGRP 数据包。

反掩码是可选的，如果省略的话，EIGRP 进程就会假设属于这个主类网络的所有直连网络都会参与路由进程。EIGRP 会尝试通过属于 A、B 或 C 类网络的每个接口建立邻居关系。例如，如果接口上有两个 B 类子网 172.16.1.0/30 和 172.16.2.0/30，而且 **network 172.16.0.0** 命令没有配置反掩码，那么这两个接口就都会包含在 EIGRP 进程中。EIGRP 在确定要将哪些接口包含在 EIGRP 中时，会使用 B 类网络的默认反掩码（0.255.255.255）。

下一步是在 BR2 上配置 EIGRP，如例 2-2 所示。反掩码参数的作用是限制将哪些接口包含在 EIGRP 进程中。若只希望将 172.16.2.0/30 子网包含在 EIGRP 进程中，必须输入命令 **network 172.16.2.0 0.0.0.3**。在第三个反掩码组使用全 0 表示 IPv4 网络地址第三段的值必须为 2。最后一组设置为 3，表示最后 3 位不作校验，但其他位必须与 network IP 地址中定义的值相同。

例 2-2 在 BR2 上配置 EIGRP

```
BR2(config)# router eigrp 100
BR2(config-router)# network 172.16.2.0 0.0.0.3
BR2(config-router)# network 192.168.2.1 0.0.0.0
```

> **注释** 反掩码可以视为是反的子网掩码。在反掩码中，网络位由 0 表示，主机位由 1 表示。子网掩码 255.255.255.252 取反为 0.0.0.3。

为了只启用路由器上的特定接口，可以使用反掩码 0.0.0.0 来精确匹配接口地址的四个组。为了启用路由器上的所有接口参与路由进程，可使用地址和反掩码组合 0.0.0.0 255.255.255.255 来匹配所有接口。

接下来，在例 2-3 中，路由器 BR3 的所有接口都在自治系统 100 中启用了 EIGRP 协议。一个 EIGRP 路由域中的每台路由器都是通过其路由器 ID 进行标识的。每当路由器与 EIGRP 邻居通信时，都会使用路由器 ID。EIGRP 路由器 ID 也会用于验证外部路由的源。如果收到的外部路由带有本地路由器的 ID，这条路由就会被丢弃。管理员可以使用 **eigrp router-id** *router-id* 命令手动设置路由器 ID。路由器 ID 是一个 32 位的值，这个值可以配置为除 0.0.0.0 和 255.255.255.255 之外的任何 IPv4 地址。管理员应该给每台路由器配置一个唯一的 32 位值。如果没有手动配置路由器 ID，路由器就会选择最高的环回接口地址作为自己的路由器 ID。如果路由器上没有环回接口，那么它就会选择活跃的本地接口上的最高 IPv4 地址。除非 EIGRP 进程被清除或者管理员手动配置路由器 ID，否则路由器 ID 不会改变。

例 2-3　在 BR3 上配置 EIGRP

```
BR3(config)# router eigrp 100
BR3(config-router)# eigrp router-id 192.168.3.255
BR3(config-router)# network 0.0.0.0 255.255.255.255
```

在 BR1 上，管理员可以使用 **show ip eigrp neighbors** 命令并在最后加上可选关键字 **detail** 来验证 EIGRP 邻居关系，如例 2-4 所示。

例 2-4　在 BR1 上验证 EIGRP 邻居关系

```
BR1# show ip eigrp neighbors
EIGRP-IPv4 Neighbors for AS(100)
H   Address          Interface     Hold    Uptime      SRTT    RTO    Q    Seq
                                   (sec)   (ms)                       Cnt  Num
0   172.16.1.1       Se0/0         13      01:29:20    17      102    0    11
BR1# show ip eigrp neighbors detail
EIGRP-IPv4 Neighbors for AS(100)
H   Address          Interface     Hold    Uptime      SRTT    RTO    Q    Seq
                                   (sec)   (ms)                       Cnt  Num
0   172.16.1.1       Se0/0         14      01:40:47    17      102    0    11
    Version 7.0/3.0, Retrans: 0, Retries: 0, Prefixes: 5
    Topology-ids from peer - 0
```

这条命令的输出显示了自治系统内建立的邻居关系。

- H 列显示了对端会话建立的顺序。
- Address 列显示了 EIGRP 对端的 IP 地址。
- Interface 列显示了连接对端的接口。
- Hold 和 Uptime 列以秒为单位显示了 EIGRP 在宣布对端不可达之前，会等待接收对端消息的总时间，以及邻居关系建立的总时间。

- SRTT 列以毫秒为单位，显示了路由器发送 EIGRP 数据包给其邻居并接收到这个数据包的确认消息所经历的总时间。
- RTO 或重传超时（Retransmission timeou）列显示了路由器在从重传队列发送数据包之前等待的总时间。
- Q 或队列计数列显示了进程等待发送的数据包数量。当网络出现拥塞时，数量就会大于零。

如果使用了关键字 **detail**，那么这条命令还会显示下列信息。

- Retrans 显示了数据包被重传的次数。
- Retries 显示了尝试重传数据包的次数。
- Prefixes 是从对端收到的前缀数量。

在例 2-5 中，管理员使用 **show ip eigrp interfaces** 命令显示了 BR1 上的活跃 EIGRP 接口。

例 2-5　在 BR1 上验证 EIGRP 接口

```
BR1# show ip eigrp interfaces
EIGRP-IPv4 Interfaces for AS(100)
                Xmit Queue    PeerQ        Mean   Pacing Time  Multicast    Pending
Interface  Peers Un/Reliable  Un/Reliable  SRTT   Un/Reliable  Flow Timer   Routes
Se0/0       1      0/0          0/0          17     0/16          88           0
Lo0         0      0/0          0/0          0      0/0           0            0
```

输出信息的 Interface 列描述了哪些接口包含在了 EIGRP 进程中，Peers 列表示通过一个特定的接口直连的 EIGRP 邻居数量。在例 2-6 中，管理员使用了 **show ip eigrp interfaces detail** 命令来查看详细信息，这条命令的输出信息会显示发送数据包的数量、重传数量以及 Hello 间隔、保持时间计时器值等附加信息。

例 2-6　在 BR1 上验证 EIGRP 接口详情

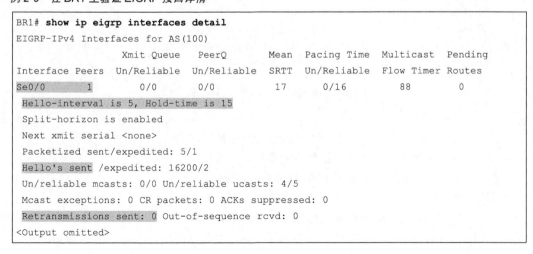

```
BR1# show ip eigrp interfaces detail
EIGRP-IPv4 Interfaces for AS(100)
                Xmit Queue    PeerQ        Mean   Pacing Time  Multicast  Pending
Interface Peers Un/Reliable   Un/Reliable  SRTT   Un/Reliable  Flow Timer Routes
Se0/0       1      0/0          0/0          17     0/16          88         0
 Hello-interval is 5, Hold-time is 15
 Split-horizon is enabled
 Next xmit serial <none>
 Packetized sent/expedited: 5/1
 Hello's sent /expedited: 16200/2
 Un/reliable mcasts: 0/0 Un/reliable ucasts: 4/5
 Mcast exceptions: 0 CR packets: 0 ACKs suppressed: 0
 Retransmissions sent: 0 Out-of-sequence rcvd: 0
<Output omitted>
```

　　在下面的示例中，我们通过 **show ip protocols** 和 **show ip eigrp interfaces** 命令查看了 HQ 路由器上预配的 EIGRP 命令。

　　在例 2-7 中，**show ip protocols** 命令的输出信息显示了哪些网络包含在 EIGRP 进程中，以及存在哪些路由信息源——在此例中，源分别对应属于 BR1、BR2 和 BR3 的 WAN IP 地址。

例 *2-7*　*在 HQ 上验证 EIGRP 网络*

```
HQ# show ip protocols
*** IP Routing is NSF aware ***

Routing Protocol is "eigrp 100"
   <Output omitted>
  Routing for Networks:
   0.0.0.0
  Routing Information Sources:
   Gateway          Distance        Last Update
   172.16.2.2          90            23:04:13
   172.16.3.2          90            23:04:13
   172.16.1.2          90            23:04:13
  Distance: internal 90 external 170
```

　　例 2-8 中输出信息显示了启用 EIGRP 的工作接口。通过输出信息可以看到，Loopback 0 没有和任何路由器配对。换句话说，Loopback 0 接口不会接收到 EIGRP 数据包。LAN 接口也是这样，这个接口上没有连接其他的路由器。为了节省一些资源，并要求路由器停止在特定的接口上发送和接收数据包，可以将这样的接口配置为被动接口。

例 *2-8*　*在 HQ 上验证 EIGRP 接口详情*

```
HQ# show ip eigrp interfaces
EIGRP-IPv4 Interfaces for AS(100)
            Xmit     Queue        PeerQ        Mean   Pacing Time   Multicast    Pending
Interface   Peers    Un/Reliable  Un/Reliable  SRTT   Un/Reliable   Flow Timer   Routes
Et0/0       1        0/0          0/0          1      0/2           50           0
Se1/0       1        0/0          0/0          19     0/16          96           0
Se2/0       1        0/0          0/0          24     0/16          120          0
Lo0         0        0/0          0/0          0      0/0           0            0
```

　　例 2-9 所示为通过命令 **passive-interface default** 将一个接口配置为被动接口。

例 *2-9*　*配置被动接口为默认*

```
HQ(config)# router eigrp 100
HQ(config-router)# passive-interface default
*Sep 24 03:27:31.719: %DUAL-5-NBRCHANGE: EIGRP-IPv4 100: Neighbor 172.16.3.2
```

（待续）

```
  (Serial2/0) is down: interface passive
*Sep 24 03:27:31.719: %DUAL-5-NBRCHANGE: EIGRP-IPv4 100: Neighbor 172.16.1.2
  (Serial1/0) is down: interface passive
*Sep 24 03:27:31.720: %DUAL-5-NBRCHANGE: EIGRP-IPv4 100: Neighbor 172.16.2.2
  (Ethernet0/0) is down: interface passive
```

在 EIGRP 进程下使用 **passive-interface default** 命令时，路由器会立刻停止在所有接口上发送和接收 Hello 包数据和路由更新。配置后，所有现有的邻居关系就会终止。

如需在连接 HQ 和 BR 路由器的那个接口禁用被动接口设置，可使用 **no passive-interface** *interface-name* 命令，如例 2-10 所示。

例 2-10 在 HQ 上禁用被动接口

```
HQ(config-router)# no passive-interface ethernet 0/0
*Sep 24 03:31:16.376: %DUAL-5-NBRCHANGE: EIGRP-IPv4 100: Neighbor 172.16.2.2
  (Ethernet0/0) is up: new adjacency
HQ(config-router)# no passive-interface serial 1/0
*Sep 24 03:31:42.184: %DUAL-5-NBRCHANGE: EIGRP-IPv4 100: Neighbor 172.16.1.2
  (Serial1/0) is up: new adjacency
HQ(config-router)# no passive-interface serial 2/0
*Sep 24 03:31:56.265: %DUAL-5-NBRCHANGE: EIGRP-IPv4 100: Neighbor 172.16.3.2
  (Serial2/0) is up: new adjacency
```

在与 BR 路由器相连的所有接口上配置了 **passive-interface** *interface-name* 命令后，路由器开始发送 EIGRP Hello 和更新消息，EIGRP 邻居关系继而重新建立。

例 2-11 中的 **show ip protocols** 命令验证了 HQ 上的被动接口配置。如输出消息所示，只有接口 Loopback 0 仍旧被配置为被动接口。

例 2-11 在 HQ 上验证被动接口

```
HQ# show ip protocols
*** IP Routing is NSF aware ***
  <Output omitted>
  Routing for Networks:
    0.0.0.0
Passive Interface(s):
Passive Interface(s):
    Loopback0
Routing Information Sources:
    Gateway         Distance      Last Update
    172.16.2.2            90      00:29:44
    172.16.3.2            90      00:29:44
    172.16.1.2            90      00:29:44
  Distance: internal 90 external 170
```

　　要想实时动态地观察 Hello 数据包的发送和接收，可以通过 **debug eigrp packets hello** 命令来调试启用 EIGRP Hello 数据包。在例 2-12 中，管理员在 BR1 上使用 **debug eigrp packets hello** 命令启用了 EIGRP Hello 包的调试。20 秒后，管理员输入 **no debug all** 命令禁用了调试功能。

例 2-12　在 BR1 上观察 EIGRP Hello 包

```
BR1# debug eigrp packets hello
    (HELLO)
EIGRP Packet debugging is on
BR1#
*Sep 24 04:19:50.535: EIGRP: Sending HELLO on Serial0/0
*Sep 24 04:19:50.535: AS 100, Flags 0x0:(NULL), Seq 0/0 interfaceQ 0/0 iidbQ un/
rely 0/0
*Sep 24 04:19:50.877: EIGRP: Received HELLO on Serial0/0 nbr 172.16.1.1
*Sep 24 04:19:50.877: AS 100, Flags 0x0:(NULL), Seq 0/0 interfaceQ 0/0 iidbQ un/
rely 0/0 peerQ un/rely 0/0
BR1#
*Sep 24 04:19:55.232: EIGRP: Sending HELLO on Serial0/0
*Sep 24 04:19:55.232: AS 100, Flags 0x0:(NULL), Seq 0/0 interfaceQ 0/0 iidbQ un/
rely 0/0
*Sep 24 04:19:55.264: EIGRP: Received HELLO on Serial0/0 nbr 172.16.1.1
*Sep 24 04:19:55.264: AS 100, Flags 0x0:(NULL), Seq 0/0 interfaceQ 0/0 iidbQ un/
rely 0/0 peerQ un/rely 0/0
BR1# no debug all
All possible debugging has been turned off
```

　　为了动态学习直连网络上的其他设备，并建立和维系 EIGRP 邻居关系，EIGRP 使用了小型 Hello 数据包。这些数据包会在各类接口上大约每 5 秒周期性发送一次。唯有在低速（T1 或更低）NBMA 网络中，这类数据包默认每 60 秒发一次。这个时间间隔称为 Hello 计时器。

　　EIGRP 会通过 Hello 数据包来判断邻居是否活跃且工作正常。这些数据包中也包含了保持计时器参数，如果邻居停止发送 Hello 包，启用了 EIGRP 的路由器会通过这个参数来判断等待多长时间之后，宣布邻居关系终止。若发生上述情况，EIGRP 就会开始寻找替代的转发路径。保持计时器默认设置为 Hello 间隔的三倍（15 或 180 秒，具体数值取决于下层网络）。

　　例 2-13 显示了使用 **show ip eigrp interfaces detail** 命令在 HQ 上验证 Hello 和保持计时器的示例。

例 2-13　在 HQ 上验证 Hello 和保持计时器

```
HQ# show ip eigrp interfaces detail
EIGRP-IPv4 Interfaces for AS(100)

               Xmit   Queue      PeerQ       Mean   Pacing Time   Multicast   Pending
```

（待续）

```
Interface      Peers   Un/Reliable Un/Reliable   SRTT   Un/Reliable   Flow Timer   Routes
Et0/0            1        0/0         0/0          5       0/2           50           0
  Hello-interval is 5, Hold-time is 15
  <Output omitted>
Se1/0            1        0/0         0/0          13      0/15          71           0
  Hello-interval is 5, Hold-time is 15
  <Output omitted>
Se2/0            1        0/0         0/0          1008    10/400        4432         0
  Hello-interval is 60, Hold-time is 180
  <Output omitted>
```

　　除慢速 NBMA 链路外，Hello 间隔在所有接口上默认为 5 秒。因为 Serial 2/0 使用的是帧中继，默认速率为 1544kbit/s，不大于 T1 速率，所以 Hello 计时器默认为 60 秒。在比 T1 快的 NBMA 链路上，Hello 计时器默认为 5 秒。

　　注意，环回接口不会包含在输出中，因为这个接口仍被配置为被动接口。

　　如例 2-14 所示，在 BR1 上可以使用 **debug eigrp packets hello** 命令来查看 Hello 和保持计时器。在 BR1 上启用调试之后，HQ 上的 Serial 1/0 接口被禁用，调试的结果显示在 BR1 上。

例 2-14　在接口被禁用时观察 EIGRP Hello 包

```
BR1# debug eigrp packets hello
    (HELLO)
EIGRP Packet debugging is on

-------------------------------------------------------------------------------

HQ(config)# interface Serial 1/0
HQ(config-if)# shutdown
HQ(config-if)#
*Apr 9 12:09:53.485: %DUAL-5-NBRCHANGE: EIGRP-IPv4 100: Neighbor 172.16.3.2
(Serial2/0) is down: interface down
HQ(config-if)#
*Apr  9 12:09:55.483: %LINK-5-CHANGED: Interface Serial2/0, changed state to administratively
down
*Apr  9 12:09:56.483: %LINEPROTO-5-UPDOWN: Line protocol on Interface Serial2/0,
changed state to down

BR1#
*Oct 10 13:47:03.981: EIGRP: Received HELLO on Serial0/0 nbr 172.16.1.1
*Oct 10 13:47:03.981: AS 100, Flags 0x0:(NULL), Seq 0/0 interfaceQ 0/0 iidbQ un/
rely 0/0 peerQ un/rely 0/0
*Oct 10 13:47:08.953: EIGRP: Sending HELLO on Serial0/0
*Oct 10 13:47:08.953: AS 100, Flags 0x0:(NULL), Seq 0/0 interfaceQ 0/0 iidbQ un/
rely 0/0
```

（待续）

```
*Oct 10 13:47:13.833: EIGRP: Sending HELLO on Serial0/0
*Oct 10 13:47:13.833: AS 100, Flags 0x0:(NULL), Seq 0/0 interfaceQ 0/0 iidbQ un/
rely 0/0
*Oct 10 13:47:18.457: EIGRP: Sending HELLO on Serial0/0
*Oct 10 13:47:18.457: AS 100, Flags 0x0:(NULL), Seq 0/0 interfaceQ 0/0 iidbQ un/
rely 0/0
*Oct 10 13:47:18.982: %DUAL-5-NBRCHANGE: EIGRP-IPv4 100: Neighbor 172.16.1.1
(Serial0/0) is down: holding time expired
BR1# no debug all
All possible debugging has been turned off
```

在 HQ 上的 Serial 1/0 接口被关闭时，它就不会继续向 BR1 发送 EIGRP Hello 数据包，并立即宣布 EIGRP 邻居关系断开，因为接口关闭。然而，BR1 仍然会认为 EIGRP 邻居关系处于建立状态，直至 BR1 上的保持计时器过期为止。在 15 秒没有收到 Hello 包后，BR1 就会中断 EIGRP 邻居关系。

在邻居关系断开后，一定要在 BR1 上通过命令 **no debug all** 禁用调试。

如果 WAN 链路的 2 层状态能立刻反映端到端连通性的故障，EIGRP 就可以更快地监测邻居故障。

2.1.5 修改 EIGRP 计时器

EIGRP 是基于链路类型确定默认的计时器值。如果默认的值不适用于某些特定的网络拓扑，可以修改 Hello 和保持计时器值。

修改 Hello 和保持计时器的主要原因是为了改善收敛时间。这对于低速 NBMA 链路尤其有吸引力，在低速 NBMA 链路上，默认的 Hello 和保持计时器为 60 秒和 180 秒，这个时间相对比较长。然而，在决定更改默认计时器值之前需要考虑一些注意事项。

与其他的 IGP（如 OSPF，EIGRP）相比，EIGRP 邻居间的 Hello 和保持计时器不需相同就能成功建立 EIGRP 邻居关系；但计时器值不对称可能导致 EIGRP 邻居关系出现震荡以及网络出现不稳定。

例如，如果将链路一端的 Hello 间隔设置为 5 秒，默认保持时间设置为 15 秒，而将另一端 Hello 间隔设置为 30 秒，路由器的邻居关系将建立 15 秒，然后在下一个 15 秒内断开。

如果增加了链路上的 Hello 间隔，就可能导致网络需要更长时间来监测潜在的故障，因此收敛时间也会增加。反过来，如果将 Hello 计时器减小到极小值，则可能导致路由流量对链路产生很高的占用率。

要想更改 EIGRP 计时器，可以使用接口配置命令 **ip hello-interval eigrp** *as-number hello-time-interval* 和 **ip hold-time eigrp** *as-number hold-time-interval*。这些命令中使用的自治系统编号必须与 EIGRP 进程的自治系统编号一致。间隔的值的单位是秒。例 2-15 显示了在 BR3 上修改这些计时器的示例。

例 2-15　在 BR3 上修改并验证 EIGRP Hello 和保持时间计时器

```
BR3(config)# interface serial 0/0
BR3(config-if)# ip hello-interval eigrp 100 10
BR3(config-if)# ip hold-time eigrp 100 30
BR3# show ip eigrp interface detail serial 0/0
EIGRP-IPv4 Interfaces for AS(100)
              Xmit     Queue        PeerQ        Mean    Pacing Time   Multicast     Pending
Interface     Peers    Un/Reliable  Un/Reliable  SRTT    Un/Reliable   Flow Timer    Routes
Se0/0         1        0/0          0/0          1268    0/16          6340          0
  Hello-interval is 10, Hold-time is 30
<Output omitted>
```

2.1.6　帧中继上的 EIGRP 邻居关系

帧中继支持两种不同的接口类型：

■ 模拟多路访问网络的多点逻辑接口；

■ 点到点物理接口或逻辑点到点子接口。

在点到多点子接口上配置 EIGRP 时，要使用一个 IP 子网。为了模拟广播多路访问网络并让 EIGRP 通过帧中继虚电路（Virtual Circuit，VC）发送组播数据包，必须在帧中继静态映射语句中添加关键字 **broadcast**，使用接口配置命令 **frame-relay map ip** *ip-address* *dlci* **broadcast**。

帧中继多点子接口可用于部分网状和全网状拓扑。部分网状帧中继网络必须处理可能的水平分割问题，因为这会阻止路由更新从接收到的接口被重新传输出去。

通过点到点主机接口配置 EIGRP 时，要为每个子接口使用一个不同的 IP 子网。一个帧中继物理接口上可以创建几个点到点子接口。这些是模拟租用线路网络的逻辑接口，与点到点物理接口的路由转发的方式相同。因为点到点子接口有一个数据链路连接标识符（Data-Link Connection Identifier，DLCI），所以不需要静态映射。组播流量在不需要额外配置的情况下就可以进行传输。此外，从拓扑的角度看，EIGRP 认为点到点子接口是独立的物理接口，所以没有发生水平分割问题的可能性。帧中继点到点子接口适用于星型拓扑。

> 注释　有关配置帧中继的更多信息，参见 *Connecting Networks*（Cisco Press，2014）。

2.1.7　在 3 层 MPLS VPN 上建立 EIGRP

通过 3 层多协议标签交换（Multiprotocol Label Switching，MPLS）虚拟专用网（Virtual Private Network，VPN）连接分支机构时，可以直接与服务提供商建立 EIGRP 路由协议。

如图 2-4 所示，3 层 MPLS VPN 给使用点对点 VPN 架构的 Internet 服务提供商（Internet Service Provider，ISP）提供了以下特性：

■ 提供商边界（PE）路由器参与客户路由，确保客户站点之间采用最优方式执行路由转发；
- PE 路由器为每个客户承载一组独立的路由，使得客户之间可以实现完美的相互隔离。

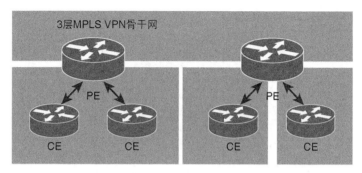

图 2-4　3 层 MPLS VPN

　　3 层 MPLS VPN 的术语中将整体网络划分为客户控制的部分（客户网络，或 C 网络）和提供商控制的部分（提供商网络，或 P 网络）。C 网络邻近的部分被称为站点，这些地方通过客户边界（CE）路由器与 P 网络相连。CE 路由器连接到 PE 路由器，后者是提供商网络的边界设备。提供商网络的核心设备（提供商路由器，或 P 路由器）通过供应商骨干网进行中转传输，这些设备不携带客户路由。

　　在 3 层 MPLS VPN 骨干提供的 3 层骨干网中，CE 路由器会将 PE 路由器视为是路径上额外的客户路由器。为了保持客户信息的独立，PE 路由器会为每个客户维护一个独立的路由表。

　　3 层 MPLS VPN 骨干对 CE 路由器来说就像是一个标准的企业骨干网。CE 路由器运行标准 IP 路由软件并与 PE 路由器交换路由更新，PE 路由器看起来像是客户网络中的正常路由器。从客户的角度看，SP 网络中的骨干路由器是隐藏的，CE 路由器感知不到 3 层 MPLS VPN 的存在。因此，MPLS 骨干网的内部拓扑对于客户来说是透明的。

2.1.8　在 2 层 MPLS VPN 上建立 EIGRP

　　通常，从客户的角度看，有三种不同类型的 2 层 MPLS VPN 方案。
- 客户路由器位于一个城区内，通过本地 2 层 MPLS VPN 交换网络连接。客户流量不经过 SP 骨干网。
- 客户路由器分布在几个地理上相距较远的区域上，需要通过点到点链路穿过 SP 骨干网建立 L2 MPLS VPN 连接。
- 客户路由器分布在几个地理上相距较远的区域上，需要通过多点链路穿过 SP 核心建立 L2 MPLS VPN 连接。从客户的角度看，SP 网络就是一台 LAN 交换机。

　　所谓点到点 MPLS L2 VPN 解决方案，就是 MPLS 骨干在客户路由器之间提供一个 2 层以太网点到点连接。通过点到点 WAN 以太网链路建立 EIGRP 邻居关系时，每个点到点连接都会处于自己的 IP 子网中。在增加分支机构而又希望同时确保分支之间的直接通信时，这种方案的扩展性并不理想。

在多点 MPLS L2 VPN 方案中，所有路由器都属于相同的共享 L2 广播域。图 2-5 所示为一个逻辑网络图。

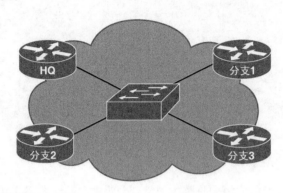

图 2-5　2 层 MPLS VPN

在共享网段上建立 EIGRP 邻居关系时，网段上的每台路由器都会与所有其他的路由器成为邻居。在这样的拓扑中，管理员一般都会在邻居之间配置 EIGRP 认证，以防止未经授权的人员将路由器增加到自己的 WAN 网络中。

2.2　构建 EIGRP 拓扑表

EIGRP 邻居关系一旦建立，就会开始交换路由信息。EIGRP 使用更新数据包来交换这类信息。所有从邻居收到的路由信息都会存储在一个 EIGRP 拓扑表中。

EIGRP 使用 DUAL 计算到达远程网络的最优路由。一条路由要想被插入到路由表中，它就必须满足可行性条件，这个条件的作用是在 EIGRP 网路中避免环路。有到达目的网络最低度量的路由称为将被插入路由表的候选路由。如果存在其余的路由，它们必须满足可行性条件才能成为备份路由，以便在主路由不可用的情况下，路由器仍可将数据包转发到目的网络。

为了计算每个目的网络的开销，EIGRP 使用一个复杂的度量值，这个值默认由带宽和延迟组成。

在完成本节内容的学习后，读者将能够：

- 描述 EIGRP 邻居如何交换路由信息；
- 描述 EIGRP 如何选择经过网络的最优路径；
- 描述 EIGRP 度量是如何计算出来的；
- 计算 EIGRP 度量；
- 描述可行性条件如何避免了 EIGRP 网络中出现环路；
- 理解 EIGRP 的选路过程。

2.2.1　构建及考察 EIGRP 拓扑表

本节会介绍不同类型的 EIGRP 数据包，并深入解读 EIGRP 拓扑表，同时还会介绍 EIGRP 如何选择到达目的网络的最优路径。

本节首先将会根据图 2-6 所示拓扑中 EIGRP 的配置方法，来讨论 EIGRP 的数据包类型。

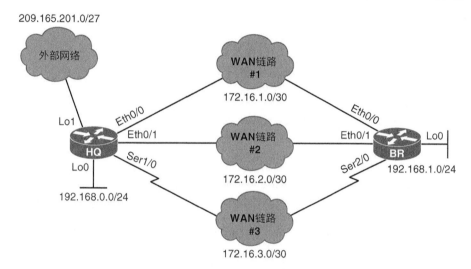

图 2-6　EIGRP 拓扑

管理员在 BR 路由器上配置 EIGRP 之前，使用命令 **debug eigrp packets** 启用了 EIGRP 调试功能，如例 2-16 所示。

例 2-16　观察 BR 上的 EIGRP

```
BR# debug eigrp packet
    (UPDATE, REQUEST, QUERY, REPLY, HELLO, IPXSAP, PROBE, ACK, STUB, SIAQUERY,
SIAREPLY)
EIGRP Packet debugging is on
```

在例 2-17 中，接下来，管理员在 BR 上使用自治系统号 100 启用了 EIGRP，但只在 Loopback 0 和 Ethernet 0/0 接口上启用了这个协议。观察了 debug 进程中的 Hello 数据包之后，管理员禁用了调试功能。

例 2-17　观察 BR 上的 EIGRP Hello 包

```
BR(config)# router eigrp 100
BR(config-router)# network 192.168.1.0 0.0.0.255
BR(config-router)# network 172.16.1.0 0.0.0.3
```

（待续）

```
*Oct 8 15:20:19.227: EIGRP: Sending HELLO on Ethernet0/0
*Oct 8 15:20:19.227: AS 100, Flags 0x0:(NULL), Seq 0/0 interfaceQ 0/0 iidbQ un/
rely 0/0
*Oct 8 15:20:19.235: EIGRP: Received HELLO on Ethernet0/0 nbr 172.16.1.1
*Oct 8 15:20:19.235: AS 100, Flags 0x0:(NULL), Seq 0/0 interfaceQ 0/0
*Oct 8 15:20:19.235: %DUAL-5-NBRCHANGE: EIGRP-IPv4 100: Neighbor 172.16.1.1
(Ethernet0/0) is up: new adjacency

*Oct 8 15:20:19.261: EIGRP: Enqueueing UPDATE on Ethernet0/0 tid 0 iidbQ un/rely
0/1 serno 1-2
*Oct 8 15:20:19.266: EIGRP: Sending UPDATE on Ethernet0/0 tid 0
*Oct 8 15:20:19.266: AS 100, Flags 0x0:(NULL), Seq 2/0 interfaceQ 0/0 iidbQ un/
rely 0/0 serno 1-2
*Oct 8 15:20:19.274: EIGRP: Received ACK on Ethernet0/0 nbr 172.16.1.1
*Oct 8 15:20:19.275: AS 100, Flags 0x0:(NULL), Seq 0/2 interfaceQ 0/0 iidbQ un/
rely 0/0 peerQ un/rely 0/1
<Output omitted>
*Oct 8 15:20:19.253: EIGRP: Received UPDATE on Ethernet0/0 nbr 172.16.1.1
*Oct 8 15:20:19.253: AS 100, Flags 0x0:(NULL), Seq 2/0 interfaceQ 0/0 iidbQ un/
rely 0/0 peerQ un/rely 0/1
*Oct 8 15:20:19.360: EIGRP: Enqueueing ACK on Ethernet0/0 nbr 172.16.1.1 tid 0
*Oct 8 15:20:19.360: Ack seq 2 iidbQ un/rely 0/0 peerQ un/rely 1/0
*Oct 8 15:20:19.364: EIGRP: Sending ACK on Ethernet0/0 nbr 172.16.1.1 tid 0
*Oct 8 15:20:19.364: AS 100, Flags 0x0:(NULL), Seq 0/2 interfaceQ 0/0 iidbQ un/
rely 0/0 peerQ un/rely 1/0
BR# no debug all
```

在 WAN 链路 172.16.1.0/30 上启用 EIGRP 进程后,EIGRP 会立即开始发送和接收 Hello 数据包。发送和接收 Hello 数据包的过程是单向的, 也就是说路由器会使用组播不可靠地发送 Hello 数据包, 也并不会等待另一端发送确认消息。在 BR 路由器从 HQ 邻居收到一个 Hello 数据包后, 它就会动态建立一个新的 EIGRP 邻接关系。Hello 数据包会周期性地进行发送, 以检查邻居的有效性。

路由更新与发送和接收 Hello 数据包的过程不同, 它的发送和接收是双向的。更新消息中包含有路由信息, 这种消息会通过可靠的方式进行发送, 也就是说路由器会等待每个发送出去的更新包都能收到一个对应的确认包。反之亦然, 每个接收到的更新包也都必须进行确认。这个传输可靠数据包的过程由两个步骤组成: 在接口加入队列和捆绑路由更新, 以及向邻居发送可靠的数据包。**debug** 命令的输出信息中显示了发送和接收更新以及确认数据包这两个独立的过程。

debug 输出信息中,"Seq..."部分之后的数字分别表示序号和确认号。认真查看 debug 输出可以发现, 每个用可靠方式发出的数据包都有一个序列号。确认成功接收的确认包必须携带与接收到的数据包相同的编号。

接下来，我们使用命令 **show ip eigrp traffic** 验证了 EIGRP 数据包的流量统计信息，如例 2-18 所示。

例2-18　验证 BR 上的 EIGRP 包流量

```
BR# show ip eigrp traffic
EIGRP-IPv4 Traffic Statistics for AS(100)
  Hellos sent/received: 65/67
  Updates sent/received: 9/7
  Queries sent/received: 0/0
  Replies sent/received: 0/0
  Acks sent/received: 5/5
  SIA-Queries sent/received: 0/0
  SIA-Replies sent/received: 0/0
  Hello Process ID: 101
  PDM Process ID: 63
  Socket Queue: 0/10000/2/0 (current/max/highest/drops)
  Input Queue: 0/2000/2/0 (current/max/highest/drops)
```

show ip eigrp traffic 命令显示了各类 EIGRP 数据包发送和接收的信息。这条命令在排错时可能会非常有用，经常与其他的 EIGRP **show** 和 **debug** 命令组合起来使用。这条命令的输出信息显示了 Hello 数据包、更新包、确认包以及查询和应答的统计信息。

路由器执行路由计算，且没有到达目的网络的备用路径时，就会发送查询包。这个数据包会以组播的形式可靠地发送给邻居，以确认它们是否有到达目的的备用路径。

发送应答数据包的目的是回应请求包。应答数据包是以单播形式可靠发送的。

在 BR 路由器上，可以使用命令 **show ip route eigrp** 验证 EIGRP 路由，如例 2-19 所示。

例2-19　验证 BR 上的 EIGRP 路由

```
BR# show ip route eigrp
Codes: L - local, C - connected, S - static, R - RIP, M - mobile, B - BGP
D - EIGRP, EX - EIGRP external, O - OSPF, IA - OSPF inter area
N1 - OSPF NSSA external type 1, N2 - OSPF NSSA external type 2
E1 - OSPF external type 1, E2 - OSPF external type 2
i - IS-IS, su - IS-IS summary, L1 - IS-IS level-1, L2 - IS-IS level-2
ia - IS-IS inter area, * - candidate default, U - per-user static route
o - ODR, P - periodic downloaded static route, H - NHRP, l - LISP
+ - replicated route, % - next hop override

Gateway of last resort is not set

D    192.168.0.0/24 [90/409600] via 172.16.1.1, 18:20:16, Ethernet0/0
D EX 209.165.201.0/27 [170/537600] via 172.16.1.1, 18:20:16, Ethernet0/0
```

show ip route eigrp 命令的输出信息中显示了路由表中的 EIGRP 路由。在输出信息中，可以看到两条 EIGRP 路由，一条标记为 D，另一条标记为 D EX。代码 D 表示 EIGRP 内部路由。

内部路由源自一个 EIGRP 自治系统内，表示将 EIGRP 中配置的一个直连网络视为内部网络，且在 EIGRP 自治系统中传播。而外部路由则是通过其他路由协议学来并重分布到 EIGRP 中的路由。这类路由由代码 D EX 表示。

方括号中的数字分别代表 AD 值和 EIGRP 度量值。"via"之后的 IPv4 地址表示下一跳 IPv4 地址（本例中为 172.16.1.1），在最后可以看到各路由的出接口。

在 BR 配置的最后，剩下的两个接口 Ethernet 0/1 和 Serial 0/2 都被配置到了 EIGRP 进程中，如例 2-20 所示。

例 2-20　在 BR 上配置 network 命令

```
BR(config)# router eigrp 100
BR(config-router)# network 172.16.2.0 0.0.0.3
BR(config-router)# network 172.16.3.0 0.0.0.3
```

在这个拓扑中配置和验证 EIGRP 的过程，将在下一节继续介绍。

选择最优路径

EIGRP 使用 DUAL 计算到达目的网络的最优路径。这种算法使用距离信息（也称为组合度量）来选择高效、无环的路径。

DUAL 通过累加两个值来计算此组合度量。第一个值是从邻居路由器到目的网络的度量值。由于这个值是报告给路由器的，因此称为通告距离（Reported Distance，RD）。在许多书中，读者也会看到通告距离（Advertised Distance）这个术语。第二个值是从本地路由器到达报告第一个值的那台路由器的度量值。在从本地路由器到目的网络的所有度量中，路由器会选择最小的组合度量值，并将其视为到达某个特定目的的最优路径。而这个所选的值称为可行距离（Feasible Distance，FD）。

度量值最小的路由称为后继路由，下一跳路由器为后继路由器。如果有多个路由器到目的网络的 FD 相同，则可能存在多个后继路由器。此时，EIGRP 就会把所有的后继路由插入到路由表中。默认情况下最多可以将 4 条后继路由添加到路由表中。

可行后继路由器是一个有无环路径的下一跳路由器，它到达目的网络的开销比后继路由器大。当拓扑表中的特定前缀有多个路由存在时，路由器会验证这条路由是否是无环拓扑的一部分。为此，路由器会采用一个简单的规则，要求其他备份路由的 RD 总是小于最优路径的 FD，这称为可行性条件。满足这个条件的路由就会被视为是一条备份路由，且被称为可行后继路由。下一跳路由器则称为可行后继路由器。

继续我们在上一节中的配置，在例 2-21 中，管理员使用 **show ip eigrp topology** 命令查看了 BR EIGRP 拓扑表的内容。请读者观察有关 HQ LAN 192.168.0.0/24 的信息。

例2-21 在BR 上验证EIGRP 拓扑表

```
BR# show ip eigrp topology
EIGRP-IPv4 Topology Table for AS(100)/ID(192.168.1.1)
Codes: P - Passive, A - Active, U - Update, Q - Query, R - Reply,
       r - reply Status, s - sia Status

P 172.16.2.0/30, 1 successors, FD is 1536000
        via Connected, Ethernet0/1
P 192.168.0.0/24, 1 successors, FD is 409600
        via 172.16.1.1 (409600/128256), Ethernet0/0
        via 172.16.2.1 (1664000/128256), Ethernet0/1
P 192.168.1.0/24, 1 successors, FD is 128256
        via Connected, Loopback0
P 172.16.3.0/30, 1 successors, FD is 2169856
        via Connected, Serial2/0
P 172.16.1.0/30, 1 successors, FD is 281600
        via Connected, Ethernet0/0
P 209.165.201.0/27, 1 successors, FD is 537600
        via 172.16.1.1 (537600/426496), Ethernet0/0
        via 172.16.2.1 (1792000/426496), Ethernet0/1
```

  EIGRP 拓扑表是一个包含从所有 EIGRP 邻居学到的所有前缀的数据表。前缀之前的代码 P 表示该前缀是被动状态。当 DUAL 没有执行任何计算来发现可能的备份路径时，路由就会被认为是被动的。对于所有路由，被动状态都既是正常状态，也是理想状态。当所有路由都处于被动状态下时，网络就是完全收敛的。

  只要有至少一个合法到达目的且满足 FC 的路径，路由就会保持在被动状态。可行性条件是 EIGRP 内部解决路由环路问题的根本途径。为了完全理解 FC，读者必须首先理解其他的两个重要概念：通告距离和可行距离。

  EIGRP 中的距离或组合度量是一个整数，用来比较去往相同目的网络的不同路径。每个接收到的路由都会包含通告距离，而且这个值会被存储到 EIGRP 拓扑表中，可以在输出信息括号中第二个数的位置看到。对于去往网络 192.168.0.0/24 的路径，两条路径的值均为 128256。

  到达目的的总开销是括号中的第一个数，这个数值反映了通告距离加上达到邻居的开销之和。网络 192.168.0.0/24 通过接口 Ethernet 0/0 的总开销是 409600，通过接口 Ethernet 0/1 的总开销则是 1664000。

  到达目的网络的最优路径是根据去往目的的最低总开销比较出来的。最优路径会成为后继路由，而后继路由路径的总开销值就会成为 FD。

  其余路径成为候选可行后继路由。一个路径如果要成为可行后继，必须满足可行性条件。路径的通告距离必须小于可行距离。

> 注释 如果希望比较全面地了解 DUAL，请参阅 *Routing Protocols Companion Guide*（Cisco Press，2014）。

下面我们继续讨论之前的情形，在例 2-22 中，管理员通过 **show ip route eigrp** 命令查看了 BR 路由表中的 EIGRP 路由。

例2-22 *验证BR上的EIGRP路由*

```
BR# show ip route eigrp
Codes: L - local, C - connected, S - static, R - RIP, M - mobile, B - BGP
       D - EIGRP, EX - EIGRP external, O - OSPF, IA - OSPF inter area
       N1 - OSPF NSSA external type 1, N2 - OSPF NSSA external type 2
       E1 - OSPF external type 1, E2 - OSPF external type 2
       i - IS-IS, su - IS-IS summary, L1 - IS-IS level-1, L2 - IS-IS level-2
       ia - IS-IS inter area, * - candidate default, U - per-user static route
       o - ODR, P - periodic downloaded static route, H - NHRP, l - LISP
       + - replicated route, % - next hop override

Gateway of last resort is not set

D     192.168.0.0/24 [90/ 409600] via 172.16.1.1, 02:32:24, Ethernet0/0
D EX  209.165.201.0/27 [170/537600] via 172.16.1.1, 02:32:24, Ethernet0/0
```

在分析了拓扑表中的所有路由后，EIGRP 就会尝试只将后继路由添加到路由表中。如果路由器从其他更可信的路由源那里学习到了相同的目的网络，那么 EIGRP 后继路由就不会插入到路由表中。可行后继路由会保留在拓扑表中，以备后继路由失效。

BR 拓扑表中所有接到的路由都可以通过命令 **show ip eigrp topology all-links** 进行查看，如例 2-23 所示。

例2-23 *在BR上验证EIGRP拓扑表中的所有网络*

```
BR# show ip eigrp topology all-links
EIGRP-IPv4 Topology Table for AS(100)/ID(192.168.1.1)
Codes: P - Passive, A - Active, U - Update, Q - Query, R - Reply,
       r - reply Status, s - sia Status

P 172.16.2.0/30, 1 successors, FD is 1536000, serno 4
        via Connected, Ethernet0/1
        via 172.16.3.1 (3449856/1536000), Serial2/0
        via 172.16.1.1 (1561600/1536000), Ethernet0/0
P 192.168.0.0/24, 1 successors, FD is 409600, serno 2
        via 172.16.1.1 (409600/128256), Ethernet0/0
        via 172.16.3.1 (256512000/256000000), Serial2/0
```

（待续）

```
            via 172.16.2.1 (1664000/128256), Ethernet0/1
P 192.168.1.0/24, 1 successors, FD is 128256, serno 6
            via Connected, Loopback0
P 172.16.3.0/30, 1 successors, FD is 2169856, serno 5
            via Connected, Serial2/0
            via 172.16.1.1 (2195456/2169856), Ethernet0/0
            via 172.16.2.1 (3449856/2169856), Ethernet0/1
P 172.16.1.0/30, 1 successors, FD is 281600, serno 1
            via Connected, Ethernet0/0
            via 172.16.3.1 (2195456/281600), Serial2/0
            via 172.16.2.1 (1561600/281600), Ethernet0/1
P 209.165.201.0/27, 1 successors, FD is 537600, serno 3
            via 172.16.1.1 (537600/426496), Ethernet0/0
            via 172.16.3.1 (256512000/256000000), Serial2/0
            via 172.16.2.1 (1792000/426496), Ethernet0/1
```

命令 **show ip eigrp topology all-links** 可以显示出到达目的网络的所有可能的路径。除了后继路由和可行后继路由之外，拓扑表中也有可能包含非后继路由。非后继路由是不满足可行性条件的路由。输出信息显示，到达网络 192.168.0.0/24 有三条可能的路径。通过下一跳 172.16.3.1 的路径通告距离为 256000000，大于路由的可行距离 409600。因为不满足可行条件，因此通过 172.16.3.1 的路径就不是候选的后继。在没有满足 FC 的路由时，路由器会对前缀重新执行路径计算；路由就会进入活跃状态，路由器则会开始向邻居请求替代路由。

接下来，例 2-24 显示了从 BR 路由器到 HQ IP 地址 192.168.0.1 的连续 ping 命令。

例 2-24　从 BR 到 192.168.0.1 的连续 ping 命令

```
BR# ping 192.168.0.1 repeat 100000 size 1000
Type escape sequence to abort.
Sending 100000, 1000-byte ICMP Echos to 192.168.0.1, timeout is 2 seconds:
!!!!!!!!!!!!!!!!!!!!!!!!!!!!!!!!!!!!!!!!!!!!!!!!!!!!!!!!!!!!!!!!!!!!!!!
<Output omitted>
```

因为路由表中只有一条后继路由，而路由表中拥有两条满足可行性条件的路由，Internet 控制消息协议（Internet Control Message Protocol，ICMP）流量会使用通过 172.16.1.0/24 的路径。

在例 2-25 中，HQ 的 Ethernet 0/0 接口被管理员禁用，后面的输出信息为 BR 上的 ping 过程。

例 2-25　HQ Ethernet 0/0 接口关闭和在 BR 上观察到的结果

```
HQ(config)# interface Ethernet 0/0
HQ(config-if)# shutdown
*Oct 10 18:47:09.312: %DUAL-5-NBRCHANGE: EIGRP-IPv4 100: Neighbor 172.16.1.2
(Ethernet0/0) is down: interface down
```

（待续）

```
*Oct 10 18:47:11.313: %LINK-5-CHANGED: Interface Ethernet0/0, changed state to
administratively down
*Oct 10 18:47:12.313: %LINEPROTO-5-UPDOWN: Line protocol on Interface Ethernet0/0,
changed state to down
```

```
BR#
!!!!!!!!!!!!!!!!!!!!!!!!!!!!!!!!!!!!!!!!!!!!!!!!!!!!!!!!!!!!!!!!!
!.....
*Oct 9 22:04:24.088: %DUAL-5-NBRCHANGE: EIGRP-IPv4 100: Neighbor 172.16.1.1
(Ethernet0/0) is down: holding time expired.
!!!!!!!!!!!!!!!!!!!!!!!!!!!!!!!!!!!!!!!!!!!!!!!!!!!!!!!!!!!!
!!!!!!!!!!!!!!!!!!!!!!!!!!!!!!!!!!!!!!!!!!!!!!!!!!!!!!!!!!!!!!
<Output omitted>
```

在关闭 HQ 上的 Ethernet 0/0 接口后，接口上的线路协议状态立即变为 down，且 HQ 上的 EIGRP 取消了通过此接口建立的邻居关系。然而，HQ 端接口的状态没有被传送到对应的 BR 接口上。因此，BR 上的 EIGRP 进程将不会立即声明通过 Ethernet 0/0 的 EIGRP 邻居关系断开。在没有接收到 Hello 数据包且保持计时器已过期之后，BR 才会意识到链路另一端已经没有了活跃的对端。

在默认情况下，EIGRP 在以太网接口上收敛需要花费 15 秒的时间。在这段时间窗口内的 ICMP 包会被丢弃。BR 意识到邻居出现了故障，于是开始使用通过 172.16.2.0/30 链路的可行后继路由来转发 ICMP 数据包。

链路的 2 层状态并不反映邻居设备的操作状态，这种情况在现实世界中相当常见。如果需要加速收敛，可以调整 EIGRP 计时器，也可以部署其他的状态监测机制。

如果连续的 ping 还没完成，可以使用组合键 **Ctrl+Shift+6** 来终止 ping 操作。

例 2-26 显示了 BR 上的路由表。

例 2-26 BR 上的 EIGRP 路由

```
BR# show ip route eigrp
Codes: L - local, C - connected, S - static, R - RIP, M - mobile, B - BGP
       D - EIGRP, EX - EIGRP external, O - OSPF, IA - OSPF inter area
       N1 - OSPF NSSA external type 1, N2 - OSPF NSSA external type 2
       E1 - OSPF external type 1, E2 - OSPF external type 2
       i - IS-IS, su - IS-IS summary, L1 - IS-IS level-1, L2 - IS-IS level-2
       ia - IS-IS inter area, * - candidate default, U - per-user static route
       o - ODR, P - periodic downloaded static route, H - NHRP, l - LISP
       + - replicated route, % - next hop override

Gateway of last resort is not set

D    192.168.0.0/24 [90/1664000] via 172.16.2.1, 00:33:49, Ethernet0/1
D EX 209.165.201.0/27 [170/1792000] via 172.16.2.1, 00:33:49, Ethernet0/1
```

此前指向 172.16.2.0/30 链路的可行后继路由现在成为了后继路由，而且被插入到了路由表中。

在例 2-27 中，管理员使用 **show ip eigrp topology** 命令查看了 BR 上的拓扑表。

例 2-27 *BR 上有新后继的 EIGRP 拓扑表*

```
BR# show ip eigrp topology
EIGRP-IPv4 Topology Table for AS(100)/ID(192.168.1.1)
Codes: P - Passive, A - Active, U - Update, Q - Query, R - Reply,
       r - reply Status, s - sia Status

P 172.16.2.0/30, 1 successors, FD is 1536000
        via Connected, Ethernet0/1
P 192.168.0.0/24, 1 successors, FD is 409600
        via 172.16.2.1 (1664000/128256), Ethernet0/1
P 192.168.1.0/24, 1 successors, FD is 128256
        via Connected, Loopback0
P 172.16.3.0/30, 1 successors, FD is 2169856
        via Connected, Serial2/0
P 172.16.1.0/30, 1 successors, FD is 281600
        via Connected, Ethernet0/0
P 209.165.201.0/27, 1 successors, FD is 537600
        via 172.16.2.1 (1792000/426496), Ethernet0/1
```

当后继路由失效之后，只有通过 Ethernet 0/1 接口的路由才能满足可行性条件。之前的可行后继路由现在成为了后继路由，并且也会出现在拓扑表和路由表中。第三条通过 172.16.3.0/24 的路由不满足可行性条件，也没有出现在 **show ip eigrp topology** 命令的输出信息中。

在例 2-28 中，管理员在 BR 上对 HQ 进行了连续的 ping。在 ping 期间，管理员禁用了 HQ 的 Ethernet 0/1 接口。

例 2-28 *在 BR 上进行连续的 ping 且禁用 HQ 接口*

```
BR# ping 192.168.0.1 repeat 100000 size 1000
Type escape sequence to abort.
Sending 100000, 1000-byte ICMP Echos to 192.168.0.1, timeout is 2 seconds:
!!!!!!!!!!!!!!!!!!!!!!!!!!!!!!!!!!!!!!!!!!!!!!!!!!!!!!!!!!!!!!!!!!!!!!!
<Output omitted>
--------------------------------------------------------------------
HQ(config)# interface ethernet 0/1
HQ(config-if)# shutdown
*Oct 10 20:42:45.548: %DUAL-5-NBRCHANGE: EIGRP-IPv4 100: Neighbor 172.16.2.2
(Ethernet0/1) is down: interface down
*Oct 10 20:42:47.543: %LINK-5-CHANGED: Interface Ethernet0/1, changed state to
administratively down
```

（待续）

```
*Oct 10 20:42:48.543: %LINEPROTO-5-UPDOWN: Line protocol on Interface Ethernet0/1,
changed state to down
-----------------------------------------------------------------
BR#
!!!!!!!!!!!!!!!!!!!!!!!!!!!!!!!!!.....!!!!!!!!!!!!!!!!!!!!!!!!!!!!!!!!!!!!!!!
!!!!!!!!!!!!!!!!!!!!
*Oct 10 20:42:56.443: %DUAL-5-NBRCHANGE: EIGRP-IPv4 100: Neighbor 172.16.2.1
(Ethernet0/1) is down: holding time expired
!!!!!!!!!!!!
<Output omitted>
```

　　在 HQ 路由器上关闭 Ethernet 0/1 接口后，使用当前后继路由的 EIGRP 邻居关系就会终止。最后一个满足可行性条件的路由从拓扑和路由表中消失。DUAL 计算开始，目的 192.168.0.0/24 进入活跃状态。BR 路由器发送一个叫作查询的特殊包，用来询问邻居是否有路由可以到达丢失的那个前缀。数据包会通过唯一剩下的活跃路径 172.16.3.0/30 到达路由器 HQ。HQ 通过应答包响应查询消息，确认自己没有到达那个网络的替换路径。当 BR 收到应答包时，新路径的计算过程结束。

　　在 DUAL 计算期间，192.168.0.0/24 会处于活跃状态。收敛过程会造成丢包，因为 BR 上通过 172.16.2.0/30 链路的 EIGRP 邻居的保持计时器必须过期，且路由器必须执行 DUAL 计算。

　　在 BR 通过后继路径检测到邻居不可达，而 EIGRP 计算出到达目的网络的新合法路径的这段期间，ICMP 数据包会被丢弃。虽然拓扑表中所选的路由在之前的示例中不满足可行性条件，但由于拓扑表中没有了另外两条路由，因此这条路由现在成了唯一可用的路由。所以，这条路由会被选为后继路由并添加在路由表中。

　　如果连续的 ping 还没完成，可以使用组合键 **Ctrl+Shift+6** 来终止 ping 操作。

　　在例 2-29 中，管理员使用了命令 **show ip route eigrp** 来查看 BR 上路由表中的内容。

例 2-29　使用新后继的 BR 路由表

```
BR# show ip route eigrp
Codes: L - local, C - connected, S - static, R - RIP, M - mobile, B - BGP
       D - EIGRP, EX - EIGRP external, O - OSPF, IA - OSPF inter area
       N1 - OSPF NSSA external type 1, N2 - OSPF NSSA external type 2
       E1 - OSPF external type 1, E2 - OSPF external type 2
       i - IS-IS, su - IS-IS summary, L1 - IS-IS level-1, L2 - IS-IS level-2
       ia - IS-IS inter area, * - candidate default, U - per-user static route
       o - ODR, P - periodic downloaded static route, H - NHRP, l - LISP
       + - replicated route, % - next hop override

Gateway of last resort is not set

D 192.168.0.0/24 [90/256512000] via 172.16.3.1, 00:32:19, Serial2/0
D EX 209.165.201.0/27 [170/256512000] via 172.16.3.1, 00:32:19, Serial2/0
```

HQ 和 BR 之间唯一剩下的可用路径现在启用，并且出现在了拓扑表和路由表中。

2.2.2 EIGRP 中的路由信息交换

路由器在交换路由信息之前，必须首先建立 EIGRP 邻居关系。会话建立后，路由器之间就会立即交换更新包，通告 EIGRP 拓扑表中的路由信息。切记，只有最优路径才会被通告给邻居。所以 EIGRP 使用的唯一路由，也就是后继路由，会被通告出去。

除了接收到的路由信息之外，拓扑表中还有两个其他的本地源：

- 使用 **network** 命令通告的 EIGRP 直连接口的子网；
- 通过从其他路由协议或路由信息源重分布到 EIGRP 中的子网。

重分布是一种把路由信息从一个源通告到另一个路由协议中的方法。在相同自治系统中使用多个路由协议时，常常需要使用重分布。另一个常见的使用情况是，管理员希望将已经定义的静态路由包含到某个特定的路由协议中。

2.2.3 EIGRP 度量

EIGRP 使用组合度量来判断到达目的网路的最优路径。获取度量值的公式中会使用下列参数。

- **带宽**：本地路由器和目的之间所有链路的最小带宽。
- **延迟**：源和目的之间的所有链路延迟的累加和。
- **可靠性**：这个值代表的是源和目的之间的最差可靠性（基于 keepalive 值）。
- **负载**：这个值代表的是源和目的之间链路的最差负载值（基于数据包速率和接口的配置带宽）。

读者可能会发现在许多图书和网上的文章中，最大传输单元（MTU）也会用于 EIGRP 的度量计算。虽然 MTU 值确实会在路由更新中与其他度量元素一起交换，但它从不会用于度量计算之中。只有在存在太多等价路径，路由器需要忽略一些到达相同目的的等价路径时，MTU 才会被路由器用来充当决胜因素。此时，首选使用有最高的最小 MTU 值的路由。

在默认情况下，EIGRP 只会使用带宽和延迟来计算度量值。计算过程中也会将接口负载和可靠性包含在内，虽然 Cisco 不建议使用这些参数。路由域中的所有路由器必须使用相同的元素计算度量，只在一台路由器上更改度量的计算参数可能会因环境不一致导致连通性问题。

用于度量计算的元素是由度量权重确定的，这个值也称为 K 值。默认的 K 值是：K1=1，K2=0，K3=1，K4=0，K5=0。如果 K 值被设置为默认值，那么路由器就只会基于带宽和延迟的值计算度量值。

可以使用 **show ip protocols** 命令来查看 K 值的设置。

2.2.4 EIGRP 度量的计算

为了计算指定目的网络的组合度量值，EIGRP 会使用以下公式：

度量 = [(K1 * 带宽+ [(K2 * 带宽) / (256 − 负载)] + K3 * 延迟) * K5/(K4 + 可靠性)] * 256

如果 K4 和 K5 被设置为默认值，即 0，那么公式中的 K5/(K4 + 可靠性)这一部分就不会使用；也是就是该值会被设置为 1。这个公式也相当于被简化为了：

度量 = (K1 * 带宽+ [(K2 * 带宽) / (256 − 负载)] + K3 * 延迟) * 256

如果考虑默认的 K1-K3 值，即 K1=K3=1，K2=0，EIGRP 的度量值公式则会被简化为：

度量 = (带宽+延迟) * 256

应注意不建议更改 K 值。

EIGRP 度量计算使用的延迟和带宽值的格式与 **show interface** 命令显示出来的不同。EIGRP 延迟值是路径上延迟的总和，单位是十毫秒，而 **show interface** 命令的输出信息则是以毫秒来显示延迟值的。EIGRP 带宽是使用链路上最小带宽链路进行计算的，单位是千比特每秒（kilobits per second），并用这个数值除以 10^7。带宽与延迟的和需要乘以 256，这是为了确保 EIGRP 度量值对 EIGRP 前身，也就是 IGRP 的兼容。

> **注释** show interface 输出信息中显示出来的延迟值不是测量出来的，而是计算出来的。Cisco IOS 会通过协商，或者根据管理员配置的接口带宽来计算这个数值。

> **注释** 如需全面了解 EIGRP 度量值的计算方法，可以参阅 *Routing ProtocolsCompanion Guide*（Cisco Press，2014）。

EIGRP 宽度量

EIGRP 的组合开销度量值对于高带宽的接口或者是以太网通道（Ethernet channels）不能很好地扩展，会导致路由行为不正确或者不一致。管理员可以给接口配置的最低延迟值是 10 毫秒。因此，高速接口，如 10 吉比特以太网接口或聚合在一起的高速接口（GEether channe），在 EIGRP 看来就是一个 GE 接口。这可能造成预料之外的等价负载分担。

为了解决这类问题，管理员可以采用 EIGRP 宽度量（EIGRP Wide Metric）特性，来支持 64 位度量值计算和路由信息库（Routing Information Base，RIB）扩展，这个特性最多可以支持 4.2 兆兆比特接口（直连接口、或者通过像 port channel 或 EtherChannel 这类通道技术组成的接口）。

64 比特的度量计算只能工作在 EIGRP 命名模式配置中。EIGRP 经典模式则会使用 32 位度量进行计算。EIGRP 命名模式的配置会在本章稍后的内容中进行讨论。

EIGRP 宽度量超出了本书的讨论范围。更多信息请参见 Cisco.com 文档 EIGRP Wide Metrics，地址为 http://www.cisco.com/c/en/us/td/docs/ios-xml/ios/iproute_eigrp/configuration/15-mt/ire-15-mt-book/ire-wid-met.pdf。

2.2.5　EIGRP 度量计算示例

在图 2-7 中，R1 有两条到达 R4 后方网络的路径。图中显示了多条链路的带宽（Mbit/s）

和延迟值（毫秒）。下面我们来判断两条路径的 EIGRP 度量值。

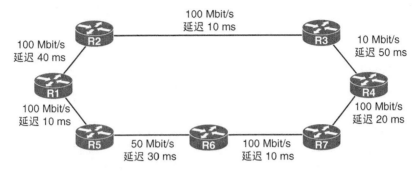

图 2-7　R1 有两条到达 R4 后方网络的路径

上面那条路径的计算过程如下。

1．顶端路径（R1-R2-R3-R4）的最低带宽是 10 Mbit/s（10000 kbit/s）。这条路径的 EIGRP 带宽计算过程为：

- 带宽 =（10^7/千比特每秒的最小带宽）
- 带宽 =（10000000 / 10000）=1000

2．顶端路径的延迟为：

- 延迟 =[(延迟 R1 → R2) + (延迟 R2 → R3) + (延迟 R3 → R4)]
- 延迟 = [4000 + 1000 + 5000] = 10000 [十毫秒]

3．因此，顶端路径的 EIGRP 度量计算过程为：

- 度量 =（带宽 +延迟）*256
- 度量 =（1000 + 10000）*256 = 2816000

下面那条路径的计算过程如下。

1．底端路径（R1-R5-R6-R7-R4）的最低带宽是 50000kbit/s。这条路径的 EIGRP 带宽计算过程为：

- 带宽 =（10^7/千比特每秒的最小带宽）
- 带宽 =（10000000 / 50000）= 200

2．底端路径的延迟为：

- 延迟 =[(延迟 R1 → R5) + (延迟 R5→ R6) + (延迟 R6→ R7)+ (延迟 R7→ R4)]
- 延迟 = [1000 + 3000 + 1000 + 2000] = 7000 [十毫秒]

3．因此，底端路径的 EIGRP 度量计算过程为：

- 度量 =（带宽 +延迟）*256
- 度量 =（200 + 7000）*256 = 1843200

因此，R1 选择了下面的路径，因为这条路径的度量值更低——1843200，而上面那条路径的度量值则为 2816000。R1 会采用下面的路径，将 R5 作为下一跳路由器，因此 IP 路由表中的度量为 1843200。上面路径的瓶颈是 10Mbit/s 那条链路，这也是为什么路由器会选用下方的路径。因为这意味着将数据传输到 R4 的速率最多只能是 10Mbit/s。而在下面那条路径中，最低速率是 50Mbit/s，这表示吞吐率可以达到这样的速率。因此，下面这条路径是更好的选择——比如说，我们可以以更快的速度传输大型文件。

2.2.6 可行性条件

可行性条件可以让 EIGRP 域内部保持无环的状态。前缀必须满足可行性条件才能成为一个可行后继路由，其通告距离必须低于后继路由的可行距离。这是 EIGRP 确保网络拓扑无环的主要方式。

为了说明可行性条件的重要性，请参考图 2-8。路由器 D 以度量值 5 将自己的 LAN 网络通告给路由器 B 和 C。路由器 B 和 C 分别将自己的度量值 5 和 10 增加到去往路由器 D LAN 网络的距离中，然后将这些距离通告给路由器 A。路由器 A 将 B 发来的通告加上一个链路度量值 3，将从 C 发来的通告加上一个链路度量值 2。由此得出，从 A 到 D 的最优路径是穿越 B 的路径，因为 A-B-D 路径的度量值是 13，而 A-C-D 路径的度量值则是 17。

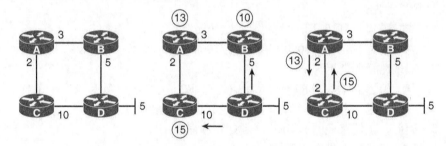

图 2-8　R1 有两条到达 R4 后方网络的路径

假设在路由器 C 上，路由器 A 和 C 之间链路的水平分割被禁用了片刻。当路由器 A 通告从 A 到 C 的最优路径度量 13 时，路由器 C 可能会使用增加后的度量值 15 将相同的路由通告回路由器 A。此时，路由器 A 不知道路由器 C 到底是拥有去往路由器 D LAN 网络的其他路径还是它将最优路径的路由通告回了自己。但因为通过路由器 C 的 RD 比最优路径的 FD 大，路由器 A 还是不会使用来自路由器 C 的 RD。这就是路由器 A 保证 EIGRP 域无环的方式。

2.2.7 EIGRP 路径计算示例

图 2-9 是一个 RD 的计算示例。R1 到达网络 10.0.0.0/8 有几种选择。R2、R4 和 R8 都向 R1 发送了一条更新消息，每条更新中都包含了一个 RD，这是由邻居路由器计算出来的、通向通告的网络 10.0.0.0/8 的开销。

图 2-10 是一个计算 FD 的示例。R1 到达网络 10.0.0.0/8 有几个可用选项。三个邻居的每个更新各有不同的 RD。R1 会通过累加到 R2、R4 和 R8 的本地链路开销和每条路径上的 RD，来计算每条到达网络 10.0.0.0/8 路径的距离。到达目的的最低度量路径是穿越 R2

的路径。因此 10.0.0.0/8 网络的 FD 等于 31。

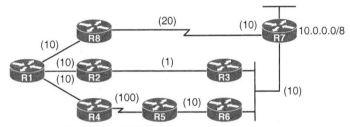

- 通告距离 = 由上游邻居通告的到目的的距离

目的	RD	邻居
10.0.0.0/8	20+10=30	R8
10.0.0.0/8	1+10+10=21	R2
10.0.0.0/8	100+10+10+10=130	R4

图 2-9　R1 的通告距离计算

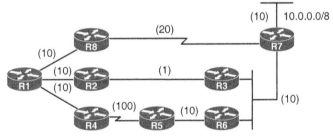

- 最低度量 = 可行距离

目的	RD	度量	邻居
10.0.0.0/8	30	30+10=40	R8
10.0.0.0/8	21	21+10=31 (FD)	R2
10.0.0.0/8	130	130+10=140	R4

图 2-10　R1 的可行距离计算

　　图 2-11 展示了 R1 上达到网络 10.0.0.0/8 的后继和可行后继。去往网络 10.0.0.0/8 一共有三条路径。路由器会计算全部这三条路径的距离（度量）和 RD 值，它们是路由表中的三条候选路由。通过 R2 的那条候选路由距离（度量）值最低，因此这条路由成为了后继路由。次优度量的路由（且当这条路由的 RD 比后继路由的 FD 低时）则会成为可行后继路由。通过 R8 的路由满足上述条件，因此会成为可行后继路由。通过 R4 的路由不满足可行性条件，因此会成为非后继路由。只有后继路由才会成为添加进路由表中的候选路由。

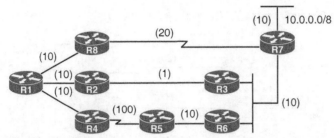

- 通过R2的路由成为了后继路由
- 通过R8的替代路由成为了可行后继路由

目的	RD	度量	邻居	状态
10.0.0.0/8	30	40	R8	FS
10.0.0.0/8	21	31 (FD)	R2	S
10.0.0.0/8	130	140	R4	Non-S

图 2-11 R1 的后继和可行后继路由

> **注释** 如需全面了解 EIGRP 度量值的计算方法及示例，可以参阅 *Routing Protocols Companion Guide*（Cisco Press，2014）。

2.3 优化 EIGRP 的工作方式

在相对大型的网络中部署 EIGRP 时，需要对默认的 EIGRP 行为进行优化，以实现预期的扩展性。通过部署 EIGRP 末节配置，可以限制 EIGRP 的查询范围，使 EIGRP 更易扩展，同时降低 EIGRP 的复杂性。汇总可以减少路由表的规模，并优化路由器之间的路由信息交换。

EIGRP 默认支持通过多条链路负载分担，以便利用那些可用的冗余链路。要想提升网络的利用率，也可以通过配置 EIGRP 来实现非等价的负载分担。

在完成本节内容的学习后，读者应该能够：

- 理解 EIGRP 查询；
- 描述当 EIGRP 变为活跃状态时，如何通过末节路由来减少查询数量；
- 描述 EIGRP 的 stuck-in-active 问题；
- 解释在 EIGRP 变为活跃状态时如何使用汇总路由来减少查询范围；
- 描述 EIGRP 负载分担的几种做法。

2.3.1 EIGRP 查询

EIGRP 依赖邻居路由器来提供路由信息。当一台路由器失去了一条路由，且拓扑表中没有可行后继路由时，它就会查找到达目的的替代路径。这称为路由变为活跃状态。

失去路由时，路由器会给（除了用于到达之前后继路由的哪个接口之外的）所有接口的邻居发送查询包（水平分割行为）。这些数据包会询问每个邻居是否有到达某个特定目的的路由。如果一台邻居路由器有替代路由，它就会对查询进行应答并不再进一步传播查询消息。如果邻居没有可替代路由，它就会向自己的每一个邻居查询替代路径。查询消息就会这样在网络中传播，这种方式可以创建一个查询的扩展树。当一台路由器对查询进行应答时，它就会停止在网络的那个分支传播查询消息。

在图 2-12 所示的网络中，我们可以看到丢失一条路由可能导致 EIGRP 域中发送大量的查询请求。当路由器 R1 去往网络 192.168.14.0 的路由丢失时，R1 会通过除了后继路由接口外的所有接口（水平分割），向所有邻居路由器发送查询消息。查询消息会传播到 R2。因为 R2 没有与丢失的路由相关的信息，所以它会继续查询自己的邻居，而邻居也会相继发起查询，以此类推。每个查询消息都要求邻居作出应答，因此流量也会增加。图中的网络拓扑显示了没有到达网络 192.168.14.0 的冗余链路。

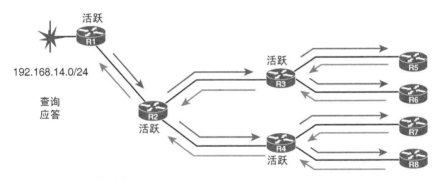

图 2-12　EIGRP 查询和应答

管理员可以使用例 2-30 中的 **show ip eigrp topology** 命令查看活跃状态的路由。这类路由会由字母进行 *A* 标记，而字母 *P* 表示处于正常的被动状态。

例 2-30　观察 R1 上的活跃路由

```
R1# show ip eigrp topology
EIGRP-IPv4 Topology Table for AS(1)/ID(172.16.1.2)
Codes: P - Passive, A - Active, U - Update, Q - Query, R - Reply,
       r - reply Status, s - sia Status
P 192.168.12.0/24, 1 successors, FD is 281600
        via Connected, GigabitEthernet0/1
A 192.168.14.0/24, 0 successors, FD is 409600, Q
    1 replies, active 00:00:02, query-origin: Local origin
     Remaining replies:
        via 172.16.1.1, r, GigabitEthernet0/0
P 172.16.1.0/30, 1 successors, FD is 281600
        via Connected, GigabitEthernet0/0
```

EIGRP 的查询传播过程效率很低，会发送许多查询，每个查询都需要一个应答。有两种主要的方案可以用来优化查询传播过程并限制链路上不必要的 EIGRP 负载。管理员可以使用路由汇总或者 EIGRP 末节路由特性来优化查询信息的交换过程。

> **注释**　如需全面了解 EIGRP DUAL 及示例，可以参见 *Routing Protocols Companion Guide*（ Cisco Press，2014 ）。

2.3.2　EIGRP 末节路由器

大型 EIGRP 网络的稳定性通常取决于网络的查询范围，而将大型网络的分支标记为末节则是减少 EIGRP 查询数量并提升网络扩展性的方式之一。

EIGRP 末节路由特性让使用者可以限制网络中的查询消息范围。那些配置为末节的路由器不会将学到的 EIGRP 路由转发给其他邻居，更重要的是，非末节路由器也不会向末节路由器发送查询消息。这就节省了 CPU 和带宽资源，同时提高了收敛速度。

在图 2-13 中，管理员将边界路由器 R5 到 R8 配置为了末节设备，所以 R3 和 R4 不会向它们发送网络 192.168.14.0/24 的查询消息。这样做减少了查询消息的总数和使用的带宽。将远程路由器配置为末节也可以减少拓扑的复杂程度，同时简化了配置。对星型拓扑来说尤其如此，管理员可以在双宿主远程路由器或分支上启用末节路由特性。这也就意味着管理员不需要在远程路由器上配置路由过滤就可以避免将远程路由器看作到达中心路由器的传输路径。

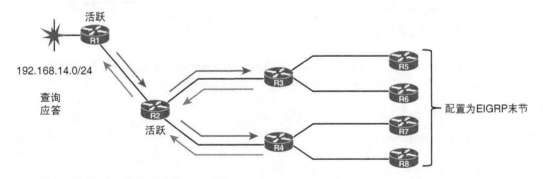

图 2-13　EIGRP 末节路由器

2.3.3　配置 EIGRP 末节路由

EIGRP 的查询传播过程效率不高，这个过程会发送许多查询消息，且每个查询消息都需要进行应答。EIGRP 的末节配置可以将路由器标记为末节路由器，进而减少交换的 EIGRP 查询消息数量。本节会介绍配置和验证 EIGRP 末节特性的命令。

在图 2-14 的拓扑中，有三台路由器：HQ、BR1A 和 BR1B。所有路由器都预配置了 EIGRP。BR1A 向 HQ 通告了汇总网络 192.168.16.0/23，这个网络对 192.168.16.0/24 和 192.168.17.0/24 这

两个前缀进行了汇总。BR1A 将去往 192.168.18.0/24 的静态路由重分布到 EIGRP（因此它是外部 EIGRP 路由）。BRIA 在其所有直连网络上运行 EIGRP。

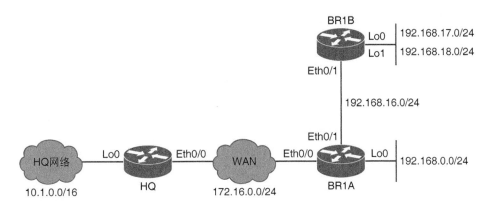

图 2-14　配置末节路由的 EIGRP 拓扑

例 2-31 展示了检查路由器 HQ 和 BR1A 上的路由表，示例中标记出来的特定路由会在之后进行讨论。

例 2-31　R1 和 BR 路由表

```
HQ# show ip route
Codes: L - local, C - connected, S - static, R - RIP, M - mobile, B - BGP
       D - EIGRP, EX - EIGRP external, O - OSPF, IA - OSPF inter area
       N1 - OSPF NSSA external type 1, N2 - OSPF NSSA external type 2
       E1 - OSPF external type 1, E2 - OSPF external type 2
       i - IS-IS, su - IS-IS summary, L1 - IS-IS level-1, L2 - IS-IS level-2
       ia - IS-IS inter area, * - candidate default, U - per-user static route
       o - ODR, P - periodic downloaded static route, H - NHRP, l - LISP
       + - replicated route, % - next hop override

Gateway of last resort is not set

      10.0.0.0/8 is variably subnetted, 2 subnets, 2 masks
C        10.1.0.0/16 is directly connected, Loopback0
L        10.1.0.1/32 is directly connected, Loopback0
      172.16.0.0/16 is variably subnetted, 2 subnets, 2 masks
C        172.16.1.0/30 is directly connected, Ethernet0/0
L        172.16.1.1/32 is directly connected, Ethernet0/0
D      192.168.0.0/24 [90/409600] via 172.16.1.2, 00:12:07, Ethernet0/0
D      192.168.16.0/23 [90/307200] via 172.16.1.2, 00:12:07, Ethernet0/0
D EX   192.168.18.0/24 [170/307200] via 172.16.1.2, 00:12:07, Ethernet0/0
```

（待续）

```
BR1A# show ip route
Codes: L - local, C - connected, S - static, R - RIP, M - mobile, B - BGP
       D - EIGRP, EX - EIGRP external, O - OSPF, IA - OSPF inter area
       N1 - OSPF NSSA external type 1, N2 - OSPF NSSA external type 2
       E1 - OSPF external type 1, E2 - OSPF external type 2
       i - IS-IS, su - IS-IS summary, L1 - IS-IS level-1, L2 - IS-IS level-2
       ia - IS-IS inter area, * - candidate default, U - per-user static route
       o - ODR, P - periodic downloaded static route, H - NHRP, l - LISP
       + - replicated route, % - next hop override


Gateway of last resort is not set

      10.0.0.0/16 is subnetted, 1 subnets
D        10.1.0.0 [90/409600] via 172.16.1.1, 00:34:56, Ethernet0/0
      172.16.0.0/16 is variably subnetted, 2 subnets, 2 masks
C        172.16.1.0/30 is directly connected, Ethernet0/0
L        172.16.1.2/32 is directly connected, Ethernet0/0
      192.168.0.0/24 is variably subnetted, 2 subnets, 2 masks
C        192.168.0.0/24 is directly connected, Loopback0
L        192.168.0.1/32 is directly connected, Loopback0
D     192.168.16.0/23 is a summary, 03:05:24, Null0
      192.168.16.0/24 is variably subnetted, 2 subnets, 2 masks
C        192.168.16.0/24 is directly connected, Ethernet0/1
L        192.168.16.1/32 is directly connected, Ethernet0/1
S     192.168.17.0/24 [1/0] via 192.168.16.2
S     192.168.18.0/24 [1/0] via 192.168.16.2
```

可以看出，HQ 通过 EIGRP 学习到了网络 192.168.0.0/24、192.168.16.0/23 和 192.168.18.0/24。第一条路由代表 BR1A 上的 LAN，第二条是汇总路由，最后一条则是重分布的静态路由。

管理员可以使用 **show ip eigrp neighbors details** 来验证 HQ 的邻居，如例 2-32 所示。

例 2-32　验证 HQ 的邻居

```
HQ# show ip eigrp neighbors detail
EIGRP-IPv4 Neighbors for AS(1)
H   Address      Interface           Hold    Uptime    SRTT    RTO   Q    Seq
                                     (sec)   (ms)                    Cnt  Num
0   172.16.1.2   Et0/0               13      02:14:33  12      100   0    20
    Version 7.0/3.0, Retrans: 0, Retries: 0, Prefixes: 3
    Topology-ids from peer - 0


BFD sessions
  NeighAddr          Interface
```

不难发现，BR1A 是 HQ 唯一可见的邻居。HQ 所有学到的 EIGRP 路由都是通过它接收到的。还要注意，BR1A 和 HQ 配置在了 EIGRP 自治系统 1 当中。

接下来，在例 2-33 中，管理员使用命令 **debug eigrp packet terse** 在 HQ 上启用了 EIGRP 包调试功能，同时关闭了 Loopback 0 接口。

例 2-33 在 HQ 上调试 EIGRP 查询和应答包

```
HQ# debug eigrp packets terse
    (UPDATE, REQUEST, QUERY, REPLY, IPXSAP, PROBE, ACK, STUB, SIAQUERY, SIAREPLY)
EIGRP Packet debugging is on

HQ# configure terminal
Enter configuration commands, one per line. End with CNTL/Z.
HQ(config)# interface Loopback 0
HQ(config-if)# shutdown
*Oct 8 13:11:18.173: EIGRP: Enqueueing QUERY on Ethernet0/0 tid 0 iidbQ un/rely 0/1
serno 21-21
*Oct 8 13:11:18.177: EIGRP: Sending QUERY on Ethernet0/0 tid 0
*Oct 8 13:11:18.177: AS 1, Flags 0x0:(NULL), Seq 19/0 interfaceQ 0/0 iidbQ un/
rely 0/0 serno 21-21
*Oct 8 13:11:18.178: EIGRP: Received ACK on Ethernet0/0 nbr 172.16.1.2
*Oct 8 13:11:18.178: AS 1, Flags 0x0:(NULL), Seq 0/19 interfaceQ 0/0 iidbQ un/
rely 0/0 peerQ un/rely 0/1
*Oct 8 13:11:18.178: EIGRP: Ethernet0/0 multicast flow blocking cleared
*Oct 8 13:11:18.207: EIGRP: Received REPLY on Ethernet0/0 nbr 172.16.1.2
*Oct 8 13:11:18.207: AS 1, Flags 0x0:(NULL), Seq 21/19 interfaceQ 0/0 iidbQ un/
rely 0/0 peerQ un/rely 0/0
*Oct 8 13:11:18.207: EIGRP: Enqueueing ACK on Ethernet0/0 nbr 172.16.1.2 tid 0
*Oct 8 13:11:18.207: Ack seq 21 iidbQ un/rely 0/0 peerQ un/rely 1/0
*Oct 8 13:11:18.207: Handling TLV: 242 41 for 0 route: 10.1.0.0/16
*Oct 8 13:11:18.215: EIGRP: Sending ACK on Ethernet0/0 nbr 172.16.1.2 tid 0
*Oct 8 13:11:18.215: AS 1, Flags 0x0:(NULL), Seq 0/21 interfaceQ 0/0 iidbQ un/
rely 0/0 peerQ un/rely 1/0
HQ(config-if)#
*Oct 8 13:11:20.155: %LINK-5-CHANGED: Interface Loopback0, changed state to
administratively down
*Oct 8 13:11:21.159: %LINEPROTO-5-UPDOWN: Line protocol on Interface Loopback0,
changed state to down
```

可以看到，HQ 通过 Ethernet 0/0 接口向邻居 BR1A 发送了一条查询消息。EIGRP 路由器使用查询包询问邻居去往某条（最近丢失的）路由的路径信息。BR1A 首先通过一个 Ack 消息确认接收到了查询消息，接着使用一个应答包对接收到的查询消息作出了响应。应答包中的信息表明 BR1A 没有到达网络 10.1.0.0/16 的替代路由。HQ 通过发送确认响应了一个应答包。

路由器 HQ 在丢失到达网络 10.1.0.0/16 的路径时，丢失路由的 EIGRP 状态就会变为活跃。路由进程保持在活跃状态，直到其发现了另一条路径或从邻居那里接收了所有发送请求的响应消息。

EIGRP 末节选项

通过一些不同的 EIGRP 末节选项，管理员可以精确地指定 EIGRP 末节应该通告哪些路由，如表 2-1 所示。

表 2-1   **eigrp stub** 全局配置命令的参数

参数	描述
receive-only	（可选）设置路由器为只接收消息的邻居
leak-map *name*	（可选）允许基于 leak map 的动态前缀
connected	（可选）通告直连路由
static	（可选）通告静态路由
summary	（可选）通告汇总路由
redistributed	（可选）通告来自其他协议及自治系统的重分布路由

要想使用 EIGRP 将路由器配置为末节设备，可以在路由器配置模式或者地址族配置模式中使用 **eigrp stub** 命令。要想禁用 EIGRP 末节路由特性，则可以在这条命令前面添加关键字 **no**。

在默认情况下，配置为末节的路由器会与所有邻居共享直连和汇总路由。管理员可以将除 **receive-only** 之外的所有的末节选项组合起来使用，以便通告自己需要通告的那种路由。

connected 选项可以让 EIGRP 末节路由器通告所有与 EIGRP **network** 命令相匹配的接口的直连路由。这个选项默认即启用，同时也是实际中使用最为广泛的末节可选项。

summary 选项可以让 EIGRP 末节路由器发送汇总路由。管理员可以手工创建汇总路由，也可以在主类网络边界路由器上通过命令 **auto-summary** 自动创建汇总。**summary** 默认即启用。

static 选项可以让 EIGRP 末节路由器通告静态路由。但管理员仍然需要使用 **redistribute static** 命令将静态路由重分布到 EIGRP 中。

redistribute 选项可以让 EIGRP 末节路由器通告所有重分布进来的路由，前提是管理员在末节路由器上使用 **redistribute** 命令配置了重分布。

receive-only 选项会限制末节路由器，让它不能和一个 EIGRP 自治系统中的任何其他路由器共享它的路由信息。使用这个选项时，不允许设置其他可选项，因为它会路由器通告阻止任何类型的路由。这个选项很少使用。使用这个选项的情况包括路由器只有一个接口，或者管理员配置了带有端口地址转换（Port Address Translation，PAT）的网络地址转换（Network Address Translation，NAT），使得所有主机都隐藏在一个 WAN 接口之后。

在例 2-34 中，管理员重新打开了 HQ 的 Loopback 0 接口。在例 2-35 中，管理员通过

命令 **eigrp stub** 将 BR1A 配置为了 EIGRP 末节，HQ 上的输出信息显示，邻接关系重新得到了建立。

例 2-34 *重新启用 H1 的 Loopback 0 接口*

```
HQ(config)# interface loopback 0
HQ(config-if)# no shutdown
```

例 2-35 *BR1A 被配置为 EIGRP 末节路由器*

```
BR1A(config)# router eigrp 1
BR1A(config-router)# eigrp stub
*Oct 18 11:51:16.232: %DUAL-5-NBRCHANGE: EIGRP-IPv4 1: Neighbor 172.16.1.1
(Ethernet0/0) is down: peer info changed
BR1A(config-router)#
*Oct 18 11:51:20.495: %DUAL-5-NBRCHANGE: EIGRP-IPv4 1: Neighbor 172.16.1.1
(Ethernet0/0) is up: new adjacency

-----------------------------------------------------------------
*Oct 18 11:51:16.228: %DUAL-5-NBRCHANGE: EIGRP-IPv4 1: Neighbor 172.16.1.2
(Ethernet0/0) is down: Interface PEER-TERMINATION received
HQ#
*Oct 18 11:51:20.503: EIGRP: Adding stub (1 Peers, 1 Stubs)
*Oct 18 11:51:20.503: %DUAL-5-NBRCHANGE: EIGRP-IPv4 1: Neighbor 172.16.1.2
(Ethernet0/0) is up: new adjacency
*Oct 18 11:51:20.503: EIGRP: Enqueueing UPDATE on Ethernet0/0 nbr 172.16.1.2 tid 0
iidbQ un/rely 0/1 peerQ un/rely 0/0
*Oct 18 11:51:20.508: EIGRP: Received UPDATE on Ethernet0/0 nbr 172.16.1.2
<Output omitted>
```

在将 BR1A 路由器配置为末节之后，EIGRP 的邻接关系需要重新建立。

EIGRP 末节路由器会通过 EIGRP Hello 包宣布自己的新状态。它发送的 Hello 数据包会告知邻居，链路另一端的路由器是一台末节路由器，所以它们不应该再向自己发送查询包。这会改善网络的收敛时间，因为中心路由器不需要等待远程机构发送的查询应答消息。

接下来，我们需要验证 HQ 是如何检测到 BR1A 被配置为末节路由器的。HQ 上的所有调试功能都被命令 **undebug all** 所禁用了。如例 2-36 所示。

例 2-36 *在 HQ 上禁用调试*

```
HQ# undebug all
All possible debugging has been turned off
```

在例 2-37 中，管理员在 HQ 上使用命令 **show ip eigrp neighbors details** 查看了 EIGRP 邻居。

例 2-37 在 HQ 上验证邻居 BR1A 为 EIGRP 末节

```
HQ# show ip eigrp neighbors detail
EIGRP-IPv4 Neighbors for AS(1)
H   Address                  Interface            Hold Uptime    SRTT   RTO  Q   Seq
                                                  (sec)          (ms)        Cnt Num
0   172.16.1.2               Et0/0                11 00:39:00    7      100  0   13
    Version 7.0/3.0, Retrans: 0, Retries: 0, Prefixes: 2
    Topology-ids from peer - 0
    Stub Peer Advertising (CONNECTED SUMMARY ) Routes
    Suppressing queries

BFD sessions
 NeighAddr          Interface
```

在例 2-37 中不难发现，路由器 HQ 将路由器 BR1A 看作是一个末节路由器。在默认情况下，末节路由器只会向邻居通告直连路由和汇总路由；而所有其他路由都会被过滤。此外，读者还可以看到与查询消息有关的信息。HQ 正在抑制查询消息，因为 BR1A 被配置为了末节。

在例 2-38 中，管理员使用 **show ip route** 命令验证了 BR1A 上的路由表。

例 2-38 在 BR1A 上验证路由表

```
BR1A# show ip route
Codes: L - local, C - connected, S - static, R - RIP, M - mobile, B - BGP
       D - EIGRP, EX - EIGRP external, O - OSPF, IA - OSPF inter area
       N1 - OSPF NSSA external type 1, N2 - OSPF NSSA external type 2
       E1 - OSPF external type 1, E2 - OSPF external type 2
       i - IS-IS, su - IS-IS summary, L1 - IS-IS level-1, L2 - IS-IS level-2
       ia - IS-IS inter area, * - candidate default, U - per-user static route
       o - ODR, P - periodic downloaded static route, H - NHRP, l - LISP
       + - replicated route, % - next hop override

Gateway of last resort is not set

      10.0.0.0/16 is subnetted, 1 subnets
D        10.1.0.0 [90/409600] via 172.16.1.1, 00:18:52, Ethernet0/0
      172.16.0.0/16 is variably subnetted, 2 subnets, 2 masks
C        172.16.1.0/30 is directly connected, Ethernet0/0
L        172.16.1.2/32 is directly connected, Ethernet0/0
      192.168.0.0/24 is variably subnetted, 2 subnets, 2 masks
C        192.168.0.0/24 is directly connected, Loopback0
L        192.168.0.1/32 is directly connected, Loopback0
D     192.168.16.0/23 is a summary, 00:22:21, Null0
      192.168.16.0/24 is variably subnetted, 2 subnets, 2 masks
```

（待续）

```
C          192.168.16.0/24 is directly connected, Ethernet0/1
L          192.168.16.1/32 is directly connected, Ethernet0/1
S       192.168.17.0/24 [1/0] via 192.168.16.2
S       192.168.18.0/24 [1/0] via 192.168.16.2
```

可以看到，BR1A 上的路由表在这台路由器被配置为末节之后没有变化。将一台路由器配置为末节不会改变或限制它从邻居收到的信息，而只会限制它与邻居共享的信息。

例 2-39 使用 **show ip route** 命令查看了 HQ 上的路由表。

例 2-39　BR1A 为末节时验证 HQ 上的路由表

```
HQ# show ip route
Codes: L - local, C - connected, S - static, R - RIP, M - mobile, B - BGP
       D - EIGRP, EX - EIGRP external, O - OSPF, IA - OSPF inter area
       N1 - OSPF NSSA external type 1, N2 - OSPF NSSA external type 2
       E1 - OSPF external type 1, E2 - OSPF external type 2
       i - IS-IS, su - IS-IS summary, L1 - IS-IS level-1, L2 - IS-IS level-2
       ia - IS-IS inter area, * - candidate default, U - per-user static route
       o - ODR, P - periodic downloaded static route, H - NHRP, l - LISP
       + - replicated route, % - next hop override

Gateway of last resort is not set

      10.0.0.0/8 is variably subnetted, 2 subnets, 2 masks
C        10.1.0.0/16 is directly connected, Loopback0
L        10.1.0.1/32 is directly connected, Loopback0
      172.16.0.0/16 is variably subnetted, 2 subnets, 2 masks
C        172.16.1.0/30 is directly connected, Ethernet0/0
L        172.16.1.1/32 is directly connected, Ethernet0/0
D      192.168.0.0/24 [90/409600] via 172.16.1.2, 00:09:07, Ethernet0/0
D      192.168.16.0/23 [90/307200] via 172.16.1.2, 00:09:07, Ethernet0/0
```

在默认情况下，EIGRP 末节路由器只会通告直连路由和汇总路由。在输出信息中可以看到，外部 EIGRP 路由 192.168.18.0/24 并没有出现在 HQ 的路由表中。

在例 2-40 中，管理员在 BR1A 上使用 **eigrp stub connected** 命令将其配置为了一台只通告直连路由的 EIGRP 末节路由器。

例 2-40　BR1A 配置为 EIGRP Connected 末节路由器

```
BR1A(config)# router eigrp 1
BR1A(config-router)# eigrp stub connected
*Oct 20 18:46:50.137: %DUAL-5-NBRCHANGE: EIGRP-IPv4 1: Neighbor 172.16.1.1
(Ethernet0/0) is down: peer info changed
*Oct 20 18:46:50.419: %DUAL-5-NBRCHANGE: EIGRP-IPv4 1: Neighbor 172.16.1.1
(Ethernet0/0) is up: new adjacency
```

在更改 EIGRP 末节选项后，所有邻居会话都需要断开重建。

接下来，我们在例 2-41 中使用 **show ip eigrp neighbors detail** 命令验证了 HQ 上的 EIGRP 邻居末节设置。

例 2-41 在 HQ 上验证邻居 BR1A 为一个 EIGRP Connected 末节

```
HQ# show ip eigrp neighbors detail
EIGRP-IPv4 Neighbors for AS(1)
H   Address                Interface        Hold Uptime   SRTT    RTO    Q    Seq
                                            (sec)         (ms)           Cnt  Num
0   172.16.1.2             Et0/0            14 00:10:25   12      100    0    8
    Version 7.0/3.0, Retrans: 0, Retries: 0, Prefixes: 2
    Topology-ids from peer - 0
    Stub Peer Advertising (CONNECTED ) Routes
    Suppressing queries


BFD sessions
 NeighAddr           Interface
```

例 2-42 在 HQ 路由器上使用 **show ip route** 命令验证了它的路由表。

例 2-42 验证 HQ 路由表

```
HQ# show ip route
Codes: L - local, C - connected, S - static, R - RIP, M - mobile, B - BGP
       D - EIGRP, EX - EIGRP external, O - OSPF, IA - OSPF inter area
       N1 - OSPF NSSA external type 1, N2 - OSPF NSSA external type 2
       E1 - OSPF external type 1, E2 - OSPF external type 2
       i - IS-IS, su - IS-IS summary, L1 - IS-IS level-1, L2 - IS-IS level-2
       ia - IS-IS inter area, * - candidate default, U - per-user static route
       o - ODR, P - periodic downloaded static route, H - NHRP, l - LISP
       + - replicated route, % - next hop override


Gateway of last resort is not set

      10.0.0.0/8 is variably subnetted, 2 subnets, 2 masks
C        10.1.0.0/16 is directly connected, Loopback0
L        10.1.0.1/32 is directly connected, Loopback0
      172.16.0.0/16 is variably subnetted, 2 subnets, 2 masks
C        172.16.1.0/30 is directly connected, Ethernet0/0
L        172.16.1.1/32 is directly connected, Ethernet0/0
D     192.168.0.0/24 [90/409600] via 172.16.1.2, 00:14:52, Ethernet0/0
D     192.168.16.0/24 [90/307200] via 172.16.1.2, 00:14:52, Ethernet0/0
```

可以看出，BR1A 现在只会通告直连网络 192.168.0.0/24 和 192.168.16.0/24。HQ 不会

再收到汇总路由 192.168.16.0/23 和指向网络 192.168.18.0/24 的重分布静态路由。

接下来，管理员在例 2-43 中使用 **eigrp stub receive-only** 命令将 BR1A 配置为了一台 EIGR Preceive-only 的末节路由器。

例 2-43　BR1A 配置为 EIGRP Receive-Only 末节路由器

```
BR1A(config)# router eigrp 1
BR1A(config-router)# eigrp stub receive-only
*Oct 20 19:06:42.909: %DUAL-5-NBRCHANGE: EIGRP-IPv4 1: Neighbor 172.16.1.1
(Ethernet0/0) is down: peer info changed
BR1A(config-router)#
*Oct 20 19:06:46.356: %DUAL-5-NBRCHANGE: EIGRP-IPv4 1: Neighbor 172.16.1.1
(Ethernet0/0) is up: new adjacency
```

每次更改 EIGRP 末节设置都需要重建 EIGRP 邻居会话。

例 2-44 使用 **show ip eigrp neighbors detail** 命令验证了 HQ 上的 EIGRP 邻居末节设置。

例 2-44　在 HQ 上验证邻居 BR1A 为一个 EIGRP Receive-Only 末节

```
HQ# show ip eigrp neighbors detail
EIGRP-IPv4 Neighbors for AS(1)
H   Address              Interface          Hold Uptime   SRTT   RTO   Q   Seq
                                            (sec)         (ms)         Cnt Num
0   172.16.1.2           Et0/0              10 00:03:03   1999   5000  0   10
    Version 7.0/3.0, Retrans: 1, Retries: 0
    Topology-ids from peer - 0
    Receive-Only Peer Advertising (No) Routes
    Suppressing queries

BFD sessions
 NeighAddr          Interface
```

邻居路由器现在已经配置成为了一个 receive-only 末节路由器。HQ 会继续抑制查询数据包，但即使 EIGRP 会话建立起来，路由器 BR1A 也会不通告任何路由。

例 2-45 使用 **show ip route** 命令，通过 HQ 的路由表验证了上面的理论。

例 2-45　验证 HQ 路由表

```
HQ# show ip route
Codes: L - local, C - connected, S - static, R - RIP, M - mobile, B - BGP
       D - EIGRP, EX - EIGRP external, O - OSPF, IA - OSPF inter area
       N1 - OSPF NSSA external type 1, N2 - OSPF NSSA external type 2
       E1 - OSPF external type 1, E2 - OSPF external type 2
       i - IS-IS, su - IS-IS summary, L1 - IS-IS level-1, L2 - IS-IS level-2
       ia - IS-IS inter area, * - candidate default, U - per-user static route
```

（待续）

```
            o - ODR, P - periodic downloaded static route, H - NHRP, l - LISP
            + - replicated route, % - next hop override


Gateway of last resort is not set


      10.0.0.0/8 is variably subnetted, 2 subnets, 2 masks
C        10.1.0.0/16 is directly connected, Loopback0
L        10.1.0.1/32 is directly connected, Loopback0
      172.16.0.0/16 is variably subnetted, 2 subnets, 2 masks
C        172.16.1.0/30 is directly connected, Ethernet0/0
L        172.16.1.1/32 is directly connected, Ethernet0/0
```

可以看到，所有动态 EIGRP 路由都从 HQ 的路由表中消失了。路由器 BR1A 被配置为了一台 receive-only 的末节路由器，因此不会向 HQ 通告任何路由。如果 BR1A 身后的所有主机都要使用 PAT 转换时，这是一种很有效的做法。在这样的环境中，HQ 不需要知道路由器 BR1A 身后的网络，因为所有的出站量都会被发送给 BR1A 的 WAN 接口，在接口上将执行 PAT。

在例 2-46 中，BR1A 的路由表使用 **show ip route** 命令显示。

例 2-46　配置为 Receive-Only 末节的 BR1A 的路由表

```
BR1A# show ip route
Codes: L - local, C - connected, S - static, R - RIP, M - mobile, B - BGP
       D - EIGRP, EX - EIGRP external, O - OSPF, IA - OSPF inter area
       N1 - OSPF NSSA external type 1, N2 - OSPF NSSA external type 2
       E1 - OSPF external type 1, E2 - OSPF external type 2
       i - IS-IS, su - IS-IS summary, L1 - IS-IS level-1, L2 - IS-IS level-2
       ia - IS-IS inter area, * - candidate default, U - per-user static route
       o - ODR, P - periodic downloaded static route, H - NHRP, l - LISP
       + - replicated route, % - next hop override


Gateway of last resort is not set


      10.0.0.0/16 is subnetted, 1 subnets
D        10.1.0.0 [90/409600] via 172.16.1.1, 00:05:57, Ethernet0/0
      172.16.0.0/16 is variably subnetted, 2 subnets, 2 masks
C        172.16.1.0/30 is directly connected, Ethernet0/0
L        172.16.1.2/32 is directly connected, Ethernet0/0
      192.168.0.0/24 is variably subnetted, 2 subnets, 2 masks
C        192.168.0.0/24 is directly connected, Loopback0
L        192.168.0.1/32 is directly connected, Loopback0
D     192.168.16.0/23 is a summary, 01:20:33, Null0
      192.168.16.0/24 is variably subnetted, 2 subnets, 2 masks
C        192.168.16.0/24 is directly connected, Ethernet0/1
```

（待续）

```
L          192.168.16.1/32 is directly connected, Ethernet0/1
S       192.168.17.0/24 [1/0] via 192.168.16.2
S       192.168.18.0/24 [1/0] via 192.168.16.2
```

注意，即使 receive-only 这个末节选项也不会影响末节路由器所接收到的路由。BR1A 上的路由表无论 EIGRP 末节配置如何都不会发生变化。

2.3.4　Stuck in Active

当一台路由器失去了一条路由并向邻居发送了查询消息时，它会希望能够以应答数据包的形式收到该查询消息的响应消息。如果没有成功接收查询消息的应答包，就会导致会话终止。

EIGRP 使用一种可靠的组播方式来搜索替用路由。因此，接收到在网络中产生的每个查询的应答消息，对于 EIGRP 来说势在必得。

一旦有一条路由进入活跃状态且查询进程初始化，那么只有接收到每个查询消息的应答后，路由才能走出活跃状态并转换为被动状态。如果路由器在 3 分钟内（默认时间）没有接收到所有待完成查询的应答消息，路由就会进入 stuck-in-active（SIA）状态。这个计时器称为活跃计时器。一旦活跃计时器过期，邻居关系就会被重置。这项设置会让通过失去的邻居所学习到的所有路由都进入活跃状态，并向失去的邻居重新通告路由器所知的所有路由。

如图 2-15 所示，丢失应答消息最常见的原因是两台路由器之间存在不可靠的链路，而这条链路上出现了一些丢包的情况。虽然路由器能够接收到足够的数据包来维持邻居关系，但无法接收到所有查询或应答消息。当这种情况发生时，受到影响的设备就会产生 EIGRP DUAL-3-SIA 错误消息。

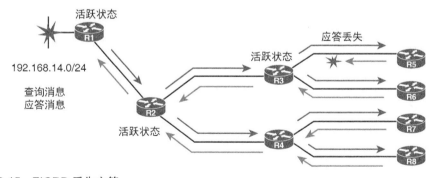

图 2-15　EIGRP 丢失应答

由于丢失一个应答消息就重置邻居关系，这是非常激进的做法。在使用慢速链路的大型环境中，这种做法可能会造成收敛时间延迟以及网络不稳定。

为了克服上述限制，EIGRP 引入了两种新的数据包。当查询消息没有收到应答时，

　　EIGRP 在活跃计时器的时间进程过半后（90 秒后）就会发送一个 SIA 查询包。这种做法可以让邻居路由器通过 SIA 应答进行响应，确认上游路由器目前仍然在搜索替代路由。

　　图 2-16 所示的数据包会按照以下顺序进行交换。

- R1 在活跃计时器的中点（默认为一分半）（使用 SIA 查询）查询下游 R2 路由的状态。
- R2（使用 SIA 应答）响应其仍在查找替换路由。
- 接收到 SIA 应答数据包之后，R1 验证了 R2 的状态，因此不会终结邻居关系。
- 同时，R2 会向 R3 发送至多 3 个 SIA 查询消息。如果没有收到应答，R2 就会终结与 R3 的邻居关系。R2 之后会使用一条 SIA 应答消息来告知 R1：192.168.14.0/24 不可达。
- R1 和 R2 从其拓扑表中移除活跃的路由。R1 和 R2 之间的邻居关系保持不变。

图 2-16　EIGRP Stuck in Active

2.3.5　使用汇总路由减小查询范围

　　减小查询消息数量还有一种方式，那就是部署路由汇总。当一台路由器接收到某个网络的 EIGRP 查询，而该网络包含在路由器路由表的一个汇总路由中，它会立刻发送一条应答消息，而不再进一步转发查询包。这样可以减少发送的查询数量，因此可以提升收敛时间。

　　在图 2-17 所示的情境中，路由器 HQ 对所有远程网络执行了汇总。汇总路由会通告给其他路由器，如路由器 GW。当远程位置的连接失效，且 HQ 没有任何到达失去网络的可行后继时，它就会向邻居发送一个查询消息。当路由器 GW 接收到一个网络 192.168.12.0/24 的查询消息时，它会立刻使用一个应答消息作出响应，而不再进一步转发查询，因为它有一条汇总路由 192.168.0.0/16，其中包含了 192.168.12.0/24 这个前缀。然而，由于这条路由是通过路由器 HQ 学来的，所以路由器 GW 会回应说明它没有到达 192.168.12.0/24 的替代路径。

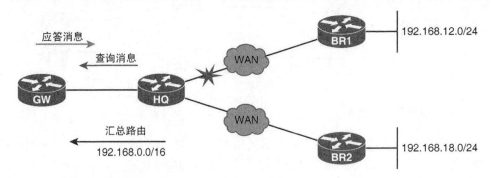

图 2-17　使用汇总路由减少查询

2.3.6 配置 EIGRP 汇总

部署 EIGRP 汇总有几点好处。它不仅可以减小路由器上路由表的大小，还可以限制查询范围。本节会使用图 2-18 中的拓扑来配置 EIGRP 汇总。

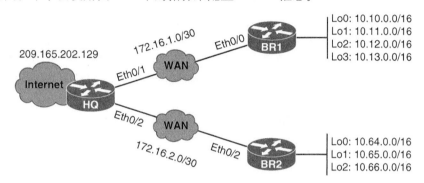

图 2-18 EIGRP 汇总拓扑

在进行汇总之前，例 2-47 使用 **show ip route** 命令显示了 HQ 上的路由表。

例 *2-47 在汇总前验证 HQ 的路由表*

```
HQ# show ip route
Codes: L - local, C - connected, S - static, R - RIP, M - mobile, B - BGP
       D - EIGRP, EX - EIGRP external, O - OSPF, IA - OSPF inter area
       N1 - OSPF NSSA external type 1, N2 - OSPF NSSA external type 2
       E1 - OSPF external type 1, E2 - OSPF external type 2
       i - IS-IS, su - IS-IS summary, L1 - IS-IS level-1, L2 - IS-IS level-2
       ia - IS-IS inter area, * - candidate default, U - per-user static route
       o - ODR, P - periodic downloaded static route, H - NHRP, l - LISP
       + - replicated route, % - next hop override

Gateway of last resort is 209.165.200.226 to network 0.0.0.0

S*     0.0.0.0/0 [1/0] via 209.165.200.226
       10.0.0.0/16 is subnetted, 7 subnets
D         10.10.0.0 [90/409600] via 172.16.1.2, 00:18:16, Ethernet0/1
D         10.11.0.0 [90/409600] via 172.16.1.2, 00:18:16, Ethernet0/1
D         10.12.0.0 [90/409600] via 172.16.1.2, 00:18:16, Ethernet0/1
D         10.13.0.0 [90/409600] via 172.16.1.2, 00:18:16, Ethernet0/1
D         10.64.0.0 [90/409600] via 172.16.2.2, 00:16:55, Ethernet0/2
D         10.65.0.0 [90/409600] via 172.16.2.2, 00:16:55, Ethernet0/2
D         10.66.0.0 [90/409600] via 172.16.2.2, 00:16:55, Ethernet0/2
       172.16.0.0/16 is variably subnetted, 4 subnets, 2 masks
```

（待续）

```
C        172.16.1.0/30 is directly connected, Ethernet0/1
L        172.16.1.1/32 is directly connected, Ethernet0/1
C        172.16.2.0/30 is directly connected, Ethernet0/2
L        172.16.2.1/32 is directly connected, Ethernet0/2
     209.165.200.0/24 is variably subnetted, 2 subnets, 2 masks
C        209.165.200.224/27 is directly connected, Ethernet0/0
L        209.165.200.225/32 is directly connected, Ethernet0/0
```

通过输出信息显示，HQ 从路由器 BR1 和 BR2 接收到了 7 个不同的内部网络。使用汇总减少路由表中路由的数量既可以提升网络的收敛速度，也可以减小查询范围。EIGRP 支持自动汇总和手工汇总。

在例 2-48 中，管理员在 BR1 上使用 **auto-summary** 配置命令配置了自动 EIGRP 汇总。

例 2-48 在 BR1 上配置自动汇总

```
BR1(config)# router eigrp 1
BR1(config-router)# auto-summary
*Oct 26 08:56:42.288: %DUAL-5-NBRCHANGE: EIGRP-IPv4 1: Neighbor 172.16.1.1
(Ethernet0/0) is resync: summary configured
*Oct 26 08:56:42.292: %DUAL-5-NBRCHANGE: EIGRP-IPv4 1: Neighbor 172.16.1.1
(Ethernet0/0) is resync: summary up, remove components
```

启用自动汇总时，邻居之间的邻接关系并不会终止，它们之间只会同步路由信息。**auto-summary** 这条 EIGRP 命令会在有类网络边界自动汇总路由。在运行 Cisco IOS 15 之前版本的系统上，这种 EIGRP 行为默认就会启用。

在例 2-49 中，管理员在 HQ 上使用 **show ip route** 命令对汇总路由进行了验证。

例 2-49 在 HQ 上验证 BR1 的汇总路由

```
HQ# show ip route
Codes: L - local, C - connected, S - static, R - RIP, M - mobile, B - BGP
       D - EIGRP, EX - EIGRP external, O - OSPF, IA - OSPF inter area
       N1 - OSPF NSSA external type 1, N2 - OSPF NSSA external type 2
       E1 - OSPF external type 1, E2 - OSPF external type 2
       i - IS-IS, su - IS-IS summary, L1 - IS-IS level-1, L2 - IS-IS level-2
       ia - IS-IS inter area, * - candidate default, U - per-user static route
       o - ODR, P - periodic downloaded static route, H - NHRP, l - LISP
       + - replicated route, % - next hop override

Gateway of last resort is 209.165.200.226 to network 0.0.0.0

S*    0.0.0.0/0 [1/0] via 209.165.200.226
      10.0.0.0/8 is variably subnetted, 4 subnets, 2 masks
D        10.0.0.0/8 [90/409600] via 172.16.1.2, 00:17:23, Ethernet0/1
```

（待续）

```
D       10.64.0.0/16 [90/409600] via 172.16.2.2, 00:32:36, Ethernet0/2
D       10.65.0.0/16 [90/409600] via 172.16.2.2, 00:32:36, Ethernet0/2
D       10.66.0.0/16 [90/409600] via 172.16.2.2, 00:32:36, Ethernet0/2
        172.16.0.0/16 is variably subnetted, 4 subnets, 2 masks
C       172.16.1.0/30 is directly connected, Ethernet0/1
L       172.16.1.1/32 is directly connected, Ethernet0/1
C       172.16.2.0/30 is directly connected, Ethernet0/2
L       172.16.2.1/32 is directly connected, Ethernet0/2
        209.165.200.0/24 is variably subnetted, 2 subnets, 2 masks
C       209.165.200.224/27 is directly connected, Ethernet0/0
L       209.165.200.225/32 is directly connected, Ethernet0/0
```

HQ 的路由表中并没有 10.10.0.0/16 到 10.13.0.0/16 的路由。这些路由都被自动汇总的路由 10.0.0.0/8 所替代了。

接下来，例 2-50 通过 **show ip route** 命令查看了 BR1 上的路由表。

例 2-50 BR1 上的 Null0 汇总路由

```
BR1# show ip route
Codes: L - local, C - connected, S - static, R - RIP, M - mobile, B - BGP
       D - EIGRP, EX - EIGRP external, O - OSPF, IA - OSPF inter area
       N1 - OSPF NSSA external type 1, N2 - OSPF NSSA external type 2
       E1 - OSPF external type 1, E2 - OSPF external type 2
       i - IS-IS, su - IS-IS summary, L1 - IS-IS level-1, L2 - IS-IS level-2
       ia - IS-IS inter area, * - candidate default, U - per-user static route
       o - ODR, P - periodic downloaded static route, H - NHRP, l - LISP
       + - replicated route, % - next hop override


Gateway of last resort is not set

      10.0.0.0/8 is variably subnetted, 12 subnets, 3 masks
D       10.0.0.0/8 is a summary, 00:15:53, Null0
C       10.10.0.0/16 is directly connected, Loopback0
L       10.10.0.1/32 is directly connected, Loopback0
C       10.11.0.0/16 is directly connected, Loopback1
L       10.11.0.1/32 is directly connected, Loopback1
C       10.12.0.0/16 is directly connected, Loopback2
L       10.12.0.1/32 is directly connected, Loopback2
C       10.13.0.0/16 is directly connected, Loopback3
L       10.13.0.1/32 is directly connected, Loopback3
D       10.64.0.0/16 [90/435200] via 172.16.1.1, 00:31:01, Ethernet0/0
D       10.65.0.0/16 [90/435200] via 172.16.1.1, 00:31:01, Ethernet0/0
D       10.66.0.0/16 [90/435200] via 172.16.1.1, 00:31:01, Ethernet0/0
      172.16.0.0/16 is variably subnetted, 4 subnets, 3 masks
```

（待续）

```
D          172.16.0.0/16 is a summary, 00:15:53, Null0
C          172.16.1.0/30 is directly connected, Ethernet0/0
L          172.16.1.2/32 is directly connected, Ethernet0/0
D          172.16.2.0/30 [90/307200] via 172.16.1.1, 00:31:06, Ethernet0/0
       209.165.200.0/27 is subnetted, 1 subnets
D          209.165.200.224 [90/307200] via 172.16.1.1, 00:31:06, Ethernet0/0
```

可以看到，BR1 路由表中有一条路由描述的是 10.0.0.0/8 这个网络，并且指向 Null0
接口。当配置了自动汇总时，这条路由会自动进入路由表中，以避免路由环路。设想若 BR1
接收到了一个数据包，其目的网络包含在汇总路由 10.0.0.0/8 之中，但是没有出现在 BR1
的路由表中。如果 BR1 有指向 HQ 的默认路由，它就会把这个数据包发回给 HQ，而 HQ
则会将其发回给 BR1。因此，这个数据包就会陷入路由环路中，直到生存时间（TTL）值
过期。如果向邻居通告汇总路由的路由器将这条路由指向自己的 Null0 接口，就可以防止
路由环路的问题。

在例 2-51 中，BR2 上也使用 EIGRP 配置命令 **auto-summary** 启用了自动 EIGRP
汇总。

例 2-51　在 BR2 上配置自动汇总

```
BR2(config)# router eigrp 1
BR2(config-router)# auto-summary
BR2(config-router)#
*Oct 26 09:30:45.251: %DUAL-5-NBRCHANGE: EIGRP-IPv4 1: Neighbor 172.16.2.1
(Ethernet0/0) is resync: summary configured
*Oct 26 09:30:45.255: %DUAL-5-NBRCHANGE: EIGRP-IPv4 1: Neighbor 172.16.2.1
(Ethernet0/0) is resync: summary up, remove components
```

例 2-52 通过 **show ip route** 命令查看了 HQ 的路由表，验证了 HQ 上的汇总路由。

例 2-52　在 HQ 上验证 BR2 的汇总路由

```
HQ# show ip route
Codes: L - local, C - connected, S - static, R - RIP, M - mobile, B - BGP
       D - EIGRP, EX - EIGRP external, O - OSPF, IA - OSPF inter area
       N1 - OSPF NSSA external type 1, N2 - OSPF NSSA external type 2
       E1 - OSPF external type 1, E2 - OSPF external type 2
       i - IS-IS, su - IS-IS summary, L1 - IS-IS level-1, L2 - IS-IS level-2
       ia - IS-IS inter area, * - candidate default, U - per-user static route
       o - ODR, P - periodic downloaded static route, H - NHRP, l - LISP
       + - replicated route, % - next hop override

Gateway of last resort is 209.165.200.226 to network 0.0.0.0
```

（待续）

```
S*      0.0.0.0/0 [1/0] via 209.165.200.226
D    10.0.0.0/8 [90/409600] via 172.16.2.2, 00:51:02, Ethernet0/2
                [90/409600] via 172.16.1.2, 00:51:02, Ethernet0/1
        172.16.0.0/16 is variably subnetted, 4 subnets, 2 masks
C          172.16.1.0/30 is directly connected, Ethernet0/1
L          172.16.1.1/32 is directly connected, Ethernet0/1
C          172.16.2.0/30 is directly connected, Ethernet0/2
L          172.16.2.1/32 is directly connected, Ethernet0/2
        209.165.200.0/24 is variably subnetted, 2 subnets, 2 masks
C          209.165.200.224/27 is directly connected, Ethernet0/0
L          209.165.200.225/32 is directly connected, Ethernet0/0
```

注意，HQ 从 BR2 接收到了与从 BR1 所接收到的相同的汇总路由。这是因为 BR1 和 BR2 都在主类网络边界，因此会通告相同的汇总路由。因为两条路由有相同的开销，所以 HQ 会在两条路由之间进行负载分担。

管理员使用 **ping** 命令对从 HQ 到 IP 地址 10.10.0.1 之间的连通性进行了测试，这个地址属于路由器 BR1 上的汇总网络。例 2-53 显示了 ping 测试的结果。

例 2-53 测试从 HQ 到汇总网络的连通性

```
HQ# ping 10.10.0.1
Type escape sequence to abort.
Sending 5, 100-byte ICMP Echos to 10.10.0.1, timeout is 2 seconds:
U.U.U
Success rate is 0 percent (0/5)
```

连通性测试很有可能失败。如果成功接收到了 ICMP 应答，可以尝试测试到汇总网络中其他 IP 地址的连通性，如 10.11.0.1、10.12.0.1 或 10.13.0.1。

输出 U.U.U 表示 HQ 接收到了 ICMP 目的不可达应答。因为 HQ 认为两台路由器都有到前缀 10.0.0.0/8 内所有网络的连接，所以它很可能会把流量转发给错误的邻居。

自动汇总在无类网络不连续的网络中会造成连通性问题。网络 10.0.0.0/8 代表一个大的有类网络，但在上述情景中，这个有类网络的不同部分部署在了不同的位置。鉴于当今大量网络中所使用的都是小的无类子网地址，因此自动汇总只在极少数情况下有用，所以我们不建议使用自动汇总来优化 EIGRP。

要想禁用 BR1 和 BR2 上的自动汇总，需要在这两台路由器上输入命令 **no auto-summary**，如例 2-54 所示。

例 2-54 在 BR1 和 BR2 上禁用自动汇总

```
BR1(config)# router eigrp 1
BR1(config-router)# no auto-summary
*Oct 26 12:59:46.864: %DUAL-5-NBRCHANGE: EIGRP-IPv4 1: Neighbor 172.16.1.1
```

（待续）

```
(Ethernet0/0) is resync: summary configured
-------------------------------------------------------------------------
BR2(config)# router eigrp 1
BR2(config-router)# no auto-summary
*Oct 26 13:01:07.169: %DUAL-5-NBRCHANGE: EIGRP-IPv4 1: Neighbor 172.16.2.1
(Ethernet0/0) is resync: summary configured
```

例 2-55 通过 HQ 上 **show ip route** 命令的输出信息验证了两路由器上都已经禁用了自
动汇总。

例2-55 HQ 的路由表验证自动汇总已被禁用

```
HQ# show ip route
Codes: L - local, C - connected, S - static, R - RIP, M - mobile, B - BGP
       D - EIGRP, EX - EIGRP external, O - OSPF, IA - OSPF inter area
       N1 - OSPF NSSA external type 1, N2 - OSPF NSSA external type 2
       E1 - OSPF external type 1, E2 - OSPF external type 2
       i - IS-IS, su - IS-IS summary, L1 - IS-IS level-1, L2 - IS-IS level-2
       ia - IS-IS inter area, * - candidate default, U - per-user static route
       o - ODR, P - periodic downloaded static route, H - NHRP, l - LISP
       + - replicated route, % - next hop override

Gateway of last resort is 209.165.200.226 to network 0.0.0.0

S*    0.0.0.0/0 [1/0] via 209.165.200.226
      10.0.0.0/16 is subnetted, 7 subnets
D        10.10.0.0 [90/409600] via 172.16.1.2, 00:23:26, Ethernet0/1
D        10.11.0.0 [90/409600] via 172.16.1.2, 00:23:26, Ethernet0/1
D        10.12.0.0 [90/409600] via 172.16.1.2, 00:23:26, Ethernet0/1
D        10.13.0.0 [90/409600] via 172.16.1.2, 00:23:26, Ethernet0/1
D        10.64.0.0 [90/409600] via 172.16.2.2, 00:22:05, Ethernet0/2
D        10.65.0.0 [90/409600] via 172.16.2.2, 00:22:05, Ethernet0/2
D        10.66.0.0 [90/409600] via 172.16.2.2, 00:22:05, Ethernet0/2
      172.16.0.0/16 is variably subnetted, 4 subnets, 2 masks
C        172.16.1.0/30 is directly connected, Ethernet0/1
L        172.16.1.1/32 is directly connected, Ethernet0/1
C        172.16.2.0/30 is directly connected, Ethernet0/2
L        172.16.2.1/32 is directly connected, Ethernet0/2
      209.165.200.0/24 is variably subnetted, 2 subnets, 2 masks
C        209.165.200.224/27 is directly connected, Ethernet0/0
L        209.165.200.225/32 is directly connected, Ethernet0/0
```

HQ 路由器现在已经拥有了所有通告的 EIGRP 网络。

1. 计算汇总路由

计算汇总路由需要对希望进行汇总的子网进行分析。读者需要确定所有地址中相同的最高位比特。把 IP 地址转换为二进制格式，就可以发现子网之间相同的比特。

在表 2-2 中，子网之间的前 13 个比特是相同的。因此，最佳的汇总路由是 10.8.0.0/13。

表 2-2   计算 IPv4 汇总路由

前缀	二进制格式
10.10.0.0/16	**00001010 . 00001** 010 .00000000 . 00000000
10.11.0.0/16	**00001010 . 00001** 011 .00000000 . 00000000
10.12.0.0/16	**00001010 . 00001** 110 .00000000 . 00000000
10.13.0.0/16	**00001010 . 00001** 111 .00000000 . 00000000
汇总路由	
10.8.0.0/13	**00001010 . 00001** 000 .00000000 . 00000000

切记，汇总路由 10.8.0.0/13 也描述了除表中四个子网之外的一些未列出的网络，比如 10.9.0.0/16 和 10.14.0.0/16。如果这些子网部署在了网络的不同部分，那么这个计算出的汇总路由就会造成连通性问题。在这个示例中，我们需要定义两个独立的汇总路由。汇总路由 10.10.0.0/15 只描述网络 10.10.0.0/16 和 10.11.0.0/16，而汇总路由 10.12.0.0/15 则只描述 10.12.0.0/16 和 10.13.0.0/16 这两个子网。

如果一台路由器有两个到达相同目的的路由（如一个汇总路由以及一个有更长匹配前缀长度的明细路由），路由表进程会选择更加详细的匹配项。

书接上文，例 2-56 所示为管理员在 BR1 使用接口配置命令 **ip summary-address eigrp 110.8.0.0/13** 在 Ethernet 0/0 接口上配置了手工汇总。

例 2-56   *在 BR1 上配置手工汇总*

```
BR1(config)# interface Ethernet 0/0
BR1(config-if)# ip summary-address eigrp 1 10.8.0.0/13
*Dec 3 13:22:53.406: %DUAL-5-NBRCHANGE: EIGRP-IPv4 1: Neighbor 172.16.1.1
(Ethernet0/0) is resync: summary configured
```

要配置手工路由汇总，就必须选择正确的接口来传播汇总路由、正确的自治系统编号、汇总地址及其掩码。从 Cisco IOS 15 开始，**ip summary-address** 命令既可以使用点分十进制格式的子网掩码，也可使用前缀长度，如例中所示。

判断出需要汇总为一个网络的所有那些子网 IP 地址中相同的比特位，就可以确定要指定使用哪类汇总路由。地址之间的所有相同比特决定了汇总地址及掩码。

注意，只有在路由表中存在汇总路由的更详细项（明细条目）时，路由器才会通告汇总路由。

例 2-57 使用命令 **show ip route** 命令查看了 BR1 的路由表。

例 2-57 BR1 路由表中的 Null0 路由

```
BR1# show ip route
Codes: L - local, C - connected, S - static, R - RIP, M - mobile, B - BGP
       D - EIGRP, EX - EIGRP external, O - OSPF, IA - OSPF inter area
       N1 - OSPF NSSA external type 1, N2 - OSPF NSSA external type 2
       E1 - OSPF external type 1, E2 - OSPF external type 2
       i - IS-IS, su - IS-IS summary, L1 - IS-IS level-1, L2 - IS-IS level-2
       ia - IS-IS inter area, * - candidate default, U - per-user static route
       o - ODR, P - periodic downloaded static route, H - NHRP, l - LISP
       + - replicated route, % - next hop override

Gateway of last resort is not set

      10.0.0.0/8 is variably subnetted, 10 subnets, 4 masks
D        10.8.0.0/13 is a summary, 00:43:25, Null0
C        10.10.0.0/16 is directly connected, Loopback0
L        10.10.0.1/32 is directly connected, Loopback0
C        10.11.0.0/16 is directly connected, Loopback1
L        10.11.0.1/32 is directly connected, Loopback1
C        10.12.0.0/16 is directly connected, Loopback2
L        10.12.0.1/32 is directly connected, Loopback2
C        10.13.0.0/16 is directly connected, Loopback3
L        10.13.0.1/32 is directly connected, Loopback3
D        10.64.0.0/14 [90/435200] via 172.16.1.1, 00:24:06, Ethernet0/0
      172.16.0.0/16 is variably subnetted, 3 subnets, 2 masks
C        172.16.1.0/30 is directly connected, Ethernet0/0
L        172.16.1.2/32 is directly connected, Ethernet0/0
D        172.16.2.0/30 [90/307200] via 172.16.1.1, 05:09:11, Ethernet0/0
      209.165.200.0/27 is subnetted, 1 subnets
D        209.165.200.224 [90/307200] via 172.16.1.1, 05:09:11, Ethernet0/0
```

配置路由器通告汇总路由时，路由器也会将这条路由增加到自己的路由表中，并指向 Null 接口以避免路由环路。转发到 Null 接口的数据包会被丢弃，这样可以避免路由器将数据包转发到默认路由，并由此造成路由环路的可能性。

例如，如果 BR1 接收到了发往网络 10.8.0.0/24 的数据包，那么指向 Null 接口的路由 10.8.0.0/13 就会成为最佳匹配路由。因此这个数据包就会被丢弃，因为路由器不知道更详细的路由。

如例 2-58 所示，BR2 也使用 **ip summary-address eigrp 1 10.64.0.0/14** 接口命令在 Ethernet 0/0 接口上配置了手工汇总。

例 2-58 在 BR2 上配置手工汇总

```
BR2(config)# interface Ethernet 0/0
BR2(config-if)# ip summary-address eigrp 1 10.64.0.0/14
*Dec 3 13:31:55.741: %DUAL-5-NBRCHANGE: EIGRP-IPv4 1: Neighbor 172.16.2.1
(Ethernet0/0) is resync: summary configured
```

汇总地址是通过分析路由器 BR2 上各子网的相同比特计算出来的。

例 2-59 所示为管理员通过命令 **show ip route** 查看 HQ 路由表，以验证汇总路由已经通告了出去。

例 2-59 验证 HQ 接收的汇总路由

```
HQ# show ip route
Codes: L - local, C - connected, S - static, R - RIP, M - mobile, B - BGP
       D - EIGRP, EX - EIGRP external, O - OSPF, IA - OSPF inter area
       N1 - OSPF NSSA external type 1, N2 - OSPF NSSA external type 2
       E1 - OSPF external type 1, E2 - OSPF external type 2
       i - IS-IS, su - IS-IS summary, L1 - IS-IS level-1, L2 - IS-IS level-2
       ia - IS-IS inter area, * - candidate default, U - per-user static route
       o - ODR, P - periodic downloaded static route, H - NHRP, l - LISP
       + - replicated route, % - next hop override

Gateway of last resort is 209.165.200.226 to network 0.0.0.0

S*     0.0.0.0/0 [1/0] via 209.165.200.226
       10.0.0.0/8 is variably subnetted, 2 subnets, 2 masks
D        10.8.0.0/13 [90/409600] via 172.16.1.2, 01:30:05, Ethernet0/1
D        10.64.0.0/14 [90/409600] via 172.16.2.2, 01:10:46, Ethernet0/2
       172.16.0.0/16 is variably subnetted, 4 subnets, 2 masks
C        172.16.1.0/30 is directly connected, Ethernet0/1
L        172.16.1.1/32 is directly connected, Ethernet0/1
C        172.16.2.0/30 is directly connected, Ethernet0/2
L        172.16.2.1/32 is directly connected, Ethernet0/2
       209.165.200.0/24 is variably subnetted, 2 subnets, 2 masks
C        209.165.200.224/27 is directly connected, Ethernet0/0
L        209.165.200.225/32 is directly connected, Ethernet0/0
```

所有分支子网被汇总成了两条汇总路由。汇总路由的度量等于被汇总的明细路由的最小度量。

此外还可以看到一条指向下一跳 IP 地址 209.165.200.226，通过 Ethernet 0/0 接口可达的默认路由。

例 2-60 使用 **ping 209.165.202.129** 命令测试了 HQ 是否可以连通 Internet 上的外部

网络。

例 2-60   在 HQ 上测试到外部网络的连通性

```
HQ# ping 209.165.202.129
Type escape sequence to abort.
Sending 5, 100-byte ICMP Echos to 209.165.202.129, timeout is 2 seconds:
!!!!!
Success rate is 100 percent (5/5), round-trip min/avg/max = 1/1/1 ms
```

外部 IP 地址连通性的测试成功，因为 HQ 有指向 Internet 网络的默认路由。

接下来，我们在例 2-61 中使用命令 **ping 209.165.202.129** 测试 BR1 是否与外部网络之间存在连通性。在该例中，我们也使用 **show ip route 209.165.202.129** 命令验证了路由器的路由表。

例 2-61   在 BR1 上测试到外部网络的连通性

```
BR1# ping 209.165.202.129
Type escape sequence to abort.
Sending 5, 100-byte ICMP Echos to 209.165.202.129, timeout is 2 seconds:
.....
Success rate is 0 percent (0/5)
BR1# show ip route 209.165.202.129
% Network not in table
```

路由器与外部 IP 地址 209.165.202.129 之间不存在连通性，因为 BR1 上并没有关于如何到达 209.165.202.129 IP 地址的信息。

去往外部网络的连通性通常都是通过默认路由实现的，因为一一描述所有独立的外部网络（比如像 Internet 上的那些网络）会消耗大量的时间和资源。

2. 获取默认路由

路由器可以通过几种不同的方式获取默认路由。

使用默认路由的主要目的是为了减少路由表的大小。这种方法尤其适用于末节网络，因为末节网络更适合优化路由条目的数量。

路由器在安装默认路由之前，会检查默认的候选路由。

■ 候选可以是使用命令 **ip route 0.0.0.0 0.0.0.0** *next-hop | interface* 在本地通过静态配置定义的默认路由。这个命令中的 *interface* 是用来转发所有目的地址未知的数据包的出接口，*next-hop* 是将目的地址未知的数据包转发到的 IP 地址。

■ 候选也可以是动态路由宣告的默认路由。EIGRP 可以通过 **redistribute static** 命令静态重分布管理员定义的默认路由。

■ 此外，使用 **ip default-network** 配置命令时，本地路由表中的所有有类网络都可以成为一个候选的默认路由。这条命令可以给所有有类 EIGRP 路由添加上一个外部标签，使其成为一个候选的默认路由。

> **注释** 在 EIGRP 中，默认路由不能直接注入到 OSPF 中，此时可以使用 default-information originate 命令；不过，管理员可以在接口上汇总为 0.0.0.0/0。

路由器会分析所有的候选默认路由，并基于 AD 和路由度量值选择其中最优的候选条目作为默认路由。

选定后，路由器会将最后的网关设置为选定候选路由的下一跳。这种做法不适用于最佳候选路由正好是直连路由的情况。

在例 2-62 中所示的路由表中，在 HQ 上一条静态默认路由通过 **redistribute static EIGRP** 命令被重分布到了 EIGRP 中。

例 2-62 验证 HQ 的路由表及重分布静态默认路由

```
HQ# show ip route
Codes: L - local, C - connected, S - static, R - RIP, M - mobile, B - BGP
       D - EIGRP, EX - EIGRP external, O - OSPF, IA - OSPF inter area
       N1 - OSPF NSSA external type 1, N2 - OSPF NSSA external type 2
       E1 - OSPF external type 1, E2 - OSPF external type 2
       i - IS-IS, su - IS-IS summary, L1 - IS-IS level-1, L2 - IS-IS level-2
       ia - IS-IS inter area, * - candidate default, U - per-user static route
       o - ODR, P - periodic downloaded static route, H - NHRP, l - LISP
       + - replicated route, % - next hop override

Gateway of last resort is 209.165.200.226 to network 0.0.0.0

S*    0.0.0.0/0 [1/0] via 209.165.200.226
      10.0.0.0/8 is variably subnetted, 2 subnets, 2 masks
D        10.8.0.0/13 [90/409600] via 172.16.1.2, 23:00:26, Ethernet0/1
D        10.64.0.0/14 [90/409600] via 172.16.2.2, 22:41:07, Ethernet0/2
      172.16.0.0/16 is variably subnetted, 4 subnets, 2 masks
C        172.16.1.0/30 is directly connected, Ethernet0/1
L        172.16.1.1/32 is directly connected, Ethernet0/1
C        172.16.2.0/30 is directly connected, Ethernet0/2
L        172.16.2.1/32 is directly connected, Ethernet0/2
      209.165.200.0/24 is variably subnetted, 2 subnets, 2 masks
C        209.165.200.224/27 is directly connected, Ethernet0/0
L        209.165.200.225/32 is directly connected, Ethernet0/0
HQ# configure terminal
HQ(config)# router eigrp 1
HQ(config-router)# redistribute static
```

注意，HQ 的路由表中有静态默认路由。**redistribute static** 命令将所有 HQ 上静态定义的路由重分布到了 EIGRP 进程中。因为这条默认路由是 HQ 上定义的唯一的静态路由，所以只有这条路由会被重分布。

在例 2-63 中，使用 **show ip route** 命令验证了 BR1 上的路由表。

例 2-63　验证 BR1 上收到了重分布的静态默认路由

```
BR1# show ip route
Codes: L - local, C - connected, S - static, R - RIP, M - mobile, B - BGP
       D - EIGRP, EX - EIGRP external, O - OSPF, IA - OSPF inter area
       N1 - OSPF NSSA external type 1, N2 - OSPF NSSA external type 2
       E1 - OSPF external type 1, E2 - OSPF external type 2
       i - IS-IS, su - IS-IS summary, L1 - IS-IS level-1, L2 - IS-IS level-2
       ia - IS-IS inter area, * - candidate default, U - per-user static route
       o - ODR, P - periodic downloaded static route, H - NHRP, l - LISP
       + - replicated route, % - next hop override


Gateway of last resort is 172.16.1.1 to network 0.0.0.0

D*EX  0.0.0.0/0 [170/307200] via 172.16.1.1, 00:17:06, Ethernet0/0
      10.0.0.0/8 is variably subnetted, 10 subnets, 4 masks
D        10.8.0.0/13 is a summary, 23:10:22, Null0
C        10.10.0.0/16 is directly connected, Loopback0
L        10.10.0.1/32 is directly connected, Loopback0
C        10.11.0.0/16 is directly connected, Loopback1
L        10.11.0.1/32 is directly connected, Loopback1
C        10.12.0.0/16 is directly connected, Loopback2
L        10.12.0.1/32 is directly connected, Loopback2
C        10.13.0.0/16 is directly connected, Loopback3
L        10.13.0.1/32 is directly connected, Loopback3
D        10.64.0.0/14 [90/435200] via 172.16.1.1, 22:51:03, Ethernet0/0
      172.16.0.0/16 is variably subnetted, 3 subnets, 2 masks
C        172.16.1.0/30 is directly connected, Ethernet0/0
L        172.16.1.2/32 is directly connected, Ethernet0/0
D        172.16.2.0/30 [90/307200] via 172.16.1.1, 1d03h, Ethernet0/0
      209.165.200.0/27 is subnetted, 1 subnets
D        209.165.200.224 [90/307200] via 172.16.1.1, 1d03h, Ethernet0/0
```

可以看到，BR1 通过 EIGRP 接收到了默认路由。通告默认路由的邻居路由器 HQ 被选为最后的网关。BR1 现在会把所有目的地址未知的数据包转发给 HQ。

星号（*）标记的路由 0.0.0.0 即为候选的默认路由。标记为 D EX 的路由是一个外部 EIGRP 路由。EIGRP 会将所有从其他路由协议学到的路由或路由表中的静态路由都标记为外部路由。

如例 2-64 所示，管理员使用命令 **ping 209.165.202.129** 验证了 BR1 到外部网络的连通性。

例 2-64 验证从 BR1 到外部网络的连通性

```
BR1# ping 209.165.202.129
Type escape sequence to abort.
Sending 5, 100-byte ICMP Echos to 209.165.202.129, timeout is 2 seconds:
!!!!!
Success rate is 100 percent (5/5), round-trip min/avg/max = 1/1/1 ms
```

从 BR1 到外部网络之间目前可以连通。因为 BR1 没有目的 IP 地址 209.165.202.129 的明细信息，所以它会使用收到的默认网络将数据包转发给 HQ 路由器。

2.3.7　使用 EIGRP 进行负载分担

EIGRP 可以使用通向相同目的的多条链路分发流量，从而增加有效的网络带宽。EIGRP 既支持在相同开销的路径上执行负载分担，也支持在不同开销路径的上执行负载分担。

EIGRP 默认支持最多 4 条等开销路径的负载分担。管理员可以使用 **maximum-paths** 命令配置 IP 路由协议支持的最大平行路由数量。路由表中可保存的一样好的路由的最大数量取决于 IOS 版本；经测试该值通常为 32。

在交换数据包时，路由器会以数据包为单位执行通过相同度量路径的负载分担。在快速交换数据包时，路由器则会基于目的地址执行通过相同度量路径的负载分担。Cisco 快速转发（CEF）默认情况下即会启用，这种技术同时支持基于数据包的负载分担和基于目的的负载分担。

通过不同开销链路执行负载分担的做法默认是禁用的。只有可行后继路由可以包含在 EIGRP 的负载分担中，这是为了确保拓扑是无环的。

2.3.8　配置 EIGRP 负载分担

在本节中，我们会配置 EIGRP 非等价负载分担。图 2-19 中的拓扑包含了两台通过三条链路互连的路由器。前两条 Ethernet 链路相同，第三条串行链路较慢。两台路由器上均已配置了 EIGRP。

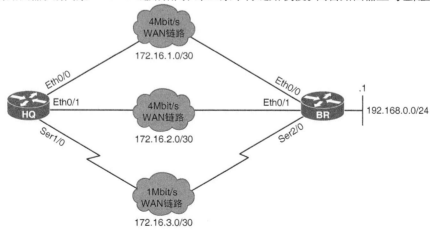

图 2-19　EIGRP 负载分担拓扑

1. EIGRP 负载分担

首先，例 2-65 验证了 HQ 与 R 路由器 IP 地址 192.168.0.1 之间的连通性。

例 2-65 验证从 HQ 到 BR 的连通性

```
HQ# ping 192.168.0.1
Type escape sequence to abort.
Sending 5, 100-byte ICMP Echos to 192.168.0.1, timeout is 2 seconds:
!!!!!
```

HQ 上的路由表如例 2-66 所示。

例 2-66 验证 HQ 上的路由表

```
HQ# show ip route
Codes: L - local, C - connected, S - static, R - RIP, M - mobile, B - BGP
       D - EIGRP, EX - EIGRP external, O - OSPF, IA - OSPF inter area
       N1 - OSPF NSSA external type 1, N2 - OSPF NSSA external type 2
       E1 - OSPF external type 1, E2 - OSPF external type 2
       i - IS-IS, su - IS-IS summary, L1 - IS-IS level-1, L2 - IS-IS level-2
       ia - IS-IS inter area, * - candidate default, U - per-user static route
       o - ODR, P - periodic downloaded static route, H - NHRP, l - LISP
       + - replicated route, % - next hop override

Gateway of last resort is not set

      172.16.0.0/16 is variably subnetted, 6 subnets, 2 masks
C        172.16.1.0/30 is directly connected, Ethernet0/0
L        172.16.1.1/32 is directly connected, Ethernet0/0
C        172.16.2.0/30 is directly connected, Ethernet0/1
L        172.16.2.1/32 is directly connected, Ethernet0/1
C        172.16.3.0/30 is directly connected, Serial1/0
L        172.16.3.1/32 is directly connected, Serial1/0
D        192.168.0.0/24 [90/409600] via 172.16.2.2, 00:26:18, Ethernet0/1
                        [90/409600] via 172.16.1.2, 00:26:18, Ethernet0/0
```

即使两路由器之间建立了三条链路，HQ 也只会针对目的网络 192.168.0.0/24 在路由表中插入两条等价 EIGRP 路由。发往这个目的地址的流量会通过接口 Ethernet 0/0 和 Ethernet 0/1 进行负载分担。

HQ 的路由表中包含了两条去往 192.168.0.0/24 网络的路径，读者可以通过观察 HQ EIGRP 拓扑表中存储的内容来了解这一点。例 2-67 所示为 HQ 上的 EIGRP 拓扑表。

例 2-67 查看 HQ 的等价路由路由表

```
HQ# show ip eigrp topology
EIGRP-IPv4 Topology Table for AS(1)/ID(172.16.3.1)
Codes: P - Passive, A - Active, U - Update, Q - Query, R - Reply,
       r - reply Status, s - sia Status

P 172.16.2.0/30, 1 successors, FD is 281600
        via Connected, Ethernet0/1
P 192.168.0.0/24, 2 successors, FD is 409600
        via 172.16.1.2 (409600/128256), Ethernet0/0
        via 172.16.2.2 (409600/128256), Ethernet0/1
        via 172.16.3.2 (2297856/128256), Serial1/0
P 172.16.3.0/30, 1 successors, FD is 2169856
        via Connected, Serial1/0
P 172.16.1.0/30, 1 successors, FD is 281600
        via Connected, Ethernet0/0
```

　　EIGRP 拓扑表显示了 HQ 通过三个接口接收到的有关目的网络 192.168.0.0/24 的信息。Ethernet 接口上的两条路由都有最低开销，因此都被选为了后继路由。第三条通过串行接口收到的路由开销值更高，因为串行链路的带宽比较低。

　　在默认情况下，路由器只会启用等价负载分担。要想使用非等价链路，需要进行额外的配置。

2. 通过不等开销路径进行 EIGRP 负载分担

　　EIGRP 可以通过多条拥有不同度量值的路由来分发流量，这种做法称为不等价负载分担。EIGRP 执行负载分担的程度可以通过 **variance** 参数进行设置。通过设置 variance 值，EIGRP 可以将多条拥有不同度量的无环路由添加到本地路由表中。EIGRP 总是会把后继路由添加到本地路由表中。其余的可行后继是本地路由表中的候选路由。其他的 EIGRP 条目必须满足两个条件才能被添加到本地路由表中。

- 　　路由必须无环。当路由是可行后继路由，其报告距离小于后继路由的可行距离时，即满足这一条件。
- 　　路由的度量必须低于最优路由（后继路由）度量值与路由器上配置的 variance 值，两者的乘积。

　　variance 命令的默认值为 1，表示路由器只执行等价负载分担；只有度量值相同的后继路由才会添加到本地路由表中。**variance** 命令并不限制最大路径的数量；它是定义 EIGRP 负载分担可以接受的度量值范围的倍数。如果 variance 被设置为 2，那么所有通过 EIGRP 学到的、度量小于两倍后继度量的路由都会被添加到本地路由表中。EIGRP **variance** 命令只有一个参数，即倍数，这是负载分担的度量值，取值为 1～128，默认为 1，表示执行等价负载分担。

> 注释　EIGRP 本身并不会在多条路由之间进行负载分担；它只会把路由添加到本地路由表中。而本地路由表则可以让交换硬件或软件在多条路径之间执行负载分担。

在例 2-68 中，管理员在 HQ 上修改了 **variance** 乘数，使 EIGRP 进行非等价负载分担。

例 2-68　在 HQ 上配置 variance 参数

```
HQ(config)# router eigrp 1
HQ(config-router)# variance 6
```

通过串行链路的路径开销为 2297856，而最优路径的开销为 409600。所以，如果希望将通过串行链路的路径包含在路由表中，至少需要将 variance 值设置为 6 或更大。当 variance 被设置为 6 或更大时，通过串行链路的路径开销（2297856）就会小于最优路径开销乘以 variance 乘数的值。

例 2-69 所示为 HQ 路由表中路由的变化。

例 2-69　在 HQ 上验证 variance 参数

```
HQ# show ip route
Codes: L - local, C - connected, S - static, R - RIP, M - mobile, B - BGP
       D - EIGRP, EX - EIGRP external, O - OSPF, IA - OSPF inter area
       N1 - OSPF NSSA external type 1, N2 - OSPF NSSA external type 2
       E1 - OSPF external type 1, E2 - OSPF external type 2
       i - IS-IS, su - IS-IS summary, L1 - IS-IS level-1, L2 - IS-IS level-2
       ia - IS-IS inter area, * - candidate default, U - per-user static route
       o - ODR, P - periodic downloaded static route, H - NHRP, l - LISP
       + - replicated route, % - next hop override


Gateway of last resort is not set

      172.16.0.0/16 is variably subnetted, 6 subnets, 2 masks
C        172.16.1.0/30 is directly connected, Ethernet0/0
L        172.16.1.1/32 is directly connected, Ethernet0/0
C        172.16.2.0/30 is directly connected, Ethernet0/1
L        172.16.2.1/32 is directly connected, Ethernet0/1
C        172.16.3.0/30 is directly connected, Serial1/0
L        172.16.3.1/32 is directly connected, Serial1/0
D        192.168.0.0/24 [90/2297856] via 172.16.3.2, 00:02:03, Serial1/0
                        [90/409600] via 172.16.2.2, 00:02:03, Ethernet0/1
                        [90/409600] via 172.16.1.2, 00:02:03, Ethernet0/0
```

配置完 variance 乘数之后，路由器将去往目的 192.168.0.0/24 的所有三条路由都添加到了路由表中。

variance 值也可以通过查看 IP 协议设置的方法进行验证，如例 2-70 所示。

例 2-70 验证 HQ 上的 variance 设置

```
HQ# show ip protocols
*** IP Routing is NSF aware ***

Routing Protocol is "eigrp 1"
 Outgoing update filter list for all interfaces is not set
 Incoming update filter list for all interfaces is not set
 Default networks flagged in outgoing updates
 Default networks accepted from incoming updates
 EIGRP-IPv4 Protocol for AS(1)
   Metric weight K1=1, K2=0, K3=1, K4=0, K5=0
   NSF-aware route hold timer is 240
   Router-ID: 172.16.3.1
   Topology : 0 (base)
     Active Timer: 3 min
     Distance: internal 90 external 170
     Maximum path: 4
     Maximum hopcount 100
     Maximum metric variance 6

Automatic Summarization: disabled
Maximum path: 4
Routing for Networks:
  0.0.0.0
Routing Information Sources:
  Gateway          Distance      Last Update
  172.16.2.2             90      00:02:21
  172.16.3.2             90      00:02:21
  172.16.1.2             90      00:02:21
Distance: internal 90 external 170
```

　　这条命令输出信息中显示了路由器上当前的 variance 设置，以及可以用来执行负载分担的最大路径数。管理员可以使用 EIGRP 配置命令 **maximum-path** 修改后面的值。设置为 1 相当于禁用 EIGRP 负载分担。

2.4　配置 IPv6 的 EIGRP

　　EIGRP 最初是为了对 IPv4、IPX 和 AppleTalk 的流量执行路由而诞生的，因此也可以轻松地扩展出路由 IPv6 流量的功能。虽然 IPv6 的 EIGRP 与 IPv4 的 EIGRP 大部分特性都相同，但前者也包含了一些特有的细节。

　　IPv4 和 IPv6 版的 EIGRP 有一个主要区别，那就是后者必须在每个启用了 IPv6 的接口上手动启用 EIGRP。

在完成本节内容的学习后，读者应该能够：

- 描述 IPv4 和 IPv6 的 EIGRP 的异同之处；
- 配置基本的 IPv6 EIGRP 参数；
- 配置并验证 IPv6 EIGRP 汇总；
- 验证基础的 IPv6 EIGRP 设置。

2.4.1 IPv6 的 EIGRP 概述

IPv6 版的 EIGRP 旨在发送 IPv6 前缀/长度而不是 IPv4 子网/掩码值。这个版本的 EIGRP 在有些 Cisco 文档中称为 EIGRPv6，以此来强调这个协议是用来处理 IPv6 流量的。IPv6 版的 EIGRP 与 IPv4 版的 EIGRP 有很多共同点，但两者之间还是存在以下区别。

- IPv6 的 EIGRP 使用 IPv6 的前缀和长度而不是 IPv4 的子网和掩码。
- 使用 IPv6 链路本地地址来建立 IPv6 EIGRP 的邻居关系，而 IPv4 没有链路本地地址的概念。
- EIGRP 针对 IPv6 协议采用了内置的认证特性来执行消息认证，而不是使用 IPv4 中的协议特定的认证方式。
- 在传输路由信息时，IPv6 的 EIGRP 将 IPv6 前缀封装在 IPv6 消息而不是 IPv4 数据包中。
- IPv6 没有有类网络的概念；使用 IPv6 的 EIGRP 时，类边界没有自动汇总。汇总 IPv6 通告前缀的唯一方式是手工汇总。
- 如果路由器上没有配置 IPv4 地址，IPv6 的 EIGRP 需要一个 EIGRP router ID 才能启动。在 IPv4 中，如果不配置 EIGRP router ID，路由器会自动使用环回接口或者活跃物理接口中最高的 IPv4 地址作为路由器 ID。
- 管理员需要在相关接口下配置 IPv6 的 EIGRP 来发送和接收路由协议消息。而在 IPv4 的 EIGRP 中，管理员则应在路由协议配置模式下配置接口。
- IPv6 的 EIGRP 使用的专用组播地址为 FF02::A，而 IPv4 的 EIGRP 使用的专用组播地址则为 224.0.0.10。

2.4.2 配置并验证 IPv6 的 EIGRP

在本节中，我们会执行 IPv6 EIGRP 配置、建立及验证。图 2-20 的拓扑中包含了三台路由器：HQ、BR1 和 BR2。分支路由器通过 Ethernet 链路连接到中心路由器。HQ 和 BR1 上已经预置了 IPv6 的 EIGRP，但 BR2 尚未配置 EIGRP。所有路由器上的 IPv6 地址都已配置完毕。

除了图 2-20 所示的 IPv6 全局单播地址，管理员还在每台路由器上配置了以下 IPv6 链路本地地址：

- HQ - Ethernet 0/0: FE80:100::1
- HQ - Ethernet 0/1: FE80:200::1
- BR1 - Ethernet 0/0: FE80:100::2
- BR2 - Ethernet 0/0: FE80:200::2

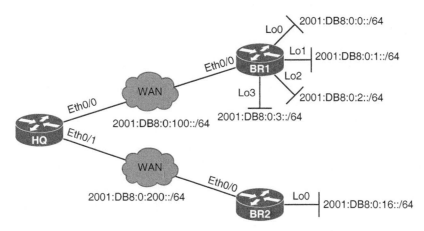

图 2-20　IPv6 的 EIGRP 拓扑

1. IPv6 的 EIGRP 配置

　　在配置 IPv6 的 EIGRP 之前,必须在路由器上启用 IPv6 单播路由。例 2-71 所示为管理员使用全局配置命令 **ipv6 unicast-routing** 在 BR2 上启用 IPv6 路由。

例 2-71　在 BR2 上启用 IPv6 路由

```
BR2# configure terminal
Enter configuration commands, one per line. End with CNTL/Z.
BR2(config)# ipv6 unicast-routing
```

　　对 IPv6 流量启用路由功能的必要命令是在全局配置模式中输入 **ipv6 unicast-routing**。如果没有这条命令,管理员还是可以在路由器接口上配置 IPv6 地址,但这台路由器并不会成为 IPv6 路由器。

　　ipv6 unicast-routing 命令可以让路由器:

- 能够配置静态或动态 IPv6 路由;
- 能够转发 IPv6 包;
- 能够发送 ICMPv6 路由器通告消息。

　　如果在路由器上配置了 IPv6 路由协议,**noipv6 unicast-routing** 将从 IPv6 路由表中移除所有的 IPv6 路由协议条目。例 2-72 显示了 BR2 上的 IPv6 EIGRP 配置,使用自治系统 100 及 router ID 192.168.2.1。

例 2-72　在 BR2 上配置 EIGRP router ID

```
BR2(config)# ipv6 router eigrp 100
BR2(config-rtr)# eigrp router-id 192.168.2.1
```

> 注释　IPv6 EIGRP 有一个 shutdown 特性。路由进程必须在 "noshutdown" 模式中，IPv6 EIGRP 才能进行处理操作。在新版 IOS 中，noshutdown 是默认的。如有必要，管理员可以在 IPv6 EIGRP 配置模式中输入 noshutdown 命令。

配置 IPv6 的 EIGRP 包括两个步骤。第一步是使用 **ipv6 router eigrp** 命令配置 IPv6 EIGRP 路由进程。输入命令后，必须指定自治系统编号，这与 IPv4 EIGRP 中的含义相同。它定义了一个管理员控制下的自治系统，且所有邻居路由器的值必须相同才能建立 EIGRP 邻接关系。

另一个重要的参数是 EIGRP router ID。同 IPv4 的 EIGRP 一样，IPv6 的 EIGRP 也使用了 32 位的 router ID。如果路由器上没有配置活跃的 IPv4 地址，路由器就不能选取 EIGRP router ID。此时，必须在 EIGRP 路由进程下手动配置 router ID。

每台参与 IPv4 及 IPv6 EIGRP 的路由器都有一个 32 位的路由器 ID 标识。路由器会以环回接口上配置的最高 IPv4 地址来作为路由器 ID。如果没有配置环回接口，路由器就会以活跃物理接口上配置的最高 IPv4 地址来作为路由器 ID。如果路由器上也没有配置 IPv4 接口，那么管理员就必须手工定义路由器 ID 才能让 IPv6 EIGRP 正常工作。

例 2-73 展示了 BR2 上 Ethernet 0/0 和 Loopback0 接口的 IPv6 EIGRP 配置。

例 2-73　在 BR2 接口上配置 IPv6 的 EIGRP

```
BR2(config)# interface ethernet 0/0
BR2(config-if)# ipv6 eigrp 100
*Oct 23 19:57:55.933: %DUAL-5-NBRCHANGE: EIGRP-IPv6 100: Neighbor
FE80:200::1 (Ethernet0/0) is up: new adjacency
BR2(config-if)# exit
BR2(config)# interface loopback 0
BR2(config-if)# ipv6 eigrp 100
```

IPv6 EIGRP 配置过程的第二步是在接口上启用这个协议。在接口上启用 IPv6 的 EIGRP 之前，接口上必须拥有合法的 IPv6 链路本地地址。这是因为 IPv6 的 EIGRP 会使用链路本地地址来建立 EIGRP 邻居关系。

当接口通过手工配置或动态的方式获取到全局 IPv6 地址之后，这个接口上就会自动创建出链路本地地址。Cisco IOS 会使用 EUI-64 来创建链路本地地址的接口 ID。

在没有分配全局单播地址的接口上，管理员也可以使用接口模式命令 **ipv6 enable** 在接口上启用 IPv6。此时，接口会自动分配到 IPv6 链路本地地址。重复一遍，接口 ID 会使用 EUI-64 格式生成。

不过，自动创建的 EUI-64 链路本地地址难于记忆和分辨，因为这样的 64 位接口 ID 没有提供任何描述性的信息。要想弥补这一点，通常的做法是在路由器上使用命令 **ipv6 address** *link-local-address* **link-local** 手工分配一个容易分辨的 IPv6 链路本地地址。管理员可以在一台路由器的所有链路上配置使用相同的链路本地地址，只要链路本地地址在每条链路上唯一即可。

例 2-74 查看了已经与路由器 HQ 建立的 EIGRP IPv6 邻居邻接关系。

例 2-74 在 BR2 上验证 IPv6 EIGRP 的邻居邻接

```
BR2# show ipv6 eigrp neighbors
EIGRP-IPv6 Neighbors for AS(100)
H   Address                    Interface         Hold Uptime    SRTT    RTO  Q   Seq
                                                 (sec)          (ms)         Cnt Num
0   Link-local address:        Et0/0             13 08:25:34      9     100  0   16
    FE80:200::1
```

命令 **show ipv6 eigrp neighbors** 的输出消息与 **showip eigrp neighbors** 的输出信息类似。但读者可以观察到这两者的地址格式字段存在区别，这是因为前者是使用链路本地 IPv6 地址来建立 EIGRP 邻居关系的。其他字段的含义均与 IPv4 验证命令所显示的字段含义相同。

例 2-75 显示了 BR2 上的 IPv6 EIGRP 拓扑表。

例 2-75 在 BR2 上验证 IPv6 EIGRP 的拓扑表

```
BR2# show ipv6 eigrp topology
EIGRP-IPv6 Topology Table for AS(100)/ID(192.168.2.1)
Codes: P - Passive, A - Active, U - Update, Q - Query, R - Reply,
       r - reply Status, s - sia Status

P 2001:DB8:0:2::/64, 1 successors, FD is 435200
        via FE80:200::1 (435200/409600), Ethernet0/0
P 2001:DB8:0:200::/64, 1 successors, FD is 281600
        via Connected, Ethernet0/0
P 2001:DB8::/64, 1 successors, FD is 435200
        via FE80:200::1 (435200/409600), Ethernet0/0
P 2001:DB8:0:1::/64, 1 successors, FD is 435200
        via FE80:200::1 (435200/409600), Ethernet0/0
P 2001:DB8:0:3::/64, 1 successors, FD is 435200
        via FE80:200::1 (435200/409600), Ethernet0/0
P 2001:DB8:0:100::/64, 1 successors, FD is 307200
        via FE80:200::1 (307200/281600), Ethernet0/0
```

命令的输出消息再次显示了 IPv4 与 IPv6 EIGRP 之间的相似之处。两协议都使用了组合度量值，这是由默认接口带宽和延迟参数计算出来的一个整数值。为了把数据包发送给目的地址，路由器会选择度量值最小（最优）的路由。这条路由称为后继路由，它会被添加到路由表中。其他满足可行性条件的路由则会成为候选可行后继路由。

IPv6 的 EIGRP 会使用链路本地地址来建立邻居关系，这些地址也会作为学习路由的源地址显示在拓扑表中。

例2-76 在 BR2 上显示 IPv6 路由表

```
BR2# show ipv6 route eigrp
IPv6 Routing Table - default - 10 entries
Codes: C - Connected, L - Local, S - Static, U - Per-user Static route
       B - BGP, R - RIP, I1 - ISIS L1, I2 - ISIS L2
       IA - ISIS interarea, IS - ISIS summary, D - EIGRP, EX - EIGRP external
       ND - ND Default, NDp - ND Prefix, DCE - Destination, NDr - Redirect
       O - OSPF Intra, OI - OSPF Inter, OE1 - OSPF ext 1, OE2 - OSPF ext 2
       ON1 - OSPF NSSA ext 1, ON2 - OSPF NSSA ext 2
D   2001:DB8::/64 [90/435200]
       via FE80:200::1, Ethernet0/0
D   2001:DB8:0:1::/64 [90/435200]
       via FE80:200::1, Ethernet0/0
D   2001:DB8:0:2::/64 [90/435200]
       via FE80:200::1, Ethernet0/0
D   2001:DB8:0:3::/64 [90/435200]
       via FE80:200::1, Ethernet0/0
D   2001:DB8:0:100::/64 [90/307200]
       via FE80:200::1, Ethernet0/0
```

拓扑表中的后继路由是会被添加到路由表的候选路由。方括号中的第一个数为管理距离，默认与 IPv4 EIGRP 的管理距离相同。对于内部 EIGRP 路由，这个值会设置为 90。方括号中的第二个数代表可行距离，是最优路径的 EIGRP 组合度量值。

例 2-77 显示了从 BR2 LAN 接口到 BR1 LAN 地址的 ping 测试结果。

例2-77 验证到 BR1 LAN 的连通性

```
BR2# ping 2001:DB8:0:1::1 source loopback 0
Type escape sequence to abort.
Sending 5, 100-byte ICMP Echos to 2001:DB8:0:1::1, timeout is 2 seconds:
Packet sent with a source address of 2001:DB8:0:16::1
!!!!!
Success rate is 100 percent (5/5), round-trip min/avg/max = 1/1/1 ms
```

如果已经配置 BR2 路由器上的 LAN 和 WAN 接口使用 IPv6 的 EIGRP 进行通告，那么 LAN 接口间的 ICMP echo 和应答数据包也就可以成功地进行发送和接收。

2．计算 IPv6 汇总路由

要想计算 IPv6 汇总路由，需要首先分析希望进行汇总的子网。需要计算所有地址中相同的最高比特位。将 IP 地址转换为部分二进制格式就可以分辨出各个子网相同的比特。

在表 2-3 中，4 个子网的前 62 个比特位是相同的。因此，最佳的汇总路由是 2001:DB8:0:0::/62。

表 2-3   计算 IPv6 汇总路由

前缀	二进制格式
2001:DB8:0:0::64	**2001:DB8:0:**00000000000000 00::/64
2001:DB8:0:1::64	**2001:DB8:0:**00000000000000 01::/64
2001:DB8:0:2::64	**2001:DB8:0:**00000000000000 10::/64
2001:DB8:0:3::64	**2001:DB8:0:**00000000000000 11::/64
汇总路由	
2001:DB8:0:0::62	**2001:DB8:0:**00000000000000 00::/62

例 2-78 显示了路由器 BR1 通过命令 **ipv6 summary-address eigrp** 汇总了所有本地前缀。

例 2-78 配置 IPv6 EIGRP 汇总路由

```
BR1(config)# interface Ethernet0/0
BR1(config-if)# ipv6 summary-address eigrp 100 2001:DB8:0:0::/62
*Oct 24 18:14:31.222: %DUAL-5-NBRCHANGE: EIGRP-IPv6 100: Neighbor
FE80:100::1 (Ethernet0/0) is resync: summary configured
```

汇总技术可以用一条比较短的前缀来代替几条比较长的前缀。IPv6 EIGRP 中汇总路由的唯一方式是手工汇总。IPv6 的 EIGRP 不支持自动汇总。IPv6 的 EIGRP 与 IPv4 的 EIGRP 相似，可以在接口配置模式使用 **ipv6 summary-address eigrp** 命令配置手工汇总。在给 IPv6 的 EIGRP 配置汇总路由之后，路由器会在配置了汇总的接口上重新同步其邻居关系。BR1 此后只会向 HR 路由器发送汇总的路由条目，而不会再发送那些明细前缀。

汇总可以减少路由表中路由条目数量，并可以消除一部分网络出现故障后，路由条目进行不必要的路由更新，进而提升了网络稳定性。汇总也可以减少对处理器以及对内存资源的需求。

例 2-79 展示了 BR2 的 IPv6 路由表。

例 2-79 验证 BR2 上收到的汇总路由

```
BR2# show ipv6 route eigrp
IPv6 Routing Table - default - 7 entries
Codes: C - Connected, L - Local, S - Static, U - Per-user Static route
       B - BGP, R - RIP, I1 - ISIS L1, I2 - ISIS L2
       IA - ISIS interarea, IS - ISIS summary, D - EIGRP, EX - EIGRP external
       ND - ND Default, NDp - ND Prefix, DCE - Destination, NDr - Redirect
       O - OSPF Intra, OI - OSPF Inter, OE1 - OSPF ext 1, OE2 - OSPF ext 2
       ON1 - OSPF NSSA ext 1, ON2 - OSPF NSSA ext 2
D   2001:DB8::/62 [90/435200]
     via FE80:200::1, Ethernet0/0
D   2001:DB8:0:100::/64 [90/307200]
     via FE80:200::1, Ethernet0/0
```

路由器 BR2 上 IPv6 路由表的内容显示，四个 LAN 前缀由一个长度更短的/62 汇总前缀所取代。

　　另一个在验证 IPv6 EIGRP 时非常常用的命令是 **show ipv6 protocols**，如例 2-80 所示。这条命令的输出信息中包含的是参与 IPv6 EIGRP 路由的接口、K 值以及 router ID。IPv6 EIGRP 内部和外部路由的默认 AD 均与 IPv4 EIGRP 相同，即 90 和 170。这条命令也可以看出 IPv6 EIGRP 是一款距离矢量型路由协议；它的最大跳数相对来说比较大，是 100。

例 2-80　在 BR1 上验证 IPv6 的 EIGRP

```
BR2# show ipv6 protocols
IPv6 Routing Protocol is "connected"
IPv6 Routing Protocol is "ND"
IPv6 Routing Protocol is "eigrp 100"
EIGRP-IPv6 Protocol for AS(100)
  Metric weight K1=1, K2=0, K3=1, K4=0, K5=0 K6=0
  NSF-aware route hold timer is 240
  Router-ID: 192.168.2.1
  Topology : 0 (base)
    Active Timer: 3 min
    Distance: internal 90 external 170
    Maximum path: 16
    Maximum hopcount 100
    Maximum metric variance 1
    Total Prefix Count: 0
    Total Redist Count: 0

Interfaces:
    Ethernet0/0
    Loopback0
Redistribution:
  None
```

2.5　配置命名的 EIGRP

　　虽然完成基本的 EIGRP 配置非常简单，但配置其他参数也会增加配置的复杂性。其中有一些参数需要在全局配置模式下进行配置，其他参数则需要在特定接口的配置模式下配置。在配置 IPv6 EIGRP 时，配置过程可会复杂到让人无法忍受的地步。管理员需要使用相似但略有不同的命令和配置方式来启用 IPv6 的 EIGRP。

　　Cisco 引入了一种配置 EIGRP 的全新方式，这种方式称为命名的 EIGRP。通过这种方式，管理员可以把所有 EIGRP 配置集中在一处，为所有下层网络协议使用统一的配置命令。

　　在完成本节内容的学习后，读者应该能够：

■　描述命名的 EIGRP 配置和经典的 EIGRP 在配置时有何不同；

- 解释在不同的地址族配置模式中需要配置什么命令；
- 比较经典和命名 EIGRP 的配置示例；
- 配置并验证 IPv6 的 EIGRP。

2.5.1 命名 EIGRP 配置介绍

在一台路由器上同时配置 IPv4 和 IPv6 的 EIGRP 可能是一项十分复杂的任务，因为管理员需要在不同的路由器配置模式中进行配置，即 **router eigrp** 和 **ipv6 router eigrp**。有一种新的配置方式可以在一个配置模式下同时配置 IPv4 和 IPv6 的 EIGRP。

命名的 EIGRP 配置可以消除同时配置 IPv4 和 IPv6 EIGRP 时的复杂性。例如，在 IPv4 的 EIGRP 中宣告接口的配置需要在 EIGRP 路由器配置模式中进行。但在 IPv6 的 EIGRP 中，管理员则需在特定的接口上配置宣告。这种差异可能会让人混淆，这也就是 EIGRP 命名配置之所以希望统一 EIGRP 配置并简化配置任务的原因，使用 EIGRP 命名配置可以减少配置出错的可能。

在 Cisco IOS 版本 15.0(1)M 及之后的版本中，可以采用 EIGRP 命名配置的方法。

2.5.2 配置命名 EIGRP

图 2-21 所示为本节中配置命名 EIGRP 时使用的拓扑。在拓扑中可以看到有三台路由器都同时配置了 IPv4 和 IPv6 地址。HQ、BR1 和 BR2 上都配置了基本的 IPv4 和 IPv6 EIGRP。

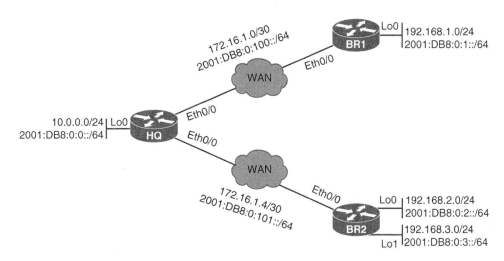

图 2-21 命名 EIGRP 拓扑

为了验证拓扑中 IPv4 和 IPv6 的完全连通性，我们从 BR2 向 BR2 发送了 ping 测试，如例 2-81 所示。

例 2-81　验证 IPv4 和 IPv6 连通性

```
BR2# ping 192.168.1.1 source Loopback0
Type escape sequence to abort.
Sending 5, 100-byte ICMP Echos to 192.168.1.1, timeout is 2 seconds:
Packet sent with a source address of 192.168.2.1
!!!!!
Success rate is 100 percent (5/5), round-trip min/avg/max = 1/1/1 ms
BR2# ping 2001:DB8:0:1::1 source Loopback0
Type escape sequence to abort.
Sending 5, 100-byte ICMP Echos to 2001:DB8:0:1::1, timeout is 2 seconds:
Packet sent with a source address of 2001:DB8:0:2::1
!!!!!
Success rate is 100 percent (5/5), round-trip min/avg/max = 1/1/1 ms
```

　　因为拓扑中的三台路由器都预配置了 IPv4 和 IPv6 的 EIGRP，因此连接性测试应该是成功的。

　　BR2 上现有的 EIGRP 配置如例 2-82 所示。

例 2-82　当前的 IPv4 和 IPv6 EIGRP 配置

```
BR2# show running-config
<Output omitted>
interface Loopback0
 ip address 192.168.2.1 255.255.255.0
 ipv6 address 2001:DB8:0:2::1/64
 ipv6 enable
 ipv6 eigrp 1
!
interface Loopback1
 ip address 192.168.3.1 255.255.255.0
 ipv6 address 2001:DB8:0:3::1/64
 ipv6 enable
 ipv6 eigrp 1
!
interface Ethernet0/0
 ip address 172.16.1.6 255.255.255.252
 ipv6 address 2001:DB8:0:101::2/64
 ipv6 enable
 ipv6 eigrp 1
<Output omitted>
router eigrp 1
 network 0.0.0.0
<Output omitted>
ipv6 router eigrp 1
<Output omitted>
```

可以看到 IPv4 和 IPv6 的 EIGRP 都配置了自治系统 1。所有显示出来的 IPv4 配置都在路由器配置模式中，而 IPv6 EIGRP 的配置命令则分别出现在路由器配置模式和每个接口的配置中。

在 BR2 上为 IPv4 和 IPv6 配置命名 EIGRP 之前，我们移除了基本的 EIGRP 配置，如例 2-83 所示。

例 2-83 在 BR2 上移除 IPv4 和 IPv6 EIGRP 配置

```
BR2# configure terminal
Enter configuration commands, one per line. End with CNTL/Z.
BR2(config)# no router eigrp 1
BR2(config)# no ipv6 router eigrp 1
BR2(config)#
*Dec 27 09:50:05.585: %DUAL-5-NBRCHANGE: EIGRP-IPv6 1: Neighbor
FE80::A8BB:CCFF:FE00:3310 (Ethernet0/0) is down: procinfo free
BR2(config)# interface Ethernet0/0
BR2(config-if)# no ipv6 eigrp 1
BR2(config-if)# interface Loopback0
BR2(config-if)# no ipv6 eigrp 1
BR2(config-if)# interface Loopback1
BR2(config-if)# no ipv6 eigrp 1
```

清除配置时，IPv4 的基本 EIGRP 配置以及一部分 IPv6 EIGRP 的配置需要在全局配置模式下进行清除，此外还有一些 IPv6 EIGRP 配置需要从接口配置模式下清除。

1. 地址族

对于 IPv4 网络，经典或基本 EIGRP 的配置需要使用全局配置命令 **router eigrp** *as-number* 来实现，而 IPv6 则需要使用命令 **ipv6 router eigrp** *as-number*。在这两种情况下，自治系统编号的作用都是标识独立的 EIGRP 进程。

EIGRP 命名配置模式则需要使用全局配置命令 **router eigrp** *virtual-instance-name* 进行配置。IPv4 和 IPv6 的 EIGRP 都可以在这个模式下配置。

EIGRP 支持多协议，且可以承载许多不同路由类型的信息。命名 EIGRP 配置是按照分层的方式进行组织的，某个特定路由类型的配置需要在相同的地址族下完成。

IPv4 单播和 IPv6 单播是两种最常使用的地址族。

2. IPv4 地址族的 EIGRP

例 2-84 使用图 2-21 所示的拓扑，展示了 BR2 的命名 EIGRP 配置，示例中的虚拟实例被命名为了 LAB。命名 EIGRP 需要在全局配置模式中进行配置，配置时在命令 **router eigrp** 后面加上 EIGRP 虚拟实例的名称。这个名称仅本地有效，不需要与邻居路由器的命名相同。**router eigrp** *virtual-instance-name* 命令会定义一个 EIGRP 实例，这个 EIGRP 实例可以用于所有的地址族中。此时，路由协议尚未启用。管理员必须首先定义至少一个地址族。

例 2-84　BR2 上 IPv4 地址族被增加到 EIGRP 命名配置中

```
BR2(config)# router eigrp LAB
BR2(config-router)# address-family ipv4 autonomous-system 1
BR2(config-router-af)#
```

例 2-84 显示了 BR2 使用现有的自治系统编号 1 进入 IPv4 地址族配置模式。EIGRP 路由域中所有路由器的自治系统编号必须相同。

EIGRP 命名配置模式下的命令 **ipv4 address-family**，语法和参数如表 2-4 所示：

address-family ipv4 [**multicast**] [**unicast**] [**vrf** *vrf-name*] **autonomous-system** *autonomous-system-number*

表 2-4　　　　　　　　　　　　EIGRP **address-family ipv4** 命令参数

参数	描述
ipv4	选择 IPv4 协议地址族
multicast	（可选）指定组播地址族。只有在 EIGRP 命名 IPv4 配置中才可以使用这个关键字
unicast	（可选）指定单播地址族。这是默认设置
vrf *vrf-name*	（可选）指定 VRF 名称
autonomous-system *autonomous-system-number*	指定自治系统编号

命令 **address-family** 会启用 IPv4 地址族，并以定义的自治系统启动 EIGRP。输入这条命令就会进入地址族配置模式，这一点通过前面的提示符就可以体现出来。

在 IPv4 地址族配置模式中，管理员可以使用 **network** 命令针对特定接口启用 EIGRP，这里还可以定义其他的通用参数，如 **router-id** 或 **eigrp stub**。

地址族默认为单播地址族，除非管理员手动修改设置。单播地址族会用于进行单播路由交换。

> **注释**　在经典或基础的 IPv4 和 IPv6 EIGRP 配置中，EIGRP 命令 address-family 对于 IPv4 和 IPv6 都适用。配置方法与命名 EIGRP 相似。

接下来在地址族配置模式中，管理员在 BR2 上为所有的 IPv4 接口启用了 EIGRP，如例 2-85 所示。

例 2-85　在 IPv4 地址族配置模式中启用所有接口

```
BR2(config-router-af)# network 0.0.0.0
*Dec 27 14:15:53.944: %DUAL-5-NBRCHANGE: EIGRP-IPv4 1: Neighbor 172.16.1.5
(Ethernet0/0) is up: new adjacency
```

　　在命名配置中，可以使用命令 **network** 为接口启用 IPv4EIGRP，具体的配置方法与一般的 EIGRP 配置方式相同。可以通过反掩码来专门指定接口地址，或者使用 **0.0.0.0** 在所有启用 IPv4 的接口上启用 EIGRP。

　　如需验证命名 IPv4 EIGRP 的配置、BR2 上的 EIGRP 邻居、EIGRP 拓扑表以及路由表中的 EIGRP 路由，方法如例 2-86 所示。

例 2-86　验证 BR2 IPv4 EIGRP 的命名配置

```
BR2# show ip eigrp neighbors
EIGRP-IPv4 VR(LAB) Address-Family Neighbors for AS(1)
H    Address                Interface           Hold Uptime   SRTT   RTO  Q  Seq
                                                (sec)         (ms)        Cnt Num
0    172.16.1.5             Et0/0               14 00:21:56   10     100  0  12

BR2# show ip eigrp topology
EIGRP-IPv4 VR(LAB) Topology Table for AS(1)/ID(192.168.3.1)
Codes: P - Passive, A - Active, U - Update, Q - Query, R - Reply,
       r - reply Status, s - sia Status

P 192.168.3.0/24, 1 successors, FD is 163840
        via Connected, Loopback1
P 192.168.2.0/24, 1 successors, FD is 163840
        via Connected, Loopback0
P 10.0.0.0/24, 1 successors, FD is 458752000
        via 172.16.1.5 (458752000/327761920), Ethernet0/0
P 192.168.1.0/24, 1 successors, FD is 524288000
        via 172.16.1.5 (524288000/458752000), Ethernet0/0
P 172.16.1.4/30, 1 successors, FD is 131072000
        via Connected, Ethernet0/0
P 172.16.1.0/30, 1 successors, FD is 196608000
        via 172.16.1.5 (196608000/131072000), Ethernet0/0


BR2# show ip route eigrp
Codes: L - local, C - connected, S - static, R - RIP, M - mobile, B - BGP
       D - EIGRP, EX - EIGRP external, O - OSPF, IA - OSPF inter area
       N1 - OSPF NSSA external type 1, N2 - OSPF NSSA external type 2
       E1 - OSPF external type 1, E2 - OSPF external type 2
       i - IS-IS, su - IS-IS summary, L1 - IS-IS level-1, L2 - IS-IS level-2
       ia - IS-IS inter area, * - candidate default, U - per-user static route
       o - ODR, P - periodic downloaded static route, H - NHRP, l - LISP
       + - replicated route, % - next hop override

Gateway of last resort is not set
```

（待续）

```
      10.0.0.0/24 is subnetted, 1 subnets
D         10.0.0.0 [90/3584000] via 172.16.1.5, 00:36:57, Ethernet0/0
      172.16.0.0/16 is variably subnetted, 3 subnets, 2 masks
D         172.16.1.0/30 [90/1536000] via 172.16.1.5, 00:36:57, Ethernet0/0
D         192.168.1.0/24 [90/4096000] via 172.16.1.5, 00:36:57, Ethernet0/0
```

即使在命名配置模式中配置 EIGRP，EIGRP 的操作以及与邻居的交互方式也不会有所改变。管理员可以使用相同的验证命令来分析和验证 EIGRP 的状态。

可以使用地址族配置模式中的命令 **af-interface** *interface-type interface number* 在 IPv4 和 IPv6 的 EIGRP 进程中配置或者移除某个接口。这条命令一般用来在接口上配置注入手工汇总和认证这类的参数。我们会在下文中用 IPv6 地址族的 EIGRP 来具体介绍这条命令。

3．IPv6 地址族的 EIGRP

例 2-87 所示为将自治系统 1 的 IPv6 地址族添加到 BR2 上的 EIGRP 命名配置中。

例 2-87　*BR2 上 IPv6 地址族被增加到 EIGRP 命名配置中*

```
BR2(config)# router eigrp LAB
BR2(config-router)# address-family ipv6 autonomous-system 1
BR2(config-router-af)#
*Dec 30 09:37:23.652: %DUAL-5-NBRCHANGE: EIGRP-IPv6 1: Neighbor
FE80::A8BB:CCFF:FE00:3310 (Ethernet0/0) is up: new adjacency
```

EIGRP 命令 **address-family ipv6** 需要在路由器配置模式中进行配置，这条命令的语法和参数如表 2-5 所示：

address-family ipv6 [**unicast**] [**vrf** *vrf-name*] **autonomous-system** *autonomous-system-number*

表 2-5　　　　　　　　　　EIGRP **address-family ipv6** 命令参数

参数	描述
ipv6	选择 IPv6 协议地址族
unicast	（可选）指定单播地址族；这是默认设置
vrf *vrf-name*	（可选）指定 VRF 名称
autonomous-system *autonomous-system-number*	指定自治系统编号

在定义 IPv6 地址族时，使用正确的自治系统编号非常重要。在初始状态下，拓扑中的三台路由器都配置了 IPv6 自治系统 **1**，因此如果不想重新配置 HQ 和 BR1，管理员也需要使用相同的自治系统。切记，IPv4 和 IPv6 地址族之间的自治系统编号并不需要相同；而相同地址族中邻居之间的编号必须相同。

> **注释**　IPv4 和 IPv6 地址族的 EIGRP 自治系统编号不需要相同。对于 IPv4 和 IPv6，只需要在相同的 EIGRP 路由域中的所有路由器都使用相同的自治系统编号。

注意，定义完 IPv6 地址族之后，IPv6 EIGRP 邻居关系立刻就会建立起来。IPv6 的 EIGRP 不需要在接口上启用。所有启用了 IPv6 的接口都会自动包含在 IPv6 的 EIGRP 进程中。

在运行配置中，IPv6 地址族配置默认显示为单播地址族。

可以使用地址族配置模式中的命令 **af-interface** *interface-type interface number*，在 IPv6 的 EIGRP 进程中配置或移除某个（某些）接口，详见表 2-6。

```
af-interface {default | interface-type interface number}
```

表 2-6   **af-interface** 地址族配置模式命令参数

参数	描述
default	指定默认的地址族接口配置模式。这个模式下应用的命令，会影响这个地址族实例所使用的所有接口
interface-type interface number	地址族子模式命令会影响的接口类型和编号

在例 2-88 中，管理员使用 BR2 上没有的接口 Ethernet 0/1 进行了配置（因为这样不会影响当前的配置）。管理员在地址族接口配置模式中使用命令 **shutdown** 把接口从 IPv6 的 EIGRP 中移除，而这个接口默认包含在内。不过，由于这个接口还有其他的 IPv6 用途，因此它仍然处于 up/up 状态。这个接口仍可以由网络上的其他设备 ping 通。

例 2-88　*在一个接口上禁用 IPv6 的 EIGRP*

```
BR2(config)# router eigrp LAB
BR2(config-router)# address-family ipv6 autonomous-system 1
BR2(config-router-af)# af-interface ethernet 0/1
BR2(config-router-af-interface)# shutdown
```

命令 **af-interface** 也可以用来配置其他特定的 EIGRP 接口参数，如认证、带宽百分比以及手工汇总等。这些选项的完整列表会在本章之后的例 2-95 中进行介绍。

例 2-89 验证了 BR2 上的 EIGRP 邻居、IPv6 EIGRP 拓扑表以及 IPv6 路由表中的 EIGRP 路由。在基础配置模式和命名配置模式中，验证 IPv6 EIGRP 所使用的命令相同。

例 2-89　*在 BR2 上验证 IPv6 的 EIGRP*

```
BR2# show ipv6 eigrp neighbors
EIGRP-IPv6 VR(LAB) Address-Family Neighbors for AS(1)
H   Address                   Interface          Hold Uptime   SRTT   RTO   Q   Seq
                                                 (sec)         (ms)         Cnt Num
0   Link-local address:       Et0/0              10  02:03:36 1594   5000  0   11
    FE80::A8BB:CCFF:FE00:3310


BR2# show ipv6 eigrp topology
EIGRP-IPv6 VR(LAB) Topology Table for AS(1)/ID(192.168.3.1)
Codes: P - Passive, A - Active, U - Update, Q - Query, R - Reply,
```

（待续）

```
        r - reply Status, s - sia Status

P 2001:DB8:0:2::/64, 1 successors, FD is 163840
        via Connected, Loopback0
P 2001:DB8::/64, 1 successors, FD is 458752000
        via FE80::A8BB:CCFF:FE00:3310 (458752000/327761920), Ethernet0/0
P 2001:DB8:0:1::/64, 1 successors, FD is 524288000
        via FE80::A8BB:CCFF:FE00:3310 (524288000/458752000), Ethernet0/0
P 2001:DB8:0:3::/64, 1 successors, FD is 163840
        via Connected, Loopback1
P 2001:DB8:0:100::/64, 1 successors, FD is 196608000
        via FE80::A8BB:CCFF:FE00:3310 (196608000/131072000), Ethernet0/0
P 2001:DB8:0:101::/64, 1 successors, FD is 131072000
        via Connected, Ethernet0/0


BR2# show ipv6 route eigrp
IPv6 Routing Table - default - 10 entries
Codes: C - Connected, L - Local, S - Static, U - Per-user Static route
       B - BGP, HA - Home Agent, MR - Mobile Router, R - RIP
       H - NHRP, I1 - ISIS L1, I2 - ISIS L2, IA - ISIS interarea
       IS - ISIS summary, D - EIGRP, EX - EIGRP external, NM - NEMO
       ND - ND Default, NDp - ND Prefix, DCE - Destination, NDr - Redirect
       O - OSPF Intra, OI - OSPF Inter, OE1 - OSPF ext 1, OE2 - OSPF ext 2
       ON1 - OSPF NSSA ext 1, ON2 - OSPF NSSA ext 2, l - LISP
D   2001:DB8::/64 [90/3584000]
     via FE80::A8BB:CCFF:FE00:3310, Ethernet0/0
D   2001:DB8:0:1::/64 [90/4096000]
     via FE80::A8BB:CCFF:FE00:3310, Ethernet0/0
D   2001:DB8:0:100::/64 [90/1536000]
     via FE80::A8BB:CCFF:FE00:3310, Ethernet0/0
```

例 2-90 所示为运行配置，输出信息显示了 BR2 上命名 EIGRP 的配置结构。

例 2-90　展示 BR2 的运行配置

```
BR2# show running config | section router eigrp
router eigrp LAB
 !
 address-family ipv4 unicast autonomous-system 1
  !
  topology base
  exit-af-topology
  network 0.0.0.0
 exit-address-family
```

（待续）

```
!
address-family ipv6 unicast autonomous-system 1
 !
 topology base
 exit-af-topology
exit-address-family
```

请注意，配置都是围绕着地址族以分层的方式进行构建的。地址族之间的配置也是统一的，这意味着像认证和汇总这样的额外参数都可以用相同的方式进行配置。

配置的拓扑库部分指的是拓扑库配置模式。拓扑库中所配置的，是 EIGRP 配置中与拓扑表相关的那部分内容。比如，在拓扑库中可以定义 **variance** 和 **maximum-paths** 参数，以定义负载分担的方式，或者从其他路由源重分布路由。这部分内容会在本章稍后的例 2-97 中讨论。

例 2-91 显示了在命名 EIGRP 配置模式中，如何配置手工汇总。在 EIGRPIPv4 地址族中，管理员进入了地址族接口配置模式，对 BR2 的环回前缀进行了汇总。

例 2-91 在命名配置模式中进行 EIGRP 汇总

```
BR2(config)# router eigrp LAB
BR2(config-router)# address-family ipv4 autonomous-system 1
BR2(config-router-af)# af-interface ethernet 0/0
BR2(config-router-af-interface)# summary-address 192.168.2.0/23
BR2(config-router-af-interface)#
*Dec 30 13:36:07.935: %DUAL-5-NBRCHANGE: EIGRP-IPv4 1: Neighbor
172.16.1.5 (Ethernet0/0) is resync: summary configured
```

使用命令 **af-interface** 进入地址族接口配置模式。所有接口相关的 EIGRP 命令都可以在地址族接口配置模式中进行配置。汇总、Hello 和 Dead 计时器、被动接口设置均在此列。

在 IPv4 地址族接口配置模式中，可以使用 **summary-address** 命令汇总 IPv4 前缀。管理员可以通过十进制格式或者前缀长度格式的方式来指定子网掩码，如例中所示。

查看 BR1 的路由表即可看到汇总的路由条目，如例 2-92 所示。

例 2-92 展示 BR1 包含汇总路由的路由表

```
BR1# show ip route
Codes: L - local, C - connected, S - static, R - RIP, M - mobile, B - BGP
       D - EIGRP, EX - EIGRP external, O - OSPF, IA - OSPF inter area
       N1 - OSPF NSSA external type 1, N2 - OSPF NSSA external type 2
       E1 - OSPF external type 1, E2 - OSPF external type 2
       i - IS-IS, su - IS-IS summary, L1 - IS-IS level-1, L2 - IS-IS level-2
       ia - IS-IS inter area, * - candidate default, U - per-user static route
       o - ODR, P - periodic downloaded static route, H - NHRP, l - LISP
```

（待续）

```
        + - replicated route, % - next hop override

Gateway of last resort is not set

     10.0.0.0/24 is subnetted, 1 subnets
D       10.0.0.0 [90/409600] via 172.16.1.1, 3d05h, Ethernet0/0
     172.16.0.0/16 is variably subnetted, 3 subnets, 2 masks
C       172.16.1.0/30 is directly connected, Ethernet0/0
L       172.16.1.2/32 is directly connected, Ethernet0/0
D       172.16.1.4/30 [90/307200] via 172.16.1.1, 3d05h, Ethernet0/0
     192.168.1.0/24 is variably subnetted, 2 subnets, 2 masks
C       192.168.1.0/24 is directly connected, Loopback0
L       192.168.1.1/32 is directly connected, Loopback0
D       192.168.2.0/23 [90/307200] via 172.16.1.1, 00:34:21, Ethernet0/0
```

可以看到 BR1 现在只接收到了描述 BR2 上两个环回的汇总路由。

如例 2-93 所示，除 Ethernet 0/0 外，所有 BR2 的 IPv6 接口都被配置为了被动接口。

例 2-93　配置除 Ethernet 0/0 外的所有 IPv6 接口为被动

```
BR2(config)# router eigrp LAB
BR2(config-router)# address-family ipv6 autonomous-system 1
BR2(config-router-af)# af-interface default
BR2(config-router-af-interface)# passive-interface
*Dec 31 08:42:40.864: %DUAL-5-NBRCHANGE: EIGRP-IPv6 1: Neighbor
FE80::A8BB:CCFF: FE00:F010 (Ethernet0/0) is down: interface passive
BR2(config-router-af-interface)# exit
BR2(config-router-af)# af-interface ethernet0/0
BR2(config-router-af-interface)# no passive-interface
*Dec 31 08:42:57.111: %DUAL-5-NBRCHANGE: EIGRP-IPv6 1: Neighbor
FE80::A8BB:CCFF: FE00:F010 (Ethernet0/0) is up: new adjacency
```

在使用命名方式配置 EIGRP 时，可以使用 **af-interface default** 命令来定义应用到（属于一个地址族的）EIGRP 接口的用户默认设置。例如，在默认情况下，认证模式是禁用的，而管理员可以为地址族中的所有 EIGRP 接口启用消息摘要 5（MD5）认证，在地址族接口配置模式中通过不同的地址族接口配置命令，可以选择性地覆盖新的默认设置。

例 2-93 中的输出信息显示，**passive-interface** 命令应用到了所有接口，包括连接 BR2 和网络其余部分的 Ethernet 0/0 接口。

进入 **af-interface** 配置模式并指定对应的接口可以编辑各个接口的设置。Ethernet 0/0 接口配置了命令 **no passive-interface** 后，EIGRP 邻居邻接关系就会重建。

使用 **af-interface default** 命令时要多加小心，因为不同类型接口的默认设置也有可能不同。例如，多数接口的默认 Hello 间隔为 5 秒，但慢速 NBMA 接口则为 60 秒，但在地址族接口配置模式中更改 Hello 间隔则会影响所有的接口。

例 2-94 中使用 **show ip protocols** 命令验证接口被标记为被动。

例 2-94　验证 BR2 上的被动接口

```
BR2# show ipv6 protocols
IPv6 Routing Protocol is "connected"
IPv6 Routing Protocol is "ND"
IPv6 Routing Protocol is "eigrp 1"
EIGRP-IPv6 VR(lab) Address-Family Protocol for AS(1)
  Metric weight K1=1, K2=0, K3=1, K4=0, K5=0 K6=0
  Metric rib-scale 128
  Metric version 64bit
  NSF-aware route hold timer is 240
  Router-ID: 192.168.3.1
  Topology : 0 (base)
    Active Timer: 3 min
    Distance: internal 90 external 170
    Maximum path: 16
    Maximum hopcount 100
    Maximum metric variance 1
    Total Prefix Count: 6
    Total Redist Count: 0

  Interfaces:
    Ethernet0/0
    Loopback1 (passive)
    Loopback0 (passive)
  Redistribution:
    None
```

2.5.3　命名 EIGRP 配置模式

命名 EIGRP 配置模式会把所有的 EIGRP 配置集中到一处。这种配置方法使用了三种不同的配置模式来组织不同的配置选项。

■ **地址族配置模式**：针对管理员所选地址族的一般 EIGRP 配置命令，都会在地址族配置模式中进行输入。管理员可以配置路由器 ID 并定义要宣告的 network 语句，这些都是配置 IPv4 EIGRP 时必须配置的内容。此外，管理员也可以在此将路由器配置为 EIGRP 末节。

在地址族配置模式下，还可以进入另外两种配置模式，即地址族接口配置模式和地址族拓扑配置模式。

例 2-95 所示为 BR1 上地址族配置模式中的可用命令。

■ **地址族接口配置模式**：管理员应在地址族接口配置模式中执行之前直接在接口配置模式下所执行的配置。其中最常用的配置是通过 **summary-address** 命令设置汇总，或使用 **passive-interface** 命令将接口标记为被动接口。此外，管理员也可以在此修改默认的 Hello 和保持时间计时器。

例 2-95 地址族配置模式

```
BR1(config)# router eigrp LAB
BR1(config-router)# address-family ipv6 unicast autonomous-system 1
BR1(config-router-af)# ?
Address Family configuration commands:
  af-interface         Enter Address Family interface configuration
  default              Set a command to its defaults
  eigrp                EIGRP Address Family specific commands
  exit-address-family  Exit Address Family configuration mode
  help                 Description of the interactive help system
  maximum-prefix       Maximum number of prefixes acceptable in aggregate
  metric               Modify metrics and parameters for address advertisement
  neighbor             Specify an IPv6 neighbor router
  no                   Negate a command or set its defaults
  shutdown             Shutdown address family
  timers               Adjust peering based timers
  topology             Topology configuration mode

BR1(config-router-af)#
```

例 2-96 所示为 BR1 上地址族接口配置模式中的可用命令。

■ **地址族拓扑配置模式**：地址族拓扑配置模式下集中了所有直接影响 EIGRP 拓扑表的配置命令。管理员可以在此设置负载分担参数，如 **variance** 和 **maximum-paths**，也可以使用 **redistribute** 命令重分布静态路由。

例 2-96 地址族接口配置模式

```
BR1(config)# router eigrp LAB
BR1(config-router)# address-family ipv6 unicast autonomous-system 1
BR1(config-router-af)# af-interface ethernet 0/0
BR1(config-router-af-interface)# ?
Address Family Interfaces configuration commands:
  authentication      authentication subcommands
  bandwidth-percent   Set percentage of bandwidth percentage limit
  bfd                 Enable Bidirectional Forwarding Detection
  dampening-change    Percent interface metric must change to cause update
  dampening-interval  Time in seconds to check interface metrics
  default             Set a command to its defaults
  exit-af-interface   Exit from Address Family Interface configuration mode
  hello-interval      Configures hello interval
  hold-time           Configures hold time
```

（待续）

```
next-hop-self          Configures EIGRP next-hop-self
no                     Negate a command or set its defaults
passive-interface      Suppress address updates on an interface
shutdown               Disable Address-Family on interface
split-horizon          Perform split horizon
summary-address        Perform address summarization


BR1(config-router-af-interface)#
```

例 2-97 所示为 BR1 上地址族拓扑配置模式中的可用命令。

例 2-97　地址族拓扑配置模式

```
BR1(config)# router eigrp LAB
BR1(config-router)# address-family ipv6 unicast autonomous-system 1
BR1(config-router-af)# topology base
BR1(config-router-af-topology)# ?
Address Family Topology configuration commands:
  default              Set a command to its defaults
  default-information  Control distribution of default information
  default-metric       Set metric of redistributed routes
  distance             Define an administrative distance
  distribute-list      Filter entries in eigrp updates
  eigrp                EIGRP specific commands
  exit-af-topology     Exit from Address Family Topology configuration mode
  maximum-paths        Forward packets over multiple paths
  metric               Modify metrics and parameters for advertisement
  no                   Negate a command or set its defaults
  redistribute         Redistribute IPv6 prefixes from another routing protocol
  summary-metric       Specify summary to apply metric/filtering
  timers               Adjust topology specific timers
  traffic-share        How to compute traffic share over alternate paths
  variance             Control load balancing variance


BR1(config-router-af-topology)#
```

2.5.4　经典与命名 EIGRP 配置的对比

对比经典的 EIGRP 配置和命名的 EIGRP 配置模式最简单的方法是并排展示它们的配置示例。

如例 2-98 所示，命名 EIGRP 会将所有的配置组织在一处。IPv4 和 IPv6 的 EIGRP 配置命令都被组织在对应的地址族中。所有之前在接口下配置的命令现在都在 EIGRP 地址族接口配置模式中进行设置。不仅配置变得更加简单，清晰的分层结构也可以简化分析和排错的过程。

例2-98 经典与命名 EIGRP 比较

```
interface Loopback1
 ip address 192.168.3.1 255.255.255.0
 ipv6 address 2001:DB8:0:3::1/64
 ipv6 eigrp 1
!
interface Ethernet0/0
 ip address 172.16.1.6 255.255.255.252
 ip summary-address eigrp 1 192.168.2.0 255.255.254.0
 ipv6 address 2001:DB8:0:101::2/64
 ipv6 eigrp 1
!
router eigrp 1
 network 0.0.0.0
 passive-interface default
 no passive-interface Ethernet0/0
!
ipv6 router eigrp 1
!
router eigrp LAB
 !
 address-family ipv4 unicast autonomous-system 1
  !
  af-interface default
   passive-interface
  exit-af-interface
  !
  af-interface Ethernet0/0
   summary address 192.168.2.0/23
   no passive-interface
  exit-af-interface
  !
  topology base
  exit-af-topology
  network 0.0.0.0
 exit-address-family
 !
 address-family ipv6 unicast autonomous-system 1
 !
  topology base
  exit-af-topology
 exit-address-family
```

2.6　总结

在本章中，读者了解了建立 EIGRP 邻居关系，构建 EIGRP 拓扑表，优化 EIGRP 行为，配置 IPv6 EIGRP 以及部署命名的 EIGRP 配置等内容。本章的内容涵盖了下列主题。

- EIGRP 是一种高级距离矢量协议。
- EIGRP 使用 RTP 实现可靠、有保障的数据包传输。
- Hello 计时器和保持计时器可以影响网络收敛速度。
- EIGRP 可以很好地适用于多种技术，如帧中继、3 层 MPLS VPN 以及 2 层 MPLS VPN。
- EIGRP 使用 Hello、更新、查询、应答以及确认数据包。
- EIGRP 使用组合度量值，这个值默认是通过带宽和延迟计算出来的。
- 通告距离是邻居路由器所报告的度量值。
- 可行距离是从本地路由器角度来看，到达目的的最短距离。
- 替代路径必须满足可行性条件才能称为可行后继。替代路径的通告距离必须小于可行距离。
- 当一条路由丢失且没有可用的可行后继时，路由器就会向所有接口上的所有邻居发出查询消息。
- EIGRP 末节配置可以提升网络的稳定性并减少对资源的占用。
- 汇总可以减小 IP 路由表的大小，并优化路由信息的交换。
- EIGRP 执行等开销的负载分担。
- 要想实现不等开销的负载分担，必须配置 **variance** 参数。
- IPv6 的 EIGRP 使用 IPv6 链路本地地址来建立邻居关系。
- IPv6 的 EIGRP 仅支持手工前缀汇总。
- 要配置 IPv6 的 EIGRP，必须定义路径进程并配置参与 EIGRP 路由的接口。
- IPv6 EIGRP 的验证命令与 IPv4 EIGRP 命令的语法相似。
- 经典的 EIGRP 配置命令分布在不同的配置模式中。
- 命令 EIGRP 配置将 EIGRP 配置集中到了一起。
- 命名 EIGRP 配置统一了不同地址族的配置命令。
- 命名 EIGRP 配置使用了三种地址族配置模式进行分层次的组织。
- 验证命名 EIGRP 配置使用的验证命令与验证经典 EIGRP 所使用的命令相同。

2.7　复习题

回答以下问题，并在附件 A 中查看答案。

1. 下列哪种传输层协议用于交换 EIGRP 消息？
   - a. TCP
   - b. UDP

    c. RSVP

    d. RTP

    e. EIGRP 直接运行在网络层上，不使用额外的传输层协议

2. 哪种类型的数据包会用于建立邻居关系？

    a. 确认包

    b. Hello 包

    c. 查询包

    d. 应答包

    e. 更新包

3. EIGRP 度量计算默认使用哪些度量值进行计算？（选择两项）

    a. 带宽

    b. MTU

    c. 可靠性

    d. 负载

    e. 延迟

    f. 跳数

4. 下列哪项是选择可行后继的公式？

    a. 当前后继路由的 RD 小于可行后继路由的 FD

    b. 当前后继路由的 FD 小于可行后继路由的 RD

    c. 可行后继路由的 FD 小于当前后继路由的 RD

    d. 可行后继路由的 RD 小于当前后继路由的 FD

5. EIGRP 拓扑表中的被动状态说明什么？

    a. 网络中没有待完成的查询消息

    b. 网络不可达

    c. 网络已经启动且能够正常工作，这个状态表示的就是正常状态

    d. 已选择了可行后继

6. IPv6 的 EIGRP 使用的是下列哪个组播地址？

    a. FF01::2

    b. FF01::10

    c. FF02::5

    d. FF02::A

    e. IPv6 的 EIGRP 不使用组播地址

7. 下列哪条验证命令可以显示接收到的 IPv6 EIGRP 路由的报告距离？

    a. **show ipv6 route**

    b. **show ipv6 route eigrp**

    c. **show ipv6 eigrp**

    d. **show ip eigrp neighbors**

    e. **show ipv6 eigrp topology**

    f. **show ip protocols**

8. 使用命名 EIGRP 配置有哪两点好处？

    a. 可以提升扩展性

    b. 可以实现更快速的收敛

    c. 可以统一 IPv4 和 IPv6 配置命令

    d. 支持多区域

    e. 可以将所有 EIGRP 配置集中在一处

9. EIGRP 的操作流量是组播还是广播？

10. EIGRP 使用的四项关键技术分别是什么？

11. 下列哪一项最能描述 EIGRP 拓扑表？

    a. 拓扑表是通过路由器接收到的 Hello 包填充的

    b. 拓扑表中会包含路由器学来的所有达到目的网络的路由

    c. 拓扑表中仅包含到达目的网络的最优路由

12. 指出 EIGRP 的 5 种数据包类型。

13. LAN 链路上 EIGRP Hello 包多久发送一次？

14. 保持时间和 Hello 间隔有什么区别？

15. 下列哪些说法是正确的？（选择三项）

    a. 当路由器不对一条路由进行重新计算时，这条路由就会被认为是被动的

    b. 路由在进行重新计算时是被动的

    c. 路由在进行重新计算时是活动的

    d. 当路由器不对一条路由进行重新计算时，这条路由就会被认为是活动的

    e. 被动是一条路由的正常操作状态

    f. 活动是一条路由的正常操作状态

16. 下列哪项关于通告距离（RD）和可行距离（FD）的说法是正确的？（选择两项）

    a. RD 是邻居路由器到达特定网络的 EIGRP 度量

    b. RD 是此路由器到达特定网络的 EIGRP 度量

    c. FD 是此路由器到达特定网络的 EIGRP 度量

    d. FD 是邻居路由器到达特定网络的 EIGRP 度量

17. 路由器 A 有三个接口，它们的 IP 地址分别为 172.16.1.1/24、172.16.2.3/24 和 172.16.5.1/24。使用什么命令可以配置 EIGRP，仅让地址为 172.16.2.3/24 和 172.16.5.1/24 的接口运行在自治系统 100 中？

18. EIGRP 配置命令 **passive-interface** 的作用是什么？

19. EIGRP 末节特性是如何限制查询范围的？

20. 命令 **eigrp stub receive-only** 的作用是什么？

本章会讨论下列内容：

■ 基本 OSPF 配置及 OSPF 邻接关系；

■ OSPF 如何构建路由表；

■ OSPF 中汇总及末节区域的配置；

■ IPv6 及 IPv4 的 OSPFv3 配置。

第 3 章

OSPF 部署

本章介绍 OSPF（开放最短路径优先）协议，这是 IP 网络中最常用的内部网关协议之一。OSPFv2 是一个支持 IPv4 路由的开放标准协议。OSPFv3 为 IPv6（IP 第 6 版）提供了一些增强特性。OSPF 是一个由几种协议握手机制、数据库通告以及数据包类型组成的复杂协议。

OSPF 是一个内部网关路由协议，使用链路状态而不是距离矢量进行路径选择。OSPF 传播 LSA（链路状态通告），而不是路由表更新。因为只交换 LSA 而不交换整个路由表，OSPF 网络能以较快的方式收敛。

OSPF 使用链路状态算法来构建并计算到达所有已知目的的最短路径。OSPF 区域中的每台路由器都有相同的链路状态数据库，这是一个包含每台路由器可用接口和可达邻居的列表。

3.1 建立 OSPF 邻居关系

OSPF 是一个基于开放标准的链路状态协议。OSPF 的操作从高层看由三个主要的元素组成：邻居发现、链路状态信息交换以及最优路径计算。

OSPF 使用 SPF（最短路径优先）或 Dijkstra 算法计算最优路径。SPF 计算的输入信息是链路状态信息，这些信息在路由器之间通过不同的 OSPF 消息类型进行交换。这些消息类型有助于提升收敛速度，以及多区域 OSPF 部署中的扩展性。

OSPF 也支持几种不同的网路类型，工程师可以在多种不同的下层网络技术之上配置 OSPF。

在完成本节内容的学习后，读者应该能够描述 OSPF 的主要操作特性并配置其基本功能。读者也应该能够：

- 解释为什么选择 OSPF 而不是其他的路由协议；
- 描述链路状态协议的基本操作步骤；
- 描述 OSPF 中的区域及路由器类型；
- 解释 OSPF 有哪些设计限制；
- 列出并描述 OSPF 消息类型；
- 描述点到点链路上的 OSPF 邻居关系；
- 描述 MPLS VPN 上的 OSPF 邻居关系；
- 描述 L2 MPLS VPN 上的 OSPF 邻居关系；
- 列出并描述 OSPF 邻居状态；
- 列出并描述 OSPF 网络类型；

■ 配置被动接口。

3.1.1 OSPF 特性

OSPF 由 IETF（互联网工程任务组）开发，用来克服距离矢量路由协议的限制。OSPF 被广泛部署在当今企业网络中的一个主要原因是它是开放的标准；OSPF 不是私有的。RFC 1131 中描述了 OSPF 协议的第 1 版。当前在 IPv4 中使用的是第 2 版，定义在 RFC 1247 和 2328 中。OSPF 第 3 版用于 IPv6 网络，定义在 RFC 5340 中。

OSPF 提供了极大的扩展性以及快速的收敛性能。虽然在小型和中型网络中配置相对简单，但大规模网络中 OSPF 的部署和排错有时候会很复杂。

OSPF 协议的关键特性如下所示。

■ **独立传输**：OSPF 工作在 IP 上层，使用协议号 89。它不依赖传输层协议 TCP 或 UDP 的支持。

■ **采用高效的更新**：当一台 OSPF 路由器第一次发现一个新邻居时，它会向新邻居发送包含所有已知链路状态信息的完整更新。一个 OSPF 区域中所有路由器的链路状态数据库中必须包含一致且同步的链路状态信息。当一个 OSPF 网络处于收敛状态，且出现新链路启用或链路不可用事件时，OSPF 路由器仅发送部分更新给自己的所有邻居。此更新随后会被泛洪给区域内的所有 OSPF 路由器。

■ **度量**：OSPF 使用的度量值是从源到目的所有出接口的累加开销值。接口开销与接口带宽成反比，工程师也可以手动进行指定。

■ **更新目的地址**：OSPF 不使用广播，而是使用组播和单播发送消息。OSPF 使用 IPv4 单播地址 224.0.0.5 向所有 OSPF 路由器发送信息，使用 224.0.0.6 向 DR/BDR 路由器发送信息。所有 OSPFv3 路由器的 IPv6 组播地址是 FF02::5，所有 DR/BDR 路由器的地址是 FF02::6。如果下层网络不支持广播，工程师必须使用单播地址建立 OSPF 邻居关系。对于 IPv6 环境来说，该地址是链路本地 IPv6 地址。

■ **支持 VLSM**：OSPF 是一个无类路由协议。它支持 VLSM（可变长子网掩码）和不连续网络。它在路由更新中携带子网信息。

■ **手工路由汇总**：工程师可以在 ABR（区域边界路由器）上手动汇总 OSPF 区域间路由，也可以在 ASBR（自治系统边界路由器）上汇总 OSPF 外部路由。OSPF 没有自动汇总的概念。

■ **认证**：OSPF 支持明文、MD5 以及 SHA 认证。

> **注释** 术语 IP 用作一般意义上的 IP，同时表示 IPv4 和 IPv6。除此之外，使用术语 IPv4 和 IPv6 来表示特定的协议。

> **注释** 虽然本章提到了一些回顾性内容，但本章假设读者有基础的 CCNA OSPF 知识。如果需要更全面地回顾 OSPF 或其他路由协议，参见 *Routing Protocols Companion Guide*（Cisco Press，2014）。

3.1.2 OSPF 操作概述

如图 3-1 所示，OSPF 路由器通过以下通用的链路状态路由过程，创建并维护路由信息，以达到收敛状态。

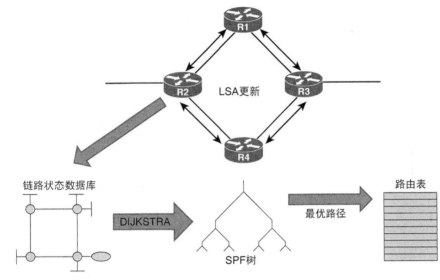

图 3-1 OSPF 操作

1. **建立邻居邻接关系**：OSPF 路由器必须与其邻居建立邻接关系之后才能共享信息。OSPF 路由器从所有启用 OSPF 的接口发送 Hello 包，用来确定这些链路上是否有 OSPF 邻居。如果发现了邻居，OSPF 路由器会尝试与该邻居建立邻接关系。

2. **交换链路状态通告**：邻接关系建立后，路由器交换 LSA（链路状态通告）。LSA 包含每条直连链路的状态和开销。路由器将 LSA 泛洪给邻接的邻居。接收到 LSA 的邻接邻居立即将 LSA 泛洪给其他的直连邻居，直到区域中的所有路由器都有相同的 LSA 为止。

3. **构建拓扑表**：收到 LSA 之后，OSPF 路由器会基于收到的 LSA 构建 LSDB（拓扑表）。此数据库中最终会拥有网络拓扑的所有信息。对于区域中所有路由器，LSDB 中一定都要有相同的信息。

4. **执行 SPF 算法**：路由器执行 SPF 算法。SPF 算法构建 SPF 树。

5. **构建拓扑表**：路由器把 SPF 树中的最优路径放入到路由表中，并基于路由表中的条目作出路由决策。

3.1.3 OSPF 的分层结构

如果在一个简单的网络中运行 OSPF，路由器和链路的数量都相对较少，OSPF 可以很轻松地推算出到达所有目的的的最优路径。然而，包含许多路由器和链路的更大网络的描述信息可能会变得颇为复杂。SPF 计算会比较所有可能的路径，而这个计算过程可能会变为一个复杂且耗时的过程。

一个减小复杂性和链路状态信息数据库大小的主要方式是把 OSPF 路由域分为较小的单元，也称为区域（Area），如图 3-2 所示。这也减少了路由器执行 SPF 算法花费的时间。一个区域中的所有 OSPF 路由器在各自的 LSDB 中必须包含相同的条目。在区域内，路由器交换详细的链路状态信息。然而，从一个区域传输到另一个区域的信息中，仅包含 LSDB 条目的明细汇总，并不包含源区域的拓扑详情。这些来自另一个区域的汇总 LSA 会被直接放到路由表中，不需要路由器重新运行 SPF 算法。

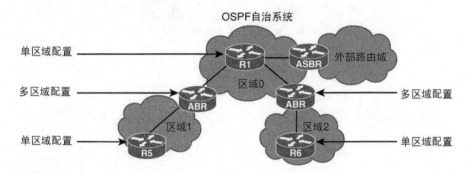

图 3-2　OSPF 分层

OSPF 使用两层的区域分级。

- **骨干区域或区域 0**：骨干区域的两个主要要求是，骨干区域必须连接所有其他非骨干区域，且此骨干区域必须总是连续的；不允许分割骨干区域。一般来说，骨干区域中没有终端用户。
- **非骨干区域**：此区域的主要功能是连接终端用户和资源。非骨干区域通常根据功能性或地理位置进行划分。不同非骨干区域之间的流量必须总是经过骨干区域。

在多区域拓扑中，有一些特殊的常用 OSPF 术语。

- **ABR**：ABR 路由器至少有两个接口分别连接不同区域（包含骨干区域在内）。ABR 中包含每个区域的 LSDB 信息，为每个区域进行路由计算，且在区域之间通告路由信息。
- **ASBR**：ASBR 路由器至少有一个接口连接到一个 OSPF 区域，且至少有一个接口连接到外部非 OSPF 区域。
- **内部路由器**：内部路由器的所有接口都只连接到一个 OSPF 区域。此路由器完全在区域内部。
- **骨干路由器**：骨干路由器至少有一个接口连接到骨干区域。

根据如网络稳定性这样的因素考量，每个区域的最优路由器数量各有不同，但一般建议每个区域应有不多于 50 台路由器。

3.1.4 OSPF 的设计限制

在 OSPF 路由域中配置多个区域或 AS 时，OSPF 有特殊的限制，如图 3-3 所示。如果工程师配置了多于一个区域，即多区域 OSPF，区域中必须有一个是区域 0。该区域被称为骨干区域。工程师在设计网络或从一个区域开始部署时，最好从核心层开始，核心层将成为区域 0，然后可以扩展到其他区域。

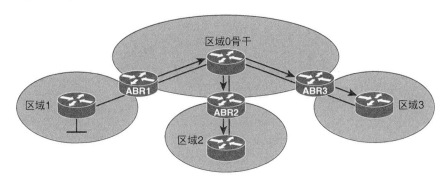

图 3-3　多区域 OSPF

骨干必须在所有其他区域的中心，其他区域必须连接到骨干。主要原因是 OSPF 希望所有区域都将路由信息注入到骨干区域，再由骨干把信息分布到其他区域。

骨干区域的另一个重要要求是它必须是连续的。话句话说，不允许分割区域 0。

然而，有时无法满足这两个条件。在本章之后的 "OSPF 虚链路" 一节中，读者将了解到使用虚链路作为解决方案的详细信息。

3.1.5 OSPF 消息类型

OSPF 使用 5 种类型的路由协议包，共享通用的协议头部。每个 OSPF 包被直接封装在 IP 头部中。OSPF 的 IP 协议号是 89。

- **类型 1：Hello 包**。Hello 包负责发现、构建并维持 OSPF 邻居邻接关系。为了建立邻接关系，链路两端的 OSPF 对等体必须针对 Hello 包中携带的一些参数达成一致，之后才能成为 OSPF 邻居。
- **类型 2：DBD（数据库描述）包**。在 OSPF 邻居邻接关系建立后，DBD 包负责描述 LSDB，使得路由器之间可以对比数据库是否同步。
- **类型 3：LSR（链路状态请求）包**。该 LSR 数据包在数据库同步过程中使用。路由器会发送 LSR，请求其 OSPF 邻居发送缺失 LSA 的最新版本。
- **类型 4：LSU（链路状态更新）包**。LSU 数据包包括几种类型的 LSA。LSU 包负责泛洪 LSA，以及发送对 LSR 包的 LSA 响应。LSA 响应只会发给之前以 LSR 包形式请求 LSA 的直连邻居。进行泛洪时，邻居路由器负责把收到的 LSA 信息重新封装在新的 LSU 包中。

■ **类型 5**：LSAck（链路状态确认）包。LSAck 负责进行可靠的 LSA 泛洪。路由器必须明确确认每个收到的 LSA，可以用一个 LSAck 包确认多个 LSA。

3.1.6 基本 OSPF 配置

本节探讨如何配置并建立 OSPF 邻居关系。读者将看到接口 MTU 和 OSPF Hello/Dead 计时器参数对 OSPF 邻居关系建立的影响。此外，读者还将了解 DR/BDR 路由器是什么角色，以及如何控制 DR/BDR 的选举过程。

图 3-4 的拓扑中有 5 台路由器 R1～R5。R1、R4 和 R5 上已经实施了预配，R2 和 R3 将在本节进行配置。

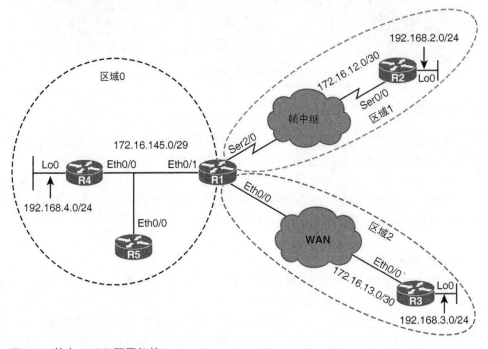

图 3-4 基本 OSPF 配置拓扑

R1、R4 和 R5 连接到普通的多路访问以太网网段。R1 和 R2 通过串行帧中继接口直连，R1 和 R3 也通过以太网链路连接。

例 3-1 在 R2 和 R3 的 WAN 接口以及 LAN 接口上配置 OSPF。在 R2 和 R3 上分别使用 OSPF 进程编号 2 和 3。

例 3-1 在 R2 和 R3 上配置 OSPF

```
R2# configure terminal
Enter configuration commands, one per line. End with CNTL/Z.
```

（待续）

```
R2(config)# router ospf 2
R2(config-router)# network 172.16.12.0 0.0.0.3 area 1
R2(config-router)# network 192.168.2.0 0.0.0.255 area 1


R3# configure terminal
Enter configuration commands, one per line. End with CNTL/Z.
R3(config)# router ospf 3
R3(config-router)# network 172.16.13.0 0.0.0.3 area 2
R3(config-router)# network 192.168.3.0 0.0.0.255 area 2
```

工程师可以使用 **router ospf** *process-id* 命令在路由器上启用 OSPF 进程。路由器要想建立 OSPF 邻接关系，邻居之间的 OSPF 进程 ID 不必相同。OSPF 进程 ID 是内部使用的 OSPF 路由进程标识参数，且只在本地有效。然而，最好把所有路由器上的进程 ID 保持一致。必要时，工程师可以在一台路由器上指定多个 OSPF 路由进程，但需要知道执行该操作带来的影响。在相同路由器上开启多个 OSPF 进程并不常见，也超出了本书的范围。

工程师可以使用 **network** *ip-address wildcard-mask* **area** *area-id* 命令定义哪些接口运行 OSPF 进程，并定义接口的区域 ID。把 *ip-address* 和 *wildcard-mask* 结合使用，工程师可以通过一条命令把一个或多个接口与一个特定的 OSPF 区域相关联。

Cisco IOS 系统按顺序执行如下操作，对每个接口计算 **network** 命令中指定的 *ip-address wildcard-mask* 对：

- 对 *wildcard-mask* 参数和接口的主 IP 地址执行逻辑 OR 操作；
- 对 *wildcard-mask* 参数和 **network** 命令中的 *ip-address* 参数执行逻辑 OR 操作；
- IOS 软件比较这两个结果值。如果相同，就在相关接口上启用 OSPF，且把接口连接到指定的 OSPF 区域。

区域 IP 是一个 32 比特的数值，可以通过整数或点分十进制的格式表示。以点分十进制格式表示时，区域 ID 并不代表一个 IP 地址；它只是将一个整数值写成点分十进制的格式。例如，工程师可以指定一个接口属于区域 1，在 **network** 命令中指明 **area 1** 或 **area 0.0.0.1**。为了建立 OSPF 完全邻接关系，两个邻居路由器必须在相同的区域中。任意一个路由器接口只能连接到一个区域。如果不同区域中指定的地址范围重叠了，IOS 将采用 **network** 命令列表中的第一个区域，并忽略后续重叠的部分。为了避免冲突，工程师必须特别注意，确保地址范围不重叠。

在例 3-2 中，工程师使用 **router-id** 命令配置了 R2 和 R3 的 OSPF 路由器 ID。

例 3-2　*配置 OSPF 路由器 ID*

```
R2(config-router)# router-id 2.2.2.2
% OSPF: Reload or use "clear ip ospf process" command, for this to take effect


R3(config-router)# router-id 3.3.3.3
% OSPF: Reload or use "clear ip ospf process" command, for this to take effect
```

　　OSPF 路由器 ID 是 OSPF 进程的基本参数。为了启动 OSPF 进程，Cisco IOS 必须指定一个唯一的 OSPF 路由器 ID。与 EIGRP 类似，OSPF 路由器 ID 是一个以 IPv4 地址表示的 32 比特值。要想让路由器能够自行选择路由器 ID，至少要有一个 up/up 状态的接口上配置了主 IPv4 地址；否则，路由器将会报错，OSPF 进程也不会启动。

　　在 OSPF 进程初始化时，路由器使用以下条件选择 OSPF 路由器 ID。

　　1．使用 **router-id** *ip-address* 命令中指定的路由器 ID。工程师可以配置一个 IPv4 地址格式的随机值，但该值必须唯一。如果 **router-id** 命令指定的 IPv4 地址与另一个已经活跃的 OSPF 进程重叠，**router-id** 命令执行失败。

　　2．使用路由器上所有活跃环回接中的最高 IPv4 地址。

　　3．使用所有活跃的非环回接口中的最高 IPv4 地址。

　　在三步 OSPF 路由器 ID 选择过程完成后，如果路由器仍然不能选择一个 OSPF 路由器 ID，路由器就会记录一个错误消息。选择路由器 ID 失败的 OSPF 进程会在每次有 IPv4 地址可用时，重试选择进程（适用接口状态变为 up/up 状态，或可用接口上配置了一个 IPv4 地址）。

　　例 3-3 中，为了使手工配置的路由器 ID 生效，工程师清空了 R2 和 R3 上的 OSPF 路由进程。

例 3-3　清空 R2 和 R3 上的 OSPF 进程

```
R2# clear ip ospf process
Reset ALL OSPF processes? [no]: yes
R2#
*Nov 24 08:37:24.679: %OSPF-5-ADJCHG: Process 2, Nbr 1.1.1.1 on Serial0/0 from
FULL to DOWN, Neighbor Down: Interface down or detached
R2#
*Nov 24 08:39:24.734: %OSPF-5-ADJCHG: Process 2, Nbr 1.1.1.1 on Serial0/0 from
LOADING to FULL, Loading Done
```

```
R3# clear ip ospf 3 process
Reset OSPF process 3? [no]: yes
R3#
*Nov 24 09:06:00.275: %OSPF-5-ADJCHG: Process 3, Nbr 1.1.1.1 on Ethernet0/0 from
FULL to DOWN, Neighbor Down: Interface down or detached
R3#
*Nov 24 09:06:40.284: %OSPF-5-ADJCHG: Process 3, Nbr 1.1.1.1 on Ethernet0/0 from
LOADING to FULL, Loading Done
```

　　选定了 OSPF 路由器 ID 后，即使这个被选中的接口改变了操作状态或 IP 地址，路由器 ID 也不会改变。为了改变 OSPF 路由器 ID，工程师必须使用 **clear ip ospf process** 命令来重置 OSPF 进程，或重启路由器。

　　在生产网络中，工程师不能轻易更改 OSPF 路由器 ID。更改 OSPF 路由器 ID 要求重置所有的 OSPF 邻接关系，这将会导致临时的路由中断。路由器也需要使用新的路由器 ID 产生原来生成的所有 LSA 的新副本。

工程师可以通过指定进程 ID，来清空特定的 OSPF 进程，也可以使用 **clear ip ospf process** 命令重置所有的 OSPF 进程。

例 3-4 通过 **show ip protocols** 命令验证了 R2 和 R3 上新配置的 OSPF 路由器 ID。工程师可以使用管道符 (|)，针对此命令的大量输出内容进行过滤，如例 3-4 所示。

例 3-4　*验证 R2 和 R3 的路由器 ID*

```
R2# show ip protocols
*** IP Routing is NSF aware ***

Routing Protocol is "ospf 2"
  Outgoing update filter list for all interfaces is not set
  Incoming update filter list for all interfaces is not set
  Router ID 2.2.2.2
  Number of areas in this router is 1. 1 normal 0 stub 0 nssa
  Maximum path: 4
  Routing for Networks:
    172.16.12.0 0.0.0.3 area 1
    192.168.2.0 0.0.0.255 area 1
  Routing Information Sources:
    Gateway         Distance      Last Update
    1.1.1.1              110      00:02:55
  Distance: (default is 110)


R3# show ip protocols | include ID
  Router ID 3.3.3.3
```

例 3-5 使用 **show ip ospfneighbor** 命令验证了 R2 和 R3 上的 OSPF 邻居关系。

例 3-5　*验证 R2 和 R3 上的 OSPF 邻居关系*

```
R2# show ip ospf neighbor

Neighbor ID    Pri    State      Dead Time   Address       Interface
1.1.1.1          1    FULL/DR    00:01:57    172.16.12.1   Serial0/0


R3# show ip ospf neighbor

Neighbor ID    Pri    State      Dead Time   Address       Interface
1.1.1.1          1    FULL/DR    00:00:39    172.16.13.1   Ethernet0/0
```

命令 **show ip ospf neighbor** 基于接口显示了 OSPF 邻居信息。输出中的重要参数如下所示。

- 邻居 ID（Neighbor ID）：代表邻居的路由器 ID。
- 优先级（Priority）：邻居接口上用于 DR/BDR 选举的优先级。
- 状态（State）：Full 状态代表 OSPF 邻居建立过程的最后阶段，表示本地路由器与远程 OSPF 邻居已经建立了完全的邻居邻接关系。DR 表示 DR/BDR 选举过程已经完成，且使用路由器 ID 1.1.1.1 的远程路由器被选择为 DR（指定路由器）。
- 失效时间（Dead Time）：代表失效计时器值。当此计时器过期时，路由器将终结邻居关系。每次路由器从特定邻居收到一个 OSPF Hello 包时，它都会重置失效计时器值。
- 地址（Address）：邻居路由器的主 IPv4 地址。
- 接口（Interface）：OSPF 邻居关系建立所用的本地接口。

例 3-6 使用 **show ip ospfinterface** 命令验证了 R2 和 R3 上启用 OSPF 的接口。

例 3-6　验证 R2 和 R3 上启用 OSPF 的接口

```
R2# show ip ospf interface
Loopback0 is up, line protocol is up
  Internet Address 192.168.2.1/24, Area 1, Attached via Network Statement
  Process ID 2 , Router ID 2.2.2.2, Network Type LOOPBACK, Cost: 1
<Output omitted>
Serial0/0 is up, line protocol is up
  Internet Address 172.16.12.2/30, Area 1, Attached via Network Statement
  Process ID 2, Router ID 2.2.2.2, Network Type NON_BROADCAST, Cost: 64
<Output omitted>
```

```
R3# show ip ospf interface
Loopback0 is up, line protocol is up
  Internet Address 192.168.3.1/24, Area 2, Attached via Network Statement
  Process ID 3, Router ID 3.3.3.3, Network Type LOOPBACK, Cost: 1
<Output omitted>
Ethernet0/0 is up, line protocol is up
  Internet Address 172.16.13.2/30, Area 2, Attached via Network Statement
  Process ID 3, Router ID 3.3.3.3, Network Type BROADCAST, Cost: 10
<Output omitted>
```

show ip ospfinterface 命令的输出显示了 OSPF 进程中启用的所有接口。对于每个启用的接口，我们都可以看到一些详细信息，比如 OSPF 区域 ID、OSPF 进程 ID，以及接口是如何加入 OSPF 进程的。在输出内容中，我们可以看到两台路由器上的两个接口都是通过 **network** 命令加入到 OSPF 进程的，两台路由器上都配置了 **network** 命令。

在例 3-7 中，使用 **showip route ospf** 命令在 R5 路由表中验证了 OSPF 路由。

例 3-7 验证 R5 上的 OSPF 路由

```
R5# show ip route ospf
Codes: L - local, C - connected, S - static, R - RIP, M - mobile, B - BGP
       D - EIGRP, EX - EIGRP external, O - OSPF, IA - OSPF inter area
       N1 - OSPF NSSA external type 1, N2 - OSPF NSSA external type 2
       E1 - OSPF external type 1, E2 - OSPF external type 2
       i - IS-IS, su - IS-IS summary, L1 - IS-IS level-1, L2 - IS-IS level-2
       ia - IS-IS inter area, * - candidate default, U - per-user static route
       o - ODR, P - periodic downloaded static route, H - NHRP, l - LISP
       + - replicated route, % - next hop override

Gateway of last resort is not set

      172.16.0.0/16 is variably subnetted, 4 subnets, 3 masks
O IA    172.16.12.0/30 [110/74] via 172.16.145.1, 00:39:00, Ethernet0/0
O IA    172.16.13.0/30 [110/20] via 172.16.145.1, 00:19:29, Ethernet0/0
      192.168.2.0/32 is subnetted, 1 subnets
O IA     192.168.2.1 [110/75] via 172.16.145.1, 00:07:27, Ethernet0/0
      192.168.3.0/32 is subnetted, 1 subnets
O IA     192.168.3.1 [110/21] via 172.16.145.1, 00:08:30, Ethernet0/0
O     192.168.4.0/24 [110/11] via 172.16.145.4, 00:39:10, Ethernet0/0
```

在 OSPF 自治系统生成的路由中，OSPF 清晰地区分了两种类型的路由：区域内路由和区域间路由。区域内路由是在相同的本地区域中产生及学到的路由。在路由表中，区域内路由的代码是 O。第二类是区域间路由，产生自其他区域，且被注入到路由器所属的本地区域中。在路由表中，区域间路由的代码是 O IA。ABR 路由器把区域间路由注入到其他区域中。

从 R5 的角度看来，前缀 192.168.4.0/24 是一个区域内路由。它产生自路由器 R4，R4 是区域 0 的一部分，与 R5 在相同的区域中。

R2 和 R3 分别是区域 1 和区域 2 的一部分，在 R5 的路由表中，来自 R2 和 R3 的前缀显示为区域间路由。R1 把前缀作为区域间路由，注入到区域 0 中，R1 扮演 ABR 的角色。

R2 和 R3 环回接口上配置的前缀 192.168.2.0/24 和 192.168.3.0/24，在 R5 的路由表中显示为主机路由 192.168.2.1/32 和 192.168.3.1/32。默认情况下，OSPF 将把配置在环回接口上的任意子网通告为/32 的主机路由。为了更改此默认行为，工程师可以将环回接口的 OSPF 网络类型从默认的环回（default loopback），改为点到点（point-to-point），工程师需要使用接口命令 **ip ospf network point-to-point**。

例 3-8 通过 **show ip ospf route** 命令查看了 R5 上的 OSPF 数据库路由。

例 3-8 R5 上的 OSPF 路由

```
R5# show ip ospf route

              OSPF Router with ID (5.5.5.5) (Process ID 1)

                  Base Topology (MTID 0)
    Area BACKBONE(0)

    Intra-area Route List
*   172.16.145.0/29, Intra, cost 10, area 0, Connected
        via 172.16.145.5, Ethernet0/0
*>  192.168.4.0/24, Intra, cost 11, area 0
        via 172.16.145.4, Ethernet0/0


    Intra-area Router Path List
i 1.1.1.1 [10] via 172.16.145.1, Ethernet0/0, ABR, Area 0, SPF 2


    Inter-area Route List
*>  192.168.2.1/32, Inter, cost 75, area 0
        via 172.16.145.1, Ethernet0/0
*>  192.168.3.1/32, Inter, cost 21, area 0
        via 172.16.145.1, Ethernet0/0
*>  172.16.12.0/30, Inter, cost 74, area 0
        via 172.16.145.1, Ethernet0/0
*>  172.16.13.0/30, Inter, cost 20, area 0
        via 172.16.145.1, Ethernet0/0
```

show ip ospf route 命令清楚地区分了区域内路由和区域间路由。此外，此命令的输出内容也显示了 ABR 的基本信息，包括路由器 ID、当前区域中的 IPv4 地址、将路由通告到区域的接口以及区域 ID。

对于区域间路由，命令的输出内容中显示了路由的度量（开销）、路由被重分布进的区域以及注入路由所用的接口。

在例 3-9 中，工程师通过 **debug ip ospf adj** 和 **clear ip ospf process** 命令查看了 R3 上 OSPF 邻居邻接关系，以及相关的 OSPF 包类型。在 OSPF 会话重建时禁用 **debug**。

例 3-9 观察 OSPF 邻居邻接关系建立

```
R3# debug ip ospf adj
OSPF adjacency debugging is on
R3# clear ip ospf process
Reset ALL OSPF processes? [no]: yes
*Jan 17 13:02:37.394: OSPF-3 ADJ Lo0: Interface going Down
```

（待续）

```
*Jan 17 13:02:37.394: OSPF-3 ADJ Lo0: 3.3.3.3 address 192.168.3.1 is dead, state
  DOWN
*Jan 17 13:02:37.394: OSPF-3 ADJ Et0/0: Interface going Down
*Jan 17 13:02:37.394: OSPF-3 ADJ Et0/0: 1.1.1.1 address 172.16.13.1 is dead, state
  DOWN
*Jan 17 13:02:37.394: %OSPF-5-ADJCHG: Process 3, Nbr 1.1.1.1 on Ethernet0/0 from
  FULL to DOWN, Neighbor Down: Interface down or detached
<Output omitted>
*Jan 17 13:02:37.394: OSPF-3 ADJ    Lo0: Interface going Up
*Jan 17 13:02:37.394: OSPF-3 ADJ    Et0/0: Interface going Up
*Jan 17 13:02:37.395: OSPF-3 ADJ    Et0/0: 2 Way Communication to 1.1.1.1, state 2WAY
*Jan 17 13:02:37.396: OSPF-3 ADJ    Et0/0: Backup seen event before WAIT timer
*Jan 17 13:02:37.396: OSPF-3 ADJ    Et0/0: DR/BDR election
*Jan 17 13:02:37.396: OSPF-3 ADJ    Et0/0: Elect BDR 3.3.3.3
*Jan 17 13:02:37.396: OSPF-3 ADJ    Et0/0: Elect DR 1.1.1.1
*Jan 17 13:02:37.396: OSPF-3 ADJ    Et0/0: Elect BDR 3.3.3.3
*Jan 17 13:02:37.396: OSPF-3 ADJ    Et0/0: Elect DR 1.1.1.1
*Jan 17 13:02:37.396: OSPF-3 ADJ    Et0/0: DR: 1.1.1.1 (Id)   BDR: 3.3.3.3 (Id)
*Jan 17 13:02:37.396: OSPF-3 ADJ    Et0/0: Nbr 1.1.1.1: Prepare dbase exchange
*Jan 17 13:02:37.396: OSPF-3 ADJ    Et0/0: Send DBD to 1.1.1.1 seq 0x95D opt 0x52
  flag 0x7 len 32
*Jan 17 13:02:37.397: OSPF-3 ADJ    Et0/0: Rcv DBD from 1.1.1.1 seq 0x691 opt 0x52
  flag 0x7 len 32  mtu 1500 state EXSTART
*Jan 17 13:02:37.397: OSPF-3 ADJ    Et0/0: First DBD and we are not SLAVE
*Jan 17 13:02:37.397: OSPF-3 ADJ    Et0/0: Rcv DBD from 1.1.1.1 seq 0x95D opt 0x52
  flag 0x2 len 152  mtu 1500 state EXSTART
*Jan 17 13:02:37.397: OSPF-3 ADJ    Et0/0: NBR Negotiation Done. We are the MASTER
*Jan 17 13:02:37.397: OSPF-3 ADJ    Et0/0: Nbr 1.1.1.1: Summary list built , size 0
*Jan 17 13:02:37.397: OSPF-3 ADJ    Et0/0: Send DBD to 1.1.1.1 seq 0x95E opt 0x52
  flag 0x1 len 32
*Jan 17 13:02:37.398: OSPF-3 ADJ    Et0/0: Rcv DBD from 1.1.1.1 seq 0x95E opt 0x52
  flag 0x0 len 32  mtu 1500 state EXCHANGE
*Jan 17 13:02:37.398: OSPF-3 ADJ    Et0/0: Exchange Done with 1.1.1.1
*Jan 17 13:02:37.398: OSPF-3 ADJ    Et0/0: Send LS REQ to 1.1.1.1 length 96 LSA count
  6
*Jan 17 13:02:37.399: OSPF-3 ADJ    Et0/0: Rcv LS UPD from 1.1.1.1 length 208 LSA
  count 6
*Jan 17 13:02:37.399: OSPF-3 ADJ    Et0/0: Synchronized with 1.1.1.1, state FULL
*Jan 17 13:02:37.399: %OSPF-5-ADJCHG: Process 3, Nbr 1.1.1.1 on Ethernet0/0 from
  LOADING to FULL, Loading Done
R3# undebug all
```

OSPF 通过几个步骤建立邻接关系。在第一步中，希望建立完全 OSPF 邻居邻接关系的路由器之间交换 OSPF Hello 包。双方的 OSPF 邻居都处于 Down 状态，这是邻居会话的初始状态，表示从邻居收到了 Hello 包。当路由器从邻居收到了一个 Hello 包，但是没有在邻居的 Hello 包中看到自己的路由器 ID 时，它将转为 Init 状态。在此状态中，路由器将记录所有邻居的路由器 ID，并开始将它们包含在发给邻居的 Hello 包中。当路由器在从邻居收到的 Hello 包中看到自己的路由器 ID 时，它将转为 2-Way 状态。这表示已与邻居之间建立了双向通信。

在多访问链路上，OSPF 邻居首先确定 DR（指定路由器）和 BDR（备份指定路由器）角色，这能优化广播网段中的信息交换过程。

下一步中，路由器开始交换 OSPF 数据库内容。此过程的第一阶段是确定主/从（Master/Slave）关系，并选择邻接建立的初始序列号。路由器通过交换 DBD 包来完成此操作。当路由器收到初始的 DBD 包时，它把发出这个 DBD 包的邻居状态转为 ExStart，使用 DBD 携带的 LSA 填充自己的数据库汇总列表，并发送自己的空 DBD 包。在 DBD 交换过程中，有更高路由器 ID 的路由器将成为主路由器，它将是唯一可以增加序列号值的路由器。

主/从关系选择完成后，可以开始交换数据库。R3 会把 R1 的邻居状态转为 Exchange。在此状态中，R3 通过发送包含数据库汇总列表中所有 LSA 头部的 DBD 包，向 R1 描述自己的数据库。数据库汇总列表描述了路由器数据库中的所有 LSA，但不包含 OSPF 数据库的具体内容。为了描述数据库的内容，OSPF 邻居之间必须交换一个或者多个 DBD 包。路由器将自己的数据库汇总列表与从邻居收到的列表进行比较，如果有不同，它将缺失的 LSA 增加到链路状态请求列表中。此时，邻居进入 Loading 状态。R3 发送一个 LSR 包给邻居，请求 LSR 列表中缺失 LSA 的完整内容。R1 使用 LSU 包进行应答，其中包含缺失 LSA 的完整版本。

最后，当邻居有完整版本的 LSDB 后，两邻居都将状态转为 Full，表示路由器上的数据库已同步且邻居完全邻接。

1. 优化 OSPF 邻接行为

无论是广播（如以太网）还是非广播（如帧中继）多路访问网络，都在 OSPF 中展现出有趣的问题。所有共享同一网段的路由器都是相同 IP 子网的一部分。在多路访问网络上建立邻接关系时，每台路由器都会尝试与网段上的所有其他路由器建立完全 OSPF 邻接。这对于较小的多路访问广播网络来说可能不是什么问题，但对于非广播多路访问（NBMA）网络可能是个问题，因为这样的网络多数情况下没有全网状的 PVC（私有虚电路）拓扑。NBMA 网络中的问题表明邻居不能直接靠自己同步其 OSPF 数据库。此时一个逻辑上的解决方案是用一个 OSPF 邻接中心点来负责数据库同步，并为其他路由器通告网段，如图 3-5 所示。

随着网段上路由器数量的增长，OSPF 邻接关系的数量成指数型增加。每台路由器必须与其他每台路由器同步 OSPF 数据库，在有大量路由器的情况中这将造成低效的操作。当网段上的每台路由器都把其所有邻接关系通告给网络上的其他路由器时，又会出现另一个问题。如果建立了全网状的 OSPF 邻接关系，其余 OSPF 路由器将收到大量的冗余链路状态信息。此问题的解决方案也是建立一个与其他每台路由器都建立邻接关系的中心点，并将网段作为整体通告给网络的其余部分。

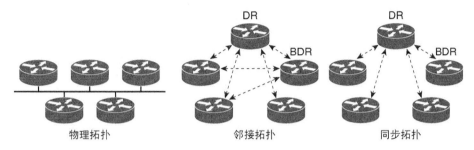

图 3-5　多路访问网络上的 OSPF 邻接关系

　　多路访问网段上的路由器选会举出一个 DR（指定路由器）和一个 BDR（备份指定路由器），它们汇集了网段上所有路由器的通信。DR 和 BDR 从以下方面提升了网络性能。

- **减少了路由更新流量**：DR 和 BDR 是多路访问网络上链路状态信息交换的联络中心点；因此，每台路由器必须仅与 DR 和 BDR 建立完全邻接关系。每台路由器不再与网段上的其他路由器交换链路状态信息，而是只向 DR 和 BDR 发送链路状态信息，使用保留 IPv4 组播地址 224.0.0.6 或 IPv6 组播地址 FF02::6。DR 代表多路访问网络，向网络中的所有其他路由器发送来自每台路由器的链路状态信息。这样的泛洪过程显著减少了网段上与路由相关的流量。
- **管理链路状态同步**：DR 和 BDR 确保了网络上的其他路由器，在相同网段中都拥有相同的链路状态信息。通过这种方式，DR 和 BDR 减少了路由错误的数量。

　　路由器只会向 DR/BDR 发送 LSA，网络段上的正常路由数据包会发往最佳的下一跳路由器。

　　DR 工作时，BDR 不执行任何 DR 的功能。BDR 接收所有的信息，但只有 DR 执行 LSA 转发和 LSDB 同步的任务。BDR 只有在 DR 故障时才接替执行 DR 的任务。DR 故障时，BDR 自动地成为新的 DR，而网络中会选举出新的 BDR。

　　在例 3-10 中，使用 **show ipospf neighbor** 命令查看了 R1、R4 和 R5 上 DR/BDR 的状态。路由器 R1、R4 和 R5 都连接到相同的共享网段，此时 OSPF 将自动尝试优化邻接操作。

例 3-10　R1、R4 以及 R5 的邻居状态

```
R1# show ip ospf neighbor

Neighbor ID     Pri  State          Dead Time   Address         Interface
4.4.4.4           1  FULL/BDR       00:00:37    172.16.145.4    Ethernet0/1
5.5.5.5           1  FULL/DR        00:00:39    172.16.145.5    Ethernet0/1
2.2.2.2           1  FULL/DR        00:01:53    172.16.12.2     Serial2/0
3.3.3.3           1  FULL/DR        00:00:35    172.16.13.2     Ethernet0/0
```

（待续）

```
R4# show ip ospf neighbor

Neighbor ID      Pri  State          Dead Time   Address         Interface
1.1.1.1          1    FULL/DROTHER   00:00:39    172.16.145.1    Ethernet0/0
5.5.5.5          1    FULL/DR        00:00:39    172.16.145.5    Ethernet0/0


R5# show ip ospf neighbor

Neighbor ID      Pri  State          Dead Time   Address         Interface
1.1.1.1          1    FULL/DROTHER   00:00:39    172.16.145.1    Ethernet0/0
4.4.4.4          1    FULL/BDR       00:00:35    172.16.145.4    Ethernet0/0
```

　　R1、R4 和 R5 开始建立 OSPF 邻居邻接关系时，首先发送 OSPF Hello 包来发现活跃在同一以太网网段上的 OSPF 邻居。当路由器之间建立了双向通信，且路由器都处于 OSFP 邻居 2-Way 状态后，DR/BDR 选举过程开始进行。OSPF 包中含有三个用于 DR/BDR 选举的特定字段：指定路由器、备份指定路由器以及路由器优先级。

　　指定路由器以及备份指定路由器字段包含一个声称自己是 DR 和 BDR 的路由器列表。在所有列出的路由器中，有最高优先级的路由器成为 DR，有次高优先级的路由器成为 BDR。如果优先级相同，有最高 OSPF 路由器 ID 的路由器成为 DR，有次高 OSPF 路由器 ID 的路由器成为 BDR。

　　广播和 NBMA 网络上会进行 DR/BDR 的选举过程。这两种网络的主要区别在于发送 Hello 包所使用的 IP 地址类型。在多路访问广播网络中，路由器使用组播目的 IPv4 地址 224.0.0.6 与 DR 通信（称为 AllDRRouters），DR 使用组播目的 IPv4 地址 224.0.0.5 与所有其他非 DR 路由器通信（称为 AllSPFRouters）。在 NBMA 网络中，DR 和邻接路由器使用单播地址进行通信。

　　DR/BDR 的选举过程不仅出现在网络第一次变为活跃状态时，也在 DR 不可用时进行。此时，BDR 将立刻成为 DR，并将开始选举新的 BDR。

　　在拓扑中，因为 R5 在网段中有最高路由器 ID，因此被选举为 DR，R4 被选举为 BDR。R1 成为 DROTHER。在多路访问网段中，处于 DROTHER 状态的路由器与 DR/BDR 建立完全邻接关系，而与网段上的所有其他 DROTHER 路由器保持在 2-WAY 状态，这是正常的行为。

　　在例 3-11 中，R5 连接 R1 和 R4 的接口被关闭。现在，重新检查 R1 和 R4 上 DR/BDR 的状态。关闭接口之后，等到邻居邻接过期再重新检查 DR/BDR 状态。

例 3-11　R5 的 E0/0 接口关闭

```
R5(config)# interface ethernet 0/0
R5(config-if)# shutdown
*Dec  8 16:20:25.080: %OSPF-5-ADJCHG: Process 1, Nbr 1.1.1.1 on Ethernet0/0 from
```

（待续）

```
FULL to DOWN, Neighbor Down: Interface down or detached
*Dec  8 16:20:25.080: %OSPF-5-ADJCHG: Process 1, Nbr 4.4.4.4 on Ethernet0/0 from
FULL to DOWN, Neighbor Down: Interface down or detached

R1# show ip ospf neighbor

Neighbor ID     Pri   State          Dead Time   Address        Interface
4.4.4.4           1   FULL/DR        00:00:32    172.16.145.4   Ethernet0/1
2.2.2.2           1   FULL/DR        00:01:36    172.16.12.2    Serial2/0
3.3.3.3           1   FULL/DR        00:00:39    172.16.13.2    Ethernet0/0

R4# show ip ospf neighbor

Neighbor ID     Pri   State          Dead Time   Address        Interface
1.1.1.1           1   FULL/BDR       00:00:33    172.16.145.1   Ethernet0/0
```

R5 的 E0/0 接口被关闭时，网段上的 DR 路由器立刻变得不可用。因此，开始进行新的 DR/BDR 选举。**show ip ospf neighbor** 命令的输出内容显示出 R4 已经成为了 DR，而 R1 成为了 BDR。

接着，在例 3-12 中，R5 连接 R1 和 R4 的接口被启用。检查 R1、R4 和 R5 上的 DR/BDR 状态。

例 3-12 R1 的 E 0/0 接口被重启

```
R5(config)# interface ethernet 0/0
R5(config-if)# no shutdown
*Dec 10 08:49:26.491: %OSPF-5-ADJCHG: Process 1, Nbr 1.1.1.1 on Ethernet0/0 from
LOADING to FULL, Loading Done
*Dec 10 08:49:30.987: %OSPF-5-ADJCHG: Process 1, Nbr 4.4.4.4 on Ethernet0/0 from
LOADING to FULL, Loading Done

R1# show ip ospf neighbor

Neighbor ID     Pri   State          Dead Time   Address        Interface
4.4.4.4           1   FULL/DR        00:00:36    172.16.145.4   Ethernet0/1
5.5.5.5           1   FULL/DROTHER   00:00:38    172.16.145.5   Ethernet0/1
2.2.2.2           1   FULL/DR        00:01:52    172.16.12.2    Serial2/0
3.3.3.3           1   FULL/DR        00:00:33    172.16.13.2    Ethernet0/0

R4# show ip ospf neighbor

Neighbor ID     Pri   State          Dead Time   Address        Interface
1.1.1.1           1   FULL/BDR       00:00:30    172.16.145.1   Ethernet0/0
5.5.5.5           1   FULL/DROTHER   00:00:34    172.16.145.5   Ethernet0/0
```

（待续）

```
R5# show ip ospf neighbor

Neighbor ID      Pri   State          Dead Time   Address        Interface
1.1.1.1            1   FULL/BDR       00:00:33    172.16.145.1   Ethernet0/0
4.4.4.4            1   FULL/DR        00:00:37    172.16.145.4   Ethernet0/0
```

R5 的 E0/0 接口被重新启用时，即使 R5 拥有网段上的最高 OSPF 路由器 ID，新的 DR/BDR 选举过程也不会发生。一旦 DR 和 BDR 被选出，它们就不会被抢占。通过这条规则能够避免无论何时有新路由器活跃时都进行选举过程，从而使多路访问网段更稳定。这表示链路上的前两个具有 DR 资格的路由器将被选为 DR 和 BDR。新的选举只有在其中一个失效时才进行。

2. 在 DR/BDR 选举中使用 OSPF 优先级

OSPF Hello 包中用于 DR/BDR 选举过程的字段里有一个是路由器优先级。每个广播网络或 NBMA 网络中启用 OSPF 的接口都被指定了一个 0～255 之间的优先级值。默认时，Cisco IOS 中 OSPF 接口的优先级值是 1，工程师可以使用接口命令 **ip ospf priority** 手工更改。在选举 DR 和 BDR 的时候，路由器在 Hello 包交换过程中查看其他路由器的 OSPF 优先级值，并使用以下条件确定选择哪台路由器。

- 有最高优先级值的路由器被选举为 DR。
- 有次高优先级值的路由器为 BDR。
- 如果两路由器有相同的优先级值，路由器 ID 被用作决胜因素。有最高路由器 ID 的路由器成为 DR。有次高路由器 ID 的路由器成为 BDR。
- 优先级被设置为 0 的路由器不能成为 DR 或 BDR。既不是 DR 也不是 BDR 的路由器被称为 DROTHER。

例 3-13 中，工程师在 R1 上使用接口命令 **ip ospf priority** 配置了 OSPF 优先级。R4 上的 OSPF 进程被清空，以重新初始化 DR/BDR 的选举过程。工程师把 OSPF 接口优先级设置为大于 1 的值，使 DR/BDR 选举倾向于选择 R1。

例 3-13　*在接口上配置 OSPF 优先级*

```
R1(config)# interface ethernet 0/1
R1(config-if)# ip ospf priority 100

R4# clear ip ospf process
Reset ALL OSPF processes? [no]: yes
*Dec 10 13:08:48.610: %OSPF-5-ADJCHG: Process 1, Nbr 1.1.1.1 on Ethernet0/0 from
FULL to DOWN, Neighbor Down: Interface down or detached
*Dec 10 13:08:48.610: %OSPF-5-ADJCHG: Process 1, Nbr 5.5.5.5 on Ethernet0/0 from
FULL to DOWN, Neighbor Down: Interface down or detached
```

（待续）

```
*Dec 10 13:09:01.294: %OSPF-5-ADJCHG: Process 1, Nbr 1.1.1.1 on Ethernet0/0 from
LOADING to FULL, Loading Done
*Dec 10 13:09:04.159: %OSPF-5-ADJCHG: Process 1, Nbr 5.5.5.5 on Ethernet0/0 from
LOADING to FULL, Loading Done
```

在此示例中，R1 的 OSPF 接口优先级被配置为 100。这影响了 DR/BDR 选举，在当前 DR R4 上的 OSPF 进程被清除后，路由器 R1 将成为 DR。

在例 3-14 中，R1 上的命令 **show ip ospf interface Ethernet 0/1** 验证其已经被选为新的 DR。

例 3-14　R1 是新的 DR

```
R1# show ip ospf interface ethernet 0/1
Ethernet0/1 is up, line protocol is up
  Internet Address 172.16.145.1/29, Area 0, Attached via Network Statement
  Process ID 1, Router ID 1.1.1.1, Network Type BROADCAST, Cost: 10
  Topology-MTID    Cost    Disabled    Shutdown      Topology Name
       0            10       no          no            Base
  Transmit Delay is 1 sec, State DR, Priority 100
  Designated Router (ID) 1.1.1.1, Interface address 172.16.145.1
  Backup Designated router (ID) 5.5.5.5, Interface address 172.16.145.5
  Timer intervals configured, Hello 10, Dead 40, Wait 40, Retransmit 5
    oob-resync timeout 40
    Hello due in 00:00:06
  Supports Link-local Signaling (LLS)
  Cisco NSF helper support enabled
  IETF NSF helper support enabled
  Index 1/3, flood queue length 0
  Next 0x0(0)/0x0(0)
  Last flood scan length is 1, maximum is 5
  Last flood scan time is 0 msec, maximum is 1 msec
  Neighbor Count is 2, Adjacent neighbor count is 2
    Adjacent with neighbor 4.4.4.4
    Adjacent with neighbor 5.5.5.5 (Backup Designated Router)
  Suppress hello for 0 neighbor(s)
```

R1 上的 E0/1 接口被分配了 OSPF 优先级值 100，当新的 DR、BDR 选举过程进行时，R1 的状态变为了 DR。R1 上的 **show ip ospf interface** 命令显示出 R1 已经被选为 DR，且 R5 被选为 BDR。R1 与两个邻居 R4 和 R5 建立完全邻接关系。

3. OSPF 在 NBMA 星型拓扑中的行为

在 NBMA 网络上尝试互连多个 OSPF 站点时，可能会出现特殊的问题。例如，如果 NBMA 拓扑不是全互连的，一台路由器发送的广播或组播就不会到达其他所有的路由器。帧中继和 ATM 是 NBMA 网络的两个例子。默认情况下，OSPF 将 NBMA 环境像其他的如以太网等广播介质的环境一样对待；然而，NBMA 网络通常使用 PVC（私有虚电路）或 SVC（交换虚电路）构建为星型拓扑。图 3-6 所示的星型拓扑表示出 NBMA 网络是部分网状结构的。此时，物理拓扑不提供 OSPF 所需要的多路访问能力。在星型 NBMA 环境中，工程师需要让中心路由器作为 DR，而分支路由器作为 DROTHER。因此工程师需要在分支路由器接口配置 OSPF 优先值 0，使分支路由器永远不参与 DR 选举。

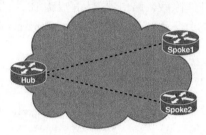

图 3-6 星型拓扑

此外，OSPF 不能在像帧中继这样的 NBMA 网络上自动发现 OSPF 邻居。因此工程师必须在至少一台路由器上静态配置邻居，在路由器配置模式中使用配置命令 **neighbor** *ip_address*。

在示例网络中，使用以太网接口测试了优先级的改变带来的影响。例 3-15 使用接口命令 **ip ospf priority** 将 R4 和 R5 E0/0 接口的 OSPF 优先值设置为 0。将 OSPF 接口优先值设置为 0 就会阻止路由器成为 DR/BDR 候选者。

例 3-15 在 R4 和 R5 上将 OSPF 优先级设置为 0

```
R4(config)# interface ethernet 0/0
R4(config-if)# ip ospf priority 0
```

```
R5(config)# interface ethernet 0/0
R5(config-if)# ip ospf priority 0
```

将 R4 和 R5 E0/0 接口的 OSPF 优先值设置为 0，意味着这两台路由器将不会参与 DR/BDR 选举，且没有成为 DR/BDR 的资格。这些路由器将成为 DROTHER 路由器。

例 3-16 显示了 R1、R5 和 R5 的 DR/BDR 状态。

例 3-16 R1、R4 和 R5 的 DR/BDR 状态

```
R1# show ip ospf neighbor

Neighbor ID     Pri   State           Dead Time   Address         Interface
4.4.4.4           0   FULL/DROTHER    00:00:36    172.16.145.4    Ethernet0/1
5.5.5.5           0   FULL/DROTHER    00:00:34    172.16.145.5    Ethernet0/1
2.2.2.2           1   FULL/DR         00:01:33    172.16.12.2     Serial2/0
3.3.3.3           1   FULL/DR         00:00:30    172.16.13.2     Ethernet0/0
```

（待续）

```
R4# show ip ospf neighbor

Neighbor ID     Pri    State            Dead Time   Address        Interface
1.1.1.1         100    FULL/DR          00:00:37    172.16.145.1   Ethernet0/0
5.5.5.5         0      2WAY/DROTHER     00:00:37    172.16.145.5   Ethernet0/0
```

```
R5# show ip ospf neighbor

Neighbor ID     Pri    State            Dead Time   Address        Interface
1.1.1.1         100    FULL/DR          00:00:32    172.16.145.1   Ethernet0/0
4.4.4.4         0      2WAY/DROTHER     00:00:37    172.16.145.4   Ethernet0/0
```

R1 上的 **show ip ospf neighbor** 命令输出中显示出 R1 与 R4 和 R5 建立了完全邻接关系，且 R4 和 R5 为 DROTHER。R4 与 DR 路由器 R1 建立了完全邻接关系，但与对端 DROTHER 路由器 R5 维持在 2-Way 状态。类似地，R5 与 DR R1 建立了完全邻接关系，且与 DROTHER 路由器 R4 维持在 2-Way 状态。网段上非 DR/BDR 的路由器之间维持在 2-Way 状态是正常的行为；它们不直接同步 LSDB，而是通过 DR/BDR 进行同步。通过维持 2-Way 状态，DROTHER 路由器可以告知其他 DROTHER 路由器自己在网络中上的存在。

4．MTU 的重要性

IP MTU 参数决定了可以不进行分段，而从接口转发出去的 IPv4 数据包的最大尺寸。如果一个 IPv4 MTU 大于最大值的数据包到达路由器接口，若数据包头部设置了 DF 位，数据包将被丢弃，否则将被分段。IPv4 的 OSPF 包完全依赖 IPv4 执行可能的分段操作。虽然 RFC 2328 中不建议对 OSPF 包实施分段，但有时 OSPF 包的大小会超过接口的 IPv4 MTU 值。如果两台邻居路由器的 MTU 不匹配，可能会导致链路状态包的交换发生问题，并造成连续的重传。

> **注释** 设置 IPv6 MTU 参数的接口命令是 **ipv6 mtu**。IPv6 路由器并不分段 IPv6 数据包，除非它是数据包的源。

为避免这样的问题，OSPF 要求链路两端配置相同的 IPv4 MTU。如果邻居配置了不同的 IPv4 MTU，它们将不能建立完全 OSPF 邻接关系，它们会卡在 ExStart 邻接状态。

在例 3-17 中，R3E0/0 接口的 IPv4 MTU 被改为 1400。

例 3-17　在 R3 的 E0/0 接口上配置 IPv4 MTU

```
R3(config)# interface ethernet 0/0
R3(config-if)# ip mtu 1400
```

R3E0/0 接口的 IPv4 MTU 被改变后，造成 R3 和 R1 之间链路的 IPv4 MTU 大小不匹配。这样的不匹配将导致 R3 和 R1 不能同步 OSPF 数据库，而它们之间也不会建立新的完全邻接关系。此现象可以在例 3-18 中，通过在 R3 上使用的 **debug ip ospf adj** 命令进行查看。

工程师清除 OSPF 进程以重置邻接关系，并在 OSPF 会话重建时禁用 debug。

例 3-18　观察不匹配的 MTU

```
R3# debug ip ospf adj
R3# clear ip ospf process
Reset ALL OSPF processes? [no]: yes
*Jan 19 17:37:05.969: OSPF-3 ADJ   Et0/0: Interface going Up
*Jan 19 17:37:05.969: OSPF-3 ADJ   Et0/0: 2 Way Communication to 1.1.1.1, state 2WAY
*Jan 19 17:37:05.969: OSPF-3 ADJ   Et0/0: Backup seen event before WAIT timer
*Jan 19 17:37:05.969: OSPF-3 ADJ   Et0/0: DR/BDR election
*Jan 19 17:37:05.969: OSPF-3 ADJ   Et0/0: Elect BDR 3.3.3.3
*Jan 19 17:37:05.969: OSPF-3 ADJ   Et0/0: Elect DR 1.1.1.1
*Jan 19 17:37:05.969: OSPF-3 ADJ   Et0/0: Elect BDR 3.3.3.3
*Jan 19 17:37:05.969: OSPF-3 ADJ   Et0/0: Elect DR 1.1.1.1
*Jan 19 17:37:05.969: OSPF-3 ADJ   Et0/0: DR: 1.1.1.1 (Id)   BDR: 3.3.3.3 (Id)
*Jan 19 17:37:05.970: OSPF-3 ADJ   Et0/0: Nbr 1.1.1.1: Prepare dbase exchange
*Jan 19 17:37:05.970: OSPF-3 ADJ   Et0/0: Send DBD to 1.1.1.1 seq 0x21D6 opt 0x52
flag 0x7 len 32
*Jan 19 17:37:05.970: OSPF-3 ADJ   Et0/0: Rcv DBD from 1.1.1.1 seq 0x968 opt 0x52
flag 0x7 len 32 mtu 1500 state EXSTART
*Jan 19 17:37:05.970: OSPF-3 ADJ   Et0/0: Nbr 1.1.1.1 has larger interface MTU
*Jan 19 17:37:05.970: OSPF-3 ADJ   Et0/0: Rcv DBD from 1.1.1.1 seq 0x21D6 opt 0x52
flag 0x2 len 112 mtu 1500 state EXSTART
*Jan 19 17:37:05.970: OSPF-3 ADJ   Et0/0: Nbr 1.1.1.1 has larger interface MTU
R3# no debug ip ospf adj
```

　　DBD 包中携带着邻居可以发送的最大的非分段数据包。此时，链路两端的 IPv4 MTU 值不相同。R3 将收到 IPv4 MTU 为 1500 的 DBD 包，比自己的 MTU 1400 更大。这会使得 R3 和 R1 都不能建立完全邻居邻接关系，**debug** 命令的输出显示出 Nbr 有更大的接口 MTU 消息。不匹配的邻居将保持在 ExStart 状态。为了建立完全 OSPF 邻接关系，链路两端的 IPv4 MTU 必须相同。

> **注释**　默认状态下，OSPFv3 邻居之间的 IPv6 MTU 也必须相同。但工程师可以使用 ospfv3 mtu-ignore 命令覆盖此设置。

　　例 3-19 中验证了 R3 和 R1 上的 OSPF 邻居状态。

例 3-19　验证 OSPF 邻居状态

```
R3# show ip ospf neighbor

Neighbor ID     Pri   State      Dead Time   Address       Interface
1.1.1.1           1   EXSTART/BDR  00:00:38    172.16.13.1   Ethernet0/0
```

（待续）

```
R1# show ip ospf neighbor

Neighbor ID      Pri    State          Dead Time   Address        Interface
4.4.4.4            0    FULL/DROTHER   00:00:39    172.16.145.4   Ethernet0/1
5.5.5.5            0    FULL/DROTHER   00:00:38    172.16.145.5   Ethernet0/1
2.2.2.2            1    FULL/DR        00:01:55    172.16.12.2    Serial2/0
3.3.3.3            1    EXCHANGE/DR    00:00:36    172.16.13.2    Ethernet0/0

R1# show ip ospf neighbor

Neighbor ID      Pri    State          Dead Time   Address        Interface
4.4.4.4            0    FULL/DROTHER   00:00:38    172.16.145.4   Ethernet0/1
5.5.5.5            0    FULL/DROTHER   00:00:31    172.16.145.5   Ethernet0/1
2.2.2.2            1    FULL/DR        00:01:31    172.16.12.2    Serial2/0
3.3.3.3            1    INIT/DROTHER   00:00:33    172.16.13.2    Ethernet0/0
```

　　OSPF 链路两端不匹配的接口 IPv4 MTU，导致邻居之间不能建立完全邻接关系。R3 检测到 R1 的 MTU 更大，因此将邻居关系维持在 ExStart 状态。R1 继续向 R3 重传初始 BDB 包，但是 R3 因为 IPv4 MTU 不同，从而不能进行确认。在 R1 上，我们可以看到它与 R3 的 OSPF 邻居关系是不稳定的。邻接关系在到达 Exchange 状态后被终止，然后又从 Init 状态进行到 Exchange 状态。

　　解决这类问题的推荐方式是确保 OSPF 邻居之间使用相同的 IPv4 MTU。

5. 修改 OSPF 计时器

　　与 EIGRP 相似，OSPF 使用两个计时器来检查邻居的可达性：Hello 和失效（Dead）间隔。Hello 和失效间隔的值都携带在 OSPF Hello 包中，作为存活消息，用于确认网段中存在路由器。Hello 间隔以秒为单位定义了发送 OSPF Hello 包的频率。OSPF 失效计时器定义了路由器在认为邻居路由器断开之前，要等待多久下一个 Hello 包。

　　如果网段上的所有路由器要成为 OSPF 邻居，OSPF 要求它们的 Hello 和失效计时器必须相同。OSPF Hello 计时器在多路访问广播和点到点链路上的默认值是 10 秒，在包括 NBMA 在内的所有其他网络类型上是 30 秒。配置 Hello 间隔时，失效间隔的默认值会自动调整为 Hello 间隔的 4 倍。失效计时器默认对于广播和点到点链路是 40 秒，对于所有其他 OSPF 网络类型是 120 秒。

　　为了更快地检测拓扑变化，工程师可以降低 OSPF Hello 间隔值，但这样做的缺点是链路上会产生更多的路由流量。工程师可以通过命令 **debug ip ospf hello** 查看 Hello 计时器不匹配的情况。

　　在例 3-20 中，工程师使用 **show ip ospf interface** 命令查看 R1 在 E0/1 和帧中继 S2/0 接口上的不同 Hello/失效计时器值。

例 3-20 考察 R1 接口上的 Hello/失效计时器

```
R1# show ip ospf interface ethernet 0/1
Ethernet0/1 is up, line protocol is up
  Internet Address 172.16.145.1/29, Area 0, Attached via Network Statement
  Process ID 1, Router ID 1.1.1.1, Network Type BROADCAST , Cost: 10
  Topology-MTID    Cost    Disabled    Shutdown    Topology Name
       0            10        no          no        Base
  Transmit Delay is 1 sec, State DROTHER, Priority 1
  Designated Router (ID) 5.5.5.5, Interface address 172.16.145.5
  Backup Designated router (ID) 4.4.4.4, Interface address 172.16.145.4
  Timer intervals configured, Hello 10, Dead 40, Wait 40 , Retransmit 5
<Output omitted>

R1# show ip ospf interface serial 2/0
Serial2/0 is up, line protocol is up
  Internet Address 172.16.12.1/30, Area 1, Attached via Network Statement
  Process ID 1, Router ID 1.1.1.1, Network Type NON_BROADCAST , Cost: 64
  Topology-MTID    Cost    Disabled    Shutdown    Topology Name
       0            64        no          no        Base
  Transmit Delay is 1 sec, State BDR, Priority 1
  Designated Router (ID) 2.2.2.2, Interface address 172.16.12.2
  Backup Designated router (ID) 1.1.1.1, Interface address 172.16.12.1
  Timer intervals configured, Hello 30, Dead 120, Wait 120 , Retransmit 5
<Output omitted>
```

　　广播多路访问（以太网）和点到点链路上的默认 OSPF Hello 间隔是 10 秒，默认失效间隔值是 Hello 的 4 倍（40 秒）。所有其他 OSPF 网络类型中的默认 OSPF Hello 和失效计时器分别是 30 秒和 120 秒，包括像 S2/0 接口上帧中继网络这样的非广播网络（NBMA）。

　　在低速链路上，工程师可能希望修改默认 OSPF 值，来实现更快的收敛。降低 OSPF Hello 间隔的副作用是产生更频繁的路由更新开销，这将造成更高的路由器使用率，且导致链路上的流量增多。

　　在例 3-21 中，工程师修改了 R1 帧中继 S2/0 接口上的默认 OSPF Hello 和失效间隔。工程师可以使用接口命令 **ip ospf hello-interval** 和 **ip ospf dead-interval** 来更改 OSPF 的设置。

例 3-21 修改 R1 S2/0 接口上的 Hello 和失效间隔

```
R1(config)# interface serial 2/0
R1(config-if)# ip ospf hello-interval 8
R1(config-if)# ip ospf dead-interval 30
*Jan 20 13:17:34.441: %OSPF-5-ADJCHG: Process 1, Nbr 2.2.2.2 on Serial2/0 from
FULL to DOWN, Neighbor Down: Dead timer expired
```

　　一旦工程师修改了帧中继链路上的默认 OSPF Hello 和失效间隔值，两路由器都会检测到 Hello 计时器不匹配。因此,它们不会刷新失效计时器,而是会等待失效计时器过期,宣告 OSPF 邻居关系断开。

> **注释** 管理员仅更改 OSPF Hello 间隔,OSPF 会自动更改失效间隔,修改为 Hello 间隔值的 4 倍。

在例 3-22 中,工程师修改了 R2 帧中继 S0/0 接口上的默认 OSPF Hello 和失效间隔值,使其与 R1 上配置的值相匹配。

例 3-22　*修改 R2 S0/0 接口上的 Hello 和失效间隔*

```
R2(config)# interface serial 0/0
R2(config-if)# ip ospf hello-interval 8
R2(config-if)# ip ospf dead-interval 30
*Jan 20 13:38:58.976: %OSPF-5-ADJCHG: Process 2, Nbr 1.1.1.1 on Serial0/0 from
LOADING to FULL, Loading Done
```

修改 R2 上的 OSPF Hello 和失效计时器使其与 R1 上的计时器相同,链路上的两路由器将能够建立邻接关系,并在 NBMA 网段上选举 DR/BDR。邻居路由器之间这时能够交换并同步 LSDB,并建立完全邻居邻接关系。

例 3-23 显示了在 R2 上使用 **show ip ospf neighbor detail** 命令验证 OSPF 邻居状态。

例 3-23　*验证 R2 上的 OSPF 邻居状态*

```
R2# show ip ospf neighbor detail
Neighbor 1.1.1.1, interface address 172.16.12.1
    In the area 1 via interface Serial0/0
    Neighbor priority is 1, State is FULL , 6 state changes
    DR is 172.16.12.2 BDR is 172.16.12.1
    Poll interval 120
    Options is 0x12 in Hello (E-bit, L-bit)
    Options is 0x52 in DBD (E-bit, L-bit, O-bit)
    LLS Options is 0x1 (LR)
    Dead timer due in 00:00:26
    Neighbor is up for 00:14:57
    Index 1/1, retransmission queue length 0, number of retransmission 0
    First 0x0(0)/0x0(0) Next 0x0(0)/0x0(0)
    Last retransmission scan length is 0, maximum is 0
    Last retransmission scan time is 0 msec, maximum is 0 msec
```

命令的输出中确认 R2 已与 R1 建立了完全 OSPF 邻接关系。输出中也显示了额外的信息,如邻居的路由器 ID、DR/BDR 角色,以及邻居会话已建立的时间。

3.1.7　点到点链路上的 OSPF 邻居关系

图 3-7 显示了连接一对路由器的点到点网络。配置如 PPP 或 HDLC(高级数据链路控

制）数据链路层协议的 T1 串行链路，就是点到点网络的一个例子。

图 3-7 点到点链路

在这些类型的网络中，路由器通过使用组播地址 224.0.0.5，将 Hello 包发送给所有 OSPF 路由器，以此来动态检测邻居。在点到点链路上，邻居路由器之间一旦可以直接通信，就会建立邻接关系，不执行 DR 或 BDR 选举。点到点链路上只能有两台路由器，所以无须 DR 或 BDR。

点到点链路的默认 OSPF Hello 和失效计时器分别是 10 秒和 40 秒。

3.1.8 三层 MPLS VPN 上的 OSPF 邻居关系

图 3-8 显示了一个三层 MPLS VPN 架构，其中 ISP 提供点到点的 VPN 连接。架构中的 PE（提供商边界）路由器参与客户路由，保障客户站点之间使用最优的路由。PE 路由器为每个客户承载一组独立的路由，使客户之间完全隔离。

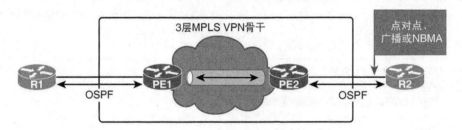

图 3-8 三层 MPLS VPN

以下规则适用于三层 MPLS VPN 技术，即便使用 OSPF 作为 PE-CE（提供商边界-客户边界）路由协议也是如此：

■ 客户路由器不应感知到 MPLS VPN，它们应该运行标准的 IP 路由协议；
■ 两个 PE 路由器之间，提供商网络中的核心路由器被称为 P 路由器（未在图中显示）；为使 MPLS VPN 方案可扩展，P 路由器不携带客户 VPN 路由；
■ PE 路由器必须支持 MPLS VPN 服务和传统的 Internet 服务。

对于 OSPF 来说，三层 MPLS VPN 骨干网看起来像一个标准的企业骨干网，运行着标准的 IP 路由软件。路由更新在客户路由器和 PE 路由器之间交换，PE 路由器就像是客户网络中的普通路由器一样。工程师在适当的接口上使用 **network** 命令启用 OSPF。用于企业三层 MPLS VPN 骨干的标准设计原则，也可以应用到客户网络的设计中。服务提供商路由器从客户的角度看被隐藏了，CE 路由器不知道 MPLS VPN 的存在。因此，三层 MPLS VPN 骨干网的内部拓扑对于客户来说是完全透明的。PE 路由器接收到来自 CE 路由器的 IPv4 路由更新，并将它们放入对应的 VRF（虚拟路由转发表）中。此部分的配置和运维是服务提供商的责任。

  PE-CE 之间可以建立任意 OSPF 网络类型：点到点、广播，甚至非广播多路访问。

  PE-CE 和常规 OSPF 设计的唯一区别是客户需要与服务提供商关于 OSPF 的参数（区域 ID、认证密钥等）达成一致；通常，这些参数由服务提供商管理。

3.1.9 二层 MPLS VPN 上的 OSPF 邻居关系

  图 3-9 显示了一个二层 MPLS VPN 环境。服务提供商的 MPLS 骨干网在客户路由器 R1 和 R2 之间提供二层以太网连通性，在骨干中使用 EoMPLS（MPLS 以太网）或二层 MPLS VPN 服务。

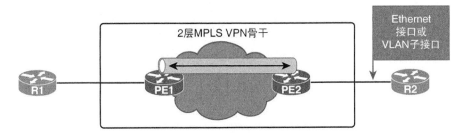

图 3-9 二层 MPLS VPN

  R1 和 R2 之间交换以太网数据帧。PE 路由器 PE1 获取到 PE1 链路上的 R1 发来的以太网数据帧，将它们封装到 MPLS 包中，然后通过骨干网将 MPLS 包转发给路由器 PE2。PE2 解封装 MPLS 包，然后在连向 R2 的链路上重新生成以太网数据帧。EoMPLS 和二层 MPLS VPN 通常不参与 STP（生成树协议）以及 BPDU（网桥协议数据单元）的交换，所以 EoMPLS 和二层 MPLS VPN 对于客户路由器来说是透明的。

  以太网数据帧在 MPLS 骨干上是透明交换的。要知道客户路由器可以通过端口到端口的方式连接，此时 PE 路由器将收到的所有以太网数据帧，通过二层 MPLS VPN 骨干网转发；客户路由器也可以通过 VLAN 子接口连接，此时特定 VLAN 的帧——由配置中的子接口标识——通过二层 MPLS VPN 骨干网发送。

  在 EoMPLS 上部署 OSPF 时，从客户的角度看不需要改变现有的 OSPF 配置。

  要想启用 OSPF，**network** 命令中必须包含相关 OSPF 区域要求的接口，才能正常启动 OSPF。

  R1 和 R2 通过二层 MPLS VPN 骨干互相建立邻居关系。从 OSPF 的角度看，二层 MPLS VPN 骨干、PE1 和 PE2 都不可见。

  R1 和 R2 之间直接建立邻居关系，与常规以太网广播网络上的情况相同。

3.1.10 OSPF 邻居状态

  OSPF 邻居在建立完全 OSPF 邻接关系之前，要经历多个邻居状态，如图 3-10 所示。

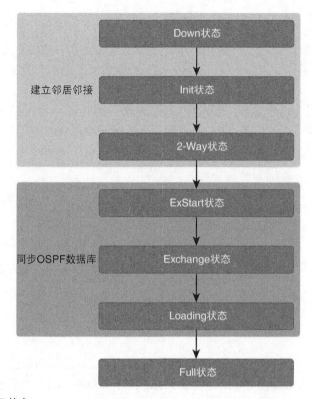

图 3-10　OSPF 状态

以下简要地总结一下在与另一台路由器成为邻接关系之前，接口经历的状态。

- Down：网段上没有收到信息。
- Init：接口检测到了来自邻居的 Hello 包，但是还未建立双向通信。
- 2-Way：与邻居建立了双向通信。路由器已经在邻居发来的 Hello 包中看到了自己。在此阶段结束时，路由器会完成必要的 DR 和 BDR 选举。路由器在 2-Way 状态时，必须决定是否继续建立邻接关系。基于是否有一台路由器是 DR 或 BDR，以及链路是点到点还是虚链路进行决定。
- ExStart：路由器尝试建立初始序列号，在信息交换包中会用到。序列号确保路由器总是能获取最新的信息。一台路由器将成为主路由器，另一台将成为从路由器。主路由器将轮询从路由器获取相关信息。
- Exchange：路由器将通过发送 DBD（数据库描述）包来描述整个 LSDB。DBD 包中包含有关路由器 LSDB 中出现的 LSA 条目的头部信息。条目可以是关于链路或是网络的。每个 LSA 头部包含的信息有链路状态类型、通告路由器的地址、链路开销以及序列号。路由器使用序列号来确定收到的链路状态信息的"新鲜度"。

■ Loading：在此状态中，路由器完成信息交换。路由器构建了链路状态请求表和链路状态重传表。任何看起来不完整或过时的信息都会放在请求表中。任何要发出的更新都会被放在重传列表中，直到收到确认。

■ Full：在此状态中，邻接关系建立完成。邻居路由器建立了完全邻接关系。邻接路由器有相同的 LSDB。

3.1.11 OSPF 网络类型

OSPF 基于物理链路类型定义了不同的网络类型，如表 3-1 所示。每种类型上的 OSPF 操作都是不同的，包括如何建立邻接关系以及需要哪些配置。

表 3-1   OSPF 网络类型

OSPF 网络类型	使用 DR/BDR	默认 Hello 间隔(秒)	动态邻居发现	子网中允许有超过两台路由器
点到点	否	10	是	否
广播	是	10	是	是
非广播	是	30	否	是
点到多点	否	30	是	是
点到多点非广播	否	30	否	是
环回	否	—	—	否

这些是 OSPF 定义中最常见的网络类型。

■ **点到点**（Point-to-point）：路由器使用组播动态地发现邻居。没有 DR/BDR 选举，因为在一个点到点网段上只能连接两台路由器。这是串行链路和点到点帧中继子接口的默认 OSPF 网络类型。

■ **广播**（Broadcast）：路由器使用广播来动态发现邻居。选举 DR 和 BDR，用来优化信息的交换过程。这是以太网链路的默认 OSPF 网络类型。

■ **非广播**（Nonbroadcast）：用在互连超过两台路由器，但没有广播能力的网络上。帧中继和 ATM 都属于 NBMA 网络。工程师必须静态配置邻居，接着进行 DR/BDR 选举。此网络类型是使用帧中继封装的所有物理接口和多点子接口的默认类型。

■ **点到多点**（Point-to-multipoint）：OSPF 将此网络作为一个点到点链路的结合来对待，即使所有接口都属于同一个 IP 子网。每个接口的 IP 地址都将作为主机/32 路由出现在邻居的路由表中。路由器使用组播动态发现邻居，不进行 DR/BDR 选举。

■ **点到多点非广播**（Point-to-multipoint Nonbroadcast）：Cisco 扩展类型，与点到多点类型有相同的特性，只是邻居不是动态发现的。工程师必须静态指定邻居，邻居之间使用单播进行通信。在不支持组播和广播的点到多点环境中很有用。

■ **环回**（Loopback）：环回接口上的默认网路类型。

工程师可以使用接口配置模式命令 **ip ospf network** *network_type* 更改 OSPF 网络类型。

3.1.12 配置被动接口

配置被动接口是强化路由协议，并减少资源使用的常用方式。OSPF 支持被动接口，示例配置如例 3-24 所示。

例 3-24 OSPF 的被动接口配置

```
Router(config)# router ospf 1
Router(config-router)# passive-interface default
Router(config-router)# no passive-interface serial 1/0
```

工程师在 OSPF 进程下配置被动接口后，路由器停止在特定接口上发送和接收 OSPF Hello 包。只有在工程师不期望在某个接口上建立任何 OSPF 邻居时，才应该配置被动接口。工程师可以把特定接口配置为被动模式，也可以把被动接口设置为默认配置。如果使用默认配置，那么任何需要建立邻居邻接的接口上必须配置 **no passive-interface** 配置命令。

3.2 构建链路状态数据库

作为一个链路状态协议，OSPF 使用几种不同的包在路由器之间交换网络拓扑信息。这些包称为 LSA（链路状态通告），它们非常详尽地描述了网络拓扑。每台路由器将收到的 LSA 包存在 LSDB（链路状态数据库）中。路由器之间的 LSDB 同步之后，OSPF 使用 SPF（最短路径优先）算法计算最优路由。每台 OSPF 路由器独立计算最优区域内路由。对于最优的区域间路由计算，内部路由器必须依赖从 ABR 接收的最优路径信息。

在完成本节内容的学习后，读者应该能够：

- 列出并描述不同的 LSA 类型；
- 描述 OSPF LSA 是如何以周期性地间隔进行重新泛洪的；
- 描述无 DR 网络中的信息交换；
- 描述有 DR 网络中的信息交换；
- 解释 SPF 算法何时执行；
- 描述区域内路由的开销是如何计算的；
- 描述区域间路由的开销是如何计算的；
- 描述区域内和区域间路由之间的选择规则。

3.2.1 OSPF LSA 类型

路由器必须知道 OSPF 区域的详细拓扑才能计算最优路径。LSA 描述了拓扑的详细信息，它是构成 OSPF LSDB 的基石。每个都 LSA 是独立的数据库记录，它们组合起来描述了 OSPF 网络区域的整体拓扑。图 3-11 展示了一个示例拓扑，之后的列表中将详细描述本图中标记出的最常见 OSPF LSA 类型。

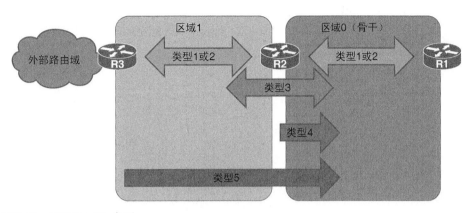

图 3-11 OSPF LSA 类型

- **类型 1，路由器 LSA**：每台路由器为所属的每个区域生成路由器链路通告。路由器链路通告描述了区域中的路由器链路状态，只在特定区域中泛洪。对于所有类型的 LSA，都有 20 字节的 LSA 头部。LSA 头部中的一个字段是链路状态 ID。类型 1 LSA 的链路状态 ID 是源路由器 ID。

- **类型 2，网络 LSA**：DR 为多路访问网络生成网络链路通告。网络链路通告中描述了一组连接到特定多路访问网络的路由器。网络链路通告在包含该网络的区域中泛洪。类型 2 LSA 的链路状态 ID 是 DR 的 IP 接口地址。

- **类型 3，汇总 LSA**：ABR 将从一个区域中学习到的信息汇总成汇总链路通告，并发给另一个区域。汇总并不是默认开启的。类型 3 LSA 的链路状态 ID 是目的网络地址。

- **类型 4，ASBR 汇总 LSA**：ASBR 汇总链路通告负责通知 OSPF 域的其余部分，如何到达 ASBR。链路状态 ID 包含所描述 ASBR 的路由器 ID。

- **类型 5，自治系统 LSA**：自治系统外部链路通告由 ASBR 生成，描述了到达自治系统外部目的网络的路由。在除了特殊区域外的其他区域中泛洪。类型 5 LSA 的链路状态 ID 是外部网络地址。

还有以下其他的 LSA 类型。

- **类型 6**：组播 OSPF 应用中使用的专用 LSA。
- **类型 7**：在特殊区域类型 NSSA 中对外部路由使用。
- **类型 8、9**：在 OSPFv3 中对链路本地地址和区域内前缀使用。
- **类型 10、11**：通用 LSA，也称为透明（Opaque），允许 OSPF 未来的扩展。

3.2.2 查看 OSPF 链路状态数据库

本节使用图 3-12 中的拓扑分析了 OSPF LSDB 和不同的 LSA 类型。所有路由器都已经预配置了 OSPF。在图中，R1 是区域 0、1 和 2 之间的 ABR。R3 是 OSPF 路由域和外部路由域之间的 ASBR。类型 1 和 2 LSA 在一个区域内的路由器之间泛洪。类型 3 和类型 5 LSA 在交换有关骨干和标准区域的信息时泛洪。类型 4 LSA 由 ABR 注入到骨干中，因为 OSPF 域中的所有路由器都需要连通 ASBR（R3）。

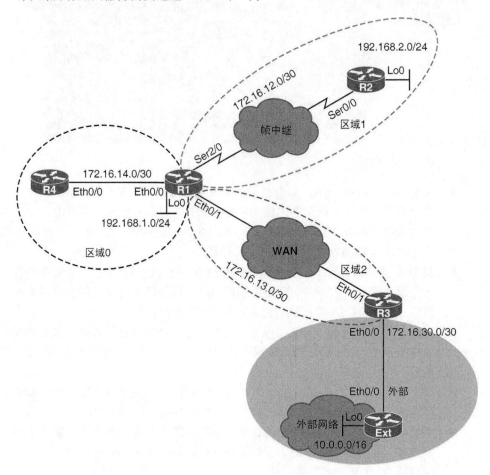

图 3-12   OSPF 拓扑

1. OSPF 链路状态数据库

例 3-25 展示了 R4 的路由表，其中包含几条 OSPF 路由，因为所有路由器都已经预先配置好了。

例 3-25   R4 的路由表

```
R4# show ip route
Codes: L - local, C - connected, S - static, R - RIP, M - mobile, B - BGP
```

（待续）

```
          D - EIGRP, EX - EIGRP external, O - OSPF, IA - OSPF inter area
          N1 - OSPF NSSA external type 1, N2 - OSPF NSSA external type 2
          E1 - OSPF external type 1, E2 - OSPF external type 2
          i - IS-IS, su - IS-IS summary, L1 - IS-IS level-1, L2 - IS-IS level-2
          ia - IS-IS inter area, * - candidate default, U - per-user static route
          o - ODR, P - periodic downloaded static route, H - NHRP, l - LISP
          + - replicated route, % - next hop override

Gateway of last resort is not set

     10.0.0.0/16 is subnetted, 1 subnets
O E2     10.0.0.0 [110/20] via 172.16.14.1, 00:46:48, Ethernet0/0
     172.16.0.0/16 is variably subnetted, 4 subnets, 2 masks
O IA     172.16.12.0/30 [110/74] via 172.16.14.1, 03:19:12, Ethernet0/0
O IA     172.16.13.0/30 [110/20] via 172.16.14.1, 03:19:12, Ethernet0/0
C        172.16.14.0/30 is directly connected, Ethernet0/0
L        172.16.14.2/32 is directly connected, Ethernet0/0
O    192.168.1.0/24 [110/11] via 172.16.14.1, 00:36:19, Ethernet0/0
O IA 192.168.2.0/24 [110/75] via 172.16.14.1, 00:47:59, Ethernet0/0
```

注意到有区域内路由 192.168.1.0/24、描述 WAN 链路的区域间路由 172.16.12.0/30、172.16.13.0/30，以及 R2 上的远程子网 192.168.2.0/24。其中还有描述网络 10.0.0.0/16 的 OSPF 外部路由的路由信息。此路由是由 R3 注入到 OSPF 中的，R3 有到外部网络的连接。

例 3-26 展示了 R4 上的 OSPF 数据库。

例 3-26 R4 的 OSPF LSDB

```
R4# show ip ospf database

          OSPF Router with ID (4.4.4.4) (Process ID 1)

          Router Link States (Area 0)

Link ID       ADV Router      Age        Seq#       Checksum Link count
1.1.1.1       1.1.1.1         291        0x8000000B 0x00966C 2
4.4.4.4       4.4.4.4         1993       0x80000007 0x001C4E 1

          Net Link States (Area 0)

Link ID       ADV Router      Age        Seq#       Checksum
172.16.14.2   4.4.4.4         1993       0x80000006 0x0091B5

          Summary Net Link States (Area 0)
```

（待续）

```
Link ID          ADV Router       Age       Seq#          Checksum
172.16.12.0      1.1.1.1          291       0x80000007 0x00C567
172.16.13.0      1.1.1.1          291       0x80000007 0x009CC5
192.168.2.0      1.1.1.1          1031      0x80000002 0x002E5D


                 Summary ASB Link States (Area 0)


Link ID          ADV Router       Age       Seq#          Checksum
3.3.3.3          1.1.1.1          1031      0x80000002 0x0035EB


                 Type-5 AS External Link States


Link ID          ADV Router       Age       Seq#       Checksum  Tag
10.0.0.0         3.3.3.3          977       0x80000002 0x000980    0
```

OSPF 数据库包含了描述网络拓扑的所有 LSA。命令 **showip ospf database** 可以展示出 LSDB 的内容，也可以用来验证某些特定 LSA 的信息。

输出信息说明，网络中存在不同类型的 LSA。对于每类 LSA，都可以看到是由哪台路由器通告的，以及 LSA 的老化时间和链路 ID 值。

在例 3-26 中，可以看到两个不同的类型 1 LSA（或称为路由器链路通告），它们分别是由 router ID 为 1.1.1.1 和 4.4.4.4 的路由器所生成的。

例 3-27 详细展示了 R4 上的类型 1 LSA。

例 3-27　R4 类型 1 LSA 详情

```
R4# show ip ospf database router

          OSPF Router with ID (4.4.4.4) (Process ID 1)

             Router Link States (Area 0)


Routing Bit Set on this LSA in topology Base with MTID 0
LS age: 321
Options: (No TOS-capability, DC)
LS Type: Router Links
Link State ID: 1.1.1.1
Advertising Router: 1.1.1.1
LS Seq Number: 8000000B
Checksum: 0x966C
Length: 48
Area Border Router
Number of Links: 2
```

（待续）

```
   Link connected to: a Stub Network
    (Link ID) Network/subnet number: 192.168.1.0
    (Link Data) Network Mask: 255.255.255.0
   Number of MTID metrics: 0
    TOS 0 Metrics: 1
   Link connected to: a Transit Network
    (Link ID) Designated Router address: 172.16.14.2
    (Link Data) Router Interface address: 172.16.14.1
     Number of MTID metrics: 0
      TOS 0 Metrics: 10


   LS age: 2023
   Options: (No TOS-capability, DC)
   LS Type: Router Links
   Link State ID: 4.4.4.4
   Advertising Router: 4.4.4.4
   LS Seq Number: 80000007
   Checksum: 0x1C4E
   Length: 36
   Number of Links: 1

     Link connected to: a Transit Network
      (Link ID) Designated Router address: 172.16.14.2
      (Link Data) Router Interface address: 172.16.14.2
      Number of MTID metrics: 0
       TOS 0 Metrics: 10
```

类型 1 LSA 是由每台路由器生成的，它会在区域中泛洪。这类 LSA 描述了区域中路由器链路的状态。R4 的数据库有两种类型 1 LSA：其中一个是从 router ID 为 1.1.1.1 的 R1 那里接收到的，另一个则是由 R4 生成的。

显示的 LSA 信息表明，R1 是一台有两条链路的 ABR。输出信息显示了两条链路的详细信息，其中包括链路连接哪种类型的网络，以及它们的设置，如 IP 配置。链路可以连接到末节网络，可以连接到另一台路由器（点到点），或者连接到传输网络。所谓传输网络描述的是以太网或 NBMA 网络，这种网络中可以包含多台路由器。如果链路连接到传输网络，那么 LSA 中也会包含 DR 的地址信息。

LSDB 会保留所有 LSA 的副本，包括由路由器本地生成的 LSA。本地 LSA 的一个例子是输出信息中显示的第二条通告。它与第一个 LSA 包含的拓扑参数相同，不过是从路由器 R4 角度看的。

OSPF 使用 32 比特的 LSID 来标识所有的 LSA。在生成类型 1 LSA 时，路由器会以自己的 router ID 作为 LSID 值。

在例 3-28 中，管理员使用 **self-originate** 命令参数显示了 R4 上本地生成的类型 1 LSA。

例 3-28 R4 上本地生成的类型 1 LSA

```
R4# show ip ospf database router self-originate

            OSPF Router with ID (4.4.4.4) (Process ID 1)

                Router Link States (Area 0)


  LS age: 23
  Options: (No TOS-capability, DC)
  LS Type: Router Links
  Link State ID: 4.4.4.4
  Advertising Router: 4.4.4.4
  LS Seq Number: 80000008
  Checksum: 0x1A4F
  Length: 36
  Number of Links: 1

   Link connected to: a Transit Network
    (Link ID) Designated Router address: 172.16.14.2
    (Link Data) Router Interface address: 172.16.14.2
    Number of MTID metrics: 0
     TOS 0 Metrics: 10
```

输出信息显示了类型 1 LSA，该信息描述了路由器 R4 在 OSPF 区域 0 中启用的接口。

R4 有一个连接到传输网络的接口，因此其中也包含了 DR 的信息。可以看到 R4 就是该网段中的 DR。

例 3-29 展示了路由器 R2 的 OSPF 数据库。

例 3-29 R2 的 OSPF LSDB

```
R2# show ip ospf database

            OSPF Router with ID (2.2.2.2) (Process ID 1)

                Router Link States (Area 1)

Link ID         ADV Router      Age       Seq#       Checksum Link count
1.1.1.1         1.1.1.1         403       0x80000008 0x0097B7 1
2.2.2.2         2.2.2.2         1088      0x80000008 0x006E5C 2


                Net Link States (Area 1)
```

（待续）

```
Link ID           ADV Router        Age        Seq#        Checksum
172.16.12.2       2.2.2.2           587        0x80000003 0x00A5B6


                  Summary Net Link States (Area 1)


Link ID           ADV Router        Age        Seq#        Checksum
172.16.13.0       1.1.1.1           403        0x80000007 0x009CC5
172.16.14.0       1.1.1.1           403        0x80000007 0x0091CF
192.168.1.0       1.1.1.1           403        0x80000002 0x00B616


                  Summary ASB Link States (Area 1)


Link ID           ADV Router        Age        Seq#        Checksum
3.3.3.3           1.1.1.1           1143       0x80000002 0x0035EB


                  Type-5 AS External Link States


Link ID           ADV Router        Age        Seq#        Checksum Tag
10.0.0.0          3.3.3.3           1089       0x80000002 0x000980 0
```

OSPF 类型 1 LSA 只会在 OSPF 区域中进行交换。路由器 R2 有 OSPF 区域 1 中的接口，它不应看到 R4 生成的任何类型 1 LSA。R2 的 OSPF 数据库输出也证实了这一点：LSDB 的类型 1 LSA 中，没有参数为 4.4.4.4 的通告路由器。

例 3-30 所示为 R1 上的 LSA。

例 3-30　R1 的 OSPF LSDB

```
R1# show ip ospf database


            OSPF Router with ID (1.1.1.1) (Process ID 1)


                Router Link States (Area 0)
Link ID           ADV Router        Age        Seq#        Checksum Link count
1.1.1.1           1.1.1.1           445        0x8000000B 0x00966C 2
4.4.4.4           4.4.4.4           103        0x80000008 0x001A4F 1
<Output omitted>
                Router Link States (Area 1)
Link ID           ADV Router        Age        Seq#        Checksum Link count
1.1.1.1           1.1.1.1           445        0x80000008 0x0097B7 1
2.2.2.2           2.2.2.2           1133       0x80000008 0x006E5C 2
 <Output omitted>
                Router Link States (Area 2)
```

（待续）

```
Link ID          ADV Router          Age      Seq#          Checksum Link count
1.1.1.1          1.1.1.1             445      0x80000008 0x00DDA5 1
3.3.3.3          3.3.3.3             1131     0x8000000A 0x00521D 1
<Output omitted>
```

可以看出 R1 是唯一一个位于多个区域中的路由器。作为 ABR，它的 OSPF 数据库包括三个区域的所有类型 1 LSA。

2. OSPF 类型 2 网络 LSA

图 3-13 所示为一个类型 2 LSA，每个传输广播网络或 NBMA 网络会在区域内生成这类 LSA。

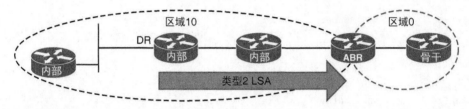

图 3-13　OSPF 类型 2 LSA

网络的 DR 负责通告网络 LSA。类型 2 网络 LSA 中会列出组成传输网络的每台路由器（包括 DR 本身），以及链路上使用的子网掩码。类型 2 LSA 随后会被泛洪给传输网络区域中的所有路由器。类型 2 LSA 永远不会穿过区域边界。网络 LSA 的链路状态 ID 是通告 LSA 的 DR 的接口 IP 地址。

例 3-31 所示为 R4 的 OSPF LSDB，这个例子的重点是 R4 上的类型 2 LSA。

例 3-31　R4 的类型 2 LSA

```
R4# show ip ospf database

            OSPF Router with ID (4.4.4.4) (Process ID 1)

            Router Link States (Area 0)

Link ID          ADV Router          Age      Seq#          Checksum Link count
1.1.1.1          1.1.1.1             486      0x8000000B 0x00966C 2
4.4.4.4          4.4.4.4             142      0x80000008 0x001A4F 1

            Net Link States (Area 0)

Link ID          ADV Router          Age      Seq#          Checksum
172.16.14.2      4.4.4.4             142      0x80000007 0x008FB6
<Output omitted>
```

可以看到，R4 的 LSDB 中只有一个类型 2 LSA。这一点正如所料，因为区域 0 中只有一个多路访问网络。

例 3-32 显示了路由器 R4 上类型 2 LSA 的详细信息。

例 3-32　R4 的类型 2 LSA 详情

```
R4# show ip ospf database network

                OSPF Router with ID (4.4.4.4) (Process ID 1)

                    Net Link States (Area 0)

Routing Bit Set on this LSA in topology Base with MTID 0
LS age: 170
Options: (No TOS-capability, DC)
LS Type: Network Links
Link State ID: 172.16.14.2 (address of Designated Router)
Advertising Router: 4.4.4.4
LS Seq Number: 80000007
Checksum: 0x8FB6
Length: 32
Network Mask: /30
        Attached Router: 4.4.4.4
        Attached Router: 1.1.1.1
```

示例中所示的类型 2 LSA 描述了网络段的信息，其中列出了 DR 地址、连接的路由器以及使用的子网掩码。这些信息会被参与 OSPF 协议的各个路由器用来构建信息所描述的多路访问网段，因为路由器无法通过类型 1 LSA 获得对这类网络的完整描述。

3. OSPF 类型 3 汇总 LSA

ABR 不会为了提升 OSPF 的扩展性，而在区域之间转发类型 1 和类型 2 LSA。但其他路由器毕竟需要了解如何连通其他区域中的区域间子网。因此，OSPF 需要使用类型 3 汇总 LSA 在 ABR 上通告这些子网，如图 3-14 所示。

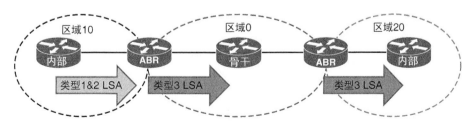

图 3-14　OSPF 类型 3 LSA

ABR 负责生成类型 3 汇总 LSA, 用来向 OSPF 自治系统中的其他区域描述一个区域中的网络, 如图所示。

汇总 LSA 只会在一个区域中泛洪, 但是它会由生成它的 ABR 来泛洪到另一个区域中。

注意, 图中只说明了信息是如何从区域 10 传播到其他区域中的。但同时 ABR 也会向其他方向通告类型 3 LSA, 从区域 20 到区域 0, 从区域 0 到区域 10。

在默认情况下, OSPF 不会自动汇总连续的子网。OSPF 不会在有类边界汇总网络。对于每个始发(分支)区域中所定义的子网, 都会有一个类型 3 LSA 通告到骨干区域中, 而这在大型的网络中可能会引发泛洪的问题。

最好的做法是在 ABR 上使用手工路由汇总来限制区域之间交换的信息总量。

例 3-33 所示为 R4 的 OSPF LSDB, 这个例子的重点是类型 3 LSA。

例 3-33　R4 的类型 3 LSA

```
R4# show ip ospf database

            OSPF Router with ID (4.4.4.4) (Process ID 1)

            Router Link States (Area 0)
Link ID         ADV Router      Age        Seq#        Checksum Link count
1.1.1.1         1.1.1.1         583        0x8000000B 0x00966C 2
4.4.4.4         4.4.4.4         238        0x80000008 0x001A4F 1
            Net Link States (Area 0)
Link ID         ADV Router      Age        Seq#        Checksum
172.16.14.2     4.4.4.4         238        0x80000007 0x008FB6
            Summary Net Link States (Area 0)
Link ID         ADV Router      Age        Seq#        Checksum
172.16.12.0     1.1.1.1         583        0x80000007 0x00C567
172.16.13.0     1.1.1.1         583        0x80000007 0x009CC5
192.168.2.0     1.1.1.1         1322       0x80000002 0x002E5D
<Output omitted>
```

路由器 R4 的 LSDB 包含三个不同的类型 3 汇总 LSA, 它们都是由 ABR R1 通告到区域 1 中的。

例 3-34 显示了路由器 R4 上类型 3 LSA 的详细信息。

例 3-34　R4 的类型 3 LSA 详情

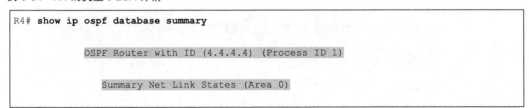

```
R4# show ip ospf database summary

            OSPF Router with ID (4.4.4.4) (Process ID 1)

            Summary Net Link States (Area 0)
```

(待续)

```
Routing Bit Set on this LSA in topology Base with MTID 0
LS age: 608
Options: (No TOS-capability, DC, Upward)
LS Type: Summary Links(Network)
Link State ID: 172.16.12.0 (summary Network Number)
Advertising Router: 1.1.1.1
LS Seq Number: 80000007
Checksum: 0xC567
Length: 28
Network Mask: /30
      MTID: 0        Metric: 64

Routing Bit Set on this LSA in topology Base with MTID 0
LS age: 608
Options: (No TOS-capability, DC, Upward)
LS Type: Summary Links(Network)
Link State ID: 172.16.13.0 (summary Network Number)
Advertising Router: 1.1.1.1
LS Seq Number: 80000007
Checksum: 0x9CC5
Length: 28
Network Mask: /30
      MTID: 0        Metric: 10

Routing Bit Set on this LSA in topology Base with MTID 0
LS age: 1348
Options: (No TOS-capability, DC, Upward)
LS Type: Summary Links(Network)
Link State ID: 192.168.2.0 (summary Network Number)
Advertising Router: 1.1.1.1
LS Seq Number: 80000002
Checksum: 0x2E5D
Length: 28
Network Mask: /24
      MTID: 0        Metric: 65
```

　　示例的输出信息显示了 LSDB 中，三个类型 3 LSA 的详细信息。每个类型 3 LSA 都有一个链路状态 ID 字段，这个字段中会携带网络地址，以及所连区域间网络的子网掩码。注意，这三个 LSA 都是由 router ID 为 1.1.1.1 的路由器所通告的，而这台路由器就是 ABR 路由器 R1。

4. OSPF 类型 4 ASBR 汇总 LSA

　　图 3-15 显示了一个 ABR 只有在区域中存在 ASBR 时，才会生成的类型 4 汇总 LSA。

类型 4 LSA 负责标识 ASBR 并提供去往 ASBR 的路由。其链路状态 ID 会设置为 ASBR 的 router ID。路由器要想往外部自治系统发送流量，需要路由器表知道如何向生成外部路由的 ASBR 发送信息。

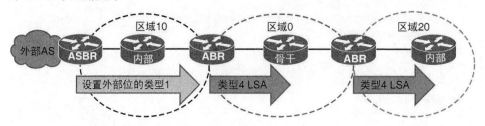

图 3-15　OSPF 类型 4 LSA

在图中，ASBR 发送了一条类型 1 路由器 LSA，并通过设置一个比特（称为外部位 [external bit]）来标识自己是一台 ASBR。当 ABR（通过路由器 LSA 中的边界位标识）接收到这个类型 1 LSA 后，它就会构建一个类型 4 LSA 并将它泛洪到骨干区域 0。随后的 ABR 将重新生成一个类型 4 LSA 并将其泛洪到其他区域。

例 3-35 所示为 R4 的 OSPF LSDB，这个例子的重点是 R4 上的类型 4 LSA。

例 3-35　R4 的类型 4 LSA

```
R4# show ip ospf database

            OSPF Router with ID (4.4.4.4) (Process ID 1)

               Router Link States (Area 0)

Link ID         ADV Router      Age     Seq#       Checksum Link count
1.1.1.1         1.1.1.1         666     0x8000000B 0x00966C 2
4.4.4.4         4.4.4.4         321     0x80000008 0x001A4F 1


               Net Link States (Area 0)

Link ID         ADV Router      Age     Seq#       Checksum
172.16.14.2     4.4.4.4         321     0x80000007 0x008FB6


               Summary Net Link States (Area 0)
Link ID         ADV Router      Age     Seq#       Checksum
172.16.12.0     1.1.1.1         666     0x80000007 0x00C567
172.16.13.0     1.1.1.1         666     0x80000007 0x009CC5
192.168.2.0     1.1.1.1         1405    0x80000002 0x002E5D
               Summary ASB Link States (Area 0)
```

（待续）

```
Link ID         ADV Router      Age      Seq#        Checksum
3.3.3.3         1.1.1.1         1405     0x80000002 0x0035EB


                Type-5 AS External Link States

Link ID         ADV Router      Age      Seq#        Checksum Tag
10.0.0.0        3.3.3.3         1351     0x80000002 0x000980 0
```

R4 的 OSPF 数据库中只有一个类型 4 LSA。这个类型 4 LSA 是由 ABR R1 生成的，其描述的是 router ID 为 3.3.3.3 的 ASBR。

例 3-36 显示了路由器 R4 上类型 4 LSA 的详细信息。

例 3-36 R4 的类型 4 LSA 详情

```
R4# show ip ospf database asbr-summary

            OSPF Router with ID (4.4.4.4) (Process ID 1)

                Summary ASB Link States (Area 0)

Routing Bit Set on this LSA in topology Base with MTID 0
LS age: 1420
Options: (No TOS-capability, DC, Upward)
LS Type: Summary Links(AS Boundary Router)
Link State ID: 3.3.3.3 (AS Boundary Router address)
Advertising Router: 1.1.1.1
LS Seq Number: 80000002
Checksum: 0x35EB
Length: 28
Network Mask: /0
      MTID: 0          Metric: 10
```

类型 4 LSA 中包含了 OSPF 自治系统中存在 ASBR 的信息。这个信息由 R4 通告给 R1，R1 会通过 router ID 3.3.3.3 分辨出 R3 是一台 ASBR。

5. OSPF 类型 5 外部 LSA

图 3-16 显示了用来描述去往 OSPF 自治系统外部网络路由的类型 5 外部 LSA。类型 5 LSA 由 ASBR 生成，这类 LSA 会在整个自治系统进行泛洪。

链路状态 ID 是外部网络地址。由于泛洪范围以及外部网络数量等因素，默认缺少路由汇总的操作也会成为外部 LSA 的一个主要问题。因此，管理员需要考虑在 ASBR 上汇总外部网络地址来减小泛洪问题。

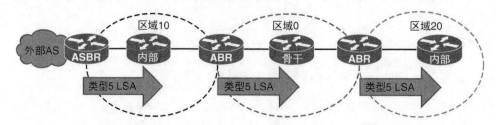

图 3-16　OSPF 类型 5 LSA

例 3-37 所示为 R4 的 OSPF LSDB，这个例子的重点是 R4 上的类型 5 LSA。

例 3-37　R4 的 OSPF LSDB

```
R4# show ip ospf database

            OSPF Router with ID (4.4.4.4) (Process ID 1)

                Router Link States (Area 0)

Link ID         ADV Router      Age         Seq#        Checksum Link count
1.1.1.1         1.1.1.1         724         0x8000000B 0x00966C 2
4.4.4.4         4.4.4.4         380         0x80000008 0x001A4F 1

                Net Link States (Area 0)

Link ID         ADV Router      Age         Seq#        Checksum
172.16.14.2     4.4.4.4         380         0x80000007 0x008FB6

                Summary Net Link States (Area 0)

Link ID         ADV Router      Age         Seq#        Checksum
172.16.12.0     1.1.1.1         724         0x80000007 0x00C567
172.16.13.0     1.1.1.1         724         0x80000007 0x009CC5
192.168.2.0     1.1.1.1         1463        0x80000002 0x002E5D

                Summary ASB Link States (Area 0)

Link ID         ADV Router      Age         Seq#        Checksum
3.3.3.3         1.1.1.1         1463        0x80000002 0x0035EB

            Type-5 AS External Link States

Link ID         ADV Router      Age         Seq#        Checksum Tag
10.0.0.0        3.3.3.3         1410        0x80000002 0x000980 0
```

R4 的 LSDB 包含了一个描述外部网络 10.0.0.0 的外部 LSA，这个 LSA 是由 router ID
为 3.3.3.3 的路由器 R3 通告到 OSPF 中的。

例 3-38 显示了路由器 R4 上类型 5 LSA 的详细信息。

例 3-38 R4 的类型 5 LSA 详情

```
R4# show ip ospf database external

              OSPF Router with ID (4.4.4.4) (Process ID 1)

              Type-5 AS External Link States

Routing Bit Set on this LSA in topology Base with MTID 0
LS age: 1434
Options: (No TOS-capability, DC, Upward)
LS Type: AS External Link
Link State ID: 10.0.0.0 (External Network Number )
Advertising Router: 3.3.3.3
LS Seq Number: 80000002
Checksum: 0x980
Length: 36
Network Mask: /16
      Metric Type: 2 (Larger than any link state path)
      MTID: 0
      Metric: 20
      Forward Address: 0.0.0.0
      External Route Tag: 0
```

R4 上的一个外部 LSA 描述了外部网络 10.0.0.0 及其子网掩码/16。这个 LSA 是由 router
ID 为 3.3.3.3 的 R3 所通告的。全零的转发地址旨在告知 OSPF 域中的其余路由器，ASBR
本身是到达外部路由的网关。路由器 R4 会收集类型 5 LSA 中描述的信息和类型 4 LSA 中
接收到的信息，后者显示了路由器 R3 的 ASBR 身份。通过这样的方式，R4 也就学习到了
如何连通外部网络。

3.2.3 周期性 OSPF 数据库变化

即使 OSPF 不周期性地刷新路由更新，它也会每 30 分钟重新泛洪一次 LSA。每个 LSA
中都包含了链路状态老化变量，这个参数记录了 LSA 包的老化时间。当发生网络变化时，
LSA 通告路由器就会生成一个更新来反映网络拓扑的变化。每个更新的 LSA 中都包含了
增加后的序列号，其他路由器可以通过这个序列号来判断 LSA 的新旧。

如果 LS 老化变量到达 30 分钟，这意味着在过去的半个小时之内没有更新的 LSA 创
建出来，那么这个 LSA 就会使用递增的序列号自动创建并在 OSPF 自治系统中进行泛洪。只
有最初生成 LSA 的路由器，也就是拥有直连链路的路由器，才会每 30 秒重新发送一次 LSA。

　　OSPF LSDB 的输出信息会显示所有 LSA 当前的链路状态老化计时器。在工作正常的网络中，管理员不会看到数值高于 1800 秒的老化变量值。

　　在 LSDB 中的 LSA 到达最大老化时间 60 分钟时，它就会从 LSDB 中移除，而路由器则会执行新的 SPF 计算。路由器也会向其他路由器泛洪 LSA，告知它们同样移除这个 LSA。

　　因为上述更新的目的只是刷新 LSDB，因此这种更新有时也称为偏执更新（paranoid update）。

3.2.4　交换并同步 LSDB

　　双向邻接关系建立之后，OSPF 邻居就会按照一个确切的过程来同步它们之间的 LSDB。

　　运行 OSPF 的路由器完成初始化之后，会首先使用 Hello 协议进行信息交互。路由器出现在网络上时，交换过程如图 3-17 所示，这个过程我们会进行详细介绍。

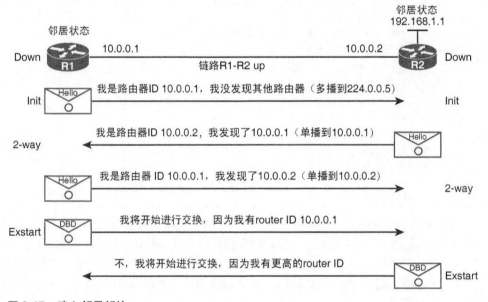

图 3-17　建立邻居邻接

- 路由器 R1 在 LAN 上启动，因为它还没有和其他路由器交换信息，所以状态为 Down。于是，它开始通过每个参与 OSPF 的接口发送 Hello 包，即使它不知道 DR 的身份或其他路由器。Hello 包是通过使用组播地址 224.0.0.5 进行发送的。
- 所有运行 OSPF 的直连路由器都会从路由器 R1 那里接收到 Hello 包，然后将 R1 添加到自己的邻居列表中。此后，其他路由器就会进入 Init 状态。
- 每一台接收到 Hello 包的路由器都会向 R1 发送一个单播应答 Hello 包，其中包含自己的对应信息。Hello 包中的邻居字段包含所有的邻居路由器及 R1。
- 当 R1 接收到这些 Hello 包后，它会把所有 Hello 包中有自己 router ID 的路由器添加到自己的邻居关系数据库中。接下来，R1 就会与 R2 进入 2-way 状态。此时，路由器的邻居列表中相互拥有对方信息的所有路由器之间就建立了双向通信。

如果链路类型是广播网络，如以太网，那么 DR 和 BDR 选举的过程会在邻居状态进行到下一阶段之前发生。

在 ExStart 状态中，邻接路由器之间的主-从关系会确定下来。router ID 值更高的路由器会在交换的过程中充当主路由器。在图 3-17 中，R2 成为了主路由器。

路由器 R1 和 R2 会在 Exchange 状态中交换一个或多个 DBD 包。DBD 包中包含了路由器 LSDB 中出现的 LSA 条目的头部信息。其中的 LSA 条目既可以是有关链路的也可以是有关网络的。每个 LSA 条目头部中包含的信息有链路类型、通告路由器地址、链路开销以及序列号。路由器通过序列号来确定接收到的链路状态信息的"新鲜度"。如果接口到的 LSA 的序列号与路由器已经拥有的 LSA 的序列号相同，则路由器会忽略这个 LSA。

路由器接收到 DBD 时，会执行以下操作，如图 3-18 所示。

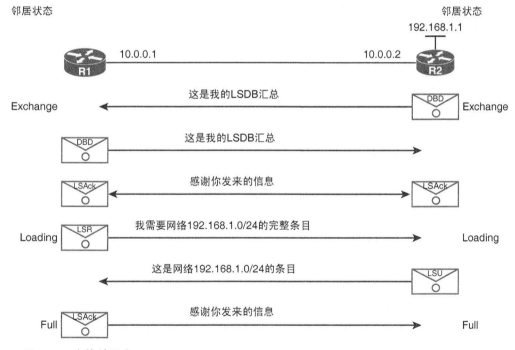

图 3-18 交换并同步 LSDB

- 它使用 LSAck 数据包对接收到 DBD 进行确认。
- 它会将接收到的信息与自己所拥有的信息进行比较。如果 DBD 包的链路状态条目更新，路由器就会向其他路由器发送 LSR。当路由器开始发送 LSR，它就进入了 Loading 状态。
- 其他路由器使用 LSU 包响应所请求条目的完整信息。路由器接收到 LSU 时，会返回一个 LSAck。

路由器将信息链路状态条目增加到自己的 LSDB 中。

当一台路由器的所有 LSR 都得到了满足后，它就会认为邻接路由器是同步的。于是它们就会进入 Full 状态，而它们的 LSDB 也应该是相同的。路由器在能够路由流量之前必须处于 Full 状态。

3.2.5　在多路访问网络上同步 LSDB

在像以太网这样的多路访问网络中，OSPF 会优化 LSDB 的同步和 LSA 的交换过程。当路由器在多路访问网络中建立邻居关系时，DR 和 BDR 选举过程会在路由器处于 2-Way 的状态时发生。OSPF 优先级最高或优先级相等时路由器 ID 最高的那台路由器就会当选为 DR。同样，优先级或路由器 ID 次高的路由器就会成为 BDR。

DR 和 BDR 继续与网络中的所有路由器建立邻居关系，而其他路由器则只与 DR 和 BDR 建立完全邻接。而其他邻居之间的邻居状态则会保持在 2-Way 状态。

非 DR 路由器只会与 DR 交换数据库。DR 会负责与网络中的其余路由器同步新的或者变更的 LSA。

在图 3-19 所示的泛洪过程中，路由器会执行如下步骤。

第 1 步　路由器发现链路状态变化，使用组播地址 224.0.0.6 组播发送了一个 LSU 数据包（其中包含了更新的 LSA 条目）给所有的 DR 和 BDR。LSU 数据包可能包含几个不同的 LSA。

第 2 步　DR 确认接收到了变更消息，并使用 OSPF 组播地址 224.0.0.5 将 LSU 泛洪给网络上的其他路由器。

第 3 步　接收到 LSU 后，每台路由器都会使用一个 LSAck 对 DR 进行响应。为了让泛洪过程可靠，每个 LSA 必须被单独进行确认。

第 4 步　路由器使用包含有更新后 LSA 的 LSU 来更新自己的 LSDB。

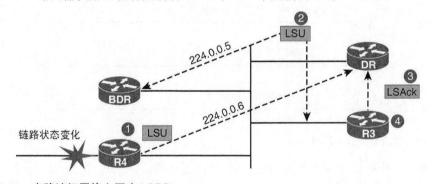

图 3-19　多路访问网络上同步 LSDB

3.2.6　运行 SPF 算法

每个网络拓扑发生变化时，OSPF 都需要重新评估自己的最短路径计算。OSPF 会使用 SPF

来判断到达目的的最优路径。LSDB 中描述的新的网路拓扑会用于执行计算。网络拓扑变化可能会影响最优路径的选择；因此，路由器必须在每次区域内拓扑出现变化时重新运行 SPF。

区域间的变化则会通过类型 3 LSA 进行描述，因此不会触发 SPF 重新计算的过程，因为最优路径计算的输入信息并没有发生变化。路由器根据通往 ABR 的最优路径计算，来确定区域间路由的最优路径。类型 3 LSA 中描述的更改不影响路由器到达 ABR；因此，不需要重新进行 SPF 计算。

管理员可以使用命令 **show ip ospf** 来验证 SPF 算法多久执行一次，如例 3-39 所示。这条命令的输出信息会显示算法最后一次执行的时间。

例 3-39 验证 OSPF SPF 算法的频率

```
R1# show ip ospf | begin Area
   Area BACKBONE(0) (Inactive)
       Number of interfaces in this area is 1
       Area has no authentication
       SPF algorithm last executed 00:35:04:959 ago
       SPF algorithm executed 5 times
       Area ranges are
       Number of opaque link LSA 0. Checksum Sum 0x000000
       Number of DCbitless LSA 0
       Number of indication LSA 0
       Number of DoNotAge LSA 0
       Flood list length 0
   Area 1
```

3.2.7 配置 OSPF 路径选择

在这一节中，我们会分析 OSPF 在计算最优路径时如何判断链路开销，以及如何调整链路开销值，在这个实例中我们会继续使用图 3-20 所示的拓扑。

1. OSPF 路径选择

在例 3-40 中，管理员通过 **show ip ospf** 命令的输出信息验证了 SPF 算法被执行的次数。

例 3-40 验证 R1 上的 SPF 计算

```
R1# show ip ospf | begin Area
   Area BACKBONE(0)
       Number of interfaces in this area is 2
       Area has no authentication
       SPF algorithm last executed 00:02:17.777 ago
       SPF algorithm executed 3 times
```

（待续）

```
        Area ranges are
        Number of LSA 7. Checksum Sum 0x0348C4
        Number of opaque link LSA 0. Checksum Sum 0x000000
        Number of DCbitless LSA 0
        Number of indication LSA 0
        Number of DoNotAge LSA 0
        Flood list length 0
<Output omitted>
```

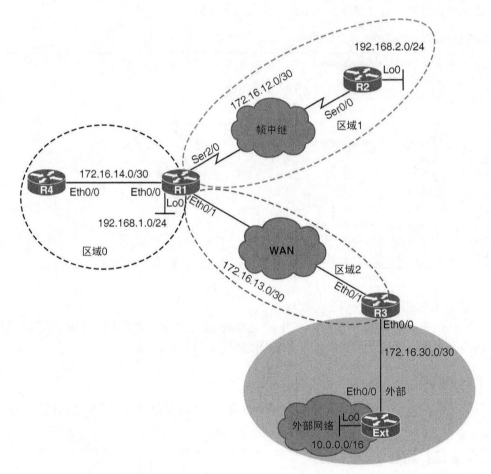

图 3-20　OSPF 路径选择拓扑

　　命令的输出信息显示了 SPF 已经运行的次数，以及上一次执行的信息。

　　在例 3-41 中，管理员在 R1 上禁用后又重新启用了连接 R4 的链路。接下来，管理员再次查看了 SPF 执行的次数。

例 3-41 R1 上计算 SPF

```
R1(config)# interface ethernet 0/0
R1(config-if)# shutdown
*Jan 31 12:33:20.617: %OSPF-5-ADJCHG: Process 1, Nbr 4.4.4.4 on Ethernet0/0 from
FULL to DOWN, Neighbor Down: Interface down or detached
*Jan 31 12:33:22.613: %LINK-5-CHANGED: Interface Ethernet0/0, changed state to
administratively down
*Jan 31 12:33:23.617: %LINEPROTO-5-UPDOWN: Line protocol on Interface Ethernet0/0,
changed state to down
R1(config-if)# no shutdown
*Jan 31 12:33:29.125: %LINK-3-UPDOWN: Interface Ethernet0/0, changed state to up
*Jan 31 12:33:30.129: %LINEPROTO-5-UPDOWN: Line protocol on Interface Ethernet0/0,
changed state to up
*Jan 31 12:33:35.040: %OSPF-5-ADJCHG: Process 1, Nbr 4.4.4.4 on Ethernet0/0 from
LOADING to FULL, Loading Done
R1(config-if)# do show ip ospf | begin Area
    Area BACKBONE(0)
        Number of interfaces in this area is 2
        Area has no authentication
        SPF algorithm last executed 00:00:07.752 ago
        SPF algorithm executed 5 times
        Area ranges are
        Number of LSA 7. Checksum Sum 0x033ACB
        Number of opaque link LSA 0. Checksum Sum 0x000000
        Number of DCbitless LSA 0
        Number of indication LSA 0
        Number of DoNotAge LSA 0
        Flood list length 0
<Output omitted>
```

在 R1 上禁用区域 0 中的接口触发了 SPF 计算。重新将这个接口加入 OSPF 则触发了另一次 SPF 计算。因此，输出信息中显示的计数增加了。

链路震荡导致两次 SPF 算法重新计算。频繁的链路状态变化可能会导致频繁的 SPF 计算，这样会占用路由器资源。

2. OSPF 最优路径计算

一旦 LSDB 在 OSPF 邻居间实现了同步，每台路由器就需要确定其在网络拓扑中的最优路径。

当 SPF 尝试判断去往某个已知目的的最优路径时，它会比较各个路径的总开销值。开销值最低的路径会被选为最优路径。OSPF 开销是通过一个接口发送数据包的开销的指标。OSPF 开销是自动为每个分配到 OSPF 进程中的接口计算的，计算公式为：

$$开销 = 参考带宽/接口带宽$$

开销值是一个在 1~65535 之间的 16 位正数，开销值越低路径则越优。参考带宽默认设置为 100Mbit/s。

在高带宽的链路上（100Mbit/s 及以上），自动的开销分配不再起作用（它会让所有开销都等于 1）。在这些链路上，OSPF 开销必须手动在每个接口上进行设置。

例如，一个 64kbit/s 链路的度量为 1562，而一个 T1 链路的度量为 64。开销被应用在所有路由器链路路径上，路由决策会根据路径的总开销进行判断。度量只与出方向的路径有关；路由器不会对入向流量执行路由决策。在每次带宽出现变化时，OSPF 开销就会重新计算，Dijkstra 算法会将路径上的所有链路开销累加起来，以此来判断最优路径。

例 3-42 所示为 R1 上帧中继接口的接口带宽和 OSPF 开销。

例 3-42 考察 R1 上的接口带宽和 OSPF 开销

```
R1# show interface serial 2/0
Serial2/0 is up, line protocol is up
  Hardware is M4T
  Internet address is 172.16.12.1/30
  MTU 1500 bytes, BW 1544 Kbit/sec , DLY 20000 usec,
     reliability 255/255, txload 1/255, rxload 1/255
  Encapsulation FRAME-RELAY, crc 16, loopback not set
<Output omitted>


R1# show ip ospf interface serial 2/0
Serial2/0 is up, line protocol is up
  Internet Address 172.16.12.1/30, Area 1, Attached via Network Statement
  Process ID 1, Router ID 1.1.1.1, Network Type NON_BROADCAST, Cost: 64
  Topology-MTID   Cost    Disabled    Shutdown    Topology Name
        0          64        no          no          Base
  Transmit Delay is 1 sec, State BDR, Priority 1
  Designated Router (ID) 2.2.2.2, Interface address 172.16.12.2
  Backup Designated router (ID) 1.1.1.1, Interface address 172.16.12.1
  Timer intervals configured, Hello 30, Dead 120, Wait 120, Retransmit 5
<Output omitted>
```

输出信息中的第一条命令显示了串行接口的带宽，R1 和 R2 即通过该接口相连。第二条命令显示，OSPF 为此接口计算的开销值为 64。开销值是通过用参考带宽 100Mbit/s 除以实际的接口带宽计算出来的。

3. 默认 OSPF 开销

OSPF 会根据接口类型和默认的参考带宽，计算默认的接口开销，如表 3-2 所示。

表 3-2   默认 OSPF 开销

链路类型	默认开销
T1 (1.544Mbit/s 串行链路)	64
以太网	10
快速以太网	1
吉比特以太网	1
10 吉比特以太网	1

　　默认的参考带宽 100Mbit/s 不适用于计算比快速以太网更快链路的 OSPF 开销。所有这样的链路被分配的开销都是 1，这会造成 OSPF 无法选择出理想的最短路径，因为它会将所有高速链路视为等价。

　　要想改善 OSPF 的这种方式，管理员可以使用 OSPF 配置命令 **auto-cost reference-bandwidth** 将参考带宽值调整为更高的值。

　　在例 3-43 中，R1 上的参考带宽被修改为了 10Gbit/s。

例 3-43　修改 R1 上的参考带宽

```
R1(config)# router ospf 1
R1(config-router)# auto-cost reference-bandwidth 10000
% OSPF: Reference bandwidth is changed.
      Please ensure reference bandwidth is consistent across all routers.
```

　　管理员可以在 OSPF 配置模式下使用命令 **auto-cost reference-bandwidth** 修改 OSPF 参考带宽。设置参考带宽值的单位是兆比特每秒。

　　要注意随着提示信息弹出的警告。只有在 OSPF 域中使用一致的参考带宽才能确保所有路由器都正确地计算最优路径。

　　例 3-44 用阴影标记出了 R1 串行接口的 OSPF 链路开销。

例 3-44　R1 Serial 2/0 的 OSPF 开销

```
R1# show ip ospf interface serial 2/0
Serial2/0 is up, line protocol is up
  Internet Address 172.16.12.1/30, Area 1, Attached via Network Statement
  Process ID 1, Router ID 1.1.1.1, Network Type NON_BROADCAST, Cost: 6476
  Topology-MTID    Cost      Disabled      Shutdown     Topology Name
       0           6476       no            no           Base
<Output omitted>
```

　　修改的 OSPF 参考带宽导致所有接口的 OSPF 开销都进行了更新。Serial 2/0 接口的开销值从 64 增加为 6476。新的开销值是将参考带宽 10Gbit/s 除以接口速率 1.544Mbit/s 计算出来的。

在例 3-45 中，管理员修改了 R1 Serial 2/0 接口的带宽。

例 3-45 修改 R1 Serial 2/0 接口的接口带宽

```
R1(config)# interface serial 2/0
R1(config-if)# bandwidth 10000
```

修改 OSPF 的参考带宽会对 OSPF 中的所有本地接口开销构成影响。在通常情况下，管理员只需要影响路由器上某个特定接口的开销。**bandwidth** 命令可以更改 IOS 默认处理特定接口的方式。带宽设置更改了 IOS 基于接口类型提取的人为的接口带宽值。在接口上手动设置带宽值会覆盖 OSPF 用来计算接口开销的默认值。

修改带宽不仅会影响 OSPF，也会影响如 EIGRP 等其他路由协议，EIGRP 在计算 EIGRP 度量时也会考虑带宽值。

例 3-46 查看了 R1 上串行接口的接口带宽和 OSPF 开销。

例 3-46 验证 R1 Serial 2/0 接口的接口带宽和 OSPF 开销

```
R1# show interfaces serial 2/0
Serial2/0 is up, line protocol is up
  Hardware is M4T
  Internet address is 172.16.12.1/30
  MTU 1500 bytes, BW 10000 Kbit/sec , DLY 20000 usec,
<Output omitted>
R1# show ip ospf interface serial 2/0
Serial2/0 is up, line protocol is up
  Internet Address 172.16.12.1/30, Area 1, Attached via Network Statement
  Process ID 1, Router ID 1.1.1.1, Network Type NON_BROADCAST, Cost: 1000
  Topology-MTID    Cost    Disabled    Shutdown    Topology Name
        0          1000       no          no         Base
<Output omitted>
```

接口验证命令显示了更新后的接口带宽，这个值被手动设置为了 10Mbit/s。接口带宽的改变也在新计算出的 OSPF 开销中反映了出来，新的数值可以在后面那条命令的输出信息中看到。这个开销值是用参考带宽 10000Mbit/s 除以配置的 10Mbit/s 计算出来的。

在例 3-47 中，管理员使用接口命令 **ip ospf cost** 更改了 R1 串行接口链路的 OSPF 开销值。

例 3-47 更改接口上的 OSPF 开销

```
R1(config)# interface serial 2/0
R1(config-if)# ip ospf cost 500
```

使用 OSPF 接口配置命令可以直接更改某个特定接口的 OSPF 开销。接口的开销可以设置为 1～65535 之间的值。这条命令会覆盖那个通过参考带宽和接口带宽计算出来的开销值。

R1 上的串行接口的 OSPF 开销值如例 3-48 所示。

例 3-48　在 R1 上验证 OSPF 接口开销

```
R1# show ip ospf interface brief
Interface   PID   Area          IP Address/Mask     Cost State Nbrs F/C
Lo0         1     0             192.168.1.1/24      1    P2P   0/0
Et0/0       1     0             172.16.14.1/30      1000 DR    1/1
Se2/0       1     1             172.16.12.1/30      500  BDR   1/1
Et0/1       1     2             172.16.13.1/30      1000 BDR   1/1
```

为了验证 OSPF 开销，管理员也可以在 **show ip ospf interface** 命令中添加 **brief** 关键字。验证命令会显示所有启用 OSPF 接口的汇总信息，其中包括接口开销。管理员可以在此注意到更新后的串行接口开销正是前一步中手工配置的开销值。在输出信息中，可以观察到串行接口手工配置的开销值。

3.2.8　计算区域内路由开销

为了计算区域内路由的开销，路由器会首先对 OSPF 数据库进行分析并标识出区域中的所有子网。对于每条可能的路由，OSPF 都通过相加各个的接口开销之和，来计算到达目的地址的开销值。对于每个子网来说，总开销值最低的路由就会被选为最优路由。

从 R1 的角度分析图 3-21 中的拓扑，发现 R1 可以通过 ABR1 或 ABR2 到达区域内网络 A。由于通过 ABR1 的自治系统的路径开销值更低，所以它被选为最优路径。

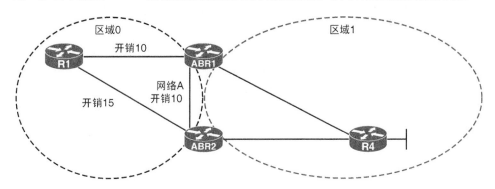

图 3-21　计算区域内路由开销

在两台路径最低总开销值相同的情况下，两条路由都会成为最优路径并被添加到路由表中。因此，路由器此时就会执行等价负载均衡。

3.2.9　计算区域间路由开销

区域中的内部 OSPF 路由器只会接收与区域间路由有关的汇总信息。因此，区域间路由的开销不能按照与区域内路由的方式进行计算。

ABR 在使用类型 3 LSA 传播区域间路由信息时，会将其到达各个子网的最低开销包含在通告中。内部路由器会将自己到达 ABR 的开销和类型 3 LSA 中宣告的开销相加。然后，内部路由器会选择有总开销最低的路由作为最优路由。

图 3-22 中的路由器 R1 从两个 ABR 那里学习到了网络 B。ABR2 在类型 3 LSA 中宣告到达网络 B 的最低开销为 6，而 ABR1 报告的开销则为 21。路由器 R1 确定了到达两个 ABR 的最低开销并将开销与 LSA 中接收到的相加。路由器 R1 选择通过 ABR2 的路由作为总开销最低的路由并尝试将其添加到路由表中。

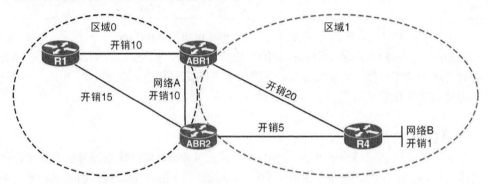

图 3-22　计算区域间路由开销

3.2.10　选取区域内路由或区域间路由

为了避免区域边界单点故障的情况，多数网络中至少会使用两台 ABR。因此，ABR 可以从内部路由器以及其他的 ABR 同时学习到某个特定子网的信息。ABR 可以学到一个相同目的的区域内路由和区域间路由。即使某个子网的区域间路由开销更低，路由器还是会优选区域内路径。

在图 2-23 的示例拓扑中，ABR1 直接从路由器 R4 学到了网络 B，同时也从 ABR2 学到了这个网络。虽然区域间路由的开销为 16，但开销为 21 的区域内路由还是被选为了最优路径。

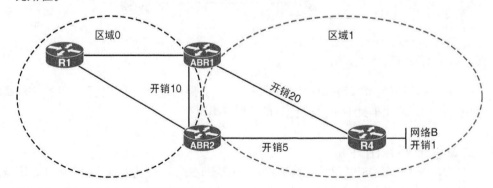

图 3-23　选取区域内路由或区域间路由

3.3 优化 OSPF 行为

合理使用路由汇总技术好处多多，包括提升网络的扩展性、提高 CPU 和内存的利用率以及能够混用小型路由器和大型路由器的性能。OSPF 协议的一个关键特性是在自治系统边界进行路由汇总的能力。

路由汇总是很重要的，因为它可以减少 OSPF LSA 泛洪的总量、LSDB 的大小以及路由表的大小，而这也就减少了路由器上的内存和 CPU 占用率。OSPF 网路可以扩展到非常大的规模，一部分原因就是因为其可以进行路由汇总。

OSPF 协议定义了几个特殊的区域类型，包括末节区域，完全末节区域以及 NSSA。这三种末节区域的目的都是向区域中注入默认路由，使外部和汇总 LSA 不在区域中泛洪。末节区域的设计目的就是为了减少区域中路由器泛洪的数量、LSDB 大小和路由表的大小。网络设计者在构建网络时应该始终考虑能够使用末节区域技术。末节区域技术可以提升 OSPF 网络的性能，让网络有能力扩展到非常大的规模。

默认路由减小了路由表的尺寸，也减小了内存和 CPU 的占用率。OSPF 则可以无条件地注入默认路由或者根据路由表中出现的默认路由向网络中注入默认路由。

在这一节中，我们会定义不同类型的路由汇总技术，并介绍每种类型的配置命令。本节也会描述 OSPF 区域的类型以及使用默认路由的好处。

在完成本节内容的学习后，读者应该能够：

- 描述 OSPF 路由汇总的属性；
- 描述 OSPF 中路由汇总所带来的益处；
- 在 ABR 上配置汇总；
- 在 ASBR 上配置汇总；
- 配置 OSPF 默认路由开销；
- 描述如何使用默认路由及末节路由将流量引导至 Internet；
- 描述 NSSA 区域；
- 使用 **default-information originate** 命令配置默认路由。

3.3.1 OSPF 路由汇总

路由汇总是 OSPF 可扩展性的关键。路由汇总有助于解决两个主要问题：

- 过大的路由表；
- 全自治系统中频繁的 LSA 泛洪。

每当一个区域中有路由消失的时候，其他区域中的路由器也被牵扯到最短路径的计算中。为了减小区域数据库的大小，工程师可以在区域边界或自治系统边界配置汇总。

通常，每个区域内部生成类型 1 和类型 2 LSA，并在其他区域中翻译为类型 3 LSA。通过路由汇总，ABR 或 ASBR 将多条路由合并到一条通告中。ABR 汇总类型 3 LSA，ASBR 汇总类型 5 LSA。它们只通告一个汇总前缀，而不通告许多明细前缀。

如果 OSPF 的设计中包含了多个 ABR 或 ASBR，可能会存在次优路由。这是使用汇总的一个缺陷。

路由汇总需要工程师制订良好的编址规划——基于 OSPF 区域结构分配子网和地址，使工程师能够在 OSPF 区域边界汇总地址。

3.3.2 路由汇总的好处

路由汇总会直接影响 OSPF 路由进程所占用的带宽总量、CPU 性能以及内存资源。不使用路由汇总时，每个特定链路的 LSA 都会被传播到 OSPF 骨干以及其他区域中，这会造成不必要的网络流量以及路由器开销。

使用路由汇总时，只有汇总的路由会被传播到骨干（区域 0）中，如图 3-24 所示。使用汇总能够避免每台路由器重新运行 SPF 算法，增加了网络的稳定性，减少了不必要的 LSA 泛洪。如果网络链路发生了故障，拓扑的变更不会传播到骨干（以及去往骨干路径上的其他区域）中。因此具体链路的 LSA 不会泛洪到区域外。

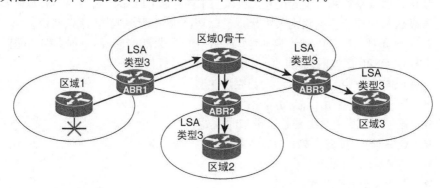

图 3-24　OSPF 路由汇总

在区域中收到类型 3 LSA 时，不会导致路由器运行 SPF 算法。路由器会根据类型 3 LSA 中通告的路由，从路由表中适当地增加或删除路由，但不进行 SPF 计算。

3.3.3 配置 OSPF 路由汇总

本节将在 OSPF 环境的区域边界部署路由汇总，如图 3-25 所示。以下将使用不同的子网大小汇总 OSPF 网络，并查看汇总对 OSPF 数据库和路由的影响。

例 3-49 显示了 R1 路由表中的 OSPF 路由。

例 3-49　R1 路由表中的 OSPF 路由

```
R1# show ip route ospf
<Output omitted>
```

（待续）

```
O      192.168.2.0/24 [110/11] via 172.16.12.2, 00:41:47, Ethernet0/1
O      192.168.3.0/24 [110/11] via 172.16.13.2, 00:40:01, Ethernet0/2
O      192.168.4.0/24 [110/11] via 172.16.14.2, 00:38:09, Ethernet0/0
O      192.168.20.0/24 [110/11] via 172.16.12.2, 00:41:37, Ethernet0/1
O      192.168.21.0/24 [110/11] via 172.16.12.2, 01:03:46, Ethernet0/1
O      192.168.22.0/24 [110/11] via 172.16.12.2, 01:03:36, Ethernet0/1
O      192.168.23.0/24 [110/11] via 172.16.12.2, 01:03:26, Ethernet0/1
O      192.168.32.0/24 [110/11] via 172.16.13.2, 00:40:14, Ethernet0/2
O      192.168.33.0/24 [110/11] via 172.16.13.2, 00:57:01, Ethernet0/2
O      192.168.34.0/24 [110/11] via 172.16.13.2, 00:01:16, Ethernet0/2
O      192.168.35.0/24 [110/11] via 172.16.13.2, 00:01:06, Ethernet0/2
O      192.168.36.0/24 [110/11] via 172.16.13.2, 00:00:56, Ethernet0/2
O      192.168.37.0/24 [110/11] via 172.16.13.2, 00:00:46, Ethernet0/2
O      192.168.38.0/24 [110/11] via 172.16.13.2, 00:00:32, Ethernet0/2
O      192.168.39.0/24 [110/11] via 172.16.13.2, 00:00:18, Ethernet0/2
```

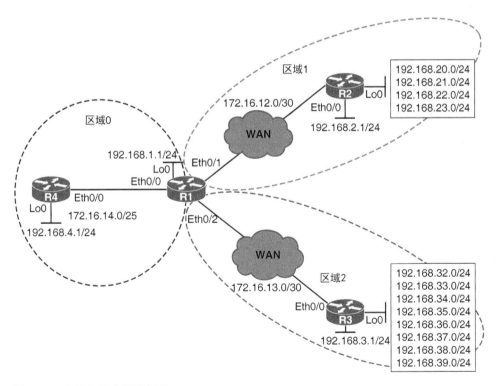

图 3-25　OSPF 路由汇总拓扑

　　除去环回网络（192.168.x.0/24，其中 x 是 router ID），还可以注意到 R2 通告的 4 个 C
类网络（192.168.20.0/24～192.168.23.0/24）和 R3 通告的 8 个 C 类网络（192.168.32.0/24～
192.168.39.0/24）。

例 3-50 展示了 R4 路由表中的 OSPF 路由。

例 3-50　R4 路由表中的 OSPF 路由

```
R4# show ip route ospf
<Output omitted>

      172.16.0.0/16 is variably subnetted, 4 subnets, 3 masks
O IA    172.16.12.0/30 [110/20] via 172.16.14.1, 01:17:30, Ethernet0/0
O IA    172.16.13.0/30 [110/20] via 172.16.14.1, 01:17:30, Ethernet0/0
O      192.168.1.0/24 [110/11] via 172.16.14.1, 01:17:30, Ethernet0/0
O IA   192.168.2.0/24 [110/21] via 172.16.14.1, 00:49:23, Ethernet0/0
O IA   192.168.3.0/24 [110/21] via 172.16.14.1, 00:47:37, Ethernet0/0
O IA   192.168.20.0/24 [110/21] via 172.16.14.1, 00:49:08, Ethernet0/0
O IA   192.168.21.0/24 [110/21] via 172.16.14.1, 01:11:23, Ethernet0/0
O IA   192.168.22.0/24 [110/21] via 172.16.14.1, 01:11:13, Ethernet0/0
O IA   192.168.23.0/24 [110/21] via 172.16.14.1, 01:11:03, Ethernet0/0
O IA   192.168.32.0/24 [110/21] via 172.16.14.1, 00:47:50, Ethernet0/0
O IA   192.168.33.0/24 [110/21] via 172.16.14.1, 01:04:37, Ethernet0/0
O IA   192.168.34.0/24 [110/21] via 172.16.14.1, 00:02:26, Ethernet0/0
O IA   192.168.35.0/24 [110/21] via 172.16.14.1, 00:02:16, Ethernet0/0
O IA   192.168.36.0/24 [110/21] via 172.16.14.1, 00:02:06, Ethernet0/0
O IA   192.168.37.0/24 [110/21] via 172.16.14.1, 00:01:56, Ethernet0/0
O IA   192.168.38.0/24 [110/21] via 172.16.14.1, 00:01:43, Ethernet0/0
O IA   192.168.39.0/24 [110/21] via 172.16.14.1, 00:01:28, Ethernet0/0
```

我们可以注意到上述这些网络都显示为区域间汇总路由。它们被泛洪到每个区域中，但不在区域边界进行任何汇总操作。我们也可以看到 R2 和 R3 分别从其他区域收到的路由。

例 3-51 显示了 R4 上的 OSPF 数据库。

例 3-51　R4 的 OSPF LSDB

```
R4# show ip ospf database

            OSPF Router with ID (4.4.4.4) (Process ID 1)

            Router Link States (Area 0)

Link ID         ADV Router      Age       Seq#       Checksum Link count
1.1.1.1         1.1.1.1         1110      0x80000006 0x008A7E 2
4.4.4.4         4.4.4.4         1406      0x80000005 0x00D915 2

            Net Link States (Area 0)
```

（待续）

```
Link ID          ADV Router        Age        Seq#        Checksum
172.16.14.1      1.1.1.1           1373       0x80000003 0x004192


                 Summary Net Link States (Area 0)


Link ID          ADV Router        Age        Seq#        Checksum
172.16.12.0      1.1.1.1           553        0x80000008 0x00A5BC
172.16.13.0      1.1.1.1           553        0x80000008 0x009AC6
192.168.2.0      1.1.1.1           1541       0x80000006 0x0008B5
192.168.3.0      1.1.1.1           3607       0x80000007 0x008C3A
192.168.20.0     1.1.1.1           1541       0x8000000B 0x00376F
192.168.21.0     1.1.1.1           1800       0x80000004 0x003A72
192.168.22.0     1.1.1.1           1800       0x80000004 0x002F7C
192.168.23.0     1.1.1.1           1800       0x80000004 0x002486
192.168.32.0     1.1.1.1           3607       0x80000007 0x004C5D
192.168.33.0     1.1.1.1           3607       0x80000008 0x003F68
192.168.34.0     1.1.1.1           3607       0x80000002 0x00406C
192.168.35.0     1.1.1.1           3607       0x80000002 0x003576
192.168.36.0     1.1.1.1           3607       0x80000002 0x002A80
192.168.37.0     1.1.1.1           3607       0x80000002 0x001F8A
192.168.38.0     1.1.1.1           3607       0x80000002 0x001494
192.168.39.0     1.1.1.1           3607       0x80000002 0x00099E
```

注意 R1 收到的 LSA 3 更新，对应着每个区域间汇总路由。

在例 3-52 中，R1 使用适当的地址块汇总了区域 1 中的 4 个网络（192.168.20.0/24～192.168.23.0/24）和区域 2 中的 8 个网络（192.168.32.0/24～192.168.39.0/24）。

例 3-52　在 ABR 上配置汇总

```
R1(config)# router ospf 1
R1(config-router)# area 1 range 192.168.20.0 255.255.252.0
R1(config-router)# area 2 range 192.168.32.0 255.255.248.0
```

OSPF 是无类路由协议，在路由信息中携带子网掩码信息。因此，OSPF 能够在相同主类网络中设置多个子网掩码，这称为 VLSM（可变长子网掩码）。OSPF 支持不连续的子网，因为子网掩码是 LSDB 的一部分。工程师应该连续分配区域中的网络地址，以确保这些地址能被汇总为最少数量的汇总地址。

在上述情境中，ABR 路由表中由 R2 通告的 4 个网络（192.168.20.0/24～192.168.23.0/24）可以被汇总为一个地址块，由 R3 通告的网络（192.168.32.0/24～192.168.39.0/24）也可以被汇总为一个汇总地址。这些网络都在 ABR R1 上进行汇总。192.168.20.0/24～192.168.23.0/24 的地址块可以使用 192.168.20.0/22 进行汇总，192.168.32.0/24～192.168.39.0/24 的地址块可使用 192.168.32.0/21 进行汇总。

工程师可以在路由器配置模式中使用 **area range** 命令，以便在区域边界合并及汇总路由。ABR 使用类型 3 汇总 LSA 汇总了特定区域的路由，再通过骨干把汇总路由注入到不同的区域中。

例 3-53 查看了 R2、R3 和 R4 上的 OSPF 路由表，工程师在 R1 上进行了路由汇总。除去环回网络，可以分别看到其他区域的汇总地址块。

例 3-53　路由表中的 OSPF 汇总路由

```
R2# show ip route ospf
<Output omitted>


      172.16.0.0/16 is variably subnetted, 4 subnets, 3 masks
O IA     172.16.13.0/30 [110/20] via 172.16.12.1, 05:27:05, Ethernet0/0
O IA     172.16.14.0/25 [110/20] via 172.16.12.1, 05:07:35, Ethernet0/0
O IA 192.168.1.0/24 [110/11] via 172.16.12.1, 05:27:09, Ethernet0/0
O IA 192.168.3.0/24 [110/21] via 172.16.12.1, 01:24:16, Ethernet0/0
O IA 192.168.4.0/24 [110/21] via 172.16.12.1, 04:32:02, Ethernet0/0
O IA 192.168.32.0/21 [110/21] via 172.16.12.1, 00:57:42, Ethernet0/0

R3# show ip route ospf
<Output omitted>


      172.16.0.0/16 is variably subnetted, 4 subnets, 3 masks
O IA     172.16.12.0/30 [110/20] via 172.16.13.1, 05:25:50, Ethernet0/0
O IA     172.16.14.0/25 [110/20] via 172.16.13.1, 05:10:02, Ethernet0/0
O IA 192.168.1.0/24 [110/11] via 172.16.13.1, 05:25:50, Ethernet0/0
O IA 192.168.2.0/24 [110/21] via 172.16.13.1, 04:38:07, Ethernet0/0
O IA 192.168.4.0/24 [110/21] via 172.16.13.1, 04:34:29, Ethernet0/0
O IA 192.168.20.0/22 [110/21] via 172.16.13.1, 01:00:19, Ethernet0/0

R4# show ip route ospf
<Output omitted>


      172.16.0.0/16 is variably subnetted, 4 subnets, 3 masks
O IA     172.16.12.0/30 [110/20] via 172.16.14.1, 05:16:24, Ethernet0/0
O IA     172.16.13.0/30 [110/20] via 172.16.14.1, 05:16:24, Ethernet0/0
O    192.168.1.0/24 [110/11] via 172.16.14.1, 05:16:24, Ethernet0/0
O IA 192.168.2.0/24 [110/21] via 172.16.14.1, 04:48:17, Ethernet0/0
O IA 192.168.3.0/24 [110/21] via 172.16.14.1, 01:36:53, Ethernet0/0
O IA 192.168.20.0/22 [110/21] via 172.16.14.1, 01:10:29, Ethernet0/0
O IA 192.168.32.0/21 [110/21] via 172.16.14.1, 01:10:19, Ethernet0/0
```

在 R4 的路由表中，我们可以看到来自区域 1 和 2 的两个汇总地址块。

例 3-54 显示了骨干路由器 R4 上的 OSPF 数据库。

例 3-54 R4 的 OSPF LSDB

```
R4# show ip ospf database
<Output omitted>


              Summary Net Link States (Area 0)


Link ID          ADV Router       Age        Seq#       Checksum
172.16.12.0      1.1.1.1          599        0x8000000B 0x009FBF
172.16.13.0      1.1.1.1          599        0x8000000B 0x0094C9
192.168.2.0      1.1.1.1          1610       0x80000009 0x0002B8
192.168.3.0      1.1.1.1          98         0x80000004 0x0001BD
192.168.20.0     1.1.1.1          599        0x8000000F 0x002085
192.168.32.0     1.1.1.1          98         0x80000005 0x009B0C
```

注意 R4 的类型 3 LSA 中有来自区域 1 和 2 的两个汇总地址块。明细网络的类型 3 LSA 不再出现在数据库中。

例 3-55 显示了 R1 上的 OSPF 路由表。注意到有两条去往 Null0 的路由。这些路由的用途是什么?

例 3-55 R1 路由表中的 OSFP 路由

```
R1# show ip route ospf
<Output omitted>


O    192.168.2.0/24 [110/11] via 172.16.12.2, 01:18:25, Ethernet0/1
O    192.168.3.0/24 [110/11] via 172.16.13.2, 01:18:25, Ethernet0/2
O    192.168.4.0/24 [110/11] via 172.16.14.2, 01:18:25, Ethernet0/0
O    192.168.20.0/22 is a summary, 01:18:25, Null0
O    192.168.20.0/24 [110/11] via 172.16.12.2, 01:18:25, Ethernet0/1
O    192.168.21.0/24 [110/11] via 172.16.12.2, 01:18:25, Ethernet0/1
O    192.168.22.0/24 [110/11] via 172.16.12.2, 01:18:25, Ethernet0/1
O    192.168.23.0/24 [110/11] via 172.16.12.2, 01:18:25, Ethernet0/1
O    192.168.32.0/21 is a summary, 01:18:25, Null0
O    192.168.32.0/24 [110/11] via 172.16.13.2, 01:18:25, Ethernet0/2
O    192.168.33.0/24 [110/11] via 172.16.13.2, 01:18:25, Ethernet0/2
O    192.168.34.0/24 [110/11] via 172.16.13.2, 01:18:25, Ethernet0/2
O    192.168.35.0/24 [110/11] via 172.16.13.2, 01:18:25, Ethernet0/2
O    192.168.36.0/24 [110/11] via 172.16.13.2, 01:18:25, Ethernet0/2
O    192.168.37.0/24 [110/11] via 172.16.13.2, 01:18:25, Ethernet0/2
O    192.168.38.0/24 [110/11] via 172.16.13.2, 01:18:25, Ethernet0/2
O    192.168.39.0/24 [110/11] via 172.16.13.2, 01:18:25, Ethernet0/2
```

Cisco IOS 在工程师配置手工汇总时,会创建去往 Null0 接口的汇总路由,以避免路由环路。例如，如果汇总路由器收到了一个发往汇总范围内的未知子网的数据包，路由器将基于最长匹配原则匹配这条汇总路由；并将数据包转发到 Null0 接口（换句话说，被丢弃），从而避免路由器通过默认路由转发数据包，也避免了可能造成的路由环路。

3.3.4 在 ABR 上汇总

OSPF 提供了两种路由汇总的方式：

- 在 ABR 上执行内部路由汇总；
- 在 ASBR 上执行外部路由汇总。

不对内部路由进行汇总时，一个区域中的所有前缀都作为类型 3 区域间路由，被传送到骨干中。启用汇总时，ABR 拦截这些类型 3 LSA 明细路由，并注入单个类型 3 LSA，向骨干描述汇总路由，如图 3-26 所示。区域中的多条路由被汇总。

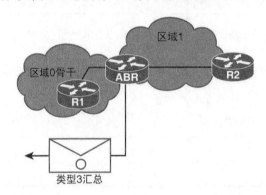

图 3-26　类型 3 汇总 LSA

工程师可以在路由器配置模式中使用以下命令，在区域边界汇总路由：

```
are aarea-id range ip-address mask [advertise | not-advertise] [cost cost]
```

表 3-3 显示了此命令使用的参数。移除汇总需要工程师在此命令前添加关键字 **no**。

表 3-3　area range 命令参数

参数	描述
area-id	实施路由汇总的区域标识符。可被指定为十进制值或 IP 地址
ip-address	IP 地址
mask	IP 地址掩码
advertise	（可选）把地址范围状态设置为通告并生成类型 3 汇总 LSA
not-advertise	（可选）把地址范围状态设置为不通告。类型 3 汇总 LSA 被抑制，对应的内部网络对其他网络隐藏
cost *cost*	（可选）设置汇总路由的度量或开销值，在 OSPF SPF 计算确定到达目的的最短路径时使用。该值可为 0～16777215

如果区域中至少有一个子网在汇总地址的范围中，且汇总的路由度量等于汇总地址范围内所有子网的最低开销，就会生成一个内部汇总路由。区域间汇总只能针对直连区域的区域内路由执行，ABR 会创建一条去往 Null0 的路由，来防止缺失明细路由时产生环路。

3.3.5 在 ASBR 汇总

工程师也可以对外部路由执行汇总，如图 3-27 所示。路由器可以使用外部 LSA，独立通告每条从其他协议重分布到 OSPF 中的路由。为减少 OSPF LSDB 的大小，工程师可以为外部路由配置汇总。要想针对外部路由进行汇总，工程师在将其注入到 OSPF 域中的 ASBR 上，对类型 5 LSA（重分布路由）执行汇总。不执行汇总时，所有来自外部自治系统的重分布外部前缀都会被传输到 OSPF 区域中。路由器会自动为每个汇总范围创建去往 Null0 的汇总路由。

图 3-27　类型 5 汇总 LSA

工程师可以在路由器配置模式中使用以下命令，在自治系统边界为 OSPF 创建汇总地址：

summary-address{{*ip-address mask*} | {*prefix mask*}} [**not-advertise**] [**tag** *tag*]

ASBR 在使用类型 5 外部 LSA 把外部路由注入到 OSPF 域之前将执行汇总。表 3-4 展示了 **summary-address** 命令的参数。移除汇总需要工程师在此命令前添加关键字 **no**。

表 3-4　summary-address 命令参数

参数	描述
ip-address	为一个地址范围指定的汇总地址
mask	用于汇总路由的 IP 子网掩码
prefix	目的网络的 IP 路由前缀
mask	用于汇总路由的 IP 子网掩码
not-advertise	（可选）抑制匹配特定前缀/掩码对的路由。此关键字只适用于 OSPF
tag *tag*	（可选）此标记值在通过 route-map 控制重分布时可被用作 "match" 值。此关键字只适用于 OSPF

推荐工程师使用的方式是部署连续的 IP 编址方案以达到最优的汇总结果。

3.3.6 OSPF 虚链路

OSPF 的两层式区域分级要求：如果工程师配置了多于一个区域，必须有一个区域是骨干区域 0，所有其他区域必须直接连接到区域 0，且区域 0 必须连续。OSPF 要求所有非骨干区域都向骨干区域注入路由，使路由可以重分布到其他区域。

虚链路能够连接不连续的区域 0，或是让未连接区域 0 的区域通过传输区域连接到区域 0。工程师应该只在非常特殊的情况中使用 OSPF 虚链路特性，作为临时的连接或故障备份使用，不应该把它用作主要的骨干设计特性。

虚链路依赖于底层区域内路由的稳定性。虚链路不能穿过多个区域，也不能穿过末节区域。虚链路只能在标准的非骨干区域上运行。如果必须穿越两个非骨干区域，才能把某个区域连接到骨干上，工程师就要使用两条虚链路，每个区域使用一个。

在图 3-28 中，两个运行 OSPF 的公司合并了，其骨干区域之间还不存在直连链路。这导致区域 0 不连续。工程师在两个 ABR 路由器 A 和路由器 B 之间搭建了一条逻辑链路（虚链路），它穿过了非骨干区域 1。虚链路两端的路由器都是骨干的一部分，并作为 ABR 运行。此虚链路与标准的 OSPF 邻接关系相似，除了在虚链路中邻居路由器不一定需要直接连接。

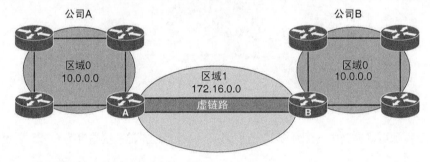

图 3-28　使用虚链路连接不连续区域 0

图 3-29 说明了另一种情况，OSPF 网络中增加了一个非骨干区域，并且它与现有的 OSPF 区域 0 之间还没有建立直连物理连接。本例中工程师增加了区域 20，并通过区域 10 创建了的虚链路，为区域 20 和骨干区域 0 之间提供逻辑通路。OSPF 数据库将 ABR1 和 ABR2 之间的虚链路当做直连链路对待。为了实现更好的稳定性，工程师把环回接口用作 router ID，且使用这些环回地址来创建虚链路。

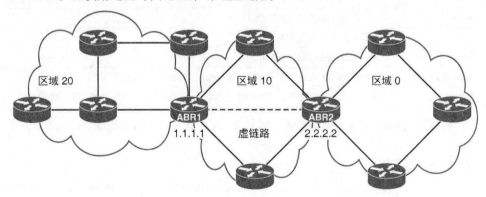

图 3-29　使用虚链路连接区域到骨干区域

虚链路上的 Hello 机制与标准链路上一样，以 10 秒为间隔进行发送。然而，虚链路上的 LSA 更新工作方式却不同。LSA 通常每 30 分钟进行刷新，而通过虚链路获知的 LSA 设置了 DoNotAge（DNA）选项，使得 LSA 不会老化掉。为了防止虚链路上出现过量的泛洪，有必要使用 DNA 技术。

配置 OSPF 虚链路

工程师可以使用以下路由器配置命令定义一个 OSPF 虚链路：

```
are aarea-id virtual-link router-id [authentication [message-digest| null]]
[hello-interval seconds] [retransmit-interval seconds] [transmit-
delay seconds] [dead-interval seconds] [[authentication-key
key] | [message-digest-key key-id md5 key]]
```

移除虚链路需要工程师在此命令前添加关键字 **no**。

表 3-5 描述了 **area** *area-id* **virtual-link** 命令可用的选项。工程师要确保在更改这些选项之前理解它们的作用效果。例如，Hello 间隔越小，检测拓扑变化就越快，但路由流量也就越多。工程师应该谨慎设置重传间隔，否则会造成不必要的重传。对于串行线缆和虚链路来说，工程师应该把此值设置得更大一些。工程师在设置传输延迟值时，应该考虑到接口的传输和传播延迟。

表 3-5   area *area-id* virtual-link 命令参数

参数	描述
area-id	指定虚链路所使用的传输区域的区域 ID。此 ID 可以是十进制值也可以是 IP 地址那种点分十进制的格式。没有默认值。 传输区域不能是末节区域
router-id	虚链路邻居的 router ID。router ID 出现在 **show ip ospf** 的输出内容中。该值是 IP 地址格式的。没有默认值
authentication	（可选）指定认证类型
message-digest	（可选）指定使用 MD5 认证
null	（可选）删除为该区域配置的简单口令或 MD5 认证（如有配置的话）。不使用认证
hello-interval *seconds*	（可选）指定 Cisco IOS 软件在接口上发送 Hello 包的时间间隔（以秒为单位）。Hello 包中会通告这个值（没有单位信息）。在连接到同一网络的所有路由器和接入服务器上，Hello 间隔必须相同。默认值为 10 秒
retransmit-interval *seconds*	（可选）为属于该接口的邻接关系，指定 LSA 重传间隔（以秒为单位）。该值必须大于所连网络中任意两路由器之间预计的往返延迟值。默认值为 5 秒
transmit-delay *seconds*	（可选）指定在接口上发送一个 LSU 包的预计时间（以秒为单位）。该整数值必须大于 0。更新包中 LSA 的老化计时器会在传输之前加上此值。默认值为 1
dead-interval *seconds*	（可选）指定邻居路由器在未收到 Hello 包而宣告路由器断开之前必须经过的时间（以秒为单位）。该值是一个无单位整数。默认为 4 倍的 Hello 间隔，即 40 秒。同 Hello 间隔一样，对于所有连接到同一网络的路由器和接入服务器来说，该值必须相同

续表

参数	描述
authentication-key *key*	（可选）指定邻居路由器进行简单口令认证所使用的口令。该值为至多 8 个字符的任意字符串。没有默认值
message-digest-key *key-id* **md5** *key*	（可选）标识此路由器和邻居路由器之间进行 MD5 认证使用的密钥 ID 和密钥（口令）。没有默认值

在图 3-30 所示的网络中，区域 0 是不连续的。工程师把虚链路用作临时连接区域 0 的备用策略。区域 1 用作传输区域。路由器 A 构建了一条去往路由器 B 的虚链路，且路由器 B 构建了一条去往路由器 A 的虚链路。每台路由器都指向另一台路由器的 router ID。

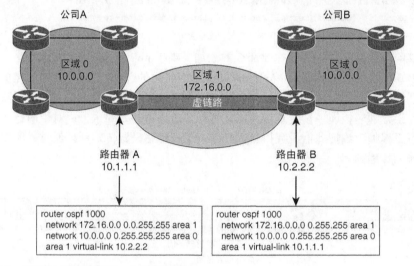

图 3-30　OSPF 虚链路配置：分割的区域 0

图 3-31 展示了另一个示例网络。例 3-56 中展示了路由器 R1 和 R3 上的配置。

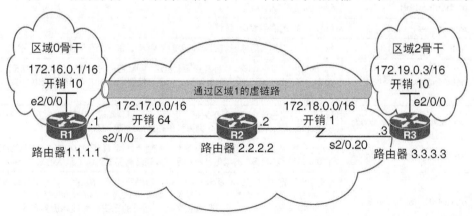

图 3-31　通过区域 1 的 OSPF 虚链路

例 3-56　在 R1 和 R3 之间配置虚链路

```
R1(config)# router ospf 2
R1(config-router)# area 1 virtual-link 3.3.3.3

R3(config)# router ospf 2
R3(config-router)# area 1 virtual-link 1.1.1.1
```

3.3.7　配置 OSPF 末节区域

本节会通过图 3-32 所示的拓扑，介绍如何在 OSPF 环境中部署特殊的区域类型。部署末节和完全末节区域是为了减少 OSPF 数据库和路由表的大小。

- **末节区域**：这种类型的区域不接受自治系统外部的路由信息，如来自非 OSPF 区域的路由。如果路由器需要路由至自治系统外部的网络，则要使用默认路由来实现，即 0.0.0.0。末节区域不能包含 ASBR（除非 ABR 也是 ASBR）。末节区域不接受外部路由。
- **完全末节区域**：这是 Cisco 私有的区域类型，不接受自治系统外部路由或来自自治系统内其他区域的汇总路由。如果路由器需要给区域外部的网络发送数据包，它会使用默认路由进行发送。完全末节区域不能包含 ASBR（除非 ABR 也是 ASBR）。完全末节区域不接受外部或区域间路由。

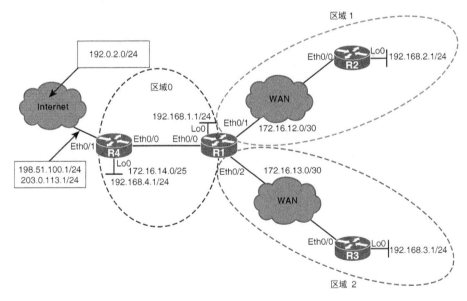

图 3-32　末节和完全末节区域的拓扑

1. OSPF 末节区域

例 3-57 所示为 R2 和 R3 路由表中的 OSPF 路由，其中包含外部 OSPF 路由。

例 3-57　R2 和 R3 路由表中的 OSPF 路由

```
R2# show ip route ospf
<Output omitted>

      172.16.0.0/16 is variably subnetted, 4 subnets, 3 masks
O IA     172.16.13.0/30 [110/20] via 172.16.12.1, 00:56:16, Ethernet0/0
O IA     172.16.14.0/25 [110/20] via 172.16.12.1, 00:56:16, Ethernet0/0
O IA 192.168.1.0/24 [110/11] via 172.16.12.1, 00:56:16, Ethernet0/0
O IA 192.168.3.0/24 [110/21] via 172.16.12.1, 00:54:50, Ethernet0/0
O IA 192.168.4.0/24 [110/21] via 172.16.12.1, 00:46:00, Ethernet0/0
O E2 198.51.100.0/24 [110/20] via 172.16.12.1, 00:01:47, Ethernet0/0
O E2 203.0.113.0/24 [110/20] via 172.16.12.1, 00:01:47, Ethernet0/0


R3# show ip route ospf
<Output omitted>

      172.16.0.0/16 is variably subnetted, 4 subnets, 3 masks
O IA     172.16.12.0/30 [110/20] via 172.16.13.1, 00:53:58, Ethernet0/0
O IA     172.16.14.0/25 [110/20] via 172.16.13.1, 00:53:58, Ethernet0/0
O IA 192.168.1.0/24 [110/11] via 172.16.13.1, 00:53:58, Ethernet0/0
O IA 192.168.2.0/24 [110/21] via 172.16.13.1, 00:53:58, Ethernet0/0
O IA 192.168.4.0/24 [110/21] via 172.16.13.1, 00:45:10, Ethernet0/0
O E2 198.51.100.0/24 [110/20] via 172.16.13.1, 00:00:57, Ethernet0/0
O E2 203.0.113.0/24 [110/20] via 172.16.13.1, 00:00:57, Ethernet0/0
```

　　两条外部路由 198.51.100.0/24 和 203.0.113.0/24 被 R4 重分布到了 OSPF 域中，R4 是 ASBR 并提供去往 Internet 的连通性。

　　区域 0 是骨干区域。骨干区域是所有其他区域连接的中心实体。所有其他区域都需要连接到这个区域来进行路由信息交换。OSPF 骨干区域包含了一个标准 OSPF 区域的所有属性。

　　区域 1 是一个标准的非骨干区域，R1 泛洪类型 5 LSA 到其中。此默认区域接受链路更新、路由汇总和外部路由。

　　区域 2 也是一个标准的非骨干区域。类型 5 LSA 会在骨干区域（R4 和 R4）和标准的非骨干区域中进行交换。

　　但在拥有上千条外部路由的环境中，就会出现一个设计问题。大量类型 5 LSA 以及对应的外部路由会占用极多的资源。这也会让网络更加难于监控和管理。

　　例 3-58 显示 ABR R1 的区域 1 被配置为了末节区域。末节区域为减小 OSPF 数据库和路由表的尺寸提供了一种有力的方式。这种区域不会接受 AS 外部的路由信息，比如来自非 OSPF 源的路由。末节区域中不能包含 ASBR，除非 ABR 也是 ASBR。

例3-58 配置 R1 的区域 1 为末节区域

```
R1(config)# router ospf 1
R1(config-router)# area 1 stub
%OSPF-5-ADJCHG: Process 1, Nbr 2.2.2.2 on Ethernet0/1 from FULL to DOWN, Neighbor
Down: Adjacency forced to reset
```

配置末节区域减小了区域内 LSDB 的大小，因此也减小了对区域内路由器内存的需求。外部网络 LSA（类型 5），比如那些从其他路由协议重分布到 OSPF 中的网络，就不允许泛洪到末节区域中。

路由器配置模式命令 **area stub** 的作用是将一个区域定义为末节区域。末节区域中的每台路由器上都必须配置 **area stub** 命令。OSPF 路由器之间交换的 Hello 数据包中所包含的末节区域标记必须与邻居路由器的相匹配。在本例中，当 **area 1 stub** 命令在 R2 上设置完成之前，R1 和 R2 之间的邻接会断开。

例 3-59 所示为 R2 的区域 1 被配置为了一个末节区域。R2 是区域 1 中的内部路由器或叶路由器。一旦在 R2 上将区域 1 配置为末节，R1 和 R2 OSPF Hello 数据包中的末节区域标记就会开始匹配。路由器之间会建立邻接关系并交换路由信息。

例3-59 配置 R2 的区域 1 为末节区域

```
R2(config)# router ospf 1
R2(config-router)# area 1 stub
%OSPF-5-ADJCHG: Process 1, Nbr 1.1.1.1 on Ethernet0/0 from LOADING to FULL, Loading
Done
```

例 3-60 查看了 R2 上的 OSPF 路由表并验证了 R2 与 Internet 上的目的地址 203.0.113.2 和 192.0.2.1 的连通性。为什么尽管上游的 Internet 路由器上同时存在这两个 IP 地址，但在实验中我们却只能访问 203.0.113.2 而不能连通 192.0.2.1 呢？

例3-60 验证 R2 到 Internet 的连通性

```
R2# show ip route ospf
<Output omitted>

O*IA  0.0.0.0/0 [110/11] via 172.16.12.1, 00:19:27, Ethernet0/0
      172.16.0.0/16 is variably subnetted, 4 subnets, 3 masks
O IA     172.16.13.0/30 [110/20] via 172.16.12.1, 00:19:27, Ethernet0/0
O IA     172.16.14.0/25 [110/20] via 172.16.12.1, 00:19:27, Ethernet0/0
O IA  192.168.1.0/24 [110/11] via 172.16.12.1, 00:19:27, Ethernet0/0
O IA  192.168.3.0/24 [110/21] via 172.16.12.1, 00:19:27, Ethernet0/0
O IA  192.168.4.0/24 [110/21] via 172.16.12.1, 00:19:27, Ethernet0/0
```

（待续）

```
R2# ping 192.0.2.1
Type escape sequence to abort.
Sending 5, 100-byte ICMP Echos to 192.0.2.1, timeout is 2 seconds:
U.U.U
Success rate is 0 percent (0/5)

R2# ping 203.0.113.2
Type escape sequence to abort.
Sending 5, 100-byte ICMP Echos to 203.0.113.1, timeout is 2 seconds:
!!!!!
Success rate is 100 percent (5/5), round-trip min/avg/max = 1/1/1 ms
```

　　从末节区域到外部的路由是通过默认路由 (0.0.0.0) 实现的。如果一个数据包的目的网络不在内部路由器的路由表中,路由器就会自动将数据包转发给 ABR (R1),因为是 ABR 发送了 0.0.0.0 的 LSA。转发数据包给 ABR 可以减少末节内的路由器的路由表尺寸,因为这样相当于用一条默认路由代替了许多外部路由。

　　R2 路由表中出现的路由包含默认路由和区域间路由,它们在路由表中都标记为 IA。

　　可以连通 203.0.113.2 是因为 203.0.113.0/24 被作为类型 5 LSA 泛洪到了骨干区域中。这个连通性的第一站是由 ABR 注入到末节区域中的默认路由所提供的。而第二站,也就是通过骨干区域的这一部分,则是由当前的外部路由所保证的。

　　不能连通 192.0.2.1 是因为该网络没有作为外部路由通告到 OSPF 区域中。虽然有从末节区域去往 ABR 的默认路由,但是 ABR 丢弃了去往该目的的流量,因为 ABR 上没有到达目的地址的路径。这种问题可以通过从 ASBR (R4) 通告一个默认外部路由到 OSPF 域中解决。

　　例 3-61 确认了 ASBR (R4) 上配置了默认静态路由。随后管理员将默认路由通告到了 OSPF 域中。

例 3-61　在 R4 上使用 OSPF 传播默认路由

```
R4# show ip route static
<Output omitted>
Gateway of last resort is 198.51.100.2 to network 0.0.0.0
S*    0.0.0.0/0 [1/0] via 198.51.100.2
R4(config)# router ospf 1
R4(config-router)# default-information originate
```

　　为了执行从 OSPF 自治系统向外部网络或到 Internet 的路由,路由器必须知道要么拥有所有目的网络的路由,要么创建一个默认路由。最容易扩展和优化的方式当然是使用默认路由。

　　使用路由器配置命令 **default-information originate** 可以创建去往 OSPF 路由域的默认外部路由,如例 3-61 所示。当通告路由器已经拥有默认路由时,这条命令就会生成一个去往 0.0.0.0 的类型 5 LSA。

　　例 3-62 所示为在 ABR (R1) 上查看注入到 OSPF 路由表和数据库中的默认路由。接下来，管理员又通过命令 **show ip ospf database** 验证了去往外部目的网络 192.0.2.1 的连通性。

例3-62　验证 R1 的默认路由

```
R1# show ip route ospf
<Output omitted>

Gateway of last resort is 172.16.14.2 to network 0.0.0.0

O*E2 0.0.0.0/0 [110/1] via 172.16.14.2, 00:00:15, Ethernet0/0
O    192.168.2.0/24 [110/11] via 172.16.12.2, 19:08:02, Ethernet0/1
O    192.168.3.0/24 [110/11] via 172.16.13.2, 19:46:45, Ethernet0/2
O    192.168.4.0/24 [110/11] via 172.16.14.2, 19:46:45, Ethernet0/0
O E2 198.51.100.0/24 [110/20] via 172.16.14.2, 19:46:45, Ethernet0/0
O E2 203.0.113.0/24 [110/20] via 172.16.14.2, 19:46:45, Ethernet0/0


R1# show ip ospf database
<Output omitted>
            Type-5 AS External Link States

Link ID         ADV Router      Age      Seq#        Checksum Tag
0.0.0.0         4.4.4.4         121      0x80000001 0x00C2DF 1
198.51.100.0    4.4.4.4         1131     0x80000027 0x0054B7 0
203.0.113.0     4.4.4.4         1131     0x80000027 0x00E943 0


R1# ping 192.0.2.1
Type escape sequence to abort.
Sending 5, 100-byte ICMP Echos to 192.0.2.1, timeout is 2 seconds:
!!!!!
Success rate is 100 percent (5/5), round-trip min/avg/max = 1/1/1 ms
```

　　在 ABR 上，可以看到默认路由作为类型 5 LSA 被注入到骨干区域中。它在路由表中显示为符号 O（OSPF），*（默认路由），E2（外部类型 2）。读者可以在 OSPF 数据库中看到对应的类型 5 LSA。

　　要注意，由于默认路由引导流量通过 ASBR 进行传输，所以路由器可以访问外部 IP 地址 192.0.2.1。ASBR 有连接上游路由器的默认静态路由。

　　例 3-63 验证了末节区域 R2 与外部目的 192.0.2.1 的连通性。

例3-63　验证 R2 到外部目的的连通性

```
R2# ping 192.0.2.1
Type escape sequence to abort.
Sending 5, 100-byte ICMP Echos to 192.0.2.1, timeout is 2 seconds:
!!!!!
Success rate is 100 percent (5/5), round-trip min/avg/max = 1/1/1 ms
```

在把默认路由作为类型 5 LSA 泛洪到骨干区域后，现在 R2 已经可以连通外部 IP 地址 192.0.2.1 了。到达该目的的流量会首先按照由 ABR 注入到末节区域的默认路由进行转发，然后再按照 ASBR 注入到骨干的默认路由进行发送。

2. OSPF 完全末节区域

接下来，管理员将 ABR（R1）的区域 2 配置为了完全末节区域，如例 3-64 所示。

例 3-64　在 ABR 上配置区域 2 为完全末节区域

```
R1(config)# router ospf 1
R1(config-router)# area 2 stub no-summary
%OSPF-5-ADJCHG: Process 1, Nbr 3.3.3.3 on Ethernet0/2 from FULL to
DOWN, Neighbor Down: Adjacency forced to reset
```

完全末节区域是 Cisco 私有的增强特性，它可以进一步减少路由表中的路由数量。完全末节区域可以阻止外部类型 5 LSA、汇总类型 3 和类型 4 LSA（区域间路由）进入。由于阻止了这些路由，完全末节区域只能识别区域内路由以及默认路由 0.0.0.0。ABR 会将默认汇总链路 0.0.0.0 注入到完全末节区域中。每台路由器会选取最近的 ABR 作为到达区域外所有网络的网关。

完全末节区域相比于末节区域进一步最小化了路由信息，并增加了 OSPF 互连网络的稳定性和可扩展性。只要 ABR 是 Cisco 路由器，使用完全末节区域同通常是比使用末节区域更好的方案。

如果希望将一个区域配置为完全末节区域，就必须将区域中的所有路由器都配置为末节路由器。在 ABR 上，管理员使用了 **area stub** 命令以及 **no-summary** 关键字将其配置为了完全末节。在这个示例中，在 ABR（R1）上配置完全末节让它断开了与区域 2 的邻接关系，直到将 R3 配置为末节区域的成员邻接关系才告恢复。邻接失效是因为 R1 和 R3 之间的 Hello 数据包中，末节标识不相匹配的缘故。

例 3-65 所示为在一个完全末节区域中将一台内部路由器或叶路由器（R3）配置为末节路由器的过程。

例 3-65　配置 R3 为末节路由器

```
R3(config)# router ospf 1
R3(config-router)# area 2 stub
%OSPF-5-ADJCHG: Process 1, Nbr 1.1.1.1 on Ethernet0/0 from LOADING to FULL, Loading
Done
```

区域 2 中的 R3 一旦被配置为末节后，R1 和 R3 之间的 OSPF Hello 数据包末节区域标识就会开始匹配。路由器之间会建立邻接关系并交换路由信息。R3 上可以配置，也可以不配置 **no-summary** 关键字。若路由器不是 ABR，则 **no-summary** 关键字没有任何效果，因而也不会通告任何区域间汇总。

例 3-66 验证了完全末节区域中 R3 的路由表和 LSDB 信息。

例 3-66 验证 R3 的路由表及 LSDB 信息

```
R3# show ip route ospf
<Output omitted>
Gateway of last resort is 172.16.13.1 to network 0.0.0.0
O*IA 0.0.0.0/0 [110/11] via 172.16.13.1, 00:18:08, Ethernet0/0

R3# show ip ospf data
<Output omitted>


                 Summary Net Link States (Area 2)

Link ID          ADV Router       Age        Seq#        Checksum
0.0.0.0          1.1.1.1          1285       0x80000001 0x0093A6

R3# ping 192.0.2.1
Type escape sequence to abort.
Sending 5, 100-byte ICMP Echos to 192.0.2.1, timeout is 2 seconds:
!!!!!
Success rate is 100 percent (5/5), round-trip min/avg/max = 1/1/1 ms
```

完全末节区域中的叶路由器（R3）路由表尺寸已经减至最小，其中只维护了区域内路由。每个末节区域的区域间和外部路由在路由表中都看不到，但它们都可以通过该末节区域的区域内默认路由进行访问。ABR（R1）阻塞了区域间和外部 LSA，而插入了默认路由。

尽管叶路由器关于外部可达性的路由信息极少，但它可以 ping 通外部地址 192.0.2.1。到这个目的的流量会首先按照 ABR 注入到完全末节区域中的默认路由进行转发，然后再按照 ASBR（R4）注入到骨干的默认路由进行转发。

3.3.8 末节区域中默认路由的开销

在默认情况下，末节区域的 ABR 会使用开销 1 通告默认路由。管理员可以使用 **area default-cost** 命令更改默认路由的开销。*default-cost* 选项提供了 ABR 生成到末节区域中的汇总默认路由的度量值。

要想指定发往末节或不完全末节区域（Not So Stubby Area，NSSA）中的默认汇总路由的开销，需要在路由器配置模式中输入以下命令：

area *area-id* **default-cost** *cost*

移除指定的默认路由开销需要在这条命令前添加 **no**。表 3-6 所示为这条命令的可用参数。

表 3-6   area default-cost 命令的参数

参数	描述
area-id	末节或 NSSA 的标识符。标识符可指定为十进制值数或 IP 地址
cost	用于末节或 NSSA 的默认汇总路由的开销。可接受的值是 24 比特数

area default-cost，命令只应在连接到末节或不完全末节区域（NSSA）的 ABR 上使用。**default-cost** 选项只应在连接到末节区域的 ABR 上使用。**default-cost** 选项提供了 ABR 生成至末节区域中的汇总默认路由的度量。

如果末节区域中有多个连接骨干区域的出节点，那么管理员可以考虑调整末节区域中默认路由的开销的选项，如图 3-33 所示。管理员可以配置主出节点使用更低的开销。此时次出节点通告的开销值就会比较高，因此只有在主 ABR 故障时，它才会转发外部流量。这样的分布模式只适用于外部流量。发往区域间网络的流量则会使用最短路径。

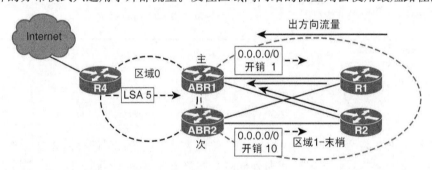

图 3-33 末节区域中默认路由的开销

3.3.9 default-information originate 命令

在路由器配置模式下，使用以下命令可以在 OSPF 路由域中生成一条默认外部路由：

```
default-information originate [always] [metric metric-value] [metric-type type-value] [route-map map-name]
```

要禁用这一特性需要在这条命令前添加 **no**。表 3-7 所示为这条命令的参数。

表 3-7   default-information originate 命令参数

参数	描述
always	（可选）无论系统是否有默认路由，总是通告默认路由
metric *metric-value*	（可选）用于生成默认路由的度量。如果省略这个值，同时也不使用 default-metric 路由器配置命令指定值，则默认度量值为 1。使用的值视协议而定
metric-type *type-value*	（可选）与通告到 OSPF 路由域中的默认路由相关的外部链路类型。可以设置为以下值： 1：类型 1 外部路由 2：类型 2 外部路由 默认值为类型 2 外部路由
route-map *map-name*	（可选）如果满足 route-map，路由进程就会生成默认路由

有两种方式可以把默认路由通告到一个标准区域中。当通告路由器已经有默认路由时，可以将 0.0.0.0/0 通告到 OSPF 区域中。使用 **default-information originate** 命令可以让 ASRB 在 OSPF 自治系统中生成一个类型 5 默认路由。默认路由必须在路由表中，否则 OSPF 不会将其通告出去。

管理员可以在配置命令中使用不同的关键字来配置修改这种依赖 IP 路由表的做法。要想在无论通告路由器是否已经有默认路由时都通告 0.0.0.0/0，可以给 **default-information originate** 命令增加 **always** 关键字。此时，无论是否有默认路由，这条默认路由都会被 OSPF 通告出去。

只要使用命令 **redistribute** 或 **default-information** 将路由重分布到 OSPF 路由域中，这台路由器就会自动成为 ASBR。管理员也可以使用 route-map 定义一些前提条件。**metric** 和 *metric-type* 选项可以让管理员指定注入的外部路由的 OSPF 开销和度量类型。

3.3.10　其他末节区域类型

NSSA 是现有末节区域特性的一个非私有的扩展特性，这类区域可以将外部路由通过有限制的方式注入到末节区域中。

向 NSSA 中重分布路由会产生一个称为类型 7 LSA 的特殊 LSA 类型，这类 LSA 只存在于 NSSA 中。NSSA ASBR（图 3-34 中的 ASBR1）会生成这类 LSA，NSSA ABR 会将其转换为一个类型 5 LSA，接着将其传播到 OSPF 域中。类型 7 LSA 的 LSA 头部中有一个传播（P）位，以避免 NSSA 和骨干区域之间的传播环路。NSSA 保留了其他末节区域的大部分特性。它们之间的一个重要区别与默认路由的默认行为有关。ABR 上必须配置其他命令，才能将默认路由通告到 NSSA 区域中。

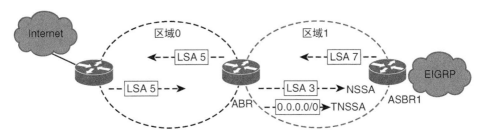

图 3-34　NSSA 区域

类型 7 LSA 在路由表中标识为 O N2 或 O N1（N 表示 NSSA）。N1 表示度量像外部类型 1（E1）一样进行计算；N2 表示度量像外部类型 2（E2）一样进行计算。默认为 O N2。

> **注释** E1 类型的度量计算方式为，累加外部和内部开销来反映到目的的总开销。E2 的度量值则只采用外部度量，即反映 OSPF 中的开销。

就像完全末节特性是末节区域特性的扩展一样，完全 NSSA 特性是 NSSA 特性的一项扩展。这是 Cisco 私有的特性，它会屏蔽类型 3、4 和 5 的 LSA。在完全 NSSA 区域中，一条默认路由会代替入站外部（类型 5）LSA 和汇总（类型 3 和 4）LSA。完全 NSSA 的 ABR 必须通过配置，来避免其向 NSSA 区域泛洪其他区域的汇总路由。只有 ABR 控制来自骨干区域的类型 3 LSA 在这个区域中传播。如果在区域中的其他路由器上配置 ABR，则不会产生任何效果。

若要将一个区域配置为 NSSA，必须对区域中的所有路由器配置 NSSA 功能。路由器配置模式命令 **area nssa** 可以将 NSSA 区域中的各个路由器定义为不完全末节区域路由器。完全末节功能需要再配置一步：管理员还必须配置每台 ABR 才能让这个区域具备全部的 NSSA 功能。管理员需要用带 **no-summary** 关键字的 **area nssa** 命令来配置 ABR，让该区域成为完全 NSSA。

3.4   OSPFv3

OSPF 是一种在 IPv4、IPv6 和双栈（IPv4/IPv6）环境中广泛使用的 IGP。这款用于支持 IPv6 的 OSPF 更新协议在操作方式上产生了一些显著的变化。理解 OSPFv2 和 OSPFv3 之间的区别对于成功地使用 OSPF 路由部署和管理 IPv6 网络来说是十分有必要的。本节会对 OSPFv3 进行描述，介绍这个 OSPF 路由协议 IPv6 版的工作原理、配置和命令。

在完成本节内容的学习后，读者应该能够：

■ 在双栈（IPv4/IPv6）环境中部署 OSPFv3；
■ 在 OSPFv3 中配置外部路由汇总和负载均衡；
■ 解释 OSPFv3 的限制和在配置时需注意的地方。

3.4.1   配置 OSPFv3

在本节中，读者会学习到如何在双栈（IPv4/IPv6）环境中部署 OSPFv3。在下面的示例中，我们给 IPv6 环境使用图 3-35 所示的拓扑，给 IPv4 使用图 3-36 所示的拓扑，路由器 R2、R3 和 R4 已经完成了预配置。R1 配置了必要的 IPv4/IPv6 地址，但没有配置任何路由协议。在 R1 上，我们会首先通过传统的方式配置 IPv6 的 OSPFv3，使用专用的 OSPF 进程为 IPv6 协议服务。接着，我们将配置迁移至最新的配置方式，通过一个 OSPFv3 进程服务两个地址家族：IPv4 和 IPv6。

1.   部署 OSPFv3

例 3-67 所示为管理员为 R1 启用了 IPv6 单播路由并启动了一个 ID 为 1 的 IPv6 OSPF 路由器进程。管理员在 R1 配置了 router ID 1.1.1.1，且将 loopback 0 配置为被动接口。

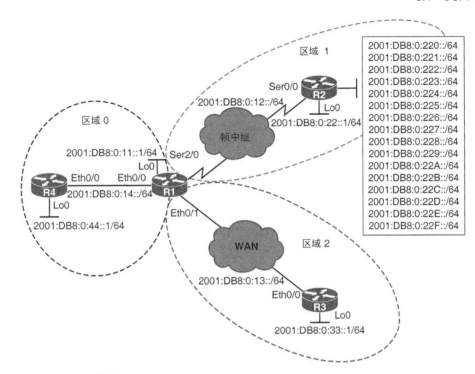

图 3-35 IPv6 拓扑的 OSPFv3

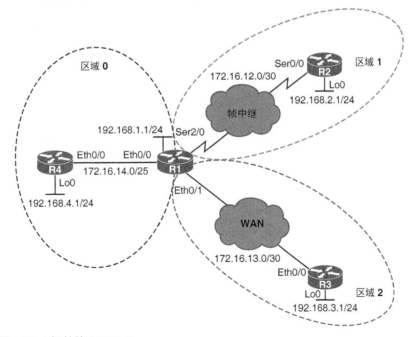

图 3-36 IPv4 拓扑的 OSPFv3

例 3-67　在 R1 上启用 OSPFv3

```
R1(config)# ipv6 unicast-routing
R1(config)# ipv6 router ospf 1
R1(config-rtr)# router-id 1.1.1.1
R1(config-rtr)# passive-interface Loopback0
```

OSPFv3 是 OSPF 路由协议支持 IPv6 的版本。这款协议为支持 IPv6 而进行了改写，虽然其基本工作原理与在 IPv4 和 OSPFv2 中保持不变。OSPFv3 度量仍基于接口开销进行计算。OSPFv3 的数据包类型和邻居发现机制与 OSPFv2 相同。OSPFv3 也支持相同的接口类型，包括广播、点到点、点到多点、NBMA 和虚链路。LSA 仍在整个 OSPF 域中泛洪，许多 LSA 类型也相同——虽然 OSPFv3 重命名和新建了一些 LSA。

Cisco IOS 路由器为 IPv6 提供了两种 OSPF 的配置方式：

■　使用传统的 **ipv6 router ospf** 全局配置命令；

■　使用新式的 **router ospfv3** 全局配置命令。

本节会首先介绍传统的配置方式，然后迁移到新的配置风格。

要启用 IPv6 路由协议，需要使用 **ipv6 unicast-routing** 命令启用 IPv6 单播路由。在传统的配置方式中，OSPFv3 和 OSPFv2 是在路由器上独立运行的。在传统方式中，IPv6 的 OSPF 进程需要使用 **ipv6 router ospf** 命令来启用。

IPv6 的 OSPF 进程不要求在路由器上配置 IPv4 地址，但需要有一个 32 位的值用来充当路由器 ID，这个值使用 IPv4 地址的形式表示。路由器 ID 要使用 **router-id** 命令来定义。如果没有专门配置路由器 ID，系统就会尝试从当前活跃的 IPv4 地址中动态选择一个，具体方式与 OSPFv2 对 IPv4 执行的过程相同。如果没有活跃的 IPv4 地址，进程将启用失败。

在 **ipv6 router ospf** 配置模式中，管理员可以（使用 **passive-interface** 命令）指定被动接口、启用汇总以及微调操作，但是不能在某个特定的接口上启用进程，没有 **network** 命令。要在某个特定接口上激活 OSPF 进程，需要在接口配置模式中使用 **ipv6 ospf** 命令来实现。

在例 3-68 中，R1 的活跃接口上启用了 IPv6 的 OSPF 进程。接口 Loopback 0 和 E0/0 被分配给了区域 0，Serial 2/0 分配给了区域 1，而 E0/1 则分配给了区域 2。接口之间不需要使用 **exit** 接口命令。在示例中使用，只是为了更好地表现 IPv6 的 OSPF 确实在每个具体的接口上启用了。

例 3-68　在接口上启用 OSPFv3

```
R1(config)# interface Loopback0
R1(config-if)# ipv6 ospf 1 area 0
R1(config-if)# exit
R1(config)# interface Ethernet0/0
R1(config-if)# ipv6 ospf 1 area 0
R1(config-if)# exit
R1(config)# interface Serial2/0
```

（待续）

```
R1(config-if)# ipv6 ospf 1 area 1
R1(config-if)# exit
R1(config)# interface Ethernet0/1
R1(config-if)# ipv6 ospf 1 area 2
 %OSPFv3-5-ADJCHG: Process 1, Nbr 4.4.4.4 on Ethernet0/0 from LOADING to FULL,
Loading Done
 %OSPFv3-5-ADJCHG: Process 1, Nbr 3.3.3.3 on Ethernet0/1 from LOADING to FULL,
Loading Done
```

要在接口上启用 IPv6 的 OSPF 并将其分配接口到区域中，可以在接口配置模式中使用 **ipv6 ospf** *ospf-process* **area** *area-id* 命令。要想在接口上启用 OSPFv3，接口必须启用 IPv6。在给接口配置全局单播 IPv6 地址时，接口就会启用 IPv6。

例 3-69 查看了 R1 的 OSPF 邻接和路由表。

例 3-69　R1 的邻接和路由表

```
R1# show ipv6 ospf neighbor

            OSPFv3 Router with ID (1.1.1.1) (Process ID 1)


Neighbor ID     Pri   State         Dead Time    Interface ID   Interface
4.4.4.4           1   FULL/DR       00:00:37     3              Ethernet0/0
3.3.3.3           1   FULL/DR       00:00:35     4              Ethernet0/1
R1# show ipv6 route ospf
<Output omitted>
O    2001:DB8:0:33::/64 [110/11]
     via FE80::A8BB:CCFF:FE00:AD10, Ethernet0/1
O    2001:DB8:0:44::/64 [110/11]
     via FE80::A8BB:CCFF:FE00:AE00, Ethernet0/0
```

在 IPv6 接口上启用 OSPF 进程后，可以验证邻接表和 IPv6 路由表。在 **show ipv6 route** 命令中添加 **ospf** 关键字可以有选择地显示路由表中由 OSPF 协议添加的条目。

为什么通过 Serial2/0 与 R2 之间的 OSPF 邻接没有建立起来呢？在 NBMA 接口上，OSPF 路由默认使用 NBMA 网络类型。在这样的链路上，管理员至少需要在一端定义 OSPF 邻居，这一点与 OSPFv2 类似。IPv6 环境中的 **neighbor** 命令要求指定对端的 IPv6 链路本地地址，而不使用 IPv6 全局单播地址。IPv6 链路本地地址以 FE80 前缀开始。在本例中，R2 的链路本地地址是 FE80::2。

例 3-70 在 NBMA 接口 Serial 2/0 上为 OSPFv3 指定了 IPv6 邻居 FE80::2。

例 3-70　在 NBMA 接口上指定邻居

```
R1(config)# interface serial 2/0
R1(config-if)# ipv6 ospf neighbor FE80::2
 %OSPFv3-5-ADJCHG: Process 1, Nbr 2.2.2.2 on Serial2/0 from LOADING to FULL, Loading
Done
```

通过 NBMA 链路建立 OSPF 邻接要求链路本地地址和全局地址之间都建立 IPv6 连通性。根据传输网络的不同，这可能需要在 IPv6 地址与二层电路标识符之间建立映射关系。在本例中，R1 和 R2 上已经预配了必要的映射。R1 上的相关配置，包括邻居地址，如例 3-71 所示。

例 3-71　R1 的部分运行配置

```
R1# show running-config interface serial 2/0
Building configuration...

Current configuration : 404 bytes
!
interface Serial2/0
 ip address 172.16.12.1 255.255.255.252
 encapsulation frame-relay
 ipv6 address FE80::1 link-local
 ipv6 address 2001:DB8:0:12::1/64
 ipv6 ospf 1 area 1
 ipv6 ospf neighbor FE80::2
 serial restart-delay 0
 frame-relay map ip 172.16.12.2 102 broadcast
 frame-relay map ipv6 2001:DB8:0:12::2 102 broadcast
 frame-relay map ipv6 FE80::2 102 broadcast
 no frame-relay inverse-arp
end
```

例 3-72 显示了 R1 上的 IPv6 OSPF 数据库。

例 3-72　R1 的 OSPF LSDB

```
R1# show ipv6 ospf database

            OSPFv3 Router with ID (1.1.1.1) (Process ID 1)

            Router Link States (Area 0)

ADV Router       Age         Seq#         Fragment ID  Link count  Bits
 1.1.1.1         854         0x80000003   0            1           B
 4.4.4.4         871         0x80000002   0            1           None

            Net Link States (Area 0)

ADV Router       Age         Seq#         Link ID      Rtr count
 4.4.4.4         871         0x80000001   3            2
```

（待续）

```
                    Inter Area Prefix Link States (Area 0)

ADV Router          Age           Seq#          Prefix
  1.1.1.1           845           0x80000001    2001:DB8:0:12::/64
  1.1.1.1           845           0x80000001    2001:DB8:0:13::/64
  1.1.1.1           845           0x80000001    2001:DB8:0:33::/64
<Output omitted>


                    Link (Type-8) Link States (Area 0)
ADV Router          Age           Seq#          Link ID      Interface
  1.1.1.1           870           0x80000001    3            Et0/0
  4.4.4.4           1056          0x80000002    3            Et0/0


                    Intra Area Prefix Link States (Area 0)

ADV Router          Age           Seq#          Link ID      Ref-lstype   Ref-LSID
  1.1.1.1           865           0x80000003    0            0x2001       0
  4.4.4.4           871           0x80000003    0            0x2001       0
  4.4.4.4           871           0x80000001    3072         0x2002       3
```

OSPFv3（IPv6 版 OSPF）重命名了两类 LSA 并定义了两种在 OSPFv2（IPv4 版）中不存在的 LSA 类型。

两种重命名的 LSA 类型如下所示。

- **ABR 的区域间前缀 LSA（类型 3）**：类型 3 LSA 负责把内部网络通告给其他区域中的路由器（区域间路由器）。类型 3 LSA 可以代表一个网络或一组汇总为一个通告的汇总网络。只有 ABR 才会生成汇总 LSA。在 IPv6 的 OSPF 中，这些 LSA 的地址表示为前缀/前缀长度的形式，而不是地址及掩码的形式。默认路由表示为前缀加上长度 0。

- **ASBR 的区域间路由器 LSA（类型 4）**：类型 4 LSA 负责通告 ASBR 的位置。尝试连通外部网络的路由器会使用这些通告来确定到达下一跳的最优路径。ASBR 生成类型 4 LSA。

两种新的 LSA 类型如下所示。

- **链路 LSA（类型 8）**：类型 8 LSA 的泛洪范围为本地链路，不会泛洪到相关联的链路之外。链路 LSA 将路由器的链路本地地址提供给连接到链路的所有其他路由器。它们告知连接到链路的其他路由器与链路相关的 IPv6 前缀列表。此外，它们还能够使路由器在为这条链路生成的网络 LSA 中，添加一组可选比特。

- **区域内前缀 LSA（类型 9）**：路由器可以为每台路由器或每个传输网络生成多个区域内前缀 LSA，每个都使用唯一的链路状态 ID。每个区域内前缀 LSA 的链路状态 ID 描述了它与路由器 LSA 或网络 LSA 之间的关联性。链路状态 ID 中也包含末节网络和传输网络的前缀。

例 3-73 再次查看了 R1 上的 OSPFv3 邻接和路由表。

例 3-73 R1 的 OSPFv3 邻接和路由表

```
R1# show ipv6 ospf neighbor

             OSPFv3 Router with ID (1.1.1.1) (Process ID 1)

Neighbor ID     Pri   State         Dead Time     Interface ID   Interface
4.4.4.4           1   FULL/DR       00:00:39      3              Ethernet0/0
2.2.2.2           1   FULL/DR       00:01:43      3              Serial2/0
3.3.3.3           1   FULL/DR       00:00:39      4              Ethernet0/1
R1# show ipv6 route ospf
<Output omitted>
O   2001:DB8:0:22::/64 [110/65]
      via FE80::2, Serial2/0
O   2001:DB8:0:33::/64 [110/11]
       via FE80::A8BB:CCFF:FE00:AD10, Ethernet0/1
O   2001:DB8:0:44::/64 [110/11]
       via FE80::A8BB:CCFF:FE00:AE00, Ethernet0/0
O   2001:DB8:0:220::/64 [110/65]
      via FE80::2, Serial2/0
O   2001:DB8:0:221::/64 [110/65]
      via FE80::2, Serial2/0
<Output omitted>
```

在 NBMA 接口上启用 OSPF 之后，可以注意到路由器上新增了通过 S2/0 建立的邻接关系，且在此接口收到了多条 OSPF 区域内路由。

2. IPv4 和 IPv6 的 OSPFv3

OSPFv3 不仅支持交换 IPv6 路由，也支持交换 IPv4 路由。

最新的 OSPFv3 配置方式使用单个 OSPFv3 进程。它能够在一个 OSPFv3 进程中支持 IPv4 和 IPv6。OSPFv3 使用 LSA 构建一个承载 IPv4 和 IPv6 信息的数据库。路由器为每个地址家族分别建立 OSPF 邻接关系。工程师需要在地址家族路由器配置模式中配置一个地址家族（IPv4/IPv6）的特定设置。

Cisco IOS 15.1(3) S 版本及其后续版本能够为 IPv4 和 IPv6 运行单个 OSPFv3。

例 3-74 展示了 R1 使用新配置风格（**router ospfv3**）的 OSPFv3 进程配置，使用进程编号 1，OSPF router ID 1.1.1.1，且设置 Loopback 0 接口为被动模式。

例 3-74 使用 router ospfv3 命令配置 OSPFv3

```
R1(config)# router ospfv3 1
R1(config-router)# router-id 1.1.1.1
R1(config-router)# passive-interface Loopback0
```

新式的 OSPFv3 进程使用 **router ospfv3** *process-number* 命令进行启用。在 OSPF 进程配置模式中，工程师定义了 OSPF router ID（使用命令 **router-id** *ospf-process-ID*），设置了被动接口，并且可以调整基于进程的 OSPF 行为。

例 3-75 使用 **show running-config | section router** 命令展示了 R1 上的 OSPFv3 路由器配置。旧式的 OSPF 路由器配置（**ipv6 routerospf**）消失了，被新式的 router ospfv3 以及地址家族子模式代替。

例 3-75 R1 的 OSPFv3 配置

```
R1# show running-config | section router
router ospfv3 1
 router-id 1.1.1.1
 !
 address-family ipv6 unicast
  passive-interface Loopback0
  router-id 1.1.1.1
 exit-address-family
```

路由器配置模式中显示的 router ID 对于所有的地址家族全局有效。

R1 上自动创建了 **address-family ipv6 unicast** 命令。Cisco IOS 系统解析了之前的旧式 OSPFv3 配置，并发现工程师只为 IPv6 启用了 OSPF 进程。因此，在选用新式配置时，IPv6 地址家族已经初始化完成了，而 IPv4 地址家族未在配置中出现。

被动接口配置是对每个地址家族都有效的设置。对 IPv4 和 IPv6 的设置可以有不相同。因此该命令已被置入地址家族子模式中。

例 3-76 通过验证 R1 的邻接关系、路由表和数据库检查了其 OSPFv3 的操作。工程师可以使用使用旧式命令（**show ipv6 ospf neighbor** 和 **show ipv6 ospf database**）来检查 OSPFv3 的操作，也可以使用新式命令，如 **show ospfv3 neighbor** 和 **show ospfv3 database**。

例 3-76 R1 的 OSPFv3 邻接关系、路由表和 LSDB

```
R1# show ospfv3 neighbor

         OSPFv3 1 address-family ipv6 (router-id 1.1.1.1)

Neighbor ID     Pri   State           Dead Time   Interface ID    Interface
4.4.4.4           1   FULL/DR         00:00:37    3               Ethernet0/0
2.2.2.2           1   FULL/DR         00:01:44    3               Serial2/0
3.3.3.3           1   FULL/DR         00:00:35    4               Ethernet0/1
R1# show ipv6 route ospf
IPv6 Routing Table - default - 28 entries
Codes: C - Connected, L - Local, S - Static, U - Per-user Static route
       B - BGP, HA - Home Agent, MR - Mobile Router, R - RIP
```

（待续）

```
      H - NHRP, I1 - ISIS L1, I2 - ISIS L2, IA - ISIS interarea
      IS - ISIS summary, D - EIGRP, EX - EIGRP external, NM - NEMO
      ND - ND Default, NDp - ND Prefix, DCE - Destination, NDr - Redirect
      O - OSPF Intra, OI - OSPF Inter, OE1 - OSPF ext 1, OE2 - OSPF ext 2
      ON1 - OSPF NSSA ext 1, ON2 - OSPF NSSA ext 2, l - LISP
O   2001:DB8:0:22::/64 [110/65]
     via FE80::2, Serial2/0
O   2001:DB8:0:33::/64 [110/11]
     via FE80::A8BB:CCFF:FE00:AD10, Ethernet0/1
O   2001:DB8:0:44::/64 [110/11]
     via FE80::A8BB:CCFF:FE00:AE00, Ethernet0/0
O   2001:DB8:0:220::/64 [110/65]
     via FE80::2, Serial2/0
O   2001:DB8:0:221::/64 [110/65]
     via FE80::2, Serial2/0
O   2001:DB8:0:222::/64 [110/65]
     via FE80::2, Serial2/0
O   2001:DB8:0:223::/64 [110/65]
     via FE80::2, Serial2/0
O   2001:DB8:0:224::/64 [110/65]
     via FE80::2, Serial2/0
O   2001:DB8:0:225::/64 [110/65]
     via FE80::2, Serial2/0
O   2001:DB8:0:226::/64 [110/65]
     via FE80::2, Serial2/0
O   2001:DB8:0:227::/64 [110/65]
     via FE80::2, Serial2/0
O   2001:DB8:0:228::/64 [110/65]
     via FE80::2, Serial2/0
O   2001:DB8:0:229::/64 [110/65]
     via FE80::2, Serial2/0
O   2001:DB8:0:22A::/64 [110/65]
     via FE80::2, Serial2/0
O   2001:DB8:0:22B::/64 [110/65]
     via FE80::2, Serial2/0
O   2001:DB8:0:22C::/64 [110/65]
     via FE80::2, Serial2/0
O   2001:DB8:0:22D::/64 [110/65]
     via FE80::2, Serial2/0
O   2001:DB8:0:22E::/64 [110/65]
     via FE80::2, Serial2/0
O   2001:DB8:0:22F::/64 [110/65]
     via FE80::2, Serial2/0
```

（待续）

```
R1# show ospfv3 database

          OSPFv3 1 address-family ipv6 (router-id 1.1.1.1)

                Router Link States (Area 0)

ADV Router       Age       Seq#          Fragment ID Link count Bits
  1.1.1.1        793       0x80000006    0              1        B
  4.4.4.4        135       0x8000000D    0              1        None

                Net Link States (Area 0)

ADV Router       Age       Seq#          Link ID   Rtr count
  4.4.4.4        379       0x80000006    3            2

                Inter Area Prefix Link States (Area 0)

ADV Router       Age       Seq#          Prefix
  1.1.1.1        301       0x80000006    2001:DB8:0:12::/64
  1.1.1.1        301       0x80000006    2001:DB8:0:33::/64
  1.1.1.1        301       0x80000006    2001:DB8:0:13::/64
  1.1.1.1        1301      0x80000004    2001:DB8:0:22::/64
  1.1.1.1        1301      0x80000004    2001:DB8:0:220::/64
  1.1.1.1        1301      0x80000004    2001:DB8:0:221::/64
  1.1.1.1        1301      0x80000004    2001:DB8:0:222::/64
  1.1.1.1        1301      0x80000004    2001:DB8:0:223::/64
  1.1.1.1        1301      0x80000004    2001:DB8:0:224::/64
  1.1.1.1        1301      0x80000004    2001:DB8:0:225::/64
  1.1.1.1        1301      0x80000004    2001:DB8:0:226::/64
  1.1.1.1        1301      0x80000004    2001:DB8:0:227::/64
  1.1.1.1        1301      0x80000004    2001:DB8:0:228::/64
  1.1.1.1        1301      0x80000004    2001:DB8:0:229::/64
  1.1.1.1        1301      0x80000004    2001:DB8:0:22A::/64
  1.1.1.1        1301      0x80000004    2001:DB8:0:22B::/64
  1.1.1.1        1301      0x80000004    2001:DB8:0:22C::/64
  1.1.1.1        1301      0x80000004    2001:DB8:0:22D::/64
  1.1.1.1        1301      0x80000004    2001:DB8:0:22E::/64
  1.1.1.1        1301      0x80000004    2001:DB8:0:22F::/64

                Link (Type-8) Link States (Area 0)

ADV Router       Age       Seq#          Link ID   Interface
  1.1.1.1        793       0x80000006    3            Et0/0
```

（待续）

```
 4.4.4.4           135          0x8000000B   3          Et0/0

               Intra Area Prefix Link States (Area 0)

ADV Router        Age          Seq#          Link ID    Ref-lstype Ref-LSID
 1.1.1.1           793          0x80000006   0          0x2001     0
 4.4.4.4           379          0x8000000F   0          0x2001     0
 4.4.4.4           379          0x80000006   3072       0x2002     3

               Router Link States (Area 1)

ADV Router        Age          Seq#          Fragment ID Link count Bits
 1.1.1.1           793          0x80000007   0           1          B
 2.2.2.2           1464         0x80000029   0           1          None

               Net Link States (Area 1)

ADV Router        Age          Seq#          Link ID    Rtr count
 2.2.2.2           1464         0x80000004   3          2

               Inter Area Prefix Link States (Area 1)

ADV Router        Age          Seq#          Prefix
 1.1.1.1           301          0x80000006   2001:DB8:0:33::/64
 1.1.1.1           301          0x80000006   2001:DB8:0:13::/64
 1.1.1.1           301          0x80000006   2001:DB8:0:11::1/128
 1.1.1.1           301          0x80000006   2001:DB8:0:44::/64
 1.1.1.1           301          0x80000006   2001:DB8:0:14::/64

               Link (Type-8) Link States (Area 1)

ADV Router        Age          Seq#          Link ID    Interface
 1.1.1.1           793          0x80000006   11         Se2/0
 2.2.2.2           1962         0x80000029   3          Se2/0

               Intra Area Prefix Link States (Area 1)

ADV Router        Age          Seq#          Link ID    Ref-lstype Ref-LSID
 2.2.2.2           1464         0x80000040   0          0x2001     0
 2.2.2.2           1464         0x80000004   3072       0x2002     3

               Router Link States (Area 2)
```

（待续）

```
ADV Router          Age         Seq#          Fragment ID  Link count  Bits
 1.1.1.1            793         0x80000006      0              1         B
 3.3.3.3            1901        0x8000002B      0              1         None


                    Net Link States (Area 2)


ADV Router          Age         Seq#          Link ID   Rtr count
 3.3.3.3            376         0x80000006  4              2


                    Inter Area Prefix Link States (Area 2)


ADV Router          Age         Seq#          Prefix
 1.1.1.1            301         0x80000006    2001:DB8:0:12::/64
 1.1.1.1            301         0x80000006    2001:DB8:0:11::1/128
 1.1.1.1            301         0x80000006    2001:DB8:0:44::/64
 1.1.1.1            301         0x80000006    2001:DB8:0:14::/64
 1.1.1.1            1301        0x80000004    2001:DB8:0:22::/64
 1.1.1.1            1301        0x80000004    2001:DB8:0:220::/64
 1.1.1.1            1301        0x80000004    2001:DB8:0:221::/64
 1.1.1.1            1301        0x80000004    2001:DB8:0:222::/64
 1.1.1.1            1301        0x80000004    2001:DB8:0:223::/64
 1.1.1.1            1301        0x80000004    2001:DB8:0:224::/64
 1.1.1.1            1301        0x80000004    2001:DB8:0:225::/64
 1.1.1.1            1301        0x80000004    2001:DB8:0:226::/64
 1.1.1.1            1301        0x80000004    2001:DB8:0:227::/64
 1.1.1.1            1301        0x80000004    2001:DB8:0:228::/64
 1.1.1.1            1301        0x80000004    2001:DB8:0:229::/64
 1.1.1.1            1301        0x80000004    2001:DB8:0:22A::/64
 1.1.1.1            1301        0x80000004    2001:DB8:0:22B::/64
 1.1.1.1            1301        0x80000004    2001:DB8:0:22C::/64
 1.1.1.1            1301        0x80000004    2001:DB8:0:22D::/64
 1.1.1.1            1301        0x80000004    2001:DB8:0:22E::/64
 1.1.1.1            1301        0x80000004    2001:DB8:0:22F::/64


                    Link (Type-8) Link States (Area 2)


ADV Router          Age         Seq#          Link ID    Interface
 1.1.1.1            793         0x80000006  4              Et0/1
 3.3.3.3            1901        0x80000028  4              Et0/1


                    Intra Area Prefix Link States (Area 2)


ADV Router          Age         Seq#          Link ID   Ref-lstype  Ref-LSID
 3.3.3.3            376         0x8000002B      0          0x2001        0
 3.3.3.3            376         0x80000006    4096         0x2002        4
```

虽然工程师将 OSPFv3 配置更改为了新的方式，但 OSPF 的连通性保留了下来。事实上，R1 现在使用了混合的配置：新式的进程配置和旧式的接口命令。例 3-77 展示了旧式的接口命令。

例 3-77　OSPFv3 旧式 OSPF 配置命令

```
interface Loopback0
 ipv6 ospf 1 area 0
!
interface Ethernet0/0
 ipv6 ospf 1 area 0
!
interface Ethernet0/1
 ipv6 ospf 1 area 2
!
interface Serial2/0
 ipv6 ospf 1 area 1
 ipv6 ospf neighbor FE80::2
```

在例 3-78 中，R1 的活跃接口通过新式的配置方式启用了 OSPFv3 IPv6 地址家族配置。接口命令 **exit** 并不是必需的，但此处用来让配置显得更加清楚。

例 3-78　OSPFv3 新式 OSPF 配置命令

```
R1(config)# interface Loopback 0
R1(config-if)# ospfv3 1 ipv6 area 0
R1(config-if)# exit
R1(config)# interface Ethernet 0/0
R1(config-if)# ospfv3 1 ipv6 area 0
R1(config-if)# exit
R1(config)# interface Serial 2/0
R1(config-if)# ospfv3 1 ipv6 area 1
R1(config-if)# exit
R1(config)# interface Ethernet 0/1
R1(config-if)# ospfv3 1 ipv6 area 2
```

新式 OSPFv3 配置的首选接口模式命令是 **ospfv3** *process-id* {**ipv4**|**ipv6**} **area** *area-id*。该命令使工程师能够在特定接口上选择性地为一个地址家族（IPv4 或 IPv6）激活 OSPFv3 进程。

对于 OSPFv3 的地址家族特性，每个接口可以有两个设备进程，但一个 AF 只能有一个进程。如果使用 IPv4 AF，工程师必须首先在接口上配置 IPv4 地址。对于 IPv6 AF，只要在接口上启用 IPv6 即可，因为 OSPFv3 使用链路本地地址。工程师不能够在同一个接口上配置运行多个实例的单个 IPv4 或 IPv6 OSPFv3 进程。

例 3-79 查看了 R1 上最终的配置和操作。工程师可以使用 **show running-config interface**

命令查看接口配置，可以使用 **include** 关键字只显示包含特定信息的接口命令。

例 3-79 在 R1 上查看 OSPFv3 的配置和操作

```
R1# show running-config interface Loopback 0 | include ospf
 ospfv3 1 ipv6 area 0
R1# show running-config interface Ethernet 0/0 | include ospf
 ospfv3 1 ipv6 area 0
R1# show running-config interface Serial 2/0 | include ospf
 ospfv3 1 ipv6 area 1
 ospfv3 1 ipv6 neighbor FE80::2
R1# show running-config interface Ethernet 0/1 | include ospf
 ospfv3 1 ipv6 area 2
R1# show ospfv3 neighbor
         OSPFv3 1 address-family ipv6 (router-id 1.1.1.1)

Neighbor ID     Pri   State          Dead Time    Interface ID   Interface
4.4.4.4           1   FULL/DR        00:00:32     3              Ethernet0/0
2.2.2.2           1   FULL/DR        00:01:48     3              Serial2/0
3.3.3.3           1   FULL/DR        00:00:31     4              Ethernet0/1
```

　　R1 上的命令显示出新式的接口模式命令已经替代了旧式（**ipv6 ospf**）命令。NBMA 接口的配置（S2/0）显示出 neighbor 命令已经自动由 **ospfv3** *process-id* **ipv6 neighbor** 命令更新了。

　　OSPF 的操作没有受到影响。OSPFv3 的邻接关系、数据库和路由表都工作正常。

　　例 3-80 显示出工程师在 R1 上为 IPv4 启用 OSPFv3 进程，且 Loopback 0 接口被配置为被动模式。为了激活 IPv4 的 OSPFv3，工程师需要在对应接口的配置模式中配置命令 **ospfv3** *process-number* **ipv4 area** *area-id*。

例 3-80 启用 IPv4 的 OSPFv3

```
R1(config)# interface Loopback0
R1(config-if)# ospfv3 1 ipv4 area 0
R1(config-if)# exit
R1(config)# interface Ethernet0/0
R1(config-if)# ospfv3 1 ipv4 area 0
R1(config-if)# exit
R1(config)# interface Ethernet0/1
R1(config-if)# ospfv3 1 ipv4 area 2
R1(config)# exit
R1(config-if)# interface Serial2/0
R1(config-if)# ospfv3 1 ipv4 area 1
R1(config-if)# ospfv3 1 ipv4 neighbor FE80::2
R1(config-if)# exit
R1(config)# router ospfv3 1
```

（待续）

```
R1(config-router)# address-family ipv4 unicast
R1(config-router-af)# passive-interface Loopback0
%OSPFv3-5-ADJCHG: Process 1, IPv4, Nbr 0.0.0.0 on Serial2/0 from ATTEMPT to DOWN,
Neighbor Down: Interface down or detached
%OSPFv3-5-ADJCHG: Process 1, IPv4, Nbr 3.3.3.3 on Ethernet0/1 from LOADING to FULL,
Loading Done
%OSPFv3-5-ADJCHG: Process 1, IPv4, Nbr 4.4.4.4 on Ethernet0/0 from LOADING to FULL,
Loading Done
```

　　通过这种方式，工程师可以为一些（或所有）链路启用 IPv4 转发，并且可以配置 IPv4 地址。例如，在边界可能零星存在仅支持 IPv4 的设备，并且运行 IPv4 静态或动态路由协议。在这样的情景中，工程师可以在这些设备之间转发 IPv4 或 IPv6 流量。传输设备同时需要 IPv4 和 IPv6 转发栈（即双栈）。

　　此特性允许工程师为 IPv4 地址家族构建独立（可能不一致）的拓扑。它在 IPv4 RIB 中放入 IPv4 路由，然后通过本地进行转发。OSPFv3 进程完全支持 IPv4 AF 拓扑，且可以与其他 IPv4 路由协议互相重分布路由。

　　工程师可以把一个 OSPFv3 进程配置为 IPv4 或 IPv6。使用命令 **address-family** 来确定 OSPFv3 进程中将运行哪个 AF。一旦选定了地址家族，工程师就可以在一条链路上启用多个实例，并应用该地址家族相关的命令。

　　在 NBMA 链路上需要定义 OSPF 邻居，比如此情景中的接口 S2/0。在新式 OSPFv3 配置模式中，工程师必须把对端的 IPv6 链路本地地址配置为 OSPF 的邻居。两个地址家族都使用 IPv6 作为底层的传输协议。

　　例 3-81 查看了 R1 上的 OSPFv3 邻接关系。两个地址家族的 OSPF 邻接关系都可以使用 **show ospfv3 neighbor** 命令查看。

例 3-81　R1 上 IPv4 和 IPv6 地址家族的 OSPFv3 邻接关系

```
R1# show ospfv3 neighbor

          OSPFv3 1 address-family ipv4 (router-id 1.1.1.1)

Neighbor ID     Pri   State          Dead Time    Interface ID     Interface
4.4.4.4          1    FULL/DR        00:00:34     3                Ethernet0/0
2.2.2.2          1    FULL/DR        00:01:38     3                Serial2/0
3.3.3.3          1    FULL/DR        00:00:36     4                Ethernet0/1

          OSPFv3 1 address-family ipv6 (router-id 1.1.1.1)

Neighbor ID     Pri   State          Dead Time    Interface ID     Interface
4.4.4.4          1    FULL/DR        00:00:35     3                Ethernet0/0
2.2.2.2          1    FULL/DR        00:01:58     3                Serial2/0
3.3.3.3          1    FULL/DR        00:00:34     4                Ethernet0/1
```

例 3-82 中显示了 R1 上从 OSPFv3 数据库计算得到的 IPv4 路由表。工程师可以使用 **show ip route ospfv3** 命令，查看由 OSPFv3 数据库计算而来的 IPv4 路由表。关键字 **ospfv3** 过滤了路由表内容，仅显示 OSPFv3 的路由。

注意命令 **show ip route ospf** 中不会显示任何路由条目。

例 3-82 *R1 IPv4 路由表中的 OSPFv3 路由*

```
R1# show ip route ospfv3
<Output omitted>

      192.168.2.0/32 is subnetted, 1 subnets
O        192.168.2.2 [110/64] via 172.16.12.2, 00:27:49, Serial2/0
      192.168.3.0/32 is subnetted, 1 subnets
O        192.168.3.3 [110/10] via 172.16.13.2, 00:30:08, Ethernet0/1
      192.168.4.0/32 is subnetted, 1 subnets
O        192.168.4.4 [110/10] via 172.16.14.4, 00:30:08, Ethernet0/0
```

例 3-83 查看了 R1 的 OSPFv3 数据库。一台路由器维护一个 OSPFv3 数据库，其中包含多个 LSA。一些 LSA 携带 IPv4 相关的信息，一些携带 IPv6 相关的信息，另外的携带混合信息。为了查看某个特定的 LSA 描述的是哪个地址家族，工程师需要查看特定的 LSA 类型。

注意旧式验证命令 **show ip ospf database** 中将不会显示任何信息。

例 3-83 *R1 的 OSPFv3 LSDB*

```
R1# show ospfv3 database inter-area prefix
            OSPFv3 1 address-family ipv4 (router-id 1.1.1.1)
                  Inter Area Prefix Link States (Area 0)
  LS Type: Inter Area Prefix Links
  Advertising Router: 1.1.1.1
<Output omitted>
  Prefix Address: 172.16.12.0
  Prefix Length: 30, Options: None
<Output omitted>


            OSPFv3 1 address-family ipv6 (router-id 1.1.1.1)
                  Inter Area Prefix Link States (Area 0)
  LS Type: Inter Area Prefix Links
  Advertising Router: 1.1.1.1
<Output omitted>
  Prefix Address: 2001:DB8:0:12::
  Prefix Length: 64, Options: None
<Output omitted>
```

例 3-84 显示了 R3 和 R4 的 IPv6 路由表。使用末节选项来配置区域有助于减小路由表大小。

例 3-84   R3 和 R4 路由表中的 OSPFv3 路由

```
R3# show ipv6 route ospf
<Output omitted>
OI  2001:DB8:0:11::1/128 [110/10]
      via FE80::A8BB:CCFF:FE00:AB10, Ethernet0/1
OI  2001:DB8:0:12::/64 [110/74]
      via FE80::A8BB:CCFF:FE00:AB10, Ethernet0/1
OI  2001:DB8:0:14::/64 [110/20]
      via FE80::A8BB:CCFF:FE00:AB10, Ethernet0/1
OI  2001:DB8:0:22::/64 [110/75]
      via FE80::A8BB:CCFF:FE00:AB10, Ethernet0/1
OI  2001:DB8:0:44::/64 [110/21]
      via FE80::A8BB:CCFF:FE00:AB10, Ethernet0/1
OI  2001:DB8:0:220::/64 [110/75]
      via FE80::A8BB:CCFF:FE00:AB10, Ethernet0/1
OI  2001:DB8:0:221::/64 [110/75]
      via FE80::A8BB:CCFF:FE00:AB10, Ethernet0/1
OI  2001:DB8:0:222::/64 [110/75]
      via FE80::A8BB:CCFF:FE00:AB10, Ethernet0/1
OI  2001:DB8:0:223::/64 [110/75]
      via FE80::A8BB:CCFF:FE00:AB10, Ethernet0/1
OI  2001:DB8:0:224::/64 [110/75]
      via FE80::A8BB:CCFF:FE00:AB10, Ethernet0/1
OI  2001:DB8:0:225::/64 [110/75]
      via FE80::A8BB:CCFF:FE00:AB10, Ethernet0/1
OI  2001:DB8:0:226::/64 [110/75]
      via FE80::A8BB:CCFF:FE00:AB10, Ethernet0/1
OI  2001:DB8:0:227::/64 [110/75]
      via FE80::A8BB:CCFF:FE00:AB10, Ethernet0/1
OI  2001:DB8:0:228::/64 [110/75]
      via FE80::A8BB:CCFF:FE00:AB10, Ethernet0/1
OI  2001:DB8:0:229::/64 [110/75]
      via FE80::A8BB:CCFF:FE00:AB10, Ethernet0/1
OI  2001:DB8:0:22A::/64 [110/75]
      via FE80::A8BB:CCFF:FE00:AB10, Ethernet0/1
OI  2001:DB8:0:22B::/64 [110/75]
      via FE80::A8BB:CCFF:FE00:AB10, Ethernet0/1
OI  2001:DB8:0:22C::/64 [110/75]
      via FE80::A8BB:CCFF:FE00:AB10, Ethernet0/1
OI  2001:DB8:0:22D::/64 [110/75]
```

（待续）

```
        via FE80::A8BB:CCFF:FE00:AB10, Ethernet0/1
OI  2001:DB8:0:22E::/64 [110/75]
        via FE80::A8BB:CCFF:FE00:AB10, Ethernet0/1
OI  2001:DB8:0:22F::/64 [110/75]
        via FE80::A8BB:CCFF:FE00:AB10, Ethernet0/1
```

```
R4# show ipv6 route ospf
<Output omitted>
O   2001:DB8:0:11::1/128 [110/10]
        via FE80::A8BB:CCFF:FE00:AB00, Ethernet0/0
OI  2001:DB8:0:12::/64 [110/74]
        via FE80::A8BB:CCFF:FE00:AB00, Ethernet0/0
OI  2001:DB8:0:13::/64 [110/20]
        via FE80::A8BB:CCFF:FE00:AB00, Ethernet0/0
OI  2001:DB8:0:22::/64 [110/75]
        via FE80::A8BB:CCFF:FE00:AB00, Ethernet0/0
OI  2001:DB8:0:33::/64 [110/21]
        via FE80::A8BB:CCFF:FE00:AB00, Ethernet0/0
OI  2001:DB8:0:220::/64 [110/75]
        via FE80::A8BB:CCFF:FE00:AB00, Ethernet0/0
OI  2001:DB8:0:221::/64 [110/75]
        via FE80::A8BB:CCFF:FE00:AB00, Ethernet0/0
OI  2001:DB8:0:222::/64 [110/75]
        via FE80::A8BB:CCFF:FE00:AB00, Ethernet0/0
OI  2001:DB8:0:223::/64 [110/75]
        via FE80::A8BB:CCFF:FE00:AB00, Ethernet0/0
OI  2001:DB8:0:224::/64 [110/75]
        via FE80::A8BB:CCFF:FE00:AB00, Ethernet0/0
OI  2001:DB8:0:225::/64 [110/75]
        via FE80::A8BB:CCFF:FE00:AB00, Ethernet0/0
OI  2001:DB8:0:226::/64 [110/75]
        via FE80::A8BB:CCFF:FE00:AB00, Ethernet0/0
OI  2001:DB8:0:227::/64 [110/75]
        via FE80::A8BB:CCFF:FE00:AB00, Ethernet0/0
OI  2001:DB8:0:228::/64 [110/75]
        via FE80::A8BB:CCFF:FE00:AB00, Ethernet0/0
OI  2001:DB8:0:229::/64 [110/75]
        via FE80::A8BB:CCFF:FE00:AB00, Ethernet0/0
OI  2001:DB8:0:22A::/64 [110/75]
        via FE80::A8BB:CCFF:FE00:AB00, Ethernet0/0
OI  2001:DB8:0:22B::/64 [110/75]
        via FE80::A8BB:CCFF:FE00:AB00, Ethernet0/0
OI  2001:DB8:0:22C::/64 [110/75]
```

（待续）

```
      via FE80::A8BB:CCFF:FE00:AB00, Ethernet0/0
OI  2001:DB8:0:22D::/64 [110/75]
      via FE80::A8BB:CCFF:FE00:AB00, Ethernet0/0
OI  2001:DB8:0:22E::/64 [110/75]
      via FE80::A8BB:CCFF:FE00:AB00, Ethernet0/0
OI  2001:DB8:0:22F::/64 [110/75]
       via FE80::A8BB:CCFF:FE00:AB00, Ethernet0/0
```

当工程师在 R3 和 R4 上查看 IPv4 路由表时，可以看到众多 OSPF 区域间路由。将非骨干区域 2 设置为末节区域，可以减少 R3 路由表的大小。在区域边界路由器上汇总区域间路由，可以减小区域 0 中 R4 的路由表大小。

在例 3-85 中，ABR R1 和区域 2 路由器 R3 可以在 IPv6 中配置为完全末节区域。

例 3-85　区域 2 路由器配置为完全末节区域

```
R1(config)# router ospfv3 1
R1(config-router)# address-family ipv6 unicast
R1(config-router-af)# area 2 stub no-summary
%OSPFv3-5-ADJCHG: Process 1, IPv6, Nbr 3.3.3.3 on Ethernet0/1 from FULL to DOWN,
Neighbor Down: Adjacency forced to reset

R3(config)# router ospfv3 1
R3(config-router)# address-family ipv6 unicast
R3(config-router-af)# area 2 stub
%OSPFv3-5-ADJCHG: Process 1, IPv6, Nbr 1.1.1.1 on Ethernet0/1 from LOADING to FULL,
Loading Done
```

工程师可以为特定的地址家族配置地址家族相关的特性。例如，可以分别或同时为 IPv4 和 IPv6 启用区域的末节或完全末节特性。在此情景中，区域 2 为 IPv6 地址家族配置为末节区域。

OSPF 会在 Hello 包中携带末节特性标志。为了建立邻接关系，邻居双方的这个标志必须相匹配。每个地址家族分别交换此标志。此例说明了当一端区域配置为末节时，邻接关系是如何断开的，而当 R1 和 R3 拥有相同配置后，又成功建立。

例 3-86 中通过查看 R3 的路由表，验证了区域 2 中的 IPv6 和 IPv4 路由。

例 3-86　查看 R3 IPv4 和 IPv6 路由表的区别

```
R3# show ipv6 route ospf
<Output omitted>
OI  ::/0 [110/11]
    via FE80::A8BB:CCFF:FE00:AB10, Ethernet0/1
R3# show ip route ospfv3
<Output omitted>
```

（待续）

```
O IA      172.16.12.0/30 [110/74] via 172.16.13.1, 00:09:55, Ethernet0/1
O IA      172.16.14.0/25 [110/20] via 172.16.13.1, 00:09:55, Ethernet0/1
      192.168.1.0/32 is subnetted, 1 subnets
O IA      192.168.1.1 [110/10] via 172.16.13.1, 00:09:55, Ethernet0/1
      192.168.2.0/32 is subnetted, 1 subnets
O IA      192.168.2.2 [110/74] via 172.16.13.1, 00:09:55, Ethernet0/1
      192.168.4.0/32 is subnetted, 1 subnets
O IA      192.168.4.4 [110/20] via 172.16.13.1, 00:09:55, Ethernet0/1
```

查看 IPv4 和 IPv6 的 OSPF 路由表时，可以注意到两个地址家族针对区域 2 操作的区别。区域 2 对于 IPv4 来说，是一个标准区域，在这里可以看到所有通过骨干区域收到的外部和区域间路由。区域 2 对于 IPv6 来说，是一个完全末节区域，因此在这里可以看到一条通向 ABR 的默认路由。

例 3-87 使用可能的最小地址块汇总了 R2 通告的 IPv6 网络（2001:DB8:0:220::/64～2001:DB8:0:22F::/64）。

例3-87　在 R1 上汇总一个 IPv6 地址块

```
R1(config)# router ospfv3 1
R1(config-router)# address-family ipv6 unicast
R1(config-router-af)# area 1 range 2001:DB8:0:220::/60
```

与 IPv4 中相似，OSPFv3 支持 IPv6 地址汇总。工程师可以在区域边界路由器上的对应地址家族模式中，使用命令 **area** *area-id* **range** 汇总区域间路由。在此情景中，工程师使用地址块 2001:DB8:0:220::/60 汇总了一组 IPv6 网络地址。

虽然没有在示例中展示，但工程师可以在 ASBR 上汇总外部路由。要对 IPv6 执行这样的汇总，可以在 IPv6 地址家族路由器配置模式中使用 **summary-prefix** 命令。

例 3-88 通过查看骨干路由器 R4 上的 IPv6 路由表，验证了 IPv6 汇总在骨干区域的效果。R4 中包含了汇总地址 2001:DB8:0:220::/60，而不是独立的明细网络。

例3-88　R1 路由表中的 OSPF 路由

```
R4# show ipv6 route ospf
<Output omitted>
O   2001:DB8:0:11::1/128 [110/10]
     via FE80::A8BB:CCFF:FE00:AB00, Ethernet0/0
OI  2001:DB8:0:12::/64 [110/74]
     via FE80::A8BB:CCFF:FE00:AB00, Ethernet0/0
OI  2001:DB8:0:13::/64 [110/20]
     via FE80::A8BB:CCFF:FE00:AB00, Ethernet0/0
OI  2001:DB8:0:22::/64 [110/75]
     via FE80::A8BB:CCFF:FE00:AB00, Ethernet0/0
OI  2001:DB8:0:33::/64 [110/21]
```

（待续）

```
    via FE80::A8BB:CCFF:FE00:AB00, Ethernet0/0
OI  2001:DB8:0:220::/60 [110/75]
    via FE80::A8BB:CCFF:FE00:AB00, Ethernet0/0
```

3.4.2 配置高级 OSPFv3

OSPFv3 提供了一套与 OSPFv2 非常相似的工具用来微调 OSPFv3 的功能。

工程师可以在把 ASBR 上的网络重分布到 OSPFv3 时进行汇总。在 OSPFv3（开放最短路径优先第 3 版）中配置 IPv6 汇总前缀时，工程师可以在 OSPFv3 路由器配置模式、IPv6 地址家族配置模式，或 IPv4 地址家族配置模式中使用以下命令：

summary-prefix *prefix* [**not-advertise** | **tag** *tag-value*] [**nssa-only**]

恢复默认设置需要在此命令前添加关键字 **no**。表 3-8 描述了此命令的参数。

表 3-8   summary-prefix *命令参数*

参数	描述
prefix	目的网络的 IPv6 路由前缀
not-advertise	（可选）抑制匹配特定前缀和掩码的路由。此关键字只适用于 OSPFv3
tag *tag-value*	（可选）指定通过 route-map 控制重分布使用的匹配标签值。此关键字只适用于 OSPFv3
nssa-only	（可选）限制区域中前缀的范围。为特定前缀生成汇总路由（如果有的话）设置 NSSA-only 属性

例 3-89 展示了一个示例配置。重分布将在第 4 章中进行讨论。

例 3-89   在 ASBR 上配置 summary-prefix 命令

```
Router(config)# router ospfv3 1
Router(config-router)# address-family ipv6 unicast
Router(config-router-af)# summary-prefix 2001:db8:1::/56
```

工程师在 OSPFv3 路由器上也可以控制负载均衡行为。为了控制 OSPFv3 路由进程可以支持的最大等价路由数量，工程师可以在 IPv6 或 IPv4 地址家族配置模式中，使用命令 **maximum-paths**，如例 3-90 所示。OSPFv3 中该值的范围是 1～64。

例 3-90   在地址家族模式中配置命令 maximum-paths

```
Router(config)# router ospfv3 1
Router(config-router)# address-family ipv6 unicast
Router(config-router-af)# maximum-paths 8
```

3.4.3 OSPFv3 注意事项

OSPF 进程：传统的 OSPFv2、传统的 OSPFv3 和使用地址家族以支持两个 IP 栈的新式 OSPFv3，在传输协议上有所不同。

传统的 OSPFv2 通过 **router ospf** 命令进行配置，使用 IPv4 传输机制。传统的 OSPFv3 通过 **ipv6 router ospf** 命令进行配置，使用 IPv6 作为传输协议。新的 OSPFv3 框架通过 **router ospfv3** 命令进行配置，对两地址家族都使用 IPv6 传输机制。因此，它不能与运行传统 OSPFv2 协议的路由器建立邻接关系。

Cisco IOS 15.1(3)S 和 Cisco IOS 15.2(1)T 版本开始支持 OSPFv3 地址家族特性。运行比这些版本老的软件的 Cisco 设备，以及第三方设备将不会与运行 IPv4 地址家族特性的设备建立邻居关系，因为它们不设置地址家族位。因此，这些设备不会参与 IPv4 地址家族的 SPF 计算，且不会在 IPv4 路由信息库（RIB）中放入 IPv4 OSPFv3 路由。

3.5 总结

在本章中，读者学习了建立 OSPF 邻居关系、构建 OSPF 链路状态数据库、优化 OSPF 行为、配置 OSPFv2 和 OSPFv3 等内容。本章涵盖了下列主题：

- OSPF 使用两层的分级方式将网络划分为骨干区域（区域 0）和非骨干区域；
- OSPF 执行操作时使用 5 种包类型，分别为 Hello、DBD、LSR、LSU 和 LSAck；
- OSPF 邻居在邻接关系变为 Full 状态之前，要经历几个不同的邻居状态；
- OSPF 在多路访问网段上选举 DR/BDR 以优化信息的交换；
- 最常见的 OSPF 网络类型是点到点、广播、非广播和环回；
- OSPF 使用几种不同的 LSA 类型来描述网络拓扑；
- LSA 存储在 LSDB 中，LSDB 在每次网络变化时进行同步；
- OSPF 基于默认参考带宽和接口带宽来计算接口开销；
- OSPF 使用 SPF 算法来计算总开销最低的路径，并将其选为最优路由；
- 区域内路由总是优先于区域间路由；
- 路由汇总改善了 CPU 使用率，减少了 LSA 泛洪数量，并减小了路由表大小；
- 命令 **area range** 在 ABR 上执行汇总。命令 **summary-address** 在 ASBR 上执行汇总；
- OSPF 可以使用默认路由，来避免传播每个目的网络的明细路由；
- OSPF 使用 **default-information originate** 命令注入默认路由；
- OSPF 有几种区域类型——普通、骨干、末节、完全末节、NSSA 以及完全末节 NSSA；
- 使用 **area** *area-id* 路由器配置命令将 OSPF 区域定义为末节；
- 仅在 ABR 上使用 **area** *area-id* **stub** 命令以及 **no-summary** 关键字可以将区域定义为完全末节；
- 对于末节区域，路由表中看不到外部路由，但可以通过区域内默认路由访问外部；
- 对于完全末节区域，路由表中看不到区域间路由和外部路由在，但可以通过区域内默认路由进行访问；
- 用于 IPv6 的 OSPFv3 与 IPv4 的 OSPFv4 支持相同的基本机制，包括使用区域来提供网络分区，以及使用 LSA 来交换路由更新；

- OSPFv3 有两种新的 LSA 类型，并重命名了两种 LSA 类型；
- OSPFv3 对源 LSA 使用链路本地地址；
- Cisco 路由器基于接口启用 OSPFv3；
- 新式的 OSPFv3 以及传统的通过 **ipv6 routerospf** 配置的 IPv6 OSPFv3 可以在网络上共存，来提供 IPv6 路由功能。

3.6 复习题

回答以下问题，并在附件 A 中查看答案。

1. 以下哪项是 OSPF 的传输类型？

    a. IP/88

    b. TCP/179

    c. IP/89

    d. IP/86

    e. UDP/520

2. 区域边界路由器_____。

    a. 为所有区域维护一个数据库

    b. 为所连接的每个区域维护一个独立的数据库

    c. 维护两个数据库：骨干一个，其他所有区域一个

    d. 为每个区域维护一个独立的路由表

3. OSPF 使用哪两种方式来节约计算资源？

    a. 基于区域的隔离，包括末节区域

    b. LSDB

    c. 汇总

    d. 重分布

    e. 网络类型

4. LSA 3 和 LSA 4 有什么区别？

    a. LSA 3 是汇总 LSA，LSA 4 是 E1

    b. LSA 3 是 E1，LSA 4 是汇总

    c. LSA 3 是网络汇总，LSA 3 是 ASBR 汇总

    d. LSA 3 是 ASBR 汇总，LSA 4 是网络汇总

5. 哪两种 LSA 描述了区域间路由信息？

    a. 汇总

    b. 外部 1

    c. 外部 2

    d. 路由器

    e. 网络

6. OSPF 路由器接收 LSA 并检查 LSA 序列号。此序列号与接收路由器已有的 LSA 序号相同。接收路由器将对收到的 LSA 执行什么操作?

    a. 忽略此 LSA

    b. 将 LSA 添加到数据库

    c. 向源路由器发送更新的 LSU

    d. 向其他路由器泛洪 LSA

7. 路由汇总很重要的两个原因是什么?

    a. 减少 LSA 类型 1 泛洪

    b. 减少 LSA 类型 3 泛洪

    c. 减小路由表大小

    d. 减小邻居表大小

8. 路由汇总减小了以下哪两种 LSA 类型的泛洪?

    a. 路由器

    b. 网络

    c. 汇总

    d. 外部

    e. NSSA

9. 末节区域设计可以改善_____。

    a. 末节中路由器的 CPU 利用率

    b. 末节中的邻接数量

    c. 连通外部网络的能力

    d. 骨干中路由器的 LSDB 大小

10. 以下哪项同时表述了 OSPFv2 和 OSPFv3 的特性?

    a. router ID 为 IPv4 格式

    b. router ID 为 IPv6 格式

    c. 进程使用 **network** 命令激活

    d. 相同的 LSA 类型

11. 为了通过一个 NBMA 链路建立 OSPFv3 邻接关系,工程师要在 neighbor 命令中配置什么地址?

    a. 本地 IPv4 地址

    b. 邻居的 IPv4 地址

    c. 接口链路本地 IPv6 地址

    d. 本地全局 IPv6 地址

    e. 邻居的链路本地 IPv6 地址

    f. 邻居的全局 IPv6 地址

12. 工程师可以使用 **ipv6 router ospf** 命令运行一个 OSPFv3 进程,来支持双栈环境(正确还是错误）。

  a. 对

  b. 错

13. 以下哪项不是链路状态路由协议的特性？

  a. 快速响应网络变化

  b. 每 30 分钟广播一次

  c. 在网络变化发生时发送触发更新

  d. 可能会发送名为链路状态刷新的周期性更新，以长时间周期进行发送，比如每 30 分钟一次

14. 链路状态路由协议使用由哪两种区域组成的两层区域分级？

  a. 骨干区域

  b. 传输区域

  c. 常规区域

  d. 链路区域

15. 路由器使用哪个 IPv4 地址向 OSPF DR 和 BDR 发送更新的 LSA 条目？

  a. 单播 224.0.0.5

  b. 单播 224.0.0.6

  c. 组播 224.0.0.5

  d. 组播 224.0.0.6

16. 为确保数据库准确，OSPF 多久泛洪（刷新）每个 LSA 记录？

  a. 每 60 分钟一次

  b. 每 30 分钟一次

  c. 每 60 秒一次

  d. 每 30 秒一次

  e. 泛洪每个 LSA 记录违背了链路状态路由协议的初衷，该种协议努力减少其生成的路由流量

17. 哪类路由器在标准区域中生成类型 5LSA？

  a. DR

  b. ABR

  c. ASBR

  d. ADR

18. 路由器把类型 1 LSA 泛洪到何处？

  a. 直接的对端

  b. 其生成区域中的所有其他路由器

  c. 其他区域中的路由器

  d. 所有区域

19. 路由表如何反映区域内路由的链路状态信息?
    a. 路由条目标记为 O
    b. 路由条目标记为 I
    c. 路由条目标记为 IO
    d. 路由条目标记为 EA
    e. 路由条目标记为 O IA
20. 哪类是默认的外部路由类型?
    a. E1
    b. E2
    c. E5
    d. 没有默认的外部路由。OSPF 自适应并选择最合适的类型
21. 如何计算 E1 外部路由的开销?
    a. 数据包经过的每条链路的内部开销总和
    b. 外部开销加上数据包经过的每条链路的内部开销总和
    c. 仅为外部开销
    d. 所有区域的开销总和，即使是未使用的开销

本章会讨论下列内容：

■ 在网络上使用多个 IP 路由协议；

■ 部署路由重分布；

■ 控制路由更新流量。

第**4**章

控制路由更新

本章一开始讨论与路由相关的网络性能问题以及在网络上使用多个 IP 路由协议的情况。本章描述了不同路由协议之间路由重分布的部署，探索了控制这些路由协议之间发送路由信息的方式，包括使用分发列表、前缀列表和 route-map。

> 注释　本章把控制路由更新的内容放在 BGP（边界网关协议）之间进行介绍，因为学习 BGP 相关的知识需要先了解路由重分布和 route-map。

4.1　在网络上使用多个 IP 路由协议

简单的路由协议在简单的网络中能够很好地工作，但随着网络增长并变得更为复杂，工程师可能有必要更换路由协议。通常，工程师要逐步切换路由协议，所以多种路由协议在网络中运行的时间长度各不相同。

路由器可以连接使用不同路由协议的网络（称为路由域或自治系统）。例如，图 4-1 中的路由器 R1 互连了 AS1 中的 EIGRP（增强内部网关路由协议）和 OSPF（开放最短路径优先）协议。R1 也使用 BGP（边界网关协议）连接了 ISP（Internet 服务提供商）。R1 被称为边界路由器（也称为边缘路由器），因为它互连了不同的自治系统。

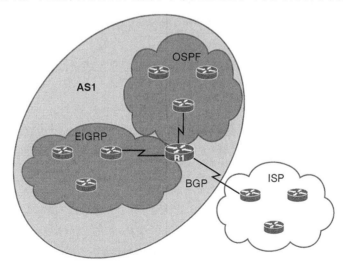

图 4-1　路由器可以运行多个路由协议

这种环境中的问题是每个路由协议都收集不同类型的信息，并以自己的方式响应拓扑变化。例如，OSPF 的度量是基于链路开销的，而 EIGRP 的度量是基于组合度量的。

另一个问题是运行多个路由协议增加了路由器 CPU 和内存的负载。例如，图 4-1 中的 R1 需要维护独立的路由、拓扑和数据库表，并按照不同的时间间隔交换和处理路由信息。

最后，路由协议在设计之初，并不与其他协议互操作。例如，OSPF 和 EIGRP 的度量参数是不兼容的，在这两种度量参数之间交换路由信息会给路由器增加额外的 CPU 和内存负载。

在完成本节内容的学习后，读者应该能够：

- 描述在一个网络中使用多个路由协议的必要性；
- 描述路由协议是如何交互的；
- 描述多路由协议环境中的操作方案。

4.1.1 为什么运行多个路由协议

虽然我们希望能在整个 IP 互连网络中运行一个路由协议，但出于多种原因的考虑，工程师可能需要使用多种协议路由。

- 从旧 IGP（内部网关协议）迁移到新 IGP 时。直到新协议完全代替旧协议之前，网络中可能会存在多个重分布边界。使用不同路由协议的公司相互合并时，也会发生相同的情况。
- 在部署了多厂商路由器的环境中。在这些环境中，工程师可以在网络的 Cisco 部分使用 Cisco 特有的路由协议，如 EIGRP，并使用如 OSPF 等通用的基于标准的路由协议来与其他厂商的设备进行通信。
- 工程师希望使用新协议，但主机系统仍需要旧路由协议的支持时（例如，运行 RIP 的基于 UNIX 主机的路由器）。
- 一些部门不希望升级自己的路由器，来支持新路由协议时。

4.1.2 运行多个路由协议

运行多个路由协议时，一台路由器可以从不同的路由源获知路由。如果一台路由器从两个不同的路由域获知了一个特定的目的，管理距离（AD）值最低的路由将被放到路由表中。

1. 管理距离

管理距离是路由器用来对一个路由协议的可信度进行评分的参数。每种路由协议都分配有一个称为管理距离（Administrative Distance）的值，从最可信到最不可信来评定优先级。此标准是路由器在多个协议提供了相同目的的路由信息时，用来决定选用哪个路由协议时考虑的第一个标准。

与表中的其他路由相比，有到达目的管理距离最低的路径会被放到路由表中。管理距离较高的路由会被拒绝。

表4-1列出了路由协议通常默认的管理距离。更低的管理距离被认为更可靠（更好）。

表 4-1 常用路由协议的默认管理距离

路由源	默认管理距离
EIGRP 和 IPv6 EIGRP 汇总路由	5
外部 BGP	20
内部 EIGRP、IPv6 EIGRP	90
OSPFv2、OSPFv3	110
RIPv1、RIPv2、RIPng	120
内部 BGP	200
不可达	255

以图4-1为例，AS1中的R1在自治系统中运行了两个路由进程（EIGRP和OSPF）。假设EIGRP和OSPF使用其内部度量和进程，获知了到达网络192.168.24.0/24的路由。每个路由进程都会尝试将去往192.168.24.0/24的路由放到路由表中。R1将使用由EIGRP提供的路径，因为EIGRP的管理距离为90，低于OSPF的管理距离110。

4.1.3 多路由协议方案

在支持复杂的多协议网络时，工程师应该谨慎部署路由协议设计和流量优化方案。这些方案包括：

- 汇总；
- 路由协议之间的重分布；
- 路由过滤。

第2章和第3章中讨论了汇总的相关内容。本章讨论重分布和路由过滤。

4.2 部署路由重分布

在完成本节内容的学习后，读者应该能够：

- 描述对路由重分布的需要；
- 了解路由重分布的一些注意事项；
- 描述如何配置及检查路由重分布；
- 了解不同的路由重分布类型。

4.2.1 定义路由重分布

Cisco路由器使用路由重分布（Route Redistribution）特性，允许使用多个路由协议的互连网络交换路由信息。

路由重分布的定义是：连接不同路由域的边界路由器在这些路由域（自治系统）之间交换并通告路由信息的能力。重分布将与其他路由进程共享路由器获知的路由信息。

4.2.2 规划重分布路由

网络工程师必须谨慎且细致地进行一个路由协议到另一个或多个协议的迁移；否则可能会由重分布带来路由环路，这将对互连网络产生不良影响。

在路由协议之间进行重分布时，两个路由协议通常可能有不同的要求和性能，所以网络工程师在更换任何路由协议之前，都要制定详细的规划。拥有精确的网络拓扑图和所有网络设备的清单是成功的关键。

在每个自治系统中，内部路由器通常完全了解其网络。工程师通常会在运行多个协议的边界路由器上，配置路由域之间的重分布。为了部署可扩展的方案并限制路由更新流量的总量，重分布进程必须筛选相关路由。

在一台路由器重分布路由时，它只传播路由表中存在的路由。因此，路由器可以重分布动态获知的路由、静态路由以及直连路由。

4.2.3 重分布路由

重分布总是向外执行的。这意味着执行重分布的路由器不更改其路由表。只有接收重分布路由的下行路由器会把路由添加到各自的路由表中。

例如，图 4-2 所示为被一个边界路由器 R1 互连的两个路由域。R2 的路由表包含直连和 OSPF 网络，R3 的路由表包含直连和 EIGRP 路由。R1 有同时运行的 OSPF 和 EIGRP 进程，且其路由表中包含直连路由、OSFP 域路由和 EIGRP 域路由。没有执行重分布时，OSPF 域中的路由器不知道 EIGRP 路由，EIGRP 域中的路由器不知道 OSPF 路由。

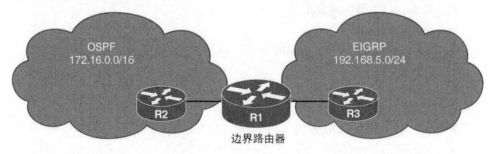

图 4-2 被边界路由器互连的路由域

如图 4-3 所示，为了把 EIGRP 路由通告到 OSPF 域中，工程师在 R1 上的 OSPF 路由进程中配置重分布，要求 R1 把路由表中的 EIGRP 路由重分布给 OSPF 邻居。同样地，为了把 OSPF 路由通告到 EIGRP 域，工程师在 R1 上的 EIGRP 进程中配置重分布，要求 R1 把路由表中的 OSPF 路由重分布给 EIGRP 邻居。

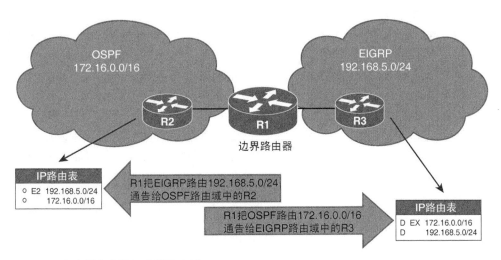

图 4-3　由边界路由器互连的路由域

注意 OSPF 域中现在包含了 EIGRP 路由，如 R2 路由表中 O E2 标记所示。EIGRP 域现在也有了 OSPF 路由，如 R3 路由表中的 D EX 标记所示。每个自治系统中的路由器对这些网络都可以做出明智的路由决策。

> 注释　为了提升路由表的稳定性并减小路由表大小，工程师应该在边界路由器上配置重分布汇总路由。

4.2.4　种子度量

路由器在通告其直连接口的链路时，使用的初始度量或种子（Seed）度量（也称默认度量）值是由该接口的特性决定的，且该度量随着路由信息被传递到其他路由器而逐渐增加。

对于 OSPF 来说，种子度量基于接口带宽。对于 EIGRP 来说，种子度量基于接口带宽和延迟。对于 RIP 来说，种子度量从跳数 0 开始并从路由器到路由器递增。

路由器执行重分布时，重分布的路由必须有适用于接收协议的度量。

因为重分布路由是从其他源获知的（如其他路由协议），边界路由器必须能够把从源路由协议收到的路由度量转换为接收路由协议使用的度量。例如，如果一台边界路由器收到了一个 RIP 路由，该路由用跳数作为度量。为了将路由重分布到 OSPF 中，路由器必须将跳数转换为开销度量，这样其他 OSPF 路由器才能理解。

工程师需要在重分布时定义种子或默认度量。在重分布路由的种子度量确立后，度量就可以在自治系统中正常增加了。

> 注释　正常的度量递增行为的一个例外是 OSPF E2 路由。OSPF 外部类型 2 路由包含初始的度量，无论路由在自治系统中传播了多远，度量值不变。

工程师可以使用以下其中一条命令来配置种子度量。

- **default-metric** 路由器配置命令，确立所有重分布路由的种子度量。指定的默认度量适用于被重分布到此协议中的所有协议。
- **redistribute** 路由器配置命令，使用 **metric** 选项或 route-map。在 **redistribute** 命令中使用 **metric** 参数为被重分布的协议设置特定的度量。**redistribute** 命令中配置的度量覆盖该协议的 **default-metric** 命令值。

为了有效避免次优路由以及路由环路，工程师应该总将初始种子度量设置为比接收自治系统中最大度量更大的值。例如，把 RIP 路由重分布到 OSPF 中，且最高 OSPF 度量是50 时，重分布的 RIP 路由应分配大于 50 的度量。

默认种子度量

每个 IP 路由协议重分布路由的默认种子度量值如下所示。

- 重分布到 EIGRP 和 RIP 的路由被分配的度量为 0，它被解释为无限大或不可达。这告知路由器该路由不可达且不应被通告。因此，工程师在把路由重分布到 RIP 和 EIGRP 中时，必须指定一个种子度量；否则，路由将不会被重分布。此规则的例外情况是重分布直连或静态路由，以及在两个 EIGRP 自治系统之间重分布路由。
- 重分布到 OSPF 中的路由被分配一个默认类型 2（E2）度量值 20。然而，重分布的 BGP 路由被分配一个默认类型 2 度量值 1（注意在重分布 OSPF 到 OSPF 中时，与区域内和区域间路由相关的度量会被保留下来）。
- 重分布到 BGP 中的路由保持其 IGP 路由度量。

> **注释** 重分布到 IS-IS（中间系统到中间系统）协议的路由被分配了默认度量 0。但与 RIP 或 EIGRP 不同，IS-IS 并不将种子度量 0 作为不可达对待。建议工程师为重分布到 IS-IS 的路由配置种子度量。

表 4-2 列出了重分布到每个 IP 路由协议的路由的默认种子度量值。

表 4-2 默认种子度量

把路由重分布到以下协议	默认种子度量
RIP	0，无限大或不可达
EIGRP	0，无限大或不可达
OSPF	20。BGP 路由是个例外，其默认种子度量是 1（所有路由都默认为 E2 类型）
BGP	BGP 度量被设置为 IGP 度量值

图 4-4 中展示了边界路由器 R1 上的配置，从 RIP 域使用种子度量 30，将 RIP 路由重分布到 OSPF 中。

图 4-5 展示了重分布后的路由表。

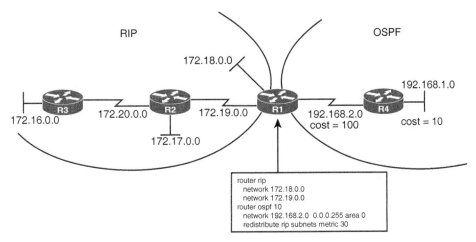

图 4-4 把 RIP 路由重分布到 OSPF 中

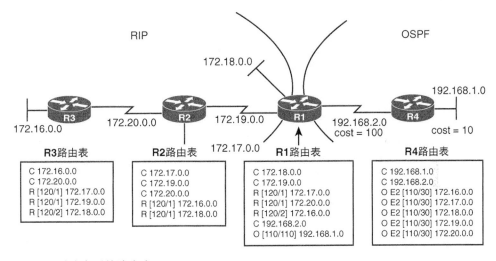

图 4-5 重分布后的路由表

要记住重分布的执行方向是出向的；因此，R1、R2 和 R3 的路由表保持不变。R4 的路由表被改变，现在包含了 RIP 路由，标记为 O E2 路由，度量为 30。注意 R1 和 R4 之间的串行链路开销并没有增加到这些路由的度量中。这是因为 OSPF 自动把这些路由作为 E2 类型的路由执行了重分布。RIP 域中 3 个网络的度量与 OSPF 域无关，因为 R4 会把发往这 3 个网络的任何流量转发给 R1，而 R1 将正确地在 RIP 网络中转发流量。

4.2.5 配置并检查 IPv4 和 IPv6 中的基本重分布

本节讨论了如何使用图 4-6 中的拓扑执行基本的重分布配置。对于 OSPFv2 和 OSPFv3，R1 和 R3 位于区域 0 中，R3 和 R4 位于区域 2 中。R3 是 ABR。

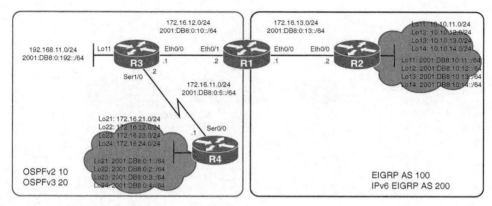

图 4-6　基本的重分布拓扑

在本例中，工程师将在边界路由器 R1 上配置重分布：

- 把 OSPFv2 路由重分布到 EIGRP 路由域；
- 把 OSPFv3 路由重分布到 IPv6 的 EIGRP 路由域；
- 把 EIGRP 路由重分布到 OSPFv2 路由域；
- 把 IPv6 的 EIGRP 路由重分布到 OSPFv3 路由域。

1. 把 OSPFv2 路由重分布到 EIGRP 路由域

为了把路由从一个路由域重分布到另一个路由域，工程师需使用 **redistribute** 路由器配置命令。此命令标识了源路由协议（路由更新来自这个协议）以及这些路由应被如何重分布到目标路由协议（接受路由更新的协议）中。

需要注意的是路由是被重分布进入路由协议，所以工程师需要在接收重分布路由的路由进程下配置 **redistribute** 命令。

因为不同的路由协议使用不同的度量，所以 **redistribute** 命令的参数会根据路由协议而不同。

工程师要使用以下命令语法来配置进入 EIGRP 的重分布：

```
Router(config-router)# redistribute protocol process-id [metric bandwidth-metric
delay-metric reliability-metric effective-bandwidth-metric mtu-bytes] [route-map
map-tag]
```

> **注释**　上述简化的命令语法列出了 EIGRP redistribute 命令的常用参数。完整语法参见 Cisco.com。

表 4-3 描述了 EIGRP **redistribute** 命令的常用参数。

表 4-3　　　　　　　　　　　　EIGRPredistribute 命令参数

参数	描述
protocol	重分布路由的源协议。命令关键字包括 **connected**、**static**、**rip**、**ospf** 和 **bgp**

参数	描述
process-id	对于 BGP 或 EIGRP 来说，该参数是自治系统号。对于 OSPF 来说，该参数是 OSPF 进程 ID
metric	（可选）指定重分布路由的度量
bandwidth-metric	路由的最大带宽，单位千比特每秒（kbit/s）。取值范围是 1～4294967295
delay-metric	EIGRP 路由延迟度量，单位 10 微秒。取值范围是 1～4294967295
reliability-metric	EIGRP 可靠性度量。取值范围是 0～255。EIGRP 度量 255 表示百分之百可靠
effective-bandwidth-metric	路由的有效带宽。取值范围是 1～255。有效带宽 255 表示 100%负载
mtu	所允许的最小 MTU，单位为字节
route-map	（可选）在路由从源路由协议进入当前路由协议时，应该查询 route-map 来执行过滤。若未指定，则重分布所有路由。如果指定了该关键字但未列出 route-map 名称，则不重分布任何路由
map-tag	route-map 名称

> **注释** redistribute 命令的命令参数会根据目标协议的不同而不同。例如，EIGRP redistribute 命令的一些参数就与 OSPF redistribute 命令的参数不同。

在例 4-1 中，工程师配置 EIGRP 100 进程，来重分布 R1 上所有已知的 OSPFv2 路由。**redistribute** 命令也为那些重分布的路由配置了具体的度量。EIGRP 必须提供度量值，否则源路由将会被分配一个无限大的度量值，且将不会被传播。

例 4-1 把 OSPF 路由重分布到 EIGRP

```
R1(config)# router eigrp 100
R1(config-router)# redistribute ospf 10 metric 1500 100 255 1 1500
```

此外，工程师也可以使用例 4-2 中所示的 **default-metric** 命令来应用度量值。

例 4-2 使用默认度量把 OSPF 路由重分布到 EIGRP

```
R1(config)# router eigrp 100
R1(config-router)# default-metric 1500 100 255 1 1500
R1(config-router)# redistribute ospf 10
```

这两种做法在部署上的区别如下所示。
- 例 4-1 特别为重分布的 OSPF 路由分配了度量。
- 例 4-2 为所有重分布的路由分配了一个默认度量。例如，如果静态路由也与 OSPF 路由一起被重分布到 EIGRP 中，它也将被分配 **default-metric** 命令中指定的度量值。

此例中的 EIGRP 度量配置解释如下。
- 带宽（kbit/s）= 1500000 bit/s。这是路由器的最小带宽，单位是千比特每秒（kbit/s）。

该值可以是 1 或任意正整数。

- 十微秒延迟 = 100。路由延迟单位是十微秒。其可以是 0 或任意正整数。
- 可靠性 = 255（最大）。成功传输数据包的可能性，表示为数字 0～255，其中 255 表示该路由 100%可靠，0 表示不可靠。
- 负载 = 1（最小）。路由的有效负载，表示为数字 1～255，其中 255 表示路由负载为 100%。
- MTU（最大传输单元）= 1500 字节。最大传输单元。路由上单位为字节的最大包大小，值为大于或等于 1 的整数。

> 注释　在第 2 章中说到 EIGRP 更新中包含 MTU，但实际上并不在度量的计算中使用 MTU。

接着，检查 OSPF 路由是否已被重分布到 EIGRP 自治系统 100 中。为此，工程师在 R2 上使用 **show ip route** 命令，如例 4-3 所示。

例 4-3　*在 R2 上验证重分布的 OSPF 路由*

```
R2# show ip route
Codes: L - local, C - connected, S - static, R - RIP, M - mobile, B - BGP
       D - EIGRP, EX - EIGRP external, O - OSPF, IA - OSPF inter area
       N1 - OSPF NSSA external type 1, N2 - OSPF NSSA external type 2
       E1 - OSPF external type 1, E2 - OSPF external type 2
       i - IS-IS, su - IS-IS summary, L1 - IS-IS level-1, L2 - IS-IS level-2
       ia - IS-IS inter area, * - candidate default, U - per-user static route
       o - ODR, P - periodic downloaded static route, H - NHRP, l - LISP
       + - replicated route, % - next hop override

Gateway of last resort is not set

      10.0.0.0/8 is variably subnetted, 8 subnets, 2 masks
C        10.10.11.0/24 is directly connected, Loopback11
L        10.10.11.1/32 is directly connected, Loopback11
C        10.10.12.0/24 is directly connected, Loopback12
L        10.10.12.1/32 is directly connected, Loopback12
C        10.10.13.0/24 is directly connected, Loopback13
L        10.10.13.1/32 is directly connected, Loopback13
C        10.10.14.0/24 is directly connected, Loopback14
L        10.10.14.1/32 is directly connected, Loopback14
      172.16.0.0/16 is variably subnetted, 8 subnets, 3 masks
D EX     172.16.11.0/30 [170 /1757696] via 172.16.13.1, 00:00:05, Ethernet0/0
D EX     172.16.12.0/24 [170 /1757696] via 172.16.13.1, 00:00:05, Ethernet0/0
C        172.16.13.0/24 is directly connected, Ethernet0/0
L        172.16.13.2/32 is directly connected, Ethernet0/0
```

（待续）

```
D EX     172.16.21.1/32 [170 /1757696] via 172.16.13.1, 00:00:05, Ethernet0/0
D EX     172.16.22.1/32 [170 /1757696] via 172.16.13.1, 00:00:05, Ethernet0/0
D EX     172.16.23.1/32 [170 /1757696] via 172.16.13.1, 00:00:05, Ethernet0/0
D EX     172.16.24.1/32 [170 /1757696] via 172.16.13.1, 00:00:05, Ethernet0/0
      192.168.11.0/32 is subnetted, 1 subnets
D EX     192.168.11.1 [170 /1757696] via 172.16.13.1, 00:00:05, Ethernet0/0

R2#
```

可以注意到所有的 OSPF 路由都出现在 R2 的路由表中。它们作为 D EX（EIGRP 外部）路由引入到路由表中，因为它们是从 OSPF 域重分布进来的。

默认情况下，在自治系统中获知的 EIGRP 路由的管理距离是 90。然而，外部路由的管理距离为 170。因此，内部 EIGRP（D）路由优先于外部 EIGRP（D EX）路由。

2. 把 OSPFv3 路由重分布到 IPv6 EIGRP 路由域

例 4-4 所示为在 R1 上配置 EIGRP 200 进程使用特定的度量，重分布所有已知的 OSPFv3 路由。

例 4-4 把 OSPFv3 路由重分布到 IPv6 EIGRP 中

```
R1(config)# ipv6 router eigrp 200
R1(config-rtr)# redistribute ospf 20 metric 1500 100 255 1 1500
```

接着，验证 OSPFv3 是否已被重分布到 EIGRP 自治系统 200 中，并且只列出 EIGRP 路由。为此工程师在 R2 上使用了命令 **show ipv6 route eigrp**，如例 4-5 所示。

例 4-5 在 R2 上验证重分布的 OSPFv3 路由

```
R2# show ipv6 route eigrp
IPv6 Routing Table - default - 17 entries
Codes: C - Connected, L - Local, S - Static, U - Per-user Static route
       B - BGP, HA - Home Agent, MR - Mobile Router, R - RIP
       H - NHRP, I1 - ISIS L1, I2 - ISIS L2, IA - ISIS interarea
       IS - ISIS summary, D - EIGRP, EX - EIGRP external, NM - NEMO
       ND - ND Default, NDp - ND Prefix, DCE - Destination, NDr - Redirect
       O - OSPF Intra, OI - OSPF Inter, OE1 - OSPF ext 1, OE2 - OSPF ext 2
       ON1 - OSPF NSSA ext 1, ON2 - OSPF NSSA ext 2, l - LISP
EX  2001:DB8:0:1::1/128 [170/1757696]
       via FE80::A8BB:CCFF:FE01:6C00, Ethernet0/0
EX  2001:DB8:0:2::1/128 [170/1757696]
       via FE80::A8BB:CCFF:FE01:6C00, Ethernet0/0
EX  2001:DB8:0:3::1/128 [170/1757696]
       via FE80::A8BB:CCFF:FE01:6C00, Ethernet0/0
EX  2001:DB8:0:4::1/128 [170/1757696]
```

（待续）

```
        via FE80::A8BB:CCFF:FE01:6C00, Ethernet0/0
EX  2001:DB8:0:5::/64 [170/1757696]
        via FE80::A8BB:CCFF:FE01:6C00, Ethernet0/0
EX  2001:DB8:0:192::1/128 [170/1757696]
        via FE80::A8BB:CCFF:FE01:6C00, Ethernet0/0

R2#
```

EIGRP 使用外部路由标记（EX）导入 OSPFv3 路由。可以注意到 R1 和 R2 之间的直连路由（即 2001:DB8:0:10::/64）未显示，原因是 IPv6 的 EIGRP 不会自动包含直连路由。

对于 IPv4 来说，运行源协议的接口会自动通告到路由协议中。因此在 IPv4 中，工程师不需要明确配置，将直连子网通告给目标路由协议。

然而在 IPv6 中，需要由工程师通过配置，将直连子网包含到重分布路由中。为了把直连接口通告给目标路由协议，工程师必须在 **redistribute** 命令中使用 **include-connected** 关键字。使用此关键字能够让目标路由协议重分布源协议获知的路由，并且当接口上运行源路由协议时，也重分布该接口所连子网。

例 4-6 所示为在 R1 上配置 EIGRP 200 进程，使用特定的度量重分布所有已知的 OSPFv3 路由和直连路由。

例 4-6　把直连路由重分布到 IPv6 EIGRP

```
R1(config)# ipv6 router eigrp 200
R1(config-rtr)# redistribute ospf 20 metric 1500 100 255 1 1500 include-connected
```

为了验证 OSPFv3 路由和直连路由是否已被重分布到 EIGRP 自治系统 200 中，工程师在 R2 上使用 **show ipv6 route eigrp** 命令，如例 4-7 所示。

例 4-7　在 R2 上验证重分布的 OSPFv3 路由

```
R2# show ipv6 route eigrp
IPv6 Routing Table - default - 18 entries
Codes: C - Connected, L - Local, S - Static, U - Per-user Static route
       B - BGP, HA - Home Agent, MR - Mobile Router, R - RIP
       H - NHRP, I1 - ISIS L1, I2 - ISIS L2, IA - ISIS interarea
       IS - ISIS summary, D - EIGRP, EX - EIGRP external, NM - NEMO
       ND - ND Default, NDp - ND Prefix, DCE - Destination, NDr - Redirect
       O - OSPF Intra, OI - OSPF Inter, OE1 - OSPF ext 1, OE2 - OSPF ext 2
       ON1 - OSPF NSSA ext 1, ON2 - OSPF NSSA ext 2, l - LISP
EX  2001:DB8:0:1::1/128 [170/1757696]
     via FE80::A8BB:CCFF:FE01:6C00, Ethernet0/0
EX  2001:DB8:0:2::1/128 [170/1757696]
     via FE80::A8BB:CCFF:FE01:6C00, Ethernet0/0
EX  2001:DB8:0:3::1/128 [170/1757696]
```

（待续）

```
    via FE80::A8BB:CCFF:FE01:6C00, Ethernet0/0
EX  2001:DB8:0:4::1/128 [170/1757696]
    via FE80::A8BB:CCFF:FE01:6C00, Ethernet0/0
EX  2001:DB8:0:5::/64 [170/1757696]
    via FE80::A8BB:CCFF:FE01:6C00, Ethernet0/0
EX  2001:DB8:0:10::/64 [170/1757696]
    via FE80::A8BB:CCFF:FE01:6C00, Ethernet0/0
EX  2001:DB8:0:192::1/128 [170/1757696]
    via FE80::A8BB:CCFF:FE01:6C00, Ethernet0/0
R1(config-router)# redistribute ospf 20 metric 1500 100 255 1 1500 include-connected
```

可以注意到直连路由也被重分布到了 IPv6 EIGRP 路由域中。

3. 把 EIGRP 路由重分布到 OSPFv2 路由域

把路由重分布到 OSPF 时，默认度量通常是 20，默认度量类型是 E2，默认不重分布子网。工程师需要使用以下命令语法，把路由重分布到 OSPF 中：

```
Router(config-router)# redistribute protocol process-id [metric metric-value]
[metric-type type-value] [route-map map-tag] [subnets]
```

> **注释** 上述简化的命令语法列出了 OSPF redistribute 命令的常用参数。完整语法参见 Cisco.com。

表 4-4 描述了 OSPF **redistribute** 命令的常用参数。

表 4-4 OSPF redistribute 命令参数

参数	描述
protocol	重分布路由的源协议。命令关键字包括 **connected**、**static**、**rip**、**eigrp** 和 **bgp**
process-id	对于 BGP 或 EIGRP 来说，该参数是自治系统号。对于 OSPF 来说，该参数是 OSPF 进程 ID
metric *metric-value*	（可选）此参数用来指定重分布路由的度量。若未明确指定，重分布路由被分配默认度量 20
metric-type *type-value*	（可选）此 OSPF 参数指定外部链路类型。**1** 表示类型 1 外部路由，**2** 表示类型 2 外部路由。默认值是 2
route-map	（可选）在路由从源路由协议进入当前路由协议时，应该查询 route-map 来执行过滤。若未指定，则重分布所有路由。如果指定了该关键字但未列出 route-map 名称，则不重分布任何路由
map-tag	route-map 名称
subnets	（可选）把路由重分布到 OSPF 时，指定协议的重分布范围。默认不重分布子网

> **注释** redistribute 命令的命令参数根据目标协议的不同而不同。例如，EIGRP redistribute 命令的一些参数就与 OSPF redistribute 命令的参数不同。

通告无类网络时，工程师必须使用 **subnets** 关键字。不使用此关键字时，只有在路由表中使用默认有类掩码的路由会被重分布。

例如，R2 路由器在接口上只配置了子网；因此，如果省略了 **subnets** 关键字，R2 的网络将不会被重分布到 R3 和 R4 路由器。

例 4-8 所示为配置 OSPF 10 进程重分布所有已知的 EIGRP 路由，包括子网。OSPF 在不具体定义度量时使用默认度量值 20。

例 4-8　把 EIGRP 路由重分布到 OSPF

```
R1(config)# router ospf 10
R1(config-router)# redistribute eigrp 100 subnets
```

接着，验证 EIGRP 路由是否已被重分布到 OSPF 路由域中，并且只显示 OSPF 获知的路由。为此，工程师在 R3 上使用 **show ip route ospf** 命令，如例 4-9 所示。

例 4-9　在 R3 上验证重分布的 EIGRP 路由

```
R3# show ip route ospf
Codes: L - local, C - connected, S - static, R - RIP, M - mobile, B - BGP
       D - EIGRP, EX - EIGRP external, O - OSPF, IA - OSPF inter area
       N1 - OSPF NSSA external type 1, N2 - OSPF NSSA external type 2
       E1 - OSPF external type 1, E2 - OSPF external type 2
       i - IS-IS, su - IS-IS summary, L1 - IS-IS level-1, L2 - IS-IS level-2
       ia - IS-IS inter area, * - candidate default, U - per-user static route
       o - ODR, P - periodic downloaded static route, H - NHRP, l - LISP
       + - replicated route, % - next hop override

Gateway of last resort is not set

      10.0.0.0/24 is subnetted, 4 subnets
O E2    10.10.11.0 [110/20] via 172.16.12.2, 00:02:29, Ethernet0/0
O E2    10.10.12.0 [110/20] via 172.16.12.2, 00:02:29, Ethernet0/0
O E2    10.10.13.0 [110/20] via 172.16.12.2, 00:02:29, Ethernet0/0
O E2    10.10.14.0 [110/20] via 172.16.12.2, 00:02:29, Ethernet0/0
      172.16.0.0/16 is variably subnetted, 9 subnets, 3 masks
O E2    172.16.13.0/24 [110/20] via 172.16.12.2, 00:02:29, Ethernet0/0
O       172.16.21.1/32 [110/65] via 172.16.11.1, 2d20h, Serial1/0
O       172.16.22.1/32 [110/65] via 172.16.11.1, 2d20h, Serial1/0
O       172.16.23.1/32 [110/65] via 172.16.11.1, 2d20h, Serial1/0
O       172.16.24.1/32 [110/65] via 172.16.11.1, 2d20h, Serial1/0
R3#
```

可以看到路由表中显示出外部链路状态通告（LSA），且被标记为外部类型 1（E1）或外部类型 2（E2）路由。外部路由的开销根据 ASBR（区域系统边界路由器）上配置的外部类型而不同。可以配置以下的外部包类型。

- **E1**：类型 O E1 外部路由通过累加外部开销，以及数据包经过的每条内部链路的开销，来计算总开销。在多个 ASBR 把外部路由通告到相同自治系统时，使用此类型能够避免次优路由的问题。

- **E2（默认）**：类型 O E2 的外部开销是固定的，且不会在 OSPF 域中发生变化。在只有一个 ASBR 把外部路由通告到自治系统时，使用此类型。

如果接收的外部路由为 E2 路由（默认设置），无论 OSPF 域中的拓扑如何，开销都相同。如果接收的外部路由为 E1 路由，内部 OSPF 开销会被加到外部开销上。如果一台 OSPF 路由器同时收到了类型 E1 和类型 E2 的路由，类型 E1 的路由总是优于类型 E2，无论实际计算的开销如何。

在本拓扑中，R1 是唯一的 ASBR，因此适用默认类型 2 路由。虽然此拓扑中并没有要求，例 4-10 还是显示了使用类型 1（E1）把 EIGRP 路由重分布到 OSPF 中的案例。

例 4-10 将 EIGRP 路由作为外部类型 1 路由重分布到 OSPF

```
R1(config)# router ospf 10
R1(config-router)# redistribute eigrp 100 metric-type 1 subnets
```

接着，验证 EIGRP 路由是否已被作为外部类型 1 路由重分布到 OSPF 路由域中，工程师在 R3 上使用 **show ip route ospf** 命令，如例 4-11 所示。

例 4-11 在 R3 上验证重分布的 EIGRP 外部类型 1 路由

```
R3# show ip route ospf
Codes: L - local, C - connected, S - static, R - RIP, M - mobile, B - BGP
       D - EIGRP, EX - EIGRP external, O - OSPF, IA - OSPF inter area
       N1 - OSPF NSSA external type 1, N2 - OSPF NSSA external type 2
       E1 - OSPF external type 1 , E2 - OSPF external type 2
       i - IS-IS, su - IS-IS summary, L1 - IS-IS level-1, L2 - IS-IS level-2
       ia - IS-IS inter area, * - candidate default, U - per-user static route
       o - ODR, P - periodic downloaded static route, H - NHRP, l - LISP
       + - replicated route, % - next hop override

Gateway of last resort is not set

      10.0.0.0/24 is subnetted, 4 subnets
O E1     10.10.11.0 [110/30] via 172.16.12.2, 00:00:02, Ethernet0/0
O E1     10.10.12.0 [110/30] via 172.16.12.2, 00:00:02, Ethernet0/0
O E1     10.10.13.0 [110/30] via 172.16.12.2, 00:00:02, Ethernet0/0
O E1     10.10.14.0 [110/30] via 172.16.12.2, 00:00:02, Ethernet0/0
      172.16.0.0/16 is variably subnetted, 9 subnets, 3 masks
O E1     172.16.13.0/24 [110/30] via 172.16.12.2, 00:00:02, Ethernet0/0
O        172.16.21.1/32 [110/65] via 172.16.11.1, 2d21h, Serial1/0
```

（待续）

```
O         172.16.22.1/32 [110/65] via 172.16.11.1, 2d21h, Serial1/0
O         172.16.23.1/32 [110/65] via 172.16.11.1, 2d21h, Serial1/0
O         172.16.24.1/32 [110/65] via 172.16.11.1, 2d21h, Serial1/0

R3#
```

可以注意到重分布的 EIGRP 路由现在被标识为类型 1 路由，且其度量正常增加。

4. 把 IPv6 EIGRP 路由重分布到 OSPFv3 路由域

例 4-12 所示为在 R1 上配置 OSPF 20 进程，把所有已知的 EIGRP 路由重分布进来。

例 4-12 *把 IPv6 EIGRP 路由重分布到 OSPFv3*

```
R1(config)# ipv6 router ospf 20
R1(config-rtr)# redistribute eigrp 200 include-connected
```

接着，验证 IPv6 EIGRP 路由是否已被重分布到 OSPFv3 路由域，并且只列出 OSPFv3 路由。为此，工程师在 R3 上使用 **show ipv6 route ospf** 命令，如例 4-13 所示。

例 4-13 *在 R3 上验证重分布的 IPv6 EIGRP 路由*

```
R3# show ipv6 route ospf
IPv6 Routing Table - default - 16 entries
Codes: C - Connected, L - Local, S - Static, U - Per-user Static route
       B - BGP, HA - Home Agent, MR - Mobile Router, R - RIP
       H - NHRP, I1 - ISIS L1, I2 - ISIS L2, IA - ISIS interarea
       IS - ISIS summary, D - EIGRP, EX - EIGRP external, NM - NEMO
       ND - ND Default, NDp - ND Prefix, DCE - Destination, NDr - Redirect
       O - OSPF Intra, OI - OSPF Inter, OE1 - OSPF ext 1, OE2 - OSPF ext 2
       ON1 - OSPF NSSA ext 1, ON2 - OSPF NSSA ext 2, l - LISP
O    2001:DB8:0:1::1/128 [110/64]
     via FE80::FF:FE0F:C16F, Serial1/0
O    2001:DB8:0:2::1/128 [110/64]
     via FE80::FF:FE0F:C16F, Serial1/0
O    2001:DB8:0:3::1/128 [110/64]
     via FE80::FF:FE0F:C16F, Serial1/0
O    2001:DB8:0:4::1/128 [110/64]
     via FE80::FF:FE0F:C16F, Serial1/0
OE2  2001:DB8:0:13::/64 [110/20]
     via FE80::A8BB:CCFF:FE01:6C10, Ethernet0/0
OE2  2001:DB8:10:11::/64 [110/20]
     via FE80::A8BB:CCFF:FE01:6C10, Ethernet0/0
OE2  2001:DB8:10:12::/64 [110/20]
     via FE80::A8BB:CCFF:FE01:6C10, Ethernet0/0
```

（待续）

```
OE2 2001:DB8:10:13::/64 [110/20]
    via FE80::A8BB:CCFF:FE01:6C10, Ethernet0/0
OE2 2001:DB8:10:14::/64 [110/20]
    via FE80::A8BB:CCFF:FE01:6C10, Ethernet0/0

R3#
```

注意 IPv6 的 EIGRP 路由被自动标识为外部类型 2 路由，使用默认开销 20。为了帮助读者理解该行为，工程师继续在 R4 上使用 **show ipv6 route ospf** 命令，如例 4-14 所示。

例 4-14 *在 R4 上验证重分布的 IPv6 EIGRP 路由*

```
R4# show ipv6 route ospf
IPv6 Routing Table - default - 18 entries
Codes: C - Connected, L - Local, S - Static, U - Per-user Static route
       B - BGP, HA - Home Agent, MR - Mobile Router, R - RIP
       H - NHRP, I1 - ISIS L1, I2 - ISIS L2, IA - ISIS interarea
       IS - ISIS summary, D - EIGRP, EX - EIGRP external, NM - NEMO
       ND - ND Default, NDp - ND Prefix, DCE - Destination, NDr - Redirect
       O - OSPF Intra, OI - OSPF Inter, OE1 - OSPF ext 1, OE2 - OSPF ext 2
       ON1 - OSPF NSSA ext 1, ON2 - OSPF NSSA ext 2, l - LISP
O   2001:DB8:0:10::/64 [110/74]
      via FE80::A8BB:CCFF:FE01:6E00, Serial0/0
OE2 2001:DB8:0:13::/64 [110/20]
      via FE80::A8BB:CCFF:FE01:6E00, Serial0/0
OI  2001:DB8:0:192::1/128 [110/64]
      via FE80::A8BB:CCFF:FE01:6E00, Serial0/0
OE2 2001:DB8:10:11::/64 [110/20]
      via FE80::A8BB:CCFF:FE01:6E00, Serial0/0
OE2 2001:DB8:10:12::/64 [110/20]
      via FE80::A8BB:CCFF:FE01:6E00, Serial0/0
OE2 2001:DB8:10:13::/64 [110/20]
      via FE80::A8BB:CCFF:FE01:6E00, Serial0/0
OE2 2001:DB8:10:14::/64 [110/20]
      via FE80::A8BB:CCFF:FE01:6E00, Serial0/0

R4#
```

重分布的 IPv6 EIGRP 路由被标识为默认类型 2，且度量保持不变。

例 4-15 展示了如何把 **redistribute** 路由标记为外部类型 1 路由。

例 4-15 *将 IPv6 EIGRP 路由作为外部类型 1 重分布到 OSPFv3*

```
R1(config)# ipv6 router ospf 20
R1(config-rtr)# redistribute eigrp 200 metric-type 1 include-connected
```

接着，验证 IPv6 EIGRP 路由是否已被作为外部类型 1 路由重分布到 OSPFv3 路由域中，在 R4 上使用 **show ipv6 route ospf** 命令，如例 4-16 所示。

例 4-16 在 R4 上验证重分布的外部类型 1 IPv6 EIGRP 路由

```
R4# show ipv6 route ospf
IPv6 Routing Table - default - 18 entries
Codes: C - Connected, L - Local, S - Static, U - Per-user Static route
       B - BGP, HA - Home Agent, MR - Mobile Router, R - RIP
       H - NHRP, I1 - ISIS L1, I2 - ISIS L2, IA - ISIS interarea
       IS - ISIS summary, D - EIGRP, EX - EIGRP external, NM - NEMO
       ND - ND Default, NDp - ND Prefix, DCE - Destination, NDr - Redirect
       O - OSPF Intra, OI - OSPF Inter, OE1 - OSPF ext 1 , OE2 - OSPF ext 2
       ON1 - OSPF NSSA ext 1, ON2 - OSPF NSSA ext 2, l - LISP
O   2001:DB8:0:10::/64 [110/74]
     via FE80::A8BB:CCFF:FE01:6E00, Serial0/0
OE1 2001:DB8:0:13::/64 [110/94]
      via FE80::A8BB:CCFF:FE01:6E00, Serial0/0
OI 2001:DB8:0:192::1/128 [110/64]
      via FE80::A8BB:CCFF:FE01:6E00, Serial0/0
OE1 2001:DB8:10:11::/64 [110/94]
      via FE80::A8BB:CCFF:FE01:6E00, Serial0/0
OE1 2001:DB8:10:12::/64 [110/94]
      via FE80::A8BB:CCFF:FE01:6E00, Serial0/0
OE1 2001:DB8:10:13::/64 [110/94]
      via FE80::A8BB:CCFF:FE01:6E00, Serial0/0
OE1 2001:DB8:10:14::/64 [110/94]
      via FE80::A8BB:CCFF:FE01:6E00, Serial0/0

R4#
```

注意 EIGRP 现在通过类型 1 度量被重分布到 OSPF 中。路由表中显示的外部路由总开销中包含区域内 OSPF 链路的开销。总开销 94 包括重分布路由的默认开销（20）、R1 和 R3 之间以太网链路的开销（10），以及 R3 和 R4 之间串行链路的开销（64）。

4.2.6 重分布技术类型

本节描述单点重分布和多点重分布技术，以及如何避免重分布环境中的环路。

1. 单点重分布

单点重分布只使用一个边界路由器，在两个路由域之间进行重分布。

单点重分布有以下两种方式。

■ **单向重分布**：此方式只将一个路由协议获知的网络，重分布到另一个路由协议中。

在图 4-7 所示示例中，R1 是自治系统 1（AS1）和自治系统 2（AS2）之间的单点路由器。R1 执行单向重分布，只把 AS1 的路由重分布到 AS2 路由域；并不将 AS2路由重分布到 AS1 中。通常，AS1 路由器需要使用一条默认路由或一至多条静态路由连通 AS2 路由。

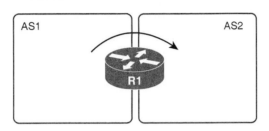

图 4-7　单点单向重分布

- **双向重分布**：此方式在两个路由进程之间，在双方向上重分布路由。在图 4-8 所示示例中，R1 是 AS1 和 AS2 之间重分布的单点路由器。R1 进行双向重分布，将 AS1 路由重分布到 AS2 中，将 AS2 路由重分布到 AS1 中。

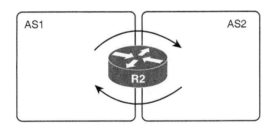

图 4-8　单点双向重分布

单点上的单向或双向重分布总是安全的，因为单点重分布表示从一个路由协议到另一个协议的唯一出入口。不会在无意间产生路由环路。

2．多点重分布

多点重分布使用二至多台边界路由器，在两个路由域之间重分布。

多点重分布有以下两种方式。

- **多点单向重分布**：此方式中使用二至多台边界路由器，将从一个路由协议获知的网络重分布到另一个路由协议中。在图 4-9 所示的示例中，边界路由器 R3 和 R4都把 AS1 的路由重分布到 AS2 路由域中。AS1 路由器需要使用一条默认路由或多条静态路由连通 AS2 路由。
- **多点双向重分布**：也称为互相重分布，此方式中使用两至多台边界路由器，在双方向上重分布路由。在图 4-10 所示的示例中，边界路由器 R3 和 R4 进行双向重分布，将 AS1 的路由重分布到 AS2 中，将 AS2 路由重分布到 AS1 中。

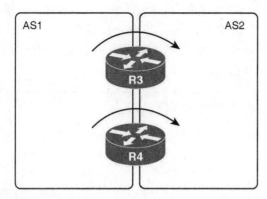

图 4-9 多点单向重分布

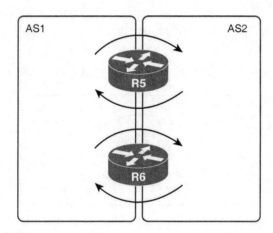

图 4-10 多点双向重分布

多点重分布可能引入潜在的路由环路。多点单向重分布存在一些问题,而多点双向重分布则非常危险。多点重分布的问题通常涉及协议管理距离的差别,以及不兼容的度量参数,尤其是在重分布点上静态指定种子度量时。

3. 重分布问题

一般的多点双向重分布需要工程师谨慎地设计和配置。路由协议之间的度量不兼容,因此在重分布时,度量信息可能丢失。

在多点双向重分布时可能发生以下问题:

- 次优路由(在路由决策中只考虑总开销中的一部分);
- 路由丢失时产生路由环路。

图 4-11 说明了一个双向多点重分布的问题,其中 AS1 内部链路(即 10Mbit/s)的开销与 AS2 中内部链路(即 100Mbit/s)的开销不同。在图中,R1 和 R4 之间的最优路径显然

是通过 R3 的，但在从 AS2 到 AS1 重分布期间，度量丢失了，R1 会通过 R2 将数据包发送给 R4，导致了次优路由问题。

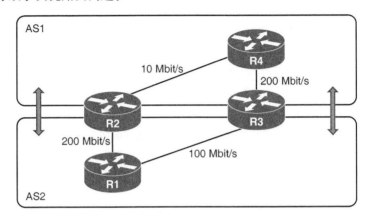

图 4-11 双向多点重分布问题

图 4-12 显示了另一个更详细的示例。

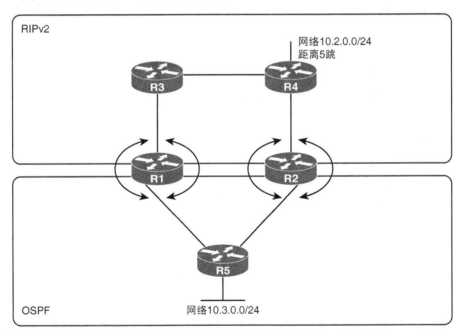

图 4-12 详细的双向多点重分布问题

对于这种多点双向重分布的情况，有可能发生路由环路或次优路由问题。

观察例中的 10.2.0.0/24 网络。此网络是在 RIP 网络部分通过本地获知的，R4 一开始看到它的跳数是 5。R4 随后使用跳数 6 把此路由传播给 R3 和 R2。R3 使用跳数 7 把此路由传播给 R1，之后 R2 将其重分布到 OSPF 中。现在 R1 需要进行选择。它有去往 10.2.0.0/24 网络的来自 RIP 的 AD 为 120（RIP）的路由，也有去往相同网络的 AD 为 110（OSPF）的路由。因为 OSPF 有更好（更低）的 AD 值，因此 R1 使用 **redistribute** 命令中设置的度量把网络重分布给 RIP。

如果配置分配静态度量 3 跳（或更低），R3 就会首选路径 R1-R2-R4 到达 10.2.0.0/24，因为 R1 通告的跳数是 3，而 R4 通告的跳数是 6。

这导致了次优路由问题。更糟的是，因为 R3 现在认为通过 R1 的路径是最优，它就会使用跳数 4，将此路由通告给 R4。R4 就要在 R3 的跳数 4 路由和跳数为 5 的到达 10.2.0.0/24 网络的真实路径之间做出选择。R4 会选择经过 R3 的路径，并将其通告给 R2。现在就出现了路由环路（R4，R3，R1，R2 和 R4）。发往 10.2.0.0/24 的数据包进入此循环，围着环路转圈并永远都到达不了目的。网络 10.2.0.0/24 变为不可达。

4．避免重分布环境中的路由环路

安全的重分布方式是在网络中唯一一个边界路由器上，只通过一个方向进行重分布（然而，这将带来网络中的单点故障隐患）。

如果必须进行双向重分布，或必须在多个边界路由器上进行重分布，工程师需要调整重分布参数，以避免次优路由和路由环路问题。

在多点重分布场景中为避免路由环路，工程师需要考虑以下建议：
- 只在一个自治系统到另一个自治系统之间重分布内部路由（反之亦然）；
- 在重分布点上标记路由，并在另一个方向上重分布时，基于这些标记进行过滤；
- 正确地传播从一个自治系统到另一个自治系统的度量（即使不足以避免环路）；
- 使用默认路由以避免执行双向重分布的必要。

5．验证重分布操作

验证重分布操作的最佳方式如下所示。
- 了解网络拓扑，尤其是存在冗余路由的地方。
- 使用 **show ip route** [*ip-address*] EXEC 命令查看互连网络上多个路由器上的路由表。例如，检查边界路由器以及每个自治系统中一些内部路由器的路由表。
- 查看每个配置的路由协议的拓扑表，确保它们获知了所有对应的前缀。
- 对一些穿越自治系统的路由使用 **traceroute** [*ip-address*] EXEC 命令进行路由追踪操作，检查使用最短路径执行路由。确保在存在冗余路由的网络上运行路由追踪。
- 如果遇到路由问题，使用 **traceroute** 和 **debug** 命令，在边界路由器和内部路由器上观察路由更新流量。

4.3 控制路由更新流量

许多 IP 路由问题都可以使用路由重分布解决，工程师能够通过控制重分布进程，增加操作的选择和灵活性。

有时在设计路由信息的重分布时，要求所有重分布路由使用相同的度量和外部路由类型。另一些时候则必须在重分布时改变度量或外部路由类型。其他情况中，只需要重分布一部分路由。

在完成本节内容的学习后，读者应该能够：

- 描述路由过滤的一般机制和需求；
- 了解如何使用和配置分发列表；
- 了解如何使用和配置前缀列表；
- 了解如何使用和配置 route-map；
- 描述如何修改管理距离。

4.3.1 为什么过滤路由

为了理解对路由过滤的需求，考虑图 4-13 所示的拓扑。

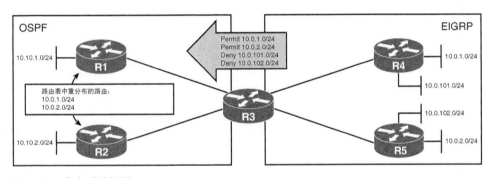

图 4-13 路由过滤场景

在图 4-13 所示的示例中，边界路由器 R3 上只把 EIGRP 域中的一部分路由分布到 OSPF 中。具体地说，应该允许 10.0.1.0/24 和 10.0.2.0/24，并且应该拒绝 10.0.101.0/24 和 10.0.102.0/24。

Cisco IOS 允许通过使用路由过滤特性来控制路由信息的重分布。例如 route-map 这样的路由过滤方式，就可以用来实现图 4-13 中的网络需求。

4.3.2 路由过滤方式

路由更新会与用户数据竞争带宽和路由器资源，然而路由更新是至关重要的，因为它们携带了路由器用于做出正确路由决定所需的信息。为了确保网络高效运行，工程师必须控制和调整路由更新。

路由器必须把有关网络的信息发送到需要的地方，并在不需要的地方进行过滤。这可能涉及使用静态或默认路由，或被动接口来控制路由更新流量。然而，更高级的路由过滤机制可以帮助工程师控制或阻止路由更新。

高级的路由过滤方式如下所示。

■ **分发列表**：分发列表可以把 ACL（访问控制列表）应用到路由更新上。

■ **前缀列表**：前缀列表是另一种用来过滤路由的方式。它可以与分发列表、route-map 和其他命令一起使用。

■ **route-map**：route-map 是复杂的访问列表，允许对数据包或路由进行条件测试，然后修改数据包或路由的属性。

没有一种路由过滤类型能够适用于每一个场景。因此，工程师需要理解多种可用的技术，这样做可以有助于设计更好的路由过滤决策。

本节讨论如何控制动态路由协议发送和接收更新，以及如何控制重分布到路由协议中的路由。

4.3.3　使用分发列表

有一种控制路由更新的方式是使用分发列表。分发列表能够把 ACL 应用到路由更新上。

经典 ACL 不影响路由器上生成的流量，所以在接口上应用 ACL 不会影响出向路由通告。工程师把 ACL 关联到分发列表后，就可以控制路由更新了，无论它的源是什么。

工程师需要在全局配置模式中配置 ACL，然后在路由协议配置模式下关联分发列表。ACL 中应该放行能够被通告或重分布的网络，并拒绝应该被过滤的网络。

路由器随后会在该协议的路由更新上应用 ACL。工程师可以使用命令 **distribute-list** 基于以下三个因素过滤更新：

■ 入接口；

■ 出接口；

■ 来自另一个路由协议的重分布。

使用分发列表能够确定允许哪些路由，拒绝哪些路由，这为工程师提供了极大的灵活性。

1. 配置分发列表

为了过滤任意协议的路由更新流量，工程师需要定义一个 ACL，并使用 **distribute-list** 命令将其应用在特定的路由协议上。分发列表可以过滤使用相同路由协议的邻居路由器从特定接口进入或发出的路由更新。分发列表也可以过滤重分布自其他路由协议或源的路由。

工程师可以把分发列表过滤器应用到收到、发出或重分布的路由上。表 4-5 描述了 **distribute-list** 路由器配置命令的常用参数，其语法如下。

```
distribute-list [access-list-number | name] out [interface-type interface-number |
routing process | autonomous-system-number]
```

表 4-5   distribute-list out 命令参数

参数	描述
*access-list-number	name*	指定标准访问列表的编号或名称
out	在出向路由更新上应用访问列表
interface-type interface-number	（可选）指定过滤出向更新的接口名称
routing process | autonomous-system-number	（可选）在指定从另一个路由进程或自治系统号进行重分布时使用

表 4-6 描述了以下命令的常用参数。

```
distribute-list [access-list-number | name] in [interface-type interface-number]
```

表 4-6   distribute-list in 命令参数

参数	描述
access-list-number |name	指定标准访问列表的编号或名称
in	在入向路由更新上应用访问列表
interface-type interface-number	（可选）指定过滤出向更新的接口名称

理解这两条命令之间的区别很重要。

■ **distribute-list out** 命令会过滤从命令中指定的接口或路由协议发出的更新，在进入的路由进程下进行配置。

■ **distribute-list in** 命令过滤进入命令中指定的接口的更新，在进入的路由进程下进行配置。

工程师可以使用 **distribute-list** 命令指定一个访问列表，过滤出向路由更新，或过滤重分布进入协议的路由。

2. 分发列表和 ACL 示例

为了理解如何使用分发列表和 ACL，参考图 4-14 中的拓扑。

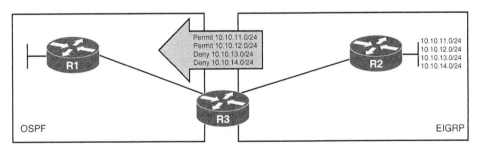

图 4-14   使用分发列表和 ACL 进行路由过滤的场景

在示例中，R3 必须使用度量 40，将 EIGRP 路由重分布到 OSPF 域。然而，工程师只希望允许 10.10.11.0/24 和 10.10.12.0/24 路由，并希望拒绝其他所有路由。

如例 4-17 所示，工程师配置使用 ACL 和分发列表，满足了上述路由重分布的要求。

例 4-17 使用出向分发列表和 ACL 的路由过滤

```
R3(config)# ip access-list standard ROUTE-FILTER
R3(config-std-nacl)# remark Outgoing Route Filter used with Distribute List
R3(config-std-nacl)# permit 10.10.11.0 0.0.0.255
R3(config-std-nacl)# permit 10.10.12.0 0.0.0.255
R3(config-std-nacl)# exit
R3(config)# router ospf 10
R3(config-router)# redistribute eigrp 100 metric 40 subnets
R3(config-router)# distribute-list ROUTE-FILTER out eigrp 100
R3(config-router)#
```

distribute-list out 命令指定 ROUTE-FILTER ACL 匹配的前缀，会被从 EIGRP 100 重分布到 OSPF 路由进程。访问列表末尾隐含的 **deny any** 命令，能够防止通告其他网络的路由更新。因此，路由器会对其他网络隐藏网络 10.10.13.0 和 10.10.14.0。

使用 **distribute-list in** 命令可以过滤通过接口进入的入向路由更新。这条命令会防止多数路由协议将过滤路由放入其数据库中。在 OSPF 中使用此命令时，路由会被放到数据库中，但不会被放到路由表中。

例如，例 4-17 中 **distribute-list out** 命令的替代方案，工程师可以在 R1 路由器上使用 **distribute-list in** 命令。例 4-18 展示了 R1 上要求的配置。

例 4-18 使用入向分发列表和 ACL 过滤路由

```
R1(config)# ip access-list standard ROUTE-FILTER
R1(config-std-nacl)# remark Incoming Route Filter used with Distribute List
R1(config-std-nacl)# permit 10.10.11.0 0.0.0.255
R1(config-std-nacl)# permit 10.10.12.0 0.0.0.255
R1(config-std-nacl)# exit
R1(config)# router ospf 10
R1(config-router)# distribute-list ROUTE-FILTER in Ethernet 0/0
R1(config-router)#
```

示例中的 **distribute-list in** 命令会根据 ROUTE-FILTER ACL 过滤从接口 E0/0 上收到的更新中的网络。

虽然例 4-18 满足要求，但例 4-17 却更有效，因为它是配置在重分布路由器上的。

分发列表隐藏了网络信息，这有时可能会被认为是缺陷。例如，为了避免在冗余路径的网络中产生路由环路，工程师可以让分发列表只允许特定路径的路由更新。此时，网络中的其他路由器可能不知道还有其他路径能够到达被过滤的网络，所以如果主路径断开，也不会使用备份路径，因为网络其余部分不知道它们的存在。存在冗余路径时，应该使用其他技术。

4.3.4　使用前缀列表

传统上，工程师通过使用 ACL 和 **distribute-list** 命令来实现路由过滤；然而，使用 ACL 作为分发列表的过滤器有以下几个缺点：

■　无法轻松匹配子网掩码；

■　访问列表会按顺序对路由更新中的每个 IP 前缀进行评估；

■　扩展的访问列表配置起来很繁重。

下一节介绍了前缀列表的特性，以及如何将其与分发列表或 route-map 一起使用，来代替 ACL 进行过滤。本节中也涵盖了前缀列表的配置和验证。

1．前缀列表特性

使用 **ip prefix-list** 命令与使用 **access-list** 命令相比有几点好处。前缀列表旨在过滤路由，而访问列表原来旨在过滤数据包，后来被扩展用于路由过滤。

前缀列表与访问列表在很多方面都相似。前缀列表可以由许多行命令组成，每行命令表示一个测试和一个结果。路由器可以按照特定的顺序解释命令行的内容，虽然 Cisco IOS 系统优化了前缀列表，以树结构进行处理。但当一台路由器对照前缀列表评估一条路由时，匹配的第一行会得出 permit 或 deny 结果。如果列表中没有匹配行，结果是"隐含拒绝"。

使用前缀列表的优势如下所示。

■　**更友好的命令行界面**：CLI 与使用扩展访问列表来过滤更新相比，更易于理解和使用。

■　**更快的处理**：与访问列表相比，对于大型列表在加载和路由查找方面，都有显著的性能提升。路由器将前缀列表转换为树结构，树的每个分支作为一个测试。与按顺序解释访问列表相比，Cisco IOS 系统能更快地确定 permit 或 deny 的判断。

■　**支持增量修改**：为 **ip prefix-list** 命令分配序列号，使其更容易编辑。工程师可以在序列号之间添加命令，也可以按照序列号删除指定命令。如果不指定序列号，路由器会自动应用默认值。

■　**极大的灵活性**：路由器对照前缀列表使用标示的比特数量，来匹配路由更新中的网络。前缀列表可以指定子网掩码的确切大小，也可以限定子网掩码必须属于特定范围。例如，创建用于匹配 10.0.0.0/16 的前缀列表，将会匹配 10.0.0.0/16 路由，但不匹配 10.1.0.0/16 或 10.0.x.x/17（或掩码更大的路由）。

路由器使用前缀进行测试。路由器会比较前缀中所示比特数与更新中网络地址的相同比特数。如果匹配，测试继续考察子网掩码中设置的比特数。工程师可以使用前缀列指定一个地址要想通过测试，必须属于的范围。如果在前缀行中不指定范围，子网掩码必须匹配前缀大小。

2. 配置前缀列表

工程师需要使用全局配置命令来创建前缀列表，其选项在表 4-7 中描述：

```
ip prefix-list {list-name | list-number} [seq seq-value] {deny | permit} network/
length [ge ge-value] [le le-value]
```

表 4-7　　　　　　　　　　　　ip prefix-list 命令描述

参数	描述
list-name	要创建的前缀列表名称（区分大小写）
list-number	要创建的前缀列表编号
seq *seq-value*	前缀列表中命令条目的 32 比特序列号，用来确定过滤时的处理顺序。默认序列号按 5 递增（5、10、15 等）。如果工程师不配置序列号，新条目将被分配一个等于当前最大序列号加 5 的值
deny | permit	匹配后进行的操作
network/length	被匹配的前缀和前缀长度。网络是 32 比特地址。长度是十进制数
ge *ge-value*	比网络/长度更具体的用于前缀匹配的前缀长度范围。指定 **ge** 属性时范围假定从 *ge value* 到 32
le *le-value*	比网络/长度更具体的用于前缀匹配的前缀长度范围。指定 **le** 属性时范围假定从长度到 *le value*

ge 和 **le** 关键字是可选的。工程师可以用它们来指定比网络/长度更具体的用于前缀匹配的前缀长度范围。

3. 分发列表和前缀列表示例

要理解如何使用分发列表和前缀列表，参见图 4-15 中的拓扑。

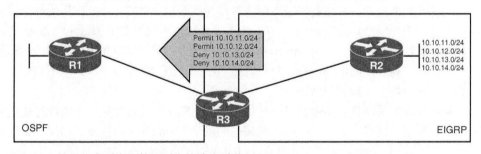

图 4-15　使用分发列表和前缀列表的路由过滤场景

在示例中，R3 必须使用度量 40 把 EIGRP 路由重分布到 OSPF 域。然而，工程师只希望允许 10.10.11.0/24 和 10.10.12.0/24 路由，不允许其余所有路由。

如例 4-19 所示，工程师配置使用前缀列表和分发列表，满足了路由过滤重分布的要求。

例 4-19 使用分发列表和前缀列表的路由过滤

```
R3(config)# ip prefix-list FILTER-ROUTES description Outgoing Route Filter
R3(config)# ip prefix-list FILTER-ROUTES seq 5 permit 10.10.11.0/24
R3(config)# ip prefix-list FILTER-ROUTES seq 10 permit 10.10.12.0/24
R3(config)# router ospf 10
R3(config-router)# redistribute eigrp 100 metric 40 subnets
R3(config-router)# distribute-list prefix FILTER-ROUTES out eigrp 100
```

例 4-20 中显示了 R1 的部分路由表。

例 4-20 使用分发列表和前缀列表的路由过滤

```
R1# show ip route ospf
<Output omitted>


     10.0.0.0/8 is variably subnetted, 6 subnets, 2 masks
O E2    10.10.11.0/24 [110/40] via 172.16.12.2, 01:09:26, Ethernet0/0
O E2    10.10.12.0/24 [110/40] via 172.16.12.2, 01:09:26, Ethernet0/0
O       10.10.21.1/32 [110/65] via 172.16.11.1, 01:48:04, Serial1/0
O       10.10.22.1/32 [110/65] via 172.16.11.1, 01:48:04, Serial1/0
O       10.10.23.1/32 [110/65] via 172.16.11.1, 01:48:04, Serial1/0
O       10.10.24.1/32 [110/65] via 172.16.11.1, 01:48:04, Serial1/0


<Output omitted>
```

命令的输出结果确认 R1 只收到被前缀列表过滤之后的路由。

4．前缀列表示例

为了帮助读者理解 **ip prefix-list** 命令是如何执行过滤的，参见图 4-16 的拓扑。

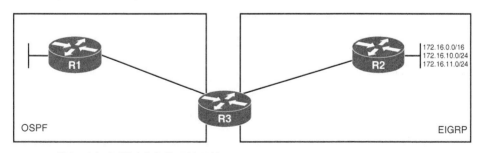

图 4-16　前缀列表选项测试中使用的网络

在此场景中，R3 正在把 EIGRP 路由重分布到 OSPF 路由域中，且正在使用 TEST 前缀列表。表 4-8 包含多种 **ip prefix-list** 命令以及得到的过滤器。

表 4-8   ip prefix-list 示例

示例	得到的过滤器
ip prefix-list TEST **permit 172.0.0.0/8 le 24**	R1 获知了 172.16.0.0/16、172.16.10.0/24 和 172.16.11.0/24。这些路由匹配 172.0.0.0 的前 8 个比特，且前缀长度在 8~24 之间
ip prefix-list TEST **permit 172.0.0.0/8 le 16**	R1 仅获知了 172.16.0.0/16。这是前 8 比特与 172.0.0.0 相同，且前缀长度在 8~16 之间的唯一一路由
ip prefix-list TEST **permit 172.0.0.0/8 ge 17**	R1 获知了 172.16.10.0/24 和 172.16.11.0/24（换句话说，路由器 A 忽略/8 参数，并按照参数是 **ge 17 le 32** 来对待该命令）
ip prefix-list TEST **permit 172.0.0.0/8 ge 16** **le 24**	R1 获知了 172.16.0.0/16、172.16.10.0/24 和 172.16.11.0/24（换句话说，路由器 A 忽略/8 参数，并按照参数是 **ge 16 le 24** 来对待该命令）
ip prefix-list TEST **permit 172.0.0.0/8 ge 17** **le 23**	R1 不获知任何网络
ip prefix-list TEST **permit 0.0.0.0/0 le 32**	R1 获知所有的 EIGRP 路由
ip prefix-list TEST **permit 0.0.0.0/0**	R1 只获知默认路由（如果存在）

5. 验证前缀列表

表 4-9 中描述了与前缀列表相关的 EXEC 命令。工程师使用 **show ip prefix-list ?** 命令可以看到前缀列表可用的所有 **show** 命令。

表 4-9   用于验证前缀列表的命令

命令	描述
show ip prefix-list [detail | **summary]**	查看所有前缀列表的信息。指定 **detail** 关键字能够在输出中包含描述和命中计数（条目匹配路由的次数）
show ip prefix-list [detail | **summary]** *prefix-list-name*	查看特定前缀列表中的条目
show ip prefix-list *prefix-list-name* [*network/length*]	查看与前缀列表中特定网络/长度相关的策略
show ip prefix-list *prefix-list-name* [**seq** *sequence-number*]	查看特定序列号的前缀列表条目
show ip prefix-list *prefix-list-name* [*network/length*] **longer**	查看前缀列表中比特定网络/长度更详细的所有条目
show ip prefix-list *prefix-list-name* [*network/length*] **first-match**	查看前缀列表中匹配给定前缀的网络和长度的条目
clear ip prefix-list *prefix-list-name* [*network/length*]	重置前缀列表条目所示的命中计数

例 4-21 中展示了示例输出。

例 4-21 show ip prefix-list detail 命令输出

```
R3# show ip prefix-list detail
Prefix-list with the last deletion/insertion: SUPER-NET ip prefix-list SUPER-NET:
   Description: Only permit the supernet route
   count: 1, range entries: 0, sequences: 5 - 5, refcount: 1
seq 5 permit 172.0.0.0/8 (hit count: 0, refcount: 1)
```

在输出内容中，R1 使用了名为 SUPER-NET 的前缀列表，其中只有一个条目（序列号 5）。命令计数 0 表示没有路由匹配该条目。

6. 使用 ACL、前缀列表和分发列表控制重分布

本例是使用 ACL 和分发列表来配置路由的总览案例，使用了图 4-17 所示拓扑，结合了前缀列表的分发列表。

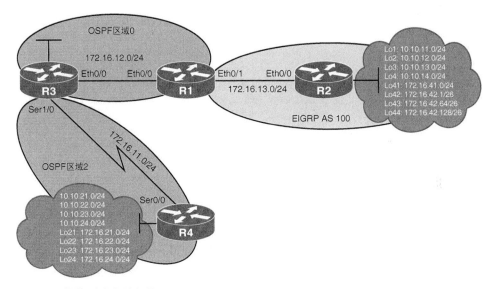

图 4-17 操控重分布的拓扑

在示例中，工程师要配置 R1 进行互相重分布。具体地说，R1 将会：
■ 使用 ACL 和分发列表把 OSPF 路由重分布到 EIGRP 路由域；
■ 使用前缀列表和分发列表把 EIGRP 路由重分布到 OSPF 路由域。

使用 ACL 和分发列表把 OSPFv2 路由重分布到 EIGRP 路由域

在例 4-22 中，工程师在 R1 上配置使用 ACL 和分发列表，把 OSPF 路由重分布到 EIGRP 中。R1 上配置了过滤，且不把 10.10.21.0/24、10.10.22.0/24、10.10.23.0/24 和 10.10.24.0/24

重分布到 EIGRP 路由域。

例 4-22 把 OSPF 路由重分布到 EIGRP 中

```
R1(config)# access-list 5 deny 10.10.21.0 0.0.0.255
R1(config)# access-list 5 deny 10.10.22.0 0.0.0.255
R1(config)# access-list 5 deny 10.10.23.0 0.0.0.255
R1(config)# access-list 5 deny 10.10.24.0 0.0.0.255
R1(config)# access-list 5 permit any
R1(config)# router eigrp 100
R1(config-router)# redistribute ospf 10 metric 1500 100 255 1 1500
R1(config-router)# distribute-list 5 out ospf 10
```

在配置中，访问列表 5 和分发列表用来拒绝重分布特定网络。

接着，例 4-23 展示了 R2 上得到的路由表的部分输出。

例 4-23 在 R2 上验证重分布的路由

```
R2# show ip route eigrp
<Output omitted>

      172.16.0.0/16 is variably subnetted, 16 subnets, 4 masks
D EX    172.16.11.0/30 [170/1757696] via 172.16.13.1, 1w0d, Ethernet0/0
D EX    172.16.12.0/24 [170/1757696] via 172.16.13.1, 1w0d, Ethernet0/0
D EX    172.16.21.1/32 [170/1757696] via 172.16.13.1, 1w0d, Ethernet0/0
D EX    172.16.22.1/32 [170/1757696] via 172.16.13.1, 1w0d, Ethernet0/0
D EX    172.16.23.1/32 [170/1757696] via 172.16.13.1, 1w0d, Ethernet0/0
D EX    172.16.24.1/32 [170/1757696] via 172.16.13.1, 1w0d, Ethernet0/0
```

可以注意到除了那些被 ACL 标识的路由，所有 OSPF 路由都显示在路由表中。

使用前缀列表和分发列表把 EIGRP 路由重分布到 OSPF 路由域

在例 4-24 中，工程师在 R1 上使用前缀列表和分发列表，把 EIGRP 路由重分布到 OSPF 中。R1 上配置了过滤，且只把所有匹配前缀范围 172.16.0.0/16～/24 的路由重分布到 OSPF 路由域。

例 4-24 把 EIGRP 重分布到 OSPF

```
R1(config)# ip prefix-list EIGRP-TO-OSPF seq 5 permit 172.16.0.0/16 le 24
R1(config)# router ospf 10
R1(config-router)# redistribute eigrp 100 metric 40 subnets
R1(config-router)# distribute-list prefix EIGRP-TO-OSPF out eigrp 100
```

接着，例 4-25 在 R1 上使用 **show ip prefix-list detail** 命令验证了命令的命中次数。

例4-25 在R1上验证前缀列表

```
R1# show ip prefix-list detail
Prefix-list with the last deletion/insertion: EIGRP_TO_OSPF
ip prefix-list EIGRP_TO_OSPF:
   count: 1, range entries: 1, sequences: 5 - 5, refcount: 3
   seq 5 permit 172.16.0.0/16 le 24 (hit count: 2 , refcount: 1)
```

因为路由器 R2 上只有两个网络匹配前缀列表（172.16.41.1/24 和 172.16.13.2/24），因此命中计数增加到 2。

最后，例 4-26 中 **show ip route ospf** 命令的部分输出验证了 R4 上的路由表。

例4-26 在R4上验证路由表

```
R4# show ip route ospf
<Output omitted>

Gateway of last resort is not set

     172.16.0.0/16 is variably subnetted, 13 subnets, 3 masks
O IA     172.16.12.0/24 [110/74] via 172.16.11.2, 1w1d, Serial0/0
O E2     172.16.13.0/24 [110/20] via 172.16.11.2, 00:17:38, Serial0/0
O E2     172.16.41.0/24 [110/20] via 172.16.11.2, 00:17:38, Serial0/0
```

4.3.5 使用 route-map

route-map 提供了另一种操控路由协议更新的方式。工程师可以把 route-map 用作多种目的。在描述 route-map 的应用和操作之后，本节会探讨使用 route-map 作为过滤和控制路由更新的工具。所有 IP 路由协议都可以使用 route-map 进行重分布过滤。

1. 理解 route-map

route-map 是复杂的访问列表，工程师能够使用 **match** 命令对数据包或路由进行条件测试。如果满足条件，就会采取一些行为来修改数据包或路由的属性。这些行为由 **set** 命令指定。

我们把有相同 route-map 名称的 **route-map** 命令集合当作是一个 route-map。在一个 route-map 中，每条 **route-map** 命令都有一个编号，因而可以独立进行编辑。

route-map 中的命令语句对应于访问列表中的行。在 route-map 中指定匹配条件与在访问列表中指定源目的地址和掩码的概念相似。

route-map 和访问列表的一个主要区别是 route-map 可以使用 **set** 命令修改数据包或路由。

2. route-map 的应用

网络工程师会出于多种目的使用 route-map。几种最常见的 route-map 应用如下所示。

- **重分布期间的路由过滤**：在执行重分布时，几乎总是要求工程师进行一些路由过滤。虽然这时可以使用分发列表，但 route-map 通过使用 **set** 命令在控制路由度量时更有益处。工程师要使用 **redistribute** 命令来应用 route-map。

- **基于策略的路由（PBR）**：工程师可以使用 route-map 来匹配源和目的地址、协议类型和终端用户应用。当找到匹配项时，**set** 命令会指定应该把数据包发送到哪个接口或哪个下一跳地址。工程师使用 PBR 能够定义路由策略，而不是使用基于目的的路由。工程师需要使用 **ip policy route-map** 接口配置命令在接口上调用 route-map。

- **BGP**：route-map 是部署 BGP 策略的主要工具。网络工程师可以使用 route-map 来指定 BGP 会话（邻居），控制允许哪些路由流入和流出 BGP 进程。除了过滤功能之外，route-map 还可以对 BPG 路径属性进行复杂的控制。工程师需要使用 BGP **neighbor** 路由器配置命令来调用 route-map。BGP 的 route-map 在第 6 章进行讨论。

3. 配置 route-map

创建 route-map 有以下三个步骤。

第 1 步　使用 **route-map** 全局配置命令定义 route-map。

第 2 步　使用 **match** 命令定义匹配条件，还可选地使用 **set** 命令定义在条件满足时需采取的操作。

第 3 步　应用 route-map。

工程师定义 route-map 时，需要使用全局配置命令 **route-map** *map-tag* [**permit** | **deny**] [*sequence-number*]。表 4-10 详细解释了此命令的参数。

表 4-10　　　　　　　　　　　　route-map 命令参数

参数	描述
map-tag	route-map 名称
**permit	deny**	（可选）定义 route-map 当匹配条件满足时采取的行为。**permit** 或 **deny** 的含义根据如何使用 route-map 而定。**route-map** 命令的默认值是 **permit**，序列号为 10
sequence-number	（可选）在已经配置相同名称的 **route-map** 命令中表示新 **route-map** 命令条目的位置序号

一个 route-map 可以由多条 **route-map** 命令（使用不同的序列号）组成。route-map 是从上到下处理每条命令的，与访问列表相似。路由器会为每条路由应用第一个匹配项中的设置。工程师可以使用序列号，在 route-map 中的特定位置插入或删除特定的 **route-map** 条目。

序列号指定了 route-map 检查条件的顺序。例如，如果一个名为 MYMAP 的 route-map 中有两条语句，一条序列号为 10，另一条序列号为 20，那么序列号 10 先被检查。如果数据包没有满足序列号 10 的匹配条件，则检查序列号 20。

route-map 序列号不会自动增加。工程师没有在 **route-map** 命令中设置 *sequence-number* 参数时，将发生以下操作。

- 如果工程师输入的 **route-map** *map-tag* 中没有之前已经定义的其他条目，路由器将会创建一个条目，*sequence-number* 设置为 10。
- 如果工程师输入的 **route-map** 名称中已经定义了一个条目，并且该条目是 **route-map** 命令的默认条目，条目的 *sequence-number* 不改变（路由器假设用户正在编辑已定义的条目）。
- 如果工程师输入的 **route-map** 名称中已经定义了多个条目，路由器将显示错误消息，提示工程师需要输入 *sequence-number*。
- 如果工程师指定了 **no route-map map-tag** 命令（不带 *sequence-number* 参数），整个 route-map 将被删除。

与访问列表相似，route-map 末尾也有隐含的 **deny any**。这个 **deny** 的结果依赖于如何使用 route-map 而定。

route-map 配置命令 **match** *condition* 用来定义要被检查的条件。route-map 命令 **set** *condition* 用来定义当遇到匹配项，且要采取的操作是 **permit** 时，路由器会执行的操作（**deny** 行为的结果依赖于如何使用 route-map 而定）。

route-map 中如果没有设置 **match** 命令，路由器认为它会匹配所有数据包。

一个 **match** 命令中可能包含多个条件。要想匹配 **match** 命令，只需满足命令中的一个条件（执行逻辑中的 OR 操作）。

route-map 命令中也可能包含多条 **match** 命令。这时这个 **route-map** 命令中的所有 **match** 命令都必须匹配，路由器才会认为数据包与这条 **route-map** 命令匹配（执行逻辑中的 AND 操作）。

例如，工程师可以使用 IP 标准、扩展访问列表或前缀列表来建立匹配条件，使用 route-map 配置命令 **match ip address** {*access-list-number* | *name*} [... *access-listnumber* | *name*] | **prefix-list** *prefix-list-name* [.. *prefix-list-namer*]。如果指定了多个访问列表或前缀列表，满足任意一个条件都表示匹配。工程师可以使用标准 IP 访问列表来设置基于数据包源地址的匹配条件。工程师可以使用扩展访问列表来设置基于源和目的地址、应用、协议类型、服务类型（ToS）和优先级的匹配条件。

我们再用另一种方法来解释 route-map 如何工作，通过一个简单的示例来观察的工作方式。例 4-27 展示了一个 route-map 配置示例（注意工程师实际上在路由器上设置的所有条件和操作，都要由具体的条件和操作代替，这取决于使用的 **match** 和 **set** 命令）。

例 4-27 展示 route-map 命令

```
route-map DEMO permit 10
  match X Y Z
  match A
  set B
  set C
```

（待续）

```
route-map DEMO permit 20
  match Q
  set R
route-map DEMO permit 30
```

例 4-27 中的名为 DEMO 的 route-map 解释如下：

如果 {(X 或 Y 或 Z) 且 (A) 匹配} 则 {设置 B 且 C}

否则

如果 Q 匹配则设置 R

否则

不设置

4．route-mapmatch 和 set 命令

route-map 配置命令 **match** *condition* 可以用来定义需要进行检查的条件。表 4-11 列出了多种可配置的 **match** 命令。这里列出的所有 **match** 命令并不都用于重分布；表中也包括设置 BGP 和 PBR 的命令。

表 4-11　　　　　　　　　　　　　　match 命令

命令	描述
match ip address { *access-list-number* | *name* } [... *access-list-number* | *name*] | **prefix-list** *prefix-list-name* [.. *prefix-list-name*]	匹配标准/扩展访问列表或前缀列表允许的路由。可以指定多个访问列表或前缀列表；满足任意一个都表示匹配
match length *min max*	基于数据包的 3 层长度进行匹配
match interface *type number*	匹配从指定下一跳接口发出的任意路由
match ip next-hop { *access-list-number* | *access-list-name* } [...*access-list-number* | ...*access-list-name*]	匹配特定访问列表中允许的下一跳路由器地址的路由
match ip route-source { *access-list-number* | *access-list-name* } [...*access-list-number* | ...*access-list-name*]	匹配指定访问列表中有允许地址的路由器和接入服务器通告的路由
match metric *metric-value*	匹配有指定度量的路由
match route-type [**external** | **internal** | **level-1** | **level-2** | **local**]	匹配特定类型的路由
match community { *list-number* | *list-name* }	匹配 BGP 团体
match tag *tag-value*	基于路由标记进行匹配

route-map 配置命令 **set** *condition* 对满足匹配条件，且要采取的行为是 **permit** 的任意路由，更改或添加特性，如度量值（**deny** 行为的结果取决于 route-map 的用途）。表 4-12 列出了多种可用的 **set** 命令。这里列出的所有 **set** 命令并不都用于重分布；表中也包括 BGP 和 PBR 的命令。

表 4-12　　　　　　　　　　　　　set 命令

命令	描述
set metric *metric-value*	设置路由协议的度量值

续表

命令	描述
set metric-type [type-1 | type-2 | internal | external]	设置目的路由协议的度量类型
set default interface *type number* [*...type number*]	在使用基于策略的路由时，或 Cisco IOS 软件没有去往目的地的精确路由时，指明把通过了 route-map 匹配条件的出向数据包发往哪里
set interface *type number* [*...type number*]	指明把通过了 route-map 匹配条件的出向数据包发往哪里
set ip default next-hop *ip-address* [*...ip-address*]	在使用基于策略的路由时，或 Cisco IOS 软件没有去往目的地的精确路由时，指明把通过了 route-map 匹配条件的出向数据包发往哪里
set ip default next-hop verify-availability	使路由器检查 CDP，以确定 **ip default next-hop** 命令指定的下一跳条目可用。此命令在配置的下一跳不可用时防止流量被置入"黑洞"
set ip next-hop *ip-address* [... *ip-address*]	指明把通过了 route-map（用于 PBR）匹配条件的出向数据包发往哪里
set ip next-hop verify-availability	使路由器检查 Cisco CDP（Cisco 发现协议）数据库，或使用对象跟踪，以确定为 PBR 指定的下一跳是否可用
set ip vrf	当下一跳必须在特定的 VRF（虚拟路由和转发）名称下时，表示向何处发送通过 route-map（PBR）匹配行的数据包
set next-hop	指定下一跳地址
set level [level-1 | level-2 | stub-area | backbone]	表示将路由导入到哪个区域等级或类型（对于 IS-IS 和 OSPF 路由）
set as-path { tag | prepend *as-path-string* }	修改 BGP 路由的自治系统路径
set automatic-tag	自动计算 BGP 标签值
set community { *community-number* [**additive**] [*well-known-community*] | **none** }	设置 BGP 团体属性
set local-preference *bgp-path-attributes*	为 BGP 自治系统路径指定本地优先级值
set weight *bgp-weight*	指定 BGP 权重值
set origin *bgp-origin-code*	指定 BGP 源代码
set tag	设置目的路由协议的标签值

4.3.6 使用 route-map 配置路由重分布

当工程师希望精细控制路由在路由协议之间重分布的行为时，可以使用 route-map。**redistribute** 命令中有 **route-map** 关键字，以及 *map-tag* 参数。此参数指的是配置了 **route-map** 命令的 route-map。

工程师一定要理解 **permit** 和 **deny** 在重分布中的含义。与 **redistribute** 命令一同使用时，指定为 **permit** 的 **route-map** 命令表示路由器要对匹配的路由执行重分布，指定为 **deny** 的 **route-map** 命令表示路由器不会对被匹配的路由执行重分布。

1. 使用 route-map 进行重分布

图 4-18 是使用 route-map 进行重分布的示例。

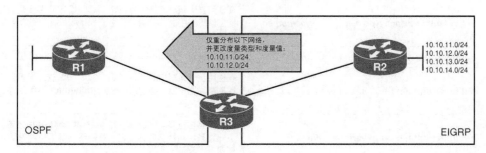

图 4-18　使用 route-map 重分布的拓扑

在例 4-28 中，工程师要从 EIGRP 向 OSPF 中重分布网络 10.10.11.0/24 和 10.10.12.0/24。名为 RM-INTO-OSPF 的 route-map 中匹配由前缀列表 FILTER-ROUTES 定义的流量。对匹配了前缀列表定义的前缀，由 **set** 命令指定对其执行的路由行为，比如更改度量和更改度量类型。此例中将匹配路由的度量设置为 25，度量类型设置为外部类型 1。

例 4-28　把 OSPF 路由重分布到 EIGRP 中

```
R3(config)# ip prefix-list FILTER-ROUTES permit 10.10.11.0/24
R3(config)# ip prefix-list FILTER-ROUTES permit 10.10.12.0/24
R3(config)# route-map RM-INTO-OSPF permit 10
R3(config-route-map)# match ip address prefix-list FILTER-ROUTES
R3(config-route-map)# set metric 25
R3(config-route-map)# set metric-type type-1
R3(config-route-map)# exit
R3(config)# router ospf 10
R3(config-router)# redistribute eigrp 100 subnets route-map RM-INTO-OSPF
```

2. 使用 route-map 控制重分布

该示例提供了一个使用 route-map 配置路由重分布的概述，它使用的是图 4-19 中的拓扑。

在示例中，R1 和 R4 将执行多点双向重分布。

具体地说：

- 在 R1 和 R4 上配置互相重分布且无任何过滤机制；
- 在 R1 和 R4 上配置互相重分布且使用 route-map；
- 更改特定路由的管理距离以实现最优路由。

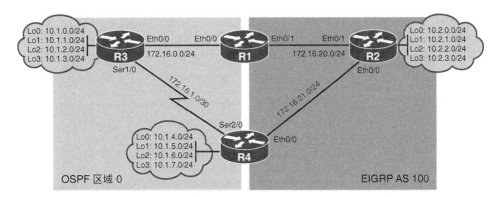

图 4-19 使用 route-map 控制重分布的拓扑

3. 无路由过滤的互相重分布

例 4-29 所示为在 R1 上配置互相重分布。

例 4-29 R1 上无过滤的互相重分布

```
R1(config)# router eigrp 100
R1(config-router)# redistribute ospf 10 metric 10000 10 200 5 1500
R1(config-router)# exit
R1(config)# router ospf 10
R1(config-router)# redistribute eigrp 100 subnets
```

例 4-30 所示为在 R4 上配置互相重分布。

例 4-30 R4 上无过滤的互相重分布

```
R4(config)# router eigrp 100
R4(config-router)# redistribute ospf 10 metric 10000 10 200 5 1500
R4(config-router)# exit
R4(config)# router ospf 10
R4(config-router)# redistribute eigrp 100 subnets
```

接着，使用 **show ip route ospf** 命令验证 R3 上的路由表，如例 4-31 所示。

例 4-31 在 R3 上验证重分布的路由

```
R3# show ip route ospf
Codes: L - local, C - connected, S - static, R - RIP, M - mobile, B - BGP
       D - EIGRP, EX - EIGRP external, O - OSPF, IA - OSPF inter area
       N1 - OSPF NSSA external type 1, N2 - OSPF NSSA external type 2
       E1 - OSPF external type 1, E2 - OSPF external type 2
       i - IS-IS, su - IS-IS summary, L1 - IS-IS level-1, L2 - IS-IS level-2
```

（待续）

```
          ia - IS-IS inter area, * - candidate default, U - per-user static route
          o - ODR, P - periodic downloaded static route, H - NHRP, l - LISP
          + - replicated route, % - next hop override

Gateway of last resort is not set
      10.0.0.0/8 is variably subnetted, 16 subnets, 2 masks
O        10.1.4.0/24 [110/65] via 172.16.1.2, 00:20:02, Serial1/0
O        10.1.5.0/24 [110/65] via 172.16.1.2, 00:20:02, Serial1/0
O        10.1.6.0/24 [110/65] via 172.16.1.2, 00:20:02, Serial1/0
O        10.1.7.0/24 [110/65] via 172.16.1.2, 00:20:02, Serial1/0
O E2     10.2.0.0/24 [110/20] via 172.16.0.2, 00:58:31, Ethernet0/0
O E2     10.2.1.0/24 [110/20] via 172.16.0.2, 00:58:31, Ethernet0/0
O E2     10.2.2.0/24 [110/20] via 172.16.0.2, 00:58:31, Ethernet0/0
O E2     10.2.3.0/24 [110/20] via 172.16.0.2, 00:58:31, Ethernet0/0
      172.16.0.0/16 is variably subnetted, 6 subnets, 3 masks
O E2     172.16.20.0/24 [110/20] via 172.16.0.2, 00:58:31, Ethernet0/0
O E2     172.16.21.0/24 [110/20] via 172.16.0.2, 00:58:31, Ethernet0/0
```

可以注意到路由器把 EIGRP 网络在路由表中重分布为 OSPF 路由，标记出两个重分布的环回路由。还可以注意到 172.16.20.0/24 和 172.16.21.0/24 这样的链路网络的重分布方式。

4. 使用 route-map 的互相重分布

接着，工程师要使用 ACL 和 route-map 来控制重分布的路由。例 4-32 所示为在 R1 上创建了两个 ACL 和两个 route-map。

例 4-32 在 R1 上使用 route-map 进行互相重分布

```
R1(config)# access-list 10 permit 10.2.0.0 0.0.3.255
R1(config)# access-list 20 permit 10.1.0.0 0.0.7.255
R1(config)# route-map INTO-OSPF permit 10
R1(config-route-map)# match ip address 10
R1(config-route-map)# exit
R1(config)# route-map INTO-EIGRP permit 10
R1(config-route-map)# match ip address 20
R1(config-route-map)# set metric 10000 10 200 5 1500
```

例 4-33 所示为在 R2 上创建了两个 ACL 和两个 route-map。

例 4-33 在 R4 上使用 route-map 进行互相重分布

```
R4(config)# access-list 10 permit 10.2.0.0 0.0.3.255
R4(config)# access-list 20 permit 10.1.0.0 0.0.7.255
R4(config)# route-map INTO-OSPF permit 10
R4(config-route-map)# match ip address 10
```

（待续）

```
R4(config-route-map)# exit
R4(config)# route-map INTO-EIGRP permit 10
R4(config-route-map)# match ip address 20
R4(config-route-map)# set metric 10000 10 200 5 1500
```

例 4-34 所示为在 R1 的 OSPF 和 EIGRP 进程下把 route-map 应用到 **redistribute** 命令。

*例 4-34   在 R1 上应用 route-map 到 **redistribute** 命令*

```
R1(config)# router eigrp 100
R1(config-router)# redistribute ospf 10 route-map INTO-EIGRP
R1(config-router)# exit
R1(config)# router ospf 10
R1(config-router)# redistribute eigrp 100 subnets route-map INTO-OSPF
```

例 4-35 所示为在 R4 的 OSPF 和 EIGRP 进程下把 route-map 应用到 **redistribute** 命令。

*例 4-35   在 R4 上把 route-map 应用到 **redistribute** 命令*

```
R4(config)# router eigrp 100
R4(config-router)# redistribute ospf 10 route-map INTO-EIGRP
R4(config-router)# exit
R4(config)# router ospf 10
R4(config-router)# redistribute eigrp 100 subnets route-map INTO-OSPF
```

接着，使用 **show ip route ospf** 命令验证 R3 上的路由表，如例 4-36 所示。

例 4-36   在 R3 上验证重分布的路由

```
R3# show ip route ospf
<Output omitted>

Gateway of last resort is not set

     10.0.0.0/8 is variably subnetted, 16 subnets, 2 masks
O        10.1.4.0/24 [110/65] via 172.16.1.2, 00:30:02, Serial1/0
O        10.1.5.0/24 [110/65] via 172.16.1.2, 00:33:48, Serial1/0
O        10.1.6.0/24 [110/65] via 172.16.1.2, 00:33:48, Serial1/0
O        10.1.7.0/24 [110/65] via 172.16.1.2, 00:33:38, Serial1/0
O E2     10.2.0.0/24 [110/20] via 172.16.0.2, 01:40:23, Ethernet0/0
O E2     10.2.1.0/24 [110/20] via 172.16.0.2, 01:40:23, Ethernet0/0
O E2     10.2.2.0/24 [110/20] via 172.16.0.2, 01:40:23, Ethernet0/0
O E2     10.2.3.0/24 [110/20] via 172.16.0.2, 01:40:23, Ethernet0/0
```

可以注意到链路网络 172.16.20.0/24 不再作为 OSPF 路由出现在路由表中。

5. 更改管理距离以实现最优路由

重分布到路由协议中的路由默认会继承该协议的默认管理距离。有时（比如使用路由重分布时）工程师可能需要修改协议的默认管理距离，以便能够控制路由进程。

例 4-37 查看了 R1 的路由表。

例4-37 查看R1 的路由表

```
R1# show ip route
Codes: L - local, C - connected, S - static, R - RIP, M - mobile, B - BGP
       D - EIGRP, EX - EIGRP external, O - OSPF, IA - OSPF inter area
       N1 - OSPF NSSA external type 1, N2 - OSPF NSSA external type 2
       E1 - OSPF external type 1, E2 - OSPF external type 2
       i - IS-IS, su - IS-IS summary, L1 - IS-IS level-1, L2 - IS-IS level-2
       ia - IS-IS inter area, * - candidate default, U - per-user static route
       o - ODR, P - periodic downloaded static route, H - NHRP, l - LISP
       + - replicated route, % - next hop override


Gateway of last resort is not set

      10.0.0.0/24 is subnetted, 12 subnets
O        10.1.0.0 [110/11] via 172.16.0.1, 03:47:09, Ethernet0/0
O        10.1.1.0 [110/11] via 172.16.0.1, 03:47:09, Ethernet0/0
O        10.1.2.0 [110/11] via 172.16.0.1, 03:47:09, Ethernet0/0
O        10.1.3.0 [110/11] via 172.16.0.1, 03:47:09, Ethernet0/0
O        10.1.4.0 [110/75] via 172.16.0.1, 00:32:22, Ethernet0/0
O        10.1.5.0 [110/75] via 172.16.0.1, 00:36:08, Ethernet0/0
O        10.1.6.0 [110/75] via 172.16.0.1, 00:36:08, Ethernet0/0
O        10.1.7.0 [110/75] via 172.16.0.1, 00:35:58, Ethernet0/0
D        10.2.0.0 [90/409600] via 172.16.20.2, 03:41:39, Ethernet0/1
D        10.2.1.0 [90/409600] via 172.16.20.2, 03:41:39, Ethernet0/1
D        10.2.2.0 [90/409600] via 172.16.20.2, 03:41:39, Ethernet0/1
D        10.2.3.0 [90/409600] via 172.16.20.2, 03:41:39, Ethernet0/1
      172.16.0.0/16 is variably subnetted, 6 subnets, 3 masks
C        172.16.0.0/24 is directly connected, Ethernet0/0
L        172.16.0.2/32 is directly connected, Ethernet0/0
O        172.16.1.0/30 [110/74] via 172.16.0.1, 01:04:30, Ethernet0/0
C        172.16.20.0/24 is directly connected, Ethernet0/1
L        172.16.20.1/32 is directly connected, Ethernet0/1
D        172.16.21.0/24 [90/281856] via 172.16.20.2, 03:41:39, Ethernet0/1
```

标记出的路由 10.1.4.0/24 是 R4 上的一个环回接口。可以注意到 R1 首选通过 OSPF 学习到的路径来连通此网络，即使这其实是一条慢速串行链路。另一条通过 EIGRP 学习到的路径其实是更快的链路，但 EIGRP 的管理距离值更大。因为它是一条外部 EIGRP 路由，因此管理距离值是 170，这比 OSPF 管理距离 110 更高。

工程师可以通过修改路由的管理距离来优化路由选择。如果 EIGRP 外部路由管理距离低于 OSPF 值，路由器会把去往 10.1.4.0/24 的路由引向 EIGRP 域。

例 4-38 所示为在 R1 上将外部 EIGRP 路由的管理距离从 170 改为 100。

例 4-38　更改 R1 上外部路由的管理距离

```
R1(config)# router eigrp 100
R1(config-router)# distance eigrp 90 100
R1(config-router)# ^Z
R1#
R1#
*Jul 21 16:08:00.454: %DUAL-5-NBRCHANGE: EIGRP-IPv4 100: Neighbor 172.16.20.2
(Ethernet0/1) is down: route configuration changed
R1#
*Jul 21 16:08:03.705: %DUAL-5-NBRCHANGE: EIGRP-IPv4 100: Neighbor 172.16.20.2
(Ethernet0/1) is up: new adjacency
```

命令 **distance eigrp** 更改了 EIGRP 域的内部和外部路由的本地默认值。在示例中，为内部 EIGRP 路由配置默认的 EIGRP 管理距离 90，为外部路由分配了管理距离 100。此值小于 OSPF 管理距离 110，这会使 R1 首选通过 EIGRP 域的路径来连通 10.1.4.0/24 网络。也可以注意到 R1 重新协商了与 R2 的邻接关系。

例 4-39 验证了 R1 的路由表，以查看其是否首选 EIGRP 路径去往 10.1.4.0/24。

例 4-39　查看 R1 的路由表

```
R1# show ip route
<Output omitted>

Gateway of last resort is not set

      10.0.0.0/24 is subnetted, 12 subnets
D EX     10.1.0.0 [100/284416] via 172.16.20.2, 00:00:26, Ethernet0/1
D EX     10.1.1.0 [100/284416] via 172.16.20.2, 00:00:26, Ethernet0/1
D EX     10.1.2.0 [100/284416] via 172.16.20.2, 00:00:26, Ethernet0/1
D EX     10.1.3.0 [100/284416] via 172.16.20.2, 00:00:26, Ethernet0/1
D EX     10.1.4.0 [100/284416] via 172.16.20.2, 00:00:26, Ethernet0/1
D EX     10.1.5.0 [100/284416] via 172.16.20.2, 00:00:26, Ethernet0/1
D EX     10.1.6.0 [100/284416] via 172.16.20.2, 00:00:26, Ethernet0/1
D EX     10.1.7.0 [100/284416] via 172.16.20.2, 00:00:26, Ethernet0/1
D        10.2.0.0 [90/409600] via 172.16.20.2, 00:00:26, Ethernet0/1
D        10.2.1.0 [90/409600] via 172.16.20.2, 00:00:26, Ethernet0/1
D        10.2.2.0 [90/409600] via 172.16.20.2, 00:00:26, Ethernet0/1
D        10.2.3.0 [90/409600] via 172.16.20.2, 00:00:26, Ethernet0/1
      172.16.0.0/16 is variably subnetted, 6 subnets, 3 masks
C        172.16.0.0/24 is directly connected, Ethernet0/0
L        172.16.0.2/32 is directly connected, Ethernet0/0
```

（待续）

```
O          172.16.1.0/30 [110/74] via 172.16.0.1, 01:10:33, Ethernet0/0
C          172.16.20.0/24 is directly connected, Ethernet0/1
L          172.16.20.1/32 is directly connected, Ethernet0/1
D          172.16.21.0/24 [90/281856] via 172.16.20.2, 00:00:26, Ethernet0/1
```

可以注意到，路由器通过 EIGRP 获知去往网络 10.1.4.0/24 的路径，管理距离值为 100。R1 通过该路径可以连通网络 10.1.4.0/24，无需经过慢速串行链路。

然而，将默认的外部 EIGRP 管理距离值改为 100 会不小心造成另一个问题：这带来了从 R1 到所有 R3 通告的网络的次优路径问题。例如，当 R1 想要连通 R3 的网络时（10.1.0.0/24、10.1.1.0/24、10.1.2.0/24、10.1.3.0/24），它会先把流量路由到 R2、R4 然后再到 R3，而不是直接从 R1 转发到 R3。

工程师可以部署多种解决方案，不过本例中将 4 条特定的 R3 路由的管理距离降低到 95，让它们更有吸引力。

例 4-40 标记了 4 条 R3 路由，并将它们的管理距离降低到 95。

例 4-40　更改 R3 路由的管理距离

```
R1(config)# access-list 30 permit 10.1.0.0 0.0.3.255
R1(config)# router ospf 10
R1 (config-router)# distance 95 10.1.3.1 0.0.0.0 30
```

> **注释**　distance *admin-distance source-address source-wildcard-mask* [*access-list*] 路由器配置命令可以用来更改 RIP、OSPF、EIGRP 和 BGP 的管理距离。然而，对于 EIGRP，该命令只能用于 EIGRP 的内部路由，不能用于 EIGRP 的外部路由。对于 OSPF，参数 *source-address* 是源路由器 ID。

在以上示例中，ACL 30 标记出了 4 条 R3 路由，此时 **distance** 命令指定管理距离 95，来更新 R3 上匹配了 ACL 30 中路由的路由器 ID。

例 4-41 检查了 R1 的路由表，确认路由器优先使用哪条路径去往 10.1.0.0/24。

例 4-41　验证 R1 的路由表

```
R1# show ip route
<Output omitted>

Gateway of last resort is not set
     10.0.0.0/24 is subnetted, 12 subnets
O       10.1.0.0 [95/11] via 172.16.0.1, 02:43:27, Ethernet0/0
O       10.1.1.0 [95/11] via 172.16.0.1, 02:43:27, Ethernet0/0
O       10.1.2.0 [95/11] via 172.16.0.1, 02:43:27, Ethernet0/0
O       10.1.3.0 [95/11] via 172.16.0.1, 02:43:27, Ethernet0/0
D EX    10.1.4.0 [100/284416] via 172.16.20.2, 02:43:27, Ethernet0/1
D EX    10.1.5.0 [100/284416] via 172.16.20.2, 02:43:27, Ethernet0/1
```

（待续）

```
D EX     10.1.6.0 [100/284416] via 172.16.20.2, 02:43:27, Ethernet0/1
D EX     10.1.7.0 [100/284416] via 172.16.20.2, 02:43:27, Ethernet0/1
D        10.2.0.0 [90/409600] via 172.16.20.2, 02:43:27, Ethernet0/1
D        10.2.1.0 [90/409600] via 172.16.20.2, 02:43:27, Ethernet0/1
D        10.2.2.0 [90/409600] via 172.16.20.2, 02:43:27, Ethernet0/1
D        10.2.3.0 [90/409600] via 172.16.20.2, 02:43:27, Ethernet0/1
      172.16.0.0/16 is variably subnetted, 6 subnets, 3 masks
C        172.16.0.0/24 is directly connected, Ethernet0/0
L        172.16.0.2/32 is directly connected, Ethernet0/0
O        172.16.1.0/30 [110/74] via 172.16.0.1, 02:43:27, Ethernet0/0
C        172.16.20.0/24 is directly connected, Ethernet0/1
L        172.16.20.1/32 is directly connected, Ethernet0/1
D        172.16.21.0/24 [90/281856] via 172.16.20.2, 02:43:27, Ethernet0/1
R1#
```

可以注意到现在去往 R3 路由（10.1.0.0/24、10.1.1.0/24、10.1.2.0/24、10.1.3.0/24）的首选路径是从 R1 到 R3。

4.3.7 使用路由标记控制重分布

控制双向多点重分布的另一种方式是使用路由标记。双向多点重分布可能会在网络中引入路由环路。其中一种能够避免重分布已经重分布过的路由的方式就是使用路由标记。

参见图 4-20 中的拓扑。

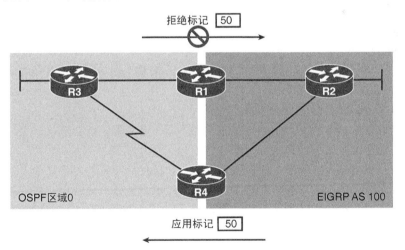

图 4-20 路由标记拓扑

在此例中，R4 使用路由标记 50 标记了所有从 EIGRP 重分布到 OSPF 的路由。工程师在路由器 R1 上进行配置，把所有 OSPF 路由重分布到 EIGRP 中，除去那些有路由标记 50 的路由。

例 4-42 中配置了一个将设置路由标记为 50 的 route-map，工程师使用 route-map 配置

命令 **set tag** *tag*，并将此 route-map 附加到 **redistribution** 命令上，以便控制重分布的过程，使用配置的标签标记所有被重分布的路由。

例 4-42　在 R4 上标记外部路由

```
R4(config)# route-map EIGRP-TO-OSPF permit 10
R4(config-route-map)# set tag 50
R4(config-route-map)# exit
R4(config)# router ospf 10
R4(config-router)# redistribute eigrp 100 subnets route-map EIGRP-TO-OSPF
```

例 4-43 在 R1 上配置 route-map，基于匹配的标记 50 来拒绝（**deny**）路由重分布，并允许（**permit**）重分布所有其他路由。为了使用标记来匹配路由，工程师使用 route-map 配置命令 **match tag** *tag*，并将 route-map 附加到 **redistribution** 命令上。

例 4-43　在 R1 上匹配外部路由

```
R1(config)# route-map OSPF-TO-EIGRP deny 10
R1(config-route-map)# match tag 50
R1(config-route-map)# exit
R1(config)# route-map OSPF-TO-EIGRP permit 20
R1(config-route-map)# exit
R1(config)# router eigrp 100
R1(config-router)# redistribute ospf 10 metric 1000 1 255 1 1500 route-map OSPF-TOEIGRP
```

4.3.8　重分布注意事项

路由信息的重分布增加了网络的复杂性，并提升了路由混淆的潜在可能，所以工程师应该只在必要时使用重分布。

使用重分布会带来的重要问题如下所示。

- **路由环路**：根据重分布部署方式的不同，路由器可能会将从一个自治系统收到的路由信息发回给该自治系统。
- **不兼容的路由信息**：因为每种路由协议都使用不同的度量来确定最优路径，使用重分布的路由信息进行路由选择，其结果可能是次优路径。由于路由的度量信息不能被确切地转换到一个个协议中，所以路由器选取的路径可能不是最佳的。为了避免产生次优路由，工程师可以给重分布路由分配一个比任何重分布协议的本地路由更高的种子度量值。
- **不一致的收敛时间**：不同的路由协议以不同的速度收敛。例如，RIP 比 EIGRP 收敛慢。所以，如果链路断开了，EIGRP 网络将在 RIP 网络之前获知相关信息。

好的规划能确保这些问题不会对网络造成影响。它能消除主要的问题，但可能需要工程师执行额外的配置。可能需要更改管理距离、操控度量，并使用分发列表和 route-map

进行过滤，才能解决一些问题。

4.4 总结

本章介绍了如何使用重分布和路由过滤技术来支持多个路由协议，讨论了以下主题。

- 使用多个路由协议的原因（迁移、主机系统的需要、多厂商环境、政治和地址边界、MPLS[多协议标签交换]、VPN[虚拟专用网络]）。
- 路由信息在协议之间交换（称为重分布），以及 Cisco 路由器在多路由协议环境中如何工作。
- 路由重分布总是向外执行的。执行重分布的路由器不更改自身的路由表。
- 路由器分配种子度量给被重分布的路由，工程师使用 **default-metric** 路由器配置命令或 **redistribute** 命令加上 **metric** 参数。
- 重分布技术——单点和多点：
  - 单点路由重分布的两种方式是单向和双向重分布，这些技术可能带来次优路由问题；
  - 多点路由重分布的两种方式是单向和双向重分布，多点重分布可能造成潜在的路由环路。
- 工程师可以使用以下方式来避免路由问题。
  - 从核心自治系统向边界自治系统重分布一条默认路由，从边界路由协议向核心路由协议重分布路由。
  - 重分布多条有关核心自治系统网络的静态路由到边界自治系统，并从边界路由协议向核心路由协议重分布路由。
  - 从核心自治系统向边界自治系统重分布路由，使用过滤技术来阻隔不当的路由。
  - 从核心自治系统向边界自治系统重分布所有路由，且从边界自治系统到核心自治系统重分布所有路由，然后修改与重分布路由相关的管理距离，当存在多条去往相同目的地的路由时，路由器不会选用重分布路由。
- 在多个 IP 路由协议之间配置重分布。
  - 要重分布到 EIGRP 中，使用路由器配置命令 **redistribute** *protocol* [*process-id*] [**match** *route-type*] [**metric** *metric-value*] [**route-map** *map-tag*]。
  - 要重分布到 OSPF 中，使用路由器配置命令 **redistribute** *protocol* [*process-id*] [**metric** *metric-value*] [**metric-type** *type-value*] [**route-map** *map-tag*] [**subnets**] [**tag** *tag-value*]。
- 使用命令 **show ip route** [*ip-address*]和 **traceroute** [*ip-address*]验证路由重分布。
- 分发列表，使访问列表能够被应用到路由更新上。
  - 路由器配置命令 **distribute-list** { *access-list-number* | *name* } **out** [*interface-name*]指定访问列表过滤出向路由更新。此命令过滤从接口或从命令中指定的路由协议发出的路由更新，在进入的路由进程下进行配置。

- 路由器配置命令 **distribute-list** { *access-list-number* | *name* } [**route-map** *map-tag*] **in** [*interface-type interface-number*]指定访问列表过滤从接口进入的路由更新。此命令过滤进入命令中指定接口的路由更新,在进入的路由协议下进行配置。

- 前缀列表可以代替 ACL 与分发列表一起使用,提升了配置性能,支持增量修改,有用户友好的命令行界面,且有更好的灵活性。工程师需要通过全局配置命令 **ip prefix-list** { *list-name* | *list-number* } [**seq** *seq-value*] { **deny** | **permit** } *network / length* [**ge** *ge-value*] [**le** *le-value*]来配置前缀列表。

- 前缀列表基于以下规则决定是允许还是拒绝相应前缀。
  - 空的前缀列表允许所有前缀。
  - 如果允许前缀,则使用相关路由。如果拒绝前缀,该不使用相关路由。
  - 前缀列表由带序列号的命令条目组成。路由器从前缀列表顶端开始寻找匹配项,即从最低序列号的命令条目开始。
  - 找到匹配项后,路由器不会再检查剩下的前缀列表条目。为了更高效地运作,工程师可以为最常用的匹配行(允许或拒绝)指定较低的序列号,使它能够放置在接近列表顶部的位置。
  - 如果一个前缀没有匹配前缀列表中的任何条目,就使用隐式的 **deny**。

- 前缀列表序列号:
  - 序列号自动生成,除非工程师禁用了自动生成;
  - 前缀列表是有序列表。当一个前缀匹配了一个前缀列表中的多个条目时,序列号的作用就很明显了,此时最小序列号的条目是最终的匹配项;
  - 路由器对前缀列表的评估,是从最低序列号开始往下数,直到找到匹配项,此时为该网络应用 **permit** 或 **deny** 设置的行为,且不再检查列表的剩下部分。

- 工程师可以把 route-map 用于重分布期间的路由过滤、PBR 和 BGP。

- route-map 的特性,使用全局配置命令 **route-map** *map-tag* [**permit** | **deny**] [*sequence-number*]配置:
  - route-map 允许使用 **match** 命令对数据包或路由进行条件测试。如果条件满足,可以修改数据包或路由的属性;这些操作由 **set** 命令指定;
  - 有相同 route-map 名称的 **route-map** 命令集合被认为是一个 route-map;
  - 在一个 route-map 中,每个 **route-map** 命令都有一个序列号,因而可以独立编辑;
  - **route-map** 命令默认是 **permit**,*sequence-number* 为 10;
  - 一个 **match** 命令中只要有一个条件成立,就认为路由匹配整个命令。然而,一个 **route-map** 中的所有 **match** 命令必须都匹配,才认为路由匹配 route-map;
  - 与 **redistribute** 命令共用时,设置为 **permit** 的 **route-map** 命令表示匹配的路由将被重分布,设置为 **deny** 的 **route-map** 命令表示匹配的路由不被重分布。

4.5 参考文献

更多信息请参见：

- Cisco IOS 软件版本支持页面：http://www.cisco.com/cisco/web/psa/default.html?mode= prod&level0=268438303
- Cisco IOS 重要命令列表，包含所有版本：http://www.cisco.com/c/en/us/td/docs/ios/ mcl/allreleasemcl/all_book.html

4.6 复习题

回答以下问题，并在附件 A 中查看答案。

1. 哪两种方式可以用来过滤路由？
   - a. Cisco NetFlow
   - b. 默认路由
   - c. 分发列表和前缀列表
   - d. IP SLA
   - e. route-map

2. 以下哪两项是在网络中使用多个路由协议的原因？
   - a. 从旧 IGP 迁移到新 IGP 时，可能存在多个重分布边界，直到新协议完全代替了旧协议
   - b. 添加新的二层交换机影响 STP 域时
   - c. 不同部门不希望更新其路由，以支持新的路由协议时
   - d. 连接到新的服务提供商时

3. 哪两项关于重分布的描述是正确的？
   - a. 重分布总是入向执行的
   - b. 重分布总是出向执行的
   - c. 重分布在入向和出向执行
   - d. 执行重分布路由器的路由表改变
   - e. 执行重分布路由器的路由表不改变

4. 重分布时会出现哪两个问题？
   - a. 兼容的路由信息
   - b. 不一致的收敛时间
   - c. 路由环路
   - d. 较大的路由表
   - e. 不能汇总路由

5. 为被重分布的路由配置种子度量时，哪个是推荐的度量设置？
   - a. 不设置种子度量

b. 将种子度量设置为小于自治系统内最大度量的值

c. 将种子度量设置为等于自治系统内最大度量的值

d. 将种子度量设置为大于自治系统内最大度量的值

6. 以下哪两项准确表述了相关路由协议的默认种子度量？

a. EIGRP 默认种子度量是 0

b. EIGRP 默认种子度量是无限大

c. EIGRP 默认种子度量是 10000 100 1 255 1500

d. OSPF 默认种子度量是 0

e. OSPF 默认种子度量是无限大

f. OSPF 默认种子度量是 20

7. 在两个路由协议之间执行重分布最安全的方式是什么？

a. 多点单向重分布

b. 多点双向重分布

c. 无点无向重分布

d. 单点单向重分布

e. 单点双向重分布

8. 哪两项有关 route-map 的描述是正确的？

a. 不带有 **match** 设置的 **route-map** 语句匹配所有流量

b. 使用 **route-map** 命令必须指定序列号

c. route-map 可以用来控制重分布，使用基于策略的路由控制路径，以及分配 BGP 中的属性

d. 当一个 **match** 命令中包含多个条件时，命令中的所有条件必须都匹配，才认为流量匹配这个 **match** 命令

9. 哪个选项正确表示了使用名为 TESTING 的 route-map，将 EIGRP 10 流量重分布到 OSPF 1，使用的提示符和配置命令？

a. R1(config)# **router ospf 1**

R1(config-router)# **redistribute eigrp 10 route-map TESTING**

b. R1(config)# **router ospf 1**

R1(config-router)# **redistribute ospf 1 route-map TESTING**

c. R1(config)# **router eigrp 10**

R1(config-router)# **redistribute eigrp 10 route-map TESTING**

d. R1(config)# **router eigrp 10**

R1(config-router)# **redistribute ospf 1 route-map TESTING**

10. 路由器配置命令 **distance 95 10.1.3.1 0.0.0.0 30** 在 OSPF 中执行什么操作？

a. 将来自任意邻居，由 ACL 95 标识的更新的管理距离设置为 3

b. 将来自 router ID 为 10.1.3.1 的邻居，由 ACL 95 标识的更新的管理距离设置为 3

c. 将来自下一跳地址为 10.1.3.1 的邻居，由 ACL 95 标识的更新的管理距离设置为 3

d. 将来自任意邻居，由 ACL 3 标识的更新的管理距离设置为 95

e. 将来自 router ID 为 10.1.3.1 的邻居，由 ACL 3 标识的更新的管理距离设置为 95

f. 将来自下一跳地址为 10.1.3.1 的邻居，由 ACL 3 标识的更新的管理距离设置为 95

11. 请正确指出以下路由器配置命令的作用。

```
R1(config)# route-map TEST deny 10
R1(config-route-map)# match tag 80
R1(config-route-map)# route-map TEST permit 20
R1(config-route-map)# router ospf 1
R1(config-router)# redistribute eigrp 10 route-map TEST
```

a. 把标记为 80 的路由从 EIGRP 重分布到 OSPF

b. 把标记为 80 的路由从 OSPF 重分布到 EIGRP

c. 不把标记为 80 的路由从 EIGRP 重分布到 OSPF

d. 不把标记为 80 的路由从 OSPF 重分布到 EIGRP

e. 不把管理距离为 80 的路由从 EIGRP 重分布到 OSPF

f. 不把管理距离为 80 的路由从 OSPF 重分布到 EIGRP

12. 当从不同路由协议中获知了去往相同目的地（有相同前缀长度）的两条或多条路由时，路由器使用哪个参数来选择最优路路由？

a. 管理距离

b. ACL 过滤

c. 最高度量

d. 最低度量

e. 前缀列表过滤

f. route-map

13. 在 IPv6 中，为了把直连接口通告到目的路由协议，工程师必须在 **redistribute** 命令中使用哪个关键字？

a. **connected**

b. **include-connected**

c. **route-map**

d. **static**

e. 无需关键字，因为配置重分布时 IPv6 自动包含直连路由

14. 参照图 4-21 中的拓扑，R3 上配置的哪个前缀列表将允许 R1 只获知网络 172.16.10.0/24 和 172.16.11.0/24（R3 不获知网络 172.16.0.0/16）？

a. **ip prefi x-list TEST permit 172.0.0.0/8 ge 16 le 24**

b. **ip prefi x-list TEST permit 172.0.0.0/8 ge 17**

c. **ip prefi x-list TEST permit 172.0.0.0/8 ge 17 le 23**

d. **ip prefi x-list TEST permit 172.0.0.0/8 le 16**

e. **ip prefi x-list TEST permit 172.0.0.0/8 le 24**

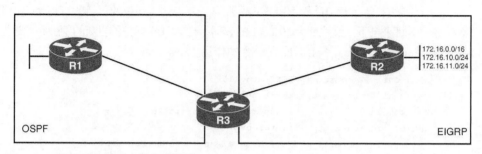

图 4-21　前缀列表测试中使用的网络

15. 路由器配置命令 **distance eigrp 80 100** 在 EIGRP 中执行什么操作？

a. 它将重分布的外部路由的本地默认管理距离 80 改为 100

b. 它将重分布的内部路由的本地默认管理距离 80 改为 100

c. 它将重分布的外部路由的本地默认管理距离 100 改为 100

d. 它将重分布的内部路由的本地默认管理距离 100 改为 100

e. 它更改 EIGRP 本地默认管理距离值，将重分布的外部路由改为 80，重分布的内部路由改为 100

f. 它更改 EIGRP 本地默认管理距离值，将内部路由改为 80，外部路由改为 100

本章会讨论下列内容：

- 使用 Cisco 快速转发交换；

- 理解路径控制；

- 使用基于策略的路由部署路径控制；

- 使用 Cisco IOS IP SLA 部署路径控制。

第 5 章

路径控制部署

现代网络的带宽正在以稳定的速度持续增长，这让包交换效率成为了重要的问题。因此，作为网络管理员，理解包交换方式及其发展历程很重要。

数据包通常会按照目的地址进行路由，但有时这种方式不够灵活。例如，对于有些应用，可能需要优化流量路径，也可能需要根据网络性能来控制流量的路径。

本章会从讨论 Cisco 快速转发（Cisco Express Forwarding, CEF）的交换方式开始。接下来，本章会讨论路径控制的基础知识并探索两种路径控制的工具：基于策略的路由 (Policy-BasedRouting, PBR) 以及 Cisco IOS IP 服务等级协议 (Service-Level Agreement, SLA)。

5.1 使用 Cisco 快速转发交换

包交换是路由器的功能核心，因而实现高速包交换非常重要。多年来，技术领域已经发展出了多种包交换的方式。Cisco IOS 平台交换机制从进程交换升级为快速交换，并最终升级到 CEF 交换。

在完成本节内容的学习后，读者应该能够：

- 描述 Cisco 路由器使用的不同交换机制；
- 描述 Cisco 快速转发（CEF）的工作方式；
- 描述如何验证 CEF 是否工作；
- 描述如何验证 CEF 表的内容；
- 描述如何通过接口及全局方式启用及禁用 CEF。

5.1.1 控制和数据层

3 层设备使用了分布式的架构，其控制层和数据层是相对独立的。例如，路由协议信息的交换是在控制层由路由器的处理器来执行的，而数据包转发则是在数据层由接口微编码处理器执行的。

路由协议之间的控制层和固件数据层微编码的主要功能如下。

- 管理那些负责执行数据包转发和控制功能的内部数据和控制电路。
- 从 2 层、3 层桥接和路由协议、配置数据中提取其他与路由和包交换相关的控制信息，并将信息传递给接口模块来控制数据层。
- 收集从接口模块到路由处理器的数据层信息，如流量统计信息。
- 处理从以太网接口模块发往路由处理器的数据包。

5.1.2 Cisco 交换机制

Cisco 路由器可以使用三种方式来转发包。

■ **进程交换**：此交换方式是三种方式中速度最慢的。每个数据包都由控制层中的 CPU 进行检查，且所有的转发决策都在软件中执行。如图 5-1 所示，每个数据包必须由 CPU 独立进行处理。当数据包到达入站接口时，它会被转发个给控制层，此时 CPU 会使用路由表中的条目来匹配数据包的目的地址。CPU 随后判断数据包的出站接口并转发数据包。路由器会为每个数据包都执行同样的操作，即使一个数据包流中，所有数据包的目的地址都是相同的也是如此。进程交换是 Cisco 路由器上最密集使用 CPU 的方式。它会极大地降低性能，这种方式一般仅在排错时作为最后的方式使用。

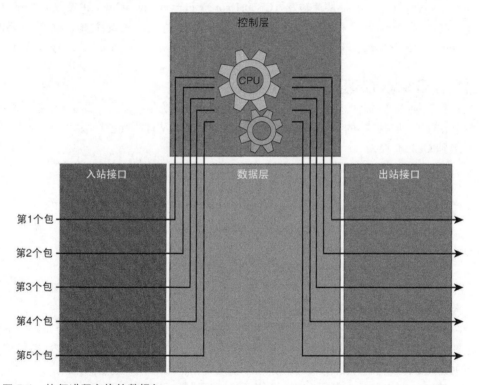

图 5-1　执行进程交换的数据包

■ **快速交换**：此交换方式比进程交换快。快速交换对流量流的初始包进行进程交换。这表示数据包会由 CPU 进行检查，而转发决策在软件中进行。然而，转发决策也会被存储在数据层的硬件快速转发缓存中。当数据流中的后续帧到达时，设备可以在硬件的快速转发缓存中找到目的地址，因此帧也就会在不中断 CPU 的情况下进行转发。在图 5-2 中，可以看到设备只对数据流中的第一个数据包执行了进程交换且添加到快速交换缓存中。接下来的四个包则基于快速交换缓存中的信息快速处理，只有流的初始包会进行进程交换。

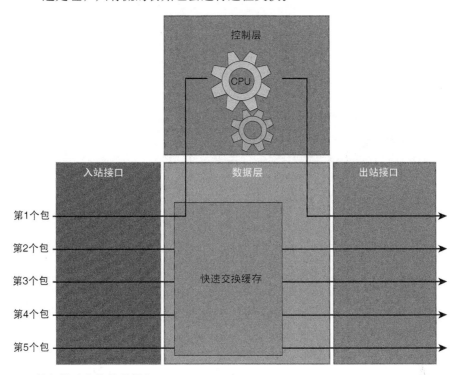

图 5-2　执行快速交换的数据包

- **Cisco 快速转发**：Cisco 交换方式是最快的交换模式，这种方式比快速交换和进程交换使用 CPU 更少。对于启用了 CEF 的路由器，其控制层 CPU 会使用包括路由和地址解析协议（Address Resolution Protocol，ARP）表中的 3 层和 2 层信息，来创建两个基于硬件的表，这两个表分别称为转发信息库（Forwarding Information Base，FIB）表和邻接表。当网络收敛时，FIB 和邻接表中会包含路由器在转发数据包时会使用的所有信息。如图 5-3 所示，这两个表随后会用来对数据流中的所有帧执行基于硬件的转发决策，其中包括第一个帧。FIB 包含了预先计算出来的逆向查找和下一跳信息（包括接口和 2 层信息）。

这三种数据包转发机制经常这样进行比喻：

- 进程交换相当于用笔算解题，即使问题相同也要重复计算；
- 快速交换相当于第一次用笔算解题，在后面遇到相同问题时，可以使用之前计算出来的答案；
- CEF 提前通过电子表格解决了所有可能的问题。

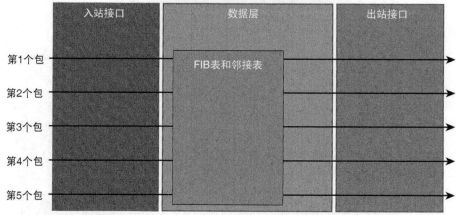

图 5-3 执行 CEF 交换的数据包

虽然 CEF 是最快的交换模式，但这种交换方式也存在一些限制。有些特性与 CEF 不兼容。在一些罕见的情况下，CEF 的功能还有可能降低性能。

> **注释** 不能通过 CEF 进行交换的数据包（如发往路由器本身的包）会被"剔除"。也就是说这些数据包会被执行快速交换或进程交换。

5.1.3 进程和快速交换

为了进一步理解这些交换方式之间的区别，读者可以参考下述进程交换和快速交换的事件发生顺序，这些事件发生在路由器刚刚通过 EIGRP（增强型内部网关路由协议）协议学习到一个（到达路由器的）数据包的目的地址时。

如图 5-4 所示，包含了去往 10.0.0.0/8 网络的 EIGRP 更新被添加到了 EIGRP 拓扑表中。EIGRP 弥散更新算法（Diffusing Update Algorithm，DUAL）认为这是一条后继路由，并将这条新条目提供给了路由表。路由表认为这是去往网络 10.0.0.0/8 的最佳路径，因此添加了一条新的路由表条目。注意快速交换缓存不会自动更新。

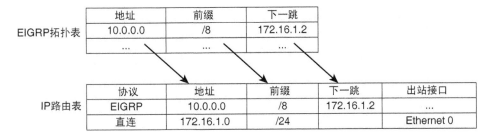

图 5-4　添加到路由表的 EIGRP 条目

　　当去往目的网络 10.0.0.0/8 的数据包流的第一个包到达路由器时，路由器会在其快速交换缓存中查找目的。由于这个目的地址不在快速交换缓存中，因此路由器必须执行进程交换。

　　因此，路由器会执行完整的路由表查找流程。这个流程会通过递归查找来寻找数据的出接口。如图 5-5 所示，路由表找到了网络 10.0.0.0/8 的条目，并发现其下一跳为 172.16.1.2。路由器随后执行递归查找过程，发现其出接口为 Ethernet 0。

	协议	地址	前缀	下一跳	出站接口
IP路由表	EIGRP	10.0.0.0	/8	172.16.1.2	...
	直连	172.16.1.0	/24	...	Ethernet 0

图 5-5　路由表查找

　　进程交换可能会触发 ARP 请求或者在 ARP 缓存中查找 2 层地址。例如，172.16.1.2 的 MAC 地址就是在 ARP 缓存中找到的，如图 5-6 所示。

ARP缓存	
IP地址	MAC地址
172.16.1.2	0c.00.11.22.33.44
...	...

图 5-6　ARP 缓存内容

　　路由器随后会使用 MAC 地址 0c.00.11.22.33.44，将数据包从其 Ethernet 0 接口转发给下一跳 IP 地址 172.16.1.2。

　　这个信息也会被添加到数据层的快速交换缓存中，如图 5-7 所示。

	地址	前缀	2层报头	接口
快速交换缓存	10.0.0.0	/8	0c.00.11.22.33.44	Ethernet 0
	...	...	...	...

图 5-7　数据层快速交换缓存的内容

　　具体来说，路由器会在快速交换缓存中创建一个条目，以确保去往相同目的前缀的所

有后续数据包都可以执行快速交换:

- 交换发生在中断代码中(即数据包会立刻接受处理);
- 执行快速目的查找(即无递归查找);
- 路由器使用预先生成的(包含目的 IP 地址和 2 层源 MAC 地址的)2 层报头进行封装(即无需发送 ARP 请求或查找 ARP 缓存)。

5.1.4　Cisco 快速转发

CEF 会使用特殊的策略将数据包交换到其目的地址。它会缓存由 3 层路由引擎生成的信息,这个过程甚至会早于路由器接收到任何数据流。

CEF 会将控制层软件从数据层硬件中分离出来,因此可以实现更高的数据吞吐量。控制层负责在软件中构建 FIB 表和邻接表。数据层则负责使用硬件转发 IP 单播流量。

图 5-8 所示为 CEF 在 FIB 表中缓存路由信息。

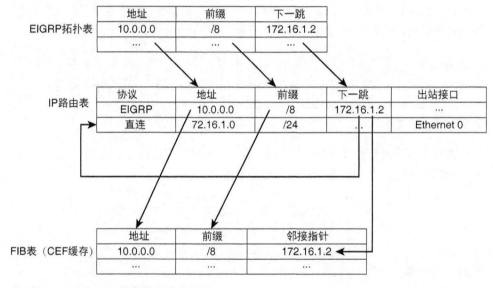

图 5-8　CEF 在 FIB 表中缓存路由信息

FIB 信息是从 IP 路由表中获取到的,这个信息会以实现最大的查找吞吐量为目的进行重新排序。CEF IP 目的前缀条目会按照从最详细到最不详细的顺序进行存储。路由器会按照 3 层目的地址前缀来执行(最长匹配)FIB 查询,所以会匹配 CEF 条目。当 CEF FIB 表满时,反掩码条目会将数据帧重定向给 3 层引擎。FIB 表在每次网络变化后就会更新一次,其中会包含所有已知路由。路由器不需要通过集中处理每个数据流初始数据包的方式来构建路由缓存。IP 路由表的每次变化都会触发 FIB 表中出现相似的变化,因为 IP 路由表中包含了所有目的网络对应的所有的下一跳地址。

CEF 也会在邻接表中缓存所有 FIB 条目的 2 层下一跳地址和帧报头重写信息，如图 5-9 所示。

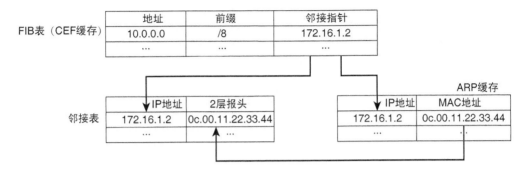

图 5-9 CEF 在邻接表中缓存 2 层信息

邻接表信息取自于 ARP 表，其中包含 FIB 中每个下一跳的 2 层报头重写（MAC）信息。如果网络中两个节点之间距离一跳之内，那么这两个节点就称为邻接节点。邻接表维护所有 FIB 条目的 2 层下一跳地址和链路层报头信息。在发现邻接节点时，路由器就会填充邻接表。每次创建一个邻接条目时（如通过 ARP），路由器就会预先计算出邻接节点的链路层报头并将其存储在邻接表中。

CEF 通过一个特定的过程在硬件中构建转发表，并使用这些表中的信息以线速来转发数据包。

不是所有的数据包都可以通过 CEF 交换的方式在硬件中进行处理的。当流量不能在硬件中处理时，它就必须由 3 层引擎中的软件进程来接收。这样的流量就不会通过基于硬件的转发进程获得加速处理。一些不同类型的数据包可能需要通过 3 层引擎进行处理。下面这些数据包就符合这一类特性：

- 使用了 IP 头部可选项字段；
- IP 生存时间（TTL）计数器过时；
- 被转发到了隧道接口；
- 封装类型不支持；
- 被路由到封装类型不支持的接口；
- 超过出站接口最大传输单元（MTU），这类数据包必须进行分片。

5.1.5 分析 Cisco 快速转发

本节会使用图 5-10 中的拓扑来讨论如何验证 CEF 的操作。

在本例中，我们会介绍：

- 如何查看 CEF 表的内容；

■ 如何通过接口及全局的方式来启用和禁用 CEF。

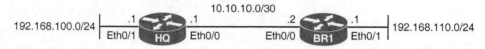

图 5-10 CEF 参考拓扑

1. 验证 CEF 表的内容

查看 HQ 路由器上的 FIB 表内容，可以在特权 EXEC 模式下使用 **show ip cef** 命令来实现，如例 5-1 所示。

例5-1 验证 HQ 上的 FIB 表

```
HQ# show ip cef
Prefix                Next Hop          Interface
0.0.0.0/0             no route
0.0.0.0/8             drop
0.0.0.0/32            receive
10.10.10.0/30         attached          Ethernet0/0
10.10.10.0/32         receive           Ethernet0/0
10.10.10.1/32         receive           Ethernet0/0
10.10.10.3/32         receive           Ethernet0/0
127.0.0.0/8           drop
192.168.100.0/24      attached          Ethernet0/1
192.168.100.0/32      receive           Ethernet0/1
192.168.100.1/32      receive           Ethernet0/1
192.168.100.255/32    receive           Ethernet0/1
224.0.0.0/4           drop
224.0.0.0/24          receive
240.0.0.0/4           drop
255.255.255.255/32    receive
HQ#
```

FIB 表中有每个连接到 HQ 的本地网络的条目。路由表中的每个条目在 FIB 表中都有预配置的条目。这里只列出了本地网络是因为 HQ 当前没有配置任何路由协议。比如，可以看到 HQ 上并没有远程网络 192.168.110.0/24 的信息。

要查看 HQ 路由器上邻接表的内容，可以使用特权 EXEC 模式下的命令 **show adjacency**，如例 5-2 所示。

例5-2 验证 HQ 上的邻接表

```
HQ# show adjacency
Protocol Interface          Address
HQ#
```

虽然 FIB 表有条目，但是可以看到邻接表没有条目。原因是邻接表是通过 ARP 表构建的。然而，由于网络中还没有产生流量，因此 ARP 表和邻接表是空的。

为了在 ARP 表中增加条目，例 5-3 使用 ping 发起了发往邻居路由器 BR1 的流量。

例 5-3　从 HQ 发起流量

```
HQ# ping 10.10.10.2

Type escape sequence to abort.
Sending 5, 100-byte ICMP Echos to 10.10.10.2, timeout is 2 seconds:
.!!!!
Success rate is 80 percent (4/5), round-trip min/avg/max = 1/1/1 ms
HQ#
```

可以看到第一个数据包丢失了。这是因为 HQ 路由器在等待来自 BR1 的 ARP 应答，HQ 上的新 ARP 条目需要通过这个 ARP 应答来填充。

例 5-4 查看了邻接表和 FIB 表的内容。

例 5-4　验证 CEF 表

```
HQ# show adjacency

Protocol Interface          Address
IP        Ethernet0/0        10.10.10.2(7)

HQ# show ip cef

Prefix              Next Hop        Interface
0.0.0.0/0           no route
0.0.0.0/8           drop
0.0.0.0/32          receive
10.10.10.0/30       attached        Ethernet0/0
10.10.10.0/32       receive         Ethernet0/0
10.10.10.1/32       receive         Ethernet0/0
10.10.10.2/32       attached        Ethernet0/0
10.10.10.3/32       receive         Ethernet0/0
127.0.0.0/8         drop
192.168.100.0/24    attached        Ethernet0/1
192.168.100.0/32    receive         Ethernet0/1
192.168.100.1/32    receive         Ethernet0/1
192.168.100.255/32  receive         Ethernet0/1
224.0.0.0/4         drop
224.0.0.0/24        receive
```

（待续）

```
240.0.0.0/4          drop
255.255.255.255/32   receive

HQ#
```

可以看到邻接表中现在有了一个条目。HQ 路由器通过 ARP 协议了解了新的终端主机。于是，新条目也被添加到了 FIB 表中。

接下来，我们要启用路由协议来学习远程网络。BR1 上已经预配置了 EIGRP，例 5-5 所示为在 HQ 上启用 EIGRP。

例 5-5　*在 HQ 上启用 EIGRP*

```
HQ(config)# router eigrp 1
HQ(config-router)# network 192.168.100.0 0.0.0.255
HQ(config-router)# network 10.10.10.0 0.0.0.3
HQ(config-router)#
*Jul 29 16:35:15.745: %DUAL-5-NBRCHANGE: EIGRP-IPv4 1: Neighbor 10.10.10.2
(Ethernet0/0) is up: new adjacency
HQ(config-router)#
HQ#
```

通过提示消息可以看出，HQ 现在已经与 BR1 之间建立了 EIGRP 邻接。在例 5-6 中可以看到，BR1 LAN 已经添加到了路由表中。

例 5-6　*验证 HQ 上的路由表*

```
HQ# show ip route eigrp
Codes: L - local, C - connected, S - static, R - RIP, M - mobile, B - BGP
       D - EIGRP, EX - EIGRP external, O - OSPF, IA - OSPF inter area
       N1 - OSPF NSSA external type 1, N2 - OSPF NSSA external type 2
       E1 - OSPF external type 1, E2 - OSPF external type 2
       i - IS-IS, su - IS-IS summary, L1 - IS-IS level-1, L2 - IS-IS level-2
       ia - IS-IS inter area, * - candidate default, U - per-user static route
       o - ODR, P - periodic downloaded static route, H - NHRP, l - LISP
       + - replicated route, % - next hop override

Gateway of last resort is not set

D    192.168.110.0/24 [90/307200] via 10.10.10.2, 00:03:17, Ethernet0/0
HQ#
```

输出信息中阴影部分的内容显示，HQ 已经学习到了去往 192.168.110.0/24 网络的新 EIGRP 路由。接着，我们通过例 5-7 验证了 HQ 上的邻接表和 FIB 表。

例5-7 验证 HQ 上的 CEF 表

```
HQ# show adjacency
Protocol Interface          Address
IP        Ethernet0/0        10.10.10.2(11)
HQ# show ip cef
Prefix             Next Hop           Interface
0.0.0.0/0          no route
0.0.0.0/8          drop
0.0.0.0/32         receive
10.10.10.0/30      attached           Ethernet0/0
10.10.10.0/32      receive            Ethernet0/0
10.10.10.1/32      receive            Ethernet0/0
10.10.10.2/32      attached           Ethernet0/0
10.10.10.3/32      receive            Ethernet0/0
127.0.0.0/8        drop
192.168.100.0/24   attached           Ethernet0/1
192.168.100.0/32   receive            Ethernet0/1
192.168.100.1/32   receive            Ethernet0/1
192.168.100.255/32 receive            Ethernet0/1
192.168.110.0/24   10.10.10.2         Ethernet0/0
224.0.0.0/4        drop
224.0.0.0/24       receive
240.0.0.0/4        drop
255.255.255.255/32 receive
HQ#
```

邻接表没有发生变化，是因为 ARP 表没有改变。然而，FIB 表中拥有了去往
192.168.110.0/24 网络的新条目。这是因为路由器在通过 EIGRP 学习新路由时，路由表发
生了变化。

另一条常用的 CEF 命令是 **show ip interface** *interface*。这条命令的输出信息可以用来验
证特定接口的 CEF 状态。

例 5-8 验证 HQ 路由器上的 Ethernet 0/0 接口启用了 CEF。

例5-8 验证 HQ 启用 CEF 的接口

```
HQ# show ip interface ethernet 0/0
Ethernet0/0 is up, line protocol is up
  Internet address is 10.10.10.1/30
  Broadcast address is 255.255.255.255
  Address determined by non-volatile memory
  MTU is 1500 bytes
  Helper address is not set
```

（待续）

```
Directed broadcast forwarding is disabled
Multicast reserved groups joined: 224.0.0.10
Outgoing access list is not set
Inbound access list is not set
Proxy ARP is enabled
Local Proxy ARP is disabled
Security level is default
Split horizon is enabled
ICMP redirects are always sent
ICMP unreachables are always sent
ICMP mask replies are never sent
IP fast switching is enabled
IP fast switching on the same interface is disabled
IP Flow switching is disabled
IP CEF switching is enabled
IP CEF switching turbo vector
IP multicast fast switching is enabled
IP multicast distributed fast switching is disabled
IP route-cache flags are Fast, CEF
Router Discovery is disabled
IP output packet accounting is disabled
IP access violation accounting is disabled
TCP/IP header compression is disabled
RTP/IP header compression is disabled
Policy routing is disabled
Network address translation is disabled
BGP Policy Mapping is disabled
Input features: MCI Check
IPv4 WCCP Redirect outbound is disabled
IPv4 WCCP Redirect inbound is disabled
IPv4 WCCP Redirect exclude is disabled
HQ#
```

阴影部分的那一行证实了该接口已经启用 CEF。

IPv4 的 CEF 默认会在所有接口上启用，而 IPv6 的 CEF 默认则处于禁用状态。不过，在设备上使用 **ipv6 unicast** 命令配置 IPv6 单播路由时，IPv6 的 CEF 就会自动启用。

注释 启用 IPv4 的 CEF 是使用 IPv6 的 CEF 的前提。

虽然不是必须使用 IPv6 的 CEF，接下来的两个示例还是证实了之前有关 IPv6 CEF 的说法。例 5-9 验证了 HQ 上 IPv6 的 CEF 状态。

例5-9　在HQ上查看IPv6 CEF的状态

```
HQ# show ipv6 cef
%IPv6 CEF not running
HQ#
```

例 5-10 启用了 IPv6 单播路由并再次查看 HQ 上 IPv6 CEF 的状态。

例5-10　在HQ上启用并验证IPv6的CEF

```
HQ(config)# ipv6 unicast-routing
HQ(config)# exit
*Jul 29 16:53:16.000: %SYS-5-CONFIG_I: Configured from console by console
HQ# show ipv6 cef
::/0
  no route
::/127
  discard
FE80::/10
  receive for Null0
FF00::/8
  multicast
HQ#
```

可以看到，启用 IPv6 单播路由会自动启用 IPv6 的 CEF。

2. 在接口及全局上启用及禁用 CEF

管理员应该尽可能使用 CEF。不过，在排错时也可以禁用 CEF。

管理员也可以使用接口配置命令 **no ip route-cache cef** 在指定接口上禁用 IPv4 的 CEF。此外，也可以使用全局配置命令 **no ip cef** 在全局禁用 CEF。

例 5-11 在 Ethernet 0/0 上禁用了 IPv4 的 CEF 并验证了接口状态。

例5-11　在HQ的Ethernet 0/0上禁用了IPv4的CEF

```
HQ(config)# interface ethernet 0/0
HQ(config-if)# no ip route-cache cef
HQ(config-if)# ^Z
HQ#
*Jul 29 17:10:14.737: %SYS-5-CONFIG_I: Configured from console by console
HQ# show ip interface ethernet 0/0 | include switching
  IP fast switching is enabled
  IP fast switching on the same interface is disabled
  IP Flow switching is disabled
```

（待续）

```
IP CEF switching is disabled
IP multicast fast switching is enabled
IP multicast distributed fast switching is disabled
HQ#
```

可以看到该接口已禁用了 CEF，但快速交换会自动启用。

> **注释** IPv4 的 CEF 可以在接口上通过命令 ip route-cache cef 重新启用。

例 5-12 验证了 CEF 是否仍然在全局处于启用状态。

例 5-12 验证 HQ 上 CEF 的全局状态

```
HQ# show ip cef
Prefix               Next Hop           Interface
0.0.0.0/0            no route
0.0.0.0/8            drop
0.0.0.0/32           receive
10.10.10.0/30        attached           Ethernet0/0
10.10.10.0/32        receive            Ethernet0/0
10.10.10.1/32        receive            Ethernet0/0
10.10.10.2/32        attached           Ethernet0/0
10.10.10.3/32        receive            Ethernet0/0
127.0.0.0/8          drop
192.168.100.0/24     attached           Ethernet0/1
192.168.100.0/32     receive            Ethernet0/1
192.168.100.1/32     receive            Ethernet0/1
192.168.100.255/32   receive            Ethernet0/1
192.168.110.0/24     10.10.10.2         Ethernet0/0
224.0.0.0/4          drop
224.0.0.0/24         receive
240.0.0.0/4          drop
255.255.255.255/32   receive
HQ#
```

即使在 Ethernet 0/0 上禁用了 IPv4 的 CEF，HQ 仍然会维护这张 CEF 表。

例 5-13 在 HQ 上全局禁用了 IPv4 的 CEF。

例 5-13 在 HQ 上禁用并验证 IPv4 的 CEF

```
HQ(config)# no ip cef
HQ(config)# end
HQ#
*Jul 29 17:14:36.676: %SYS-5-CONFIG_I: Configured from console by console
HQ# show ip cef
%IPv4 CEF not running
HQ#
```

可以看出，IPv4 的 CEF 已经在 HQ 上被全局禁用了。

> 注释　管理员可以使用 **ip cef** 全局配置命令重新在全局启用 IPv4CEF。

5.2　理解路径控制

在完成本节内容的学习后，读者应该能够：

- 了解路径控制技术的必要性；
- 描述如何使用基于策略的路由（PBR）来控制路径选择；
- 描述如何使用 IP 服务等级协议（IP SLA）来控制路径选择。

5.2.1　路径控制技术的需求

网络设计需要通过冗余提供高可用性。然而，冗余并不能保证抵御故障。使用多路由协议和冗余连接可能会导致设备在转发数据包到目的时，选用低效路径。每种路由协议都有不同的管理距离、度量和收敛时间。次优路由问题通常发生在重分布之后，因为重分布重置了管理距离和度量值。

收敛时间也很重要。首先，不同的网络设计协议会以不同的方式收敛。其次，收敛速度慢可能会使得应用在找到目的的备份路径之前就告发送流量超时。所以，管理员需要使用路径控制技术来避免这些性能问题并优化路径。

> 注释　要想建立路径控制的全局策略，物理连接及网络基础设施上运行的服务必须被考虑在内。

路径控制工具可以用来修改默认目的转发并优化某些特定应用所使用的数据包转发路径。

路径控制的其他用例包括主链路故障时将流量转发到备用链路，或在主链路拥塞时转发一些流量到备用链路。路径控制机制可以在这些情况下提升网络的性能。类似地，负载均衡也可以将流量在平行路径间分流。

对流量模式进行可预测而又决定性的控制是十分重要的。不过，世界上并没有一种部署路径控制的"一键式"方案。如图 5-11 所示，实现路径控制有许多工具。

管理员可以将这些工具作为部署路径控制整体策略的一部分。图 5-11 阴影部分的路径控制工具已在之前章节中讨论过。本节会关注 PBR 和 IP SLA。

5.2.2　使用基于策略的路由部署路径控制

本节会描述 route-map 的另一种用法，即将其用于 PBR。与基于目的使用路由表的基本路由方式相比，PBR 让管理员可以定义路由策略。在 PBR 中，route-map 可以用来匹配源和目的地址、协议类型以及终端用户应用。发生匹配时，可以使用 **set** 命令定义条目，如数据包应该发送给哪个接口或下一跳地址。

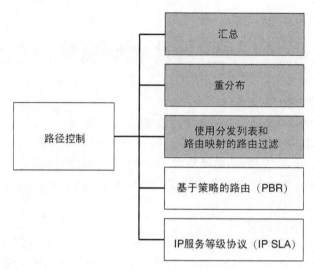

图 5-11 路径控制工具

1. PBR 特性

PBR 是一个强大而灵活的工具，在部署用户自定义策略以控制互连网络流量方面，这项技术拥有显著的优势。

PBR 可以让难于管理的环境增加灵活性，它让管理员能够根据网络的需求来路由流量。它也为实施法律、合同或政治限制，让流量必须通过特定路径被路由的情况提供了解决方案。

在网络中部署 PBR 的优势如下。

- **基于源的传输提供商选择**：PBR 策略可以由 ISP 以及其他组织部署，把来自不同用户组的流量通过基于策略的路由器路由到不同的 Internet 连接上。
- **QoS**：可以部署 PBR 策略以便实施服务质量（Quality of Service，QoS），在网络的边缘路由器上设置 IP 包报头中的服务类型（Type of Service，ToS）值，然后利用队列机制在网络核心或骨干优先处理流量。这样的设置省去了在网络核心或骨干的每个 WAN 接口显式分类流量的操作，提升了网络性能。
- **节省开销**：可以部署 PBR 策略以引导与特定活动相关的批量流量在短时间使用较高带宽、高开销的链路，并对交互流量使用较低带宽、低开销的链路以维持基本的连通性。
- **负载共享**：可以基于流量特征部署 PBR 策略，以在多个路径上分发流量。这与默认的动态负载共享性能不同，默认的性能由 Cisco IOS 系统支持的基于目的的路由提供。

2. 配置 PBR 的步骤

PBR 需要应用于入向流量或路由器发送的本地产生的流量上，绕过或更改路由表的决定。它允许管理员在原始 IP 路由表之外配置不同的路由规则。例如，它可以用来基于源 IP

地址而不是目的 IP 地址路由包。

以图 5-12 中的拓扑为例，在这个示例中，网络策略规定 ISP #1 要用作所有用户流量的默认网关；然而，来自 Web 服务器的流量则应该通过 ISP #2。这通过路径控制很容易就可以实现。

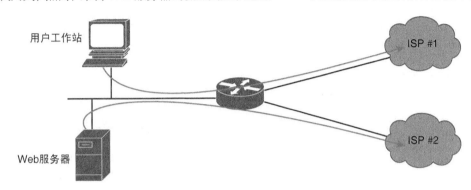

图 5-12　PBR 基于源地址路由包

实施这个配置的过程包含下列步骤。

1．通过使用全局配置命令 **route-map** 配置路由映射来启用 PBR。

2．实施流量匹配配置，指明控制哪类流量。这个步骤需要通过路由映射中的 **match** 命令来完成。

3．定义对被匹配流量所执行的操作。这个步骤可以通过路由映射中的 **set** 命令完成。

4．(可选) 启用快速交换的 PBR 或 CEF 交换的 PBR。快速交换的 PBR 必须手动启用。CEF 交换的 PBR 在启用 CEF 交换 (这是最新 IOS 版本中的默认设置) 和 PBR 时会自动启用。

5．将 route-map 应用于入向流量或路由器本地产生的流量上。在这个示例中，route-map 会通过接口配置命令 **ip policy route-map** 应用于入向流量。

6．使用基本的连通性和路径验证命令，以及基于策略的路由 **show** 命令，查看 PBR 配置。

3．配置 PBR

使用全局配置命令 **route-map** *map-tag* [**permit** | **deny**] [*sequence-number*]来创建路由映射。这条命令可以被配置为 **permit** 或 **deny**。以下定义了这些选项的用法。

- 如果将这条语句设置为 **permit**，如 **route-map MY-MAP permit 10**，那么路由器会对满足所有匹配条件的数据包执行基于策略的路由。

- 如果将这条语句设置为 **deny**，如 **route-map MY-MAP deny 10**，那么满足匹配条件的数据包则不会执行基于策略的路由。这样的数据包会被发送至正常的转发通道执行基于目的的路由。

- 如果在 route-map 中没有找到匹配项，数据包不会被丢弃。它会通过正常的路由通道转发，也就是执行基于目的的路由。

> 注释 若要丢弃不满足指定条件的包,可以在 route-map 的最后一个条目配置一条 set 语句,将数据包路由到 null 0 接口。

PBR match 命令

route-map 配置模式命令 **match** *condition* 的作用是定义要检查的条件。表 5-1 中列出的 **match ip address** 和 **match length** 可以用于 PBR。

表 5-1   PBR match 命令

命令	描述
match ip address { *access-list-number* | *name* } [... *access-list-number* | *name*] |	匹配其源地址由标准或扩展 ACL 所允许的任何数据包。可以指定多个 ACL 或前缀列表。满足任意一个就会触发匹配条件
match length *min max*	基于数据包的 3 层长度匹配

管理员可以使用标准的 IP ACL 来指定数据包源地址的匹配条件,用扩展 ACL 来指定基于源和目的地址、应用、协议类型以及 ToS 的匹配条件。

管理员可以使用 **match length** 命令指定数据包长度在最小和最大值之间的条件。例如,网络管理员可以使用 **match length** 作为条件,区分交互和文件传输流量,因为文件传输流量的数据包尺寸往往更大。

PBR set 命令

如果满足了 **match** 语句定义的条件,就可以使用表 5-2 中列出的 **set ip next-hop** 或 **set interface** 命令来指定通过路由器转发数据包的响应条目。

表 5-2   PBR set 命令

命令	描述
set ip next-hop *ip-address* [... *ip-address*]	这条命令可以指明将数据包转发给哪个邻接的下一跳路由器 IP 地址。如果指定了多个 IP 地址,那么路由器会使用第一个与当前启用且直连接口对应的 IP 地址
set interface *type number* [... *type number*]	这条命令指明了使用哪个出站接口来转发数据包。如果指定了多个接口,那么路由器会使用第一个在启用状态的接口来转发数据包

在接口上配置 PBR

要在接口下将 route-map 指定为用于基于策略的路由,需要使用接口配置模式下的命令 **ip policyroute-map** *map-tag* 来实现。其中,参数 *map-tag* 是用于基于策略的路由的 route-map 名称。它必须与 **route-map** 命令所指定的一个标签相匹配。

切记，基于策略的路由是在接收数据包的接口上进行配置的，而不是在包被转发的接口上配置。

对于由路由器生成的数据包，通常不会执行基于策略的路由。本地基于策略的路由会让路由器生成的数据包采用一条有别于明显的最短路径的路由。要将 route-map 指定为用于基于策略的路由，需要使用全局配置模式命令 **ip local policy route-map** *map-tag*。这条命令会将指定的路由映射应用于路由器生成的数据包。

4. 验证 PBR

要查看在路由器接口上用于基于策略的路由的 route-map，需要使用特权模式命令 **show ip policy** 来实现。

要查看设备上配置的路由映射，需要使用特权模式命令 **show route-map** [*map-name*]，其中 *map-name* 是可选参数，用于指定路由映射的名称。

使用特权模式命令 **debug ip policy** 可以显示 IP 基于策略的路由数据包活动。这条命令会详细显示设备在执行哪种基于策略的路由，还会显示数据包是否满足条件的信息，以及在满足时，数据包获得的路由方式信息。

> **注释** 因为 debug ip policy 命令会产生大量的输出信息，因此管理员应该只在 IP 网络流量比较的情况下使用，以免对系统上的其他活动造成不利影响。

要想了解数据包从路由器发往目的期间使用的路由，可以使用特权模式命令 **traceroute**。要更改默认参数并调用扩展的 **traceroute**，需要输入不带有目的地址参数的命令。随后再通过逐条对话选择期望使用的参数。

要检查主机的可达性和网络的连通性，可以使用特权模式下的 **ping** 命令。输入不带参数的 **ping** 命令可以使用 **ping** 命令的扩展模式以指定支持的数据包头部选项。

5. 配置 PBR 示例

本节会使用图 5-13 所示的拓扑来讨论如何使用 PBR 影响路径选择。

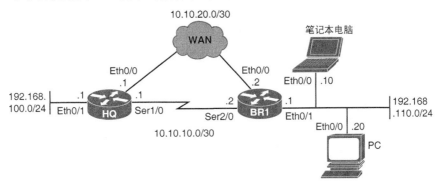

图 5-13　PBR 参考拓扑

本示例会：

- 验证通过传统的、基于目的路由，所选用的正常流量路径；
- 配置 PBR 来更改去往一个客户站点的流量流；
- 验证 PBR 的配置和新的流量路径。

验证正常流量路径

例 5-14 使用 **traceroute** 命令验证了从 PC 到 HQ LAN 的流量路径。

例 5-14　验证 PC 和 HQ LAN 之间的连通性

```
PC> traceroute 192.168.100.1
Type escape sequence to abort.
Tracing the route to 192.168.100.1
VRF info: (vrf in name/id, vrf out name/id)
 1 192.168.110.1 1 msec 0 msec 0 msec
 2 10.10.20.1 1 msec * 1 msec
PC>
```

例 5-15 验证了从笔记本电脑到 HQ LAN 的流量路径。

例 5-15　验证笔记本电脑和 HQ LAN 之间的连通性

```
Notebook> traceroute 192.168.100.1
Type escape sequence to abort.
Tracing the route to 192.168.100.1
VRF info: (vrf in name/id, vrf out name/id)
 1 192.168.110.1 0 msec 0 msec
 2 10.10.20.1 1 msec * 1 msec
Notebook>
```

从阴影部分的输出信息可以看出，来自两个客户的流量都会通过较快的 WAN 链路（网络 10.10.20.0/30）到达 HQ 路由器。

配置 PBR 以更改来自笔记本电脑的流量流

在本例中，我们要创建一个 route-map 来标识笔记本电脑发来的流量，让它们使用串行链路。为此，管理员在例 5-16 中配置了一个 ACL，匹配来自笔记本电脑客户的流量。

例 5-16　标识来自笔记本电脑的流量

```
BR1(config)# ip access-list extended PBR-ACL
BR1(config-ext-nacl)# permit ip host 192.168.110.10 any
BR1(config-ext-nacl)# exit
```

接下来，配置一个名为 PBR-Notebook 的 route-map，如例 5-17 所示。

例5-17　在BR1上配置route-map

```
BR1(config)# route-map PBR-Notebook
BR1(config-route-map)# match ip address PBR-ACL
BR1(config-route-map)# set ip next-hop 10.10.10.1
BR1(config-route-map)# exit
```

route-map 调用了配置的 ACL，并将下一跳 IP 地址设置为 HQ 的串行接口。

管理员将 route-map 应用到了路由器的入站接口上。如例 5-18 所示，route-map 被应用在了 Ethernet 0/1 接口的入站方向上。

例5-18　应用route-map到入站接口

```
BR1(config)# interface ethernet 0/1
BR1(config-if)# ip policy route-map PBR-Notebook
BR1(config-if)# exit
BR1(config)# exit
```

> **注释** 要控制本地路由器生成的流量，必须使用全局配置命令 ip local policy route-map *map-tap* 来应用 route-map。

验证 PBR 配置和流量路径

例 5-19 验证了管理员配置的 route-map。

例5-19　验证配置的route-map

```
BR1# show route-map
route-map PBR-Notebook, permit, sequence 10
  Match clauses:
    ip address (access-lists): PBR-ACL
  Set clauses:
    ip next-hop 10.10.10.1
  Policy routing matches: 0 packets, 0 bytes
BR1#
```

route-map 的输出信息显示，访问列表 PBR-ACL 中定义的入站流量被转发给了 10.10.10.1，这是给 HQ 的串行链路配置的 IP 地址。

例 5-20 验证了此前配置的策略。

例5-20　验证配置的策略

```
BR1# show ip policy
Interface       Route map
Ethernet0/1     PBR-Notebook
BR1#
```

例 5-21 验证了从 PC 到 HQ LAN 的流量路径。

例 5-21　验证 PC 和 HQ LAN 之间的连通性

```
PC> traceroute 192.168.100.1
Type escape sequence to abort.
Tracing the route to 192.168.100.1
VRF info: (vrf in name/id, vrf out name/id)
 1 192.168.110.1 1 msec 1 msec 0 msec
 2 10.10.20.1 1 msec * 1 msec
PC>
```

正如所料，PC 客户的流量路径保持不变，其流量仍会经过 WAN 链路（网络 10.10.20.0/30）进行发送。

例 5-22 查看了从笔记本电脑到 HQ LAN 的流量路径，以验证其路径是否更改。

例 5-22　验证笔记本电脑和 HQ LAN 之间的连通性

```
Notebook> traceroute 192.168.100.1
Type escape sequence to abort.
Tracing the route to 192.168.100.1
VRF info: (vrf in name/id, vrf out name/id)
 1 192.168.110.1 1 msec 0 msec 1 msec
 2 10.10.10.1 5 msec * 5 msec
Notebook>
```

可以看到笔记本电脑的客户流量现在通过串行链路（网络 10.10.10.0/30）进行发送。

管理员可以使用特权 EXEC 模式的命令 **debug ip policy** 来详细分析 PBR（基于策略的路由）的操作并验证实际的流量路径。例 5-23 所示为在 BR1 上启用了 PBR 调试。

例 5-23　启用 PBR 调试

```
BR1# debug ip policy
Policy routing debugging is on
BR1#
```

为了让这条命令显示输出信息，网络中必须有流量。因此，例 5-24 通过 **ping** 命令发起了从 PC 去往 HQ 路由器的流量。

例 5-24　从 PC 发起流量

```
PC> ping 192.168.100.1
Type escape sequence to abort.
Sending 5, 100-byte ICMP Echos to 192.168.100.1, timeout is 2 seconds:
!!!!!
Success rate is 100 percent (5/5), round-trip min/avg/max = 1/1/1 ms
PC>
```

例 5-25 显示了 ping 自动产生的 debug 输出信息。

例 5-25   由 PC ping 产生的 debug 输出

```
BR1#
*Aug 4 17:36:42.981: IP: s=192.168.110.20 (Ethernet0/1), d=192.168.100.1, len 100,
FIB policy rejected(no match) - normal forwarding
*Aug 4 17:36:42.982: IP: s=192.168.110.20 (Ethernet0/1), d=192.168.100.1, len 100,
FIB policy rejected(no match) - normal forwarding
*Aug 4 17:36:42.983: IP: s=192.168.110.20 (Ethernet0/1), d=192.168.100.1, len 100,
FIB policy rejected(no match) - normal forwarding
*Aug 4 17:36:42.984: IP: s=192.168.110.20 (Ethernet0/1), d=192.168.100.1, len 100,
FIB policy rejected(no match) - normal forwarding
*Aug 4 17:36:42.984: IP: s=192.168.110.20 (Ethernet0/1), d=192.168.100.1, len 100,
FIB policy rejected(no match) - normal forwarding
BR1#
```

可以看出，流量信息显示在了上面的输出中，以"IP: ..."开始，其中包括了源地址、入站接口和目的地址信息。输出信息清晰地显示出：没有策略匹配，对流量进行正常（基于目的）的转发[1]。

例 5-26 使用 ping 命令发起了从笔记本电脑去往 HQ 路由器的流量。

例 5-26   从笔记本电脑发起流量

```
Notebook> ping 192.168.100.1
Type escape sequence to abort.
Sending 5, 100-byte ICMP Echos to 192.168.100.1, timeout is 2 seconds:
!!!!!
Success rate is 100 percent (5/5), round-trip min/avg/max = 1/1/1 ms
Notebook>
```

例 5-27 显示了 ping 自动产生的 debug 输出信息。

例 5-27   由笔记本电脑 ping 产生的 debug 输出

```
BR1#
*Aug  4 17:39:53.147: IP: s=192.168.110.10 (Ethernet0/1), d=192.168.100.1, len 100,
FIB policy match
*Aug  4 17:39:53.147: IP: s=192.168.110.10 (Ethernet0/1), d=192.168.100.1, len 100,
PBR Counted
*Aug  4 17:39:53.147: IP: s=192.168.110.10 (Ethernet0/1), d=192.168.100.1,
g=10.10.10.1 , len 100, FIB policy routed
*Aug  4 17:39:53.152: IP: s=192.168.110.10 (Ethernet0/1), d=192.168.100.1, len 100,
```

（待续）

---

[1] "normal forwarding"即意为"正常转发"。——译者注

```
FIB policy match
*Aug  4 17:39:53.152: IP: s=192.168.110.10 (Ethernet0/1), d=192.168.100.1, len 100,
PBR Counted
*Aug  4 17:39:53.152: IP: s=192.168.110.10 (Ethernet0/1), d=192.168.100.1,
g=10.10.10.1, len 100, FIB policy routed
*Aug  4 17:39:53.158: IP: s=192.168.110.10 (Ethernet0/1), d=192.168.100.1, len 100,
FIB policy match
*Aug  4 17:39:53.158: IP: s=192.168.110.10 (Ethernet0/1), d=192.168.100.1, len 100,
PBR Counted
*Aug  4 17:39:53.158: IP: s=192.168.110.10 (Ethernet0/1), d=192.168.100.1,
g=10.10.10.1, len 100, FIB policy routed
*Aug  4 17:39:53.163: IP: s=192.168.110.10 (Ethernet0/1), d=192.168.100.1, len 100,
FIB policy match
*Aug  4 17:39:53.163: IP: s=192.168.110.10 (Ethernet0/1), d=192.168.100.1, len 100,
PBR Counted
*Aug  4 17:39:53.163: IP: s=192.168.110.10 (Ethernet0/1), d=192.168.100.1,
g=10.10.10.1, len 100, FIB policy routed
BR1#
*Aug  4 17:39:53.168: IP: s=192.168.110.10 (Ethernet0/1), d=192.168.100.1, len 100,
FIB policy match
*Aug  4 17:39:53.168: IP: s=192.168.110.10 (Ethernet0/1), d=192.168.100.1, len 100,
PBR Counted
*Aug  4 17:39:53.168: IP: s=192.168.110.10 (Ethernet0/1), d=192.168.100.1,
g=10.10.10.1, len 100, FIB policy routed
BR1#
```

输出信息清晰地显示：有策略匹配，流量被转发到 10.10.10.1[2]。

5.2.3 使用 Cisco IOS IP SLA 部署路径控制

本节会介绍如何使用 Cisco IP SLA 特性来实现路径控制。

1. PBR 和 IP SLA

PBR 是一种静态路径控制机制。它不能动态响应网络健康状态的变化。详见图 5-14 所示的拓扑。

在上面的示例中，客户路由器配置了通往 ISP 的静态默认路由。由于去往 ISP 2 的路由管理距离更大，所以路由器只会使用主上行链路转发数据。

然而，若网络策略要求，当主链路上的丢包超过 5% 时，应转而使用备用链路。那么，这个需求仅仅通过 PBR 是无法实现的。

2　"FIB policy match" 和 "FIB policy routed" 分别意为 "FIB 存在匹配策略" 和 "按照 FIB 执行路由"。——译者注

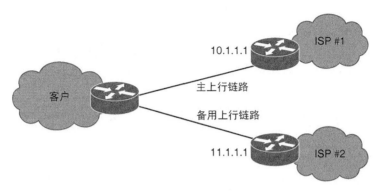

图 5-14　IP SLA 参考拓扑

　　在这种情况下，所需的正是动态响应网络变化的能力。Cisco IP SLA 正可以和 PBR 或静态路由一同使用来实现动态路径控制。

2. IP SLA 特性

　　Cisco IOS IP SLA 会在 Cisco 设备上对网络性能进行测量。IP SLA 使用主动流量监控（以持续、可靠、可预测的方式生成流量）来衡量网络性能。

　　Cisco IOS IP SLA 会在网络上主动发送模拟数据来测量多个网络位置之间的性能或通过多条网络路径的性能。收集的信息包括响应时间、单向延迟、抖动、丢包、语音质量评分、网络资源可用性、应用性能以及服务器响应时间。Cisco IOS IP SLA 最简单的形式是，检验一些网络元素（如路由器接口上的 IP 地址或 IP 主机上的开放 TCP 端口）是否仍处于活跃状态或者是否还有响应。

Cisco IOS IP SLA 源和目标

　　Cisco IOS IP SLA 特性可以在 Cisco 设备之间或 Cisco 设备和主机之间进行性能测量，提供有关 IP 应用和服务的服务等级数据。

　　所有 IP SLA 度量探针的操作都要在 IP SLA 源（如一台 Cisco IOS 路由器）上进行配置。源向目标设备发送探针，目标设备可以是服务器或者 IP 主机，如图 5-15 所示。

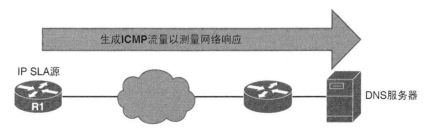

图 5-15　R1 启用 IP SLA

在上面的示例中，R1 是 IP SLA 源，目标则是一台 IP 服务器。

如果目标是另一台 Cisco IOS 设备，则管理员可以将目标配置为 IP SLA 响应方。响应方无需通过专用探针或针对不同操作执行大量复杂的配置就可以提供精确的度量。图 5-16 的示例所示为 R1 为 IP SLA 源，R2 启用为 IP SLA 响应方的情形。

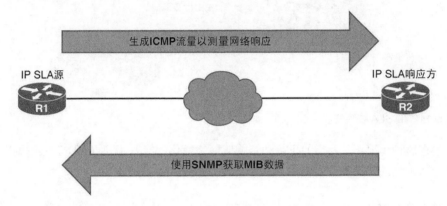

图 5-16　R1 和 R2 启用 IP SLA

可以看到，IP SLA 源仍然可以像在之前的示例中那样探测目标。不过，管理员可以通过配置 IP SLA 响应方来获取特定的数据，这些数据可以通过 CLI 或者通过支持 IP SLA 操作的 SNMP 工具获得。若目标是 IP SLA 响应方，IP SLA 度量的精确性更高。

Cisco IOS IP SLA 操作

IP SLA 操作是一个包括协议、频率、Trap 报文和阈值的度量。这种操作可用于两种类型的目标设备。

例如，管理员可以使用以下选项配置 IP SLA 源：

- 目标设备的 IP 地址；
- 探针使用的协议；
- 用户数据报协议（User Datagram Protocol，UDP）或传输控制协议（Transfer Control Protocol，TCP）的端口号。

当操作完成，设备接收到响应消息之后，结果会被存储在源的 IP SLA MIB 中。这些结果可通过命令行界面（CLI）或简单网络管理协议（SNMP）获取并查看。

响应者的 Cisco IOS SLA 操作

使用 IP SLA 响应方既可以提升度量的精确性（无需使用专用的第三方外部探测设备），还可以获得一些通过 ICMP（Internet 控制消息协议）无法获得的统计信息。

当网络管理员在 IP SLA 源上配置 IP SLA 操作时，可以定义响应条件，也可以安排操作运行一段时间以收集统计信息。源在发送测试包之前会先使用 IP SLA 控制协议来与响应方通信。

为了提高 IP SLA 控制消息的安全性，可以使用消息摘要 5（MD5）认证来保护控制协议交换过程。

3. 配置 IPSLA 的步骤

配置 Cisco IOS IP SLA 功能要遵循以下步骤。

第 1 步 定义一个或多个 IP SLA 操作（或探针）。

第 2 步 定义一个或多个跟踪对象来跟踪 IOS IP SLA 操作的状态。

第 3 步 定义跟踪对象所对应的操作。

第 1 步：配置 Cisco IOS IP SLA 操作

在这一部分中，我们会描述用来定义 IP SLA 操作的一些配置命令。

用全局配置模式命令 **ip sla** *operation-number* 配置 Cisco IOS IP SLA 操作并进入 IP SLA 配置模式，其中的 *operation-number* 参数是未来配置 IP SLA 操作时使用的标识编号。

IP SLA 操作模式命令

在 IP SLA 配置模式中有许多可用命令，如例 5-28 所示。

例 5-28　IP SLA 选项

```
BR1(config-ip-sla)# ?
IP SLAs entry configuration commands:
  dhcp          DHCP Operation
  dns           DNS Query Operation
  ethernet      Ethernet Operations
  exit          Exit Operation Configuration
  ftp           FTP Operation
  http          HTTP Operation
  icmp-echo     ICMP Echo Operation
  icmp-jitter   ICMP Jitter Operation
  mpls          MPLS Operation
  path-echo     Path Discovered ICMP Echo Operation
  path-jitter   Path Discovered ICMP Jitter Operation
  tcp-connect   TCP Connect Operation
  udp-echo      UDP Echo Operation
  udp-jitter    UDP Jitter Operation
  voip Voice    Over IP Operation

BR1(config-ip-sla)#
```

注释 IP SLA 命令有很多可以配置的可选项，更多信息请参见 Cisco.com。

这一部分内容的重点在于 **icmp-echo** 命令。这条命令会通过向目的地址发送 ICMP echo 请求的方式来验证目的设备的连通性。

完整的命令语法是 **icmp-echo** { *destination-ip-address* | *destinationhostname* } [**source-ip** { *ip - address* | *hostname* } | **source-interface** *interface-name*]。这些命令的参数如表 5-3 中所示。

表 5-3　　　　　　　　　　　　icmp-echo 命令的参数

参数	描述
destination-ip-address | *destination-hostname*	目的 IPv4 或 IPv6 地址或主机名
source-ip { *ip-address* | *hostname* }	（可选）指定源 IPv4/IPv6 地址或主机名。若未指定源 IP 地址或主机名，IP SLA 会选用离目的最近的 IP 地址
source-interface *interface-name*	（可选）指定操作的源接口

IP SLA ICMP Echo 配置模式命令

配置 **icmp-echo** 命令后，系统就会进入 IP SLA echo 配置模式。IP SLA ICMP echo 有很多配置命令，如例 5-29 所示。

例 5-29　IP SLA 选项

```
BR1(config-ip-sla-echo)# ?
IP SLAs Icmp Echo Configuration Commands:
  default          Set a command to its defaults
  exit             Exit operation configuration
  frequency        Frequency of an operation
  history          History and Distribution Data
  no               Negate a command or set its defaults
  owner            Owner of Entry
  request-data-size Request data size
  tag              User defined tag
  threshold        Operation threshold in milliseconds
  timeout          Timeout of an operation
  tos              Type Of Service
  verify-data      Verify data
  vrf              Configure IP SLAs for a VPN Routing/Forwarding instance

BR1(config-ip-sla-echo)#
```

注释　IP SLA ICMP echo 命令有很多可以配置的可选项。更多信息请参见 Cisco.com。

IP SLA 配置模式命令 **frequency** *seconds* 可以设置指定的 IP SLA 操作的重复速率。参

数 *seconds* 是 IP SLA 操作间隔的秒数，默认值为 60。

IP SLA 配置子模式命令 **timeout** *milliseconds* 可以设置 Cisco IOS IP SLA 等待请求数据包进行响应的时长。参数 *milliseconds* 是操作等待接收请求数据包响应的毫秒（ms）数。建议在设置毫秒参数值时，参考数据包的最大往返时间（RTT）与 IP SLA 操作的处理时间之和。

> **注释** 在部署 Cisco IOS IP SLA 方案时，要考虑到由此生成的额外探测流量对网络造成的影响，包括这些流量会如何影响带宽占用和拥塞程度。在出现翻动的跟踪对象时，为了缓解与过量的转换和路由变化相关的问题，一定要对配置作出调整（例如，使用 frequency 和 delay 命令）。

规划 IP SLA 操作

配置 Cisco IP SLA 操作后，需要使用全局配置命令 **ip sla schedule** 进行规划。完整的命令语法为：**ip sla schedule** *operation-number* [**life** { **forever** | *seconds* }] [**start-time** { *hh:mm* [*:ss*] [*month day* | *day month*] | **pending** | **now** | **after** *hh:mm:ss* }] [**ageout** *seconds*] [**recurring**]。表 5-4 描述了这条命令的参数。

表 5-4　　　　　　　　　　ip sla schedule 命令参数

参数	描述
operation-number	规划的 IP SLA 操作编号
life forever	（可选）规划操作无限期运行
life *seconds*	（可选）操作主动收集信息的秒数。默认为 3600 秒（1 小时）
start-time	（可选）操作的开始时间
hh : mm [: ss]	使用时、分和（可选）秒指定绝对开始时间。使用 24 小时制。如开始时间 01:02 表示在"凌晨 1:02 开始"，开始时间 13:01:30 表示在"下午 1:01 分 30 秒开始"。默认使用当前日期，除非管理员指定了 *month* 和 *day* 参数
month	（可选）开始操作的月份名称。如果未指定月份，则系统会使用当前月份。使用这个参数要求指定日期。管理员既可以使用完整的英文名称也可以使用对应月份的前三个字母来指定月份
day	（可选）开始操作的日期（范围 1～31）。如果未指定日期，则系统会使用当前的日期。使用这个参数要求指定月份
pending	（可选）不收集信息；这是默认值
now	（可选）表示操作应该立刻开始
after *hh : mm : ss*	（可选）表示操作应在命令输入后的 hh 时，mm 分，ss 秒开始
ageout *seconds*	（可选）在操作不主动收集信息时将其保持在内存中的秒数。默认是 0 秒（永不老化）
recurring	（可选）表示操作每天自动运行的时间范围

第 2 步：配置 Cisco IOS IP SLA 跟踪对象

这一部分旨在介绍一些用来定义跟踪对象的命令，以跟踪 IOS IP SLA 的操作状态。

使用全局配置命令可以 **track** *object-number* **ip sla** *operation-number* { **state** | **reachability** } 跟踪 IOS IP SLA 操作的状态，并进入配置模式。表 5-5 描述了这条命令的参数。

表 5-5   track ip sla 命令参数

参数	描述
object-number	表示被跟踪对象的对象编号。取值范围从 1~500
operation-number	用来标识跟踪的 IP SLA 操作的编号
state	跟踪操作返回码
reachability	跟踪路由是否可达

在 IP SLA 跟踪配置模式中，使用跟踪配置命令 **delay** { **up** *seconds* [**down** *seconds*] | [**up** *seconds*] **down** *seconds* } 可以指定一个延迟发送跟踪对象状态变化的时间段。表 5-6 描述了这条命令的参数。

表 5-6   delay 命令参数

参数	描述
up	延迟通知 up 事件的时间
down	延迟通知 down 时间的时间
seconds	延迟的秒数，取值范围从 0~180，默认值为 0

第 3 步：定义与跟踪对象关联的行为

跟踪对象可以关联许多类型的行为。一种简单的路径控制行为是，使用全局配置模式的命令来指定 **ip route** *prefix mask* { *ip-address* | *interface-type interface-number*[*ip-address*] } [**track** *number*]。这条命令可以和 **track** 关键字结合起来使用，建立跟踪对象的静态路由。

4. 使用 IOS IP SLA 验证路径控制

本节会介绍一些使用 IOS IP SLA 验证路径控制的命令。

如需显示某个特定操作或者查看所有 Cisco IOS IP SLA 操作的所有默认值，可以使用命令 **show ip sla configuration** [*operation*]来实现，其中，参数 *operation* 是要显示详情的 IP SLA 操作编号。

5. 配置 IP SLA 示例

本节会使用图 5-17 的拓扑来讨论如何使用 IP SLA 影响路径选择。

在上面的示例中，客户 A 使用了连接两个 Internet 服务提供商（ISP）的多宿主设计。从 R1 到 ISP1a 的链路应该充当主路径，而从 R1 到 ISP2a 的则作为备用路径。为了实现这样的目标，管理员在 R1 上配置了以下两条浮动静态路由：

■ 到 ISP1a（ISP-1）的静态路由，分配的管理距离是 2；
■ 到 ISP2a（ISP-2）的静态路由，分配的管理距离是 3。

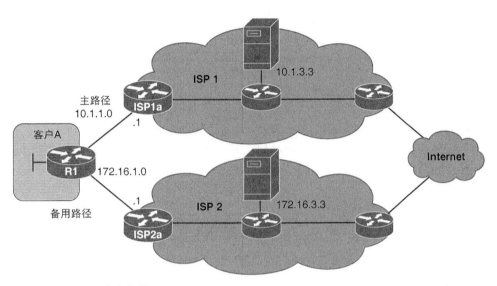

图 5-17　IP SLA 参考拓扑

因为到 ISP1a 的链路管理距离较低，因此这条链路成为了默认网关，所以也成为了主路径。

那么，当 ISP1 基础设施中的链路出现故障时会发生什么呢？因为从 R1 到 ISP1a 的链路仍然处于启用状态，这就会出现问题。此时 R1 会继续使用主路径，因为当前的默认静态路径仍然有效。

解决方法是在问题解决之前将备用路径提升为首选的默认静态路由。这就可以通过使用 Cisco IOS IP SLA 特性来实现。

管理员可以配置 IP SLA 来不断检查特定目的（如 ISP 的 DNS 服务器或其他特定目的）的可达性，并只在连通性获得验证后，才有条件地通告默认路由。

在这个示例中，管理员可以：
■ 配置一个对 ISP 1 DNS 服务器的 IP SLA 操作；
■ 定义一个跟踪对象并分配一个行为；
■ 配置一个对 ISP 2 DNS 服务器的 IP SLA 操作；
■ 定义一个跟踪对象并分配一个行为。

配置对 ISP 1 DNS 服务器的 IP SLA 操作

在例 5-30 中，管理员配置了 IP SLA 11，每 10 秒一次持续发送 ICMP echo 请求给 DNS 服务器（10.1.3.3）。

例 5-30　配置 ISP 1 的 IP SLA

```
R1(config)# ip sla 11
R1(config-ip-sla)# icmp-echo 10.1.3.3 source-interface ethernet 0/0
R1(config-ip-sla-echo)# frequency 10
R1(config-ip-sla-echo)# exit
R1(config)# ip sla schedule 11 start-time now life forever
```

第一部分使用命令 **ip sla monitor 11** 定义了探针编号 11。接下来，SLA 测试参数使用 **icmp-echo 10.1.1.1 source-interface Ethernet 0/0** 命令，让路由器使用 Ethernet 0/0 接口作为源发送 ICMP echo 请求到目的 10.1.3.3。命令 **frequency 10** 的目的是让连通性测试每 10 秒执行一次。

命令 **ip sla schedule 11 start-time now life forever** 定义了探针 11 连通性测试的开始和结束时间。开始时间是现在，结束时间是永不结束。

定义跟踪对象并指定行为

例 5-31 配置了跟踪对象，并将其关联到了探针 11。

例 5-31　配置 IP SLA 跟踪对象

```
R1(config)# track 1 ip sla 11 reachability
R1(config-track)# delay down 10 up 1
R1(config-track)# exit
R1(config)# ip route 0.0.0.0 0.0.0.0 10.1.1.1 2 track 1
```

在上面的示例中，跟踪对象 1 被关联到了之前定义的探针 11，以跟踪 10.1.3.3 的可达性。在链路故障 10 秒以后，让系统产生一个通告，并在恢复 1 秒后产生通告。

最后一步基于跟踪对象的状态定义了一个行为。在上面的示例中，通往 10.1.1.1 的默认静态路由被指定了管理距离 2。

当 IP SLA 和静态路由一起使用时，管理员会根据跟踪对象的状态控制，来配置路由是否激活。在本例中，IP SLA 跟踪的对象只要 DNS 服务器可达，通往 ISP1a 的默认路由就会出现在路由表中。因此，如果 10.1.3.3 可达，路由表中就会有通过 10.1.1.1，且管理距离为 2 的静态默认路由。

配置对 ISP 2 DNS 服务器的 IP SLA 操作

接下来，管理员需要配置 IP SLA 操作来跟踪 ISP 2 的 DNS 服务器。例 5-32 配置了 IP SLA 22 每 10 秒一次持续向 DNS 服务器（172.16.3.3）发送 ICMP echo 请求。

例 5-32　配置 ISP 2 的 IP SLA

```
R1(config)# ip sla 22
R1(config-ip-sla)# icmp-echo 172.16.3.3 source-interface ethernet 0/0
```

（待续）

```
R1(config-ip-sla-echo)# frequency 10
R1(config-ip-sla-echo)# exit
R1(config)# ip sla schedule 22 start-time now life forever
```

定义跟踪对象并指定行为

例 5-33 配置了跟踪对象，并将跟踪对象关联到了探针 22。

例 5-33　*配置 IP SLA 跟踪对象*

```
R1(config)# track 2 ip sla 22 reachability
R1(config-track)# delay down 10 up 1
R1(config-track)# exit
R1(config)# ip route 0.0.0.0 0.0.0.0 172.16.1.1 3 track 2
```

跟踪对象 2 被关联到了之前定义的探针 22，所以只要 ISP 2 DNS 可达，到 ISP2a 的默认路由就是浮动的。如果到 ISP 1 DNS 服务器的链路故障，第二条路由就会激活。

使用 **show ip sla configuration** 命令可以验证配置的探针及其属性，如操作类型、目标地址、源接口以及计划信息等。

要验证配置的跟踪对象，可以使用 **show track** 命令。这条命令可以验证跟踪对象和探针之间的映射关系是否正确。此外，这条命令还会显示跟踪对象的状态。

6. 配置 PBR 和 IP SLA 示例

为了实现动态的路径控制，IP SLA 必须与静态路由或 PBR 结合起来使用。请参考图 5-18 所示的拓扑。

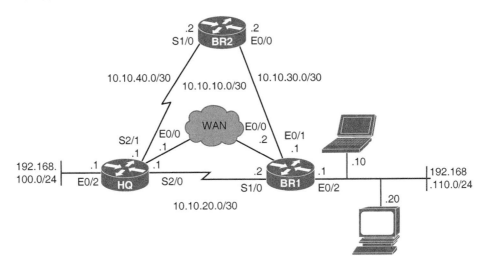

图 5-18　PBR 和 IP SLA 参考拓扑

在这个示例中,第一个分支机构(路由器 BR1)中客户的流量路径会使用 PBR 和 IP SLA 进行优化。HQ 和 BR1 之间已经配置了 EIGRP,所有流量都会穿越 Ethernet WAN 链路,因为这条链路的 EIGRP 度量路由最低。

BR1 的新策略要求:

- 发往 HQ 站点的 Web 流量要重定向到串行链路;
- 来自笔记本电脑的其他所有流量只有当 BR2 可达时才通过 BR2 传输。

在本例中,管理员需要:

- 在 BR1 路由器上使用 PBR 把从客户到 HQ 路由器的 Web 流量重定向到串行链路上;
- 通过向 BR2 WAN 接口发送 IP SLA ICMP echo 测试确保其可达;
- 若 BR2 可达,则将来自笔记本电脑的其他所有流量重定向到路由器 BR2。

使用 PBR 重定向从 BR1 到 HQ 的 Web 流量

在这个示例中,我们需要部署 PBR 来匹配感兴趣的 Web 流量,并设置匹配流量的下一跳 IP 地址。

例 5-34 在 BR1 上创建了一个命名的 ACL,即 PBR-WWW-TRAFFIC。这个列表旨在匹配客户端发往服务器的所有 HTTP 和 HTTPS 流量。

例 5-34　匹配 Web 流量

```
BR1(config)# ip access-list extended PBR-WWW-TRAFFIC
BR1(config-ext-nacl)# remark Permit only Web traffic
BR1(config-ext-nacl)# permit tcp any any eq 80
BR1(config-ext-nacl)# permit tcp any any eq 443
BR1(config-ext-nacl)# exit
```

接下来,例 5-35 创建了一个名为 PBR-2-HQ 的 route-map,它会将匹配 ACL 的数据包下一跳设置为 HQ 路由器的串行接口 IP 地址。

例 5-35　创建 PBR

```
BR1(config)# route-map PBR-2-HQ
BR1(config-route-map)# match ip address PBR-WWW-TRAFFIC
BR1(config-route-map)# set ip next-hop 10.10.20.1
BR1(config-route-map)# exit
```

最后,例 5-36 将入站路由映射作为策略应用在了 Ethernet 0/2 LAN 接口上。

例 5-36　应用路由映射到接口

```
BR1(config)# interface ethernet 0/2
BR1(config-if)# ip policy route-map PBR-2-HQ
BR1(config-if)# exit
```

使用 IP SLA 确保 BR2 可达

新网络策略的第二部分要求来自笔记本电脑的其他所有流量只有当 BR2 可达时才会经过 BR2 进行发送。因此，管理员需要配置一个 IP SLA 来跟踪 BR2 的 WAN 接口，如例 5-37 所示。

例 5-37　创建 IP SLA 探测 BR2 的 WAN 接口

```
BR1(config)# ip sla 1
BR1(config-ip-sla)# icmp-echo 10.10.30.2 source-interface Ethernet 0/1
BR1(config-ip-sla-echo)# frequency 10
BR1(config-ip-sla-echo)# exit
BR1(config)# ip sla schedule 1 start-time now life forever
```

具体地说，上面的示例创建了编号为 1 的探针，让其每 10 秒向 BR2 WAN 接口（10.10.30.2）发送一次 ICMP echo 请求，同时将开始和结束时间分别设置为了即刻开始和永不结束。

例 5-38 定义了一个新的跟踪对象并将其关联到了 IP SLA 探针 1。

例 5-38　创建跟踪对象

```
BR1(config)# track 1 ip sla 1
BR1(config-track)# delay down 5 up 1
BR1(config-track)# exit
```

跟踪对象 1 现在被关联到了 IP SLA 探针 1。这实质上是在跟踪 BR2 WAN 接口的可达性，并在链路断开 5 秒后和链路恢复 1 秒后产生通告。

BR2 可达时将来自笔记本电脑的流量重定向到 BR2

接下来，需要将所有来自笔记本电脑的非 Web 流量重定向到 BR2，但只有在前面配置的 IP SLA 操作验证了通往 BR2 WAN 接口的可达时，才执行这一操作。

在例 5-39 中，管理员创建了一个新的 ACL 来匹配所有笔记本电脑发送的感兴趣流量。

例 5-39　创建 ACL 以跟踪笔记本电脑的流量

```
BR1(config)# ip access-list extended PBR-FROM-B
BR1(config-ext-nacl)# Remark Match all traffic from the Notebook host
BR1(config-ext-nacl)# permit ip host 192.168.110.10 any
BR1(config-ext-nacl)# exit
```

现在管理员可以在例 5-40 中的 route-map 中增加一个条目，调用新创建的访问列表，并最终设置合理的下一跳。在配置时，要确保命令中包含了关键字 **verify-availability**，并通过关键字 **track** 调用了之前创建的 IP SLA 跟踪对象。

例 5-40 增加新条目到 PBR-2-HQ 路由映射

```
BR1(config)# route-map PBR-2-HQ permit 20
BR1(config-route-map)# match ip address PBR-FROM-B
BR1(config-route-map)# set ip next-hop verify-availability 10.10.30.2 1 track 1
BR1(config-route-map)# end
```

如果希望将 IP SLA 和 PBR 结合起来使用，则需要在 route-map 中设置下一跳时使用关键字 **verify-availability**。如果跟踪对象的状态是 up，那么系统就会使用 **set ip next-hop** 命令来重定向流量。如果跟踪对象的状态是 down，则这条命令会被绕过，设备会使用基于目的的路由来转发数据包。

例 5-41 的输出信息显示，PBR-2-HQ 已定义且应用。

例 5-41 验证 BR1 上的路由映射

```
BR1# show route-map
route-map PBR-2-HQ, permit, sequence 10
  Match clauses:
    ip address (access-lists): PBR-WWW-TRAFFIC
  Set clauses:
    ip next-hop 10.10.20.1
  Policy routing matches: 0 packets, 0 bytes
route-map PBR-2-HQ, permit, sequence 20
  Match clauses:
    ip address (access-lists): PBR-FROM-B
  Set clauses:
    ip next-hop verify-availability 10.10.30.2 1 track 1 [up]
  Policy routing matches: 0 packets, 0 bytes
BR1#
```

输出信息显示，系统中已经定义好了路由映射 PBR-2-HQ。序号 10 为新网络策略的第一部分，来自 BR1 LAN 的 Web 流量会重定向到串行链路。序号 20 表示了新网络策略的第二部分，来自笔记本电脑的所有其他流量只有在 BR2 可达时才会经过 BR2。

例 5-42 验证了该 route-map 已经应用在了入站 Ethernet 0/2 接口上。

例 5-42 验证路由映射被应用

```
BR1# show running-config interface ethernet 0/2
Building configuration...

Current configuration : 99 bytes
!
interface Ethernet0/2
 ip address 192.168.110.1 255.255.255.0
```

（待续）

```
  ip policy route-map PBR-2-HQ
end

BR1#
```

例 5-43 验证了 IP SLA 的操作。

例 5-43　验证 BR1 上的 IP SLA 操作

```
BR1# show ip sla summary
IPSLAs Latest Operation Summary
Codes: * active, ^ inactive, ~ pending

ID          Type         Destination       Stats      Return      Last
                                           (ms)       Code        Run
-----------------------------------------------------------------------
*1          icmp-echo    10.10.30.2        RTT=1      OK          1 second ago

BR1#
```

注意，目前向右侧目的地址（10.10.30.2）发送流量采用的是正确的操作类型（即 icmp-echo）且返回码是 OK，这说明 BR2 WAN 接口可达。

例 5-44 验证了跟踪对象。

例 5-44　验证 BR1 上的跟踪对象

```
BR1# show track
Track 1
  IP SLA 1 state
  State is Up
    1 change, last change 00:29:37
  Delay up 1 sec, down 5 secs
  Latest operation return code: OK
  Latest RTT (millisecs) 1
  Tracked by:
    ROUTE-MAP 0
BR1#
```

通过上面的示例可以看出，跟踪对象 1 被关联到了 IP SLA 探针 1，其状态是 up 且工作正常。

最后，例 5-45 验证了从笔记本电脑到 HQ LAN 接口选用的路径。

例 5-45　验证从笔记本电脑到 HQ LAN 的路径

```
Notebook> traceroute 192.168.100.1
Type escape sequence to abort.
```

（待续）

```
Tracing the route to 192.168.100.1
VRF info: (vrf in name/id, vrf out name/id)
 1 192.168.110.1 1 msec 0 msec
 2 10.10.30.2 5 msec 3 msec 5 msec
 3 10.10.40.1 5 msec 6 msec *
Notebook>
```

通过上面的示例可以看出，BR2 路由器的 IP 地址出现在 **traceroute** 命令的输出信息中。

5.3 总结

本章向读者介绍了 CEF 以及路径控制的部署方法。本章的内容涵盖了下列主题。

- Cisco IOS 平台上的包交换机制，包括进程交换、快速交换和 CEF 交换。
- 概述了路径控制工具，包括 PBR 和 Cisco IOS IP SLA。
- 使用 PBR 控制路径的做法，可以提供的优势包括：基于源选择提供商、QoS、节省开销以及负载分担。PBR 会应用于入站数据包；启用 PBR 可以让路由器使用配置的 route-map 来检查接口上的所有入站的数据包。
- 配置并验证 PBR，包括下列步骤。
  - 选择要使用的路径控制工具；对于 PBR，这一步需要使用 **route-map** 命令来实现。
  - 实施流量匹配的相关配置，指定要控制的是哪种流量；在 route-map 中使用 **match** 命令。
  - 定义对被匹配流量执行的操作，这一步要使用 route-map 中的 **set** 命令进行定义。
  - 将 route-map 应用到入站流量或路由器本地产生的流量上。
  - 验证路径控制结果，这一步需要使用 **show** 命令。
- Cisco IOS IP SLA 使用了主动流量监控方式，以持续、可靠且可预测的方式产生流量以测量网路性能。IOS IP SLA 可以和其他工具一同使用，包括：
  - 对象跟踪，以跟踪特定目标的可达性；
  - Cisco IOS IP SLA 探针，向期望的目标发送不同类型的探针；
  - 将静态路由和跟踪可选项结合起来使用，替代 PBR；
  - 将 PBR 和 route-map 结合起来使用，将跟踪的结果关联到路由进程。
- Cisco IOS IP SLA 的术语包括：
  - 所有 Cisco IOS IP SLA 度量探针操作都要在 IP SLA 源上进行配置，这可以通过 CLI 或支持 IP SLA 操作的 SNMP 工具来完成。源会将探针发送给目标。
  - IP SLA 有两种工作方式——目标设备运行 IP SLA 响应方组件的工作方式及目标不运行 IP SLA 响应方组件（如 Web 服务器或 IP 主机）的工作方式。
  - IP SLA 操作是一个包括协议、频率、Trap 消息以及阈值的度量方式。
- 如何配置并验证 IOS IP SLA。

5.4 参考文献

更多信息请参见：

- Cisco IOS 软件版本支持页面：http://www.cisco.com/cisco/web/psa/default.html?mode=prod&level0=268438303
- Cisco IOS 重要命令列表，包含所有版本：http://www.cisco.com/c/en/us/td/docs/ios/mcl/allreleasemcl/all_book.html
- Cisco IOS IP SLA 命令参考：http://www.cisco.com/en/US/docs/ios/ipsla/command/reference/sla_book.html

5.5 复习题

回答以下问题，并在附件 A 中查看答案。

1. 哪种包交换方式会检查每个数据流中的第一个数据包，并将转发决策缓存在硬件中，用于该数据流后续数据包的转发？
    a. Cisco 快速转发（CEF）交换
    b. 直通交换
    c. 快速交换
    d. 进程交换
    e. 存储转发交换

2. 哪种包交换方式最快且需要创建转发表？
    a. Cisco 快速转发（CEF）交换
    b. 直通交换
    c. 快速交换
    d. 进程交换
    e. 存储转发交换

3. 哪种包交换方式会检查每个数据包，且所有的转发决策都是在软件中执行的？
    a. Cisco 快速转发（CEF）交换
    b. 直通交换
    c. 快速交换
    d. 进程交换
    e. 存储转发交换

4. 以下哪三种包不能执行 CEF 交换，必须在软件中进行处理？
    a. 超过输出接口 MTU 因此必须进行分片的数据包
    b. 需要执行 NAT 转换的数据包
    c. 被转发到隧道接口的数据包
    d. 目的 IP 地址在 FIB 表中的数据包

　　e. 有超时 TTL 的数据包

5. PBR 会应用于一个接口的哪些数据包？

6. 在 route-map 应用于 PBR 时，以下哪几种说法是正确的？（选三项）

　　a. 若 route-map 中没有找到匹配项，数据包就会被丢弃

　　b. 若 route-map 中没有找到匹配项，数据包不被丢弃

　　c. 若将语句指定为 **deny**，则满足匹配条件的数据包会被丢弃

　　d. 若将语句指定为 **deny**，则满足匹配条件的数据包会通过正常的转发方式进行发送

　　e. 若将语句指定为 **permit** 且数据包满足所有的匹配条件，设备就会应用 **set** 命令

　　f. 若将语句指定为 **permit** 且数据包满足所有的匹配条件，那么数据包就会通过正常的转发方式进行发送

7. 以下哪三项有关 IP SLA 的说法是正确的？

　　a. Cisco IOS 设备可以充当 IP SLA 响应方

　　b. Cisco IOS 设备可以充当 IP SLA 源

　　c. Web 服务器可以充当 P SLA 响应方

　　d. Web 服务器可以充当 IP SLA 源

　　e. 操作需要在 IP SLA 源上进行配置

　　f. 操作需要在 IP SLA 响应方上进行配置

8. 填空：____采用了主动流量监控的方式，以持续、可靠且可预测的方式产生流量，以测量网路性能。

9. 写一条命令，跟踪 IOS IP SLA 操作编号 100 的可达性（对象编号为 2）。

10. 写一条命令，立刻开始执行 IP SLA 操作编号 100，永不结束。

本章会讨论下列内容:

- 规划企业 Internet 连接;

- 建立单宿主 IPv4 Internet 连接;

- 建立单宿主 IPv6 Internet 连接;

- 增强 Internet 连接的恢复能力。

第 **6** 章

企业 Internet 连接

对于大多数组织机构来说，Internet 已经成为了一种至关重要的资源，它们需要与一个 ISP（Internet 运营商）之间建立单条连接，或者需要与多个 ISP 之间建立冗余连接。规划这种连接的实施方案就成为了一项重要的工作，本章一上来就会介绍这部分内容。接着本章会详细介绍 IPv4 和 IPv6 的单连接环境。在本章的最后，我们会讨论使用多个 ISP 连接来提高 Internet 连接的恢复能力。

> **注释**　术语 IP 泛指 IP 协议，包含 IPv4 和 IPv6。此外，术语 IPv4 和 IPv6 特指这两种单独的协议。

> **注释**　附录 B 中包含了与 IPv4 相关的辅助和补充信息，其中复习了 IPv4 编址和 IPv4 ACL（访问控制列表）等内容。在开始学习本章内容之前，建议读者先针对附录 B 中不熟悉的内容进行复习。

6.1　规划企业 Internet 连接

在设计网络拓扑时，最重要的工作之一是规划企业的 Internet 连接。工程师可以使用多种方式来连接 ISP；具体的选择需要取决于企业的需求。举例来说，有些企业只需要通过 Internet 访问 Web 和电子邮件资源，而有些企业却常常需要访问关键任务服务器。工程师还必须理解 IP 地址的分配过程，以及公有 IP 地址的分发规则，这些知识对于 Internet 连接的规划都至关重要。

在完成本节内容的学习后，读者应该能够：

- 了解企业对 Internet 连接的需求；
- 了解不同类型的 ISP 连接；
- 描述公有 IP 地址的分配原则，以及何时需要与运营商无关的 IP 编址；
- 描述自治系统编号。

6.1.1　将企业网络连接到 ISP

现代企业的 IP 网络都连接到了全球 Internet，它们使用 Internet 实现自己的数据传输需求，并且通过 Internet 为客户和业务合作伙伴提供各种服务。为了满足这些不同的需求，人们必须能够从世界各地访问多种系统——从 Web 服务器到大型机，再到工作站。

1. 企业连接的需求

我们可以把企业对于连接的需求归类为以下这些类别之一。

- **出向**：这种情况比较罕见，企业只需要从客户端到 Internet 的单向连接，这种 IPv4 连接可以使用私有 IPv4 地址和 NAT（网络地址转换）协议，使私有网络中的客户端能够访问公共 Internet 上的服务器。这种网络环境可能跟大多数家庭网络环境类似，都没有必要从 Internet 连接到家庭网络中。

- **入向**：虽然通常企业都需要双向连接，以便让企业网外部的客户端也能够访问企业网内部的资源。但在这种环境中，出于路由功能和安全性的考虑，通常同时需要公有和私有 IPv4 地址空间。对于那些位于企业外部的企业客户端来说，它们可能需要通过入向连接来使用电子邮件和远程接入 VPN（虚拟专用网）；对于其他企业来说，比如业务合作伙伴，它们可能需要通过入向连接来使用站点到站点 VPN 和公共 Web 服务器。

对于企业网络与 ISP 之间连接的冗余性，工程师必须评估企业需要的冗余类型。工程师可以从以下列表中进行选择。

- **边界设备冗余**：部署冗余的边界设备，比如路由器，这样做能够当设备失效时对网络提供保护。如果一台路由器失效了，企业网络仍可以通过冗余路由器建立 Internet 连接。

- **链路冗余**：在企业路由器和 ISP 路由器之间使用冗余链路，当链路失效时对网络提供保护。

- **ISP 冗余**：如果企业网络中架设了重要的服务器，或者企业客户端需要访问 Internet 上的关键任务服务器，那么最好让企业网连接到两个冗余的 ISP。如果一个 ISP 网络中发生了故障，企业流量可以通过另一个 ISP 自动重路由。

2．ISP 冗余

在使用冗余 ISP 连接时，企业（也就是 ISP 的客户）可以只连接一个 ISP，或者连接多个 ISP。这些不同的连接类型对应着不同的名称，详见图 6-1。

- **单宿主**：与单个 ISP 之间建立一条连接，并且不使用任何冗余措施，这种客户称为单宿主。如果 ISP 网络发生了故障，企业与 Internet 之间的连接就断开了。当断开 Internet 连接对于客户来说不是什么问题时，会使用单宿主 ISP 连接（不过对于现在来说，Internet 通常是一个不可或缺的资源）。

- **双宿主**：使用两条链路与单个 ISP 之间建立连接，如果工程师有效利用了这两条去往同一 ISP 的链路，就可以实现冗余。这种连接方式称为双宿主。双宿主的实现方式有两种：两条链路都连接在同一台客户路由器上，或者为了进一步提高企业网络的恢复能力，在客户网络中使用两台路由器分别连接一条链路。无论是哪种方式，工程师都必须正确配置路由，以便能够同时使用这两条链路。

- **多宿主**：与多个 ISP 之间建立多条连接，并且这个设计中使用了冗余措施。连接了多个 ISP 的客户使用的就是多宿主连接，可以防止某个 ISP 发生故障。工程师可以把不同 ISP 之间的连接终结在同一台路由器上，也可以使用多台路由器来提高企业网络的恢复能力。客户自己负责向上游 ISP 通告自己的 IP 地址空间，但要注意不能在不同的 ISP 之间转发任何路由信息(否则客户网络就会变成这两个 ISP 之间的传输网络)。工程师必须确保企业路由能够对动态变化做出响应。多宿主设计也能够在 ISP 之间实现流量的负载均衡。

- **双重多宿主**：为了在连接多个 ISP 的基础上进一步提高企业网络的恢复能力，客户可以使用两条链路连接每个 ISP。这种方案称为双重多宿主设计，通常企业网络中会使用多台边界路由器，每台路由器用于连接一个 ISP。

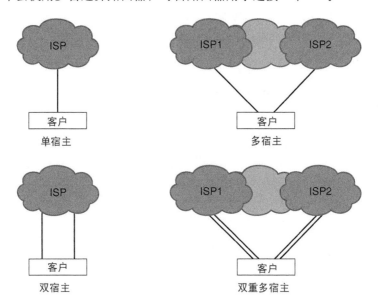

图 6-1 ISP 连接的类型

6.1.2 公有 IP 地址的分配

IANA（Internet 号码分配管理局）和 RIR（区域性 Internet 注册机构）负责分配公有 IP 地址。

1. IANA

IANA 是一个伞式组织，负责分配编号系统，各种技术标准（也称为协议）使用这些编号系统构建了 Internet。IANA 这样描述自己的职能：

"IANA 团队负责协调 Internet 唯一标识符的运作情况，并维持自身公信力，以公正、负责和高效的方式来提供这些服务。"

IANA 具有以下职责：

- 协调全球 IPv4 和 IPv6 地址池，并将其提供给 RIR；
- 协调全球 AS 号码池，并将其提供给 RIR；

- 管理 DNS（域名服务）根区；
- 管理 IP 编号系统（与标准化组织协作）。

IANA 成立于 1998 年，由 ICANN（Internet 域名和地址分配机构）进行管理，它集结了来自世界各地的参与者，作为非营利性的公益组织，致力于保持 Internet 的安全性、稳定性和可互操作性。

IPv4 和 IPv6 地址通常都是以分层的结构进行分配的。通常用户会从他们的 ISP 那里获得 IP 地址和 IP 地址范围。ISP 则从 RIR 那里获得 IP 地址空间。

如图 6-2 所示，IANA 的工作就是从未分配地址池中拨出一部分 IP 地址给 RIR。IANA 并不直接把地址拨给 ISP 或终端用户，除非情况比较特殊，比如分配组播地址，或者为了满足其他与协议相关的需求。

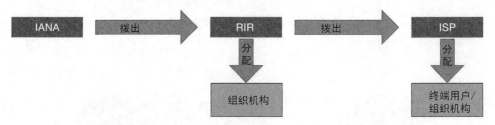

图 6-2　IANA 分配公有地址

2. RIR

RIR 是非营利性组织，其建立的目的就是为了对 IP 地址空间和 AS 号码进行管理和注册。一共有以下 5 个 RIR。

- AfriNIC（非洲网络信息中心）：负责非洲大陆。
- APNIC（亚太地区网络信息中心）：负责亚太地区。
- ARIN（美国 Internet 号码注册中心）：负责加拿大、美国，以及加勒比海和北大西洋的诸多岛屿。
- LACNIC（拉丁美洲及加勒比 IP 地址区域注册中心）：负责拉丁美洲及部分加勒比海地区。
- RIPE NCC（欧洲 IP 网络网络协调中心）：负责欧洲、中东及中亚地区。

3. 公有 IP 地址空间

ISP 会从它们获得的地址空间中分配 IP 地址。

终端用户通常会向他们的 ISP 请求一个公有地址空间（与运营商无关的地址空间是个例外，本节稍后会详细介绍）。ISP 会为终端用户分配一个公有 IPv4 地址，或者分配一个 IPv4 地址范围。客户要想访问 Internet 上的资源，它的私有地址会被转换为公有地址。

如果用户需要从 Internet 访问企业服务器的话，工程师也可以为企业服务器使用公有地址；可以直接为这些服务器配置公有地址，也可以为它们配置私有地址，并将其静态转换为公有地址。

在 IPv6 网络中，ISP 可能会为家庭用户分配掩码为/64 的地址空间；这也是 ISP 能够分配的最小地址范围。ISP 通常会为企业用户分配掩码为/48 的地址空间。有些 RIR 的策略是：为所有客户（包括家庭用户）分配掩码为/48 的地址空间；实际的分配规则以 ISP 为准。根据客户的需求，ISP 还可以分配其他范围的地址空间，比如/52 和56（曾是家庭站点的推荐掩码）。

IP 地址空间分为 PI（与运营商无关的）和 PA（运营商可聚合的），接下来具体介绍这两种地址空间。

运营商可聚合的地址空间

PA 地址空间用在简单拓扑中，在这种环境中不需要部署冗余措施。PA 地址空间是由 ISP 分配给客户的，来自于 ISP 的地址空间。如果客户换了一家 ISP，这家新的 ISP 会为客户分配一个新的 PA 地址空间；客户网络中所有使用了公有 IP 地址的设备都需要重新设置公有 IP 地址；客户以前使用的地址空间并不能转移到新的 ISP 中来。

与运营商无关的地址空间

实施多宿主连接需要使用 PI 地址空间，因为企业网络需要与 ISP 的地址空间相互独立。组织机构必须向 RIR 申请 PI 地址空间；PI 地址空间都是直接由 RIR 分配给组织机构的，与任何 ISP 都不相干。

其他 ISP 都可以路由这个地址空间中的地址，因此在规划多个 ISP 连接时，以及在两个 ISP 之间迁移时，PI 地址空间都为工程师提供了极大的灵活性。

在成功处理了企业的地址空间请求后，RIR 会为企业分配 PI 地址空间以及公共 ASN（自治系统号码；在下一小节中具体介绍），这个 ASN 唯一地定义了企业的网络及其地址空间。这个 ASN 也与任何 ISP 都无关。

然后企业工程师就可以配置他们的 Internet 网关路由器，将这个新获得的 IP 地址空间通告给邻居 ISP；工程师通常会使用 BGP（边界网关协议）来完成这项工作（第 7 章中将进一步介绍 BGP）。

6.1.3　自治系统号码

为了理解 ASN 和 BGP，首先必须了解路由协议的一种分类方法：内部或外部，如下所示。

- IGP（内部网关协议）：IGP 这类路由协议负责在一个自治系统内交换路由信息。IPv4 网络中的 IGP 协议包括 RIP（路由信息协议）、OSPF（开放最短路径优先）协议、IS-IS（中间系统到中间系统）协议、EIGRP（增强型内部网关路由协议）；
- EGP（外部网关协议）：EGP 这类路由协议负责在不同的自治系统之间交换路由

信息。BGP 就属于 EGP。

BGP 是 IDRP（域间路由协议），也称为 EGP。本书到目前为止介绍的所有路由协议都是 IGP。

图 6-3 展示了 IGP 和 EGP 的概念。

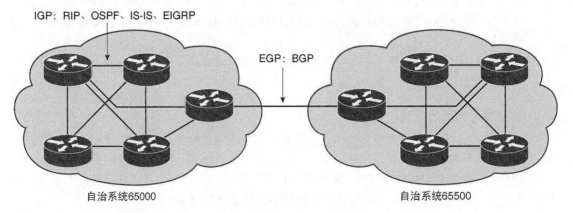

图 6-3　IGP 运行在一个自治系统内，EGP 运行在自治系统之间

BGP-4（BGP 版本 4）是用于 IPv4 的最新 BGP 版本，它定义在 RFC 4271 中，文档名称为 *A Border Gateway Protocol (BGP-4)*。这个 RFC 中指出，自治系统的经典定义是"接受统一技术管理的一组路由器，它们使用 IGP 和统一的度量标准，来决定如何在自治系统内路由数据包；并且使用自治系统间路由协议，来决定如何将数据包路由到其他自治系统"。

> **注释**　BGP-4 的扩展也称为 MP-BGP（或 BGP4+），它可以支持多种协议，其中包括 IPv6。BGP 的这些多协议扩展定义在 RFC 4760 中，文档名称为 *Multiprotocol Extensions for BGP-4*。

自治系统可能会使用多个 IGP，也可能会使用多组度量标准。从 BGP 的立场看来，一个自治系统最重要的特征是：在其他自治系统看来，它似乎拥有单一且完整的内部路由计划，并且它始终展现出一个拓扑，表明通过它都可以达到哪些目的地。自治系统的所有部分必须相互连接在一起。

另一种解读自治系统的方式是：一些路由前缀的集合（地址空间的集合）都处于同相同的管理控制之下。ASN 用来唯一地标识每个自治系统；与 IP 地址类似，ASN 也是由 IANA 管理，并由 IANA 分配给 RIR 的。然后 RIR 会把 ASN 分配给 ISP 以及使用 PI 地址空间的组织机构。

在工程师配置 BGP 时，ASN 是一项非常重要的参数。

ASN 是长度为 16 比特的号码，范围是 0~65535。RFC 1930 中提供了使用 ASN 的指导，文档名称为 *Guidelines for Creation, Selection, and Registration of an Autonomous System (AS)*。

由于预见到 BGP 16 比特 AS 号码终会消耗殆尽，RFC 6793 描述了为 BGP 使用 32 比特 AS 号码，文档名称为 *BGP Support for Four-Octet Autonomous System (AS) Number Space*。这个更长一些的 ASN 可以表示为 32 比特的整数形式，也可以用点号（.）把两个 16 比特的整数串在一起。

> **注释** Cisco 文档 "Explaining 4-Octet Autonomous System (AS) Numbersfor Cisco IOS" 中解释了如何在 Cisco 路由器中部署这种新的编号机制。本章末尾的 "参考文献" 部分给出了这个文档的链接。

IANA 保留了这三个 ASN：0、65 535 和 4 294 967 295，工程师不能在任何路由环境中使用它们。IANA 定义了以下两个 ASN 范围，工程师可以将它们用于私有网络中，很像私有 IPv4 地址：

- 64 512～65 534；
- 4 200 000 000～4 294 967 294（64 086.59904～65 535.65534）

IANA 还定义了以下两个 ASN 范围，工程师可以在文档和示例编号中使用它们：

- 64 496～64 511；
- 65 536～65 551（1.0～1.15）。

只有当组织机构准备使用 BGP 来连接 Internet 时，工程师才需要使用由 IANA 分配的 ASN，而不是使用私有 ASN。

6.2 建立单宿主 IPv4 Internet 连接

当组织机构使用 IPv4 协议以单宿主的方式连接 Internet 时，它所使用的 IPv4 地址来自于 ISP。ISP 可以为这个客户分配静态 IPv4 地址，也可以使用 DHCP（动态主机配置协议）分配动态地址。

由于没有足够多的公有 IPv4 地址可以为一个组织机构中的所有设备提供 Internet 连接，因此工程师需要实施 NAT 等机制来节省公有 IPv4 地址。使用了 NAT 后，工程师可以为内部客户设备使用私有地址范围中的 IPv4 地址，然后将它们转换成公有地址来获得 Internet 连接。NAT 简化了编址工作，而且避免了由于多个组织机构内部网络使用相同地址范围而引发的问题。

在完成本节内容的学习后，读者应该能够：

- 描述如何使用运营商分配的静态 IPv4 地址和动态 DHCP 地址来配置企业路由器；
- 理解 DHCP 的工作原理，描述如何将路由器设置为 DHCP 服务器和中继代理；
- 了解不同类型的 NAT；
- 描述 NVI（NAT 虚接口）的特性、配置和验证方法。

6.2.1 配置运营商分配的 IPv4 地址

如果一个企业或组织机构希望它们的服务器或服务具有公共网络访问能力，它们就需要静态分配的 IPv4 地址。这些静态地址还可以与域名相绑定，比如 www.cisco.com，这样客户端就可以找到并访问这些服务器和服务了。

ISP 分配了静态 IPv4 地址后，工程师就可以将它配置在企业路由器上了。配置过程非常简单，分为以下两步。

步骤 1   在路由器面向 Internet 的接口上配置这个静态分配的 IPv4 地址。

步骤 2   配置一条默认路由，将所有有意去往 Internet 的流量转发到 ISP。

例 6-1 以路由器 R1 为例展示了这一配置，图 6-4 展示了 R1 所在的拓扑。

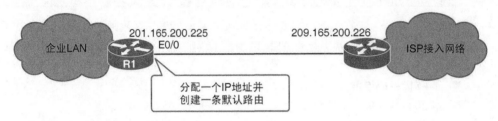

图 6-4   配置运营商分配的静态 IPv4 地址

例 6-1   运营商分配的静态 IPv4 地址配置案例

```
R1(config)# interface Ethernet 0/0
R1(config-if)# ip address 209.165.200.225 255.255.255.224
R1(config-if)# no shutdown
R1(config-if)# exit
R1(config)# ip route 0.0.0.0 0.0.0.0 209.165.200.226
```

在这个案例中，ISP 提供的静态 IPv4 地址是 209.165.200.225/27。工程师把这个地址分配给指向 ISP 的接口；然后创建一条默认路由，下一跳指向 209.165.200.226，这是 ISP 路由器的 IPv4 地址。

> **注释**   当然，工程师也可以使用同样的命令，在路由器接口上配置任意地址并配置适当的默认路由，其中包括 PI 地址或内部网络中的私有地址。

6.2.2   DHCP 工作原理

DHCP 建立在客户端/服务器模型上，其中特定的 DHCP 服务器负责划分 IPv4 地址，并将配置参数递送到动态配置的主机上。RFC 2131 中定义了 DHCP，文档名称为 *Dynamic Host Configuration Protocol*。

在 DHCP 的协商过程中，客户端会发送 DHCPDISCOVER 广播消息，来定位一台 DHCP 服务器，如图 6-5 所示。DHCP 服务器会通过 DHCPOFFER 单播消息，向客户端提供配置参数。通常配置参数包括 IPv4 地址、域名和这个 IPv4 地址的租期。

一个 DHCP 客户端可能会从多个 DHCP 服务器那里都收到 Offer；但客户端通常会接

受第一个收到的 Offer。除此之外，DHCP 服务器发来的 Offer 消息中所分配的地址，并不能保证客户端最后得到的就是这个地址；服务器通常会等到客户端正式请求这个地址的时候，才重新将这个地址分配给客户端；客户端会通过 DHCPREQUEST 广播消息来请求这个地址。

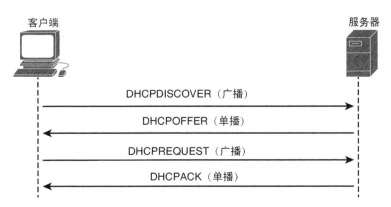

图 6-5 DHCP 的协商过程

DHCP 服务器向客户端返回 DHCPACK 单播消息，以便确认向客户端分配了这个 IPv4 地址。

还有另外 4 个 DHCP 消息。

■ DHCPDECLINE：客户端向服务器发送的消息，表明它已经使用了某个地址。

■ DHCPNAK：服务器向客户端发送的消息，表明它拒绝客户端的配置请求。

■ DHCPRELEASE：客户端向服务器发送的消息，表明它归还某个地址。

■ DHCPINFORM：客户端向服务器发送的消息，表明它已经有了某个 IPv4 地址，但它需要向 DHCP 服务器请求其他配置参数，比如 DNS 地址。

6.2.3 通过 DHCP 获得运营商分配的 IPv4 地址

当 ISP 使用了动态分配策略时，工程师不再需要手动配置地址；而是需要在路由器接口上启用 DHCP 客户端功能。通过 DHCP 还可以获得其他配置信息，比如默认网关地址。

要想启用 DHCP 客户端功能，工程师需要使用接口配置命令 **ip address dhcp**。客户端会发出 DHCP Discover 和 Request 消息，并根据从 DHCP 服务器收到的信息，来配置这个接口。

如果在 DHCP 服务器的答复中携带了可选的默认网关信息，路由器就会在自己的路由表中添加一条静态的默认路由，将这个默认网关的 Ipv4 地址作为下一跳。这条默认路由的 AD（管理距离）值是 254，表示这是一条浮动静态路由；如此之高的 AD 值可以保证路由器会优先使用（如果有的话）其他手动配置或动态学习的默认路由。工程师可以使用接口

配置命令 **no ip dhcp client request router** 来禁用这一功能。

　　例 6-2 以路由器 R1 为例展示了这一配置，图 6-6 展示了 R1 所在的拓扑。案例中还显示了这条注入的默认静态路由在路由表中生成的条目。

图 6-6　使用 DHCP 配置运营商分配的 Ipv4 地址

例 6-2　配置和验证通过 DHCP 获得的运营商分配的 Ipv4 地址

```
R1(config)# interface Ethernet 0/0
R1(config-if)# ip address dhcp
R1(config-if)# end

R1# show ip route 0.0.0.0
Routing entry for 0.0.0.0/0, supernet
Known via "static", distance 254, metric 0, candidate default path
  Routing Descriptor Blocks:
  * 209.165.200.226
      Route metric is 0. traffic share count is 1
```

> **注释**　再次提示，工程师也可以使用同样的命令，配置路由器的任意接口通过 DHCP 获得地址，其中包括 PI 地址或内部网络中的私有地址。

6.2.4　将路由器配置为 DHCP 服务器和 DHCP 中继代理

　　工程师可以把 Cisco 路由器配置为 DHCP 服务器和 DHCP 中继代理。在将路由器配置为 DHCP 服务器时，工程师要使用全局配置命令 **ip dhcp pool** *name*，创建一个池（Pool）来定义所有 DHCP 参数。参数 *name* 只在这台路由器本地有意义。在 DHCP 配置模式中，工程师可以定义多个参数。图 6-7 展示了一个网络，例 6-3 显示了路由器 R2 上的 DHCP 服务器配置。

图 6-7　DHCP 服务器和 DHCP 中继代理配置案例使用的网络

例6-3 将路由器配置为 DHCP 服务器

```
R2(config)# ip dhcp pool MYLAN
R2(dhcp-config)# network 10.0.20.0 255.255.255.0
R2(dhcp-config)# default-router 10.0.20.1
R2(dhcp-config)# lease 2
R2(dhcp-config)# exit
R2(config)# ip dhcp excluded-address 10.0.20.1 10.0.20.49
```

在本例中，工程师在 R2 上定义了一个名为 MYLAN 的 DHCP 池。R2 会为 DHCP 客户端分配 10.0.20.0/24 网络中的地址，这是由 DHCP 配置命令 **network** *network-number mask* 定义的。这个地址的租期是 2 天，这是由 DHCP 配置命令 **lease** *days* 定义的。R2 还会为 DHCP 客户端提供默认网关（路由器）地址 10.0.20.1，这是由 DHCP 配置命令 **default-router** *address* 定义的；在本例中，这是 R1 的地址。R2 不会把 10.0.20.1～10.0.20.49 这个范围内的地址分配给客户端，这是由全局配置命令 **ip dhcp excluded-address** *first-ip-address last-ip-address* 定义的。

在本例中，DHCP 客户端和服务器位于不同的子网中。DHCP 客户端发送广播消息来发现 DHCP 服务器。由于路由器默认是不转发广播的，因此在默认情况下，DHCP 客户端无法与服务器进行通信。为了实现这种通信，工程师必须将路由器 R1 配置为 DHCP 中继代理，这就需要使用接口配置命令 **ip helper-address** *address*；其中参数 *address* 是 DHCP 服务器的地址。工程师必须在路由器接收广播的接口上配置这条命令；在本例中，就是 R1 的 Gi0/0 接口。例 6-4 中展示了路由器 R1 上的 DHCP 中继代理配置。

例6-4 将路由器配置为 DHCP 中继代理

```
R1(config)# interface gi0/0
R1(config-if)# ip helper-address 172.16.1.1
```

6.2.5 NAT

在将私有网络连接到公有网络（比如 Internet）的环境中，如果内部私有网络中有多台设备需要上网，而公有 IPv4 地址的数量却有限，就需要使用 NAT 协议。NAT 最初的设计目标就是节省 IPv4 地址空间，因为 IPv4 地址空间并不足以为所有需要连接 Internet 的设备提供唯一的识别符。

RFC 1918 文档名称为 *Address Allocation for Private Internets*，其中将以下 IPv4 地址空间保留为私有用途。

- A 类网络：10.0.0.0～10.255.255.255。
- B 类网络：172.16.0.0～172.31.255.255。
- C 类网络：192.168.0.0～192.168.255.255。

为私有用途所保留的这些 IPv4 地址只在企业网络的内部使用。这些私有地址并不用在 Internet 上，因此在将任何数据包发送到 Internet 之前，都必须将私有地址转换为公有地址。NAT 就是用来执行这种转换的机制。

工程师通常在边界设备上实施 NAT，比如防火墙或路由器，这样就可以为组织机构内部的设备使用私有地址了。在这种情况中，NAT 只会针对那些需要发送到 Internet 的流量执行转换；边界设备负责将私有地址转换为公有地址，当流量返回时再执行反向转换；它会为返回流量维护一个映射表，其中记录私有和公有地址的对应关系。工程师可以配置 NAT，将所有私有地址转换为某一个共有地址，或者转换为公有地址池中的多个地址。

如果企业内部网中使用了重复的编址方案，工程师也可以使用 NAT 来解决地址空间重复的问题。比如两个公司要进行融合，但它们都使用了相同的似有地址范围。这时，工程师可以使用 NAT，将一个内网的私有地址范围转换为另一个私有地址范围，这样就避免了编址冲突，使两个内网中的设备可以相互通信。

除了理解与 NAT 相关的术语外，读者还要理解 NAT 的不同类型，以及何时使用哪种类型的 NAT。

NAT 中使用了内部（inside）和外部（outside）这两个术语。内部表示企业网的内部，外部表示企业网的外部。NAT 中包含以下 4 种类型的地址。

- **内部本地地址**（inside local address）：为内网设备分配的 IPv4 地址。
- **内部全局地址**（inside global address）：内网设备展现给外网的 IPv4 地址。这个地址是由内部本地地址转换来的。
- **外部本地地址**（outside local address）：外网设备展现给内网的 IPv4 地址。如果工程师也针对外部地址执行了转换，那么这个地址就是由外部全局地址转换来的。
- **外部全局地址**（outside global address）：为外网设备分配的 IPv4 地址。

为了方便记忆什么是本地，什么又是全局，可以在这两个术语后面加上这个词：可见的。本地可见的地址通常指的是私有 IPv4 地址，全局可见的地址通常指的是公有 IPv4 地址。剩下的就简单了。内部表示企业网内部，外部表示企业网外部。因此举例来说，内部全局地址表示这台设备物理上是位于企业网中的，并且它使用了 Internet 可见的地址；这台设备可能是（比如）Web 服务器。

内部和外部的定义对于理解 NAT 的工作原理非常重要。当数据包从内网穿越到外网时，路由器首先执行路由，然后执行转换，最后将它从出接口转发出去。当数据包从外网穿越到内网时，路由器执行相反的过程。

NAT 分为以下三种类型。

- **静态 NAT**：静态 NAT 是一对一转换。当一台内网设备需要能够让用户从外网访问时，正适合使用静态 NAT（比如一台拥有静态 IPv4 地址的服务器需要能够从 Internet 对其进行访问，工程师就可以把服务器的私有地址转换为公有地址）。
- **动态 NAT**：动态 NAT 是多到多转换，使用了地址池的概念。当一台内部设备访问外部网络时，NAT 会按照先到先得的原则，从地址池中为这台设备分配一个可用的 IPv4 地址。在使用动态 NAT 时，工程师需要确保地址池中有足够多的地址，能够满足所有用户会话的需求。比如两个使用了相同私有地址空间的公司在融合后，就可以使用动态 NAT 实现相互通信；动态 NAT 这种重新编址的方式可以作为整个网络重新编址前的临时策略。

■ **PAT（端口地址转换）**：PAT 是多到一转换；比如，它通过追踪端口号，可以将多个内部本地 IPv4 地址转换为同一个内部全局 IPv4 地址。PAT 也称为 NAT 重叠。它是动态 NAT 的一种形式，并且是最常用的 NAT 类型。商业和家庭路由器上都会使用 PAT，使多台设备能够访问 Internet，哪怕只有一个公有 IPv4 地址可用。

工程师可以使用命令 **show ip nat translations** 来查看当前转换了哪些地址。图 6-8 展示了 NAT 地址的类型，例 6-5 展示了路由器 R1 上的 **show ip nat translations** 命令输出。

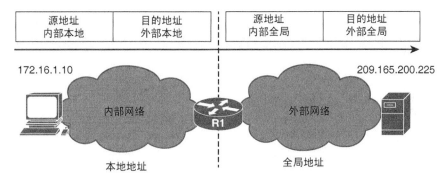

图 6-8　NAT 案例使用的网络

例 6-5　验证 NAT

```
R1# show ip nat translations
Pro   Inside global   Inside local   Outside local       Outside global
Icmp  209.165.201.5:4 172.16.1.10:4  209.165.200.255:4   209.165.200.255:4
---   209.165.201.5:4 172.16.1.10    ---                 ---
```

通常来说，就如同本例所展示的，工程师只针对内部地址执行转换，因此外部本地和外部全局地址是相同的。

1. 配置静态 NAT

静态 NAT 的配置过程很简单。首先工程师要定义内部（inside）和外部（outside）接口，分别使用接口配置命令 **ip nat inside** 和 **ip nat outside**。接着明确定义哪个内部本地地址应该转换为哪个内部全局地址，这时需要使用全局配置命令 **ip nat inside source static** *local-ip global-ip*。表 6-1 中描述了这条命令的参数。

表 6-1　　　全局配置命令 **ip nat inside source static**

参数	描述
local-ip	为内网主机分配的内部本地 IPv4 地址
global-ip	内网主机展示给外网的内部全局 IPv4 地址

　　当数据包到达内部（inside）接口时，如果数据包的源地址匹配了工程师定义的 *local-ip* 地址，路由器就会把这个数据包的源地址转换为 *global-ip* 地址。返回数据包的目的地址如果匹配了 *global-ip* 地址，路由器就会把返回数据包的目的地址转换为 *local-ip* 地址。工程师需要为每个想要转换的地址都配置一条 **ip net inside source static** 命令。

　　例 6-6 以路由器 R1 为例展示了这一配置，图 6-9 展示了 R1 所在的拓扑。当 PC 向 Internet 发送数据包时，路由器会把 PC 的地址 172.16.1.10 转换为 209.165.201.5。

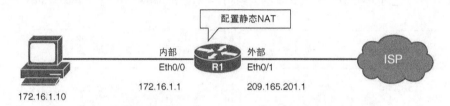

图 6-9　静态 NAT 案例使用的网络

例 6-6　静态 NAT 配置

```
Router(config)# interface Ethernet 0/1
Router(config-if)# ip address 209.165.201.1 255.255.255.240
Router(config-if)# ip nat outside
Router(config-if)# exit
Router(config)# interface Ethernet 0/0
Router(config-if)# ip address 172.16.1.1 255.255.255.0
Router(config-if)# ip nat inside
Router(config-if)# exit
Router(config)# ip nat inside source static 172.16.1.10 209.165.201.5
```

2．配置动态 NAT

　　静态 NAT 会在一个内部本地和一个内部全局地址之间建立永久的映射关系，与此不同的是，动态 NAT 会在多个内部本地地址与多个内部全局地址之间建立映射关系（多到多的映射）。

　　动态 NAT 会按照先到先得的原则，从 NAT 地址池中分配可用的内部全局地址。这也就是为什么工程师要在 NAT 地址池中提供充足的地址，以满足所有用户的需求。

　　与静态 NAT 类似的是，工程师首先需要指定内部（inside）和外部（outside）接口；然后使用 ACL，定义一组需要被转换的内部本地地址。下一步是定义将这些内部本地地址转换为哪些内部全局地址，这时需要使用全局配置命令 **ip nat pool** *name start-ip end-ip* {**netmask** *netmask* | **prefix-length** *prefix-length*}；表 6-2 中描述了这条命令的参数。

表 6-2　　　　　　　　　全局配置命令 **ip nat pool**

参数	描述
name	地址池的名称
start-ip	定义地址池中第 1 个 IPv4 地址
end-ip	定义地址池中最后 1 个 IPv4 地址
netmask	为地址池中的地址指定子网掩码
prefix-length	以另一种方式为地址池中的地址指定子网掩码

最后，工程师使用以下全局配置命令定义了 ACL 到 NAT 地址池的映射关系：

ip nat inside source list {*access-list-number* | *access-list-name*} **pool** *name*

表 6-3 中描述了这条命令的参数。

表 6-3　　　　　　　全局配置命令 **ip nat inside source list**

参数	描述
access-list-number	调用一个标准 IPv4 访问列表。数据包的源地址如果匹配了这个 ACL 中的 permit 语句，源地址就会被动态转换为指定地址池中的内部全局地址
access-list-name	调用一个标准 IPv4 访问列表。数据包的源地址如果匹配了这个 ACL 中的 permit 语句，源地址就会被动态转换为指定地址池中的内部全局地址
name	地址池的名称，从这里动态分配内部全局 IPv4 地址

例 6-7 以路由器 R1 为例展示了这一配置，图 6-10 展示了 R1 所在的拓扑。本例中两台 PC 的地址都定义在 ACL 的 permit 语句中；名为 NAT-POOL 的地址池中定义了地址范围 209.165.201.5/28～209.165.201.10/28。当一台 PC 向 Internet 发送数据包时，它的源地址就会转换为这个地址池中的一个地址。

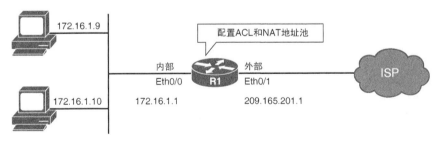

图 6-10　动态 NAT 案例使用的网络

例 6-7　动态 NAT 配置

```
Router(config)# access-list 1 permit 172.16.1.0 0.0.0.255
Router(config)# ip nat pool NAT-POOL 209.165.201.5 209.165.201.10
 netmask 255.255.255.240
```

（待续）

```
Router(config)# interface Ethernet 0/1
Router(config-if)# ip address 209.165.201.1 255.255.255.240
Router(config-if)# ip nat outside
Router(config-if)# exit
Router(config)# interface Ethernet 0/0
Router(config-if)# ip address 172.16.1.1 255.255.255.0
Router(config-if)# ip nat inside
Router(config-if)#exit
Router(config)# ip nat inside source list 1 pool NAT-POOL
```

3. 配置 PAT

　　PAT（端口地址转换）也称为 NAT 重叠，它是使用最为广泛的 NAT 类型。PAT 通过同时追踪 IPv4 地址和端口号的映射关系，能够将多个内部本地地址转换为一个或少量几个内部全局地址。

　　PAT 可以使多台设备共享一个或少量几个内部全局地址。大多数家庭路由器都以这种方式工作；ISP 只为路由器分配一个公有地址，但多个家庭成员都可以同时上网。

　　为了确保每个会话的唯一性，PAT 在实施转换时，同时修改 IPv4 地址和端口号。如果不修改源端口就可以建立映射关系的话，PAT 会马上完成转换；但如果转换表中已有的映射关系与这个要转换的 IPv4 头部相同（比如已经使用了相同的端口号），PAT 会寻找全新的唯一映射关系。如果有多个内部全局地址可供使用，PAT 会尝试保留源端口并使用另一个可用地址。但如果只有一个内部全局地址可供使用，PAT 就会在执行转换时修改源端口，创建出唯一的映射关系。

　　为了把外网发来的入站数据包传递到内网正确的目的设备上，路由器会根据 NAT 转换表查找匹配条目，并针对入站数据包的 IPv4 头部执行转换，根据需要转换地址和端口号。这个机制称为连接追踪。

　　为了配置 PAT，工程师还是需要先指定内部（inside）和外部（outside）接口；然后使用 ACL 定义一组需要被转换的内部本地地址。工程师需要使用以下全局配置命令来配置 PAT：

ip nat inside source list {*access-list-number* | *access-list-name*} {**interface** *type number*} [**overload**]

　　这条命令会把 ACL 中 permit 语句匹配的所有地址，转换为指定外部接口的地址；其中参数 **overload** 表示使用 PAT。表 6-4 中描述了这条命令的参数。

表 6-4　　　　　　　　全局配置命令 **ip nat inside source list overload**

参数	描述
access-list-number	调用一个标准 IPv4 访问列表。数据包的源地址如果匹配了这个 ACL 中的 permit 语句，源地址就会被动态转换为指定地址池中的内部全局地址
access-list-name	调用一个标准 IPv4 访问列表。数据包的源地址如果匹配了这个 ACL 中的 permit 语句，源地址就会被动态转换为指定地址池中的内部全局地址

参数	描述
type number	指定接口类型和编号，内部全局地址就来源于此
overload	（可选参数）使路由器能够将一个内部全局地址用于多个内部本地地址。在配置了这参数后，使用相同本地 IP 地址的多个会话之间使用内部主机的 TCP 或 UDP 端口号进行区分

> **注释** 这些命令中包括很多其他可选参数。比如工程师可以在命令 **ip nat inside source list** {*access-list-number* | *access-list-name*}中添加关键字 **overload**，以便使用地址池来实现 PAT。

例 6-8 以路由器 R1 为例展示了这一配置，图 6-10 展示了 R1 所在的拓扑。在本例配置中，两台 PC 的地址都定义在 ACL 的 permit 语句中。当一台 PC 向 Internet 发送数据包时，它的地址会被转换为接口 E0/1 的地址，数据包的源端口也会根据需要进行转换。

例 6-8　PAT 配置

```
Router(config)# access-list 1 permit 172.16.1.0 0.0.0.255
Router(config)# interface Ethernet 0/0
Router(config-if)# ip address 172.16.1.1 255.255.255.0
Router(config-if)# ip nat inside
Router(config-if)# interface Ethernet 0/1
Router(config-if)# ip address 209.165.201.1 255.255.255.240
Router(config-if)# ip nat outside
Router(config-if)# exit
Router(config)# ip nat inside source list 1 interface Ethernet 0/1 overload
```

4．NAT 的局限性

NAT 为网络带来了好处，但同时它也有自己的局限性，读者需要考虑以下内容。

■ **端到端可见性问题**：很多应用都依赖于端到端功能，数据包在从源转发到目的地的过程中不得经过修改。通过修改端到端地址，NAT 有效地阻止了这类应用。举例来说，由于源 IP 地址发生了变化，某些安全应用就会失效，比如数字签名。如果某些应用使用的是物理地址，而不是域名，它们就无法访问穿越 NAT 路由器并执行了转换的目的地。还有，由于数据包的地址在传输过程中不断发生变化，因此工程师无法实施端点追踪，增加了排错的难度。

另一个可见性问题发生在外部网络进行会话初始化的环境中；要求从外网发起 TCP 连接的服务，或者无状态协议（比如使用 UDP 的协议）都无法正常工作。除非工程师在 NAT 路由器上针对这些协议进行了特殊设置，否则入站数据包是无法到达正确的目的地的。

■ **隧道化变得更加复杂**：使用 NAT 会增加隧道协议的复杂性，比如 IPSec。因为 NAT 会修改数据包头部的字段值，这会妨碍 IPSec 和其他隧道协议执行完整性校验。

■ **在特殊拓扑中，标准 NAT 可能无法正常工作：** 在图 6-11 中，工程师配置 R1 为 LAN 客户端执行 PAT，为 Web 服务器执行静态 NAT。当 Internet 上的用户想要访问 Web 服务器时，它通过 DNS 获得了服务器的公有 IP 地址，并尝试发起连接。路由器静态地将服务器的公有 IP 地址（内部全局地址）转换为它的内部本地地址，并将数据包转发到服务器。

当 LAN 上的用户想要访问 Web 服务器时，它也通过 DNS 获得了服务器的公有 IP 地址，并尝试发起连接。但是它连接服务器的尝试，最终会由于 NAT 的介入而失败。当数据包从内部去往外部时，路由器首先执行路由，然后执行转换；也就是 LAN 用户的数据包会先被路由到外部接口，然后由 PAT 对它的地址执行转换。当数据包从外部去往内部时，路由器首先执行转换，然后执行路由。但在这个案例中，路由器并不是从外部接口收到这个 LAN 用户数据包的；因此它永远不会对这个数据包执行转换，从而这个数据包永远不会被路由到服务器所在的接口。这种设计的结果就是 LAN 用户无法访问 Web 服务器。

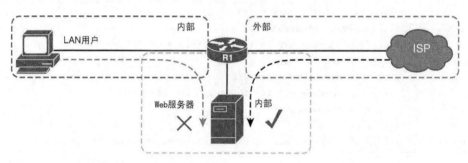

图 6-11　NAT 局限性案例使用的网络

6.2.6　NAT 虚接口

Cisco IOS 12.3(14)T 版本中引入了一项新特性：NVI（NAT 虚接口）。使用这项特性，工程师无需再指定内部（inside）或外部（outside）接口。NVI 的处理顺序也与 NAT 有些许区别。我们先回忆一下经典 NAT 的处理顺序：当数据包要从内部接口去往外部接口时，经典 NAT 会首先执行路由，然后再执行转换；当流量方向相反时，处理顺序也颠倒过来。但 NVI 会先执行路由，再执行转换，再次执行路由；NVI 会在转换前后各执行一次路由，然后再将数据包从出接口转发出去。无论流量是从哪个方向去往哪个方向的，这个过程都是对称的。由于增加了一个路由步骤，因此数据包能够（以经典 NAT 术语描述的话）从内部（inside）接口流向内部（inside）接口；前文中已经提到过，经典 NAT 并不适用于这种环境。

1．配置 NAT 虚接口

本节通过一个案例来展示 NVI 的配置，其中包括配置静态和动态 NVI 转换，以及验证转换结果。

图 6-12 展示了本例使用的网络拓扑。在这个网络中，工程师要对服务器地址执行静态转换，对 PC 地址执行动态转换。

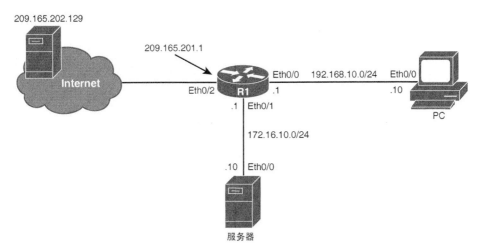

图 6-12 NVI 案例使用的网络

首先，第一步是使用 ACL 来指定需要动态转换的地址。由于只需要对 192.168.10.0/24 这个网段执行动态转换，因此工程师只需要创建标准 ACL 就可以了，使用的是全局配置命令 **access-list 10 permit 192.168.10.0 0.0.0.255**。

接着，工程师需要创建用于动态 NAT 转换的 NAT 地址池。在本例中，地址池中要配置的地址范围是 209.165.201.5/27～209.165.201.10/27，使用的命令是 **ip nat pool TEST1 209.165.201.5 209.165.201.10 prefix-length 27**。要留意，地址池中的 IP 地址是按照先到先得的顺序分配的，因此要确保地址池中有足够多的地址能够满足所有客户的需要。

然后，工程师需要配置动态和静态 NAT 转换了。

192.168.10.0/24 网段中的客户需要执行动态转换，从地址池 TEST1 中获得它们的内部全局地址。为了创建动态映射，工程师需要使用全局配置命令 **ip nat source list 10 pool TEST1**。这条命令会把指定 ACL 中允许（permit）的所有内部本地地址转换为指定地址池中的地址。

> **注释** NVI 也可以使用 PAT，只需要在转换命令中添加关键字 overload，与"配置 PAT"小节中的用法类似。比如工程师可以输入这样的命令 ip nat source list 10 interface Ethernet0/2 overload。

服务器的内部本地地址 172.16.10.10 要被静态映射到它的内部全局地址 209.165.201.2。本例中使用全局配置命令 **ip nat source static 172.16.10.10 209.165.201.2** 创建了这一映射。

例 6-9 展示了路由器 R1 上的相关配置。

例 6-9 NVI 配置案例

```
R1(config)# access-list 10 permit 192.168.10.0 0.0.0.255
R1(config)# ip nat pool TEST1 209.165.201.5 209.165.201.10 prefix-length 27
R1(config)# ip nat source list 10 pool TEST1
R1(config)# ip nat source static 172.16.10.10 209.165.201.2
```

> **注释** 注意在这些命令中，工程师并没有使用关键字 **inside** 和 **outside**，因为 NVI 并不需要定义内部（inside）或外部（outside）接口。在转换命令中也不需要使用这两个关键字。

在配置了 NAT 后，路由器会创建 NVI0 接口，并且在转换 IPv4 地址时使用这个接口。工程师可以使用命令 **show ip interface brief** 来验证这一行为。例 6-10 展示了 R1 上的命令输出，可以看到路由器已经创建了 NVI0 接口。

例 6-10 show ip interface brief 命令输出

```
R1# show ip interface brief
Interface      IP-Address      OK?  Method  Status                 Protocol
Ethernet0/0    192.168.10.1    YES  manual  up                     up
Ethernet0/1    172.16.10.1     YES  manual  up                     up
Ethernet0/2    209.165.201.1   YES  manual  up                     up
Ethernet0/3    unassigned      YES  NVRAM   administratively down   down
NVI0           192.168.10.1    YES  unset   up                     up
```

还记得 NVI 会执行两次路由操作，而不是一次吗？当数据包从启用了 NAT 的接口进入到 NAT 路由器后，路由器会在 NAT 转换表中查找匹配项。如果有匹配项，路由器就把这个数据包路由到 NVI0 接口，并在那里执行转换。转换完成后，路由器会再次对数据包执行路由行为，并将其转发到正确的接口。

路由器会为 NVI0 接口分配一个 IPv4 地址，以供 Cisco IOS 的内部操作使用。这个分配的 IPv4 地址并不会影响 NAT 行为；路由器会复制第一个物理接口的地址，或者第一个启用了 NAT 的接口的地址。

为了配置接口使用 NVI 并参与转换进程，工程师需要使用接口配置命令 **ip nat enable**。例 6-11 展示了路由器 R1 上的相关配置。

例 6-11 配置 NAT NVI

```
R1(config)# interface ethernet 0/0
R1(config-if)# ip nat enable
R1(config-if)# interface ethernet 0/1
R1(config-if)# ip nat enable
R1(config-if)# interface ethernet 0/2
R1(config-if)# ip nat enable
```

2．验证 NAT 虚接口

现在 NVI 已经配置完成了，工程师可以使用 **ping** 命令来检查连通性。例 6-12 展示了连通性检查过程，分别检查了 PC 和内部服务器到 Internet 服务器的连通性，以及 PC 到内部服务器的私有地址和公有地址的连通性。

例 6-12   测试到服务器的连通性

```
PC# ping 209.165.202.129
Type escape sequence to abort.
Sending 5, 100-byte ICMP Echos to 209.165.202.129, timeout is 2 seconds:
!!!!!
Success rate is 100 percent (5/5), round-trip min/avg/max = 1/1/1 ms
```
```
Server# ping 209.165.202.129
Type escape sequence to abort.
Sending 5, 100-byte ICMP Echos to 209.165.202.129, timeout is 2 seconds:
!!!!!
Success rate is 100 percent (5/5), round-trip min/avg/max = 1/1/1 ms
```
```
PC# ping 172.16.10.10
Type escape sequence to abort.
Sending 5, 100-byte ICMP Echos to 172.16.10.10, timeout is 2 seconds:
!!!!!
Success rate is 100 percent (5/5), round-trip min/avg/max = 1/1/1 ms
```
```
PC# ping 209.165.201.2
Type escape sequence to abort.
Sending 5, 100-byte ICMP Echos to 209.165.201.2, timeout is 2 seconds:
!!!!!
Success rate is 100 percent (5/5), round-trip min/avg/max = 1/1/1 ms
```

所有的 ping 测试都成功了。通过使用 NAT NVI，使用转换后的地址从内部去往内部的通信也没有问题。

要想观察 NVI 转换，工程师可以使用命令 **show ip nat nvi translations**；注意这里用到了关键字 **nvi**。例 6-13 展示了 R1 上的这条命令输出。

例 6-13   show ip nat nvi translations 命令输出

```
R1# show ip nat nvi translations
Pro Source global      Source local      Destin local       Destin global
icmp 209.165.201.2:0   172.16.10.10:0    209.165.202.129:0  209.165.202.129:0
--- 209.165.201.2      172.16.10.10      ---                ---
icmp 209.165.201.5:0   192.168.10.10:0   209.165.202.129:0  209.165.202.129:0
icmp 209.165.201.5:1   192.168.10.10:1   172.16.10.10:1     172.16.10.10:1
icmp 209.165.201.5:2   192.168.10.10:2   209.165.201.2:2    172.16.10.10:2
--- 209.165.201.5      192.168.10.10     ---                ---
```

注意这条命令的输出内容与传统 NAT 命令的输出内容有些许不同。由于 NVI 不再使用内部（inside）和外部（outside）的概念，因此转换表中不再出现术语 inside global（内部全局）、inside local（内部本地）、outside local（外部本地）和 outside global（外部全局）。NVI 的命令输出中相应地使用了术语 source global（源全局）、source local（源本地）、destin local（目的本地）和 destin global（目的全局）。这些术语的定义与传统 NAT 相同。

从案例中可以看出，按照静态映射的定义，服务器的私有地址（source local）正确转换成了它的公有地址（source global）。PC 的私有地址（source local）也转换成了 NAT 地址池中的第一个可用地址（source global）。

如果工程师使用命令 **show ip nat translations** 来查看传统 NAT 的状态，路由器会反馈空信息，因为路由器并没有执行传统 NAT。例 6-14 展示了 R1 上的这条命令输出。

例 6-14　*show ip nat translations* 命令输出

```
R1# show ip nat translations
Pro Inside global   Inside local    Outside local    Outside global
```

工程师可以使用命令 **show ip nat nvi statistics** 来查看 NVI 的统计信息，以及查看哪些接口参与了 NAT。例 6-15 展示了 R1 上的这条命令输出。

例 6-15　*show ip nat nvi statistics* 命令输出

```
R1# show ip nat nvi statistics
Total active translations: 4 (1 static, 3 dynamic; 2 extended)
NAT Enabled interfaces:
   Ethernet0/0, Ethernet0/1, Ethernet0/2
Hits: 34 Misses: 4
CEF Translated packets: 10, CEF Punted packets: 0
Expired translations: 0
Dynamic mappings:
-- Source [Id: 3] access-list 10 pool TEST1 refcount 2
 pool TEST1: netmask 255.255.255.224
        start 209.165.201.5 end 209.165.201.10
        type generic, total addresses 6, allocated 1 (16%), misses 0
```

这条命令输出内容中的 Hits 和 Misses 统计为我们提供了很有价值的信息。路由器每在转换列表中找到一个匹配的转换项后，Hits 计数器都会增加。如果没有找到转换项，路由器会在转换表中新添加一个转换项，这时 Misses 计数器会增加。如果 NAT 的工作一切正常，这两个计数器会随时增加。

6.3　建立单宿主 IPv6 Internet 连接

IPv6 与 IPv4 类似，但它仍是一个不同的协议，因此一些在 IPv4 中我们熟悉的概念，在 IPv6 中发生了变化。随着 IPv6 的部署越来越广泛，工程师也越来越需要理解如何将组织机构连接到 IPv6 Internet 上。由于在使用 IPv6 时，每个启用 IPv6 的节点都拥有全局可达性，因此要明白在自己的网络中部署 IPv6，也会面临着一些安全风险。工程师应该意识到这些问题，并且知道如何保护自己的网络。

在完成本节内容的学习后，读者应该能够：

- 描述企业路由器能够获得 IPv6 地址的多种方式；
- 理解 DHCPv6（用于 IPv6 的 DHCP）的工作原理，描述将路由器当作 DHCPv6 服务器和中继代理的做法；
- 描述用于 IPv6 的 NAT；
- 了解如何配置 IPv6 ACL；
- 描述确保安全 IPv6 Internet 连接的需求。

6.3.1　获得运营商分配的 IPv6 地址

业界开发出了多种 IPv6 编址方法，以便在没有人类介入或少量介入的基础上，分配 IPv6 地址，这与 IPv4 中的各种方法类似。这些方法能够分配地址和其他配置参数，毕竟工程师手动分配太不方便了，而且对于 128 比特长度的 IPv6 地址来说，手动分配也很容易出错。

IPv6 地址的分配方法有以下这些：

- 手动分配；
- SLAAC（无状态地址自动配置）；
- 无状态 DHCPv6；
- 状态化 DHCPv6；
- DHCPv6-PD（DHCPv6 前缀代理）。

接下来的几个小节将详细介绍每种方法。

> **注释**　前 4 种方法可以用来分配任意 IPv6 地址，包括 PA 地址、PI 地址或内网地址。

> **注释**　RFC 7381 中记录了 IPv6 地址参考，文档名称为 *Enterprise IPv6 Deployment Guidelines*。

1. 手动分配

和 IPv4 地址一样，网络管理员也可以静态分配 IPv6 地址。这种分配方法容易出错，而且会极大程度上增加管理员的工作量，因为 IPv6 地址的长度为 128 比特。但有时又必须使用手动分配方法（比如企业从 ISP 那里获得了一个手动划分的地址）。

工程师为企业网络设计 IPv6 编址规划时，需要考虑诸多问题。出于安全的考量，建议选择无法轻易猜出的地址，并且避免插入已有的 IPv4 地址。不过，插入 IPv4 地址信息可以帮助工程师排错和管理网络，因此有时可能还是要这样设计（有关这个话题的更多信息，可以观看 Cisco 现场演示 *How to Write an IPv6 Address Plan*；本章末尾的"参考文献"部分给出了这个演示的链接）。

2．配置基本 IPv6 Internet 连接

本节通过案例展示了如何配置基本 IPv6 Internet 连接。

图 6-13 展示了案例使用的拓扑。在这个网络中，ISP 为客户分配了 IPv6 地址 2001:DB8:10:10::10/64，用于建立 Internet 连接。R1 上面对 Internet 的接口是 E0/2，因此工程师需要在这个接口上配置 ISP 分配的 IPv6 地址。工程师还需要创建一条指向 ISP （2001:DB8:10:10::1/64）的默认路由；并使用这条路由将所有非本地的流量转发到 Internet。

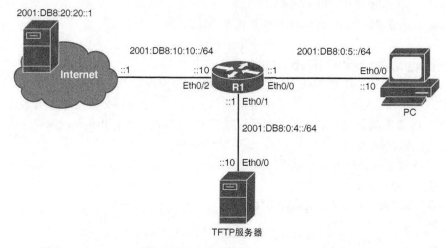

图 6-13　基本 IPv6 Internet 连接案例使用的网络

回想一下，工程师需要使用全局配置命令 **ipv6 unicast-routing** 启用 IPv6 单播数据包的转发功能；在配置 IPv6 静态或动态路由之前，工程师也需要先配置这条命令。命令 **ipv6 unicast-routing** 也会使路由器发送 ICMPv6 RA（路由器通告）消息。

工程师可以使用接口配置命令 **ipv6 address** *address/prefix-length* 在接口上配置 IPv6 地址和前缀（通过 *address/prefix-length* 参数进行定义），同时启用这个接口上的 IPv6 进程。

工程师可以使用全局配置命令 **ipv6 route** *ipv6-prefix/prefix-length next-hop-address* 配置 IPv6 静态路由。表 6-5 中描述了这条命令的参数。

表 6-5　**ipv6 route** 命令参数

参数	描述
ipv6-prefix/prefix-length	定义静态路由目的地的 IPv6 网络及其前缀长度
next-hop-address	定义用来访问指定网络的下一跳地址

工程师需要在配置默认静态路由时，在 *ipv6-prefix/prefix-length* 参数中使用::/0。

例 6-16 展示了路由器 R1 上的相关配置。

例 6-16 基本 IPv6 配置案例

```
R1(config)# ipv6 unicast-routing
R1(config)# interface Ethernet 0/2
R1(config-if)# ipv6 address 2001:DB8:10:10::10/64
R1(config-if)# no shutdown
R1(config-if)# exit
R1(config)# ipv6 route ::/0 2001:DB8:10:10::1
```

工程师可以通过 ping 测试来验证基本 IPv6 的连通性。例 6-17 展示了从 PC 和 TFTP 服务器向 Internet 服务器发起的 ping 测试；测试结果都成功了。

例 6-17 测试 Internet 服务器的 IPv6 连接

```
PC# ping 2001:db8:20:20::1
Type escape sequence to abort.
Sending 5, 100-byte ICMP Echos to 2001:DB8:20:20::1, timeout is 2 seconds:
!!!!!
Success rate is 100 percent (5/5), round-trip min/avg/max = 1/1/1 ms

Server# ping 2001:db8:20:20::1
Type escape sequence to abort.
Sending 5, 100-byte ICMP Echos to 2001:DB8:20:20::1, timeout is 2 seconds:
!!!!!
Success rate is 100 percent (5/5), round-trip min/avg/max = 1/1/4 ms
```

3. 无状态地址自动配置

SLAAC 使设备能够自动获得 IPv6 编址信息，而无需网络管理员的介入。这是通过 RA 的帮助实现的，RA 是由本地链路上的路由器发送的。RA 消息中包含一个或多个前缀、前缀使用期信息、标记信息和默认路由器使用期信息。主机会把 RA 消息的源 IPv6 链路本地地址用作自己的 IPv6 默认路由器地址。IPv6 主机会监听这些 RA 并使用 RA 通告的前缀，同时前缀的长度必须是 64 比特。主机之后会自己生成剩下的 64 主机比特，可以使用 IEEE EUI-64 格式，也可以创建随机比特序列。如果生成的 IPv6 地址是唯一的，主机就会把它应用在接口上。这个进程为网络提供了即插即用功能，大大减轻了管理员的工作负担；不过，这样一来就无法追踪地址的分配情况了。

IEEE EUI-64

IEEE EUI-64 格式的接口 ID 是从接口的 48 比特 IEEE 802 MAC 地址演变来的，具体规则如下所示。

1. 将 MAC 地址分为两部分，每部分 24 比特。

2. 在这两部分之间插入 0xFFFE，变成一个 64 比特的值。

3. 将第 1 个字节中的第 7 个比特位进行反转(在 MAC 地址中,这个比特位表示范围: 0 表示全局范围,1 表示本地范围;全局唯一 MAC 地址的这一位是 0。但在用于 IPv6 接口 ID 的 EUI-64 格式中,这个比特位的含义正相反,因此需要进行反转)。

举例来说,把 MAC 地址 00AA.BBBB.CCCC 转换为 IPv6 EUI-64 格式的接口 ID,会得 到 02AA:BBFF:FEBB:CCCC。

启用 SLAAC

工程师可以使用接口配置命令 **ipv6 address autoconfig [default]**在路由器接口上启用 IPv6 地址自动配置功能,并启用接口上的 IPv6 进程。可选关键字 **default** 会使设备添加一 条默认路由,它使用发送 RA 的默认路由器作为默认路由器来添加该路由。工程师只能在 一个接口上配置 **default** 关键字。

要注意一点,工程师在路由器上配置的命令决定了它何时生成 RS(路由器请求)和 RA(路由器通告)消息。

- 路由器上如果配置了命令 **ipv6 unicast-routing**,就会生成 RA 消息;这些路由器 上默认配置了接口配置命令 **no ipv6 nd suppress-ra**。它们并不生成 RS 消息。
- 路由器上如果配置了命令 **ipv6 address autoconfig**,但没有配置命令 **ipv6 unicast-routing**,就只会生成 RS 消息。它们并不生成 RA 消息。

4. DHCPv6 的工作原理

IPv6 世界中有以下两种类型的 DHCPv6。

- **无状态**:为已经拥有 IPv6 地址的客户提供额外参数。
- **状态化**:与用于 IPv4 的 DHCP(DHCPv4)类似。

接下来的两个小节中将详细介绍无状态 DHCPv6 和状态化 DHCPv6;本节将概述 DHCPv6 的工作原理,以及它与 IPv4 版本的 DHCP 有何区别。DHCPv6 定义在 RFC 3315 中,文档名称为 *Dynamic Host Configuration Protocol for IPv6 (DHCPv6)*。

在 DHCPv6 中,客户端请求数据的过程与 DHCPv4 类似,只有些许不同。其中一个区别是 IPv6 客户端可以通过 ND(邻居发现)协议消息检测链路上的路由器。如果找到了至少一台路由 器,客户端会查看 RA 消息,来确定是否应该使用 DHCPv6。如果 RA 消息允许它在链路上使用 DHCPv6,或者客户端没有发现路由器,它就会启动 DHCPv6 请求阶段,来查找 DHCP 服务器。 另一点区别是服务器上可以配置为全局地址配置策略(比如"不要为打印机分配地址")。

在 DHCPv6 协商过程中,客户端通过发送 SOLICIT 消息来查找 DHCPv6 服务器,并 且请求分配地址以及其他配置信息。客户端会把这个消息发往链路本地范围内,表示所有 DHCP 代理的单播地址 (FF02::1:2);代理包括服务器和中继。

任何收到了客户端请求的 DHCPv6 服务器都会通过 ADVERTISE 消息进行回应。

DHCPv6 客户端通过发送 SOLICIT 消息并收集服务器返回的 ADVERTISE 消息,能够 构建出可用的服务器列表。这些消息会按照优先级值进行排序;服务器可以在它们的

ADVERTISE 消息中明确添加优先级可选参数。如果客户端需要向服务器请求前缀，那它只会考虑通告了前缀的服务器。

客户端会选择一个服务器，并向它发送 REQUEST 消息，要求它确认它所通告的地址和其他信息。

服务器会以 REPLY 消息作为回应，其中包含确认后的地址和配置信息。

与 DHCPv4 类似，DHCPv6 客户端也会在一段时间后通过发送 RENEW 消息来更新它的地址租期。

除了这种四次交换过程之外，DHCPv6 还可以使用较短的两次交换过程，只交换 SOLICIT 和 REPLY 消息。默认情况下使用的是四次消息交换；当工程师同时为客户端和服务器都启用了可选项 **rapid-commit** 后，它们之间开始使用两次消息交换。

5. 无状态 DHCPv6

无状态 DHCPv6 是和 SLAAC 协同工作的。IPv6 主机可以使用 SLAAC 获得 RA 中包含的信息，包括编址信息和默认路由器信息。此外，IPv6 主机也会向 DHCPv6 服务器请求它所需要的其他信息，比如 DNS 或 NTP 服务器地址。RA 中设置的名为其他配置（other configuration）的标记比特表示这个 RA 中请求的是其他配置信息。这时，DHCPv6 服务器并不分配 IPv6 地址，因此无需为客户端维护任何动态状态信息；这也就是为什么称其为无状态。但值得注意的是，即便使用了 SLAAC，地址追踪的问题仍然没有解决。默认路由器地址仍然是 RA 的链路本地地址。

将路由器配置为无状态 DHCPv6 客户端的方法与让路由器使用 SLAAC 的方法相同。

与 IPv4 一样，工程师可以把 Cisco 路由器配置为 DHCPv6 服务器和中继代理。图 6-14 所示的网络展示了无状态（以及下一节中的状态化）DHCPv6 中继代理和服务器的配置。

图 6-14 无状态和状态化 DHCPv6 服务器和中继代理案例使用的网络

例 6-18 展示了工程师将路由器 R1 配置为 DHCPv6 中继代理的配置，以及将路由器 R2 配置为 DHCPv6 服务器的配置，它们都使用无状态 DHCPv6。

例 6-18　配置无状态 DHCPv6 中继代理（R1）和服务器（R2）

```
R1(config)# ipv6 unicast-routing
R1(config)# interface gigabitEthernet 0/0
R1(config-if)# ipv6 nd other-config-flag
```

（待续）

```
R1(config-if)# ipv6 dhcp relay destination 2001:DB8:CAFE:1::1

R2(config)# ipv6 dhcp pool IPV6-STATELESS
R2(config-dhcpv6)# dns-server 2001:DB8:CAFE:1::99
R2(config-dhcpv6)# domain-name www.example.com
R2(config)# interface gigabitEthernet 0/0
R2(config-if)# ipv6 dhcp server IPV6-STATELESS
```

对于 R1 来说，命令 **ipv6 nd other-config-flag** 会让它在 RA 消息中设置其他配置标记
比特位，然后它会将这个 RA 消息从 Gi0/0 接口发往客户端。工程师使用命令 **ipv6 dhcp relay
destination 2001:DB8:CAFE:1::1** 将 R1 配置为中继代理；命令中指定的地址是 DHCPv6 服务
器（R2）的地址。

对于 R2 来说，工程师使用命令 **ipv6 dhcp pool IPV6-STATELESS** 创建了 DHCPv6 地
址池；使用命令 **dns-server 2001:DB8:CAFE:1::99** 和 **domain-name www.example.com** 分
别设置了 DNS 服务器和域名；最后，使用命令 **ipv6 dhcp server IPV6-STATELESS** 将 Gi0/0
接口配置为 DHCPv6 服务器，并调用地址池。

6. 状态化 DHCPv6

在工程师实施了状态化 DHCPv6 后，RA 会通过设置管理地址配置标记比特位，告诉
IPv6 主机只从 DHCPv6 服务器获取编址和其他信息。这个标记会让主机忽略 RA 中的前缀
信息，而向 DHCPv6 服务器请求编址及其他信息。然后 DHCPv6 服务器会为主机分配地址，
并追踪它所分配的地址。需要注意的是，默认路由器地址仍是 RA 的链路本地地址。

要想让路由器从 DHVPv6 服务器获得接口的 IPv6 地址，工程师需使用接口配置命令
ipv6 address dhcp。

例 6-19 展示了工程师将路由器 R1 配置为 DHCPv6 中继代理的配置，以及将路由器
R2 配置为 DHCPv6 服务器的配置，它们都使用状态化 DHCPv6。

例 6-19　配置状态化 DHCPv6 中继代理（R1）和服务器（R2）

```
R1(config)# ipv6 unicast-routing
R1(config)# interface gigabitEthernet 0/0
R1(config-if)# ipv6 nd managed-config-flag
R1(config-if)# ipv6 dhcp relay destination 2001:DB8:CAFE:1::1

R2(config)# ipv6 dhcp pool IPV6-STATEFUL
R2(config-dhcpv6)# address prefix 2001:DB8:CAFE:2::/64
R2(config-dhcpv6)# dns-server 2001:DB8:CAFE:1::99
R2(config-dhcpv6)# domain-name www.example.com
R2(config)# interface gigabitEthernet 0/0
R2(config-if)# ipv6 dhcp server IPV6-STATEFUL
```

对于 R1 来说，命令 **ipv6 nd managed-config-flag** 会让它在 RA 消息中设置管理地址配置比特位，然后它会将这个 RA 消息从 Gi0/0 接口发往客户端。工程师使用命令 **ipv6 dhcp relay destination 2001:DB8:CAFE:1::1** 将 R1 配置为中继代理；命令中指定的地址是 DHCPv6 服务器（R2）的地址。

对于 R2 来说，工程师使用命令 **ipv6 dhcp pool IPV6-STATEFUL** 创建了 DHCPv6 地址池；使用命令 **address prefix 2001:DB8:CAFE:2::/64** 定义了地址池的前缀，这些前缀中包含了客户端能够使用的地址；使用命令 **dns-server 2001:DB8:CAFE:1::99** 和 **domain-name www.example.com** 分别设置了 DNS 服务器和域名；最后，使用命令 **ipv6 dhcp server IPV6-STATEFUL** 将 Gi0/0 接口配置为 DHCPv6 服务器，并调用地址池。

DHCPv6 前缀代理

DHCPv6-PD 是对 DHCPv6 做出的扩展。通过使用这一特性，ISP 能够自动向客户分配用于客户网络的前缀。前缀代理特性是用于 PE（运营商边界）设备和 CPE（客户前端设备）之间的，通过 DHCPv6-PD 可选项实现。一旦 ISP 为客户分配了代理前缀，客户可以进一步对其进行子网划分，并为本地网络中的链路分配前缀。

6.3.2 IPv6 中的 NAT

在 IPv4 中，通常在内网设备需要访问 Internet 时，使用 NAT 将私有地址转换为公有地址。在 IPv6 中，我们无需考虑私有地址到公有地址的转换，但 IPv6 中仍使用了其他形式的 NAT。本节将介绍 NAT IPv6 到 IPv4 转换（NAT64）和 IPv6 到 IPv6 网络前缀转换（NPTv6）。

1. NAT64

IPv6 和 IPv4 之间的通信最初使用的转换机制是 NAT-PT（NAT 协议转换）；之后 NAT-PT 被弃用，并由 NAT64 接替它的功能。

NAT64 定义在 RFC 6146 中，文档名称为 *Stateful NAT64: Network Address and Protocol Translation from IPv6 Clients to IPv4 Servers*。通过使用 NAT64，多台只使用 IPv6 的设备能够共享一个或多个公有 IPv4 地址。工程师可以使用前文提到的任意方法来分配 IPv6 地址。

NAT64 会同时执行地址和 IP 头部转换。比如工程师可以使用 NAT64，在向全 IPv6 Internet 转换期间为 IPv6 设备提供 IPv4 Internet 连接。

2. NPTv6

NPTv6 定义在 RFC 6296 中，文档名称为 *IPv6-to-IPv6 Network Prefix Translation*（要注意，在本书写作时，这个 RFC 文档的状态是"实验性的"，并不是"标准"）。NPTv6 提供了一对一的无状态转换；将一个内网（比如企业 LAN）IPv6 地址转换为一个外网（IPv6 Internet）IPv6 地址。NPTv6 的概念是让组织机构内部的 IPv6 编址与它的 ISP 地址空间相分离，让更换 ISP 变得容易。NPTv6 只提供了网络层转换，并不提供端口号转换。

NPTv6 的一种实施环境是组织机构同时连接了两个 ISP。在这种多宿主案例中，NPTv6 负责将内网地址分别转换为相应的 ISP 地址空间。RFC 6296（记录在 *draft-bonica-v6-multihome-0* 中；本章末尾的"参考文献"部分给出了这个文档的链接）对 NPTv6 进行了更新，增加了维护传输层会话的能力，可以在一个 ISP 连接失效后保持传输层会话，这个功能在这种环境中非常有用。

6.3.3 IPv6 ACL

ACL 常被用来实现安全需求；比如工程师可以使用 ACL 来允许或阻止数据包穿过一个接口。对于 IPv6 ACL 来说，有些配置命令和使用细节与 IPv4 ACL 不同，但它们的概念是相同的。

1. IPv6 ACL 特征

与 IPv4 不同的一点是，IPv6 ACL 总是命名和扩展 ACL。

其他重要的不同之处（或者说添加了一些内容）在于每个 ACL 末尾隐含的 **deny** 语句。IPv6 依赖于多种协议才能正常工作；其中一项就是 ND 协议。ND 之于 IPv6，就像 ARP 之于 IPv4，因此保证 ND 不受干扰非常重要。出于这种考量，每个 IPv6 ACL 的末尾，在隐含的 **deny any** 语句之前，添加了两条隐含语句。因此对于 IPv6 来说，每个 ACL 的末尾都有三条隐含规则，它们是：

- **permit icmp any any nd-na**
- **permit icmp any any nd-ns**
- **deny ipv6 any any**

这三条规则中的第一条放行了所有 ND NA（邻居通告）消息，第二条放行了所有 ND NS（邻居请求）消息，最后一条阻止了所有其他 IPv6 数据包。如果想要记录所有被拒绝的数据包，工程师可以像在 IPv4 中那样，在 ACL 命令中添加关键字，比如 **deny ipv6 any any log**。不过，工程师明确配置的 **deny** 命令能够覆盖所有这三条隐含规则，不仅仅是最后一条，而且也会拒绝邻居发现流量。如果要这样做的话，工程师需要先明确配置上述的两条 **permit nd** 语句，然后再明确配置 **deny** 语句。

2. 配置 IPv6 ACL

本节通过案例展示了如何配置 IPv6 ACL，以路由器 R1 为例展示了这一配置，图 6-15 展示了 R1 所在的拓扑。

本例中的 ACL 应该拒绝所有去往 TFTP 服务器的 ICMP echo 请求和 Telnet 请求。从 Internet 发来的 TFTP 流量应该只能够去往 TFTP 服务器，不能去往其他内部主机。

例 6-20 展示了路由器 R1 上的相关配置。从本例中可以看出，配置 IPv6 ACL 的命令与配置 IPv4 命名扩展 ACL 的命令非常相似；ACL 语句的结构也没有任何改变。

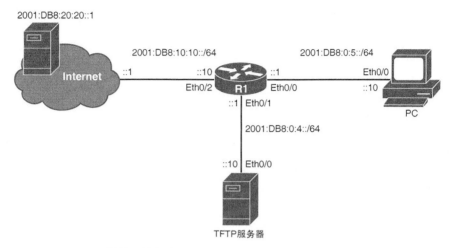

图 6-15　IPv6 ACL 案例使用的拓扑

例 6-20　IPv6 ACL 配置案例

```
R1(config)# ipv6 access-list SECURE_HOSTS
R1(config-ipv6-acl)# remark DENY PING TO TFTP SERVER
R1(config-ipv6-acl)# deny icmp any host 2001:DB8:0:4::10 echo-request
R1(config-ipv6-acl)# remark DENY TELNET TO TFTP SERVER
R1(config-ipv6-acl)# deny tcp any host 2001:DB8:0:4::10 eq telnet
R1(config-ipv6-acl)# remark ALLOW TFTP ONLY TO TFTP SERVER
R1(config-ipv6-acl)# permit udp any host 2001:DB8:0:4::10 eq tftp
R1(config-ipv6-acl)# deny udp any any eq tftp
R1(config-ipv6-acl)# remark ALLOW ALL OTHER TRAFFIC
R1(config-ipv6-acl)# permit ipv6 any any
```

这个 ACL 阻止了所有去往 TFTP 服务器的入向 echo 请求和 Telnet 请求，只允许入向 TFTP 流量去往 TFTP 服务器，不能够去往其他内部主机；允许所有其他 IPv6 流量。在 IPv6 中 ACL 的概念并没有改变，由于 ACL 的处理规则是从上到下进行处理，因此应该把更为精确的语句配置在较不精确的语句之前。

要是工程师不想让 ACL 允许所有其他 IPv6 流量，建议在 IPv6 ACL 中明确放行 ICMPv6 数据包过大消息，相关命令是 **permit icmp any any packet-too-big**。这是因为 IPv6 的分片工作是在发出数据包的源设备上执行的，路径中的其他路由器并不执行分片；MTU（最大传输单元）发现工作也由路由器移交给了 IPv6 主机，这样可以减少路由器的处理资源消耗，使 IPv6 网络的工作效率更高。但是，如果路由器收到了一个数据包，但由于数据包过大（超过了 MTU 的限制）而无法转发的话，它需要发送 ICMPv6 数据包过大消息。路径 MTU 发现进程会用到这个消息中的信息。

要想把 ACL 应用到接口，工程师需要使用接口配置命令 **ipv6 traffic-filter** *ACL-name* {**in** | **out**}；注意，这里使用关键字 **traffic-filter** 代替了 IPv4 ACL 中使用的关键字 **access-group**。例 6-21 展示了路由器 R1 上的其他配置。工程师将 ACL 应用到了面向 Internet 接口的入方向上，以便过滤所有入向流量。

例 6-21   应用 IPv6 ACL 的配置

```
R1(config)# interface Ethernet 0/2
R1(config-if)# ipv6 traffic-filter SECURE_HOSTS in
```

当然了，工程师还可以配置另一个 ACL 来限制 Telnet 流量，并将其应用到 vty 线路上。要想把 ACL 应用到 vty 线路上，工程师需要使用线路配置命令 **ipv6 access-class** *ACL-name*。这样做减轻了管理负担，无需将一个 ACL 应用到多个物理接口。

现在 IPv6 ACL 已经配置好了，工程师可以通过发送各种流量来检查相关配置。例 6-22 展示了第一部分测试的输出信息，测试是从 Internet 服务器发起的。

- 第一个测试是 ping TFTP 服务器。由于配置了 ACL，ping 尝试应该会失败。输出信息 AAAAA 告诉我们主机的状态是 *Administratively Unreachable*。这通常表示有 ACL 阻塞了流量。
- 第二个测试是 Telnet TFTP 服务器。由于 ACL 禁止向 TFTP 服务器发起 Telnet 连接，因此 Telnet 尝试应该会失败，从输出内容看也确实是这样。
- 最后一个测试是从 PC 向 Internet 服务器发起 TFTP 连接。这个尝试也应该失败，确实也如此。

例 6-22   IPv6 ACL 的第一组测试

```
Inet# ping 2001:DB8:0:4::10
Type escape sequence to abort.
Sending 5, 100-byte ICMP Echos to 2001:DB8:0:4::10, timeout is 2 seconds:
AAAAA
Success rate is 0 percent (0/5)


Inet# telnet 2001:DB8:0:4::10
Trying 2001:DB8:0:4::10 ...
% Destination unreachable; gateway or host down


Inet# copy tftp://2001:DB8:0:5::10/startup-config null:
Accessing tftp://2001:DB8:0:5::10/startup-config...
%Error opening tftp://2001:DB8:0:5::10/startup-config (Timed out)
```

例 6-23 展示了更多从 Internet 服务器发起的测试输出内容；这些测试尝试应该会成功。

- 第一个测试是 ping 内部 PC；成功了。
- 第二个测试是 Telnet 内部 PC；成功了。
- 最后一个测试是从 TFTP 服务器向 Internet 服务器发起 TFTP 连接。这个尝试应该会成功，确实也如此。

例 6-23　IPv6 ACL 的最终测试

```
Inet# ping 2001:DB8:0:5::10
Type escape sequence to abort.
Sending 5, 100-byte ICMP Echos to 2001:DB8:0:5::10, timeout is 2 seconds:
!!!!!
Success rate is 100 percent (5/5), round-trip min/avg/max = 1/1/1 ms

Inet# telnet 2001:DB8:0:5::10
Trying 2001:DB8:0:5::10 ... Open

PC>exit

[Connection to 2001:DB8:0:5::10 closed by foreign host]
Inet# copy tftp://2001:DB8:0:4::10/startup-config null:
Accessing tftp://2001:DB8:0:4::10/startup-config...
Loading startup-config from 2001:DB8:0:4::10: !
[OK - 963 bytes]
```

例 6-24 提供了命令 **show ipv6 access-list** 的示例输出内容，其中包括工程师配置的 ACL 语句、匹配数量以及每条语句的序列号。工程师可以通过观察匹配数量，来确认 ACL 捕捉到了正确的数据包。

*例 6-24　**show ipv6 access-list** 命令的输出信息*

```
R1# show ipv6 access-list
IPv6 access list SECURE_HOSTS
    deny icmp any host 2001:DB8:0:4::10 echo-request (5 matches) sequence 20
    deny tcp any host 2001:DB8:0:4::10 eq telnet (1 match) sequence 40
    permit udp any host 2001:DB8:0:4::10 eq tftp (4 matches) sequence 60
    deny udp any any eq tftp (6 matches) sequence 70
    permit ipv6 any any (44 matches) sequence 90
```

6.3.4　保护 IPv6 Internet 连接

当通过 IPv6 将企业连接到 Internet 时，工程师需要确保对基础设施和终端主机都实施了适当的安全防护措施。

启用 IPv6 Internet 连接会带来一些新型攻击来攻陷企业的基础设施。邻居发现之类的协议很容易被利用，这跟 IPv4 中的 ARP 攻击类似。

除此之外，连接到 Internet 的终端主机通常也不再隐藏于 NAT 之后，这点与 IPv4 不同。这样攻击者就可以尝试连接主机正在监听的 TCP 或 UDP 端口。

为了保护连接到 IPv6 Internet 的终端主机的安全，建议工程师使用状态化防火墙。既可以使用软件来保护单个主机，也可以在网络基础设施中架设硬件设备。

工程师还应该加固网络中所使用的 IPv6 协议，比如禁用不必要的功能，以及优化默认设置。

6.4 增强 Internet 连接的恢复能力

单宿主 Internet 连接设计有诸多缺陷，因为这种设计中有单点故障隐患。如果 Internet 访问非常重要，那么工程师一项重要的工作就是增强 Internet 连接的恢复能力。

在完成本节内容的学习后，读者应该能够：

- 描述单宿主 Internet 连接的缺点；
- 描述双宿主 Internet 连接；
- 描述多宿主 Internet 连接。

6.4.1 单宿主 Internet 连接的缺点

单宿主 Internet 连接是将企业环境连到 Internet 的一种非常简单的方式，但这种设计有诸多缺点，因为这种设计中存在单点故障隐患，如图 6-16 所示。这种设计中没有去往 ISP 的冗余机制。通常这种设计只会用在小型网络中，以及对 Internet 访问的依赖性不强的企业环境中。

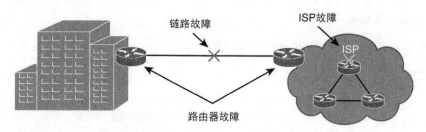

图 6-16　单宿主 Internet 连接有诸多缺点

能够造成链路故障的原因有很多，我们这里说的链路故障指的是企业 Internet 网关与 ISP 的 PE 路由器之间的链路，其中最常见的故障是线缆被破坏（比如建筑工人作业时的失误），或者配线架上的连接头坏掉了。

企业的 Internet 网关是另一个单点故障隐患；如果这台设备故障了，企业就失去了 Internet 连接。断电、模块故障、电源故障或路由器软件 Bug 都是引发路由器失效的常见原因。

ISP 自己的网络也是有可能出现问题的。在这种情况下，Internet 的连接质量会下降或完全不可用，也有可能某些 Internet 资源变得不可访问。

由于 Internet 连接对于企业的运作来说至关重要，因此工程师需要在 Internet 连接的冗余性上进行改善。

6.4.2 双宿主 Internet 连接

双宿主设计中有两条（或多条）连接，使用一台或多台 Internet 路由器，来连接同一个 ISP。ISP 可能会使用多台路由器连接特定的客户。

1. 双宿主连接选项

图 6-17 展示了双宿主连接选项。

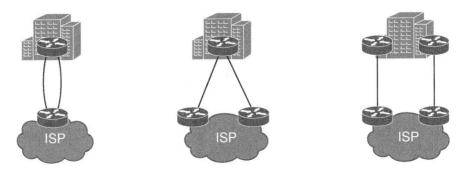

图 6-17　双宿主 Internet 连接选项

双宿主设计中的另一条链路提供了冗余性。如果主用链路失效了，冗余链路可以用来执行流量转发。双宿主设计中最常见的做法是在企业边界部署两台 CE 路由器，在 ISP 边界部署两台 PE 路由器。

即使是在双宿主设计中，仍然存在单点故障隐患。比如 ISP 的网络发生了故障，企业仍会丧失 Internet 连接。另一个单点故障隐患出现在只使用一台 CE 路由器的环境中；如果这台路由器发生了故障，Internet 连接就断开了。这也就是为什么工程师应该使用两台设备来连接 Internet。

在连接单个 ISP 的双宿主设计中，推荐使用的设计选项是同时使用两台 CE 和两台 ISP 设备。工程师必需正确配置这些设备，确保发生故障时，冗余设备也可以正确路由数据包。

2. 为双宿主 Internet 连接配置最优路径

当网络中添加了第二条 Internet 链路后，也为流量的路由带来了新的选择。

在双宿主网络中，通常有一条链路会被用作主用链路。万一主用链路发生了故障，第二条（备用）链路会提供流量转发。工程师通常都会使用静态路由指向 ISP，或与 ISP 之间运行 BGP，以这种方式来路由出向流量。

工程师也可以在两条链路上实现流量的负载均衡，这时应该使用 BGP 来路由出向流量。

企业的内部路由协议也必须知道 Internet 路由信息。在简单网络中，工程师可以部署 AD 值不同的静态路由（称为浮动静态路由）。工程师也可以把默认路由或 Internet 路由的一部分重分布到内部路由协议中。在实施 BGP 和 IGP 之间的重分布时，工程师必须小心谨慎，因为 BGP 能够处理的路由数量远大于 IGP 协议。

工程师还可以使用 FHRP（第一跳冗余协议）来将数据包路由到适当的 Internet 网关。Cisco 设备能够支持的 FHRP 包括 Cisco 的 HSRP（热备份路由器协议）和 GLBP（网关负载均衡协议），以及标准的 VRRP（虚拟路由器冗余协议）。

在图 6-18 所示的网络中，工程师将一条静态默认路由重分布到 EIGRP 中。

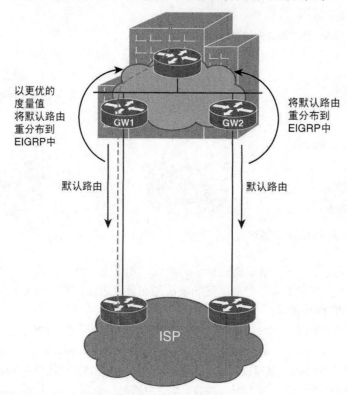

图 6-18　在双宿主 Internet 连接环境中重分布默认路由

例 6-25 展示了路由器 GW1 和 GW2 上的相关配置。

例 6-25　配置路由器 GW1 和 GW2

```
!GW1 has default route to one ISP router
ip route 0.0.0.0 0.0.0.0 209.165.201.129
router eigrp 1
 redistribute static metric 20000 1 255 1 1500

!GW2 has default route to the other ISP router
ip route 0.0.0.0 0.0.0.0 209.165.202.129
router eigrp 1
 redistribute static metric 10000 1 255 1 1500
```

　　两台 Internet 边界路由器（GW1 和 GW2）都通告了默认路由，但 **redistribute** 命令中的第一个数字并不相同；这是 EIRGP 度量值计算中使用的 **bandwidth** 参数。工程师为主用路由器（GW1）设置了更高的带宽，从而 GW1 通告了更好的路由，导致流量通过它去往 Internet。如果 GW1 失效了，流量会被重定向到备用路由器（GW2）。

6.4.3　多宿主 Internet 连接

　　多宿主 Internet 连接设计提供了最高级别的冗余性。它排除了所有单点故障隐患，为去往 Internet 提供了可靠的链路。如图 6-19 所示，网络中有两台路由器作为 Internet 网关，每台路由器都通过一条或多条物理链路连接不同的 ISP。

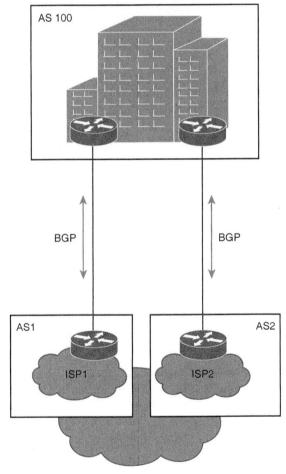

图 6-19　连接两个 ISP 的多宿主 Internet 连接设计

　　要想建立多宿主环境，工程师必须想办法满足以下需求：

- 必须使用 PI 地址空间，必须拥有自己的 AS 号；
- 必须与两个相互独立的 ISP 建立连接。

工程师要配置内部网关设备，使用 BGP 向两个 ISP 通告企业的 PI 地址空间，还要向两个 ISP 学习路由。图 6-20 展示了 ISP 能够发送的路由示例。ISP 会把企业 PI 地址空间通告到所有其他设备。

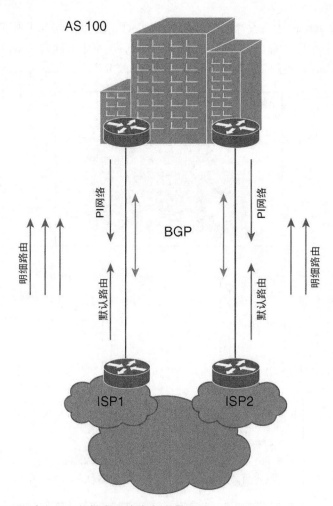

图 6-20　多宿主设计中 ISP 能够发送的路由选项

ISP 可以把以下类型的路由发送到企业网络。

- ISP 只能发送一条默认路由。企业边界 Internet 路由器会从多个 ISP 发来的默认路由中选择一条最优路由，然后把所有流量发送到那个 ISP。
- ISP 可以发送部分路由表（部分源于 ISP 附近的路由）和一条默认路由。这种做法可以让工程师使用所有去往 ISP 的链路。在这种情况中，边界 Internet 路由器会为每个目的地计算出最优路径，并使用这条路径来提供最优路由。以图 6-19 为例，去往 ISP1 所连客户的流量通常会被路由到 ISP1，去往 ISP2 所连客户的流量通常会被路由到 ISP2。

- ISP 也可以发送完整的路由表。在这种情况中，企业的边界 Internet 网关会为所有 Internet 流量计算最优路径。

在配置边界 Internet 网关时，工程师一定要小心谨慎，并且通常要在入向和出向设置路由过滤。举例来说，如果不过滤出向路由信息的话，企业路由就会被通告到所有 ISP，而企业网络就会变成传输网络。换句话说，从一个 ISP 去往另一个 ISP 的流量就有可能穿越企业网络，这绝不是我们想要的结果！

从 ISP 接收部分或完整的 BGP 路由更新消息，都会对企业网络产生重要影响。企业路由器上的 BGP 所处理的路由信息越多，就越能够计算出更精确且更优的路由路径。更优的路由信息也能够带来更高的链路利用率。

但这也同时存在一些缺点。BGP 配置有时会很复杂，而且完整的路由表会消耗更多的路由器资源。在 2009 年，完整路由表中大概有 300 000 条 IPv4 前缀；到了 2014 年，这个数量增长到了大约 500 000 条！在算上了 IPv6 前缀后，路由的数量更为庞大了。所有这些数据都会被存在 RAM 中，并由 CPU 进行处理，以计算出最优路由。因此，工程师一项重要的任务就是在边界 Internet 网关上规划出足够的资源。比如为了储存完整的 IPv4 路由表，Cisco IOS 设备的 RAM 至少需要 2 GB；IOS XE 路由器则需要更多的 RAM 空间。

6.5 总结

本章介绍了企业连接 Internet 的几种方式，其中包括以下主题。

- Internet 连接需求：仅出向，或双向。
- Internet 连接冗余性选项：边界设备、链路和 ISP。
- 四种连接冗余类型。
  - **单宿主**：单条线路连接一个 ISP。
  - **双宿主**：两条线路连接一个 ISP。
  - **多宿主**：连接多个（通常是两个）ISP，其中一条线路连接一个 ISP。
  - **双重多宿主**：两条线路分别连接两个 ISP。
- 公有 IP 地址分配：IANA 分配给 RIR；RIR 分配给 ISP 和组织机构。
- IP 地址可以是 PI 或 PA。
- 路由协议分为 IGP（在一个自治系统内运行）或 EGP（在自治系统间运行）。BGP 是 Internet 上运行在自治系统间的路由协议。
- 私有自治系统编号的范围是 64 512～65 534 和 4 200 000 000～4 294 967 294（64 086.59904～65 535.65534）。
- 对于运营商分配的 IPv4 地址，工程师可以静态配置或通过 DHCP 获得。

- DHCPv4 的运行中使用 DHCPDISCOVER、DHCPOFFER、DHCPREQUEST 和 DHCPACK 消息。
- IPv4 使用 NAT 将私有地址转换为公有地址。
- NAT 地址的四种类型。
  - 内部本地地址（inside local address）：为内网设备分配的 IPv4 地址。
  - 内部全局地址（inside global address）：内网设备展现给外网的 IPv4 地址。这个地址是由内部本地地址转换来的。
  - 外部本地地址（outside local address）：外网设备展现给内网的 IPv4 地址。如果工程师也针对外部地址执行了转换，那么这个地址就是由外部全局地址转换来的。
  - 外部全局地址（outside global address）：为外网设备分配的 IPv4 地址。
- NAT 的三种类型：静态（一对一）、动态（多对多）和 PAT（多对一）。
- NAT 的运行顺序：当流量从内部接口去往外部接口时，先执行路由，再执行转换；当流量方向相反时，执行顺序也相反。
- NAT 带来的问题，其中包括内部设备与另一个内部接口所连接的设备之间的通信问题。
- 通过使用 NVI，工程师无需将接口配置为内部（inside）或外部（outside）。NVI 的工作方式也不太一样；它先执行路由，再执行转换，然后再次执行路由。无论流量的方向是什么，整个执行过程都是相同的。
- 将 Cisco 路由器配置为 DHCP 服务器和 DHCP 中继代理（分别针对 IPv4 和 IPv6）。
- IPv6 地址的配置方式：
  - 手动分配；
  - SLAAC；
  - 无状态 DHCPv6；
  - 状态化 DHCPv6；
  - DHCPv6-PD。
- DHCPv4 的运行中使用 SOLICIT、ADVERTISE、REQUEST 和 REPLY 消息。
- 有两种用于 IPv6 的 NAT 类型：NAT64 和 NPTv6。
- 每个 IPv6 ACL 的末尾都有以下三条隐含规则。
  - **permit icmp any any nd-na**
  - **permit icmp any any nd-ns**
  - **deny ipv6 any any**
- 在接口上应用 IPv6 ACL，工程师需要使用接口配置命令 **ipv6 traffic-filter** *ACL-name* {**in** | **out**}。需要注意的是，这里使用的是关键字 **traffic-filter**，IPv4 ACL 中使用的是关键字 **access-group**。
- 保护连接到 IPv6 Internet 的设备。

- 单宿主Internet连接的缺点是存在单点故障隐患：链路故障、ISP故障或路由器故障。
- 使用双宿主设计可以提高冗余性：使用两条（或多条）连接、一台或多台Internet路由器连接同一个ISP。ISP可能也会使用多台路由器连接某个客户。双方使用静态路由或BGP。可以以一条线路为主，也可以在两条线路上实现流量的负载均衡。
- 使用多宿主设计可以进一步提高冗余性；使用两台路由器为Internet网关，每台路由器使用一条或多条物理链路连接一个不同的ISP。
- 在多宿主设计中，ISP可以向企业网络发送以下路由：
  - 只发送一条默认路由；
  - 发送部分路由表（部分源于ISP附近的路由）和一条默认路由；
  - 发送完整路由表。
- 接收完整路由表会消耗大量路由器资源。

6.6 参考文献

更多信息请参见：

- Cisco IOS软件版本支持页面：http://www.cisco.com/cisco/web/psa/default.html?mode=prod&level0=268438303；
- Cisco IOS重要命令列表，包含所有版本：http://www.cisco.com/c/en/us/td/docs/ios/mcl/allreleasemcl/all_book.html；
- "Explaining 4-Octet Autonomous System (AS) Numbers for Cisco IOS" 文档地址：http://www.cisco.com/en/US/prod/collateral/iosswrel/ps6537/ps6554/ps6599/white_paper_C11_516823.html；
- "NAT64 Technology: Connecting IPv6 and IPv4 Networks" 文档地址：http://www.cisco.com/c/en/us/products/collateral/ios-nx-os-software/enterprise-ipv6-solution/white_paper_c11-676278.html；
- "Why Would Anyone Need an IPv6-to-IPv6 Network Prefix Translator?" 文档地址：http://blogs.cisco.com/enterprise/why-would-anyone-need-an-ipv6-to-ipv6-network-prefix-translator/；
- "Cisco Live On-Demand Library" 文档地址：https://www.ciscolive.com/online/connect/search.ww?cid=000052088；
- "BRKRST-2667 - How to write an IPv6 Addressing Plan (2014 San Francisco)" 演讲地址：https://www.ciscolive.com/online/connect/sessionDetail.ww?SESSION_ID=78667&backBtn=true；
- "NAT64 Technology: Connecting IPv6 and IPv4 Networks" 文档地址：http://www.cisco.com/c/en/us/products/collateral/ios-nx-os-software/enterprise-ipv6-solution/white_paper_c11-676278.html；
- "Multihoming with IPv6-to-IPv6 Network Prefix Translation (NPTv6), draft-bonica-

v6-multihome-03" 文档地址：http://tools.ietf.org/html/draft-bonica-v6-multihome-03；

■ RFC 文档地址：http://tools.ietf.org/html/；

■ "Autonomous System (AS) Numbers" 文档地址：http://www.iana.org/assignments/
as-num-bers/as-numbers.xhtml。

6.7 复习题

回答以下问题，并在附件 A 中查看答案。

1. 入向 Internet 连接需要哪种地址，才能使企业网外部的用户能够访问企业网内部的
资源？

    a. 只需要私有地址

    b. 只需要公有地址

    c. 同时需要私有地址和公有地址

    d. 只需要私有地址或者只需要公有地址，并不同时需要两种地址

2. 哪种 Internet 连接方式提供了最高的冗余性？

    a. 单宿主

    b. 双宿主

    c. 多宿主

    d. 双重多宿主

3. 公有 IP 地址是以哪种顺序进行分配的？

    a. IANA 分配给 ISP，ISP 分配给 RIR

    b. IANA 分配给 RIR，RIR 分配给 ISP

    c. RIR 分配给 IANA，IANA 分配给 ISP

    d. RIR 分配给 ISP，ISP 分配给 IANA

4. BGP 是什么类型的协议？

    a. IGP

    b. EGP

    c. PI

    d. PA

5. 以下哪条命令可以把路由器配置为 DHCP 客户端？

    a. (config)# **ip address client**

    b. (config-if)# **ip address client**

    c. (config-if)# **ip dhcp address**

    d. (config-if)# **ip address dhcp**

    e. (config)# **ip address dhcp**

6. 要想把路由器配置为 DHCP 中继代理，需要使用哪条命令？

    a. 在连接客户端的接口上使用以下命令：(config-if)# **ip helper-address** *server-address*

b. 在连接服务器的接口上使用以下命令：(config-if)# **ip helper-address** *server-address*

c. 使用以下命令：(config)# **ip helper-address** *server-address*

d. 在连接客户端的接口上使用以下命令：(config-if)# **ip helper-address** *client-address*

e. 在连接服务器的接口上使用以下命令：(config-if)# **ip helper-address** *client-address*

7. 工程师已经在路由器上配置了 NAT 功能，将 PC 的 IP 地址 10.1.1.1 转换为地址 209.165.200.225。地址 209.165.200.225 的正确叫法是什么？

a. 内部本地地址

b. 内部全局地址

c. 外部本地地址

d. 外部全局地址

8. 下列哪一项技术提供了多对多的转换？

a. 静态 NAT

b. 动态 NAT

c. NAT 负载

d. PAT

9. PAT 通常使用以下哪个字段来区分地址相同的会话？

a. 源端口号

b. 目的端口号

c. 协议号

d. 类型代码

10. 工程师要在路由器上配置 NVI，从而帮助 PC 连接 Internet。在连接 PC 的接口上应该使用以下哪条命令？

a. **ip nat inside**

b. **ip nat outside**

c. **ip nat enable**

d. **ip nat nvi**

11. 对应着 NVI 术语源本地的 NAT 术语是什么？

a. 内部本地地址

b. 内部全局地址

c. 外部本地地址

d. 外部全局地址

12. 工程师需要使用以下哪条命令，使路由器能够通过 SLAAC 获得地址？

a. (config-if)# **ipv6 address slaac**

b. (config-if)# **ipv6 address autoconfig**

c. (config-if)# **ipv6 address dhcp**

d. (config-if)# **ipv6 address dhcpv6**

13. 工程师需要使用以下哪条命令，使路由器能够通过无状态 DHCPv6 获得地址？

    a．(config-if)# **ipv6 address slaac**

    b．(config-if)# **ipv6 address autoconfig**

    c．(config-if)# **ipv6 address dhcp**

    d．(config-if)# **ipv6 address dhcpv6**

14. 工程师需要使用以下哪条命令，使路由器能够通过状态化 DHCPv6 获得地址？

    a．(config-if)# **ipv6 address slaac**

    b．(config-if)# **ipv6 address autoconfig**

    c．(config-if)# **ipv6 address dhcp**

    d．(config-if)# **ipv6 address dhcpv6**

15. 工程师可以使用以下哪项协议，为 IPv6 设备提供 IPv4 Internet 连接？

    a．NAT-PT

    b．NAT64

    c．NPTv6

    d．PAT

16. 工程师配置了一个名为 mylist 的 IPv6 ACL。要想用这个 ACL 检查一个接口上的入向数据包，工程师需要使用以下哪条命令？

    a．**ipv6 traffic-filter mylist in**

    b．**ipv6 access-class mylist in**

    c．**ipv6 access-group mylist in**

    d．**ipv6 access-list mylist in**

17. 每个 IPv6 ACL 末尾的隐含规则是什么？

    a．**permit icmp any any nd-na、permit icmp any any nd-ns、permit ipv6 any any**

    b．**deny icmp any any nd-na、deny icmp any any nd-ns、permit ipv6 any any**

    c．**permit icmp any any nd-na、permit icmp any any nd-ns、deny ipv6 any any**

    d．**deny icmp any any nd-na、deny icmp any any nd-ns、deny ipv6 any any**

18. 双宿主连接的特点是什么？

    a．存在链路故障单点隐患

    b．存在 ISP 故障单点隐患

    c．没有单点故障隐患

    d．使用两个 ISP

19. 完整的 Internet 路由表中大概包含多少条 IPv4 路由（2014 年）？

    a．10 000

    b．100 000

    c．300 000

    d．500 000

本章会讨论下列内容：

■ BGP 的术语、概念和工作原理；

■ 基本 BGP 的实施；

■ BGP 属性和路径选择过程；

■ 控制 BGP 路由更新；

■ 为 IPv6 Internet 连接实施 BGP。

第 7 章

实施 **BGP**

正如第 6 章中介绍的,企业可能会使用 BGP(边界网关协议)来连接它们的 ISP(Internet 服务提供商)。

BGP 的配置和排错工程会比较复杂。BGP 管理员必须理解各种选项,才能为可扩展 的互连网络正确配置 BGP。本章主要关注当企业需要连接 Internet 时,工程师能够如何 使用 BGP。本章会介绍 BGP 的术语和概念,以及 BGP 的配置、验证和排错技术。本章 还会介绍 BGP 的属性,以及如何配置 BGP 属性来控制 BGP 的路径选择过程。本章还涉 及诸多控制 BGP 更新的工具。在本章的最后,我们会介绍如何使用 BGP 来获得 IPv6 Internet 连接。

> **注释** 术语 IP 指的就是一般 IP,同时包含 IPv4 和 IPv6。同时,使用 IPv4 和 IPv6 来分别表示具 体协议。

7.1 BGP 的术语、概念和工作原理

本节介绍了 BGP 的入门知识,包括各种 BGP 术语和概念,其中包括以下内容:

- 在自治系统之间使用 BGP;
- 与其他可扩展路由协议对比 BGP;
- BGP 路径矢量特征;
- BGP 特征;
- BGP 表;
- BGP 消息类型;
- 何时使用 BGP;
- 何时不使用 BGP。

7.1.1 在自治系统之间使用 BGP

回顾第 6 章介绍的内容,EGP(外部网关协议)是一种在不同自治系统之间交换路由 信息的路由协议。BGP 就是一种 EGP,并且它是一项非常强健且具有可扩展性的路由协议; BGP 是 Internet 中使用的路由协议。图 7-1 展示了在自治系统之间使用 BGP 的环境。

使用 BGP 的主要目标是提供一个域间路由系统,保证在自治系统之间交换无环的路由 信息。BGP 路由器会交换有关目的网络的路径信息。

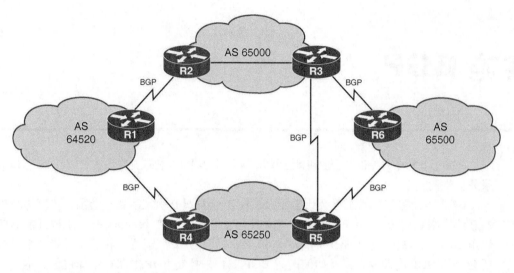

图 7-1 在自治系统之间使用 BGP

> **注释** BGP 替代了另一种协议，这种协议就简单地叫做 EGP（外部网关协议；注意这里的 EGP 表示的是一种具体的路由协议）。在 Internet 形成的初期，原始的 EGP 旨在用于使多个网络相互隔离。

ISP 和它们的客户（比如大学、公司及其他企业）通常会使用一种 IGP（内部网关协议）来交换它们网络内部的路由信息，比如 OSPF（最短路径优先）协议或 EIGRP（增强型内部网关路由协议）。这些企业之间的通信、企业与 Internet 之间的通信，或 ISP 之间的通信，都由 BGP 提供。

> **注释** 在这里需要区分一下普通的自治系统，以及配置 BGP 来提供传输功能的自治系统。后者称为 ISP 或 SP（运营商）。

BGP 提供的域间路由实现了自治系统之间的连接，BGP 的域间路由通常需要基于一系列策略，而不仅仅是底层基础设施的技术特征。BGP 的这种性能使它与 IGP 区分开来，IGP 只专注于找到两点之间最优的（通常是最快的）路由，而不考虑路由策略。

7.1.2 对比其他可扩展性路由协议

BGP 的工作方式与 IGP 不同。表 7-1 将 BGP 的重要特征与本书中介绍的其他可扩展 IP 路由协议进行了对比。

表 7-1　　　　　　　　　　对比可扩展路由协议

协议	内部或外部	类型	需要分层吗?	度量参数
OSPF	内部	链路状态	是	开销
EIGRP	内部	高级距离矢量	否	复合度量参数
BGP	外部	路径矢量	否	路径矢量（属性）

如表 7-1 所示，OSPF 和 EIGRP 都是内部协议，而 BGP 是外部协议。

OSPF 是链路状态协议，EIGRP 是高级距离矢量协议。BGP 也是距离矢量协议，同时拥有众多增强功能；BGP 通常称为路径矢量协议。

由于网络有可能扩展，包括 OSPF 在内的链路状态路由协议都需要层级式设计，尤其需要适当的地址汇总。对于 OSPF 来说，这种层级式设计是通过将大型互连网络分隔成较小的互连网络实现的，这些较小的互连网络称为区域。EIGRP 和 BGP 不需要层级式拓扑。

内部路由协议会查看路径度量值来选择路径，它们会根据特定的度量值选择如何从企业网络中的一点到达另一点。OSPF 使用开销作为度量值，在 Cisco 路由器中，这是基于带宽进行计算的。EIGRP 使用复合度量值，默认会用到带宽和累积延迟。

与此不同的是，BGP 并不使用带宽来选择最优路径。BGP 是基于策略的路由协议，使自治系统能够使用多种 BGP 属性来控制流量。运行 BGP 的路由器之间会交换网络可达性信息，这些信息称为路径矢量或属性，其中包括为了到达某个目的地网络，数据包应该穿越的所有 BGP 自治系统号列表。在使用 BGP 时，工程师可以通过调整这些路径属性，完全地利用所有带宽。

7.1.3 BGP 路径矢量特征

内部路由协议在通告网络时，会附加去往每个网络的度量信息。与此相反的是，BGP 路由器之间会交换网络可达性信息，这称为路径矢量，由路径属性构成，详见图 7-2。路径矢量信息中包含到达每个目的网络而必须穿越的所有 BGP AS 号（逐跳）；这称为 *AS-path* 属性。其他属性还包括去往下一个 AS 的 IP 地址（*next-hop* 属性），以及目的网络通告到 BGP 中的方式（*origin code* 属性）。在本章"BGP 属性"一节中，我们将详细介绍所有 BGP 属性。

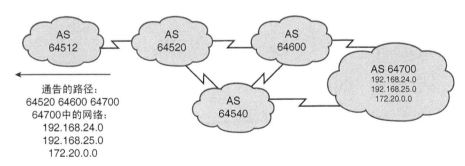

图 7-2 BGP 使用路径矢量进行路由

BGP 路由器使用自治系统路径信息来构建一幅无环的自治系统连接图，并使用这些信息来确定路由策略，这样就可以根据自治系统路径来严格控制路由行为了。

BGP 自治系统的路径总是能够确保无环：运行 BGP 的路由器不会接收路径列表中包含自己 AS 号的路由更新信息，因为这个路由更新已经穿越了自己的 AS，再次接收这个路由更新就会造成路由环路。

BGP 是为大规模互连网络设计的，比如 Internet。

工程师使用 BGP 协议可以在 BGP AS 号路径上应用路由策略决策，这样可以从 AS 的角度上控制路由行为，并决定通过哪个 AS 来转发数据。工程师可以把这些策略应用到同一 AS 中的所有网络中，可以以 CIDR 网络号（前缀）为单位，或者以单个网络或子网为单位。这些策略是基于路由信息中携带且配置在路由器中的属性实施的。

BGP 规定 BGP 路由器只能把自己使用的路由通告给邻居 AS 的对等设备（邻居）。这个规则反映了当前 Internet 中普遍应用的逐跳路由模式。但逐跳路由模式无法支持所有策略。比如，BGP 在将流量从一个 AS 发送到邻居 AS 时，不能让这个 AS 的流量在邻居 AS 内选择一条与邻居 AS 发起的流量不同的路由。换句话说，工程师无法干预邻居 AS 路由流量的做法，但可以控制自己的流量如何到达邻居 AS。但 BGP 仍可以支持一些策略，来强制执行逐跳路由模式。

由于当前 Internet 只使用逐跳路由模式，还因为 BGP 可以使用策略来执行逐跳路由模式，因此 BGP 是一项与当前 Internet 高度匹配的自治系统间路由协议。

以图 7-3 为例，AS 64512 通过 AS 64520 去往 AS 64700 的可行路径有以下这些：

- 64520 64600 64700
- 64520 64600 64540 64550 64700
- 64520 64540 64600 64700
- 64520 64540 64550 64700

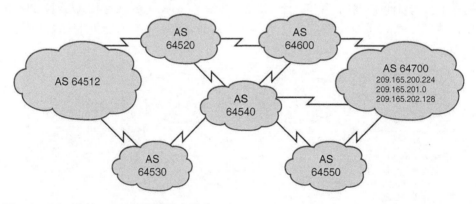

图 7-3　BGP 支持 Interent 逐跳路由模式

AS 64512 并不能看到所有这些可行路由。AS 64520 只会把自己的最优路径（在这个案例中就是 64520 64600 64700）通告给 AS 64512，这跟 IGP 只通告自己的最低度量值路由的做法相同。因此这是 AS 64512 看到的唯一一条穿越 AS 64520 的路径。所有通过 AS 64520 去往 AS 64700 的数据包都会走这条路径，因为这是 AS 64520 用来到达 AS 64700 的逐 AS（逐跳）路径。AS 64520 并不会通告其他路径，比如 64520 64540 64600 64700，因为根据 AS 64520 中的 BGP 路由策略，这些路径都没有被选为最优路径。

AS 64512 从 AS 64520 学不到次优路径或其他路径，除非穿越 AS 64520 的这条最优路径变得不可用。

即使 AS 64512 知道还有其他穿越 AS 64520 的路径，并且想要使用那条路径，AS 64520 也不会把数据包路由到其他路径上去，因为 AS 64520 把 64520 64600 64700 选为自己的最优路径，AS 64520 中的路由器都会根据 BGP 策略使用这条路径。BGP 在将流量从一个 AS 发送到邻居 AS 时，不能让这个 AS 的流量在邻居 AS 内选择一条与邻居 AS 发起的流量不同的路由。

为了到达 AS 64700 中的网络，AS 64512 可以选择穿越 AS 64520 的路径，也可以选择穿越 AS 64530 的路径。AS 64512 的最终选择需要基于它的 BGP 路由策略做出。

7.1.4 BGP 属性

BGP 是什么类型的协议？有时我们把 BGP 归类为高级距离矢量协议，但它实际上是路径矢量协议。BGP 与标准的距离矢量协议（比如 RIP）有很多区别。

BGP 将 TCP（传输控制协议）用作它的传输协议，TCP 为它提供了面向连接的可靠传输。这样一来，BGP 会认为它的通信都是可靠的，并且因此并没有实施任何重传或错误恢复机制，这点与 EIGRP 不同。BGP 使用端口 179，在 TCP 分段中携带信息；这些分段是承载在 IP 数据包中的。图 7-4 展示了这一概念。

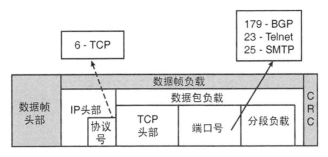

图 7-4 BGP 承载在 TCP 分段中，TCP 分段承载在 IP 包中

两台运行 BGP 的路由器（称为 BGP 路由器）之间会建立 TCP 连接，并通过交换信息来打开和确认连接参数。这两台路由器也称为 BGP 对等体路由器或 BGP 邻居。

在建立了 TCP 连接后，路由器之间会交换完整的 BGP 表（在"BGP 表"小节中详细介绍）。但由于连接是可靠的，BGP 路由器在这之后只需要发送路由变更（增量更新）。在可靠链路上不需要周期性路由更新，因此 BGP 使用的是触发更新。BGP 会发送存活检测消息，与 OSPF 和 EIGRP 发送的 Hello 消息类似。

BGP 是唯一一个把 TCP 作为其传输层协议的 IP 路由协议。OSPF 和 EIGRP 的消息直接携带在 IP 层中，RIP 将 UDP（用户数据报协议）作为其传输层协议。OSPF 和 EIGRP 使用它们自己的内部功能来明确确认收到了邻居发来的更新包。这两个协议使用了一对一窗口，因此如果

OSPF 或 EIGRP 需要发送多个更新包的话，直到邻居确认它收到了第一个更新包后，发送路由器才能发出下一个更新包。这个流程的效率很低，而且如果在速率相对较慢的串行链路上，必须交换上千个更新包的话，会引发延迟问题。只不过 OSPF 和 EIGRP 不太会需要发送上千个更新包。举例来说，EIGRP 可以在一个 EIGRP 更新包中携带超过 100 个网络的信息，因此 100 个 EIGRP 更新包就能够包含 10 000 个网络。而大多数组织机构并不会拥有 10 000 个网络。

但是 BGP 在 Internet 上需要通告更多的网络（2014 年网络总量为 500 000，这个数字还在增长）；因此它使用 TCP 来实现确认功能。TCP 使用动态窗口，这个窗口最大可以到达 65 576 字节，这样路由器在发送了这么多字节的数据后，才会停止发送并等待确认。举例来说，如果要发送 1000 字节的数据包，并且要使用最大的窗口大小，BGP 只会当 65 个数据包都没有被确认的情况下才会停止发送并等待确认。

> **注释** 读者可以从 CIDR 报告中查看当前 Internet 路由表的大小以及其他相关信息，网址为：http://www.cidr-report.org/。

TCP 在设计中使用滑动窗口，这要求发送方发送了窗口指定字节数量的数据包后（比如发送窗口一半的大小），需要收到接收方的确认信息才能继续发送。这种方式可以使 TCP 应用（比如 BGP）持续发送数据包，而无需停止发送并等待；OSPF 或 EIGRP 就需要这样做。

7.1.5 BGP 表

BGP 路由器会维护一个邻居表，其中包含了它已经建立了 BGP 连接的邻居列表。

如图 7-5 所示，运行 BGP 的路由器还维护一张表，用来存储从其他路由器收到的以及发送给其他路由器的 BGP 信息。

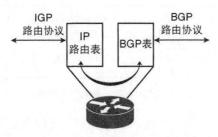

图 7-5　运行 BGP 的路由器维护 BGP 表，与 IP 路由表不同

在不同的文档中，这个 BGP 信息表使用不同的名称，其中包括以下这些：
- BGP 表；
- BGP 拓扑表；
- BGP 拓扑数据库；
- BGP 路由表；
- BGP 转发数据库。

有一点很重要，需要牢牢记住：在路由器中，这个 BGP 表和 IP 路由表是相互独立的。

路由器会把 BGP 表中的最优路由提供给 IP 路由表，并且工程师可以配置路由器（通过重分布）来共享两个表中的内容。

要想使 BGP 建立邻接关系，工程师必须明确配置每个邻居。BGP 会与工程师配置的每个邻居建立 TCP 连接，并通过周期性发送 BGP/TCP 存活消息来追踪这些连接的状态。

注释　BGP 默认每 60 秒发送 BGP/TCP 存活消息。

建立了邻接关系后，邻居之间会交换它们各自的最优 BGP 路由。每台路由器都会从每个成功建立了邻接关系的邻居那里收集邻居的路由，并将这些路由放入自己的 BGP 表中；从每个邻居学到的所有路由都会被放入 BGP 表中。每条学到的路径上都带有 BGP 属性。路由器会在 BGP 路由选择过程（在本章 "BGP 路径选择" 一节中详细介绍）中，使用这些属性从 BGP 表中为每个网络选出一条最优路由；然后把这些路由放到 IP 路由表中（前文中已经提到过，最优 BGP 路由的一个标准是下一跳 IP 地址可达。因此路由器不会把下一跳不可达的 BGP 路由传播给其他路由器）。

每台路由器对把这些收到的 BGP 路由，跟自己 IP 路由表中去往相同网络的其他可行路径进行比较，然后根据 AD（管理距离）值选出最优路由，并将其提供给 IP 路由表。外部 BGP（eBGP）路由的默认 AD 值是 20，这是指从外部 AS 学到的 BGP 路由。内部 BGP（iBGP）路由的默认 AD 值是 200，这是指从 AS 内部学到的 BGP 路由。

路由器可能知道去往一个目的地的最优 BGP 路由是什么，但这条路由可能并不会被放入 IP 路由表中，只是因为它的 AD 值高于另一条路由。但即使是这样，这条最优 BGP 路由仍会被传播给其他 BGP 路由器。

注释　没有被放入 IP 路由表中的 BGP 路由，路由器也是可以把它通告出去的。BGP 是从 BGP 表中通告最优路由的。

7.1.6　BGP 消息类型

BGP 定义了以下消息类型，接下来详细介绍每个消息：

- 初始（Open）；
- 存活（Keepalive）；
- 更新（Update）；
- 通知（Notification）。

注释　存活消息的长度是 19 字节。其他消息的长度在 19 ~ 4096 字节之间。

1. 初始和存活消息

在建立了 TCP 连接后，双方 BGP 路由器发送的第一个消息就是初始（Open）消息。

如果收到了初始消息的 BGP 路由器接受了这个消息，它就会发出存活（Keepalive）消息来确认这个初始消息。

在确认了初始消息后，BGP 连接就成功建立了，继而双方 BGP 路由器就可以交换更新、存活和通知消息了。

BGP 对等体之间一上来会交换完整的 BGP 路由表。之后每当 BGP 表发生变化时，交换增量更新。BGP 对等体之间还会发送存活包，来确保这条连接还是活跃状态；通知包是用来对错误或特殊情况做出响应的。

初始消息中包含以下信息。

- **版本号**：这个字段的长度为 8 比特，指明了这个消息的 BGP 版本号。这里使用的是 BGP 对等体双方都支持的最高通用版本，BGP 部署环境中的当前版本为 BGP-4。
- **我的 AS**：这个字段的长度为 16 比特，指明了发送方的 AS 号。对等体路由器需要检查这个信息；如果这不是它所期待的 AS 号，BGP 会话就会断开。
- **保持时间**：这个字段的长度为 16 比特，指明了在从发送方路由器那里收到下一个存活消息或更新消息之前，还可以等待最多多少秒的时间。在收到一个初始消息后，路由器就会计算为这个邻居使用的保持计时器值，它会比较工程师在本地配置的保持时间（默认值为 180 秒）和这个初始消息中提供的保持时间，并使用较小的值。

> **注释** 工程师可以指定最小保持时间。如果收到的保持时间小于工程师配置的最小保持时间的话，BGP 无法行程邻居关系。

- **BGP 路由器识别符（路由器 ID）**：这个字段的长度为 32 比特，指明了发送方的 BGP 识别符。BGP 路由器 ID 是这台路由器上使用的 IP 地址，并且是一上来就确定了的。BGP 路由器 ID 的选择方式与 OSPF 路由器 ID 的选择方式相同：选择路由器上最大的活跃 IP 地址，除非哪个环回接口上配置了 IP 地址；在后一种情况中，选择最大的环回 IP 地址。或者，工程师也可以静态配置路由器 ID，这样做会覆盖路由器自动选择的结果。
- **可选参数**：这是一个长度字段，指明了可选参数字段的总字节数。这些参数的格式是 TLV（类型、长度和值）。比如会话认证就是一个可选参数。

BGP 并不使用任何基于传输协议的存活机制来确认对等体是否还可达。通常对等体之间交换的 BGP 存活消息就足以保证保持计时器不超时。如果协商出的保持时间间隔是 0，路由器就不会发送周期性的存活消息。存活消息只包含消息头部，总共 19 字节；默认发送时间为 60 秒。

2. 更新消息

更新消息中只包含一条路径的信息；如果需要更新多条路径的消息，就需要多个更新消息。更新消息中携带的所有属性都是针对它所更新的路径设置的，携带的所有网络也都是通过这条路径可达的。更新消息中可能包含以下字段。

- **撤销路由**：（如果有的话）IP 地址前缀列表，不再为这些前缀提供路由。
- **路径属性**：也就是 AS-Path、源（Origin）、本地优先级等，在"BGP 属性"一节详细介绍。每个路径属性中都包含属性类型、属性长度和属性值（TLV）。属性类型由属性标记构成，后面接着属性类型代码。
- **NLRI（网络层可达性信息）**：网络列表（IP 地址前缀和前缀长度），表示通过这条路径可达的网络。

3．通知消息

BGP 路由器会在检测到错误时发送通知消息；并且它会在发送了通知消息后，马上断开 BGP 连接。通知消息中包含错误代码、错误子代码，以及与这个错误相关的数据。

BGP 邻居状态

BGP 使用状态机来标注自己的邻居状态，其中包括以下状态：

- 空闲（Idle）;
- 连接（Connect）;
- 活跃（Active）;
- 初始发送（Open Sent）;
- 初始确认（Open Confirm）;
- 建立（Established）。

只有当连接状态是建立状态时，对等体双方才能交换更新、存活和通知消息。

"BGP 邻居状态的理解和排错"一节中将会详细介绍邻居状态的更多内容。

7.1.7 何时使用 BGP

要在 AS 中使用 BGP，工程师最好全面理解 BGP 能够带来的各种影响，或者这个 AS 至少要满足以下条件：

- 数据包能够穿越这个 AS 去往其他 AS（比如运营商 AS）;
- 这个 AS 与其他 AS 之间有多条连接；
- 必须使用路由策略和路由选择来控制进入或离开这个 AS 的流量。

如果企业希望能将自己的流量与 ISP 的 Internet 流量区分开来，这个企业必须使用 BGP 来连接 ISP。否则，如果企业通过静态路由连接 ISP，企业去往 Internet 的流量无法与 ISP 去往 Internet 的流量相区分。

BGP 本来是用于 ISP 之间通信并交换数据包的。如果这些 ISP 两两之间部署有多条连接，并且有交换更新信息的协定。BGP 就是用来实现两个或多个 AS 之间的这些协定的协议。如果工程师没能适当地控制和过滤 BGP 信息，外部 AS 就有可能通过企业 AS 传输自己的流量。比如，企业连接了 ISP A 和 ISP B（出于冗余的考虑），工程师希望建立一个路由策略，确保 ISP A 不会通过自己的 AS 将流量发送到 ISP B。工程师希望从两个 ISP 同时接收去往自己 AS 的流量，但不希望消耗宝贵的资源和带宽为这两个 ISP 传输流量。

7.1.8 何时不使用 BGP

BGP 并不总是 AS 互连的适当解决方案。举例来说，如果与一个 AS 之间只存在一条路径，这种情况就适合使用默认或静态路由。在这种情况中使用 BGP 并不能实现任何其他目的，只会徒劳地消耗 CPU 资源和内存。如果 AS 中要实施的路由策略与 ISP AS 中实施的策略相同的话，工程师就没必要甚至不希望在这个 AS 中配置 BGP 了。只有当本地策略与 ISP 策略不同时，才需要使用 BGP。

如果企业满足以下一个或多个条件，就不要使用 BGP：

- 与 Internet 或另一个 AS 之间只部署了一条连接；
- 边界路由器上没有足够的内存或处理器资源来处理大量 BGP 更新；
- 工程师对路由过滤和 BGP 路径选择过程的理解很浅显；
- AS 中将实施的路由策略与 ISP AS 中已经实施的路由策略相同。

在上述情况中，工程师可以使用静态或默认路由，详见第 1 章的内容。

7.2 基本 BGP 的实施

本节将会介绍 BGP 邻居关系，以及如何建立邻居关系。本节还会介绍基本 BGP 配置和检查方法，其中还包含一些 BGP 属性的内容，以及如何监控 BGP 的运作。本节接着介绍了从开始到建立 BGP 会话，邻居所经历的 BGP 邻居状态，并且在 BGP 排错时如何利用这些状态信息。本章还提供了清除 BGP 会话的命令，以及实施策略变更后所需的命令。具体说来，以下小节中涵盖了上述所有内容：

- BGP 邻居关系；
- 基本 BGP 配置需求；
- 进入 BGP 配置模式；
- 指定 BGP 邻居并激活 BGP 会话；
- 基本 BGP 配置和检查。

7.2.1 BGP 邻居关系

只通过一台路由器，并无法与上万台运行 BGP 并连接到 Internet 的路由器建立通信，这些路由器代表了 48 000 个以上的 AS(在本书写作时)。一台 BGP 路由器会与少数几台 BGP 路由器建立直接的邻居关系。通过这些 BGP 邻居，BGP 路由器可以学到路由，以便去往 Internet 上所有通告了的网络。

回想一下，之前我们提到过，运行 BGP 的路由器称为 BGP 路由器。BGP 对等体也称为 BGP 邻居：工程师配置一台 BGP 路由器，让它与另一台 BGP 路由器建立邻居关系，以便直接交换 BGP 路由信息。

一台 BGP 路由器只有少量几个 BGP 邻居，它与这些邻居建立对等体关系并建立基于 TCP 的连接，详见图 7-6。BGP 对等体对于 AS 来说可以是内部的，也可以是外部的。这两类邻居都需要通过 TCP 连接来建立。

> **注释** 工程师必须在 BGP 进程下，使用命令 neighbor remote-as 来配置 BGP 对等体。这条命令可以指导 BGP 进程使用命令中指定的地址，与邻居建立关系并交换 BGP 路由更新。"指定 BGP 邻居并激活 BGP 会话"一节中将详细介绍这条命令。

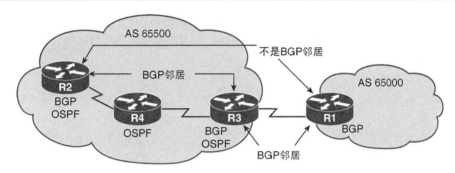

图 7-6 相互之间建立了 BGP 连接的路由器是 BGP 邻居或 BGP 对等体

1. 外部 BGP 邻居

当两台属于不同 AS 的路由器之间运行 BGP 时，这种 BGP 称为外部 BGP（eBGP）。运行 eBGP 的两台路由器通常是相互直连的，如图 7-7 所示。

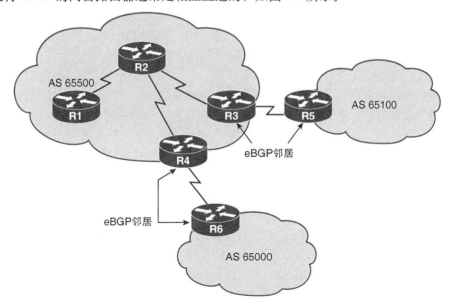

图 7-7 属于不同 AS 的路由器形成 eBGP 邻居

eBGP 邻居是指运行于不同 AS 中的邻居路由器。eBGP 邻居之间不运行 IGP。两台路由器要想交换 BGP 路由更新，两端设备在建立 BGP 会话前，TCP 传输层必须首先通过 TCP 三次握手。因此，**neighbor** 命令中使用的 IP 地址必须是没有 IGP 也可达的。工程师有两种方法可以实现这一目的：指向通过直连网络可达的 IP 地址，或者配置一条去往这个 IP 地址的静态路由。通常工程师指定的邻居地址都是直连网络的地址。

企业网络可以与一个或多个 ISP 建立连接，这些 ISP 可能又连接多个其他的 ISP。对于这种不同 AS 之间的连接，在 eBGP 邻居路由器之间建立的是 eBGP 会话。图 7-7 展示出路由器 R4 和 R6 之间建立了 eBGP 关系，路由器 R3 和 R5 之间也建立了 eBGP 关系。这两对邻居之间会交换 BGP 路由更新。如图 7-7 所示，AS 65500 中的路由器从它们各自的 eBGP 邻居那里学到了去往外部 AS 的路径。

建立 eBGP 邻居关系具有以下要求。

- **不同的 AS 号**：eBGP 邻居必须分别位于不同的 AS，这样它们之间才能形成 eBGP 关系。
- **指定邻居**：在开始交换 BGP 路由更新之前，必须先建立 TCP 会话。
- **可达性**：**neighbor** 命令中使用的 IP 地址必须是可达的；eBGP 邻居通常相互直连。

> **注释** 如果路由器的一个 BGP 邻居不是直连的，路由器的路由表中必须拥有去往这个邻居地址的路由；光有默认路由是无法满足需求的。

2. 内部 BGP 邻居

当两台属于相同 AS 的路由器之间运行 BGP 时，这种 BGP 称为内部 BGP（iBGP）。iBGP 是运行在同一个 AS 内部，用来交换 BGP 信息的，因此所有 iBGP 路由器都拥有相同的外部 AS BGP 路由信息，这些信息可以传输给其他 AS。

建立 iBGP 邻居关系具有以下要求。

- **相同的 AS 号**：iBGP 邻居必须位于相同的 AS，这样它们之间才能形成 iBGP 关系。
- **指定邻居**：在开始交换 BGP 路由更新之前，必须先建立 TCP 会话。
- **可达性**：iBGP 邻居必须是可达的。通常 AS 内会运行 IGP 来提供可达性。

运行 iBGP 的路由器之间并不需要相互直连，只要它们之间可达，就可以执行 TCP 握手并建立 BGP 邻居关系。到达 iBGP 邻居的方式很多：直连网络、静态路由或内部路由协议。由于一个 AS 内通常有多条路径可以到达其他路由器，因此工程师通常会在 BGP 的 **neighbor** 命令中使用环回接口的地址，以此来建立 iBGP 会话。

以图 7-8 为例，路由器 R1、R4 和 R3 分别从各自的 eBGP 邻居那里（路由器 R7、R6 和 R5）学到了外部 AS 的路径。如果路由器 R4 和 R6 之间的链路断开，路由器 R4 就必须学习新的路由，以便去往外部 AS。AS 65500 中其他使用路由器 R4 去往外部网络的 BGP 路由器也必须获知：这条通过路由器 R4 的路径已经不可达了。AS 65500 中的这些 BGP 路由器需要在它们的 BGP 拓扑数据库中使用替换路径：穿越路由器 R1 和 R3。

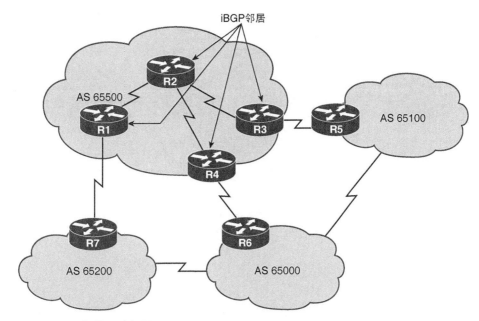

图 7-8　iBGP 邻居属于相同 AS

　　下一节中的内容指出，在 AS 65500 内，工程师必须在传输路径中的所有路由器之间建立全互连的 iBGP 会话，这样 AS 内部传输路径中的每台路由器才能够通过 iBGP 学到外部网络。

3. 在传输路径中的所有路由器之间建立 iBGP

　　本节将解释为什么 iBGP 路由的传输需要在 AS 内部传输路径中的所有路由器之间建立全互连的 iBGP 连接。

传输 AS 内的 iBGP

　　在最初的设计中，BGP 是要运行在 AS 边界上的，AS 内部的路由器会忽略 BGP 的详细信息——因此把这种协议命名为边界网关协议。传输 AS（比如图 7-9 中的 AS 65102）会把一个外部 AS 的流量路由到另一个外部 AS。前文提到过，传输 AS 通常是 ISP。传输 AS 中的所有路由器必须知道完整的外部路由。理论上，要想实现这个目标，有一种方法是在边界路由器上，把 BGP 路由重分布到 IGP 中；但是这种做法存在一些问题。

　　由于目前 Internet 路由表非常庞大，因此把所有 BGP 路由重分布到 IGP 中并不是 AS 内部路由器学习外部网络的好方法。工程师可以使用的另一种方法是在 AS 内的所有路由器上运行 iBGP。

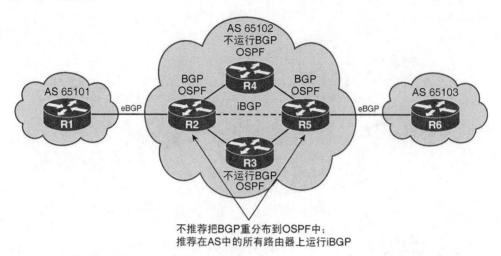

图 7-9　传输 AS 中的 BGP

非传输 AS 中的 iBGP

　　非传输 AS（比如使用多宿主方式连接两个 ISP 的企业）并不传输不同 ISP 之间的路由。但是为了做出正确的路由决策，AS 内部的 BGP 路由器仍需了解传输到 AS 中的所有 BGP 路由。

　　如前所述，BGP 的工作方式与 IGP 并不相同。由于 BGP 的设计者并能保证 AS 内的所有路由器上都运行 BGP，因此必须开发一种新方法，来确保 iBGP 路由器之间能够相互传输更新信息，并且保证不会形成路由环路。

TCP 和全互连

　　前文已经提到过了，TCP 是 BGP 的传输层协议，因为 TCP 可以可靠地传输大量数据。由于 BGP 路由器总是需要交换庞大的 Internet 路由表，因此 TCP 提供的滑动窗口和可靠性，看来注定是最佳解决方案；而不需要像 OSPF 或 EIGRP 那样，为 BGP 开发一对一的滑动窗口机制。

　　TCP 会话无法通过组播或广播建立，因为 TCP 必须确保它确实把数据包传输给了每个接收方。由于 TCP 不能使用广播或组播，因此 BGP 也不能使用这两种机制。

　　为了避免在 AS 内部出现路由环路，BGP 规定路由器从 iBGP 学到的路由绝不能传输给其他 iBGP 对等体；这个规则有时称为 BGP 水平分割规则。这样一来，每台 iBGP 路由器需要向相同 AS 内的所有其他 iBGP 邻居发送路由（因此所有路由器上都会拥有发送到这个 AS 的完整路由）。由于它们不能使用广播或组播，因此工程师必须在每两台路由器之间配置 iBGP 邻居关系。想想在 BGP 路由器之间使用 **neighbor** 命令启用 BGP 更新的情况。默认设计中，每台 BGP 路由器上都用 **neighbor** 命令配置了 AS 中的所有其他 iBGP 路由器；这种设计称为全互连 iBGP。

　　如果发送更新的 iBGP 邻居并没有与所有 iBGP 路由器建立全互连，那么没有与它建立对等体关系的 iBGP 路由器上的 IP 路由表，就会与那些与它建立了对等关系的 iBGP 路由器上的 IP 路由表不同。这种不同步的路由表会导致路由环路或者路由黑洞，因为 AS 内部所有运行 BGP 的路由器都默认假设：每台 BGP 路由器都会与 AS 内的其他 BGP 路由器之间直接交换 iBGP 信息。

当所有 iBGP 邻居全互连时，一台 BGP 路由器从外部 AS 收到了一条更新，这台路由器会负责向本地 AS 内的所有 iBGP 邻居通告这一更新。收到了这个更新的 iBGP 邻居并不会把更新发送给其他 iBGP 邻居，因为它们认为发送这个更新的 iBGP 邻居与所有其他 iBGP 邻居全互连，因此这个更新已经发送到了每台 iBGP 邻居。

BGP 部分互连和全互连案例

图 7-10 上半部分的网络展示了部分互连邻居环境中的 iBGP 更新行为。路由器 R2 从路由器 R1 那里收到了一个 eBGP 更新。路由器 R2 建立了两个 iBGP 邻居——路由器 R3 和 R4，但它没有与路由器 R5 建立 iBGP 邻居关系。因此路由器 R3 和 R4 能够学到路由器 R2 背后的网络添加和删除更新。即使路由器 R3 和 R4 都与路由器 R5 建立了 iBGP 邻居会话，它们也会默认认为 AS 内部的 iBGP 关系是全互连的，因此并不会把这个更新复制并发送给路由器 R5。向路由器 R5 发送 iBGP 更新是路由器 R2 的责任，因为 R2 是获得 AS 65101 相关网络一手消息的路由器。因此路由器 R5 无法通过路由器 R2 学到任何网络，也不会使用路由器 R2 到达 AS 65101 中的任何网络，以及 AS 65101 背后的其他 AS。

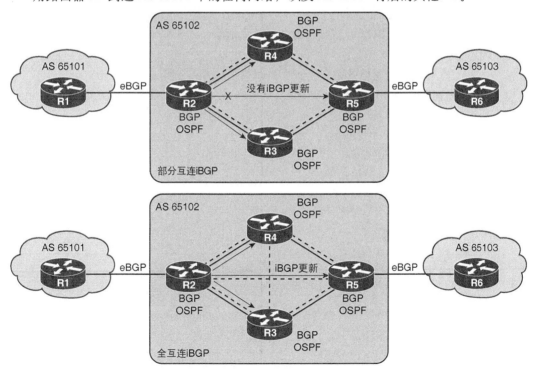

图 7-10　部分互连 iBGP 和全互连 iBGP

图 7-10 下半部分的网络实施了 iBGP 全互连。当路由器 R2 从路由器 R1 那里收到 eBGP 更新后，它会把这个更新发送给它的所有三个 iBGP 对等体——路由器 R3、R4 和 R5。OSPF 作为 IGP，将包含 BGP 更新的 TCP 分段从路由器 R2 路由到路由器 R5，因为这两台路由器并不是直连在一起的。这个更新会一次性发送给每个邻居，并且不会有其他 iBGP 邻居需要复制这个更新（这也减少了不必要的流量）。在全互连 iBGP 环境中，每台路由器都认为其他内部路由器上的 **neighbor** 命令也都指向了所有 iBGP 邻居。

> **注释**　BGP 路由反射器是运行全互连 iBGP 的替代解决方案，详细内容参考附录 C。

当一个 AS 内部所有运行 BGP 的路由器建立了全互连关系后，它们会执行统一的路由策略并拥有相同的数据库，这样它们可以应用相同的路径选择方案。最终整个 AS 的路径选择结果会是统一的。整个 AS 得出统一的路径选择结果意味着没有路由环路，并且数据包离开和进入这个 AS 的策略也是统一的。

7.2.2　基本 BGP 配置需求

在配置 BGP 之前，网络管理员必须先定义网络的需求，其中包括内部连接（为 iBGP 连接考虑）和外部与 ISP 之间的连接（为 eBGP 连接考虑）。

下一步是把提供 BGP 配置细节的参数汇总起来。对于基本的 BGP 配置来说，这些细节内容包括：

- AS 号（自己网络的 AS 号和所有远端网络的 AS 号）；
- 所有邻居（对等体）的 IP 地址；
- 通告进 BGP 的网络。

基本 BGP 的配置需要以下几个主要步骤。

步骤 1　定义 BGP 进程。

步骤 2　建立邻居关系。

步骤 3　将网络通告到 BGP 中。

7.2.3　进入 BGP 配置模式

> **注释**　有些 BGP 配置命令的语法与配置内部路由协议的命令语法类似。但 BGP 的工作方式却是与 IGP 完全不同的。

工程师需要使用全局配置命令 **router bgp** *autonomous-system* 进入 BGP 配置模式，指定这台路由器所属的本地 AS 号。在这条命令中，参数 *autonomous-system* 定义了本地 AS 号。BGP 进程需要获知自己的 AS 号，这样当工程师配置了 BGP 邻居后，它可以知道这是 iBGP 邻居还是 eBGP 邻居。

只通过配置 **router bgp** 命令，并无法激活路由器上的 BGP 进程。工程师必须在 **router bgp** 命令下输入至少一条命令，才能激活路由器上的 BGP 进程。

在一台路由器上，同一时间只能配置一个 BGP 实例。举例来说，工程师已经配置自己的路由器属于 AS 65000，然后他尝试配置 **router bgp 65100** 命令，路由器会告知工程师：当前已经配置了 AS 65000。

7.2.4 指定 BGP 邻居并激活 BGP 会话

工程师需要使用路由器配置命令 **neighbor** *ip-address* **remote-as** *autonomous-system* 为外部邻居或内部邻居激活 BGP 会话；并指定对等体路由器，让本地路由器与之建立会话，详见表 7-2。

表 7-2   neighbor remote-as 命令描述

参数	描述
ip-address	指定对等体路由器
autonomous-system	指定对等体路由器的 AS 号

neighbor remote-as 命令中使用的 IP 地址是去往这台邻居路由器的所有 BGP 数据包的目的地址。要想建立 BGP 关系，这个地址必须是可达的，因为 BGP 会尝试与对等体设备通过这个 IP 地址建立 TCP 会话并交换 BGP 更新。

neighbor remote-as 命令中指定的 *autonomous-system* 参数决定了与邻居的通信是 eBGP 还是 iBGP。如果 **router bgp** 命令中配置的 *autonomous-system* 参数与 **neighbor remote-as** 命令中指定的 *autonomous-system* 参数相同，BGP 会发起内部会话，并且指定的 IP 地址并不必须是路由器直连的。如果这两个参数值不相同，BGP 会发起外部会话，并且默认指定的 IP 地址必须是路由器直连的。

图 7-11 所示的网络中配置了 BGP 的 **neighbor** 命令。例 7-1 到例 7-3 分别展示了路由器 R1、R2 和 R3 上的相关配置。路由器 R1 属于 AS 65101，配置了两条 neighbor 命令。第一条命令 **neighbor 10.2.2.2**（R2）与路由器 R1 属于同一个 AS（65101）；这条 neighbor 命令会将 R2 定义为 iBGP 邻居。AS 65101 在所有内部路由器之间运行 EIGRP。路由器 R1 可以通过 EIGRP 路径到达地址 10.2.2.2。作为 iBGP 邻居，R2 与 R1 之间可以隔着多台路由器。

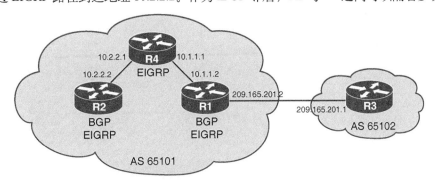

图 7-11   拥有 iBGP 和 eBGP 邻居关系的 BGP 网络

例 7-1 路由器 R1 的配置

```
router bgp 65101
  neighbor 10.2.2.2 remote-as 65101
  neighbor 209.165.201.1 remote-as 65102
```

例 7-2 路由器 R2 的配置

```
router bgp 65101
  neighbor 10.1.1.2 remote-as 65101
```

例 7-3 路由器 R3 的配置

```
router bgp 65102
  neighbor 209.165.201.2 remote-as 65101
```

图 7-11 中的路由器 R1 知道路由器 R3 是外部邻居，因为 **neighbor** 命令中指定了 R3 的 AS 号为 65102，与 R1 的 AS 65101 不同。路由器 R1 可以通过 209.165.201.2 到达 AS 65102，这是 R1 直连的地址。

> **注释** 图 7-11 中的网络只是用来展示 iBGP 和 eBGP 会话配置的区别。前文提到过，如果路由器 R2 通过传输路径（也就是图中的 R1、R4 和 R2）中的所有路由器连接另一个 AS，这个网络应该运行全互连 BGP。

7.2.5 基本 BGP 配置和检查

本节通过案例展示如何配置并检查基本 BGP。

图 7-12 展示了本例使用的网络拓扑图。路由器首先会先建立内部和外部 BGP 会话；然后通过 BGP 通告网络前缀；最后使用 **show** 命令检查 BGP 路由信息的传输和维护。本例中使用路由器环回接口的 IP 地址来建立 BGP 会话；这种方法能够在链路发生故障时，

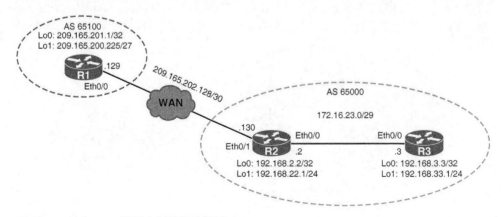

图 7-12 基本 BGP 配置案例使用的网络

为网络环境提供更高的恢复能力。路由器 R2 和 R3 上已经运行了 OSPF，并且可以通过 OSPF
到达对方的环回接口 0 的地址。

1. 配置并检查 eBGP 会话

我们从路由器 R1 开始，为它配置 BGP 并与 R2 建立 eBGP 会话。

工程师使用之前提到过的全局配置命令 **router bgp** *autonomous-system* 指定本地路由器
的 AS 号；对于 R1 来说，AS 号是 65100。然后使用路由器配置命令 **neighbor** *ip-address*
remote-as *autonomous-system* 指定邻居的 IP 地址和 AS 号；R1 的邻居 R2 属于 AS 65000。
默认情况下 eBGP 邻居关系必须最多只能跨越 1 跳，因此 eBGP 会话的 IP 地址必须是直连
邻居的。例 7-4 展示了路由器 R1 上的相关配置。

例 7-4 在 R1 上启用 BGP 并建立 eBGP 会话

```
R1(config)# router bgp 65100
R1(config-router)# neighbor 209.165.202.130 remote-as 65000
```

类似地，例 7-5 展示了路由器 R2 上的相关配置，指定 R1 为 eBGP 邻居。

例 7-5 在 R2 上启用 BGP 并建立 eBGP 会话

```
R2(config)# router bgp 65000
R2(config-router)# neighbor 209.165.202.129 remote-as 65100
```

工程师在检查 BGP 会话时，可以查看整体 BGP 汇总信息，也可以查看所有或单个 BGP
对等体的详细信息。命令 **show ip bgp summary** 能够显示出所有 BGP 连接的整体状态。
例 7-6 以 R1 为例展示了相关命令的输出示例。

例 7-6 R1 上的 show ip bgp summary 命令输出

```
R1# show ip bgp summary
BGP router identifier 209.165.201.1, local AS number 65100
BGP table version is 1, main routing table version 1
Neighbor        V      AS MsgRcvd MsgSent   TblVer  InQ OutQ Up/Down  State/PfxRcd
209.165.202.130 4   65000      91      93        1    0    0 01:20:28            0
```

这条命令显示的第一部分内容描述了本地路由器的下述信息。

- BGP 路由器识别符（BGP router identifier）：所有其他 BGP 路由器用来识别这台
  路由器的 IP 地址。
- 本地 AS 号（Local AS number）：本地路由器的 AS 号。

这条命令显示的下一部分内容描述了 BGP 表的下述信息。

- BGP 表版本号（BGP table version）：这是本地 BGP 表的版本号；这个号码随着
  BGP 表的更新而递增。
- 主路由表版本号（Main routing table version）：这是最新注入主路由表中的 BGP

数据库版本号。

这条命令显示的其余内容描述了当前邻居的状态，一个配置的邻居显示一行。

- 邻居（Neighbor）：**neighbor** 命令中使用的 IP 地址，这台路由器要与这个 IP 地址建立关系。
- 版本（V）：这台路由器与所列邻居运行的 BGP 版本。
- AS：所列邻居的 AS 号。
- 收到的消息（MsgRcvd）：从这个邻居接收到的 BGP 消息数量。
- 发送的消息（MsgSent）：向这个邻居发送的 BGP 消息数量。
- BGP 表版本（TblVer）：发给这个邻居的最新 BGP 表版本。
- 入向队列（InQ）：从这个邻居发来的等待处理的消息数量。
- 出向队列（OutQ）：发往这个邻居的等待处理的消息数量。TCP 流控制技术可以防止这台路由器向邻居发送过多更新。
- up/down：这个邻居处于当前 BGP 状态（建立、活跃或空闲）的时长。
- 状态（State）：BGP 会话的当前状态：活跃、空间、初始发送、初始确认、空闲（管理）。管理状态表示工程师把这个邻居关闭了；工程师可以通过路由器配置命令 **neighbor** *ip-address* **shutdown** 来创建这个状态。活跃状态表示路由器正在尝试与这个邻居建立 TCP 连接（"BGP 邻居状态的理解和排错"一节中将会详细讨论邻居状态）。如果会话处于建立状态的话，这里显示的并不是状态名称，而是用数字表示 PfxRcd，解释见下文。
- 收到的前缀（PfxRcd）：当会话处于建立状态时，这个值表示从这个邻居收到的 BGP 网络数量。

在例 7-6 中，PfxRcd 一栏是 0；这表示会话状态是建立，但还没有收到任何网络前缀。

工程师可以使用 **show ip bgp summary** 命令中显示的信息，来确认 BGP 会话是否启用并建立成功。如果会话的状态不对，工程师需要进一步检查 BGP 的配置，以便确诊问题的根源。工程师也可以根据这条命令来检查配置的 BGP 邻居 IP 地址和 AS 号。如果会话建立成功，并且从这条命令的输出内容中，可以看出路由器双方已经发送并接收了一些信息，从而工程师可以确认 BGP 的稳定情况。比如，工程师可以多次输入这条命令，然后计算在这段时间内路由器双方共交换了多少个消息。

命令 **show ip bgp neighbors** 提供了更多信息，比如能力的协商结果、支持的地址家族等。例 7-7 展示了 R1 上的命令输出示例。

例 7-7　*R1 上的 show ip bgp neighbors 命令输出示例*

```
R1# show ip bgp neighbors
BGP neighbor is 209.165.202.130, remote AS 65000, external link
  BGP version 4, remote router ID 192.168.22.1
  BGP state = Established, up for 01:21:17
  Last read 00:00:25, last write 00:00:00, hold time is 180, keepalive interval is 60 seconds
```

（待续）

```
  Neighbor sessions:
    1 active, is not multisession capable (disabled)
  Neighbor capabilities:
    Route refresh: advertised and received(new)
    Four-octets ASN Capability: advertised and received
    Address family IPv4 Unicast: advertised and received
    Enhanced Refresh Capability: advertised and received
    Multisession Capability:
    Stateful switchover support enabled: NO for session 1
  Message statistics:
    InQ depth is 0
    OutQ depth is 0

                      Sent       Rcvd
    Opens:              1          1
    Notifications:      0          0
    Updates:            1          1
    Keepalives:        92         90
    Route Refresh:      0          0
    Total:             94         92
  Default minimum time between advertisement runs is 30 seconds

 For address family: IPv4 Unicast
  Session: 209.165.202.130
<Output omitted>
```

命令 **show ip bgp neighbors** 有助于工程师获得与 TCP 会话和 BGP 参数相关的信息，其中包括 TCP 计时器和计数器。工程师还可以在这条命令后面添加邻居的 IP 地址，以便查看与指定会话相关的细节信息。这条命令中还有一些可选参数，可以用来针对特定邻居显示特定内容，详见例 7-8。工程师可以使用这些参数来检查路由器跟这个邻居发送或接收的特定 BGP 路由信息，这是有利于路径选择排错的信息。

例 7-8　show ip bgp neighbors 命令示例

```
R1# show ip bgp neighbors 209.165.202.130 ?
  advertised-routes  Display the routes advertised to a BGP neighbor
  dampened-routes    Display the dampened routes received from neighbor (eBGP
                     peers only)
  flap-statistics    Display flap statistics of the routes learned from
                     neighbor (eBGP peers only)
  paths              Display AS paths learned from neighbor
  policy             Display neighbor polices per address-family
  received           Display information received from a BGP neighbor
  received-routes    Display the received routes from neighbor
  routes             Display routes learned from neighbor
  |                  Output modifiers
  <cr>
```

例 7-9 展示了路由器 R2 上这条命令的输出示例。

例 7-9　R2 上的 show ip bgp summary 和 show ip bgp neighbors 命令输出示例

```
R2# show ip bgp summary
BGP router identifier 192.168.22.1, local AS number 65000
BGP table version is 1, main routing table version 1


Neighbor          V     AS MsgRcvd MsgSent   TblVer  InQ OutQ Up/Down State/PfxRcd
209.165.202.129 4  65100    116     114        1    0    0 01:41:20        0


R2# show ip bgp neighbor
BGP neighbor is 209.165.202.129, remote AS 65100, external link
  BGP version 4, remote router ID 209.165.201.1
  BGP state = Established, up for 01:41:32
  Last read 00:00:41, last write 00:00:47, hold time is 180, keepalive interval is
60 seconds
  Neighbor sessions:
    1 active, is not multisession capable (disabled)
  Neighbor capabilities:
    Route refresh: advertised and received(new)
<Output omitted>
```

注意，R2 的输出信息与 R1 上的输出信息互为镜像。

2. 配置和检查 iBGP 会话

eBGP 会话已经成功建立了，现在来配置 R2 和 R3 之间的 iBGP 会话，使用连接两台路由器的地址。工程师可以使用路由器配置命令 **neighbor** *ip-address* **remote-as** *autonomous-system* 来配置 iBGP 会话，配置方式与建立 eBGP 会话相同。回想一下，路由器会把工程师配置的 AS 号与自己本地的 AS 号进行对比，并自动判断出这是内部会话。对于 iBGP 会话来说，邻居 IP 地址并不一定是直连的（虽然本例是直连）。例 7-10 展示了两台路由器上的配置。

例 7-10　在 R2 和 R3 之间建立 iBGP 连接

```
R2(config)# router bgp 65000
R2(config-router)# neighbor 172.16.23.3 remote-as 65000

R3(config)# router bgp 65000
R3(config-router)# neighbor 172.16.23.2 remote-as 65000
```

工程师可以使用与检查 eBGP 会话相同的方式来检查 iBGP 会话。例 7-11 和例 7-12 分别展示了路由器 R2 和 R3 上的相关命令输出。注意在命令 **show ip bgp neighbors** 的输出内容中，iBGP 连接展示为 internal link（内部链路）。再次提示，路由器 R3 上的命令输出内容与 R2 上的 iBGP 连接信息互为镜像。

例 7-11 *检查 R2 上的 iBGP 会话*

```
R2# show ip bgp summary
BGP router identifier 192.168.22.1, local AS number 65000
BGP table version is 1, main routing table version 1
Neighbor          V     AS MsgRcvd MsgSent TblVer InQ OutQ Up/Down State/PfxRcd
172.16.23.3       4  65000 13         13      1     0    0 00:08:23        0
209.165.202.129   4  65100 287 2      84      1     0    0 04:16:06        0

R2# show ip bgp neighbors
BGP neighbor is 172.16.23.3, remote AS 65000, internal link
  BGP version 4, remote router ID 192.168.33.1
  BGP state = Established, up for 00:08:38
<Output omitted>
```

例 7-12 *检查 R3 上的 iBGP 会话*

```
R3# show ip bgp summary
BGP router identifier 192.168.33.1, local AS number 65000
BGP table version is 1, main routing table version 1
Neighbor          V     AS MsgRcvd MsgSent TblVer InQ OutQ Up/Down State/PfxRcd
172.16.23.2       4  65000 109       110      1     0    0 01:36:17        0

R3# show ip bgp neighbors
BGP neighbor is 172.16.23.2, remote AS 65000, internal link
  BGP version 4, remote router ID 192.168.22.1
  BGP state = Established, up for 01:37:20
  Last read 00:00:06, last write 00:00:03, hold time is 180, keepalive interval is
60 seconds
  Neighbor sessions:
    1 active, is not multisession capable (disabled)
  Neighbor capabilities:
    Route refresh: advertised and received(new)
<Output omitted>
```

3. 在 BGP 中通告网络并检查它们的传输情况

现在会话已经建立成功了，我们需要配置路由器来通告网络。工程师需要使用路由器配置命令 **network** *network-number* [**mask** *network-mask*]将 IPv4 路由表中已经存在的路由注入到 BGP 表中，这样路由器可以把这些路由通告到 BGP 中。表 7-3 详细介绍了这条命令。

表 7-3   network 命令描述

参数	描述
network-number	BGP 通告的 IPv4 网络
mask *network-mask*	（可选）BGP 通告的子网掩码。如果没有指定子网掩码，默认使用有类掩码

有一点很重要：BGP 的 **network** 命令决定了这台路由器会通告哪些网络。这个概念与工程师之前熟悉的 IGP 配置概念不同。与 IGP 所不同的是，**network** 命令并不会在某个接口上启用 BGP，而是告诉 BGP，应该从这台路由器发起哪些网络。**network** 命令中所列出的网络，应该包含工程师希望通告出去的本地 AS 中的所有网络，而不仅仅是这台路由器直连的网络。

mask 参数表示 BGP-4 支持无类前缀；BGP-4 能够通告子网和超网。

> **注释** 在 Cisco IOS 12.0 版本之前，每台 BGP 路由器中最多能够配置 200 条 network 命令。现在已经没有这个限制了。路由器资源（比如配置的 NVRAM 或 RAM）决定了工程师能够配置的 network 命令的最大数量。

工程师需要注意 **neighbor** 命令和 **network** 命令的区别：**neighbor** 命令告诉 BGP 向哪里通告；**network** 命令告诉 BGP 通告什么。

network 命令唯一的目的就是让 BGP 知道通告哪些网络。如果工程师没有指定 **mask** 参数，这条命令将只会通告有类网络号；并且在这个主网络中，必须至少有一个子网存在于 IP 路由表中，BGP 才能把这个有类网络通告为 BGP 路由。

但是也要注意，如果工程师明确指定了 **mask** *network-mask*，那么路由表中必须有明确匹配这个网络的条目（地址和掩码都要匹配），路由器才会在 BGP 中通告这个网络。BGP 在通告一个网络之前，它会查看自己是否可以到达这个网络。举例来说，如果工程师希望通告路由 192.168.0.0/24，正确的配置应该是 **network 192.168.0.0 mask 255.255.255.0**，但工程师错误地配置成了 **network 192.168.0.0 mask 255.255.0.0**，BGP 会在路由表中查找 192.168.0.0/16。在这个环境中，它会找到 192.168.0.0/24，但找不到 192.168.0.0/16。因为路由表中并没有明确匹配这个网络的路由，因此 BGP 并不会向任何邻居通告 192.168.0.0/24 这个网络。

如果工程师希望通告 CIDR 网络 192.168.0.0/16，他可能会配置 **network 192.168.0.0 mask 255.255.0.0**。再看看 BGP 的做法：BGP 会在路由表中查找 192.168.0.0/16，但却找不到，因此 BGP 不会向任何邻居通告 192.168.0.0/16 这个网络。在这种情况中，工程师可以为这个 CIDR 网络配置一条静态路由，指向空接口，使用命令 **ip route 192.168.0.0 255.255.0.0 null0**，这样 BGP 就能在路由表中找到明确匹配这个网络的条目了。在路由表中找到明确匹配项后，BGP 会向它的邻居通告 192.168.0.0/16。

> **BGP 表、IP 路由表和 network 命令**
>
> 现在我们来总结一下 BGP 表、IP 路由表和 **network** 命令之间的关系：**network** 命令会让 BGP 路由器把自己 IP 路由表中的网络注入到自己的 BGP 表中，并向 BGP 邻居通告这个网络。BGP 邻居之间交换各自最优的 BGP 路由。邻居路由器在收到这些网络信息后，会把它们放到自己的 BGP 表中，并从中选择这个网络的最优 BGP 路由。然后把最优路由提供给自己的 IP 路由表。

以 R3 为例，工程师在 BGP 中通告了配置在环回接口 1 上的网络前缀（192.168.33.0/24）。例 7-13 展示了相关配置。

例 7-13 在 R3 上通告环回接口 1 的网络

```
R3(config)# router bgp 65000
R3(config-router)# network 192.168.33.0 mask 255.255.255.0
```

工程师可以在 R3 上使用命令 **show ip bgp** 来检查通告的前缀。例 7-14 展示了相关命令的输出示例。

例 7-14 检查 R3 的 BGP 表

```
R3# show ip bgp
BGP table version is 2, local router ID is 192.168.33.1
Status codes: s suppressed, d damped, h history, * valid, > best , i - internal,
              r RIB-failure, S Stale, m multipath, b backup-path, f RT-Filter,
              x best-external, a additional-path, c RIB-compressed,
Origin codes: i - IGP, e - EGP, ? - incomplete
RPKI validation codes: V valid, I invalid, N Not found

     Network          Next Hop            Metric LocPrf Weight Path
*> 192.168.33.0       0.0.0.0                  0         32768 i
```

如果工程师在输入 **show ip bgp** 命令时没有使用任何可选参数，路由器将会显示整个 BGP 表。命令的输出内容中会展示每条路由的缩略信息，一个前缀显示为一行。输出内容按照网络号排序；如果同一网络在 BGP 表中有多个条目，替换路由会显示在下一行。但网络号只会显示在第一行。

每行一开始会显示状态代码（status code），每行末尾会显示源代码（origin code）。第一列有星号（*）的话，表示条目是有效的。第一列还可以显示以下信息。

- *s* 表示这条路由被抑制了（通常是因为这条路由有一条汇总路由，并且路由器只发送汇总路由）。
- *d* 表示这条路由因惩罚而处于抑制状态，因为它可用/不可用的变化过于频繁。尽管这条路由现在可能是可用的，但在惩罚时间结束前，路由器并不会通告这条路由。
- *h* 表示历史，表示这条路由不可用并且可能已经失效了。这条路由的历史信息还在，但最优路由已经没有了。

■ *r* 表示 RIB（路由信息数据库）失败。表示这条路由并不在 RIB 中；RIB 是 IP 路由表的另一种说法。工程师可以使用命令 **show ip bgp rib-failure** 来查看这条路由没有被放入 RIB 的原因，下一节将详细介绍这条命令。

■ *S* 表示这是一条陈旧的路由（用在 NSF 路由器中）。

第二列的大于号（>）表示 BGP 为这条路由选出了最佳路径。这条路由已被放入了 IP 路由表中。

第三列有时是空的，有时显示 *i*。如果是空的，表示 BGP 是从外部对等体学到的这条路由。如果是 *i*，表示由 iBGP 邻居向路由器通告了这条路由。

第四列列出了路由器学到的网络。

有时与路由相关的 BGP 属性也会显示出来，但并不总是这样。第五列列出了每条路由的下一跳地址。如果这一列显示的是 0.0.0.0，说明是这台路由器发起的这条路由（对于 BGP 来说，下一跳地址并不总是直连在这台路由器上的网络，稍后的案例中也会验证这一点）。

接下来的三列分别列出了与这条路径相关的三个 BGP 路径属性：度量值，也称为 MED（多出口鉴别器）；本地优先级；权重。

路径（Path）列中可能能按顺序包含路径中的 AS。从左至右，列出的第一个 AS 是这台路由器的邻接 AS，也是从这个 AS 学到的这个网络。最后一个 AS（最右边的 AS 号）是这个网络的源 AS。这两个 AS 之间的 AS 表示从本地路由器追溯回这个网络源 AS 的具体路径。如果这一列是空的，说明这条路由来自于当前 AS。

最后一列指明了这条路由是如何从源路由器进入 BGP 的（源属性）。如果最后一列显示 *i*，说明源路由器很可能是通过 **network** 命令将这个网络引入 BGP 的。如果是 *e*，说明源路由器是从 EGP 学到这个网络的，EGP 是 BGP 的前身。如果是问号（?），说明源路由器的 BGP 进程无法完全确认这个网络的可达性，因为它是从 IGP 重分布到 BGP 进程中的。

工程师查看 R2 上的 BGP 表和路由表中的 BGP 部分。例 7-15 给出了相关命令的输出示例。

例 7-15　检查 R2 上的 BGP 表和路由表

```
R2# show ip bgp
BGP table version is 4, local router ID is 192.168.22.1
Status codes: s suppressed, d damped, h history, * valid, > best, i - internal,
<Output omitted>


   Network          Next Hop          Metric LocPrf Weight Path
*>i 192.168.33.0     172.16.23.3           0    100      0 i

R2# show ip route bgp
<Output omitted>
B    192.168.33.0/24 [200/0] via 172.16.23.3, 01:20:57
```

从 R2 的 BGP 表可以看出 192.168.33.0/24 这个前缀是一条内部路由（第三列显示的是 *i*），下一跳属性显示的是源邻居的 IP 地址。路由表中总是会显示下一跳属性，它表明了这条路径去往的目的地网络。在一个 AS 内,下一跳不会发生变化,它指向的是通告这条路由的路由器。

接着看看 R1 的 BGP 表和路由表,例 7-16 给出了相关命令的输出示例。

例 7-16 *检查 R1 上的 BGP 表和路由表*

```
R1# show ip bgp
BGP table version is 4, local router ID is 209.165.201.1
Status codes: s suppressed, d damped, h history, * valid, > best, i - internal,
<Output omitted>
      Network          Next Hop            Metric LocPrf Weight Path
 *>   192.168.33.0     209.165.202.130                      0 65000 i

R1# show ip route bgp
<Output omitted>
B       192.168.33.0/24 [20/0] via 209.165.202.130, 01:16:42
```

从 R1 的 BGP 表中可以看到 192.168.33.0/24 前缀,但并没有标记为内部路由(第三列中没有 *i*);因此这是一条外部路由。注意,这条路由的下一跳属性标记的是邻接 AS 中的邻居 IP 地址;这个属性指示了要把去往这个网络的流量发送到哪里去。BGP 与 IGP 一样,都是逐跳的路由协议。但是与 IGP 不同的是,BGP 是一个 AS 接着一个 AS 地路由流量,而不是一台路由器接着一台路由器,因此默认的下一跳是下一个 AS。另一个 AS 网络的下一跳地址是沿着这条去往目的地的路径,进入下一个 AS 的入口 IP 地址。因此对于 eBGP 来说,下一跳地址是发送这条更新的邻居 IP 地址。

在 R1 上,注意 AS-path 属性中列出了 AS 65000,并且在去往通告的目的地的路径上,只有这一个 AS。

现在,工程师要配置 R2,使它将环回接口 1 上配置的网络前缀(192.168.22.0/24)通告到 BGP 中,并且查看是否成功将它传播到 R1 上。例 7-17 展示了 R2 上的相关配置,例 7-18 展示了 R1 上的相关命令输出示例。

例 7-17 *通告 R2 的环回接口子网*

```
R2(config)# router bgp 65000
R2(config-router)# network 192.168.22.0 mask 255.255.255.0
```

例 7-18 *检查 R1 能否看到 R2 的环回接口子网*

```
R1# show ip bgp
BGP table version is 5, local router ID is 209.165.201.1
Status codes: s suppressed, d damped, h history, * valid, > best, i - internal,
<Output omitted>

      Network          Next Hop            Metric LocPrf  Weight Path
```

(待续)

```
 *>  192.168.22.0         209.165.202.130               0            0 65000 i
 *>  192.168.33.0         209.165.202.130                            0 65000 i

R1# show ip route bgp
<Output omitted>


B    192.168.22.0/24 [20/0] via 209.165.202.130, 00:01:15
B 192.168.33.0/24 [20/0] via 209.165.202.130, 13:48:43
```

注意，R1 上这条 eBGP 路由的下一跳属性显示的是 R2 的地址，AD 值默认是 20。由于这个 AD 值低于所有 IGP 的 AD 值，因此 eBGP 路由默认是最优的。这样一来，路由器会把流量优先发往外部路由域，而不是在本地 IGP 域中传输；这种行为有助于防环。

现在我们来接检查一下，看看 R3 上是否能看到 R2 的环回网络。例 7-19 展示了 R3 上的相关命令输出示例。

例 7-19 检查 R3 能否看到 R2 的环回接口子网

```
R3# show ip bgp
BGP table version is 3, local router ID is 192.168.33.1
Status codes: s suppressed, d damped, h history, * valid, > best, i - internal,
<Output omitted>
     Network          Next Hop          Metric LocPrf Weight  Path
*>i 192.168.22.0      172.16.23.2            0    100      0  i
 *>  192.168.33.0     0.0.0.0                0         32768  i

R3# show ip route bgp
<Output omitted>

B    192.168.22.0/24 [200/0] via 172.16.23.2, 05:56:53
```

R3 上这条路由的下一跳属性显示的是 R2 的地址，并且这条路由被放入了 R3 的路由表中。iBGP 路由的默认 AD 值是 200，大于所有 IGP 的 AD 值；如果路由器同时从 iBGP 和 IGP 收到了针对同一个网络前缀的通告，它会优先选择使用 IGP 路由器。这样一来，路由器将会优先根据 IGP 信息，在内部路由域中传输流量，而不是通过 iBGP 进行传输。这种行为有助于预防路由黑洞，也就是防止把流量路由到不运行 BGP 的本地路由器上。

接着工程师要在 R1 上通告 R1 的环回接口地址（109.165.200.224/27），并在 R2 和 R3 上确认路由的传播效果。例 7-20 展示了 R1 上的相关配置，例 7-21 展示了 R2 和 R3 上的路由传播结果。

例 7-20 通告 R1 的环回子网

```
R1(config)# router bgp 65100
R1(config-router)# network 209.165.200.224 mask 255.255.255.224
```

例7-21 检查 R2 和 R3 能否看到 R1 的环回子网

```
R2# show ip bgp
BGP table version is 6, local router ID is 192.168.22.1
Status codes: s suppressed, d damped, h history, * valid, > best, i - internal,
<Output omitted>
     Network          Next Hop          Metric LocPrf  Weight Path
 *>  192.168.22.0     0.0.0.0                0             32768 i
 *>i 192.168.33.0     172.16.23.3            0    100         0 i
 *>  209.165.200.224/27
                      209.165.202.129        0             0 65100 i


R2# show ip route bgp
<Output omitted>

B     192.168.33.0/24 [200/0] via 172.16.23.3, 20:15:50
      209.165.200.0/27 is subnetted, 1 subnets
B     209.165.200.224 [20/0] via 209.165.202.129, 00:00:56

R3# show ip bgp
BGP table version is 3, local router ID is 192.168.33.1
Status codes: s suppressed, d damped, h history, * valid, > best, i - internal,
              r RIB-failure, S Stale, m multipath, b backup-path, f RT-Filter,
              x best-external, a additional-path, c RIB-compressed,
Origin codes: i - IGP, e - EGP, ? - incomplete
RPKI validation codes: V valid, I invalid, N Not found

     Network          Next Hop          Metric LocPrf Weight Path
 *>i 192.168.22.0     172.16.23.2            0    100        0 i
 *>  192.168.33.0     0.0.0.0                0            32768 i
 *  i 209.165.200.224/27
                      209.165.202.129        0    100        0 65100 i


R3# show ip route bgp
<Output omitted>
B     192.168.22.0/24 [200/0] via 172.16.23.2, 05:56:53

R3# show ip route 209.165.202.129
% Network not in table
```

R2 通过 BGP 收到了 209.165.200.224/27 前缀信息，下一跳属性是 R1 的 IP 地址；它把这条路由放入了路由表中。

R3 通过 BGP 收到了 209.165.200.224/27 这个外部前缀，并把它放入 BGP 表中。但是需要注意的是，这个条目并没有被指定为最优路由；输出内容中并没有>字符。这是因为

R3 上并没有去往这个下一跳（209.165.202.129）的路由，因此它不会把这条路由放入路由表中。

4. 使用 Next-Hop-Self 特性

BGP 建立 iBGP 邻接关系的方式与 IGP 有很大不同。内部路由协议（比如 RIP、EIGRP 或 OSPF）总是使用路由更新的源地址作为这条路由的下一跳地址，并将更新放入路由表中。但 BGP 是按照一个 AS 接着一个 AS 的方式路由流量的，而不是一台路由器接着一台路由器，因此默认下一跳是下一个 AS。这种行为带来的结果就是：BGP 的下一跳是用来去往下一个 AS 的 IP 地址。

因此对于 eBGP 来说，下一跳地址是发送路由更新的邻居的 IP 地址。对于 iBGP 来说，默认情况下 eBGP 通告的下一跳会被带到 iBGP 中。

有时工程师有必要让路由器不使用默认行为，而是强制它在把路由信息发送给邻居时，将自己通告为下一跳。工程师可以使用命令 **neighbor** *ip-address* **next-hop-self**，强制 BGP 在将这条路由更新发送给邻居时，使用自己作为这个网络的下一跳，而不是让 BGP 自己选择下一跳地址。

在我们使用的案例网络中，工程师配置 R2，让它在向 R3 通告路由信息时，将自己作为下一跳；然后检查 R3 的路由表来确认配置效果。例 7-22 展示了 R2 上的相关配置，例 7-23 展示了 R3 上的相关命令输出。

例 7-22 配置 R2 将自己通告为下一跳

```
R2(config)# router bgp 65000
R2(config-router)# neighbor 172.16.23.3 next-hop-self
```

例 7-23 检查 R3 上看到的 R1 环回子网

```
R3# show ip bgp
<Output omitted>

    Network          Next Hop          Metric  LocPrf  Weight  Path
*>i 192.168.22.0     172.16.23.2            0     100       0  i
*>  192.168.33.0     0.0.0.0                0           32768  i
*>i 209.165.200.224/27
                     172.16.23.2            0     100       0  65100 i
R3# show ip route bgp
<Output omitted>

B    192.168.22.0/24 [200/0] via 172.16.23.2, 06:57:03
     209.165.200.0/27 is subnetted, 1 subnets
B       209.165.200.224 [200/0] via 172.16.23.2, 00:02:51
```

R3 上去往 R1 环回子网的下一跳现在变成了 R2 的地址（172.16.23.2），这个地址直接连接到 R3，因此是可达的。

5. BGP 邻居状态的理解和排错

在完成了 TCP 三次握手之后，BGP 应用会尝试与邻居建立会话。BGP 使用状态机，邻居可能会经历如下状态。

- 空闲（Idle）：路由器正在查看路由表，看看自己有没有去往这个邻居的路由。
- 连接（Connect）：路由器找到了去往邻居的路由，并完成了 TCP 三次握手。
- 初始发送（Open Sent）：路由器发出了初始消息，其中包含 BGP 会话使用的参数。
- 初始确认（Open Confirm）：路由器收到了对方同意用来建立会话的参数。

如果路由器没有收到任何有关初始消息的回复，一段时间后就会进入活跃（Active）状态。

- 建立（Established）：对等体关系已建立，开始执行路由。

当工程师输入了 **neighbor remote-as** 命令后，BGP 开始处于空闲（Idle）状态，这时 BGP 进程会查看它有没有去往指定 IP 地址的路由。BGP 处于空闲状态的时间应该也就几秒钟。不过，如果 BGP 没有找到去往邻居 IP 地址的路由，它就会停留在空闲状态。在它找到了路由后，当 TCP SYN ACK（握手同步确认）消息返回后（也就是 TCP 三次握手完成后），它会进入连接（Connect）状态。在 TCP 连接建立后，BGP 进程会创建 BGP 初始消息，并将其发送给邻居。在 BGP 发送了初始消息后，BGP 对等体会会进入初始发送（Open Sent）状态。如果 5 秒钟内没有收到回复，状态会切换为活跃（Active）状态。如果路由器及时收到了回复，BGP 就会进入初始确认（Open Confirm）状态，并且开始扫描（评估）路由表中能够发送给邻居的路径。当找到适当路径后，BGP 会进入建立（Established）状态，并且邻居双方开始执行路由。

show ip bgp summary 命令输出的最后一列显示了 BGP 状态。

> **注释**　工程师通过 debug 命令来观察两台 BGP 路由器在建立会话的过程中所经历的各个状态。Cisco IOS 12.4 及更新软件版本中，工程师可以使用 debug ip bgp ipv4 unicast 命令（或者 debug ip bgp ipv4 unicast events 命令）来查看这一过程。

空闲状态的排错

空闲状态表示路由器不知道如何到达 **neighbor** 命令中指定的 IP 地址。路由器维持在空闲状态最常见的原因是：邻居没有通告这台路由器的 **neighbor** 命令中指定的路由器的 IP 地址或网络。工程师可以检查以下两点来排查问题：

- 确保邻居在本地路由协议（IGP）中（为 iBGP 邻居）通告了这条路由；
- 检查 **neighbor** 命令中指定的 IP 地址是否正确。

活跃状态的排错

如果路由器进入了活跃状态，表示它找到了 **neighbor** 命令中指定的 IP 地址，也创建并发送了 BGP 初始包，但它没有从这个邻居收到任何响应（也就是没收到初始确认包）。

最常见的原因是邻居不知道返回 BGP 初始包源 IP 地址的路由。工程师要确保在邻居路由器上，将初始包的源 IP 地址或网络通告到本地路由协议（IGP）中。

另一个与活跃状态相关的常见原因是：这台 BGP 路由器尝试与另一台 BGP 路由器建立对等体关系，但另一台 BGP 路由器上并没有使用 **neighbor** 命令指定这台 BGP 路由器的 IP 地址；或者另一台 BGP 路由器上指定了错误的 IP 地址。工程师需要检查对端 BGP 路由器上的 **neighbor** 命令，确保在这条命令中设置了正确的 IP 地址。

如果状态在空闲和活跃之间来回切换，可能是工程师配置了错误的 AS 号。如果确实在 **neighbor** 命令中配置了错误的 AS 号，工程师将会在路由器上看到类似下面这种消息提示：

```
%BGP-3-NOTIFICATION: sent to neighbor 172.31.1.3 2/2 (peer in wrong AS) 2 bytes FDE6
FFFF FFFF FFFF FFFF FFFF FFFF FFFF FFFF 002D 0104 FDE6 00B4 AC1F 0203 1002 0601 0400
0100 0102 0280 0002 0202 00
```

在远端路由器上，工程师会看到类似下面这种消息提示：

```
%BGP-3-NOTIFICATION: received from neighbor 172.31.1.1 2/2 (peer in wrong AS) 2
bytes FDE6
```

6. BGP 会话的恢复能力

在前文配置的案例网络中，R2 和 R3 之间只有一条连接。如果 **neighbor** 命令中指定 IP 地址的那个接口失效了，BGP 邻居关系也会断开。

工程师要想确保 iBGP 邻居路由器之间存在多条路径，可以让两台路由器相互使用对方的环回接口地址来建立对等体关系；这样一来，由于只要路由器还正常工作，环回接口总是可用的，BGP 会话也不会因为一个接口失效就断开。以这种方式建立对等体关系可以增加 iBGP 会话的恢复能力，因为这时不会再因为一个物理接口发生故障而导致 BGP 会话断开，要知道能让物理接口发生故障的原因可太多了。

要想使用环回接口来建立 iBGP 邻居关系，工程师需要在 **neighbor** 命令中使用邻居的环回接口 IP 地址。邻居双方的路由表中都必须有去往对方环回接口的路由；工程师要确保两台路由器都在各自的 IGP 中通告了邻居的环回地址。在我们的案例网络中，路由器之间运行 OSPF，并且已经有了去往对方环回接口 0 的路由。

在 R2 和 R3 上，工程师把 iBGP 对等体地址改为环回接口 0 的地址（分别是 192.168.2.2 和 192.168.3.3）。例 7-24 展示了 R2 和 R3 上的相关配置。从案例中可以看出，工程师在修改邻居地址时，先删除了之前的邻居 IP 地址配置，然后使用新的对等体地址进行配置。现在每台路由器都会将 BGP 包发送到对方的环回接口 0 的地址。

例7-24 配置 R2 和 R3 使用环回接口建立邻居关系

```
R2(config)# router bgp 65000
R2(config-router)# no neighbor 172.16.23.3
R2(config-router)# neighbor 192.168.3.3 remote-as 65000
R2(config-router)# neighbor 192.168.3.3 next-hop-self

R3(config)# router bgp 65000
R3(config-router)# no neighbor 172.16.23.2
R3(config-router)# neighbor 192.168.2.2 remote-as 65000
```

现在检查一下 R2 和 R3 之间的会话状态,例 7-25 展示了两台路由器上的命令输出示例。

例7-25 检查 R2 和 R3 的邻居关系

```
R2# show ip bgp summary
<Output omitted>


Neighbor          V     AS MsgRcvd MsgSent   TblVer  InQ OutQ Up/Down  State/PfxRcd
192.168.3.3       4  65000       0       0        1    0    0 00:14:59  Idle
209.165.202.129 4   65100    2980    2981        9    0    0 1d21h        1

R3# show ip bgp summary
<Output omitted>


Neighbor          V     AS MsgRcvd MsgSent   TblVer  InQ OutQ Up/Down  State/PfxRcd
192.168.2.2       4  65000       0       0        1    0    0 never     Idle
```

注意在例 7-25 中,邻居状态是空闲 (Idle)。BGP 的 **neighbor** 命令告诉了 BGP 进程每个更新包的目的 IP 地址。但路由器还必须决定使用哪个 IP 地址作为 BGP 路由更新包的源 IP 地址。在路由器创建数据包 (无论是不是路由更新包)、ping 包或其他任何类型的 IP 数据包时,路由器都会先在路由表中查找这个数据包的目的地址。路由表中会给出去往这个目的地址的对应接口。然后路由器默认会使用这个出口地址作为数据包的源地址。

对于 BGP 包来说,它的源 IP 地址必须匹配工程师在 **neighbor** 命令中设置的对方路由器的 IP 地址 (换句话说,对方路由器必须使用 BGP 包的源 IP 地址来建立 BGP 关系)。否则,路由器将无法建立 BGP 会话,它会忽略这个数据包。BGP 不会接受未经请求的更新包;它必须提前知道每台邻居路由器,并且为每个邻居都配置一条 **neighbor** 命令。

7. 从环回地址发起 BGP 会话

在这种情况中,R2 和 R3 之间不会建立 BGP 会话,因为虽然邻居 IP 地址的配置是正确的,但双方路由器都期望收到从对方的环回接口 0 地址发起的 BGP 包。因此工程是必须告诉路由器把所有 BGP 包的源地址设置为环回接口地址,而不是使用物理接口地址,其中也包括初始

BGP 邻居会话的 TCP 连接。工程师使用路由器配置命令 **neighbor** *ip-address* **update-source loopback** *interface-number*，可以让路由器使用指定的环回接口地址，作为与这个邻居建立的 BGP 连接的源地址。工程师需要在双方路由器上都配置 **neighbor update-source** 命令。

　　工程师在 R2 和 R3 上配置了使用环回接口 0 的地址来发送 iBGP 包，并检查了邻接关系。例 7-26 展示了两台路由器上的相关配置和 **show** 命令的输出示例。

例7-26　配置并检查R2和R3使用环回接口建立邻居关系

```
R2(config)# router bgp 65000
R2(config-router)# neighbor 192.168.3.3 update-source Loopback 0

R3(config)# router bgp 65000
R3(config-router)# neighbor 192.168.2.2 update-source Loopback 0

R3# show ip bgp summary
<Output omitted>


Neighbor        V    AS   MsgRcvd   MsgSent   TblVer   InQ   OutQ   Up/Down   State/PfxRcd
192.168.2.2   4  65000        8         8       12     0      0   00:02:38             2
```

　　在例 7-26 所示的 **show ip bgp summary** 命令输出内容中，State/PfxRcd（状态/收到的前缀）一列显示为 2；这表示两台路由器之间的 BGP 会话状态是建立状态，并且 R3 从这个邻居收到了 2 个前缀。

　　使用环回接口 IP 地址建立 BGP 会话，也可以增强 eBGP 连接的恢复能力。如果两个 eBGP 邻居之间存在多条路径，那么只要还有路径存在，BGP 会话就不会受到影响。相应地，双方路由器都必须知道如何去往对方的环回接口地址。与内部企业网络所不同的是，企业内部通常通过 IGP 来提供环回接口的路由，从而建立 iBGP 对等体关系；在为 eBGP 对等体关系使用环回接口地址时，工程师通常需要为环回接口 IP 地址配置静态路由。

　　现在我们以 R1 和 R2 为例，在这两台路由器上配置去往对方环回接口 0 的静态路由，弥补它们之间不运行 IGP 的不足，使用环回接口 0 的 IP 地址建立 eBGP 对等体关系，并检查配置结果。例 7-27 展示了两台路由器上的相关配置和 **show** 命令的输出示例。

例7-27　配置并检查R1和R2使用环回接口建立邻居关系

```
R1(config)# ip route 192.168.2.2 255.255.255.255 209.165.202.130
R1(config)# router bgp 65100
R1(config-router)# no neighbor 209.165.202.130
R1(config-router)# neighbor 192.168.2.2 remote-as 65000
R1(config-router)# neighbor 192.168.2.2 update-source Loopback 0

R2(config)# ip route 209.165.201.1 255.255.255.255 209.165.202.129
```

（待续）

```
R2(config)# router bgp 65000
R2(config-router)# no neighbor 209.165.202.129
R2(config-router)# neighbor 209.165.201.1 remote-as 65100
R2(config-router)# neighbor 209.165.201.1 update-source Loopback 0
R1# show ip bgp summary
<Output omitted>

Neighbor        V    AS MsgRcvd MsgSent TblVer  InQ OutQ Up/Down State/PfxRcd
192.168.2.2     4 65000       0       0      1    0    0 never   Idle
```

例 7-27 显示出环回接口之间的 eBGP 连接状态是空闲（Idle）；对于 iBGP 对等体连接来说，本例中的路由设置和 BGP 邻居配置已经足以建立 iBGP 连接。本例中的会话没有建立成功，因为 eBGP 邻居地址默认必须是直连的。

8. eBGP 多跳

为了解决这个问题，工程是必须启用 eBGP 多跳特性，使用路由器配置命令 **neighbor** *ip-address* **ebgp-multihop** [*ttl*]。

这条命令使路由器接受并尝试向非直连网络中的外部对等体发起 BGP 连接。这条命令为 eBGP 对等体增加了默认的跳数（1 跳），也就是通过 *ttl* 参数改变默认的 TTL（生存时间）值，从而使路由器能够通过环回接口建立 eBGP 连接。默认情况下，这条命令会把 TTL 值设置为 255。当 eBGP 邻居之间存在冗余路径时，这条命令非常有用。工程师还可以在其他情况中使用这条命令，比如不能使用直连 IP 地址的情况，包括通过第三方路由器建立对等体关系、通过三层设备建立连接、使用高级 MPLS VPN 解决方案等。

现在我们在 R1 和 R2 上配置 eBGP 多跳，然后看看这次的对等体建立效果。例 7-28 展示了两台路由器上的相关配置和 **show** 命令的输出示例。

例 7-28　*在 R1 和 R2 上配置 eBGP 多跳并检查效果*

```
R1(config)# router bgp 65100
R1(config-router)# neighbor 192.168.2.2 ebgp-multihop

R2(config)# router bgp 65000
R2(config-router)# neighbor 209.165.201.1 ebgp-multihop

R1# show ip bgp summary
<Output omitted>

Neighbor       V    AS   MsgRcvd MsgSent  TblVer  InQ OutQ Up/Down State/PfxRcd
192.168.2.2    4 65000         6       5      12    0    0 00:00:30          2
```

这次 eBGP 连接成功建立了，因为在例 7-28 中，R1 上 **show** 命令输出的 State/PfxRcd（状态/收到的前缀）一列显示为 2；表示 R1 已经从邻居 R2 收到了 2 个前缀。

> **注释**　前文提到过，BGP 并不提供负载均担。BGP 根据策略选择路径，而不是基于带宽。BGP 只会选择一条最优路径。工程师使用本例中的环回地址配置和 neighbor ebgp-multihop 命令，可以实现负载均衡和冗余，也就是可以使用 AS 之间的两条路径来传输 BGP 包。

9. 重置 BGP 会话

BGP 可能会处理大量路由信息。当 BGP 策略配置发生变化时（比如 ACL、计时器或其他属性发生变化），路由器无法处理庞大的 BGP 表信息，无法重新计算本地 BGP 表中的哪些条目已经不再有效，也无法确定需要从邻居那里撤回哪条或哪几条已经通告出去的路由。而且更可怕的是，一旦第一个配置发生了变更，紧接着就会发生第二个，这将会使整个过程再来一次。为了避免这个问题，Cisco IOS 软件只会在已经执行了变更后的 BGP 策略配置之后，才在接收或发送的更新中应用这些变更。由新的过滤规则所限定的新策略只会应用在执行了变更后才接收或发送的路由上。

如果网络管理员希望为所有路由都应用策略变更，他/她必须触发一次更新，强制路由器为所有路由应用新的过滤策略。如果过滤策略影响的是出站信息，路由器必须通过新策略重新发送 BGP 表。如果过滤策略影响的是入站信息，路由器必须让它的邻居重新发送 BGP 表，这样它才能用新策略处理路由。

工程师有两种方式可以触发一次更新：硬重置和软重置，后者也称为路由刷新。接下来的小节中将详细介绍触发更新的内容。

对 BGP 会话执行硬重置

重置会话是向一个或多个邻居告知策略变化的一种方法。如果工程师重置了 BGP 会话，那么在这些会话上收到的所有信息都变得不再可用，并且路由器会从 BGP 表中删除这些信息。远端邻居在检测到 BGP 会话断开后，也会认为以前收到的路由不再可用。在经历了 30～60 秒后，BGP 会话会自动重新建立，双方路由器会再次交换 BGP 表，但这次就使用了新的过滤策略。不过要注意，重置 BGP 会话会中断数据包的转发行为。

工程师可以在特权（EXEC）配置模式中使用命令 **clear ip bgp ***或命令 **clear ip bgp** {*neighbor-address*}，针对指定 BGP 邻居执行硬重置，其中*表示所有会话，*neighbor-address* 参数让工程师可以指定需要重置 BGP 会话的特定邻居。"硬重置"意味着执行上述命令的路由器会关闭相应的 TCP 连接，并重新建立相关 TCP 连接，然后向所有受到影响的邻居重新发送所有信息。

> **注意**　清除 BGP 表及重置 BGP 会话会中断路由，因此只在必要时使用这些命令。

命令 **clear ip bgp ***会让路由器完全删除 BGP 转发表，并且必须从每个邻居那里重新学习所有网络。如果路由器拥有多个邻居，这个行为会带来很严重的后果：这条命令会强制所有邻居同时发送它们完整的 BGP 表。

如果工程师使用的是命令 **clear ip bgp** *neighbor-address*，会一次重置一个邻居。这条命令对路由器的影响小很多。但工程师需要花费更多的时间为所有邻居变更策略，因为每次只能变更一个邻居，而不是像命令 **clear ip bgp** *那样，一次性重置所有邻居。命令 **clear ip bgp** *neighbor-address* 仍会让路由器执行硬重置，也就是必须与指定 IP 地址之间重新建立 TCP 会话，只不过它一次只影响一个邻居，而不会同时影响所有邻居。

软重置或路由刷新

工程师可以在特权（EXEC）配置模式中使用命令 **clear ip bgp** {* | *neighbor-address*} **out**，针对指定 BGP 邻居，为出向更新执行软重置。执行了这条命令的路由器并不会重置 BGP 会话，而是会创建新的更新，并向指定邻居发送完整的 BGP 表。根据新的出向策略，这个更新中会撤销它已经不可达的网络。

出向 BGP 软重置不会为内存带来任何负担。当工程师在变更出向策略时，强烈建议使用这条命令，但这条命令并不适用于变更入向策略。

Cisco IOS 12.0(2)S 和 12.0(6)T 中引入了了 BGP 软重置增强特性，也称为路由刷新（Route Refresh），它能够自动支持入向 BGP 路由表更新的动态软重置行为，入向 BGP 路由表的更新并不依赖于本地储存的路由表更新信息。过去，路由器会消耗额外的内存，来储存收到的 BGP 表副本，以便用于生成新的入向更新。现在工程师在特权（EXEC）配置模式中输入命令 **clear ip bgp** {* | *neighbor-address*} **in**，就可以触发指定 BGP 邻居重新发送它的 BGP 表。

> **注释** 工程师可以使用命令 show ip bgp neighbors 来查看 BGP 路由器是否支持路由刷新特性。在支持路由刷新特性的路由器上，这条命令的输出内容中会包含以下内容：
>
> ```
> Received route refresh capability from peer.
> ```

> **注释** 命令 clear ip bgp soft 会让路由器针对入向和出向更新都执行软重置。

现在在 R2 上启用 BGP 更新调试，使用命令 **debgu ip bgp updates**，然后在 R1 上针对 R2 的邻居关系执行出向软重置。例 7-29 展示了两台路由器上的相关配置和输出示例。

例 7-29 软重置出向 BGP 更新

```
R2# debug ip bgp updates
BGP updates debugging is on for address family: IPv4 Unicast


R1# clear ip bgp 192.168.2.2 out


R2#
BGP: nbr_topo global 209.165.201.1 IPv4 Unicast:base (0xEC245CF8:1) rcvd Refresh
Start-of-RIB
BGP: nbr_topo global 209.165.201.1 IPv4 Unicast:base (0xEC245CF8:1) refresh_epoch is
3
```

（待续）

```
BGP(0): 209.165.201.1 rcvd UPDATE w/ attr: nexthop 209.165.201.1, origin i, metric
0, merged path 65100, AS_PATH
BGP(0): 209.165.201.1 rcvd 209.165.200.224/27... duplicate ignored
BGP: nbr_topo global 209.165.201.1 IPv4 Unicast:base (0xEC245CF8:1) rcvd Refresh
End-of-RIB
R2# no debug all
All possible debugging has been turned off
```

在例 7-29 中，注意当工程师在 R1 上针对 R2 触发了出向软重置后，BGP 表中所有还没有从 R2 收到的前缀都会重新发送给 R2。在本例中，R2 收到的信息与之前收到的条目相同，因此 R2 会忽略这个信息。

别忘了在测试完成后使用命令 **no debug all** 关闭调试，详见例 7-29 末尾。

当工程师使用软重置命令重置了 BGP 会话后，可以使用以下命令来监测 BGP 路由的接收、发送或过滤情况，详见图 7-13。

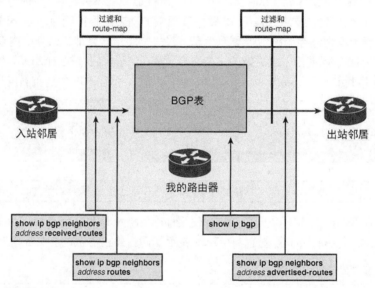

图 7-13　监测软重置

- **show ip bgp neighbors** {*address*} **received-routes**：显示从指定邻居接收到的所有路由（接受的和拒绝的）。
- **show ip bgp neighbors** {*address*} **routes**：显示从指定邻居接收到的且接受的路由。这条命令显示的路由是使用关键字 **received-routes** 显示路由的一部分。
- **showip bgp**：显示整个 BGP 表。
- **show ip bgp neighbors** {*address*} **advertised-routes**：显示通告给指定邻居的所有 BGP 路由。

7.3 BGP 属性和路径选择过程

　　工程师可以使用 BGP 来执行基于策略的路由。要想控制 BGP 对最优路径的选择，工程师首先需要理解各种 BGP 属性，以及 BGP 是如何根据这些属性来选择最优路由的。本节介绍了 BGP 选择最优路由的方法，介绍了在决策过程中用到的属性，以及如何配置这些属性。

7.3.1 BGP 路径选择

　　运行 BGP 的路由器可能会从多个邻居收到去往同一目的地的路由更新，这些邻居可能属于不同的 AS，因此去往特定网络可能会存在多条路径。这些路径都储存在 BGP 表中。在评估去往某个网络的路径时，那些被选择标准淘汰的路径，也就是没能称为最优路径的那些路径，仍保留在 BGP 表中，以防最优路径变得不可用。

　　BGP 为特定目的地只会选出一条最优路径。

　　BGP 并不执行负载均衡；它会根据策略选择路径，而不是基于带宽。BGP 在路径选择过程中会淘汰诸多路径，直到只剩一条最优路径。

　　这条最优 BGP 路径会被提交到 IP 路由表管理进程，并且会与其他路由协议中去往相同网络的路由进行对比。拥有最低 AD 值的路由协议所提供的路由会最终被放入 IP 路由表中。

> **注释**　如果路由器拥有多条属性相同的路径，分别去往同一远端 AS 中的不同路由器，工程师可以使用路由器配置命令 maximum-paths *paths* 来配置 BGP。这条命令只会影响 IP 路由表中的路由数量；它允许路由器在 IP 路由表中添加多条路径。但 BGP 仍然只会为 BGP 表选择一条最优路径。对于 BGP 来说，这条命令中的 *paths* 参数默认为 1。
>
> 更多信息可以参考 Cisco.com 中的文档 "Load Sharing with BGP in Single and Multihomed Environments: Sample Configurations"。

1. BGP 路径选择过程

　　BGP 路径选择过程是根据 BGP 属性执行的；后文 "BGP 属性" 一节中会详细介绍每个属性。当面对多条去往相同目的地的路由时，BGP 会选出一条最优路由，来路由去往这个目的地的流量。为了选出最优路由，BGP 只会考虑不会构成 AS 环路且有效可达的下一跳地址。Cisco 路由器中的 BGP 是按照以下过程选择最优路由的。

步骤 1　优选权重（Weight）最高的路由（权重是 Cisco 私有的，且只对路由器本地有意义）。

步骤 2　如果多条路由拥有相同的权重，优选本地优先级（Local Preference）最高的路由（本地优先级用在一个 AS 内部）。

步骤 3　如果多条路由拥有相同的本地优先级，优选本地路由器初始的路由（本地初始的路由在 BGP 表中的下一跳显示为 0.0.0.0）。

步骤 4　如果没有本地路由器初始的路由，优选 AS-Path 最短的路由。

步骤 5 如果多条路由拥有相同长短的 AS-Path，优选源代码（Origin Code）最小的路由
（IGP < EGP < 不完整[incomplete]）。

步骤 6 如果多条路由拥有相同的源代码，优选 MED 最低的路径（路由器在 AS 之间交
换 MED）。

只有当所有待选路由都来自同一个邻居 AS 时，路由器才会对比 MED；工程师也
可以使用路由器配置命令 **bgp always-compare-med**，让路由器总是对比 MED。

> **注释** 在最新的 IETF 决议中，为缺失 MED 的路由分配一个无穷大的 MED 值，使缺失 MED 值的
> 路由变为最后考虑的路由。Cisco IOS 软件中的 BGP 默认行为是：认为缺失 MED 属性的路由拥
> 有 MED 0，因此使这条路由变为最优先考虑的路由。要想使用 IETF 标准，工程师可以使用路由
> 器配置命令 bgp bestpath med missing–as–worst。

步骤 7 如果多条路由拥有相同的 MED，优选外部路由（eBGP），而不是内部路由（iBGP）。

步骤 8 如果只剩下了内部路径，优选穿越最近 IGP 邻居的路径。也就是说在一个 AS 内
部，路由器优选到达目的地最短的内部路径（去往 BGP 下一跳的最短路径）。

步骤 9 对于 eBGP 路径，优选最老的路由，减小路由反复启用和禁用的风险（路由翻动）。

步骤 10 优选邻居 BGP 路由器 ID 值最低的路由。

步骤 11 如果 BGP 路由器 ID 都相同的话，优选邻居 IP 地址最小的路由。

只有最优路径会被提供给 IP 路由表，并传播给其他 BGP 邻居。

> **注释** 这里总结的路由选择决策过程并没有包含所有情况，但对 BGP 选择路由规则的基础理解已
> 经提供了足够多的信息。

举例来说，假设现在有 7 条路径可以去往网络 192.0.2.0。所有路径都不会形成 AS 环
路，都具有有效的下一跳地址，因此所有路径都进入步骤 1 的对比，也就是检查每条路径
的权重。所有这 7 条路径的权重都是 0，因此它们都进入步骤 2 的对比，也就是检查每条
路径的本地优先级。其中 4 条路径的本地优先级是 200，另外 3 条路径的本地优先级分别
是 100、100 和 150。因此 4 条本地优先级为 200 的路径进入下一步的对比。其他 3 条路径
保留在 BGP 转发表中，但已经不具备最优路径的选举资格了。

BGP 进程会继续对这些路径进行对比，直到剩下一条最优路径。这条剩下的最优路径
会被当作最优 BGP 路径提供给 IP 路由表。

2．多宿主连接的路径选择决策过程

AS 很少会只部署一条 eBGP 连接，因此通常在 BGP 转发表中，去往每个网络都会存
在多条路径。

> **注释** 如果网络中运行的 BGP 只有一条 eBGP 连接，那这条连接肯定是无环的。如果下一跳可达，这
> 条路径会被提供给 IP 路由表。并且由于只有这一条路径，因此调整这条路径的属性也没什么意义。

通过执行 11 个步骤的路由选择过程,最终只有一条路径会被放入路由表并被传播到路由器的其他 BGP 邻居。如果没有修改路由的话,最常见的路径选择因素是路径选择中的步骤 4:优选最短的 AS-Path。

步骤 1 对比权重,非源于本地路由器的路由,默认权重为 0。

步骤 2 对比本地优先级,所有网络的本地优先级默认设置为 100。只有当网络管理员手动把权重或本地优先级修改为非默认值之后,步骤 1 和步骤 2 的对比才会生效。

步骤 3 查看这个 AS 拥有的网络。如果其中一条路由是由本地路由器注入到 BGP 表中的,那么优选本地路由器提供的路由,而不是通过其他 BGP 路由器收到的路由。

步骤 4 优选跨越最少 AS 的路径。这是 BGP 中路径选择最常见的最终结果。如果网络管理员不想使用这条穿越最少 AS 的路径,他/她需要通过修改权重或本地优先级,来调整出向 BGP 路径的选择结果。

步骤 5 查看的是网络进入 BGP 的方式。通常网络是由命令 **network**(源代码为 i)或通过重分布(源代码为?)进入到 BGP 中的。

步骤 6 通过查看 MED,判断邻居 AS 希望本地 AS 向哪里发送指定网络的数据包。Cisco IOS 软件默认将 MED 设置为 0。因此除非邻居 AS 的网络管理员手动修改这条路径的 MED 值,否则 MED 不会参与到路径选择中来。

如果仍有多条路径跨越相同数量的 AS,这些路径就会进入到步骤 7 的对比,这是 BGP 中路径选择第二常见的最终结果:从 eBGP 邻居学到的外部路径优于从 iBGP 邻居学到的内部路径。一个 AS 内的路由器会优选使用 ISP 的带宽资源,来去往某个网络,而不是优选本地 AS 中另一台 iBGP 邻居并占用内部带宽资源。

如果 AS 路径长度相等,并且这个 AS 中没有 eBGP 邻居能够去往那个网络(只有 iBGP 邻居提供的路径),BGP 就会选择去往最近出口的路径。步骤 8 就会查找最近的 iBGP 邻居;IGP 的度量参数决定了"最近"的具体含义(比如 RIP 使用跳数;OSPF 使用最小开销;Cisco IOS 中默认使用带宽)。

如果 AS 路径长度相等,穿越所有 iBGP 邻居的开销也相等,或者所有去往这个网络的邻居都是 eBGP 邻居,那么下一个能够选出最优路径的因素就是最老路径(步骤 9)。eBGP 邻居很少会分秒不差地同时建立起会话。总是会有一条会话老于另一条,因此较老邻居提供的路径会被选中,因为它建立的时间最长,我们认为它最稳定。

如果上述条件都相等,接下来优选 BGP 路由 ID 最低的邻居,这也是在这种情况下最有可能选出最优路径的步骤(步骤 10)。

如果 BGP 路由器 ID 也相同(比如所有路径都去往同一台 BGP 路由器),那么步骤 11 会选择使用邻居 IP 地址最小的路由。

7.3.2 BGP 属性

BGP 路由器会向其他 BGP 路由器发送有关目的地网络的 BGP 更新消息。更新消息中可以包含 NLRI,这是个列表,其中列出了一个或多个网络(IP 地址前缀和相应的前缀长度);

以及路径属性,这是一组 BGP 度量参数,用来描述去往这些网络的路径(路由)。BGP 使用路径属性来决定去往某个网络的最优路径。以下这些术语定义了这些属性的实施方法。

- 一个属性可以是公认的(Well-known)或可选的(Optional)、必遵的(Mandatory)或自决的(Discretionary)、传递的(Transitive)或非传递的(Nontransitive)。一个属性也可能只有部分特征。
- 这些特征并不是所有组合方式都是有效的;路径属性一般分为以下 4 个类别:
    - 公认强制(Well-known Mandatory);
    - 公认自决(Well-known Discretionary);
    - 可选传递(Optional Transitive);
    - 可选非传递(Optional Nontransitive)。
- 只有可选传递属性会被标记为部分属性。

接下来的小节中将会详细介绍这些特征。

BGP 路径属性格式

BGP 的更新消息中包含一个变长的路径属性序列,来描述它所更新的路由。路径属性的长度是可变的,并且包含以下三个字段:
- 属性类型,包含 1 字节属性标记字段和 1 字节属性类型代码字段;
- 属性长度;
- 属性值。

属性标记字段的第 1 个比特表明这个属性是可选的还是公认的。第 2 个比特表明可选属性是传递的还是非传递的。第 3 个比特表明传递属性是部分的还是完整的。第 4 个比特表明属性长度字段是 1 字节还是 2 字节。剩下的标记比特未使用,设置为 0。

---

1. 公认属性

公认(Well-known)属性是所有 BGP 实施环境中都必须能够识别并传播给 BGP 邻居的 BGP 属性。

公认属性分为以下两类。

- **公认必遵属性**:所有 BGP 更新消息中必须包含公认必遵属性。

注释 如果一个更新消息中缺少了公认必遵属性,路由器会生成一个通知错误消息。这样能够确保所有 BGP 实施环境都统一使用标准的属性。

- **公认自决属性**:所有 BGP 更新消息中不一定都携带公认自决属性(换句话说,所有 BGP 实施环境都能够识别这种属性,但并不一定所有更新消息中都携带它)。

2. 可选属性

非公认的属性称为可选属性。实施了可选属性的 BGP 路由器,可以根据属性的用途,把这个属性传播给其他 BGP 邻居。可选属性可以是传递的，也可以是非传递的。

- **可选传递属性**：没有实施这种可选传递属性的 BGP 路由器，应该把这个属性完好无损地传输给其他 BGP 路由器，并将其标记为部分属性。
- **可选非传递属性**：没有实施这种可选非传递属性的 BGP 路由器，应该删除这个属性，并且不能把它传输给其他 BGP 路由器。

3. 已定义的 BGP 属性

BGP 中已经定义了以下属性。

- 公认必遵属性：
  - AS-Path；
  - 下一跳（Next-Hop）；
  - 源（Origin）。
- 公认自决属性：
  - 本地优先级（Local Preference）；
  - 路由聚合（Atomic Aggregate）。
- 可选传递属性：
  - 聚合器（Aggregator）；
  - 团体（Community）。
- 可选非传递属性：
  - MED。

除此之外，Cisco 还为 BGP 定义了权重属性。工程师需要在本地路由器上配置权重，并且这个属性不会被传播给其他 BGP 路由器。

接下来的小节中，会对 AS-Path、下一跳、源、本地优先级、团体、MED 和权重属性进行详细完整的介绍。路由聚合属性标记的是邻居 AS，在这个 AS 中，源路由器对路由进行了聚合（汇总）。聚合器属性标记的是 BGP 路由器 ID 和 AS 号，表明这台路由器执行了路由聚合。附录 C 在 BGP 团体配置中介绍了这两个属性。

注释 附录C中介绍了如何配置BGP路由汇总，可以使用路由器配置命令network和aggregate-address *ip-address mask* [summary-only] [as-set]。

BGP 属性类型代码

Cisco 使用下列属性类型代码。

- 源（Origin）：类型代码 1。
- AS-Path：类型代码 2。
- 下一跳（Next-Hop）：类型代码 3。
- MED：类型代码 4。

- 本地优先级 (Local Preference)：类型代码 5。
- 路由聚合 (Atomic Aggregate)：类型代码 6。
- 聚合器 (Aggregator)：类型代码 7。
- 团体 (Community)：类型代码 8 (Cisco 定义的)。
- 源发站 ID (Originator ID)：类型代码 9 (Cisco 定义的)。
- 集群列表 (Cluster List)：类型代码 10 (Cisco 定义的)。

附录 C 中介绍了源发站 ID 和集群列表属性。

4. AS-Path 属性

AS-Path 属性列出了一系列 AS 号，表示路由需要穿越这些 AS 才能到达目的地，发起这条路由的 AS 号列在这个列表的最后。

AS-Path 是公认必遵的属性。只要路由更新穿越了一个 AS，这个 AS 的号码就会自动加在这个更新的前面（换句话说，在这个 AS 中的路由器把这条路由更新通告给下一个 eBGP 邻居时，它会把自己的 AS 号添加在列表开头）。

以图 7-14 为例，AS 64520 中的路由器 R1 通告了网络 209.165.200.224。当这条路由穿越 AS 65500 时，路由器 R3 把自己的 AS 号添加在最前面。当这条路由到达路由器 R2 时，已经有两个 AS 号附加在这条路由上了。从路由器 R2 的视角看来，去往 209.165.200.224 的路径是 (65500,64520)。

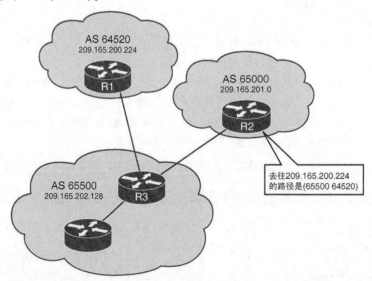

图 7-14　路由器 R3 把自己的 AS 号添加在从路由器 R1 发往路由器 R2 的路由上

同样的行为也应用在 209.165.201.0 和 209.165.202.128 上。路由器 R1 去往 209.165.201.0 的路径是(65500,65000)；它先后穿越 AS 65500 和 AS 65000。路由器 R3 需要穿越 AS 65000

去往 209.165.201.0，穿越 AS 64520 去往 209.165.200.224。

BGP 路由器通过使用 AS-Path 属性，保证这个环境中没有环路。如果 BGP 路由器收到了一个路由更新，其中 AS-Path 属性中包含自己的 AS，它就不会接受这个路由。

只有把路由通告给 eBGP 邻居的路由器才会在 AS-Path 中添加自己的 AS 号。把路由通告给 iBGP 邻居时，路由器并不会改变 AS-Path 属性。

5. 下一跳属性

BGP 下一跳（Next-Hop）是公认必遵的属性，指明了去往一个目的地要使用的下一跳 IP 地址。

前文已经介绍过了，对于 eBGP 路由，它的下一跳地址是发送了这个路由更新的邻居 IP 地址，但对于 iBGP 路由，默认 eBGP 通告的下一跳会被带入 iBGP 中。当然，工程师可以改变这个行为，也就是让路由器将自己通告为路由的下一跳，并将路由发送给邻居。

6. 源属性

源（Origin）是公认必遵的属性，定义了路径信息的源。源属性的取值有以下三种。

- IGP：这条路由是源 AS 中的内部路由。通常工程师使用 **network** 命令向 BGP 中通告路由时，源属性就是 IGP。源属性是 IGP，表示在 BGP 表中，这条路由被标记为 *i*。
- EGP：这条路由是通过 EGP 学来的。在 BGP 表中，这条路由被标记为 *e*。EGP 是以前的路由协议，Internet 上并不支持它，因为 EGP 只执行有类路由，并不支持 CIDR。
- 不完整：这条路由的源是未知的，或者它是通过其他方式学来的。通常工程师将路由重分布到 BGP 中时，路由就标记为不完整（第 4 章和附录 C 中介绍了重分布）。在 BGP 表中，不完整的源标记为*?*。

7. 本地优先级属性

本地优先级（Local Preference）是公认自决的属性，告诉 AS 内的路由器，哪条是离开 AS 的首选路径。

优选拥有较高本地优先级的路径。

术语本地（Local）表示一个 AS 内部。BGP 路由器只会把本地优先级属性发送给 iBGP 邻居；它不会发送给 eBGP 邻居。因此工程师在一台路由器上配置的本地优先级属性只会在同一 AS 内的路由器之间交换。Cisco 路由器上默认的本地优先级是 100。

8. 团体属性

BGP 团体属性是一种用来过滤入站和出站路由的方法。BGP 团体属性能够让路由

器使用指示符（团体）来标记路由，并允许其他路由器根据这个标记来做出决策。任何
BGP 路由器都可以在入站和出站路由更新中标记路由，或者在重分布时标记路由。任
何 BGP 路由器都能够基于团体（标记），在入站或出站更新中过滤路由，或者选择更优
路由。

BGP 团体用于共享某些相同属性和共享相同策略的目的地（路由）；路由器以团体的
身份进行运作，而不仅仅是一台路由器。团体并不局限于一个网络或一个 AS 中，它们并
没有任何物理边界。

团体是可选传递的属性。如果一台路由器并不理解团体的概念，它能把团体属性传递
给下一台路由器。但如果路由器理解团体的概念，工程是必须配置让它传播团体属性；否
则默认它会丢弃团体属性。

> 注释　附录 C 中详细介绍了 BGP 团体的配置。

9. MED 属性

MED 属性也称为度量值（Metric），它是可选非传递的属性。

> 注释　在 Cisco IOS 中，MED 属性称为度量值。比如在命令 show ip bgp 的输出内容中，MED
> 显示在 metric 一列中。

MED 为外部邻居指明了优选进入一个 AS 的路径。如果有多条路径都可以进入这个
AS 的话，MED 是一种动态的方法，让这个 AS 能够尝试影响其他 AS 的选路。

优选较低的度量值。

与本地优先级不同，MED 是在 AS 之间交换的。BGP 路由器会把 MED 发送给 eBGP
邻居；然后这个 eBGP 邻居会在自己的 AS 内传播 MED，这个 AS 内的其他路由器也都会
使用 MED，但不会把它传播给下一个 AS。当路由器要把这条路由更新发送给其他 AS 时，
它会把度量值设置为默认值 0。

一定要理解 MED 与本地优先级之间的区别：MED 影响进入一个 AS 的流量，而本地
优先级影响离开一个 AS 的流量。

默认情况下，路由器只会当同一个 AS 中的多个邻居提供了去往同一目的地的多条路
径时，才会比较 MED 属性。

通过使用 MED 属性，BGP 是唯一一个路由协议，能够尝试影响其他 AS 优选哪条路
径将流量发送到自己的 AS。但是要记住，邻居 AS 可并不一定会把 MED 属性考虑进来；
它可能已经根据其他属性决定了路径。

以图 7-15 为例，路由器 R2 和 R3 的配置展示在例 7-30 中。这个配置中用到了前缀列
表和 route-map。第 4 章中介绍了前缀列表及其配置方法。回忆一下，工程师需要使用全局
配置命令 **ip prefix-list** {*list-name | list-number*} [**seq** *seq-value*] {**deny** | **permit**} *network
/length* [**ge** *ge-value*] [**le** *le-value*]，来创建一个前缀列表。工程师需要使用路由器配置命令

neighbor *ip address* **route-map** *name* {**in** | **out**}，为 BGP 路由应用 route-map。

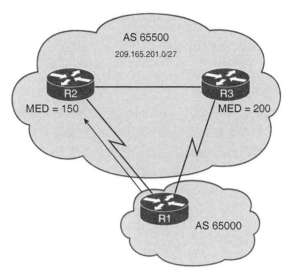

图 7-15　MED 属性：路由器 R2 是去往 AS 65500 的最佳下一跳

例 7-30　配置图 7-15 中的路由器 R2 和 R3

```
R2(config)# ip prefix-list PF1 permit 209.165.201.0/27
R2(config)# route-map SET-MED permit 10
R2(config-route-map)# match ip address prefix-list PF1
R2(config-route-map)# set metric 150
R2(config-route-map)# route-map SET-MED permit 20
R2(config-route-map)# exit
R2(config)# router bgp 65550
R2(config-router)# neighbor 209.165.202.129 route-map SET-MED out
```

```
R3(config)# ip prefix-list PF1 permit 209.165.201.0/27
R3(config)# route-map SET-MED permit 10
R3(config-route-map)# match ip address prefix-list PF1
R3(config-route-map)# set metric 200
R3(config-route-map)# route-map SET-MED permit 20
R3(config-route-map)# exit
R3(config)# router bgp 65550
R3(config-router)# neighbor 209.165.202.133 route-map SET-MED out
```

在例 7-30 中，在向 AS 65000 中的 R1 发送路由 209.165.201.0/27 时，R2 把 MED 属性设置为 150，R3 把 MED 属性设置为 200。当路由器 R1 从路由器 R2 和 R3 收到更新消息（包含路径属性）时，它会把路由器 R2 选择为去往 AS 65500 中路由 209.165.201.0/27 的最佳下一跳，因为路由器 R2 的 MED 值 150，小于路由器 R3 的 MED 值 200。

> **注释** 默认情况下，只有当所有备选路由的邻居 AS 都相同时，才会考虑 MED 属性。要想当备选路由来自不同 AS 时也比较 MED 属性，工程师必须在路由器上配置路由器配置命令 bgp always-compare-med。

10．权重属性（Cisco 私有）

权重属性是 Cisco 定义的属性，用在路径选择过程中。工程师需要在路由器本地配置权重属性，并且它只为本地路由策略提供帮助；权重属性不会被传播给任何 BGP 邻居。

当存在多条去往相同目的地的路由时，优选权重值较高的路由。

权重的取值范围是 0～65535。路由器初始路径的权重值默认是 32768，其他路径的权重值默认是 0。

当一台路由器有多个出口点能够离开本地 AS 的话，工程师可以使用权重属性选择最优路径。对比本地优先级属性的话，本地优先级属性是当两台或多台路由器提供了多个出口点时使用的。

在图 7-16 中，路由器 R2 和 R3 从 AS 65250 学到了网络 209.165.201.0，然后将这个路由更新传播给路由器 R1。路由器 R1 现在拥有两条路径可以到达 109.165.201.0，它必须决定走哪条。在本例中，路由器 R1 上将路由器 R2 发来的更新，设置了权重值 200，将路由器 R3 发来的更新，设置了权重值 150。由于路由器 R2 更新的权重值高于路由器 R3 更新的权重值，因此路由器 R1 将路由器 R2 作为去往 209.165.201.0 的下一跳。

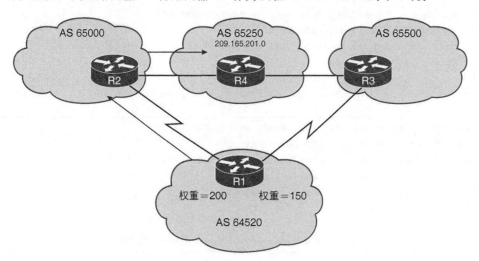

图 7-16　权重属性：路由器 R1 使用路由器 R2 作为去往 209.165.201.0 的下一跳

11．为邻居发来的所有更新修改权重值

工程师需要使用路由器配置命令 **neighbor** *ip-address* **weight** *weight*，为从邻居连接收到

的更新分配权重值，详见表 7-4。

表 7-4　　　　　　　　　　　　　　　　neighbor weight 命令描述

参数	描述
ip-address	BGP 邻居的 IP 地址
weight	分配的权重，取值范围是 0～65535。本地路由的默认值是 32768（这台路由器发起的路由），其他路由的默认值是 0

12. 使用 route-map 修改权重值

以图 7-17 所示网络为例，展示如何使用 route-map 来修改权重属性。例 7-31 展示了路由器 R1 上的相关配置。

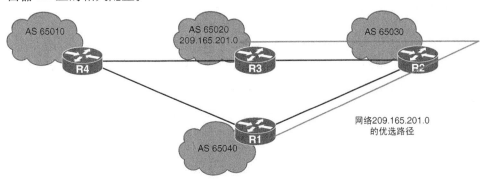

图 7-17　权重属性：路由器 R1 将路由器 R2 用作去往 209.165.201.0 的下一跳

例 7-31　配置图 7-17 中的路由器 R1

```
R1(config)# ip prefix-list AS65020_ROUTES permit 209.165.201.0/24 le 28
R1(config)# route-map RM-SET-Weight permit 10
R1(config-route-map)# match ip address prefix-list AS65020_ROUTES
R1(config-route-map)# set weight 150
R1(config-route-map)# route-map RM-SET-Weight permit 20
R1(config-route-map)# set weight 100
R1(config-route-map)# exit
R1(config)# router bgp 65040
R1(config-router)# neighbor 209.165.202.129 route-map RM-SET-Weight in
```

在例 7-31 中，对于去往网络 209.165.201.0 的流量，路由策略显示出路由器将首选 AS 65030 为 AS 65040 的出向路径。工程师通过在从 AS 65030（也就是从邻居 209.165.202.129）收到的所有入站通告（这些通告中包含这个网络的相关信息）中，添加较高的权重值（150），使路由器首选 AS 65030。

首先第一步是创建一个 route-map。route-map 中的第一行称为 RM-SET-Weight，使用序号为 10 的 **permit** 语句；它定义了第一条 **route-map** 命令。接着创建修改 BGP 权重属性的规则。这条命令的 **match** 条件会查看前缀列表 AS65020_ROUTES，这个列表中匹配了路由 209.165.201.0/24，以及前 24 比特与此相同且掩码长度在/24 和/28（包含首尾）之间的任意路由。所有匹配这个前缀列表的路由，由 **set** 命令将其权重属性设置为 150。

route-map 中的第二条命令也使用了 **permit** 语句，序列号为 20；这条命令中没有任何 **match** 语句，因此所有其他更新都会匹配这条命令。因此这条命令会将所有没有匹配上述前缀列表的路由，设置值为 100 的权重值。

工程师把这个 route-map 作为入向 route-map，关联到邻居 209.165.202.129。因此路由器 R1 在从 209.165.202.129（R2）收到更新时，就会使用 route-map RM-SET-Weight 来处理这个更新，并在将路由放入路由器 R1 的 BGP 表时，为它们设置相应的权重值。

7.3.3　影响 BGP 路径选择

本节将以案例的形式，展示如何配置并检查 BGP 属性。

图 7-18 展示了本例使用的网络拓扑，所有 BGP 会话都已建立完成。GW1 和 GW2 将各自环回接口 1 上配置的网络通告到 BGP 中，ISP3 将环回接口 0 上配置的两个网络通告到 BGP 中。GW1 和 GW2 在 AS 65000 中运行 OSPF。

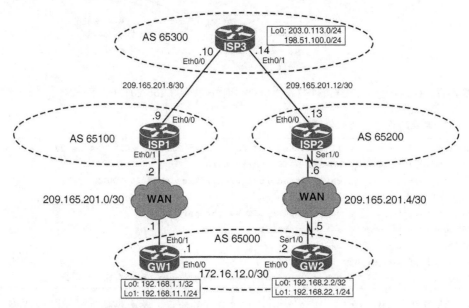

图 7-18　BGP 路径选择案例使用的网络

在检查了当前状态后，我们需要修改一些 BGP 属性来改变流量的路径。首先对于 GW2，工程师为从 GW1 收到的更新分配一个较高的权重，使 GW1 成为离开 AS 65000 的优选出口点。由于权重只具有本地意义，因此对于从 ISP1 收到的更新，工程师在 GW1 上为它们分配较高的本地优先级，代替基于权重的配置。最后，工程师要让 AS 65000 的入向流量选择更快的路径，因此在 GW2 通告给 ISP2 的更新中添加 AS-Path。

首先，我们要检查 GW1 上 BGP 初始的状态，通过检查 BGP 表和路由表来完成，然后检查与 ISP3 通告的外部网络（主机 198.51.100.1 和 203.0.113.1）之间的连通性。为了在 GW1 上检查 AS 65000 和 AS 65300 之间的连通性，工程师需要以 ISP3 可达的 IP 地址发起测试；由于 GW1 将自己的环回接口 1 网络（192.168.11.0/24）通告到了 BGP 中，因此 ISP3 能够访问这个网络。

例 7-32 展示了 GW1 上的命令输出。

例 7-32　检查 GW1 上的 BGP

```
GW1# show ip bgp
BGP table version is 20, local router ID is 209.165.201.1
Status codes: s suppressed, d damped, h history, * valid, > best, i - internal,
              r RIB-failure, S Stale, m multipath, b backup-path, f RT-Filter,
              x best-external, a additional-path, c RIB-compressed,
Origin codes: i - IGP, e - EGP, ? - incomplete
RPKI validation codes: V valid, I invalid, N Not found

     Network          Next Hop            Metric LocPrf Weight Path
 *>  192.168.11.0     0.0.0.0                  0         32768 i
 *>i 192.168.22.0     192.168.2.2              0    100      0 i
 *>  198.51.100.0     209.165.201.2                        0 65100 65300 i
 *  i                 209.165.201.6            0    100      0 65200 65300 i
 *>  203.0.113.0      209.165.201.2                        0 65100 65300 i
 *  i                 209.165.201.6            0    100      0 65200 65300 i
GW1# show ip route bgp
Codes: L - local, C - connected, S - static, R - RIP, M - mobile, B - BGP
       D - EIGRP, EX - EIGRP external, O - OSPF, IA - OSPF inter area
       N1 - OSPF NSSA external type 1, N2 - OSPF NSSA external type 2
       E1 - OSPF external type 1, E2 - OSPF external type 2
       i - IS-IS, su - IS-IS summary, L1 - IS-IS level-1, L2 - IS-IS level-2
       ia - IS-IS inter area, * - candidate default, U - per-user static route
       o - ODR, P - periodic downloaded static route, H - NHRP, l - LISP
       + - replicated route, % - next hop override

Gateway of last resort is not set

B     192.168.22.0/24 [200/0] via 192.168.2.2, 23:40:37
B     198.51.100.0/24 [20/0] via 209.165.201.2, 01:18:10
B     203.0.113.0/24 [20/0] via 209.165.201.2, 01:18:10

GW1# ping 198.51.100.1 source loopback 1
Type escape sequence to abort.
Sending 5, 100-byte ICMP Echos to 198.51.100.1, timeout is 2 seconds:
```

（待续）

```
Packet sent with a source address of 192.168.11.1
!!!!!
Success rate is 100 percent (5/5), round-trip min/avg/max = 4/4/5 ms

GW1# traceroute 198.51.100.1 source loopback 1
Type escape sequence to abort.
Tracing the route to 198.51.100.1
VRF info: (vrf in name/id, vrf out name/id)
  1 209.165.201.2 0 msec 0 msec 1 msec
  2 209.165.201.10 4 msec * 4 msec
GW1# traceroute 203.0.113.1 source loopback 1
Type escape sequence to abort.
Tracing the route to 203.0.113.1
VRF info: (vrf in name/id, vrf out name/id)
  1 209.165.201.2 1 msec 0 msec 1 msec
  2 209.165.201.10 0 msec * 1 msec
GW1#
```

从例 7-23 中可以看出，在检查 GW1 上的 BGP 表和路由表时，可以看到它已经从两条 ISP 路径（ISP1 和 ISP2）同时收到了 ISP3 的前缀 198.51.100.0/24 和 203.0.113.0/24。GW1 优选通过 ISP1 的外部路由，因为 eBGP 路由优于 iBGP 路由。ISP3 的环回接口网络对 GW1 来说都是可达的。

类似地，我们也来看看 GW2 上的 BGP 初始状态和连通性。例 7-33 展示了 GW2 上的命令输出。

例 7-33　检查 GW2 上的 BGP

```
GW2# show ip bgp
BGP table version is 15, local router ID is 192.168.2.2
Status codes: s suppressed, d damped, h history, * valid, > best, i - internal,
              r RIB-failure, S Stale, m multipath, b backup-path, f RT-Filter,
              x best-external, a additional-path, c RIB-compressed,
Origin codes: i - IGP, e - EGP, ? - incomplete
RPKI validation codes: V valid, I invalid, N Not found

     Network          Next Hop            Metric LocPrf Weight Path
 *>i 192.168.11.0     192.168.1.1              0    100      0 i
 *>  192.168.22.0     0.0.0.0                  0         32768 i
 * i 198.51.100.0     209.165.201.2            0    100      0 65100 65300 i
 *>                   209.165.201.6                          0 65200 65300 i
 * i 203.0.113.0      209.165.201.2            0    100      0 65100 65300 i
 *>                   209.165.201.6                          0 65200 65300 i
GW2# show ip route bgp
```

（待续）

```
Codes: L - local, C - connected, S - static, R - RIP, M - mobile, B - BGP
       D - EIGRP, EX - EIGRP external, O - OSPF, IA - OSPF inter area
       N1 - OSPF NSSA external type 1, N2 - OSPF NSSA external type 2
       E1 - OSPF external type 1, E2 - OSPF external type 2
       i - IS-IS, su - IS-IS summary, L1 - IS-IS level-1, L2 - IS-IS level-2
       ia - IS-IS inter area, * - candidate default, U - per-user static route
       o - ODR, P - periodic downloaded static route, H - NHRP, l - LISP
       + - replicated route, % - next hop override

Gateway of last resort is not set

B     192.168.11.0/24 [200/0] via 192.168.1.1, 23:56:54
B     198.51.100.0/24 [20/0] via 209.165.201.6, 01:50:22
B     203.0.113.0/24 [20/0] via 209.165.201.6, 01:50:22

GW2# ping 198.51.100.1 source loopback 1
Type escape sequence to abort.
Sending 5, 100-byte ICMP Echos to 198.51.100.1, timeout is 2 seconds:
Packet sent with a source address of 192.168.22.1
!!!!!
Success rate is 100 percent (5/5), round-trip min/avg/max = 7/8/9 ms

GW2# traceroute 198.51.100.1 source loopback 1
Type escape sequence to abort.
Tracing the route to 198.51.100.1
VRF info: (vrf in name/id, vrf out name/id)
  1 209.165.201.6 8 msec 8 msec 8 msec
  2 209.165.201.14 8 msec * 6 msec

GW2# traceroute 203.0.113.1 source loopback 1
Type escape sequence to abort.
Tracing the route to 203.0.113.1
VRF info: (vrf in name/id, vrf out name/id)
  1 209.165.201.6 7 msec 9 msec 9 msec
  2 209.165.201.14 9 msec * 9 msec
GW2#
```

与 GW1 类似，例 7-33 检查了 GW2 上的 BGP 表，其中包含通过两个 ISP 路径（ISP1 和 ISP2）学到的 IPS3 前缀。与 GW 一样，GW 优选通过 ISP2 的外部路由，因为外部 BGP 路由优于内部 BGP 路由。不过在这个案例中，这种选择结果并没有选出最优路径，因为去往 ISP2 的上行链路要慢于去往 ISP1 的主用上行链路。ISP3 的环回接口网络对 GW2 来说都是可达的。

接着我们来看看 ISP3 上的 BGP 初始状态和连通性。例 7-34 展示了 ISP3 上的命令输出，其中包括检查 GW1 和 GW2 通告网络（主机 192.168.11.1 和 192.168.22.1）的可达性。

例 7-34 检查 ISP3 上的 BGP

```
ISP3# show ip bgp
<Output omitted>
    Network          Next Hop         Metric LocPrf Weight Path
*   192.168.11.0     209.165.201.13                    0 65200 65000 i
*>                   209.165.201.9                     0 65100 65000 i
*   192.168.22.0     209.165.201.9                     0 65100 65000 i
*>                   209.165.201.13                    0 65200 65000 i
*>  198.51.100.0     0.0.0.0               0        32768 i
*>  203.0.113.0      0.0.0.0               0        32768 i

ISP3# sh ip route bgp
<Output omitted>
Gateway of last resort is not set

B    192.168.11.0/24 [20/0] via 209.165.201.9, 00:10:53
B    192.168.22.0/24 [20/0] via 209.165.201.13, 00:10:56

ISP3# ping 192.168.11.1 source loopback 0
Type escape sequence to abort.
Sending 5, 100-byte ICMP Echos to 192.168.11.1, timeout is 2 seconds:
Packet sent with a source address of 198.51.100.1
!!!!!
Success rate is 100 percent (5/5), round-trip min/avg/max = 1/1/1 ms
ISP3# traceroute 192.168.22.1 source loopback 0
Type escape sequence to abort.
Tracing the route to 192.168.22.1
VRF info: (vrf in name/id, vrf out name/id)
  1 209.165.201.13 1 msec 0 msec 1 msec
  2 209.165.201.5 9 msec * 9 msec
ISP3#
```

GW1 和 GW2 的环回接口网络对 ISP3 来说都是可达的。ISP3 上的 BGP 表和路由表都显示出：ISP3 通过两条 ISP 路径（ISP1 和 ISP2）收到了 AS 65000 前缀 192.168.11.0/24 和 192.168.22.0/24。两条更新拥有相同的属性，因此 ISP3 选择最老的路径为优选路径。需要注意的是，正因如此，在例 7-34 中，ISP3 为两个 AS 65000 前缀选择了不同的路径！从测试中能够观察到不同的结果，这取决于哪条路由最先建立起来。因此它所使用的路径并不是确定的，正如例 7-34 中展示的前缀 192.168.22.0，选择最老的路径也就是使用 ISP2 和 GW2 之间较低带宽的串行 WAN 链路，这显然不是理想的结果。

1. 修改权重值

现在我们来探讨一下修改流量路径的方法。首先，在 GW2 上修改从 GW1 收到的所有更新的默认权重值，将其修改为非零的值；这样做会使路由器优选通过 iBGP 收到的前缀。例 7-35 展示了 GW2 上的相关配置和检查命令。

例 7-35　在 GW2 上修改权重值

```
GW2(config)# router bgp 65000
GW2(config-router)# neighbor 192.168.1.1 weight 10

GW2# show ip bgp
<Output omitted>
    Network          Next Hop          Metric LocPrf Weight Path
 *>i 192.168.11.0    192.168.1.1            0    100      0 i
 *>  192.168.22.0    0.0.0.0                0         32768 i
 *  i 198.51.100.0   209.165.201.2          0    100      0 65100 65300 i
 *>                  209.165.201.6                        0 65200 65300 i
 *  i 203.0.113.0    209.165.201.2          0    100      0 65100 65300 i
 *>                  209.165.201.6                        0 65200 65300 i
GW2#
```

注意在例 7-35 中，当工程师在 GW2 上为 GW1 配置默认权重值时，GW2 上的 BGP 表并不会马上实施策略变更。BGP 会在交换新的更新包时应用新策略，因此工程师需要对 BGP 执行硬重置或软重置，使 GW1 能够向 GW2 重新发送 BGP 更新。

例 7-36 展示了工程师在 GW2 上针对邻居 GW1 执行了 BGP 入向软重置，接着展示了重置后的结果。

例 7-36　执行 BGP 入向软重置并查看结果

```
GW2# clear ip bgp 192.168.1.1 in
GW2# sh ip bgp
<Output omitted>
    Network          Next Hop          Metric LocPrf Weight Path
 *>i 192.168.11.0    192.168.1.1            0    100     10 i
 *>  192.168.22.0    0.0.0.0                0         32768 i
 *>i 198.51.100.0    209.165.201.2          0    100     10 65100 65300 i
 *                   209.165.201.6                        0 65200 65300 i
 *>i 203.0.113.0     209.165.201.2          0    100     10 65100 65300 i
 *                   209.165.201.6                        0 65200 65300 i
GW2#

GW2# traceroute 198.51.100.1 source loopback 1
Type escape sequence to abort.
Tracing the route to 198.51.100.1
VRF info: (vrf in name/id, vrf out name/id)
  1 172.16.12.1 1 msec 1 msec 0 msec
  2 209.165.201.2 1 msec 0 msec 1 msec
  3 209.165.201.10 3 msec * 5 msec
GW2#
```

如例 7-36 所示，当工程师在 GW2 上执行了 BGP 入向软重置后，GW1 重新向 GW2 发送了 BGP 更新，GW2 为这些更新应用了新的策略，也就是为它们设置了非零的权重值。现在 GW2 优选从 GW1 收到的更新，而不是选择从 ISP2 收到的外部更新。去往外部目的地（比如 198.51.100.1）的流量路径会穿越 GW1 和 ISP1。注意这个新策略只会影响 GW2 的路由选择，并不会影响其他路由器。GW1 仍倾向于使用外部路由，并且仍会通过 ISP1 发送出向流量。

2. 修改本地优先级

本地优先级设置是在 AS 内部共享的，因此它将会同时影响 GW1 和 GW2。一种修改本地优先级的做法是使用路由器配置命令 **bgp default local-preference** *value*，修改默认值 100；所有通告的 BGP 路由中都会包含这个本地优先级值。工程师还可以在 route-map 中修改本地优先级；本节以这种做法为例，在 GW1 上为从 ISP1 收到的更新设置一个较高的本地优先级值。例 7-37 展示出了相关配置；首先工程师删除了 GW2 上的权重配置，然后在 GW1 上配置本地优先级。工程师使用 route-map prefer_isp1，其中包含一条命令，匹配所有更新并为其设置本地优先级值 150。这个 route-map 应用在从 ISP1 收到的更新上。

例 7-37　在 GW1 上修改本地优先级值

```
GW2(config)# router bgp 65000
GW2(config-router)# no neighbor 192.168.1.1 weight 10

GW1(config)# route-map prefer_isp1 permit 10
GW1(config-route-map)# set local-preference 150
GW1(config-route-map)# router bgp 65000
GW1(config-router)# neighbor 209.165.201.2 route-map prefer_isp1 in
```

工程师需要清除 GW1 上的 ISP1 BGP 会话，使本地优先级的设置生效，然后等待 BGP 收敛（需要花费几分钟的时间）。例 7-38 展示了变更后的 BGP 表。

例 7-38　清除 BGP 会话并检查结果

```
GW1# clear ip bgp 209.165.201.2 in

GW1# show ip bgp
<Output omitted>
    Network          Next Hop         Metric LocPrf Weight Path
 *>  192.168.11.0     0.0.0.0              0           32768 i
 *>i 192.168.22.0     192.168.2.2          0     100     0 i
 *>  198.51.100.0     209.165.201.2              150     0 65100 65300 i
 *>  203.0.113.0      209.165.201.2              150     0 65100 65300 i
GW1#
```

从例 7-38 展示的 BGP 表中可以看出，外部网络 198.51.100.0/24 和 203.0.113.0/24 的本地优先级都是 150。两个外部网络仍通过 ISP1 可达。注意，GW1 的 BGP 表中不再有从 GW2 收到的这些外部网络的路由。这是因为现在 GW2 倾向使用穿越 GW1 的路径，而且 BGP 邻居之间只会交换最优路径。例 7-39 展示了 GW2 的 BGP 表；去往外部网络的最优路径拥有本地优先级值 150，并且是通过 GW1 的路径。

例 7-39　GW2 去往 ISP3 网络的流量穿越 GW1

```
GW2# show ip bgp
<Output omitted>
    Network          Next Hop          Metric LocPrf Weight Path
 *>i 192.168.11.0     192.168.1.1            0    100     10 i
 *>  192.168.22.0     0.0.0.0                0          32768 i
 *>i 198.51.100.0     209.165.201.2          0    150      0 65100 65300 i
 *                    209.165.201.6                        0 65200 65300 i
 *>i 203.0.113.0      209.165.201.2          0    150      0 65100 65300 i
 *                    209.165.201.6                        0 65200 65300 i
GW2#
GW2# traceroute 198.51.100.1 source loopback 1
Type escape sequence to abort.
Tracing the route to 198.51.100.1
VRF info: (vrf in name/id, vrf out name/id)
  1 172.16.12.1 1 msec 0 msec 1 msec
  2 209.165.201.2 1 msec 0 msec 1 msec
  3 209.165.201.10 5 msec * 5 msec
GW2#
GW2# show ip route
<Output omitted>
      172.16.0.0/16 is variably subnetted, 2 subnets, 2 masks
C        172.16.12.0/30 is directly connected, Ethernet0/0
L        172.16.12.2/32 is directly connected, Ethernet0/0
      192.168.1.0/32 is subnetted, 1 subnets
O        192.168.1.1 [110/11] via 172.16.12.1, 00:03:20, Ethernet0/0
      192.168.2.0/32 is subnetted, 1 subnets
C        192.168.2.2 is directly connected, Loopback0
B     192.168.11.0/24 [200/0] via 192.168.1.1, 00:02:50
      192.168.22.0/24 is variably subnetted, 2 subnets, 2 masks
C        192.168.22.0/24 is directly connected, Loopback1
L        192.168.22.1/32 is directly connected, Loopback1
B     198.51.100.0/24 [200/0] via 209.165.201.2, 00:01:01
B     203.0.113.0/24 [200/0] via 209.165.201.2, 00:01:01
      209.165.201.0/24 is variably subnetted, 3 subnets, 2 masks
O        209.165.201.0/30 [110/20] via 172.16.12.1, 00:03:20, Ethernet0/0
C        209.165.201.4/30 is directly connected, Serial1/0
L        209.165.201.5/32 is directly connected, Serial1/0
```

注意从例 7-39 中可以看出，GW2 上去往外部网络的下一跳是 ISP1 的地址（209.165.201.0）；这些路由是有效的，因为 GW2 和 GW1 之间运行 OSPF，GW2 通过 OSPF 学到了 ISP1 的 IP 地址。

3. 设置 AS-Path

如果工程师想要影响其他 AS，使其在将流量发往指定 AS 时，选择特定的路径，想要达到这个目标有些复杂。因为一个 AS 的管理员很难向另一个 AS 的管理员提出要求，要求他们修改自己路由器的配置；而且几乎不可能通过权重和本地优先级特性来影响另一个 AS 的选路，因为这需要在邻居 AS 内进行配置变更。

> **注释**　工程师可以使用附录 C 中介绍的团体属性，在其他 AS 中设置一些属性，其中包括权重和本地优先级。比如连接了多宿主客户的 ISP，可以让这些客户使用团体属性来设置本地优先级。

从前文的案例中可以看出，默认情况下，如果工程师没有配置任何 BGP 路径选择工具来影响流量的话，BGP 会使用最短 AS-Path，而不会考虑路径上的可用带宽。

一个 AS 可以尝试影响入站流量的一种方法是：在不希望对方使用的路径上，发送延长了的 AS-Path 属性的 eBGP 更新：在 AS-Path 中添加多个本地 AS 号，使它变长。收到这个更新的路由器几乎不可能把这条路径选为最优路径，因为它的 AS-Path 属性比较长。这个特性称为 AS-Path 头部添加。并没有一种机制能够计算出工程师需要在 AS-Path 头部添加多少个前缀，因为一个 AS 的管理员无法知道会不会有其他 AS 也使用了 AS-Path 头部添加特性。

为了避免与 BGP 防环机制发生冲突，路由器不能在 AS-Path 属性中添加除自己 AS 号之外的其他 AS 号。如果路由器在 AS-Path 属性中添加了其他的 AS 号，那么被添加 AS 中的路由器会由于 BGP 防环机制，而拒绝这个更新。

工程师可以对所有自己发送出去的路由更新都应用头部添加特性，也可以只针对一部分路由应用。

在配置 AS-Path 头部添加特性时，工程师需要决定到底添加多少个 AS 号。工程师需要根据本地 AS 周边的拓扑做出这个决定。添加的 AS 号数量越多，对周边 AS 的影响范围就越大。在本节的案例拓扑中，GW2 需要在向 ISP2 通告的更新消息中，为 AS-Path 添加 1 个本地 AS 号，这样 ISP3 会收到两条去往 AS 65000 网络的更新，从 ISP1 收到的 AS-Path 较短，从 ISP2 收到的 AS-Path 较长。因此工程师在 GW2 上，为通告给 ISP2 的 AS-Path 中添加 1 个本地 AS 号，然后重新向 ISP2 发送 BGP 更新；例 7-40 展示了相关配置。工程师需要使用硬重置或软重置来触发更新。

例 7-40　GW2 添加 AS 号

```
GW2(config)# route-map ASPath-Prepend permit 10
GW2(config-route-map)# set as-path prepend 65000
```

（待续）

```
GW2(config-route-map)# router bgp 65000
GW2(config-router)# neighbor 209.165.201.6 route-map ASPath-Prepend out

GW2# clear ip bgp 209.165.201.6 out
```

　　名为 ASPath-Prepend 的 route-map 中只有一条命令：序列号为 10 的 **permit** 语句。这条语句中没有设置匹配条件，因此它会匹配所有更新。工程师使用 route-map 配置命令 **set as-path prepend** *as-path-string* 来修改 AS-Path 属性。对于所有匹配这个 route-map 的路由，路由器会在它们的 AS-Path 属性中添加 *as-path-string* 指定的 AS 号；这个参数中可以定义的值是任意可用的 AS 号，范围为 1～65535。工程师可以在这里输入多个值。这个 route-map 作为出向 route-map 关联到邻居 ISP2 上。因此当 GW2 向 ISP2 发送更新时，它会根据 route-map 的设置，为所有发往 ISP2 的更新添加发送设备的 AS 号（65000），让这条路径更不可能成为返回流量所使用的路径。

　　例 7-41 展示了 ISP3 上的配置结果。

例 7-41　GW2 添加 AS 号后，ISP3 上的结果

```
ISP3# show ip bgp
<Output omitted>
     Network          Next Hop          Metric LocPrf Weight Path
  *   192.168.11.0     209.165.201.13                     0 65200 65000 65000 i
  *>                   209.165.201.9                       0 65100 65000 i
  *>  192.168.22.0     209.165.201.9                       0 65100 65000 i
  *                    209.165.201.13                      0 65200 65000 65000 i
  *>  198.51.100.0     0.0.0.0              0          32768 i
  *>  203.0.113.0      0.0.0.0              0          32768 i
ISP3#


ISP3# trace 192.168.22.1 source loopback0
Type escape sequence to abort.
Tracing the route to 192.168.22.1
VRF info: (vrf in name/id, vrf out name/id)
  1 209.165.201.9 1 msec 0 msec 1 msec
  2 209.165.201.1 0 msec 1 msec 0 msec
  3 172.16.12.2 0 msec * 1 msec
ISP3#
```

　　如例 7-41 所显示的，ISP3 的 BGP 表中仍然分别有两条路由去往内部网络 192.168.11.0/24 和 192.168.22.0/24。优选路由指向了 ISP1，因为它的 AS-Path 比较短，只包含两个 AS 号（65100 65000）。其他指向 ISP2 的路由拥有较长的 AS-Path，包含 3 个 AS 号（65200 65000 65000）。工程师在 GW2 上添加 AS 号的行为，导致 ISP3 首选穿越 ISP1 的较快速的以太网链路到达 GW1。

现在我们来确认一下，当快速路径不可用时，其他路径仍然有效：工程师禁用了 ISP1 和 GW1 之间的以太网链路。在等待了几分钟后，我们检查了从 GW1 去往 ISP3 的出向连接，以及从 ISP3 去往 GW1 的入向连接。例 7-42 展示了相关配置及其结果。

例 7-42 在链路失效后确认冗余路径可用

```
GW1(config)# interface ethernet 0/1
GW1(config-if)# shutdown
GW1# show ip bgp
<Output omitted>
    Network             Next Hop         Metric LocPrf Weight Path
 *> 192.168.11.0        0.0.0.0              0           32768 i
 *>i 192.168.22.0       192.168.2.2          0    100       0 i
 *>i 198.51.100.0       209.165.201.6        0    100       0 65200 65300 i
 *>i 203.0.113.0        209.165.201.6        0    100       0 65200 65300 i
GW1#
GW1# trace 198.51.100.1 source loopback 1
Type escape sequence to abort.
Tracing the route to 198.51.100.1
VRF info: (vrf in name/id, vrf out name/id)
  1 172.16.12.2 0 msec 0 msec 0 msec
  2 209.165.201.6 9 msec 9 msec 9 msec
  3 209.165.201.14 9 msec * 9 msec
GW1#

ISP3# show ip bgp
<Output omitted>
    Network             Next Hop         Metric LocPrf Weight Path
 *> 192.168.11.0        209.165.201.13                    0 65200 65000 65000 i
 *> 192.168.22.0        209.165.201.13                    0 65200 65000 65000 i
 *> 198.51.100.0        0.0.0.0              0           32768 i
 *> 203.0.113.0         0.0.0.0              0           32768 i
ISP3#
ISP3# trace 192.168.11.1 source loopback 0
 Type escape sequence to abort.
 Tracing the route to 192.168.11.1
 VRF info: (vrf in name/id, vrf out name/id)
   1 209.165.201.13 1 msec 0 msec 1 msec
   2 209.165.201.5 9 msec 9 msec 9 msec
   3 172.16.12.1 9 msec * 6 msec
 ISP3#
```

注意在例 7-42 中，BGP 会进行收敛（需要几分钟的时间），然后会开始使用通过 ISP2 的次优路径。ISP2 用来转发 AS 65000 和 AS 65300 之间的流量，在返回路径上，它负责转发从 AS 65300 去往 AS 65000 的流量。

7.4 控制 BGP 路由更新

如果在企业网络和 ISP 之间存在多条可用路径，工程师可能会希望在交换 BGP 更新时过滤特定的信息，以便能够影响路由选择，或者强制执行管理策略。后文中的"过滤 BGP 路由更新"小节介绍了这些过滤选项。

工程师可以使用 BGP 对等体组，把使用相似策略的对等体汇总在一起，这是一种更简单更高效的配置方式。"BGP 对等体组"一节详细介绍了对等体组的工作原理和配置。

7.4.1 过滤 BGP 路由更新

工程师可以过滤 BGP 更新，既可以过滤从邻居接收到的更新，也可以过滤发给邻居的更新。主要的路由过滤工具有 route-map 和前缀列表。在前文中，我们已经使用这两个工具匹配并设置了 BGP 属性；工程师还可以用它们放行或拒绝路由更新。如果拒绝某个网络的话，路由器会从 BGP 更新中删除这个网络的通告。

> 注释 分发列表也可以用于过滤 BGP 更新，工程师可以在整个 BGP 进程中应用，也可以在一条 neighbor 命令中应用。本书中并不包含使用分发列表过滤 BGP 路由的内容。

更新过滤最常见的场景是在双宿主企业环境中。在这种环境中，企业应该只向 ISP 通告自己的地址空间。如果企业把从一个 ISP 收到的地址范围通告给了另一个 ISP，那收到这些更新的 ISP 可能会通过企业 AS 来传输流量，这将使企业变成一个传输 AS。

本节介绍了使用前缀列表、AS-Path 访问列表和 route-map 来配置路由更新过滤的所需步骤。

1. 使用前缀列表过滤 BGP 更新

第 4 章介绍了前缀列表及其配置。本节将介绍如何使用前缀列表来实现 BGP 路由过滤。

工程师可以使用路由器配置命令 **neighbor** *ip-address* **prefix-list** *prefix-list-name* {**in** | **out**}，针对从邻居收到的路由或者要发给邻居的路由，应用前缀列表。表 7-5 介绍了这条命令的参数。

表 7-5 neighbor prefix-list 命令描述

参数	描述
ip-address	BGP 邻居的 IP 地址
prefix-list-name	前缀列表的名称
in	针对入站通告应用前缀列表
out	针对出站通告应用前缀列表

以图 7-19 为例，例 7-43 中给出了路由器 R2 上的相关配置。本例中使用了名为 ANY-

to24-NET 的前缀列表，这个列表匹配所有掩码长度在 8~24 之间的任意网络。0.0.0.0/0 这种网络/长度的组合并不精确匹配某个网络；它定义的是任意网络。参数 **ge 8** 和 **le 24** 指定了掩码长度的范围，在 8~24 比特之间，在这个范围内的掩码会匹配这个前缀列表条目。

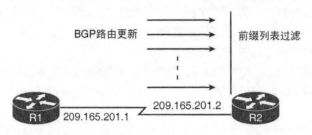

图 7-19　使用前缀列表过滤 BGP 的案例

例 7-43　*配置图 7-19 中的路由器 R2*

```
router bgp 65001
  neighbor 209.165.201.1 remote-as 65002
  neighbor 209.165.201.1 prefix-list ANY-8to24-NET in
!
ip prefix-list ANY-8to24-NET permit 0.0.0.0/0 ge 8 le 24
```

工程师把名为 ANY-8to24-NET 的前缀列表应用在 BGP 邻居 209.165.201.1 上，用来过滤从这个邻居收到的入站通告。它放行的路由是掩码长度在 8~24 比特之间的任意网络。

> 注释　记录 neighbor prefix-list 命令的 Cisco IOS 文档上说：这条命令根据前缀列表中的定义，用来"阻止分发"BGP 邻居的信息。其他文档对这种说法的解读有误，它们认为前缀列表中放行的路由会被拒绝（阻止）发送给（使用关键字 out）邻居，或者拒绝从邻居那里接收（使用关键字 in）。
> 而我们的测试表明 neighbor prefix-list 命令的实际行为与我们的预期相符：前缀列表中放行的路由是会被发送（使用关键字 out）或接收（使用关键字 in）的。

工程师可以使用命令 **show ip prefix-list detail** 来查看自己配置的前缀列表详情，其中包括计数器信息；工程师可以使用命令 **clear ip prefix-list** *prefix-list-name* [*network/length*] 来重置计数器。

2. 使用 AS-Path 访问列表过滤 BGP

在有些情况中，工程师需要根据 eBGP 路由中携带的 AS-Path 属性内容，来过滤和选择路由信息。

回想一下，AS-Path 属性中包含一个 AS 列表，这是路由到达目的地需要穿越的所有 AS，其中列表中显示的最后一个 AS 就是发起这条路由的 AS。当工程师使用 **network** 命令向 BGP 进程通告了一条路由，或者使用重分布将路由通告到 BGP 进程中，随着路由的通告也会创建 AS-Path 属性，这时 AS-Path 的列表是空的。每当这条路由通过边界路由器通告到另一个 AS 中时，边界路由器会修改 AS-Path 属性，也就是在 AS-Path 属性中把自己的 AS 添加到列表的头部。

路由器可以根据 AS-Path 属性中的内容来过滤入站路由。比如一个 AS 希望在将路由发送给邻居 AS 之前，能够过滤掉除了本地路由之外的所有其他路由，这样它就可以只放行 AS-Path 为空的路由，拒绝发送其他所有路由。再比如说，一个 AS 可能不希望从某个邻居那里收到某个 AS 源发的路由；这时，工程师就可以在接收这个邻居路由的路由器上，过滤掉 AS-Path 中包含这个 AS 号的路由。

工程师要想让路由器根据 AS-Path 属性中的内容执行 BGP 更新过滤，需要使用正则表达式。UNIX 环境以及某些基于 Microsoft Windows 的应用中，常用正则表达式。正则表达式是字符串匹配工具，它由一串字符构成。其中的一些字符拥有特殊的意义，比如用作掩码和运算符。表 7-6 总结了正则表达式中使用的一些特殊字符。还有一些字符就是它们本身的意思（比如 A～Z、a～z、0～9）。正则表达式用来匹配字符串，需要把原始字符与应用了特殊运算符的正则表达式翻译结果进行对比。当正则表达式匹配原始字符时，检测通过；如果不匹配，检测失败。比如^$这个组合表示的是空字符串；工程师可以使用这个正则表达式来匹配所有本地 AS 源发的路由。

表 7-6   正则表达式中使用的一些特殊字符

参数	描述
.	匹配任意单个字符
*	将某个表达式匹配 0 次或多次
^	匹配字符串的开始位置
$	匹配字符串的结束位置
_ （下划线）	匹配逗号、左大括号、右大括号、左小括号、右小括号、字符串的开始位置、字符串的结束位置或者空格

工程师需要使用全局配置命令 **ip as-path access-list** *access-list-number* {**permit** | **deny**} 来配置 AS-Path 访问列表。表 7-7 中介绍了这条命令的参数。

表 7-7   ip as-path access-list 命令描述

参数	描述
access-list-number	号码范围是 1～500，指定 AS-Path 访问列表的号码
permit | **deny**	如果正则表达式检测通过的话，这个关键字指明路由器应该放行还是阻塞这个条目
regexp	定义 AS-Path 过滤的正则表达式。AS 号的范围是 1～65535

注释   要想获得更多有关正则表达式配置的信息，读者可以参考 Cisco.com 文档"Understanding Regular Expressions"。

工程师需要使用路由器配置命令 **neighbor** *ip-address* **filter-list** *access-list-number* {**in** |

out}，为发往邻居的路由或从邻居收到的路由，应用 AS-Path 访问列表。表 7-8 中介绍了这条命令的参数。

表 7-8 neighbor filter-list 命令描述

参数	描述
ip-address	BGP 邻居的 IP 地址
access-list-number	AS-Path 访问列表的号码
in	针对入站路由应用访问列表
out	针对出站路由应用访问列表

AS-Path 访问列表中允许的路由，也是允许从邻居接收或发给邻居的路由；访问列表中拒绝的路由不在此列。与所有访问列表一样，等待检测的条目需要按照访问列表中每个条目的配置顺序，按顺序接受检测。匹配的第一个条目决定了对它采取的行为是"允许"还是"决绝"，这取决于它匹配的条目。如果一直到访问列表最后一条都没有找到精确匹配的条目，这个检测对象会被隐含的拒绝条目拒绝。

以图 7-20 中的多宿主 ISP 客户为例。AS 65000 不希望成为两个运营商之间的传输 AS。要想避免这种情况，工程师要确保只向 ISP 发送本地源发的路由，还要避免从 ISP 接收目的地不是本地 AS 的 IP 数据包。

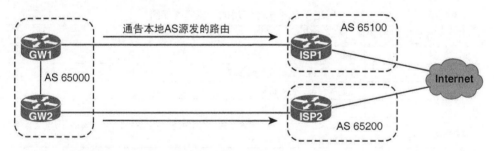

图 7-20 使用 AS-Path 访问列表过滤 BGP 的案例

例 7-44 展示了路由器 GW1 和 GW2 上的相关配置。AS-Path 访问列表只允许空字符串，这是通过正则表达式^$定义的，空的 AS-Path 表示本地源发的路由。通过对所有邻居在出站信息中应用这个 AS-Path 访问列表，客户能够保证只向 ISP 通告本地路由。

例 7-44 *配置图 7-20 中的路由器 GW1 和 GW2*

```
GW1(config)# ip as-path access-list 1 permit ^$
GW1(config)# router bgp 65000
GW1(config-router)# neighbor 209.165.201.1 filter-list 1 out
```

```
GW2(config)# ip as-path access-list 1 permit ^$
GW2(config)# router bgp 65000
GW2(config-router)# neighbor 209.165.201.5 filter-list 1 out
```

3．使用 route-map 过滤 BGP

route-map 在控制 BGP 更新方面灵活性很高。route-map 可以匹配并设置多种不同的 BGP 属性，其中包括以下这些：

- 源（Origin）；
- 下一跳（Next Hop）；
- 团体（Community）；
- 本地优先级（Local Preference）；
- MED。

route-map 还可以基于其他内容匹配 BGP 更新，其中包括以下这些：

- 网络号和子网掩码（使用 IP 前缀列表）；
- 路由源发站；
- IGP 路由上的标记；
- AS-Path；
- 路由类型（内部或外部）。

如果路由匹配了一条 route-map 命令中的所有匹配项，说明这条路由与之匹配，并且执行命令中的设置（根据配置：允许或拒绝）。在把 route-map 用于 BGP 过滤时，deny（拒绝）表示忽略这条路由，permit（允许）表示继续处理这条路由，并且为它应用 set 配置。set 设置可以在路由通过 route-map 前，为它修改一个或多个属性，或为它设置额外属性。

要想把 route-map 应用于过滤入站或出站 BGP 路由，工程师需要使用路由器配置命令 **neighbor route-map**。route-map 中允许的路由会被设置或修改属性值，这是通过 route-map 中的 **set** 命令实现的。这种设置在工程师试图影响路由选择时非常有用。

以图 7-21 所示网络为例，客户从两个 ISP 只接收默认路由，并且将连接 AS 65100 的链路作为出向流量的主用链路。例 7-45 展示了客户 GW 路由器上的相关配置。

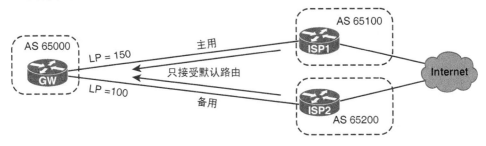

图 7-21　使用 route-map 过滤 BGP 的案例

例 7-45　配置图 7-21 中的 GW

```
router bgp 65000
 neighbor 209.165.201.1 remote-as 65100
```

（待续）

```
  neighbor 209.165.201.1 route-map FILTER in
  neighbor 209.165.201.5 remote-as 65200
  neighbor 209.165.201.5 route-map FILTER in
!
route-map FILTER permit 10
  match ip address prefix-list default-only
  match as-path 10
  set local-preference 150
!
route-map FILTER permit 20
 match ip address prefix-list default-only
!
ip as-path access-list 10 permit ^65100$
ip prefix-list default-only permit 0.0.0.0/0
```

　　工程师在路由器 GW 上，使用命令 **neighbor remote-as** 配置了两个邻居。并且为这两个邻居都应用了入站路由更新过滤，根据 **neighbor route-map** 中调用的 route-map FILTER 进行过滤。route-map FILTER 只允许默认路由进入客户的网络，这是通过前缀列表 *default-only* 定义的。从 AS 为 65100 的 ISP1 发来的默认路由定义在 AS-Path 访问列表 10 中，工程师为这条路由分配了本地优先级值 150；所有其他默认路由（本例中还有从 AS 为 65200 的 ISP2 发来的默认路由）使用默认的本地优先级值 100。由于 BGP 会优选本地优先级值更高的路由，因此它会优选连接 ISP1 AS 65100 的链路。

4．过滤顺序

　　过滤列表（比如 AS-Path 过滤）、前缀列表和 route-map 都可以用来过滤入站或出站 BGP 信息，工程师还可以同时使用多种列表进行过滤。

　　入站过滤列表、前缀列表（或分发列表）和 route-map（按这个顺序），必须同时允许接收邻居发来的路由，路由器才会将这条路由放入 BGP 表中。类似地，出站路由也必须经历过滤列表、route-map 和前缀列表（或分发列表。按这个顺序），才能被最终发往邻居。

> **注释**　不同 IOS 版本中，BGP 过滤机制的执行顺序可能不尽相同。本节提到的顺序是 Cisco 在其路由课程中介绍的顺序。

5．清除 BGP 会话

　　回忆前文"重置 BGP 会话"一节学习的内容，如果工程师希望应用策略变更，比如应用 BGP 过滤，他必须触发一次更新，迫使路由器让适当的路由穿越过滤机制。工程师这时可以执行硬重置或路由刷新（软重置）。

7.4.2　BGP 对等体组

在 BGP 中，工程师常常为多个邻居配置相同的更新策略（比如为它们应用相同的过滤机制）。在 Cisco IOS 路由器上，工程师可以把应用了相同更新策略的邻居组成对等体组，这样做不仅可以简化配置，更重要的是，它可以使更新变得更高效。当 BGP 路由器拥有多个邻居时，强烈建议使用这个方法。

1. 对等体组的工作原理

BGP 对等体组是一组应用了相同更新策略的 BGP 邻居。

在使用 BGP 对等体组时，工程师不用为每个邻居分别定义一样的策略，只需定义一个对等体组，然后为对等体组分配这些策略。然后把每个邻居都加入到对等体组中，使它成为组中的成员。对等体组中的策略有些类似模板，路由器随后会把模板应用到对等体组中的每个成员上。

对等体组中的成员会继承对等体组的所有配置。如果有些选项不会影响出向更新的话，工程师还可以配置路由器，针对这些选项，为某些邻居使用不同于对等体组的策略。换句话说，工程师只能修改影响入向更新的选项。

默认情况下，Cisco IOS 软件会为每个邻居单独创建 BGP 更新。创建 BGP 更新涉及一系列消耗路由器 CPU 资源的任务，其中包括扫描 BGP 表以及应用各种出站过滤机制。当路由器拥有大量邻居时，CPU 的负载也相应增加。在对等体组中定义策略，要比针对每个邻居定义相同的策略效率高得多，因为路由器只会针对每个对等体组生成一次更新（包括所有出站过滤进程），这样做好过重复地为每个邻居路由器生成更新。生成的更新会被复制给这个对等体组中的所有邻居。实际的 TCP 传输还是要针对每个邻居来建立，因为这就是 BGP 会话面向连接的特点。

综上所述，BGP 组通过将发往所有 BGP 邻居的更新汇集在一起，减少了处理时间，也使得路由器的配置更加容易阅读与管理。

一台路由器上的多个 BGP 邻居可以被分为多个组，每个组拥有自己的 BGP 参数。

一个对等体组的配置中可以包含很多 BGP 特性，其中包括：

- update-source；
- next-hop-self；
- ebgp-multihop；
- BGP 会话的认证（详见第 8 章）；
- 修改接收路由的权重；
- 使用前缀列表、过滤列表和 route-map 过滤入站或出站路由。

当路由器把真实的邻居路由器分配到对等体组后，对等体组中配置的所有属性都会被应用到所有对等体成员上。Cisco IOS 软件优化了对等体组的工作方式，它只针对出站路由执行一次出站过滤和 route-map，然后把执行结果复制给每个对等体成员。Cisco IOS 软件会指定一个对等体组指挥者（Leader），路由器为指挥者生成一个更新，然后由指挥者把这个更新复制给对等体组中的所有成员。

2．对等体组的配置

工程师需要使用路由器配置命令 **neighbor** *peer-group-name* **peer-group** 来创建 BGP 对等体组。*peer-group-name* 参数指定了 BGP 对等体组的名称；它只在路由器本地有效，并不会被传播给其他路由器。

要想在创建了对等体组后，把邻居分配到组中，工程师需要使用 **neighbor peer-group** 命令的另一种格式：路由器配置命令 **neighbor** *ip-address* **peer-group** *peer-group-name*。表 7-9 中介绍了这条命令的参数。使用了这条命令后，工程师可以在其他命令中输入对等体组的名称，来代替每个邻居的 IP 地址（比如把一个策略应用到对等体组中）。需要注意的是，工程师必须先输入命令 **neighbor** *peer-group-name* **peer-group**，然后路由器才会接受第二条命令。

表 7-9 　　　　　　　　　　　neighbor peer-group 命令描述

参数	描述
ip-address	要成为对等体组成员的邻居 IP 地址
peer-group-name	BGP 对等体组的名称

一台邻居路由器只能是一个对等体组的成员。

工程师要想重置一个 BGP 对等体组中所有成员的 BGP 连接，可以使用特权（EXEC）模式命令 **clear ip bgp peer-group** *peer-group-name*。*peer-group-name* 是工程师要清除连接的 BGP 对等体组名称。

注意　重置 BGP 连接将会中断路由。

3．对等体组的配置案例

对等体组的应用场景有很多。比如 iBGP 会话的配置基本上都是一样的。如果一个 AS 内部署了全互连拓扑，每台 BGP 路由器中都会有大量邻居配置；分别配置每个邻居会带来大量重复的配置负担。

另一种使用环境是配置拥有多个客户 BGP 对等体的 ISP 路由器。ISP 认为客户 AS 都只会通告它们本地的路由。所有客户 AS 都应该从 BGP 更新中接收相同的 Internet 路由，并且 ISP 认为客户 AS 都只会生成较少的前缀。上述这些条件使得可以为每个客户使用几乎相同的配置，工程师只需要为每个邻居做少量调整就好。

图 7-22 展示了企业边界路由器与 ISP 维护的 BGP 邻居之间建立了多条连接。这些外部会话共享诸多相同的参数，使它们适用于对等体配置。例 7-46 展示了路由器 GW1 上的相关配置。

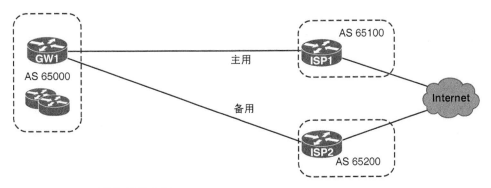

图 7-22 BGP 对等体组的案例

例 7-46 配置图 7-22 中的 GW1

```
router bgp 65000
 neighbor ISP peer-group
 neighbor ISP filter-list 10 out
 neighbor ISP prefix-list desired-subnets in
 neighbor ISP route-map FILTER in
!
neighbor 209.165.201.1 remote-as 65100
neighbor 209.165.201.1 peer-group ISP
neighbor 209.165.201.5 remote-as 65200
neighbor 209.165.201.5 peer-group ISP
!
route-map FILTER permit 10
 match as-path 20
 set local-preference 150
!
route-map FILTER permit 20
!
ip as-path access-list 10 permit ^$
ip as-path access-list 20 permit ^65100_
!
ip prefix-list desired-subnets permit 0.0.0.0/0
ip prefix-list desired-subnets permit 0.0.0.0/0 ge 8 le 24
```

在例 7-46 中，名为 ISP 的对等体组中共享多个相同参数：出站过滤列表、入站过滤列表和入站 route-map。工程师把每个邻居，使用它们的 IP 地址和 AS 号，分配到了这个对等体组中。过滤列表中调用了 AS-Path 访问列表 10，它只允许通告源于本地 AS 的网络。入站前缀列表（desired-subnets）用来放行默认路由，以及子网掩码在 8～24 之间的子网。route-map FILTER 为从主用 ISP（AS 65100）收到的网络设置了较高的本地优先级。

7.5 为 IPv6 Internet 连接实施 BGP

全球 Internet 路由架构是使用 BGP 搭建的。为了让 BGP-4 适用于其他网络层协议，包括 IPv6，BGP-4 中引入了多协议扩展（MP-BGP）。

> **注释** RFC 4760（*Multiprotocol Extensions for BGP-4*）中定义了 BGP-4 的多协议扩展（MP-BGP）。RFC 2545（*Use of BGP-4 Multiprotocol Extensions for IPv6 Inter-Domain Routing*）中定义了如何为 IPv6 使用这些扩展。

MP-BGP 能够通过传输层协议（比如 IPv4 或 IPv6）携带多种被路由协议，其中包括 IPv4 和 IPv6。

本节包含以下内容：

- IPv6 对 MP-BGP 的支持；
- 通过 IPv4 会话交换 IPv6 路由；
- 通过 IPv6 会话交换 IPv6 路由；
- IPv6 BGP 的配置和检查；
- 对比 IPv4 与双（IPv4/IPv6）BGP 传输；
- IPv6 BGP 的过滤机制。

7.5.1 IPv6 对 MP-BGP 的支持

多协议的扩展是作为新的属性添加进来的。合并到 MBGP 中的 IPv6 特定扩展包括以下这些。

- 用于识别 IPv6 地址家族的新识别符。
- 地址范围。下一跳属性中包含一个全局 IPv6 地址或一个链路本地地址（只用于链路本地连接的对等体）。当使用链路本地地址连接邻居路由器时，将这些链路本地地址作为 BGP 承载的路由的下一跳地址。在有些情况中，下一跳 IPv6 地址需要转换为全局 IPv6 地址，工程师可以在 **neighbor** 配置命令中使用 route-map 进行修改。
- 下一跳属性和 NLRI 分别表示为 IPv6 地址和前缀（回想一下，BGP 更新中的 NLRI 字段中列出了这条 BGP 路径上可达的网络）。

MP-BGP 适用于多种协议，它定义了两种不同的协议：运载协议（Carrier Protocal）和乘客协议（Passenger Protocol）。

在纯 IPv4 环境中，BGP 使用 IPv4 来建立会话（使用 TCP 端口 179）；IPv4 是运载协议。BGP 通告的路由（也是 IPv4）是乘客协议。图 7-23 展示了这个环境。

IPv4 之外的协议（包括 IPv6）也需要通告可达性信息。MP-BGP 使 BGP 能够承载其他这些协议。打个比方，BGP 就好比是一辆卡车，可以运送多个货物。比如这个 BGP "卡车"可以是 IPv4，它能够运送 IPv6（或其他协议）"货物"。在这种情况中，运载协议是 IPv4，乘客协议（通告的 IPv6 前缀）是 IPv6。图 7-24 展示了这个环境。

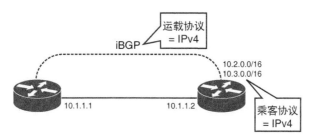

图 7-23 IPv4 既是运载协议又是乘客协议的 BGP 环境

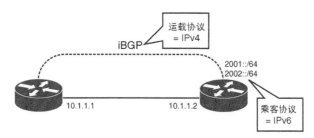

图 7-24 IPv4 是运载协议 IPv6 乘客协议的 BGP 环境

在纯 IPv6 环境中，BGP 可以同时是运载协议和乘客协议，图 7-25 展示了这个环境。在这种情况中，路由器使用 IPv6 来建立 BGP 会话，BGP 通告的是 IPv6 前缀；卡车和货物都是 IPv6。

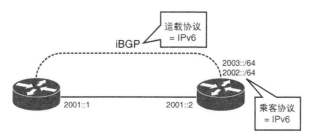

图 7-25 IPv6 既是运载协议又是乘客协议的 BGP 环境

路由器使用 MP-BGP 扩展 IPv6 NLRI 来承载 IPv6 路由，这个扩展定义了一个 MP-BGP 能够通告的新地址家族。MP-BGP 为每个能够使用 MP-BGP 的协议都定义了一个地址家族。

> **注释** IPv4 或 IPv6 都可以作为其他乘客协议的运载协议，比如组播或 MPLS VPN。BGP 使用 TCP 协议来建立对等体关系；这与 BGP 消息交换中承载的路由无关。IPv4 或 IPv6 都可以作为传输 TCP 连接的网络层协议。

7.5.2 通过 IPv4 会话交换 IPv6 路由

当工程师在网络中添加了 IPv6 路由后，现有的 IPv4 TCP 会话可以承载 IPv6 路由信息。工程师可以为现有的邻居激活 IPv6 地址家族，并通过同一条邻居会话发送 IPv6 路由信息。

MP-BGP 能够使用多个地址家族来定义承载的地址类型。最常见的地址家族有 IPv4、IPv6、VPNv4 和 VPNv6（用于 MPLS VPN 路由）。本章只介绍 IPv4 和 IPv6 地址家族。

工程师需要使用路由器配置命令 **address-family** {**ipv4** | **ipv6**} [**unicast** | **multicast**]进入地址家族配置模式，来配置 BGP 路由会话。表 7-10 中介绍了这条命令中的参数。

表 7-10 address-family 命令描述

参数	描述
ipv4	用于使用 IPv4 地址前缀的路由会话
ipv6	用于使用 IPv6 地址前缀的路由会话
unicast	（可选）指定单播地址前缀。它同时是 **ipv4** 和 **ipv6** 关键字的默认设置
multicast	（可选）指定组播地址前缀

在 IPv6 地址家族中，工程师需要使用地址家族配置命令 **neighbor** {*IPv4 address*| *IPv6 address*} **activate**，激活邻居的 IPv6 路由。与 BGP 邻居之间交换地址的行为，默认已经启用了 IPv4 地址家族。

> 注释　为 IPv4 地址家族交换地址的行为，在工程师使用命令 neighbor remote-as 配置 BGP 路由会话时，就已经启用了；除非在配置命令 neighbor remote-as 前，工程师配置了命令 no bgp default ipv4-activate；或者工程师为某个邻居明确配置了命令 no neighbor activate，这条命令能够禁用 IPv4 地址家族的交换。

这时，命令 **network** *ipv6-address/prefix-length* 是配置在地址家族配置模式中的，用来指定将被通告的网络。这条命令只会为指定的地址家族把前缀添加到 BGP 数据库中。表 7-11 中介绍了这条命令的参数。

表 7-11 *IPv6 network 命令的描述*

参数	描述
ipv6-address	要使用的 IPv6 地址
prefix-length	IPv6 前缀的长度。用十进制数值表示有多少连续的高位比特构成了地址前缀（地址的网络部分）。十进制数值前必须有斜线符号

注意，在使用 **network** 命令配置 IPv6 地址时，命令中并没有 **mask** 关键字。

图 7-26 展示了一个案例网络。例 7-47 中给出了路由器 R1 上的部分配置。R1 与 R2 的

IPv4 地址之间建立了邻居关系；并且激活了 IPv6 地址家族，因此两个邻居之间会同时交换 IPv4 和 IPv6 路由。

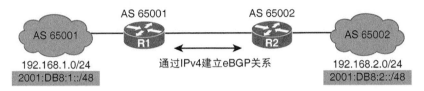

图 7-26　通过 IPv4 BGP 会话交换 IPv6 路由的案例

例 7-47　图 7-26 中路由器 R1 的部分配置

```
router bgp 65001
 neighbor 192.168.2.2 remote-as 65002
!
address-family ipv4 unicast
 network 192.168.1.0 mask 255.255.255.0
address-family ipv6 unicast
 neighbor 192.168.2.2 activate
 network 2001:db8:1::/48
```

7.5.3　通过 IPv6 会话交换 IPv6 路由

当然了，MP-BGP 还支持通过 IPv6 会话交换 IPv6 路由。

默认情况下，BGP 会用环回接口中最大的 IPv4 地址作为路由器 ID，如果没有环回接口的话，就使用物理接口中最大的 IPv4 地址。如果路由器通过 IPv6 运行 BGP，并且没有配置任何 IPv4 地址的话，工程师需要手动指定 BGP 的路由器 ID。工程师需要使用路由器配置命令 **bgp router-id** *ip-address*，为本地 BGP 路由进程设置路由器 ID；只有在纯 IPv6 网络中，工程师才必须配置这条命令。*ip-address* 参数是以点分十进制方式配置的 32 比特 IPv4 地址。

图 7-27 展示了一个只运行 IPv6 的网络。例 7-48 中给出了路由器 R1 上的部分配置。在本例中，两台路由器之间建立了 IPv6 BGP 会话；这条会话是在 IPv6 上建立的 TCP 连接，只用于 IPv6 路由。工程师在 IPv6 地址家族中激活了 IPv6 邻居，因为这并不是默认设置。

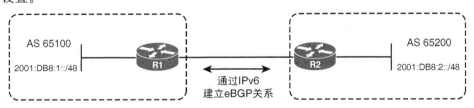

图 7-27　通过 IPv6 BGP 会话交换 IPv6 路由的案例

例 7-48 *图 7-27 中路由器 R1 的部分配置*

```
router bgp 65100
 bgp router-id 1.1.1.1
 neighbor 2001:db8:2::2 remote-as 65200
!
address-family ipv6 unicast
  neighbor 2001:db8:2::2 activate
  network 2001:db8:1::/48
```

7.5.4　IPv6BGP 的配置和检查

本节以一个案例来展示 IPv6 BGP 的配置和检查。

图 7-28 展示了本例所使用的网络及其需求，图 7-29 展示了网络拓扑和编址。

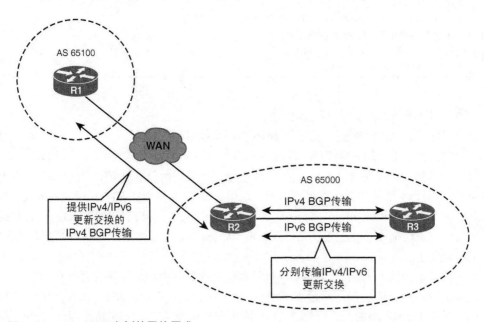

图 7-28　IPv6 BGP 案例的网络需求

1. 路由器的初始状态

工程师已经在所有路由器上完成了编址和一部分 BGP 配置。首先让我们看看三台路由器上的初始状态。

例 7-49 展示了 R1 的初始状态，其中包括 BGP 配置、BGP 表，以及与其他路由器的连接。

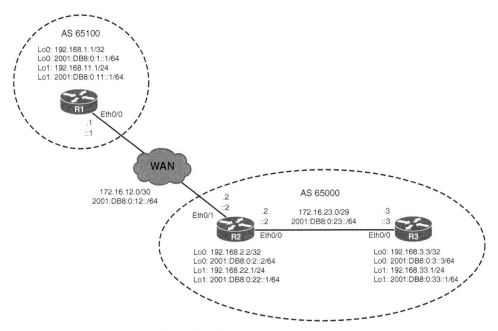

图 7-29　IPv6 BGP 案例的网络及其编址

例 7-49　R1 的初始状态

```
R1# show running-config | section router bgp
router bgp 65100
 bgp log-neighbor-changes
 neighbor 172.16.12.2 remote-as 65000
 !
 address-family ipv4
  network 192.168.11.0
  neighbor 172.16.12.2 activate
 exit-address-family
 !
 address-family ipv6
  network 2001:DB8:0:11::/64
  neighbor 172.16.12.2 activate
  neighbor 172.16.12.2 route-map nh out
 exit-address-family

R1# show bgp ipv4 unicast
<Output omitted>
    Network          Next Hop          Metric LocPrf Weight Path
 *> 192.168.11.0     0.0.0.0                0         32768 i
 *> 192.168.22.0     172.16.12.2            0             0 65000 i
```

（待续）

```
   *>  192.168.33.0        172.16.12.2                                0 65000 i

R1# show bgp ipv6 unicast
BGP table version is 2, local router ID is 192.168.11.1
Status codes: s suppressed, d damped, h history, * valid, > best, i - internal,
              r RIB-failure, S Stale, m multipath, b backup-path, f RT-Filter,
              x best-external, a additional-path, c RIB-compressed,
Origin codes: i - IGP, e - EGP, ? - incomplete
RPKI validation codes: V valid, I invalid, N Not found

    Network              Next Hop            Metric LocPrf Weight Path
  *> 2001:DB8:0:11::/64
                          ::                        0          32768 i

R1# show bgp ipv4 unicast summary
BGP router identifier 192.168.11.1, local AS number 65100
BGP table version is 8, main routing table version 8
3 network entries using 444 bytes of memory
3 path entries using 192 bytes of memory
3/3 BGP path/bestpath attribute entries using 408 bytes of memory
1 BGP AS-PATH entries using 24 bytes of memory
0 BGP route-map cache entries using 0 bytes of memory
0 BGP filter-list cache entries using 0 bytes of memory
BGP using 1068 total bytes of memory
BGP activity 4/0 prefixes, 6/2 paths, scan interval 60 secs


Neighbor        V     AS MsgRcvd MsgSent   TblVer   InQ   OutQ Up/Down State/PfxRcd
172.16.12.2     4  65000      72        71        8     0      0 01:01:03          2

R1# show bgp ipv6 unicast summary
BGP router identifier 192.168.11.1, local AS number 65100
BGP table version is 2, main routing table version 2
1 network entries using 172 bytes of memory
1 path entries using 88 bytes of memory
1/1 BGP path/bestpath attribute entries using 136 bytes of memory
1 BGP AS-PATH entries using 24 bytes of memory
0 BGP route-map cache entries using 0 bytes of memory
0 BGP filter-list cache entries using 0 bytes of memory
BGP using 420 total bytes of memory
BGP activity 4/0 prefixes, 6/2 paths, scan interval 60 secs


Neighbor        V     AS MsgRcvd MsgSent   TblVer   InQ   OutQ Up/Down  State/PfxRcd
172.16.12.2     4  65000       0         0        1     0      0 never     (NoNeg)
```

　　从例 7-49 中可以看出,工程师在 R1 上已经通过 IPv4 BGP 传输会话实现了 R1 与 R2
之间的 IPv4 和 IPv6 连接。这台路由器上使用了两个地址家族。在相应的地址家族中,它通告了配置在环回接口 1 上的 IPv4 或 IPv6 网络。R1 与 R2 之间建立了 eBGP 会话。

命令 **show bgp ipv4 unicast** 与命令 **show ip bgp** 相同。工程师可以使用任意一条命令来查看 BGP IPv4 表。本例的 IPv4 表中包含三个网络，表示 IPv4 路由已成功交换。

命令 **show bgp ipv6 unicast** 用来查看 BGP IPv6 表。目前本例中的 IPv6 BGP 表中只包含本地网络（这是因为 R2 和 R3 上的 BGP 进程中还没有配置 IPv6 路由交换）。

命令 **show bgp ipv4 unicast summary** 与命令 **show ip bgp summay** 相同，都用来查看 IPv4 对等体的汇总信息。命令 **show bgp ipv6 unicast summary** 用来查看所有 IPv6 对等体的汇总信息，无论是通过 IPv4 还是通过 IPv6 传输会话建立的对等体关系。在这条命令的输出内容中，IPv6 前缀的对等体信息中会显示（NoNeg）状态。

例 7-50 展示了 R2 上的初始 BGP 配置和 BGP 表。

例 7-50　R2 的初始状态

```
R2# show running-config | section router bgp
router bgp 65000
 bgp log-neighbor-changes
 network 192.168.22.0
 neighbor 172.16.12.1 remote-as 65100
 neighbor 192.168.3.3 remote-as 65000
 neighbor 192.168.3.3 update-source Loopback0
 neighbor 192.168.3.3 next-hop-self


 R2# show ip bgp
<Output omitted>
     Network          Next Hop          Metric LocPrf Weight Path
 *>  192.168.11.0     172.16.12.1            0            0 65100 i
 *>  192.168.22.0     0.0.0.0                0        32768 i
 *>i 192.168.33.0     192.168.3.3           0    100      0 i
```

从例 7-50 中可以看出，工程师已经使用 BGP 为 R2 建立了 IPv4 连接。这时它并没有使用任何地址家族，只通告了环回接口 1 上配置的 IPv4 网络。BGP 表中包含两个远端网络，这表明对等体 R1 和 R3 之间已经成功交换了 IPv4 路由。

例 7-51 中展示了 R3 上的初始 BGP 配置和 BGP 表，并且测试了它与 R1 的连接。

例 7-51　R3 的初始状态

```
R3# show running-config | section router bgp
router bgp 65000
 bgp log-neighbor-changes
 network 192.168.33.0
 neighbor 192.168.2.2 remote-as 65000
 neighbor 192.168.2.2 update-source Loopback0
```

（待续）

```
R3# show ip bgp
<Output omitted>
    Network          Next Hop          Metric LocPrf Weight Path
 *>i 192.168.11.0     192.168.2.2            0    100      0 65100 i
 *>i 192.168.22.0     192.168.2.2            0    100      0 i
 *>  192.168.33.0     0.0.0.0                0         32768 i

R3# ping 192.168.11.1 source loopback 1
Type escape sequence to abort.
Sending 5, 100-byte ICMP Echos to 192.168.11.1, timeout is 2 seconds:
Packet sent with a source address of 192.168.33.1
!!!!!
Success rate is 100 percent (5/5), round-trip min/avg/max = 1/1/1 ms
```

从例 7-51 中可以看出，R3 与 R2 之间建立了 iBGP 会话。R3 接收并通告 IPv4 前缀，并且能够成功与其他路由器进行通信。

2. 启用 eBGP IPv6 路由交换

在 R2 上，工程师要通过现有的 IPv4 会话，启用与邻居 R1 之间的 IPv6 路由交换；同时还要通告环回接口 1 上配置的 IPv6 网络，并检查相关的配置结果。例 7-52 中展示了 R2 上的相关配置。工程师首先使用命令 **address-family ipv6 unicast** 进入地址家族 IPv6 路由器配置模式，然后为邻居激活 IPv6 交换并通告环回接口 1 的网络。

例 7-52 R2 交换 IPv6 路由

```
R2(config)# router bgp 65000
R2(config-router)# address-family ipv6 unicast
R2(config-router-af)# neighbor 172.16.12.1 activate
R2(config-router-af)# network 2001:DB8:0:22::/64

R2# show running-config | section router bgp
router bgp 65000
 bgp log-neighbor-changes
 neighbor 172.16.12.1 remote-as 65100
 neighbor 192.168.3.3 remote-as 65000
 neighbor 192.168.3.3 update-source Loopback0
 !
 address-family ipv4
 network 192.168.22.0
 neighbor 172.16.12.1 activate
 neighbor 192.168.3.3 activate
 neighbor 192.168.3.3 next-hop-self
 exit-address-family
!
```

（待续）

```
address-family ipv6
 network 2001:DB8:0:22::/64
 neighbor 172.16.12.1 activate
exit-address-family
```

注意在例 7-52 的配置中，当工程师在地址家族配置模式中输入了任何命令后，BGP 配置语法会从传统 IPv4 模式自动转换为相应的地址家族模式。

例 7-53 中展示了 R1 上的 eBGP 会话状态，从中可以查看 R1 收到的 IPv6 路由是否被放入了路由表中。工程师可以使用命令 **show bgp ipv6 unicast summary** 和命令 **show bgp ipv6 unicast neighbors** 来确认 eBGP 会话的建立和运行状态，以及已经交换的 IPv6 前缀。

例 7-53 检查 R1 上收到的 IPv6 路由

```
R1# show bgp ipv6 unicast summary
BGP router identifier 192.168.11.1, local AS number 65100
BGP table version is 4, main routing table version 4
2 network entries using 344 bytes of memory
2 path entries using 176 bytes of memory
2/1 BGP path/bestpath attribute entries using 272 bytes of memory
1 BGP AS-PATH entries using 24 bytes of memory
0 BGP route-map cache entries using 0 bytes of memory
0 BGP filter-list cache entries using 0 bytes of memory
BGP using 816 total bytes of memory
BGP activity 23/18 prefixes, 46/41 paths, scan interval 60 secs

Neighbor        V     AS  MsgRcvd  MsgSent  TblVer  InQ  OutQ  Up/Down    State/PfxRcd
172.16.12.2     4  65000       41       41       4    0     0  00:31:14              1


R1# show bgp ipv6 unicast neighbors
BGP neighbor is 172.16.12.2, remote AS 65000, external link
  BGP version 4, remote router ID 192.168.22.1
  BGP state = Established, up for 00:31:45
  Last read 00:00:24, last write 00:00:11, hold time is 180, keepalive interval is
60 seconds
  Neighbor sessions:
    1 active, is not multisession capable (disabled)
  Neighbor capabilities:
<Output omitted>


R1# show bgp ipv6 unicast
BGP table version is 4, local router ID is 192.168.11.1
Status codes: s suppressed, d damped, h history, * valid, > best, i - internal,
              r RIB-failure, S Stale, m multipath, b backup-path, f RT-Filter,
              x best-external, a additional-path, c RIB-compressed,
```

（待续）

```
Origin codes: i - IGP, e - EGP, ? - incomplete
RPKI validation codes: V valid, I invalid, N Not found

    Network              Next Hop           Metric LocPrf Weight Path
 *> 2001:DB8:0:11::/64
                         ::                  0            32768 i
 *  2001:DB8:0:22::/64
                         ::FFFF:172.16.12.2
                                             0                0 65000 i
R1# show ipv6 route bgp
IPv6 Routing Table - default - 8 entries
Codes: C - Connected, L - Local, S - Static, U - Per-user Static route
       B - BGP, HA - Home Agent, MR - Mobile Router, R - RIP
       H - NHRP, I1 - ISIS L1, I2 - ISIS L2, IA - ISIS interarea
       IS - ISIS summary, D - EIGRP, EX - EIGRP external, NM - NEMO
       ND - ND Default, NDp - ND Prefix, DCE - Destination, NDr - Redirect
       O - OSPF Intra, OI - OSPF Inter, OE1 - OSPF ext 1, OE2 - OSPF ext 2
       ON1 - OSPF NSSA ext 1, ON2 - OSPF NSSA ext 2, l - LISP
```

注意从例 7-53 中可以看出，R1 上收到的 eBGP IPv6 路由，并没有在 BGP 表中标记为最优（以大于号>标记），因为它的下一跳地址不可达。还要注意这个下一跳地址（::FFFF:172.16.12.2）是从 IPv4 下一跳地址推导出来的。这个奇怪的地址是怎么来的？要知道这里的邻居关系是 IPv4 邻居关系，运载 IPv6 路由（IPv6 地址家族下的路由）。由于 IPv6 路由必须有 IPv6 下一跳，因此 BGP 会从真实 IPv4 下一跳地址动态创建出这个 IPv6 下一跳地址。但这并不是一个可达的 IPv6 地址；因此这条路由并没有在 BGP 表中标记为最优，而且它也不会出现在 IPv6 路由表中。

例 7-54 展示了 R2 上的 eBGP 会话状态，并且确认从 R1 收到的 IPv6 路由已经放入了路由表中。

例 7-54　检查 R2 上收到的 IPv6 路由

```
R2# show bgp ipv6 unicast summary
BGP router identifier 192.168.22.1, local AS number 65000
BGP table version is 3, main routing table version 3
2 network entries using 344 bytes of memory
2 path entries using 176 bytes of memory
2/1 BGP path/bestpath attribute entries using 272 bytes of memory
1 BGP AS-PATH entries using 24 bytes of memory
0 BGP route-map cache entries using 0 bytes of memory
0 BGP filter-list cache entries using 0 bytes of memory
BGP using 816 total bytes of memory
BGP activity 5/0 prefixes, 8/3 paths, scan interval 60 secs
```

（待续）

```
Neighbor         V   AS     MsgRcvd MsgSent   TblVer  InQ OutQ Up/Down  State/PfxRcd
172.16.12.1      4   65100    47      47        3      0    0   00:36:18          1

R2# show bgp ipv6 unicast neighbors
BGP neighbor is 172.16.12.1, remote AS 65100, external link
  BGP version 4, remote router ID 192.168.11.1
  BGP state = Established, up for 00:38:45
  Last read 00:00:52, last write 00:00:40, hold time is 180, keepalive interval is
60 seconds
  Neighbor sessions:
    1 active, is not multisession capable (disabled)
  Neighbor capabilities:
<Output omitted>


R2# show bgp ipv6 unicast
<Output omitted>
     Network          Next Hop          Metric LocPrf Weight Path
 *> 2001:DB8:0:11::/64
                      2001:DB8:0:12::1
                                        0                  0 65100 i
 *> 2001:DB8:0:22::/64
                      ::               0             32768 i


R2# show ipv6 route bgp
IPv6 Routing Table - default - 8 entries
Codes: C - Connected, L - Local, S - Static, U - Per-user Static route
       B - BGP, HA - Home Agent, MR - Mobile Router, R - RIP
       H - NHRP, I1 - ISIS L1, I2 - ISIS L2, IA - ISIS interarea
       IS - ISIS summary, D - EIGRP, EX - EIGRP external, NM - NEMO
       ND - ND Default, NDp - ND Prefix, DCE - Destination, NDr - Redirect
       O - OSPF Intra, OI - OSPF Inter, OE1 - OSPF ext 1, OE2 - OSPF ext 2
       ON1 - OSPF NSSA ext 1, ON2 - OSPF NSSA ext 2, l - LISP
B 2001:DB8:0:11::/64 [20/0]
   via FE80::A8BB:CCFF:FE00:C300, Ethernet0/1
```

　　在例 7-54 中可以看到，R2 把从 R1 接收到的外部路由已经标记为最优路由，因为它的 IPv6 下一跳地址是有效的，因而也是可达的；并且这条 BGP 路由已被放入了 IPv6 路由表中。这个下一跳地址是从那哪里来的？会想例 7-49 中 R1 的配置，工程师在 IPv6 地址家族下配置了命令 **neighbor 172.16.12.2 route-map nh out**。例 7-55 中展示了这个 route-map，它使用 R1 和 R2 之间链路上的 R1 IPv6 地址，改写了所有 IPv6 路由的下一跳参数；这个地址对于 R2 来说是可达的（注意，这个地址并不一定是与邻居直连的地址，但对于邻居来说必须可达）。

例 7-55 R1 上的 route-map

```
R1# show route-map nh
route-map nh, permit, sequence 10
  Match clauses:
  Set clauses:
     ipv6 next-hop 2001:DB8:0:12::1
  Policy routing matches: 0 packets, 0 bytes
R1#
```

工程师也在 R2 上实施了类似的配置。例 7-56 展示了 R2 上的相关配置，使用 route-map，把下一跳地址修改为连接 R1 的 IPv6 接口地址。

例 7-56 在 R2 上配置 route-map

```
R2(config)# route-map NH-R1
R2(config-route-map)# set ipv6 next-hop 2001:DB8:0:12::2
R2(config-route-map)# router bgp 65000
R2(config-router)# address-family ipv6 unicast
R2(config-router-af)# neighbor 172.16.12.1 route-map NH-R1 out
```

现在我们再次检测 R1 与 R2 之间的连接。例 7-57 展示了测试输出并确认了连接正常，现在 R1 与 R2 之间建立了 IPv6 连接。R1 上的这条外部路由现在是有效的，并且被放入了 IPv6 路由表中。R1 和 R2 通过环回接口 1 的 IPv6 地址连接在一起。

例 7-57 检查 R1 上的 IPv6 连接

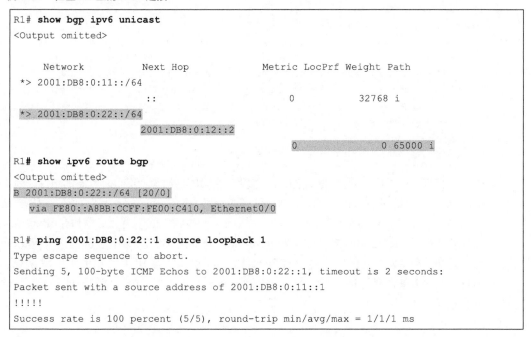

```
R1# show bgp ipv6 unicast
<Output omitted>

    Network          Next Hop            Metric LocPrf Weight Path
 *> 2001:DB8:0:11::/64
                     ::                        0             32768 i
 *> 2001:DB8:0:22::/64
                     2001:DB8:0:12::2
                                              0             0 65000 i

R1# show ipv6 route bgp
<Output omitted>
B 2001:DB8:0:22::/64 [20/0]
   via FE80::A8BB:CCFF:FE00:C410, Ethernet0/0

R1# ping 2001:DB8:0:22::1 source loopback 1
Type escape sequence to abort.
Sending 5, 100-byte ICMP Echos to 2001:DB8:0:22::1, timeout is 2 seconds:
Packet sent with a source address of 2001:DB8:0:11::1
!!!!!
Success rate is 100 percent (5/5), round-trip min/avg/max = 1/1/1 ms
```

3. 启用 iBGP IPv6 路由交换

现在我们要在 R2 和 R3 之间使用环回接口 0 的 IPv6 地址建立 iBGP 会话，然后通过 IPv6 传输，向 BGP 中通告环回接口 1 上配置的 IPv6 网络。

例 7-58 中展示了 R2 和 R3 的相关配置。交换 IPv6 路由的 iBGP 会话配置方式与 IPv4 会话类似，通常也使用环回接口建立会话，因此工程师需要使用命令 **neighbor update-source**。注意命令 **neighbor update-source** 要同时影响两个地址家族，因此工程师需要在全局 BGP 配置模式中进行配置。

例 7-58 在 R2 和 R3 之间通过 IPv6 建立 iBGP 会话

```
R2(config)# router bgp 65000
R2(config-router)# neighbor 2001:DB8:0:3::3 remote-as 65000
R2(config-router)# neighbor 2001:DB8:0:3::3 update-source Loopback 0
R2(config-router)# address-family ipv6 unicast
R2(config-router-af)# neighbor 2001:DB8:0:3::3 activate
R2(config-router-af)# neighbor 2001:DB8:0:3::3 next-hop-self

R3(config-router-af)# router bgp 65000
R3(config-router)# neighbor 2001:DB8:0:2::2 remote-as 65000
R3(config-router)# neighbor 2001:DB8:0:2::2 update-source Loopback 0
R3(config-router)# address-family ipv6 unicast
R3(config-router-af)# neighbor 2001:DB8:0:2::2 activate
R3(config-router-af)# neighbor 2001:DB8:0:2::2 next-hop-self
R3(config-router-af)# network 2001:DB8:0:33::/64
```

通常在向内部对等体发送外部更新时，工程师都需要修改下一跳地址，这时需要使用命令 **neighbor next-hop-self**。这条命令是针对地址家族设置的，因此需要配置在地址家族 IPv6 路由器配置模式中，详见例 7-58。

工程师需要在合适的地址家族中激活邻居。在本例中，我们使用不同的 BGP 会话来分别交换 IPv4 和 IPv6 更新。因此工程师只在 IPv6 地址家族中激活 IPv6 邻居。

当路由器之间通过 IPv6 BGP 会话交换 IPv6 路由时，路由器会自动正确地配置下一跳参数，无需工程师使用 route-map 进行修改。

接着我们来检查一下 IPv6 的 iBGP 对等体关系及连接。我们可以在任意一个对等体上进行检查；例 7-59 展示了路由器 R3 上的命令输出。输出内容中显示出 IPv6 iBGP 邻居已经建立并工作正常，并且按照预期交换了 IPv6 网络。BGP 路由会被放入 IPv6 路由表中，这样本拓扑中的所有路由器之间就都建立了 IPv6 连接。

例 7-59 检查 R3 上的 IPv6 iBGP 连接

```
R3# show bgp ipv6 unicast summary
BGP router identifier 192.168.3.3, local AS number 65000
```

（待续）

```
BGP table version is 4, main routing table version 4
3 network entries using 516 bytes of memory
3 path entries using 264 bytes of memory
3/3 BGP path/bestpath attribute entries using 408 bytes of memory
1 BGP AS-PATH entries using 24 bytes of memory
0 BGP route-map cache entries using 0 bytes of memory
0 BGP filter-list cache entries using 0 bytes of memory
BGP using 1212 total bytes of memory
BGP activity 12/6 prefixes, 31/25 paths, scan interval 60 secs

Neighbor        V     AS MsgRcvd MsgSent   TblVer  InQ OutQ Up/Down  State/PfxRcd
2001:DB8:0:2::2 4 65000      24      23        4    0    0 00:16:38             2

R3# show bgp ipv6 unicast
<Output omitted>
     Network          Next Hop           Metric LocPrf Weight Path
 *>i 2001:DB8:0:11::/64
                      2001:DB8:0:2::2          0    100      0 65100 i
 *>i 2001:DB8:0:22::/64
                      2001:DB8:0:2::2          0    100      0 i
 *> 2001:DB8:0:33::/64
                      ::                       0         32768 i

R3# show ipv6 route bgp
<Output omitted>
B   2001:DB8:0:11::/64 [200/0]
     via 2001:DB8:0:2::2
B   2001:DB8:0:22::/64 [200/0]
     via 2001:DB8:0:2::2

R3# ping 2001:DB8:0:11::1 source loopback 1
Type escape sequence to abort.
Sending 5, 100-byte ICMP Echos to 2001:DB8:0:11::1, timeout is 2 seconds:
Packet sent with a source address of 2001:DB8:0:33::1
!!!!!
Success rate is 100 percent (5/5), round-trip min/avg/max = 1/1/1 ms
```

7.5.5 对比 IPv4 与双（IPv4/IPv6）BGP 传输

　　从前文的介绍中可以看出，对于 IPv4 和 IPv6 地址家族来说，路由器既可以建立一个 IPv4 邻居，也可以建立两个不同的会话，一个会话对应一个地址家族。这两种方法各有利弊。

　　使用单个 IPv4 邻居能够减少邻居会话的数量。在需要配置很多邻居的环境中，这种做法可以极大程度上减少配置总量和复杂性。不过在 IPv4 会话上运行 IPv6，需要工程师修改下一跳属性。

反之，要是为 IPv4 和 IPv6 分别使用两条会话，工程师就不必使用 route-map 来修改下一跳参数了。使用这种方法，IPv4 和 IPv6 路由的交换是完全独立的；邻居的配置和管理也是重复的。注意，命令 **show ip bgp summary** 的输出内容中看不到 IPv6 邻居；工程师需要使用命令 **show bgp ipv6 unicast summary** 来查看 IPv6 邻居。

7.5.6　IPv6 的 BGP 过滤机制

MP-BGP 提供了与 IPv4 中相同的一组 IPv6 过滤和路由控制工具。这些机制包括入站和出站前缀列表、过滤列表（用来匹配 AS-Path）和 route-map，它提供了一系列丰富的匹配和控制工具。入站和出站过滤的执行过程与 IPv4 相同。

接下来的小节中提供了两个案例。

1．使用 IPv6 前缀列表进行过滤

工程师可以基于 BGP 更新消息中的前缀信息来过滤 BGP 路由更新。图 7-30 展示了本例使用的网络，例 7-60 展示了路由器 R1 上的相关配置。配置中包括一个名为 large_networks 的前缀列表，它只放行网络地址 2000::/3 中子网掩码小于或等于 48 的子网（这是当前全局地址所使用的 IPv6 地址空间中的一部分）。工程师针对 R1 的 BGP 对等体 R2 应用这个过滤规则，同时应用在入向和出向，以此过滤从 R2 接收以及发往 R2 的路由。

图 7-30　IPv6 前缀列表案例使用的网络

例 7-60　图 7-30 中 R1 的部分配置

```
ipv6 prefix-list large_networks seq 5 permit 2000::/3 le 48
!
router bgp 65100
 bgp router-id 1.1.1.1
 neighbor 2001:DB8:2::2 remote-as 65200
 address-family ipv6
  neighbor 2001:DB8:2::2 activate
  neighbor 2001:DB8:2::2 prefix-list large_networks in
  neighbor 2001:DB8:2::2 prefix-list large_networks out
  network 2001:D00::/24
```

2. 使用 BGP 本地优先级影响 IPv6 路径选择

工程师可以通过修改从一个对等体接收到的路由的本地优先级，来调整 BGP 的路径选择。图 7-31 中展示了本例使用的网络，例 7-61 展示了路由器 R1 上的相关配置。在本例中，工程师把从 AS 65200 收到的路由调整为本地优先级 200，而不使用默认的 100；从 AS 65300 收到的路由调整为本地优先级 50。如果同时从 AS 65200 和 AS 65300 收到了同样的路由，BGP 会优选通过 AS 65200 的路径。

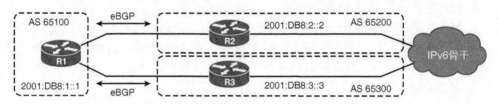

图 7-31　IPv6 本地优先级案例使用的网络

例 7-61　图 7-31 中 R1 的部分配置

```
router bgp 65100
 bgp router-id 1.1.1.1
 neighbor 2001:DB8:2::2 remote-as 65200
 neighbor 2001:DB8:3::3 remote-as 65300
 address-family ipv6
  neighbor 2001:DB8:2::2 activate
  neighbor 2001:DB8:3::3 activate
  neighbor 2001:DB8:2::2 route-map LP200 in
  neighbor 2001:DB8:3::3 route-map LP50 in
  network 2001:D00::/24
!
route-map LP50 permit 10
 set local-preference 50
!
route-map LP200 permit 10
 set local-preference 200
```

7.6　总结

本章介绍了企业如何使用 BGP 来连接 Internet，其中包括以下主题。

- BGP 的术语和概念，其中包括以下内容。
  - BGP 在 AS 之间的使用，它与本书介绍的其他路由协议有什么区别。
  - BGP 是路径矢量协议，使用 TCP 端口 179。
  - BGP 能够确保网络中是无环的，因为它不会接收 AS-Path 列表中已经包含本

　　地 AS 的路由更新。

- BGP 使用三个表：BGP 表、IP 路由表和 BGP 邻居表。
- BGP 有四种类型的消息：初始、存活、更新和通知。

- 何时使用 BGP：如果 AS 允许数据包穿越自己来访问其他 AS，如果 AS 与其他 AS 之间有多条连接，或者如果必须修改进入或离开 AS 的路由策略和路由选择。

- 何时不使用 BGP：如果与 Internet 或其他 AS 之间只有一条连接，如果边界路由器上缺乏内存或处理器资源，如果工程师对路由过滤和 BGP 路径选择的过程理解甚浅，或者如果 AS 中要实施的路由策略与 ISP AS 中已经实施的策略相同。

- BGP 邻居（对等体）关系：
  - iBGP，在属于同一 AS 的两台路由器之间运行 BGP；
  - eBGP，在属于不同 AS 的两台路由器之间运行 BGP。eBGP 邻居通常是直连的。

- 在一个 AS 内的传输路径中，为路径中的所有路由器构建全互联的 iBGP。

- 基本 BGP 配置，包括 BGP 表、IP 路由表和 **network** 命令之间的关系：**network** 命令使 BGP 路由器能够把 IP 路由表中的网络注入到 BGP 表中，然后把这个网络通告给它的 BGP 邻居。BGP 邻居之间交换它们的最优 BGP 路由。邻居路由器收到通告的网络信息后，会把这些信息放入自己的 BGP 表中，然后为这个网络选择自己的最优 BGP 路由。最优 BGP 路由会被提供给 IP 路由表。

- 使用 BGP 特性，其中包括 next-hop-self、update source 和 eBGP multihop。

- BGP 状态的理解和排错：空闲（Idle）、连接（Connect）、活跃（Active）、初始发送（Open sent）、初始确认（Open Confirm）和建立（Established）。

- 对 BGP 会话执行硬重置和软重置，这是变更邻居策略后需要做的操作。

- BGP 属性可以是公认的（Well-known）或可选的（Optional）、必遵的（Mandatory）或自决的（Discretionary）、传递的（Transitive）或非传递的（Nontransitive）。一个属性也可能只有部分特征。BGP 属性包含以下这些。

  - **AS-Path**：公认必遵属性。一条路由到达目的地需要穿越的一系列 AS 的列表，发起这条路由的 AS 号列在表的最后。
  - **下一跳（Next Hop）**：公认必遵属性。指明到达一个目的地所使用的下一跳 IP 地址。对于 eBGP 路由来说，下一跳是发送这条更新的邻居 IP 地址；对于 iBGP 路由来说，eBGP 通告的下一跳默认会被带入 iBGP 中。
  - **源（Origin）**：公认必遵属性。定义了路径信息的源；可以是 IGP、EGP 或不完整。
  - **本地优先级（Local Preference）**：公认自决属性。告诉 AS 内的路由器，优选哪条路径离开 AS。优选本地优先级值较高的路径。只发送给 iBGP 邻居。
  - **路由聚合（Atomic Aggregate）**：公认自决属性。告知邻居 AS，源路由器对路由进行了汇聚。
  - **聚合器（Aggregator）**：可选传递属性。指定了执行路由汇聚路由器的 BGP 路由器 ID 和 AS 号。

- **团体（Community）**：可选传递属性。使路由器能够使用指示符（团体）来标记路由，并允许其他路由器根据这个标记做出决策。
- **MED**：可选非传递属性。也称为度量值。为外部邻居指明自己优选的进入 AS 的路径。优选 MED 值较低的路由；在 AS 之间交换。
- **权重（Weight）**：Cisco 定义的属性；只为本地提供路由策略，不会传递给任何 BGP 邻居。优选权重值较高的路由。

■ BGP 做出路由选择决策所使用的 11 个步骤如下所示。

1．优选权重值较高的路由。
2．优选本地优先级值最高的路由。
3．优选本地路由器源发的路由。
4．优选 AS-Path 长度最短的路由。
5．优选源代码（Origin Code）值最低的路由。
6．优选 MED 值最低的路由。
7．优选 eBGP 路由，而不是 iBGP 路由。
8．优选 IGP 邻居最近的路由。
9．为 eBGP 路径优选最老的路由。
10．优选邻居 BGP 路由器 ID 最低的路由。
11．优选邻居 IP 地址最低的路由。

■ 检查 BGP 配置。
■ BGP 路径控制和过滤，其中包括修改权重、本地优先级、AS-Path 和 MED 属性。工程师可能会用到前缀列表、分发列表、过滤列表和 route-map。
■ 配置 BGP 对等体组，这是一组拥有相同更新策略的 BGP 邻居的组合。
■ 为 IPv6 实施 MP-BGP，其中包括以下内容：
  - 通过 IPv4 会话交换 IPv6 路由；
  - 通过 IPv6 会话交换 IPv6 路由。
■ IPv6 使用的 BGP 过滤机制。

7.7 参考文献

更多信息请参见：

- Cisco IOS 软件版本支持页面：http://www.cisco.com/cisco/web/psa/default.html?mode=prod&level0=268438303；
- Cisco IOS 主命令列表，全部版本：http://www.cisco.com/c/en/us/td/docs/ios/mcl/allreleasemcl/all_book.html；
- RFC 网站：http://tools.ietf.org/html/；
- "Load Sharing with BGP in Single and Multihomed Environments—Sample

Configurations" 网址为 http://www.cisco.com/en/US/tech/tk365/technologies_configu-ration_example09186a00800945bf.shtml；

- "CIDR 报告"，网址为 http://www.cidr-report.org/；
- "Understanding Regular Expressions" 网址为 http://www.cisco.com/c/en/us/td/docs/ios-xml/ios/fundamentals/configuration/15_sy/fundamentals-15-sy-book/cf-cli-search.html#GUID-A26947FE-801A-4597-8FD2-57FDCDD1AADB。

7.8 复习题

回答以下问题，并在附件 A 中查看答案。

1. BGP 根据什么选择最优路径？
   a. 速率
   b. AS 路由策略
   c. 去往目的地网络的路由数量
   d. 带宽和延迟

2. 关于 BGP 路由通告和路径选择的说法中，正确的两项是？
   a. BGP 基于速率选择最优路径
   b. BGP 路由器之间交换属性
   c. BGP 通告路径
   d. BGP 路径可能成环

3. 在 AS 中运行 BGP 的两条合理理由是什么？
   a. 这个 AS 是 ISP
   b. 这个 AS 与其他 AS 之间只有一条连接
   c. 这个 AS 中需要控制路径选择和数据包流
   d. 工程师对 BGP 路由和路由过滤的理解甚浅

4. 默认情况下，路由器之间形成 eBGP 邻居的两个条件是什么？
   a. 直连
   b. 属于同一 AS
   c. 属于不同 AS
   d. 在它们之间运行 IGP 并建立邻接关系

5. 下面哪条命令告诉 BGP 路由器，IP 地址属于 iBGP 邻居还是 eBGP 邻居？
   a. **neighbor** *ip-address* **shutdown**
   b. **neighbor** *ip-address* **update-source** *interface-type interface-number*
   c. **neighbor** *ip-address* **remote-as** *autonomous-system*
   d. **neighbor** *ip-address* **next-hop-self**

6. 对正常的 BGP 邻居运行状态来说，适当的 BGP 邻居状态是什么？
   a. 活跃

    b. 初始确认

    c. 空闲

    d. 建立

7. 默认情况下，BGP 会有多少条路径去往每个目的地？

    a. 1

    b. 2

    c. 4

    d. 6

8. 下列哪个选项最好地描述了 BGP 策略在多宿主 BGP 网络中，影响路由选择的重要性？

    a. 默认 BGP 路由选择并不总是选出最理想的路由

    b. 默认 BGP 路由选择总是选出最理想的路由

    c. 一旦设置了路径选择行为，就不能更改了

    d. 由于客户可能会拥有冗余连接，并从两个 ISP 那里都接收路由，因此并不需要 BGP 策略

9. 工程师可以使用 route-map 针对一个邻居在出方向上设置权重值。正确还是错误？

    a. 正确

    b. 错误

10. 多宿主客户为什么需要前缀列表？

    a. 确保只把有效的 IP 前缀通告给 ISP

    b. 限制可以从 ISP 接收的前缀数量

    c. 确保只把私有地址空间通告给 ISP

    d. 检查客户是否已经收到了完整的 Internet 路由表

11. 应用 AS-Path 过滤的三个正当原因是什么？

    a. 确保只通告本地源发的路由

    b. 限制可以从 iBGP 邻居接收的路由

    c. 根据接收路由的源 AS，选择全部接收路由中的一部分

    d. 限制从邻居那里收到本地 AS 源发的路由

    e. 为所有目的地 AS 更改权重或本地优先级属性

12. 以下针对 BGP 对等组的描述中，准确的是？

    a. 对等体组可以用来向外部邻居隐藏 BGP 对等体的身份

    b. 通过使用 BGP 对等体组，由 BGP 更新所占用的路由器 CPU 利用率会大大降低

    c. 网络管理员应该使用对等体组，提高小型网络的生产率

    d. 通过使用 BGP 对等体组，路由器之间能够自动创建邻居关系

    e. 工程师应该在所有环境中使用对等体组

    f. 工程师只能使用对等体组来配置拥有相同 AS 号和参数的 eBGP 对等体

13. 以下哪两项是针对 IPv6 的 MP-BGP 扩展？
    a. 与 IPv6 相关的 AS-Path
    b. IPv6 NLRI
    c. IPv6 LSA
    d. IPv6 格式的下一跳属性
    e. IPv6 TLV（类型、长度、值）
    f. BGP IPv6 前缀

14. 使用单条 IPv4 会话交换 IPv4 和 IPv6 路由的好处有哪两点？
    a. 需要设置下一跳
    b. 不需要设置下一跳
    c. 配置更简单
    d. 会话数量更少

15. IPv4 邻居默认会交换 IPv6 路由。正确还是错误？
    a. 正确
    b. 错误

16. 完成下表并回答有关这三个 BGP 属性的问题。
    ■ 这些属性的优选顺序是什么（1、2 或 3）？
    ■ 对于每个属性来说，优选最高值还是最低值？
    ■ 每个属性会被发送给哪种其他路由器（如果有的话）？

属性	优选顺序	优选最高还是最低值?	发送给哪种路由器?
本地优先级			
MED			
权重			

17. 按顺序排列 BGP 路由选择过程，在给出的空格中填入序号。
    __优选邻居 BGP 路由器 ID 最低的路由
    __优选 MED 值最低的路由
    __优选 AS-Path 长度最短的路由
    __为 eBGP 路径优选最老的路由
    __优选源代码（Origin Code）值最低的路由
    __优选权重值较高的路由
    __优选 IGP 邻居最近的路由
    __优选本地优先级值最高的路由
    __优选本地路由器源发的路由
    __优选邻居 IP 地址最低的路由
    __优选 eBGP 路由，而不是 iBGP 路由

本章会讨论下列内容：

■ 保护 Cisco 路由器的管理平面；

■ 描述路由协议认证技术；

■ 配置 EIGRP 认证；

■ 配置 OSPFv2 和 OSPFv3 认证；

■ 配置 BGP 对等体认证；

■ 配置 VRF-lite。

第 8 章

路由器与路由协议的加固

路由器的安全性对于网络安全至关重要。路由器往往是部署在网络边界的设备，因此这类设备往往会暴露于大量安全威胁之下。路由器往往会与其他路由器相互交换路径信息，因此管理员势必要让路由器只接收经过认证的源设备发送过来的更新消息。一旦一台路由器遭到入侵，对企业网络造成的危害将是灾难性的。

路由器的操作架构可以分为下列三大平面。

- **管理平面**：这个平面关心的是发送给 Cisco IOS 设备，并旨在对设备进行管理的流量。保护这个平面的方法保护使用强密码、用户认证、实施基于身份的命令行界面（CLI），使用安全外壳协议（SSH），启用日志记录，使用网络时间协议（NTP），保护简单网络管理协议（SNMP），以及保护文件系统。
- **控制平面**：这个平面关心的是路由器如何作出转发决策（比如执行路由协议的操作）。保护这个平面的方法保护使用路由协议认证。
- **数据平面**：这个平面也称为转发平面，因为这个平面关注的是通过路由器进行转发的数据。保护这个平面的方法一般包括使用访问控制列表（ACL）等。

保护 Cisco 路由器和路由协议有一些推荐的步骤。本章会从采用推荐的做法保护 Cisco 路由器的管理平面开始讨论。接下来，我们会介绍路由协议认证带来的优势，以及如何给增强型内部网关协议（EIGRP）、开放最短路由优先协议（OSPF）和边界网关协议（BGP）配置认证，以防止路由器接收错误的路由更新信息，而这些都与控制平面安全有关。最后，我们会介绍如何配置 VRF-Lite，并且对 Cisco 简单虚拟网络（EVN）特性进行一个简要的概述。

8.1 保护 Cisco 路由器的管理平面

保护网络基础设备对于网络的整体安全性发挥着极其重要的作用。网络基础设备包括路由器、交换机、服务器、端点和其他设备。

为了防止有人非法访问这些设备，管理员必须实施合理的安全策略和控制技术。虽然所有基础设备都存在安全风险，但路由器在其中首当其冲。这是因为路由器在网络中充当着交警的角色，它的职责是指挥流量进入和离开这些网络。

如果路由器遭到入境，网络就会大范围遭到入侵。如果在网管登录一台边界路由器时，碰巧有一位心怀不满的员工偶然间瞥见了网关输入的密码（有人称之为肩膀扫描），那么攻击者想要不经授权就访问边界设备，也就不需要花太多心思了。

如果攻击者拥有了一台路由器的访问权限，无异于将整个网络的安全和管理付之一炬，同时也让所有的服务器和端点设备全都面临风险。比如说，攻击者只需要清除路由器的启动配置，然后重启路由器，就可以造成网络中断。当路由器重新启动时，它也就没有了启动配置，因此也就无法正常启动。管理员如果时间充裕，固然可以恢复配置，但是如果管理员没有对配置文件进行备份，或者备份的配置文件并不是最新配置文件，恢复的时间有可能就会很长。

由此可见，路由器必须进行加固，这样才能让禁用路由器功能、获取非法访问权限，以及其他妨碍路由器正常工作的行为难以得逞。

本节会介绍与保护 Cisco 路由器管理平面有关的加固方法，其中包括：

- 参照路由器安全策略；
- 保护管理访问；
- 使用 SSH 和 ACL 来限制对 Cisco 路由器的访问；
- 实施日志记录；
- 保护 SNMP；
- 备份配置；
- 使用网络监测技术；
- 禁用不使用的服务。

8.1.1 保护管理平面

管理平面负责处理发送给 Cisco IOS 设备并旨在对设备进行管理的流量。如果希望保护 Cisco IOS 路由器的管理平面，保护其免受各类攻击的侵害，可以采用下面的步骤。

步骤 1 **参照现有的路由器安全策略**：策略中可能会指明哪些人可以通过哪种方式登录路由器，以及哪些人可以配置和更新路由器，或者哪些人可以执行日志记录和监测。策略中也可能指明了设置访问路由器的密码时，都有哪些要求。

步骤 2 **保护物理访问**：将路由器和物理设备放在一个安全且上锁的房间当中，保证只有有权限的人才能进入那个房间。这个房间必须屏蔽掉静电和电磁干扰，拥有防火措施，可以控制温度和湿度。安装无间断供电系统（UPS）并且保证有空闲的模块可以使用。这可以减少网络因掉电而造成的宕机。

步骤 3 **使用强加密密码**：使用至少 8 字符的复杂密码。通过全局配置模式的命令 **security passwordmin-length** 强制执行最小密码标准。通过集中式的认证、授权和审计（AAA）服务器来维护和控制强密码。不过，Cisco IOS 和其他基础设备往往会在本地保存一些敏感信息。当 AAA 服务器无法访问时，系统可能会使用某些本地密码和保密信息，如特殊用途的用户名、密码和其他密码信息。这些本地密码应该进行有效的加密，并严防有人偷窥这些密码。

步骤 4 **控制对路由器发起的访问**：可以通过下面两种方法对路由器发起管理访问。

- 通过控制台（Console）和辅助（Auxiliary）端口：这类端口的作用是，当终端与路由器之间存在物理连接时，可以通过它们获取管理访问权限。

■ **通过 vty 线路**：通过 SSH 或者 Telnet 访问路由器才是最最常用的管理方式。因此，管理员必须通过配置，确保只有那些 ACL 中定义的授权 IP 地址，才可以通过 SSH 协议来访问路由器。

步骤 5 **保护管理访问**：只有授权的人员才应该拥有访问基础设备的权限。因此，管理员需要通过配置认证、授权和审计（AAA）来控制能够访问网络的人员（认证的作用）、这些人能够对网络执行那些操作（授权的作用），并将他们在访问网络期间的所作所为登记在册（审计的作用）。认证既可以在本地执行，也可以使用 AAA 认证服务器来实现。

步骤 6 **使用安全管理协议**：只使用安全的管理协议(其中包括 SSH、HTTPS 和 SNMPv3)。如果不得不使用不安全的管理协议（如 Telnet、HTTP 或 SNMP），那么就必须通过 IPSec 虚拟专用网（VPN）来对流量进行保护。管理员还要配置 ACL 来指明哪些才是可以访问路由器的授权用户。比如，SNMP 是最为常用的网络管理协议。在启用 SNMP 之处，限制 SNMP 对路由器的访问是十分重要的。

步骤 7 **实施系统日志记录**：系统日志记录功能可以提供流量遥测功能，这种做法可以检测到异常的网络行为，也可以检测到网络设备的故障。流量遥测可以通过系统日志记录、SNMP Trap 以及 NetFlow export 这类特性来实现。管理员可以在全局配置模式下使用命令 **service timestamps log datetime** 在日志消息中包含日志和时间。在实施网络遥测时，一定要保证网络基础设备之间的日期和时间是既统一又准确的。管理员可以通过网络时间协议（NTP）来保障时间的准确性。如果时间不同步，很难在不同源的遥测信息之间建立关联。

步骤 8 **周期性备份配置文件**：备份配置可以让中断的网络迅速回复。管理员可以每隔一段固定的时间，或者每当配置进行变更之后，就将配置文件复制到 FTP（或 TFTP）服务器中，以实现配置文件的备份。

步骤 9 **禁用不使用的服务**：路由器支持许多类型的服务。有些服务之所以仍然启用，完全是处于历史的原因，但是当今网络其实并不需要这些服务器。但路由器上那些并没有使用的服务都有可能成为非法访问路由器的后门服务，因此这些服务都应该禁用。

上面的操作步骤必须保质保量地落实，才能保护路由器的安全性，让路由器难以被攻击者入侵。

8.1.2　路由器安全策略

保护路由器的第一步是创建和维护一个路由器安全策略，这个策略的作用是定义路由器的安全状态。

路由器安全策略应该帮助管理员解答下列这些问题。

■ **密码加密和复杂性的设置**：在配置文件中显示的密码是否是以加密的形式显示出

来的？根据策略，路由器密码（Telnet 密码、用户名密码、enable 密码）多久需要修改一次？路由器密码是否达到了策略所定义的复杂性要求？

■ **认证的设置**：是否定义今日消息（MOTD）旗标？路由器上的认证是通过本地配置的用户名和密码来实现，还是通过外部 AAA 服务器来实现？外部 AAA 服务器上是否记录路由器管理员登录登出的跟踪信息和他/她们输入的命令。

■ **管理访问的设备**：是否允许通过 Telnet 访问路由器？是否在路由器管理时使用了 HTTP 或 HTTP 服务器特性？管理路由器时使用的 SNMP 是哪个版本？是否将 SNMP 进程限制在了一个 IP 地址的范围之内？SNMP community 字符串的更改频率是多久？

■ **是否使用 SSH 保护管理访问**：管理访问是否安全？我们是否需要继续支持 Telnet 访问？在执行管理访问时是否使用 SSH 协议来实现？如果必须支持 Telnet 协议，如何对这种协议提供保护？

■ **不使用服务的设置**：是否禁用了不使用的服务？哪些服务是不使用的服务？

■ **入站出站/过滤的设置**：是否启用了过滤 RFC 1918 地址的规则？是否设置了放欺骗 ACL？是否启用了单向 RPF 过滤？

■ **路由协议安全设置**：是否启用了路由协议消息认证？

■ **配置文件如何维护**：路由器配置的备份频率是多久一次？备份文件是否复制到了一个不在线的（灾备）地方？对于备份路由器配置文件，是否有成文的流程？是否使用 TFTP 来传输往来于路由器的配置文件或镜像文件？配置文件存储在了系统的什么地方？限制访问这些配置文件，是通过本地操作系统的安全机制来实现的吗？

■ **对管理的变更**：是否根据成文的变更管理流程，将对路由器所作的修改和更新通过合理的方式记录了下来。

■ **路由器冗余**：是否配置了第一跳冗余协议（FHRP）？

■ **监测与对事件的处理**：是否将所有访问端口、协议或服务的失败情形记录在案？是否记录了路由器的 CPU 使用率和内存使用率？是否将日志记录发送给了一台系统日志服务器？如果发现恶意事件，需要采取什么应对措施？

■ **安全更新**：网络工程师是否了解最新的网络漏洞，可以用来对路由器发起攻击？对于如何升级路由器，是否有现成的流程和文件可供执行？

8.1.3 加密密码

攻击者会通过各式各样的方式来获取管理密码。他们可以偷窥，可以根据管理员的个人信息进行猜测，也可以对包含明文信息的数据包发起嗅探攻击。攻击者也可以使用诸如密码审计工具（如 L0phtCrack 或 Cain & Abel）这样的网络管理软件来探测密码。

1. 使用强密码

管理员要保证网络中使用的密码都是强密码。要达到保护网络资产（如路由器和交换机）的目的，需要按照下面的指导方针来选择强密码。这些指导方针可以让密码更难通过智能猜测和密码破解工具来破解。

- 使用 10 个字符以上长度的密码。越长的密码保密性越好。
- 让密码更复杂，在密码中掺杂大写字母、小写字母、数字、符号和空格。
- 不要使用重复的、字典中可以找到的单词、字母或数字的简单组合、用户名、亲戚或者宠物的姓名、其他个人信息（如生日、身份证号码、祖先的姓名等）或者其他很容易分辨的信息作为密码。
- 有意用一些近似替换词充当密码（如将 Smith 改为 Smyth 改为 5mYth 或者将 Security 改为 5ecur1ty）。
- 频繁替换密码。就算密码被不知不觉破解，攻击者能够利用这个密码访问设备的时间也很有限。
- 不要把密码写下来放在显眼的地方，比如书桌上或者显示器上。

在 Cisco 路由器和许多其他系统当中，密码最前面的空格都会被系统忽略，但第一个字符之后的空格则不会被忽略。因此，创建强密码的方法之一是在密码中插入空格，形成一个由多个词组成的密码。这种密码往往又好记又简单。但是要猜出这种密码耗时却很长，而且难度也很大。

2. 加密密码

一般来说，对路由器发起控制台、远程 vty 和特权 EXEC 访问都需要密码，如图 8-1 所示。

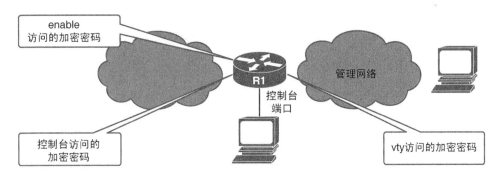

图 8-1 管理密码

在一个部署了多台设备的网络中，密码管理的推荐安全解决方案是通过一台集中式的外部 AAA 服务器来执行认证。但是，有些密码可能还是需要配置在路由器本地的。因此，要保证这些密码都是加密的，以防心怀叵测的人在一旁偷窥，这一点十分重要。

全局密码加密和 **enable secret** 都是 Cisco IOS 提供的特性，可以对本地存储的敏感信息进行加密。

加密特权 EXEC 密码

在全局配置模式下输入 **enable secret** *password* 可以定义本地 enable 特权模式的 EXEC 密码。这条命令会通过散列算法进行加密，然后再存储在路由器的配置文件中。IOS 15.0(1) 及后续版本默认采用的是 SHA256 散列算法进行加密。SHA256 是一种相当强的散列算法，这种算法极难逆向运算。早期 IOS 版本使用的则是相对比较弱的消息摘要 5（MD5）这种散列算法。

> **注释** 如果丢失或者忘记了 enable secret *password* 这条命令设置的密码，就必须通过 Cisco 路由器密码恢复流程来替换过去设置的密码。读者可以参考 Cisco.com 来了解相关的信息。

加密控制台和 vty 密码

在通过命令 **password line** 定义控制台或 vty 线路密码时，密码会以明文的形式保存在路由器的配置文件中。

管理员可以在全局配置模式下输入命令 **service password-encryption** 来加密全局的密码。密码加密的命令会应用于所有的密码，包括 **username** 密码、认证密钥密码和特权命令密码、控制台和虚拟终端线路访问密码，以及 BGP 邻居密码。密码会通过自动的密码加密程序得到保护，在路由器配置文件中，这类密码会显示为类型 7 的密码。

> **注释** 类型 7 密码是使用 Vigenere 密码进行加密的，这种密码很容易逆向破解。因此，这条命令的主要作用是防止有人进行偷窥。

例 8-1 配置了特权 EXEC 模式、控制台和 vty 线路的密码。

例 8-1 配置加密密码

```
R1(config)# enable secret class123
R1(config)# line console 0
R1(config-line)# password cisco123
R1(config-line)# login
R1(config-line)# exit
R1(config)# line vty 0 4
R1(config-line)# password cisco123
R1(config-line)# login
R1(config-line)# exit
R1(config)# service password-encryption
R1(config)# exit
R1#
```

如例 8-2 所示，运行配置中的密码现在都是加密的状态。

例 8-2 查看加密后的密码

```
R1# show run
Building configuration...

<Output omitted>

service password-encryption

<Output omitted>

enable secret 4 JpAg4vBxn6wTb6NE3N1p0wfUUZzR6eOcVUKUFftxEyA

<Output omitted>

line con 0
 password 7 070C285F4D06485744
 login
line aux 0
line vty 0 4
 password 7 070C285F4D06485744
 login
 transport input all
!
end

R1#
```

可以看出，输出信息中的 **enable secret** 一行显示，密码已经通过 4 级加密（即 SHA256 算法）进行了保护。而控制台线路和 vty 线路的密码则是使用 7 级加密提供的保护。不过，7 级加密是一种相对比较弱的加密方式。

因此，为了增强控制台和 vty 线路加密的强度，推荐使用本地数据库来实现认证。本地数据库是由用户名和密码组合所构成的，而这些信息都是在各个设备上本地创建出来的。在设备对用户通过本地和 vty 线路发起的访问进行认证时，设备会参考管理员所配置的本地数据库。

如果希望对创建本地数据库条目执行 4 级加密（即使用 SHA256 算法进行加密），需要在全局配置模式下输入命令 **username** *name* **secret** *password* 来实现。

例 8-3 通过本地数据库条目的方式配置了控制台和 vty 认证。

例 8-3 配置并加密密码

```
R1(config)# username ADMIN secret class12345
R1(config)# username JR-ADMIN secret class123
R1(config)# line console 0
```

（待续）

```
R1(config-line)# login local
R1(config-line)# exit
R1(config)# line vty 0 4
R1(config-line)# login local
R1(config-line)# end
R1#
```

可以看到，我们在这里使用了 **login local** 命令。这条命令是使用本地数据库中配置的证书来执行认证的。

例 8-4 对配置的效果进行了验证。

例 8-4   验证本地认证

```
R1# show running-config | include username
username ADMIN secret 4 VYlArd0J6s2X4dZwZ42oTpLQ5Zog8wZDgZKHMP2SHEw
username JR-ADMIN secret 4 JpAg4vBxn6wTb6NE3N1p0wfUUZzR6eOcVUKUFftxEyA
R1#
R1# show running-config | section line
line con 0
 login local
line aux 0
line vty 0 4
 login local
 transport input all
R1# exit

<Output omitted>

R1 con0 is now available

Press RETURN to get started.

User Access Verification

Username: ADMIN
Password:
R1>
```

可以看出，目前用户名和密码都已经通过 4 级加密进行了保护，这说明加密这些密码的是 SHA256 算法。配置这些命令的效果是通过本地数据库的方式执行认证。最后，我们还通过 ADMIN 用户名和密码验证了认证配置的效果。

8.1.4   认证、授权和审计

保护基础设备网络的管理访问由三部分组成，即在访问网络之前对用户进行认证；分辨这些用户能够执行那些操作、需要施加哪些限制策略；以及将用户的管理行为通过日志记录下来，以备日后进行审计。

认证、授权和审计（AAA）是一个标准的框架，实施这个框架可以控制能够访问网络的用户（认证的效果），分析他们可以执行的操作（授权的效果），以及将他们在访问网络期间的操作保留下来（审计的效果）。

使用 AAA 模型可以带来下述优势。

- **增强灵活性，控制访问配置**：AAA 增强了授权的灵活性，它可以就每条命令和每个界面对用户可以执行的操作进行认证。
- **提高可扩展性**：本地认证的方式适用于管理员用户为数不多的小型网络环境。不过，这种方法难以扩展。AAA 提供了一种扩展性很强的解决方案，可以用于大型网络的管理。
- **多备份系统**：可以出于冗余方面的考虑而部署多台 AAA 服务器。当一台 AAA 服务器出现故障时，列表中的下一台服务器就会提供 AAA 服务。
- **将认证方式标准化**：AAA 支持 RADIU 协议这种开放标准，可以与其他厂商的设备实现互操作，也可以增加认证的灵活性。

用户必须通过认证数据库进行认证，这个认证数据库可以：

- **位于本地**——用户可以通过本地设备数据库进行认证，管理员通过 **username secret** 命令就可以创建一个本地数据库（这种方式有的时候也称为独立 AAA）；
- **集中式部署**——在部署这种客户端/服务器模型的环境中，用户需要通过 AAA 服务器进行认证。这种方式可以增强 AAA 服务器的扩展性、可管理性和可控性。设备与 AAA 服务器之间的通信可以通过 RADIUS 或者 TACACS+协议来进行保护。

1. RADIUS 和 TACACS+协议概述

当用户需要向一台进行认证时，这台设备需要通过下面两种协议中的一种与 AAA 服务器之间进行通信。

- **RADIUS 协议**：这是一款开放标准的协议，这个协议记录在 RFC 2865（authentication and authorization）和 RFC 2866（accounting）当中。这个协议将认证和授权结合为了一个服务，使用 UDP 1812（UDP 1645）端口进行通信，而使用 UDP 1813 端口建立审计服务的通信。RADIUS 并不会对设备和服务器之间交换的整个数据包进行加密。它只会加密 RADIUS 头部中关于密码的那部分信息，因此 AAA 服务器会充当认证的决策方。
- **TACACS+协议**：这是一款 Cisco 私有的协议，这个协议将 AAA 提供的 3 项服务分开处理，使用的是更为可靠的 TCP 49 端口。TACACS+会对设备和 TACACS+服务器之间所交换的整个数据包进行加密，因此这个协议相当安全。

通过图 8-1 可以看到，RADIUS 协议是如何在 AAA 服务器和一台设备之间交换认证证书的。

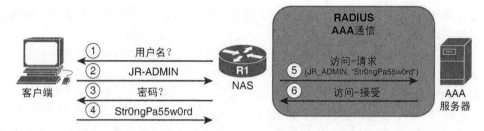

图 8-2　RADIUS 消息交换

　　在图 8-2 中，客户端尝试向 R1 发送认证。网络中的路由器称为网络访问服务器（NAS）或远程访问服务器（RAS）。一般来说，NAS 是一台路由器、交换机、防火墙或者访问点。第 1 步到第 4 步显示的是 NAS 是如何要求客户端提供证书的。在第 5 步中，NAS 通过访问-请求数据包的形式，发送了客户端的登录请求，其中包含了用户名、加密的密码、NAS IP 地址和 NAS 端口号。

　　要确保服务器可以和 NAS 进行通信，然后服务器就会将请求数据包中包含的共享密钥，与服务器中配置的数值进行比较。如果共享密钥不匹配，服务器就会丢弃这个数据包。如果共享密钥匹配，服务器就会将数据包中的证书与 AAA 服务器数据库里的用户名和密码进行比较。

　　如果匹配，RADIU 服务器就会返回一条访问接收数据包，其中包含这个会话中会用到的一系列参数。如果没有找到匹配信息，RADIUS 服务器则会发回一个访问-拒绝数据包。

　　审计的步骤会在认证和授权步骤完成之后，通过审计-请求和审计-响应消息来独立实现。

　　图 8-3 显示了 AAA 服务器和设备之间是如何使用 TACACS+协议来交换认证证书的。

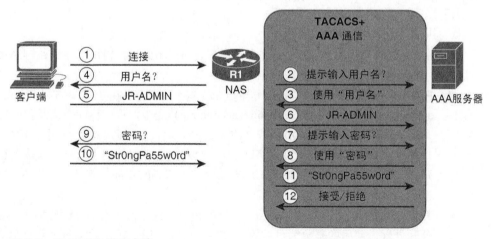

图 8-3　TACACS+消息交换

　　在图 8-3 中，客户端尝试向 NAS 发送认证。在第 1 步中，客户端向 NAS 发起了一条连接，NAS 则会立刻向 AAA 服务器建立一条 TCP 连接。在第 2 步到第 4 步中，NAS 会与

AAA 服务器建立连接，来获取用户名提示符，这个提示符此后会显示给客户端。在第 5 步和第 6 步中，用户输入的用户名被发送给了服务器。在第 7 步到第 9 步中，NAS 会与 AAA 服务器建立连接，来获取密码提示符，这个提示符此后也会显示给客户端。第 10 步和第 11 步会将客户端的密码发送给 AAA 服务器，让 AAA 服务器对照数据库进行验证。

如果匹配，服务器就会向客户端返回一条接受消息，授权步骤也会在此时开始（如果 NAS 上配置的话）。但是如果没有找到匹配信息，服务器则会发送一条拒绝消息，后续的访问都会拒绝。

2．启用 AAA 与本地认证

下面是启用 AAA 本地认证的配置步骤。

步骤 1　通过全局配置模式下的命令 **username** *name* **secret** *password* 创建本地用户账户。

步骤 2　使用全局配置模式下的命令 **aaa new-model** 启用 AAA。这条命令可以启用所有其他与 AAA 有关的命令。在输入这条命令之前，所有其他 AAA 命令都是隐藏的。这条命令会立刻将本地认证应用于除控制台线路之外的所有线路和接口上。

步骤 3　配置安全协议参数，包括服务器 IP 地址和密钥。具体命令要视管理员使用的协议是 RADIUS 还是 TACACS+，以及实施的服务器有多少台而定。

步骤 4　通过命令 **aaa authentication login**{**default** | *list-name* } *method1* [...[*method4*]]定义认证方法列表。如果没有定义 *list-name* 方法列表，那么 **default** 这个方法列表就会应用于所有接口、线路或者服务。在只有一个共享 AAA 架构的小规模环境中，**default** 这个关键字更为常用。而 *list-name* 方法列表必须手动应用到接口、线路或者服务上才能生效。*list-name* 方法列表会覆盖默认方法列表。

可以为了达到容错的目的而部署多种认证方式。命令 **aaa authentication** 是定义方法时最常用的命令，其中可以定义的方法包括 **group radius**、**group tacacs+**、**local** 和 **local-case**。如果配置了多种认证方法，那么只有当前面的认证方式返回错误消息（而不是失效）时，路由器才会使用其他的认证方式。

步骤 5　若有需要，管理员应该在控制台、vty 或辅助线路上应用方法列表。如果管理员定义了默认的认证方式，那么控制台、vty 和辅助线路就会自动配置 AAA 认证。如果配置了 *list-name*，则需要在线路下通过 **login** *list-name* 命令来应用认证。

步骤 6　（可选）使用全局配置模式下的命令 **aaa authorization** 配置授权。

步骤 7　（可选）使用全局配置模式下的命令 **aaa accounting** 配置审计。

3．以本地用户作为 AAA RADIUS 认证的备份

人们往往会通过 RADIUS 协议来提供 AAA 认证。最好在每台设备上配置一些本地账户作为备份，以备服务器出现故障时的不时之需。

例 8-5 通过配置，让控制台线路和 vty 线路使用 RADIU 服务器执行认证，当服务器不可达时，则通过本地用户数据库来执行认证，以此作为备份措施。

例 8-5　以本地用户作为 AAA RADIUS 认证的替代措施

```
R1(config)# username JR-ADMIN secret Str0ngPa55w0rd
R1(config)# username ADMIN secret Str0ng5rPa55w0rd
R1(config)#
R1(config)# aaa new-model
R1(config)#
R1(config)# radius server RADIUS-1
R1(config-radius-server)# address ipv4 192.168.1.101
R1(config-radius-server)# key RADIUS-1-pa55w0rd
R1(config-radius-server)# exit
R1(config)#
R1(config)# radius server RADIUS-2
R1(config-radius-server)# address ipv4 192.168.1.102
R1(config-radius-server)# key RADIUS-2-pa55w0rd
R1(config-radius-server)# exit
R1(config)#
R1(config)# aaa group server radius RADIUS-GROUP
R1(config-sg-radius)# server name RADIUS-1
R1(config-sg-radius)# server name RADIUS-2
R1(config-sg-radius)# exit
R1(config)#
R1(config)# aaa authentication login default group RADIUS-GROUP local
R1(config)# aaa authentication login TELNET-LOGIN group RADIUS-GROUP local-case
R1(config)# line vty 0 4
R1(config-line)# login authentication TELNET-LOGIN
R1(config-line)# exit
R1(config)#
```

在上面的示例中，管理员使用命令 **username** *username* **secret** *password* 创建了两个本地用户数据库账户。接下来则使用命令 **aaa new-model** 启用了 AAA 用户。读者一定要注意到，这条命令会立即应用于除控制台线路之外的所有线路。因此，如果不想在配置之后就登录不进设备（被"锁在门外"），应该首先创建好本地数据库账户。

RADIUS 服务器可以通过全局配置模式下的命令 **radius server** *server-name*——进行配置。管理员可以使用命令 **address ipv4** { *hostname* | *server-ip-address* } [**auth-port** *integer*] [**acct-port** *integer*]配置服务器的 IP 地址。此外，如果 RADIUS 服务器所监听的并非默认端口，管理员可以自定义一个 UDP 端口号。认证和审计所使用的端口号并不相同。管理员还需要通过命令 **key** *string* 来指定访问设备与 RADIU 服务器之间发送的认证和加密密钥。两边设备的数值必须相互匹配。

注释　管理员可以使用命令 address ipv6 { *hostname* | *serverip-address* }添加 IPv6 RADIUS 服务器。

接下来，管理员需要使用命令 **aaa authentication login** 来配置 AAA 登录认证。默认认证方法会应用于所有线路。在上面的示例中，我们定义的默认方法是采用 RADIU 服务器（RADIUS-GROUP）进行认证。AAA 会首先尝试通过组中的第一台服务器进行认证。如果那台服务器没有响应，AAA 会继续尝试通过组中的第二台服务器进行认证。如果也没有响应，设备则会使用本地数据库进行认证。

管理员定义的第二种 AAA 认证方法是使用 TELNET-LOGIN 这个方法列表进行认证。这种方法在执行认证时方式与默认列表类似，只不过 **local-case** 关键字也会让用户名区分大小写。而关键字 **local** 只会让密码区分大小写。

最后，管理员通过命令 **login authentication** *named-list* 将 TELNET-LOGIN 方法应用于 vty 线路。这条命令会覆盖默认的认证方法。

4．以本地用户作为 AAA TACACS+认证的备份

在 Cisco 网络中，人们往往会通过 TACACS+协议来提供 AAA 认证。例 8-6 通过配置让通过控制台和 vty 进行访问的用户先通过 TACACS+服务器进行认证，当这些服务器不可达时，再通过本地用户数据库进行认证，后者是备份的认证方法。

例 8-6 以本地用户作为 AAA TACACS+认证的替代措施

```
R1(config)# username JR-ADMIN secret Str0ngPa55w0rd
R1(config)# username ADMIN secret Str0ng5rPa55w0rd
R1(config)#
R1(config)# aaa new-model
R1(config)#
R1(config)# tacacs server TACACS-1
R1(config-server-tacacs)# address ipv4 192.168.1.201
R1(config-server-tacacs)# key TACACS-1-pa55w0rd
R1(config-server-tacacs)# exit
R1(config)#
R1(config)# tacacs server TACACS-2
R1(config-server-tacacs)# address ipv4 192.168.1.202
R1(config-server-tacacs)# key TACACS-2-pa55w0rd
R1(config-server-tacacs)# exit
R1(config)#
R1(config)# aaa group server tacacs TACACS-GROUP
R1(config-sg-tacacs+)# server name TACACS-1
R1(config-sg-tacacs+)# server name TACACS-2
R1(config-sg-tacacs+)# exit
R1(config)#
R1(config)# aaa authentication login default group TACACS-GROUP local
R1(config)# aaa authentication login TELNET-LOGIN group TACACS-GROUP local-case
R1(config)# line vty 0 4
R1(config-line)# login authentication TELNET-LOGIN
R1(config-line)# exit
R1(config)#
```

　　配置 TACACAS+认证的方法几乎和配置 RADIUS 认证的方法相同。管理员首先通过全局配置模式下的命令 **tacacs server** *server-name* 来定义可达的 TACACS+服务器，接下来通过命令 **address ipv4** { *hostname* | *server-ip-address* } 来配置服务器的 IP 地址。

　　如果 TACACS+服务器所监听的并非默认端口，管理员可以通过命令 **port** *integer* 自定义一个 UDP 端口号。管理员可以通过命令 **key** *string* 来指定访问设备和 TACACS+服务器之间使用的认证和加密密钥。两边设备的数值必须相互匹配。

> 注释　管理员可以使用命令 address ipv6 { *hostname* | *server-ip-address* }添加 IPv6 TACACS+服务器。

　　接下来，管理员使用全局配置模式下的命令 **aaa group server tacacs** *group-name* 将 TACACS+服务器添加到服务器组中。如果单独添加服务器，则需要通过命令 **server name** *server-name* 来实现。管理员可以将此前通过 **tacacs server** 命令添加的多台 TACACS+服务器添加到同一个组中。

　　其余的配置均与 RADIUS 的配置方法相同。

5. 配置授权和审计

　　在 Cisco IOS 设备上配置完 AAA 认证后，管理员可以根据需要启用 AAA 授权和审计。

　　配置授权的步骤如下。

第 1 步　通过命令 **aaa authorization** 给授权服务定义一个方法列表，很多服务（如进入 EXEC 模式、输入配置命令等）都可以实施授权。如果此前没有配置认证，那么授权特性也不会生效。

第 2 步　通过全局配置模式下的命令 **authorization** 将授权方法列表应用到对应的接口或者线路。如果在第 1 步中没有配置授权，这条命令也不会生效。

　　配置审计的步骤如下。

第 1 步　通过命令 **aaa accounting** 给审计服务定义一个方法列表。如果此前没有配置认证方法，那么审计特性也不会生效。

第 2 步　通过全局配置模式下的命令 **accounting** 将审计方法列表应用到对应的接口或者线路。如果在第 1 步中没有配置审计，这条命令也不会生效。

6. TACACS+和 RADIUS 的局限

　　下列情况不适合使用 RADIUS 协议。

- **多协议访问环境**：RADIUS 不会支持古老的协议，如 ARA、NBFCP、NASI 和 X.25 PAD 连接。
- **设备和设备的情形**：RADIUS 工作在客户端/服务器模式下，而认证只能由客户端发起，然后再由服务器来认证客户端的身份。RADIUS 并不提供双向认证。因此，如果两台设备之间需要建立双向通信，那么 RADIUS 并不是理想的解决方案。

■ **使用多服务的网络**：RADIUS 认证可以用于特征模式服务或 PPP 模式服务。所谓特征模式就是对那些通过 Telnet 向设备发起管理访问的用户进行认证。所谓 PPP 模式则旨在认证哪些访问 NAS 身后网络资源的用户。RADIUS 可以将一个用户绑定为某一个服务类型。因此，RADIUS 不能将一个用户同时绑定为特征模式和 PPP 模式。

TACACS+不适用于下列情形。

■ **多厂商环境**：TACACS+是 Cisco 私有协议。尽管 Cisco 已经通过 RFC 草案的形式公开了 TACACS+的标准，但有些厂商可能已然不支持这款协议。

■ **强调 AAA 服务响应速度的环境**：TACACS+在响应速度方面略慢于 RADIUS。原因在于 RADIUS 以 UDP 作为传输协议，因此它的速度就会比使用 TCP 作为传输协议的 TACACS+更快。TCP 是一种基于连接的协议，也就是说两个端点在传输数据流之前必须首先建立连接。这个机制会耽误宝贵的时间，因此如果希望 AAA 服务能够快速提供响应，那么并不建议选用 TACACS+。

8.1.5 使用 SSH 协议替换 Telnet

在启用远程管理访问时，管理员需要考虑在网络中发送信息时的安全环境。过去，远程访问路由器都是用 Telnet 协议通过 TCP 23 号端口来实现的。但 Telnet 研发的年代，安全还没有成为人们关注的话题。因此，所有 Telnet 流量都是以明文的形式发送的。

攻击者可以通过协议分析软件(如 Wireshark)捕获到从管理员计算机发送出去的 Telnet 数据帧，并由此掌握管理密码或者设备的配置信息。

SSH（安全外壳协议）提供了一种访问路由器的加密机制。由于 SSH 可以提供安全性和会话完全性，因此这种协议取代 Telnet，成为了远程管理路由器的推荐做法。这个协议提供的功能与出站 Telnet 连接类似，但它的连接是经过加密的，而且使用的端口号是 22。SSH 可以通过认证和加密，来保护在非安全环境中传输的通信信息。因此，建议在路由器上设置 SSH 访问，并禁用通过 Telnet 访问路由器的访问方式。

在路由器上启用 SSH 之前，一定要确保这台路由器所运行的 Cisco IOS 版本支持 SSH 协议。这台路由器必须拥有唯一的用户名，并且使用网络的同一个域名。最终，管理员必须通过配置，让这台路由器执行本地认证，或者通过用户名和密码认证的方式提供 AAA 服务器。这是路由器与路由器之间建立 SSH 连接的基本前提。

要想使用 SSH 协议来取代 Telnet 协议，需要按照下面的步骤进行配置。

第 1 步 启用 SSH 协议：要确保这台路由器所运行的 Cisco IOS 版本可以支持 SSH 协议。

第 2 步 对 SSH 访问启用本地认证：这是因为 SSH 访问需要使用用户名和密码登录。

第 3 步 允许来自授权主机的 SSH：可以只允许某些 ACL 所授权的主机通过 SSH 协议发起访问。

例如，考虑图 8-4 所示的拓扑。

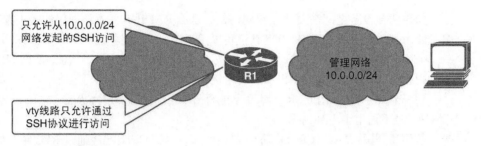

图 8-4　SSH 拓扑

在这个环境中，网络安全策略要求，管理员必须通过配置，让 vty 线路只允许通过 SSH 第 2 版发起的访问。此外，只有管理 LAN 中的主机才能进行访问。

例 8-7 配置了所需的用户名、域名和本地用户账户。

例 8-7　配置主机名、域名和本地用户账户

```
Router(config)# hostname R1
R1(config)# ip domain-name cisco.com
R1(config)# username ADMIN privilege 15 secret class12345
```

在上面的示例中，管理员配置了路由器主机名和域名。这两个参数都是在下面的示例中创建 RSA 密钥对时不可或缺的组成成分。管理员创建的本地用户账户名为 ADMIN，优先级为 15，密码为 class12345。

例 8-8 创建了用于加密 SSH 流量的 RSA 密钥对。

例 8-8　创建 RSA 密钥

```
R1(config)# crypto key generate rsa modulus 2048
The name for the keys will be: R1.cisco.com
% The key modulus size is 2048 bits
% Generating 2048 bit RSA keys, keys will be non-exportable...
[OK] (elapsed time was 8 seconds)

R1(config)#
*Aug 13 17:22:58.625: %SSH-5-ENABLED: SSH 1.99 has been enabled
```

在加密 SSH 流量的路由器上，必须生成单向密钥。而这些密钥会用来充当非对称密钥。Cisco IOS 系统使用 RSA（Rivest, Shamir, and Adleman）算法来创建密钥。

管理员需要通过全局配置模式下的命令 **crypto key generate rsa general-keys modulus** *modulus-size* 来创建 RSA 密钥。其中，**modulus-size** 的作用是指定 RSA 密钥的长度，可以设置为 360～2048 位之间的数值。数值设置得越大，RSA 密钥也就越安全，但创建该密钥以及用该密钥加解密信息所消耗的时间也会轻微延长。推荐最小也要使用 1024 位长度的密钥。

> 注释 在创建 RSA 密钥后，SSHv.199 会自动启用。

Cisco 路由器支持下面两个版本的 SSH。

■ SSH 第 1 版（SSHv1）：这是最早的版本，但是这个版本存在一些已知的漏洞。

■ SSH 第 2 版（SSHv2）：使用 DH 密钥交换和强大的整数校验消息认证码，安全性更加强大。

默认使用的 SSH 版本为 SSH 1.99 版。这个版本也称为兼容模式，它基本就是为了说明路由器既支持 SSHv2，也支持 SSHv1。不过最好的做法是只启用第 2 版 SSH。如果希望修改版本的兼容模式，可以通过全局配置模式下的命令 **ip ssh version {1|2}** 来进行修改。

例 8-9 所示为管理员在 R1 上启用了 SSHv2。

例 8-9 在 R1 上启用 SSHv2

```
R1(config)# ip ssh version 2
```

例 8-10 创建了一个特定服务的 ACL，它的作用是让只有管理 LAN 中的用户才能访问设备。

例 8-10 创建管理 LAN ACL

```
R1(config)# ip access-list standard PERMIT-SSH
R1(config-std-nacl)# remark ACL permitting SSH to hosts on the Management LAN
R1(config-std-nacl)# permit 10.0.0.0 0.0.0.255
R1(config-std-nacl)# deny any log
R1(config-std-nacl)# exit
```

例子中所示的 **permit** 语句，其作用是只放行可靠的管理 LAN 这个特定网络发来的流量。虽然 ACL 本身就会自动创建一个隐式的 **deny any** 语句，但在上面的例子中，管理员还是输入了关键字 **log**，其目的是为了查看有多少次来自非授权源网络的访问。

例 8-11 进入了 vty 线路配置模式下，并且对入站 SSH 访问启用了本地认证，同时只允许管理 VLAN 中的用户访问设备。

例 8-11 vty 线路下的配置

```
R1(config)# line vty 0 4
R1(config-line)# login local
R1(config-line)# transport input ssh
R1(config-line)# access-class PERMIT-SSH in
R1(config-line)# end
R1#
```

例 8-12 对 SSH 的版本和路由器创建的密钥进行了验证。

例 8-12 验证 SSH 的配置

```
R1# show ip ssh
SSH Enabled - version 2.0
Authentication timeout: 120 secs; Authentication retries: 3
Minimum expected Diffie Hellman key size : 1024 bits
IOS Keys in SECSH format(ssh-rsa, base64 encoded):
ssh-rsa AAAAB3NzaC1yc2EAAAADAQABAAAABAQDSYRdGaX5NesMnkkgCF5JYoREFTMzaUEbjhRMP/Mn/
7zhBtaNAnDlPTmY01A8ymtBMXr2LW/NrX/FuNJqTZMWDVy0Hm9rYs0P6aZCsRn+8EzMzjZgMQCM8A9rO
gDgRnRVEyAm9VORaZN4hx9F7JBug1cnCjghSzbfo0fBeypE3NzJlI/ekCKMO1zXvoWAGjqV+ArtyADwb
kNnw4tmEz1OkP0GXzua/IrHUZRTKNMhd3YTZgkki0GpUowmXBfF2s4Hhy4w/I1twtEr+/sVKkU9wqs2W
UDhZD2ZUxmJKo0GuFxIPNSpMJkn6fRte2MuALGs1a8QUCGzuibVz/Gua7P9R
R1# show crypto key mypubkey rsa
% Key pair was generated at: 09:46:39 PST Aug 13 2014
Key name : R1.cisco.com
Key type: RSA KEYS
 Storage Device: not specified
 Usage: General Purpose Key
 Key is not exportable.
 Key Data:
  30820122 300D0609 2A864886 F70D0101 01050003 82010F00 3082010A 02820101
  00D26117 46697E4D 7AC32792 48021792 58A11105 4CCCDA50 46E38513 0FFCC9FF
  EF3841B5 A3409C39 4F4E6634 D40F329A D04C5EBD 8B5BF36B 5FF16E34 9A9364C5
  83572D07 9BDAD8B3 43FA6990 AC467FBC 1333338D 980C4023 3C03DACE 8038119D
  1544C809 BD54E45A 64DE21C7 D17B241B A0D5C9C2 8E0852CD B7E8D1F0 5ECA9137
  37326523 F7A408A3 0ED735EF A160068E A57E02BB 72003C1B 90D9F0E2 D984CF53
  A43F4197 CEE6BF22 B1D46514 CA34C85D DD84D982 4922D06A 54A30997 05F176B3
  81E1CB8C 3F235B70 B44AFEFE C54A914F 70AACD96 5038590F 6654C662 4AA341AE
  17120F35 2A4C2649 FA7D1B5E D8CB802C 6B356BC4 14086CEE 89B573FC 6B9AECFF
  51020301 0001
% Key pair was generated at: 09:46:40 PST Aug 13 2014
Key name: R1.cisco.com.server
Key type: RSA KEYS
Temporary key
 Usage: Encryption Key
 Key is not exportable.
 Key Data:
  307C300D 06092A86 4886F70D 01010105 00036B00 30680261 00F2F560 34C0D7F2
  009D1E3C 61EE2919 2412B516 A5DC89BF 4D6426E8 A3CC0F54 206B1058 F54041B5
  0F8C55A1 34AD23C1 FEC1A6DE 63217F8B 23D75B7F 89B79B5A A80CF342 99C429DA
  D274F66B 7D4C196D 1A8DAB20 A722A0BC 7137ABC9 49665130 D7020301 0001
R1#
```

注释 推荐管理员使用命令 crypto key zeroize rsa 来替换当前的密钥对。

8.1.6 通过路由器 ACL 保护去往基础设备的访问

基础设施 ACL 往往应用在连接网络用户或外部网络的接口，并且应用在入站方向上，这类 ACL 往往会采取下面的策略。

- 丢弃所有发往网络基础设施类设备 IP 地址的流量，并且记录下来。这些规则可以防止网络用户向网络设备发送路由协议流量或管理流量。ACL 会将所有设备 IP 地址设置为目的地址，作为过滤的条件。需要注意的是，这种方法并不能防止用户发送其他恶意流量，比如那些会严重占用路径中网络设备 CPU 资源的流量。这些过境流量可能会包含设置了 IP 可选项的数据包，或者需要以快速数据平面路径所不支持的方式进行处理的数据包。

- 所有其他流量都可以放行，所有穿越设备的流量都允许进入网络。

第一条规则有可能需要适度放宽，以便允许一些网络信令流量进入设备，比如从可靠外部对等体设备发来的 BGP 会话、内部路由协议会话和管理站点发来的 ICMP、SSH 和 SNMP 流量。

所有基础设施 ACL 在配置和应用时，都需要指明主机或网络可以向网络设备发送哪些类型的连接。比较常见的类型包括 EBGRP、SSH 和 SNMP 类的连接。在放行了需要的连接类型之后，所有其他发往基础设备的流量都需要手动拒绝。所有穿越网络，并不以基础设备为目的的流量都需要手动放行。

例 8-13 在 Ethernet 0/0 LAN 接口上配置了入站方向的基础设施 ACL。

例 8-13　启用基础设施 ACL

```
R1(config)# ip access-list extended ACL-INFRASTRUCTURE-IN
R1(config-ext-nacl)# remark Deny IP fragments
R1(config-ext-nacl)# deny tcp any any fragments
R1(config-ext-nacl)# deny udp any any fragments
R1(config-ext-nacl)# deny icmp any any fragments
R1(config-ext-nacl)# deny ip any any fragments
R1(config-ext-nacl)# remark permit required connections for management traffic
R1(config-ext-nacl)# permit tcp host 10.10.12.2 host 10.10.12.1 eq 179
R1(config-ext-nacl)# permit tcp host 10.10.12.2 eq 179 host 10.10.12.1
R1(config-ext-nacl)# permit tcp host 10.0.0.10 any eq 22
R1(config-ext-nacl)# remark Permit ICMP Echo from management station
R1(config-ext-nacl)# permit icmp host 10.0.0.10 any echo
R1(config-ext-nacl)# remark Deny all other IP traffic to any network device
R1(config-ext-nacl)# deny ip any 10.0.0.0 0.0.0.255
R1(config-ext-nacl)# remark permit transit traffic
R1(config-ext-nacl)# permit ip any any
```

（待续）

```
R1(config-ext-nacl)# exit
R1(config)# interface ethernet 0/0
R1(config-if)# ip access-group ACL-INFRASTRUCTURE-IN in
R1(config-if)# ^Z
R1#
*Aug 13 18:19:57.308: %SYS-5-CONFIG_I: Configured from console by console
```

在本例中，基础设施 ACL 的配置显示，下面这些结构可以作为配置的起点。

- ACL 要拒绝 IP 分片数据包。使用分片数据包的目的常常是为了规避入侵检测系统的检查。因此，攻击者常常使用 IP 分片数据包来发起攻击，这就是为什么在配置的基础设备 ACL 中，过滤列表一上来就要明确配置过滤这类数据包的原因。
- ACL 需要放行从可靠主机发往本地 IP 地址的 BGP 会话，放行从可靠管理站点发送的 SSH 管理流量。此外，如果网络中部署了一些内部路由协议，管理员还需要配置一些类似的条目来放行这些内部路由协议。
- ACL 还需要放行可靠管理站点发送过来的 ICMP echo（ping）流量。
- ACL 需要拒绝所有发往基础设备 IP 地址的流量。
- 最后，ACL 需要放行所有穿越路由器的过境流量。

在创建了基础设施 ACL 之后，管理员需要将其应用到所有与非基础设备相连的接口上。其中包括连接到其他组织机构的接口、连接到远程访问网段的接口、连接到用户网段的接口，以及连接到数据中心的接口。在本例中，管理员将 ACL 应用到了 Ethernet 0/0 接口的入站方向上。

8.1.7　实施单播逆向路径转发

网络管理员可以使用单播逆向路径转发（uRPF）来限制企业网络中的恶意流量。这个安全特性会和 CEF（Cisco 快速转发）特性一起工作，让路由器去校验（其 CEF 表中接收到的）IP 数据包的源地址，查看该地址是否（通过路由表中的条目）可达。如果源 IP 地址无效，路由器就会丢弃这个数据包。

uRPF 特性的用途一般是防止常见的欺骗攻击，并且按照 RFC 2827 的标准执行入站过滤，以防止拒绝服务（DoS）攻击，因为后者也是通过 IP 源地址欺骗来达到攻击目的的。RFC 2827 推荐服务提供商过滤客户的流量，丢弃所有从非法源地址进入服务提供商网络的流量。

uRPF 特性拥有下面两种工作模式。

- **严格模式**（Strict mode）：接收到数据包的接口必须是路由器用来转发返回数据包的那个接口。工作在严格模式下的 uRPF 特性会丢弃合法的数据包，只要路由器不准备用接收到这些数据包的那个接口来发送返程数据包。因此，只要网络中出现路径不对称的问题，丢弃合法流量的情况就会发生。
- **松散模式**（Loose mode）：源地址必须存在于路由表中。管理员可以通过命令 **allow-default** 来修改特性的校验行为，修改后，路由器可以在校验数据包源的进程时把默认路由考虑在内。此外，如果通过校验数据包的源地址，找到一条指向 Null 0 接口的返程路由，则这些数据包也会被丢弃。管理员也可以通过访问列表来指定松散摸下 uRPF 特性所允许或拒绝的源地址。

> 注释 还有一种 uPRF 模式称为"VRF 模式中的单播"，但这个模式的功能超出了本书的范畴。

如果准备部署 uRPF 特性，管理员在选择工作模式时必须格外留心，因为这种特性可能会让路由器丢弃合法流量。管理员在部署这个特性时，必须考虑到流量不对称的问题，而 uRPF 的松散模式就适用于存在不对称路径的网络，因此这种模式的扩展性也更加理想。

1. 企业网中的 uRPF

在许多企业环境中，管理员都需要将严格模式和松散模式的 uRPF 结合起来使用。管理员选用的 uRPF 模式取决于部署 uRPF 特性的接口所连接的是网络的哪些部分。

如果接口上接收到的数据包都可以确保是从分配给接口的子网所发送过来的，那么就应该使用严格模式的 uRPF 特性。因为由终端站点或者网络资源所构成的子网完全可以满足严格模式的规定。如果出入分支网络只有一条路径，那么对于这样的访问层网络或分支机构，也应该部署严格模式。其他从这个子网始发的流量都不能进入网络，也没有其他穿越这个子网的路由。

uRPF 松散模式可以部署在连接上行链路，并且拥有相应默认路由的接口上。

2. uRPF 案例

部署 uRPF 时有一个重要的因素需要考虑，那就是要想让 uRPF 生效，必须启用 CEF 交换。在自 12.2 版的 IOS 开始，系统默认就会启用 CEF。

> 注释 如果 CEF 处于禁用状态，可以通过全局配置模式下的命令 ip cef 来启用这项特性。

管理员可以通过接口配置模式下的命令 **ip verify unicast source reachable-via** { **rx** | **any** } [**allow-default**] [**allow-self-ping**] [*list*]来针对各个接口启用 uRPF 特性。

> 注释 老版的命令 ip verify unicast reverse-path [*list*]现在已经被替换为 ip verify unicast source reachable-via。

如果管理员希望配置：

- **严格模式**——使用命令 **ip verify unicast source reachable-via rx**；
- **松散模式**——使用命令 **ip verify unicast source reachable-via any**，其效果是确保数据包的源 IP 地址必须可以在路由表中找到。

管理员可以将可选项 **allow-default** 和 **rx** 或 **any** 结合起来使用，以便允许一些路由表中并不包含的 IP 地址。但管理员不应该使用可选项 **allow-self-ping**，因为这个可选项会给 DoS 攻击创造条件。管理员也可以通过编号的访问列表来设置 uRPF 明确放行或者拒绝的地址列表。

注释　uRPF 不支持命名的 ACL。

---

3. 启用 uRPF

例 8-14 将 GigabitEthernet 0/0 接口配置为了 uRPF 松散模式，而将 GigabitEthernet 0/1 接口配置为了 uRPF 严格模式。

例 8-14　启用 uRPF 松散模式和严格模式

```
R1(config)# interface GigabitEthernet 0/0
R1(config-if)# ip verify unicast source reachable-via any
R1(config-if)# exit
R1(config)#
R1(config)# interface GigabitEthernet 0/1
R1(config-if)# ip verify unicast source reachable-via rx
R1(config-if)# exit
R1(config)#
```

配置松散模式可以保证路由器能够使用任何接口，访问通过 GigabitEthernet 0/0 接口接收到的从任何源 IP 地址发来的数据包。严格模式则会要求路由器验证通过 GigabitEthernet 0/1 接口接收到的数据包，校验它们的源 IP 地址是否通过这个接口可达，即使通过路由器其他接口可达也不作数。路由器会查看 CEF 表来校验连通性，如果 CEF 指向了一个并不是接收到这个数据包的接口，那么这个数据包还是会被丢弃。

8.1.8　实施日志记录

网络管理员需要执行日志记录，以便查看网络中正在发生的情况。这些日志记录和报告信息中可以包含数据流的内容、对配置文件所作的变更，以及新安装的软件等。日志记录可以帮助管理员找出异常的网络流量，发现网络设备的故障，也可以用来监测和查看穿越网络的流量。

虽然日志记录可以在路由器本地进行实施，但是这种方案扩展性很差。另外，如果路由器重启，那么所有存储在本地的记录消息也会丢弃。因此，一定要在外部设备上实施日志记录，这一点非常重要。如图 8-5 所示，很多机制都可以将日志记录到外部目的中，比如 Syslog（系统日志）、SNMP Trap 和 NetFlow export。

图 8-5　日志记录机制

在图 8-5 中，路由器正在将 Syslog、SNMP 和 NetFlow 信息记录到一台安全信息与事件管理（SIEM）服务器中。

要想执行准确的日志记录，一定要保证所有网络基础设备的日志和时间都是统一的。如果不同步时间，那么一台设备一台设备地追踪问题就会变得非常困难。如图 8-5 所示，管理员可以使用 NTP（网络时间协议）将网络设备的时间同步为正确的数值。

系统日志条目需要标记上正确的时间和日期，这一点同样很重要。管理员可以通过全局配置模式下的命令 **service timestamps** [**debug** | **log**] [**uptime** | **datetime**[*msec*]] **[localtime]** [**show-timezone**] [**year**]来设置时间戳。

8.1.9　实施网络时间协议

NTP 网络往往会从一个权威的时间源（比如一个电波钟或者一个原子钟）那里获取时间信息。接下来，NTP 会在整个网络中通过 UDP 123 端口来分发时间信息。

NTP 会使用分层的概念来描述一台设备距离权威的时间源之间相距多少跳 NTP 设备。例如，层级 1 的时间服务器就是与电波钟或者电子钟直连的服务器。接下来，它会通过 NTP 将自己的时间发送给层级 2 的时间服务器，以此类推。运行 NTP 的设备会自动选择通信对象中层级值最低的设备作为时间源。

1．NTP 模式

当管理员在网络中启用时间同步时，NTP 设备可以通过下面 4 种模式来实现操作的灵活性。

- **Server**（服务器）：也称为 NTP 主动设备，因为它会向客户端设备提供准确的时间信息。管理员需要通过全局配置模式下的命令 **ntp master** [*stratum*]将设备配置为 NTP 服务器。服务器也应该使用特权模式命令 **clock set** 保证自己的始终是准确的。
- **Client**（客户端）：与 NTP 服务器同步自己的时间。客户端向服务器发送请求（亦称为轮询），并等待客户端发来响应消息。管理员需要通过命令 **ntp server** { *ntp-master-hostname* | *ntp-master-ip-address* }来启用 NTP 客户端功能。
- **Peers**（对等体）：也称为对称模式，即对等体相互交换时间同步信息。在有两台或两台以上服务器互为备份的环境中，对称模式是最为常用的模式。管理员需要通过命令 **ntp peer** { *ntp-peer-hostname* | *ntp-peer-ip-address* }将设备配置为对等体。
- **Broadcast/mulitcast**（广播/组播）：这是 NTP 服务器的一种特殊"推送"模式，旨在向接收状态的 NTP 客户端提供单向的时间通告消息。这种模式多用于对时间精确性要求不高的环境中。管理员只需要在接口配置模式下通过命令 **ntp broadcast client** 即可将设备配置为客户端。

图 8-6 显示了一个企业园区网示例，并且重点标记了各个模式的 NTP。

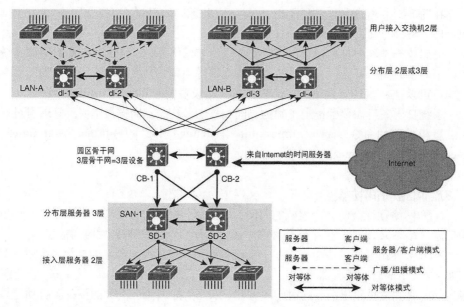

图 8-6　NTP 分层设计方案

在拓扑中，两台园区骨干网多层交换机：

- 从 Internet 的外部时间源接收时间信息；
- 充当 LAN-A、LAN-B 和 SAN-1 分布层交换机的 NTP 服务器；
- 充当 NTP 对等体。

在 LAN-A 中，两台分布层交换机：

- 充当园区骨干 NTP 服务器的 NTP 客户端；
- 充当接入层交换机（这些交换机配置为了 NTP 广播客户端）的 NTP 服务器；
- 充当 NTP 对等体。

在 LAN-B 中，两台分布层交换机：

- 充当园区骨干 NTP 服务器的 NTP 客户端；
- 充当接入层交换机的 NTP 主动设备；
- 充当 NTP 对等体。

在 SAN-1 中，两台分布层交换机：

- 充当园区骨干 NTP 服务器的 NTP 客户端；
- 充当接入层交换机的 NTP 主动设备；
- 充当 NTP 对等体。

2. 启用 NTP

在图 8-7 所示的 NTP 拓扑中，R1 会与外部 NTP 时间源同步系统时钟，并充当两台接入层交换机的 NTP 主用设备。交换机 S1 和 S2 会充当 R1 的 NTP 客户端，它们彼此也会成为 NTP 对等体。

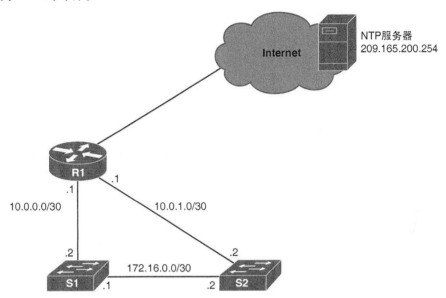

图 8-7　NTP 参考拓扑

在例 8-15 中，管理员将 R1 配置为外部时间源的 NTP 客户端。

例 8-15　在 R1 上配置 NTP

```
R1(config)# ntp server 209.165.200.254
R1(config)# clock timezone EST -5
R1(config)# clock summer-time EST recurring
R1(config)#
```

在上面的示例中，管理员将时区设置为了 EST，同时启用了夏令时。其中-5 表示的是设备所在的时区。

> **注释**　EST 并不是关键字，而是对时区所作的描述。

在设备与 NTP 源同步时间信息时，所有接口都会轮流充当 NTP 服务器，向请求同步的系统提供时间信息。对于那些不应该提供时钟服务的接口，管理员应该在接口配置模式下通过命令 **ntp disable** 禁用这项服务。

有些企业可能不希望与外部时间源同步时间信息。在这种情况下，管理员需要通过全局配置模式下的命令 **ntp master** [*stratum*]来给它选择并配置一个权威的时间源。我们推荐给需要获取同步时间的设备配置多个 NTP 服务器。

例 8-16 在 S1 上配置了 NTP。

例 8-16 在 S1 上配置 NTP

```
S1(config)# ntp server 10.0.0.1
S1(config)# clock timezone EDT -5
S1(config)# clock summer-time EDT recurring
S1(config)# ntp peer 172.16.0.2
S1(config)#
```

管理员可以通过全局配置模式的命令 **ntp server** { *ntp-master-hostname* | *ntpmaster-ip-address* } [**prefer**]，让 NTP 客户端分辨 NTP 服务器。管理员可以通过关键字 **prefer** 来选择一台中心 NTP 服务器。

管理员也对 S1 进行了配置，以便调整时间，并且将 S2 视为自己的 NTP 对等体。NTP 对等体之间会相互交换时间信息，并且防止出现单点故障的问题。

例 8-17 在 S2 上配置 NTP

```
S2(config)# ntp server 10.0.1.1
S2(config)# clock timezone EST -5
S2(config)# clock summer-time EST recurring
S2(config)# ntp peer 172.16.0.1
S2(config)#
```

> **注释** NTP 的同步时间很慢，设备最多可能会用 5 分钟的时间与上游服务器同步时间。

3．NTP 的防护

在网路中，NTP 很容易成为攻击者的目标，因为很多服务（如设备证书服务）都需要准确的时间信息。管理员可以通过下面的方法对 NTP 进行保护。

- **认证**：让 NTP 认证信息源的身份，因此这种方式只能给 NTP 客户端提供保护。Cisco 设备只支持对 NTP 服务进行 MD5 认证。
- **访问控制列表**：给向其他设备提供时间同步服务的设备上配置访问列表。管理员可以通过全局配置模式的命令 **ntp access-group** { **peer** | **queryonly**| **serve** | **serve-only** } *ACL-#* 将 ACL 应用于 NTP。

管理员可以通过下面的步骤配置 NTP 认证。

第 1 步 通过全局配置模式命令 **ntp authentication-key** *key_number* **md5 key** 定义 NTP 认证密钥。每个号码指定一个唯一的 NTP 密钥。

第 2 步 使用全局配置模式的命令 **ntp authenticate** 启用 NTP 认证。

第 3 步 使用全局配置模式的命令 **ntptrusted-key** *key* 告诉设备，用哪个密钥来执行 NTP 认证。其中 *key* 这个参数应该使用第 1 步中定义的密钥号码。

第 4 步 使用全局配置模式的命令 **ntp server** *ip_address* **key** *key_number* 设置需要认证的 NTP 服务器。这条命令也可以用来保护 NTP 对等体。

例 8-18 在 R1 上配置了 NTP MD5 认证，并且通过应用 NTP ACL 保证设备只从 10.0.0.0/16 那里接收时间同步信息。

例 8-18 在 R1 上配置 NTP 认证

```
R1(config)# ntp authentication-key 1 md5 NTP-pa55w0rd
R1(config)# ntp authenticate
R1(config)# ntp trusted-key 1
R1(config)#
R1(config)# access 10 permit 10.0.0.0 0.0.255.255
R1(config)# ntp access-group serve-only 10
R1(config)#
```

例 8-19 在 S1 上配置了 NTP MD5 认证。

例 8-19 在 S1 上配置 NTP 认证

```
S1(config)# ntp authentication-key 1 md5 NTP-pa55w0rd
S1(config)# ntp authenticate
S1(config)# ntp trusted-key 1
S1(config)# ntp server 10.0.0.1 key 1
S1(config)#
```

4. NTP 版本

当前，生产网络中使用的 NTP 是第 3 版和第 4 版。NTPv4 是 NTPv3 的扩展版，前者可以提供下列这些功能。

- 支持 IPv4 和 IPv6，并且可以向后兼容 NTPv3。NTPv3 不支持 IPv6。
- 用 IPv6 组播消息取代了 IPv4 组播消息，来发送和接收时钟更新消息。
- 增强了 NTPv3 的安全性，NTPv4 基于公共密钥加密和 X509 证书，提供了一个完整的安全框架。
- 提高了时间同步的效率，NTPv4 可以自动发现 NTP 服务器的分层，以便让时间尽可能准确，同时将对带宽的消耗降到最低。之所以能够做到这一点，是因为 NTPv4 使用了组播组来自动计算整个网络的时间分发分层机构。
- NTPv4 访问组可以调用 IPv6 命名访问列表和 IPv4 编号访问列表，而 NTPv3 则只能接受编号的 IPv4 ACL。

5. IPv6 环境中的 NTP

NTPv4 可以通过下面的方式，让启用了 IPv6 的设备在网络中获取到时间信息。

- **轮询 NTP 服务器**：也称为客户端模式，管理员需要在全局配置模式下使用命令 **ntp server** *ipv6_address* **version 4** 来配置 NTP 客户端。

- 　与 NTP 对等体同步：也称为非对称主动模式，管理员需要在全局配置模式下在对等体上使用命令 **ntp peer** *ipv6_address* **version** 进行配置。
- 　监听 NTPv4 组播：要配置基于组播的 NTPv4 关联，可以使用全局配置模式下的命令 **ntp multicast** *ipv6_address* 来实现。管理员也必须使用接口配置模式命令 **ntp multicast client** [*ipv6_address*]配置设备的接口，使其接收 IPv4 组播数据包。组播组的 IPv6 地址可以是代表所有节点的 IPv6 地址（FF02::1），也可以是管理员选择的其他 IPv6 组播地址。

6．简单 NTP

简单 NTP（SNTP）是纯客户端版的 NTP，它只会从 NTP 服务器那里接收时间信息。SNTP 不能用来向其他系统提供时间服务。SNTP 所提供的时间距离准确时间在 100 毫秒之内，但是它无法提供 NTP 那些复杂的过滤和统计机制。

SNTP 和 NTP 无法在同一台设备上共用，因为它们使用的是同一个端口。如果同时配置这两个协议，那么设备就会提示"Cannot configure SNTP as NTP is already running（因为 NTP 已经运行，因此无法配置 SNTP）"和"Unable to start SNTP process（无法启动 SNTP 进程）"这样的信息。

SNTP 配置命令就是用关键字 **sntp** 替代 NTP 命令中 **ntp**。比如，配置客户端的全局配置命令是 **sntp server** *server_ip*（而不是 **ntp server** *server_ip*）。

要启用 SNTP 认证，需要使用全局配置模式的命令 **sntp authenticate**。如需定义认证密钥，需要使用全局配置模式命令 **sntp authentication-key** *number* **md5** *key*。如果希望将 SNTP 密钥标记为可靠密钥，可以使用命令 **sntp trusted-key** *key*。

如果希望验证一台设备是否通过 SNTP 对时间进行了同步，可以使用命令 **show sntp** 进行查看。这条命令会显示设备所使用的那台（或者那些）SNTP 服务器的 IP 地址、服务器的层级数、SNTP 的版本号、最后一次同步完成的时间，以及时间是否同步。

如果需要对 SNTP 服务器进行排错，可以使用命令 **debug sntp select** 让设备显示 IPv4 和 IPv6 的输出消息。要想对 SNTP 的进程进行排错，可是使用命令 **debug sntp packets** [**detail**]。

8.1.10　实施 SNMP

SNMP 是最常用的网络管理协议。因此，管理员需要在启用了 SNMP 的路由器上限制去往路由器的 SNMP 访问，这一点非常重要。

SNMP 旨在让管理员对 IP 网络中的节点（如服务器、工作站、路由器、交换机和安全设备）进行管理。它可以让网络管理员管理网络的性能，找出网络的故障所在，并对网络的扩张提前进行规划。

在启用了 SNMP 的网络中，一共有三大组成部分，如图 8-8 所示。

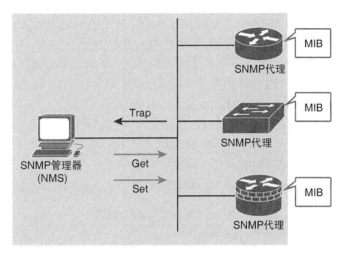

图 8-8 SNMP 的构成

SNMP 定义了这三个组成部分之间的管理信息。

- **SNMP 管理器**：SNMP 管理器是网络管理系统（NMS）的一部分。SNMP 管理器会使用 Get 动作从 SNMP 代理那里获取信息，也可以通过 Set 动作变更代理上的配置。
- **SNMP 代理**：位于 SNMP 管理的网络客户端上，将 SNMP 管理器的 Set 和 Get 请求向本地 MIB 进行响应。管理员可以修改 SNMP 代理，将实时信息通过 Trap（而不是通告消息）直接发送给 SNMP 管理器。支持 SNMP 的设备包括路由器、交换机、防火墙和运行 SNMP 代理软件的服务器。
- **管理信息库（MIB）**：位于 SNMP 管理的网络客户端上，存储与设备操作有关的信息，包括资源和行为。通过认证的 SNMP 管理器可以访问 MIB 数据。

在过去这些年，SNMP 也一直在发展变化，目前 SNMP 一共有 3 个版本。每个版本都在前一个版本的基础上增加了一些特性。

- **SNMPv1**：最初的版本，使用团体字符串进行认证。这些团体字符串都是用明文的形式进行交换的，因此安全性堪忧。目前，SNMPv1 基本已经过时。
- **SNMPv2**：从 SNMPv1 升级而来，对性能、安全性、私密性和 SNMP 通信方面都进行了提升。SNMPv2 有很多变体，其中 SNMPv2c 是真正的标准版，它使用了与 SNMPv1 相同的字符串认证方式。

■ SNMPv3：自 SNMPv2 升级而来，强化了安全性和远程配置的功能。更重要的是，SNMPv3 提供了认证、消息完整性和加密的功能。

这些版本的 SNMP 支持三种不同的安全模型。SNMP 安全级别定义了应用于 SNMP 会话的加密安全服务。这里所说的三个安全 SNMP 级别如下。

■ noAuthNoPriv：使用明文团体字符串认证 SNMP 消息。

■ authNoPriv：使用 HMAC-MD5（RFC 2104）或 HMAC-SHA-1 来认证 SNMP 消息。

■ authPriv：使用 HMAC-MD5 或 SHA 用户名认证 SNMP 消息，并使用 DES、3DES 或 AES 来加密 SNMP 消息。

表 8-1 将两个不同版本的 SNMP 进行了比较。

表 8-1　　　　　　　　　　　　SNMP 安全级别之间的区别

SNMP 版本	安全级别	认证	加密
SNMPv1	noAuthNoPriv	团体字符串	否
SNMPv2	noAuthNoPriv	团体字符串	否
SNMPv3	noAuthNoPriv	用户名	否
	authNoPriv	MD5 或 SHA-1	否
	authPriv	MD5 或 SHA-1	DES、3DES 或 AES

> 注释　如果需要使用 SNMP，就必须对 SNMP 进行充分的保护。如果无需使用 SNMP，那么就应该在全局配置模式下通过命令 no snmp-server 禁用 SNMP 服务。

SNMPv1 和 SNMPv2 从本质上来说就不是安全的协议。SNMPv1 和 SNMPv2 自带的唯一认证机制都是通过明文字符串来实现的。在 SNMPv2 中，有两种类型的明文字符串。

■ 只读（RO）：可以访问 MIB 的变量，但不允许修改这些变量，只能进行读取。由于 SNMPv2 的安全性过低，因此很多机构在只读模式中只会使用 SNMP。

■ 读写（RW）：对 MIB 中的所有对象进行读写。

如果使用了 SNMPv2，需要通过下面方式对其提供保护。

■ 使用不常用、复杂的长度字符串。

■ 以固定频率更改这个团体字符串。

■ 只允许只读访问。如果需要提供读写访问，则只允许授权的 SNMP 管理器发起读写访问。

■ SNMP Trap 团体名称不能与 Get 和 Set 团体字符串相同。这是最佳做法，这样做也可以避免 Cisco IOS 系统中一些不相关的问题。

在例 8-20 中，管理员创建了一个命名的 ACL 用来匹配 NMS 主机，然后配置了一个很难猜的团体字符串（如 R1-5ecret-5tr1ng），并且只允许 NMS 主机（地址为 10.1.2.3）访问这台设备。

例 8-20 *SNMPv2 配置实例*

```
R1(config)# ip access-list standard PROTECT-SNMP
R1(config-std-nacl)# remark Identify SNMP manager host
R1(config-std-nacl)# permit host 10.1.2.3
R1(config-std-nacl)# exit
R1(config)# snmp-server community R1-5ecret-5tr1ng ro PROTECT-SNMP
```

1. SNMPv3

只要条件允许，就应该使用 SNMPv3，因为 SNMPv3 有能力提供真实性、完整性和机密性。但是，由于安全性得到了提升，实施 SNMPv3 也比实施 SNMPv2 稍显复杂。

配置 SNMPv3 的步骤如下。

第 1 步　配置一个 ACL 来限定哪些设备可以通过 SNMP 访问设备。

第 2 步　通过全局配置模式命令 **snmp-server view** *view-name* 配置一个 SNMPv3 视图。

第 3 步　通过全局配置模式命令 **snmp-server group group-name** 配置一个 SNMPv3 组。

第 4 步　通过全局配置模式命令 **snmp-server user username group-name** 配置一个 SNMPv3 用户。

第 5 步　通过全局配置模式命令 **snmp-server host** 配置一台接收 SNMPv3trap 的设备。

第 6 步　通过全局配置模式命令 **snmp-server ifindex persist** 保证接口索引持续。

2. 启用 SNMPv3

例 8-21 所示为 SNMPv3 的配置示例。

例 8-21 *SNMPv3 配置实例*

```
R1(config)# ip access-list standard SNMPv3-ACL
R1(config-std-nacl)# remark ACL limits SNMP access to management network
R1(config-std-nacl)# permit 10.1.1.0 0.0.0.255
R1(config-std-nacl)# exit
R1(config)#
R1(config)# snmp-server view OPS sysUpTime included
R1(config)# snmp-server view OPS ifOperStatus included
R1(config)# snmp-server view OPS ifAdminStatus included
R1(config)# snmp-server view OPS ifDescr included
R1(config)#
R1(config)# snmp-server group MY-GROUP v3 priv read OPS write OPS access SNMPv3-ACL
R1(config)# snmp-server user ADMIN MY-GROUP v3 auth sha SNMP-Secret1 priv aes 256
SNMP-Secret2
*Nov 3 21:12:10.863: Configuring snmpv3 USM user, persisting snmpEngineBoots.
Please Wait...
```

（待续）

```
R1(config)#
R1(config)# snmp-server enable traps
NHRP MIB is not enabled: Trap generation suppressed
However, configuration changes effective
R1(config)#
R1(config)# snmp-server host 10.1.1.254 traps version 3 priv ADMIN cpu
R1(config)#
R1(config)# snmp-server ifindex persist
R1(config)#
```

在本例中，管理员创建了 SNMPv3-ACL，这个 ACL 的目的是为了保证只有管理子网（即 10.1.1.0/24）的用户才能够向本地设备发起 SNMP 访问。

接下来，管理员创建了一个名为 OPS 的视图，这个视图会用来充当 MY-GROUP 这个组的读写视图。某些 MIB 对象 ID 既可以包含在这个视图中，也可以不包含在这个视图中。在本例中，管理员添加了系统启动时间、接口状态和描述的 OID。

接下来，管理员配置了将用户和组进行绑定的安全策略。在这个示例中，管理员给 SNMPv3 组 MY-GROUP 配置的安全级别为 authPriv（**snmp-server group MY-GROUPv3 priv**），还配置了用户 ADMIN（**snmp-server ADMIN MY-GROUP**），并对用户采用了认证（**auth sha SNMP-Secret1**）和加密（**priv aes 256 SNMP-Secret2**）的安全策略。

然后，管理员通过命令 **snmp-server enable traps** 启用了 SNMP Trap。R1 会把 SNMPv3 发送给 IP 地址 10.1.1.254（**snmp-server host 10.1.1.254traps**），针对用户 ADMIN 使用的安全级别为 authPriv（**priv**）。触发设备发送 Trap 的事件也可以进行限制，在本例中，只有与 CPU 有关的事件（**cpu**）才会发送给哪个 IP 地址。

SNMP 可以通过编号来识别对象实例（比如网络接口的编号）。但如果这些编号产生了变化，这种功能就会出现问题。比如，如果管理员配置了一个新的环回接口，编号也有可能会变化。因此，NMS 可能会不匹配那些不同接口的数据。要想避免这种情况，管理员需要通过命令 **snmp-server ifindex persist** 来配置接口索引持续特性，确保即使设备重启或者管理员对软件进行了更新升级，这些编号也会保持不变。

3．验证 SNMPv3

在网络中设置 SNMPv3 的整个流程中，验证 SNMP 的管理和操作状态是相当重要的一环。

命令 **show snmp** 可以用来查看与 SNMP 配置有关的基本信息。管理员可以用这条命令来显示 SNMP 流量的统计数据，查看 SNMP 代理是否启动，管理员是否配置设备来发送 Trap，发送给哪些 SNMP 管理器等。

命令 **show snmp** *view* 可以用来查看与（管理员配置的）SNMP 视图有关的信息，查看各个组，查看视图中包含的 OID 等。系统默认有一个只读视图（v1default），如果管理员没有创建自定义的只读视图，可以使用这个默认的视图。

命令 **show snmp group** 可以用来查看与（管理员配置的）SNMP 组有关的信息。这条命令可以显示的最重要参数是安全模型和安全级别。

命令 **show snmp user** 可以用来查看与（管理员配置的）SNMP 用户有关的信息。这条命令可以显示的最重要参数是用户名和该用户所属的组名。如果输出信息中显示了认证和加密算法，那就表示这个用户所属的组配置的安全级别是 authPriv。

8.1.11 配置备份

基础设备对于任何的网络正常运转都至关重要。因此，对设备的配置文件进行备份是相当关键的，这样做可以防止配置文件出现问题或者管理员对配置文件所作的变更是不可逆的。如果管理员可以访问配置文件的备份，他/她也就可以让网络迅速恢复正常。

管理员可以通过 **copy** 命令手动将路由器的配置文件复制到一台 FTP 服务器上，以此来实现对配置文件的备份。虽然用 TFTP 也可以完成备份，但是用 FTP 传输路由器配置文件要更安全。

另一种方式是通过全局配置模式下的命令 **archive** 来进行配置。这条命令的优势在于，它可以让设备自动保存配置文件。如果设备的配置文件出现问题，或者遭到了删除，那么 **archive** 命令可以用来恢复设备的配置文件。

如图 8-9 所示，管理员通过 archive 的方式，让设备每当将运行配置保存到 NVRAM 时，就把它同时复制到 FTP 服务器上。管理员也可以通过 archive（存档）命令，在一段预订的时间范围内以某种频率周期性地保存配置文件。

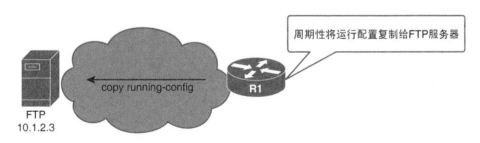

图 8-9 周期性存档配置文件

archive 命令

当管理员在全局配置模式下使用了 **archive** 命令时，系统就会提示管理员 archive 的配置模式出现了变化。从这种模式下，管理员可以使用 archive 配置模式下的 **path** 命令来指定基本的配置文件存储和读取路径。这是一项必要参数，尤其是在管理员使用 URL 的情况下。管理员既可以通过这条命令指定本地路径，也可以指定网络路径。

path 这条命令有两个参数：

■ 用设备的主机名替换**$h**；
■ 用 archive 的日期和时间替换**$t**。

若不使用$t 变量，那么新文件的名称后面就会带有一个版本号，用来区分这个文件与这台设备的前一个配置文件。

在例 8-22 中，管理员首先进入了 archive 配置模式，然后设置了 FTP 服务器的路径（地址为 10.1.2.3）。访问 FTP 服务器的用户名和密码分别为 admin 和 cisco123。

例 8-22 archive 配置实例

```
R1(config)# archive
R1(config-archive)# path ftp://admin:cisco123@10.1.2.3/$h.cfg
R1(config-archive)# ^Z
R1#
```

这就是配置和启用 archive 特性唯一必需的参数。如果希望使用自动存档特性，还需要配置一些可选参数。

在设置好存档的位置之后，配置文件进行即可自动或手动进行存储。

如果希望手动对配置文件进行存档，可以使用特权模式的命令 **archive config**，如例 8-23 所示。

例 8-23 手动对配置文件进行存档

```
R1# archive config
Writing R1.cfg-Sep-20-13-05-09.868-0
R1#
```

如果希望将这个过程自动化，让 IOS 系统周期性地自动保存配置文件，可以使用 archive 配置命令 **write-memory** 来实现这一配置目的，如例 8-24 所示。

例 8-24 自动对配置文件进行存档

```
R1(config)# archive
R1(config-archive)# write-memory
R1(config-archive)# time-period 10080
R1(config-archive)# end
R1#
R1# copy running-config startup-config
Destination filename [startup-config]?
Building configuration...
[OK]
Writing R1.cfg-Sep-20-13-15-09.496-1
R1#
```

archive 命令 **write-memory** 可以触发存档特性，以便每当运行配置文件复制到 NVRAM 时，就对配置文件进行存档。在上面的示例中可以看出，保存运行配置文件的同时，系统创建了一个存档。

time-period 是一个可选的 archive 命令，它的作用是指定一个自动存储配置文件的周期。在上面的示例中，archive 会每周（每 10080 分钟）自动保存配置文件。

管理员可以使用 **show archive** 命令来查看当前存档的列表，如例 8-25 所示。

例 8-25 查看存档文件

```
R1# show archive
The maximum archive configurations allowed is 10.
The next archive will be named ftp://admin:cisco123@10.1.2.3/R1-5
Archive #    Name
0
1            ftp://admin:cisco123@10.1.2.3/R1-1
2            ftp://admin:cisco123@10.1.2.3/R1-2
3            ftp://admin:cisco123@10.1.2.3/R1-3
4            ftp://admin:cisco123@10.1.2.3/R1-4
```

可以看出，每个存档后面都自动添加了一个版本号。

8.1.12 使用 SCP

安全复制（SCP）特性可以提供一种安全可靠的方式，来复制路由器配置文件和路由器镜像文件。

SCP 的操作与远程复制（RCP）类似，这两种特性都来源于 Berkeley R 工具套件，唯一的区别在于 SCP 为安全考虑，使用了 SSH 协议。因此，在启用 SCP 之前，必须首先启用 SSH，而且路由器上也必须备有 RSA 密钥对。此外，SCP 需要配置 AAA 授权，这样路由器才能判断出用户的特权级别。

SCP 可以让拥有合法授权的用户通过 **copy** 命令将 Cisco IOS 文件系统（IFS）中的文件复制到路由器之外，或者将外面的文件复制到路由器中。授权的管理员也可以通过一个工作站执行上述操作。

在路由器上启用 SCP

在充当 SCP 服务器的路由器上配置 SCP，需要执行下面的步骤。

第 1 步　使用命令 **username name** [**privilege** *level*] { **secret** *password* }配置用于执行本地认证的用户名和密码。如果使用基于网络的认证（如通过 TACACS+或 RADIUS 执行认证），则这一步是可选的配置步骤。

第 2 步　启用 SSH。使用全局配置命令 **ip domain-name** 来配置域名，并使用命令 **crypto key generate rsa general key** 创建加密密钥。

第 3 步　输入全局配置模式命令 **aaa new-model**。

第 4 步　使用命令 **aaa authentication login** { **default** | *list-name* } *method1* [*method2* ...]定义一个命名的认证方法列表。

第 5 步　使用命令 **aaa authorization** { **network** | **exec** | **commands** *level* } { **default** | *listname*} *method1*... [*method4*]配置命令授权。

第 6 步　使用命令 **ip scp server enable** 启用服务器一侧的 SCP 功能。

例 8-26 所示为 SCP 的配置。

例8-26 *R1 上的 SCP 配置示例*

```
R1(config)# username ADMIN privilege 15 secret SCP-Secret
R1(config)# ip domain-name scp.cisco.com
R1(config)# crypto key generate rsa general-keys modulus 1024
The name for the keys will be: R1.scp.cisco.com

% The key modulus size is 1024 bits
% Generating 1024 bit RSA keys, keys will be non-exportable...
[OK] (elapsed time was 2 seconds)

R1(config)#
*Nov 3 22:25:28.135: %SSH-5-ENABLED: SSH 1.99 has been enabled
R1(config)# aaa new-model
R1(config)# aaa authentication login default group radius local-case
R1(config)# aaa authorization exec default group radius local
R1(config)# ip scp server enable
```

　　运行命令行 SCP 客户端的工作站可以向路由器上的 SCP 服务器提供认证，以便能够向路由器的 Flash 中安全地传输文件。网络管理员可以通过这种方式向任何安全的网络站点保存路由器配置文件和 IOS 文件的备份数据。

　　例 8-27 显示了从路由器 Flash 向本地计算机复制文件，并将其命名为 R1.cfg 的命令行操作。在示例中的 SCP 客户端（即 pscp）是一个 PuTTY Secure Copy 客户端，客户端中包含了 PuTTY 工具集。

例8-27 *在 PC 上使用 SCP 客户端复制文件*

```
C:\> pscp -l ADMIN -pw SCP-Secret ADMIN@10.1.1.1:flash:backup.cfg R1.cfg
C:\>
```

　　路由器之间传输文件时，有一台路由器会充当 SCP 客户端。如例 8-28 所示，路由器可以向启用了 SCP 服务器功能的路由器进行认证，也可以从那台路由器中拷贝文件。

例8-28 *在路由器上使用 SCP 来拷贝文件*

```
R2# copy scp: flash:
Address or name of remote host []? 10.1.1.1
Source username [ADMIN]? ADMIN
Source filename []? R2backup.cfg
Destination filename [R2backup.cfg]?
Password:
!
982 bytes copied in 13.916 secs (71 bytes/sec)
R2#
```

8.1.13 禁用不使用的服务

Cisco IOS 系统提供了很多服务。虽然每项服务都包含了一项有用的功能，但这些服务也可能会带来潜在的安全风险。由于历史方面的原因，很多这类服务都是启用的，但却实际上应该禁用。

所有不需要使用的服务都应该禁用；否则，攻击者就有可能会利用这些服务中存在的安全隐患。切记，不同 Cisco IOS 版本中包含了不同的服务，有些服务默认开启，有些默认关闭。如果服务默认是关闭的，那么禁用这类服务也不会在运行配置中显示出来。不过，最好不要先入为主，应该手动禁用所有不使用的服务，即使你以为这些服务本身就是禁用的。

表 8-2 描述了各类服务潜在的安全漏洞，以及禁用这些服务的命令。

表 8-2　　　　　　　　　　服务及推荐的命令

服务	服务描述	禁用服务的命令
DNS 域名解析	如果在路由器配置中没有明确设置 DNS 服务器，那么所有域名查询都会默认发送给广播地址 255.255.255.255	Router(config)# **no ip domain-lookup**
CDP	CDP 是一款私有协议，它的作用是让 Cisco 设备发现与自己直连的邻居设备。CDP 和其他不必要的本地服务一样，都对安全存在一些潜在的损害	Router(config)# **no cdp run** Router(config-if)# **no cdp enable**
NTP	如果网络中没有使用 NTP，就应该将 NTP 禁用。管理员也可以禁止某个特定接口处理 NTP 数据包	Router(config-if)# **ntp disable**
BOOTP 服务器	BOOTP 使用 UDP 来发送网络请求，让设备能够获取和配置自己的 IP 信息、如 IP 地址、子网掩码。但 BOOTP 协议使用得很少，而且这款协议会让攻击者有机会获取到 IOS 镜像文件	Router(config)# **no ip bootp server**
DHCP	DHCP 其实是 BOOTP 的扩展版本	Router(config)# **no ip dhcp-server**
代理 ARP	代理 ARP 会对发给另一台设备的 ARP 请求消息作出响应。如果中间设备知道目的设备的 MAC 地址，它就会充当代理。如果 ARP 请求的是另一台 3 层设备，代理 ARP 设备可以实现多个 VLAN 网段之间的透明访问，以此扩展 LAN 的边界。而这样做有可能会带来安全方面的问题。攻击者可以发起大量 ARP 请求，而当代理 ARP 设备响应这些拒绝服务攻击请求时，它的资源就会消耗殆尽。Cisco 路由器接口上启用了代理 ARP	Router(config-if)# **no ip proxy-arp**
IP 源路由	每个 IP 数据包头部都能找到的可选项字段。Cisco IOS 系统会查看这个可选项，并且根据这个可选项的内容执行操作。有时，这个可选项会指示源路由。这也就是说，数据包会定义自己的路由。这个特性会带来一种已知的安全风险，攻击者会利用数据包的路由来控制数据包在网络中的传输。因此，如果源路由特性并不是网络中必需的功能，就应该在所有路由器上禁用源路由特性	Router(config)# **no ip source-rout**
IP 重定向	Cisco 路由器在响应各类操作时自动发送的 ICMP 消息会给攻击者提供很多信息，包括路由器、路径、网络环境	Router(config-if)# **no ip redirects**
HTTP 服务	Cisco IOS 系统中包含了一个 Web 浏览器用户界面，管理员可以通过这个界面输入 Cisco IOS 配置命令。如果不用这个 HTTP 服务器功能，应该将其禁用	Router(config)# **no ip http server**

8.1.14 条件调试

调试（debugging）可能会生成大量输出信息，从中挑选出管理员所需的信息有时并不简单。因此，了解如何通过下面的方法限制调试的输出信息是一个很现实的问题：

- 使用 ACL；
- 启用条件调试。

命令 **debug ip packet** [*access-list*] 会显示通用的 IP 调试信息，在分析本地和远程主机之间传输的消息时，这条命令提供的信息相当实用，而且管理员可以缩小调试信息的范围。

条件调试有时也称为"在某些条件下触发的调试"，这个特性可以用来：

- 根据接口限制输出的信息，管理员可以关闭所有接口的调试信息，只打开某个特定接口的调试信息；
- 只针对满足某些条件的调试事件打开调试信息，当不同接口满足了某项条件时，系统才会显示调试信息。

要启用条件调试，需要通过命令 **debug condition interface** *interface* 来定义条件。除非管理员删除这条命令，否则它定义的条件就会生效。

启用条件调试

例 8-29 显示了如何通过调试查看 NAT 和 IP 数据包具体信息，且只查看 Fa0/0 接口输出信息。

例 8-29　仅对 FastEthernet 0/0 进行调试

```
R1# debug condition interface fa0/0
Condition 1 set
R1# debug ip packet detail
IP packet debugging is on (detailed)
R1#
R1# debug ip nat detailed
IP NAT detailed debugging is on
R1#
```

管理员可以通过命令 **show debug condition** 来查看当前有效的调试条件。

例 8-30 所示为调试完毕后，如何禁用调试条件。

例 8-30　禁用 FastEthernet 0/0 的调试信息

```
R1# no debug condition interface fa0/0
This condition is the last interface condition set.
Removing all conditions may cause a flood of debugging messages to result, unless
specific debugging flags are first removed.
Proceed with removal? [yes/no]: y
```

（待续）

```
Condition 1 has been removed
R1# undebug all
All possible debugging has been turned off
R1#
```

8.2 路由协议认证操作

路由协议同样很容易成为攻击的对象。例如，攻击者可以通过路由器发送伪造的路由更新消息，并将路由指向一个恶意的地址。这种问题的解决方案是采用路由协议认证技术。

本节会介绍如何在整体安全计划中加入邻居路由器认证，并介绍下面几项内容：

- 如何对路由协议进行认证；
- 如何通过基于时间的密钥链，来提升路由协议认证的安全性；
- 不同路由协议的认证方案。

在这一节的末尾，我们会介绍什么是邻居路由器认证，它的工作原理是什么，以及为什么应该用这种技术来提升网络的整体安全性。

8.2.1 路由协议认证的目的

伪造路由信息是一种非常狡猾的攻击方式，它的攻击目标就是路由协议所承载的信息。伪造路由信息可以达到效果包括：

- 重定向流量，以形成路由环路；
- 将流量重定向到一个不安全的线路，并对其进行监测；
- 重定向流量，以便丢弃流量。

如果攻击者可以对网络进行操纵，网络安全自然也告沦陷。比如，一台未经授权的路由器可以发出一条子虚乌有的路由更新信息，其目的是让企业的路由器向错误的目的地址发送流量，这就可以产生 DoS 攻击的效果。

如果管理员启用了邻居认证，那么路由器就只会根据预先定义好的密码判断出哪些是合法的邻居，并且只和这些邻居交换路由更新消息。如果不使用邻居认证，那么没有经过授权的设备就可以肆意发送恶意的路由协议数据包，让网络流量的安全性付之阙如。

如果在路由器上配置了邻居认证，那么路由器就会认证路由协议数据包的源设备。它们可以通过交换只有收发双方路由器才拥有的认证密钥来认证彼此的身份。

邻居认证有两种类型：

- 明文认证（也称为简单密码认证）；
- 散列认证。

每种方法都需要通过一个会在认证过程中用到的密钥来完成。

1. 明文认证

在使用明文认证时，路由器上需要配置一个密钥（也就是密码）。每个参与路由协议的路由器都必须配置相同的密钥。

示例如图 8-10 所示。

图 8-10 使用明文认证的路由更新

在路由器更新数据包从 R1 发送给 R2 时，这个数据包中也同样会包含这个明文密钥。R2 会用自己内存中存储的密钥来校验接收到的密钥。如果两个匹配可以相互匹配，R2 就会接受路由更新。如果两个密钥不匹配，那么路由更新就会被拒绝。

支持明文认证的路由协议包括 RIPv2、OSPFv2 和 IS-IS。

例 8-31 所示为在 R1 上给 OSPFv2 协议配置明文密钥的示例。

例 8-31 R1 的明文配置示例

```
R1(config)# interface ethernet 0/1
R1(config-if)# ip ospf authentication
R1(config-if)# ip ospf authentication-key PLAINTEXT
% OSPF: Warning: The password/key will be truncated to 8 characters
R1(config-if)# ip ospf authentication-key PLAINTEX
R1(config-if)#
*Sep 21 11:45:53.670: %OSPF-5-ADJCHG: Process 1, Nbr 2.2.2.2 on Ethernet0/1 from
FULL to DOWN, Neighbor Down: Dead timer expired
R1(config-if)#
```

可以看到，如果密钥长度长于 8 个字符，Cisco IOS 系统就会显示出一条告警消息。设备只会使用前 8 个字符。

此外，示例中还可以看到一些信息类的消息，显示 OSPF 邻接关系已经断开。在一侧设备上启用认证就会可以到邻居关系超时。这是因为目前只有 R2 上还没有配置明文的认证，因此 R2 就会丢弃掉 R2 的更新信息。当两边路由器上的配置工作全部完成之后，邻接关系就会重新建立起来。

同一个网络中所有相连的路由器密码都必须相同，这样才能相互交换 OSPF 信息。因此，例 8-22 显示了 R2 上需要配置的相应命令。

例 8-32 R2 的明文配置示例

```
R2(config)# interface ethernet 0/0
R2(config-if)# ip ospf authentication
R2(config-if)# ip ospf authentication-key PLAINTEX
R2(config-if)#
*Sep 21 11:46:38.709: %OSPF-5-ADJCHG: Process 1, Nbr 1.1.1.1 on Ethernet0/0 from
LOADING to FULL, Loading Done
R2(config-if)# exit
```

可以看到，邻接关系已经重新建立起来了。这是因为两边的路由器都可以认证彼此的更新消息了。

例 8-33 对明文认证配置进行了验证。

例 8-33　验证 R2 上的明文配置

```
R2# show ip ospf interface e0/0 | include authentication
  Simple password authentication enabled
R2#
R2# show ip ospf neighbor

Neighbor ID     Pri   State       Dead Time   Address       Interface
1.1.1.1           1   FULL/BDR    00:00:31    172.16.12.1   Ethernet0/0
R2#
```

管理员可以通过命令 **show ip ospf interface** 来确认明文认证的配置，命令 **show ip ospf neighbor** 则可以显示出 R2 已经与 R1 （1.1.1.1）建立的邻接关系。

我们不推荐读者时至今日还选用明文认证，因为这种认证方式很容易受到被动攻击的影响。明文认证之所以不安全，是因为路由更新使用的明文密钥串太短（最多也就 8 个字符）。攻击者完全可以用暴力破解的方式把这个密码猜出来，也可以截获到包含明文密钥的路由更新。

简单密码认证的主要用途是避免对路由架构进行意料之外的变更。使用 MD5 或 SHA 才是推荐的安全措施。

2. 散列认证

如果使用散列认证，那么路由协议更新中就不会包含明文的密钥。它会包含一个散列值，接收到这个散列值的路由器可以用它来验证路由更新是否真实。这个散列值也常常被人们称为签名。

示例如图 8-11 所示。

这个过程可以用下面三个步骤来解释。

第 1 步　当 R1 向 R2 发送路由更新时，它会使用一种散列算法（如 MD5 或 SHA）。散列算法实际上是一种复杂的数学计算公式，路由器会使用 OSPF 更新中的数据和预定义的密钥来生成一个独一无二的散列值（也就是签证）。这个计算出来的签名只能通过 OSPF 更新和密钥来进行计算，而这些信息只有发送方和接收方才知道。

第 2 步　计算出来的签名会包含在路由更新中，与路由更新一起被发送给 R2。

第 3 步　当 R2 接收到路由更新时，它会使用和 R1 相同的散列算法来计算一个散列值。这一次，它会通过接收到的 OSPF 更新消息和自己设备上预定义的密钥进行计算。

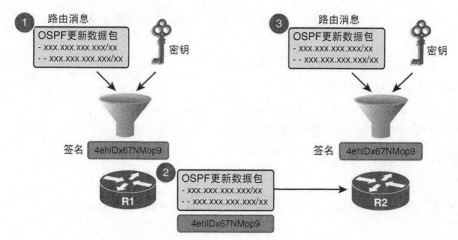

图 8-11 使用散列认证的路由更新

在本例中，计算出来的散列值与更新中所包含的散列值一致，这说明发送方的身份是真实可信的。因此，OSPFv2 会接受这个更新消息，并对其进行处理。如果散列值不一致，R2 就会忽略并丢弃这个更新消息。

> **注释** 为了防止重放攻击，OSPF 更新消息中包含了一个单向递增的序列号。这个序列号可以标识交换中的每个 OSPF 数据包。

MD5 和 SHA 提供的只是认证，这一点读者务必理解。它们并不会提供机密性。也就是说，路由协议数据包的内容并不是加密的。如果有人截获了更新数据包，他/她还是可以看到更新包中的内容。

使用何种散列算法视路由协议而定。所有路由协议都支持 MD5，但只有 OSPFv2、OSPFv3 和命名的 EIGRP 支持 SHA 散列算法，而 SHA 安全性更高。

8.2.2 基于时间的密钥链

频繁修改密钥可以增强路由协议认证的安全性。但在更换密钥期间，邻居之间的路由会受到影响。比如，当管理员在一台路由器上配置新密钥时，它就会断开与邻居设备之间的邻接关系，直至邻居设备上配置了同一个新的密钥，邻接关系才能重新建立起来。

有些路由协议支持一种基于时间的密钥链管理特性，这种特性可以提供一种安全的机制，保证密钥切换期间通信也可以保持稳定。路由协议可以同时使用多个密钥来认证更新消息。如果使用基于时间的密钥链特性，那么在密钥切换过程中，路由更新消息的交换过程也不会打断。

密钥链的特性

管理员可以通过全局配置模式的命令 **key chain** *key-name* 来创建密钥链。输入这条命令会改变密钥链配置模式的提示符。密钥链中包含多个密钥 (有时也称为共享密钥), 这些密钥中包含的信息如下。

- **密钥 ID**: 密钥 ID 需要在密钥链配置模式下通过命令 **key** *key-id* 进行配置。密钥 ID 的取值范围为 1~255。输入这条命令之后, 密钥链配置模式的提示符就会改变。
- **密钥串 (即密码)**: 密钥串需要使用密钥链配置模式命令 **key-string** *password* 进行配置。
- **密钥生存时间 (可选)**: 密钥生存时间需要使用密钥链配置模式命令 **send-lifetime** 和 **accept-lifetime** 进行配置。

基于密钥的路由协议会同时给一个特性存储并使用多个密钥, 并根据密钥的收发生存时间变更使用的密钥。设备会用密钥的生存时间来判断密钥链中的哪个密钥是活跃的。

密钥链中的每个密钥都拥有下面两个生存时间。

- **接受时间**: 在与另一台设备交换密钥期间, 设备接受密钥的时间间隔。
- **发送时间**: 在与另一台设备交换密钥期间, 设备发送密钥的时间间隔。

密钥的发送生存时间和接受生存时间是用开始时间和结束时间设置的。在密钥发送生存时间里, 设备会使用这个密钥来发送路由协议数据包。如果当一台设备接收到一个密钥, 但发现它并不在接收生存时间之内, 这台设备就不会接受与发送这个密钥的设备进行通信。

密钥链中定义的每个密钥都可以指定一个时间周期, 在这个周期内, 密钥是激活的。在一段给定的密钥生存时间内, 路由协议数据包都会使用这个激活的密钥进行发送。不管有多少个有效的密钥, 设备都只会发送一个认证数据包。系统会按照从低到高的顺序检查密钥编号, 然后使用它遇到的第一个有效密钥。

例如, 要想提高网络安全性, 管理员希望每个月都对所有网络路由器上的密钥进行一次变更, 每个密钥的使用期限是一周。例 8-34 所示为这个案例的示例。

例 8-34 EIGRP 密钥链配置示例

```
R1(config)# key chain R1-Chain
R1(config-keychain)# key 1
R1(config-keychain-key)# key-string firstkey
R1(config-keychain-key)# accept-lifetime 4:00:00 Jan 1 2015 Jan 31 2015
R1(config-keychain-key)# send-lifetime 4:00:00 Jan 1 2015 4:00:00 Jan 31 2015
R1(config-keychain-key)# exit
R1(config-keychain)# key 2
R1(config-keychain-key)# key-string secondkey
R1(config-keychain-key)# accept-lifetime 4:00:00 Jan 25 2015 Feb 28 2015
R1(config-keychain-key)# send-lifetime 4:00:00 Jan 25 2015 Feb 28 2015
R1(config-keychain-key)# end
R1#
```

在这个示例中, 管理员在 R1 上配置了一个密钥链 **R1-Chain**, 这个密钥链中包含了两个密钥, 管理员给每个密钥指定了一个认证串和一个生存时间。

密钥 1 会接收包含密钥串 **firstkey** 的路由更新。这个密钥的可接受时间自 2015 年 1 月 1 日起，至月末结束。只有在 1 月这一个月，R1 所发送的路由更新才可以使用密钥 1 作为密钥。

密钥 2 会接收包含密钥串 **secondkey** 的路由更新。这个密钥的可接受时间自 2015 年 1 月 25 日起，至 2 月末结束。只有在从 1 月 25 日到 2 月底的这段时间，R1 所发送的路由更新才可以使用密钥 2 作为密钥。

当我们在示例中配置了超过一个密钥时，系统会首先使用第 1 个密钥，直至其生存时间过期为止。

> **注释** 前面的认证配置是不完整的。在将密钥链应用到路由协议进程下之前，认证都不会启用。

在这个示例中，管理员为密钥 1 指定的结束时间是 2015 年 1 月 31 日，而给密钥 2 指定的结束时间则是 2015 年 2 月 28 日，如果没有配置结束时间。那么密钥的发送或接受时间默认为 *infinite*。管理员在配置生存时间时也可以使用关键字 **infinite**。如果使用 **infinite** 参数手动配置生存时间，那么这个密钥的有效使用期限就是从开始值起，永不过时。

8.2.3　不同路由协议的认证方案

表 8-3 对不同路由协议的认证方案进行了总结。

表 8-3　　　　　　　　　　　　　不同路由协议的认证方案

路由协议	明文认证	MD5 散列认证	SHA 散列认证	支持密钥链
RIPv2	是	是	否	是
EIGRP	否	是	是，使用命名的 EIGRP	是
OSPFv2	是	是	是，使用密钥链	是
OSPFv3	否	是	是	否
BGP	否	是	是	否

> **注释** EIGRP SHA 不支持密钥链。

可以看出，所有路由协议都支持 MD5 散列认证。命名的 EIGRP 和 OSPF 都支持更新、也更安全的 SHA 散列认证。从最新的 Cisco IOS 15 版开始，命名 EIGRP 配置模式对 SHA 提供了支持。只要条件允许，一定要使用 SHA 散列认证。

OSPFv2 和 OSPFv3 都支持认证特性。但这两种协议的认证机制存在显著的区别。OSPFv2 使用的是一种内置的认证机制，这款协议可以支持明文认证和散列（MD5 和 SHA）认证。OSPFv2 中的认证信息（明文密码或者由密钥和路由协议数据包计算出来的散列值）会插入到 OSPF 头部，由其他路由器进行校验。

OSPFv3 则没有使用内置的认证机制，它是依靠 IPv6 自身的安全功能和自身的安全协议栈（使用 IPSec）来实现认证的。对 OSPFv3 认证使用 IPSec 连接要求管理员为每台邻居路由器定义一个安全策略。安全策略中应该定义通信使用的协议（是 AH 还是 ESP）、散列算法和加密算法、密钥以及 SPI 值。

8.3 配置 EIGRP 的认证

实施路由协议认证是加固路由器、提升网络安全性中的重要一环。因此，在运行 EIGRP 的网络中，应该使用散列函数和预定义的密码来实施 EIGRP 邻居认证。

在这一节中，我们会介绍如何完成下列配置：

- 配置经典 IPv4 和使用预定义密码配置邻居认证；
- 使用预定义密码配置 IPv6 EIGRP 邻居认证；
- 使用命名 EIGRP 的方法配置 IPv4 和 IPv6 EIGRP 邻居认证。

8.3.1 EIGRP 认证配置清单

EIGRP MD5 认证的配置步骤如下。

第 1 步　配置密钥链：使用全局配置模式命令 **key chain** 来定义所有用于 EIGRP MD5 认证的密钥。一旦进入密钥链配置模式，需要通过命令 **key** 来标识密钥链中的密钥。每个密钥都需要定义一个编号，这是密钥的 ID。在使用 **key** 命令时，系统就会进入密钥链配置模式，管理员必须通过命令 **key-string** *authentication-key* 来指定认证串（或密码）。所有邻居路由器上的密钥 ID 和认证串必须相同。

第 2 步　给 EIGRP 配置认证模式：经典 EIGRP 配置只支持一种类型的认证，那就是 MD5 认证。而新型的命名 EIGRP 配置还支持更加安全的 SHA 散列算法。

第 3 步　启用认证，使用密钥链中包含的密钥：在管理员选择了认证的类型，配置好密钥链之后，管理员还需要在所有参与 EIGRP 的接口上启用 EIGRP 认证数据包。管理员需要在接口配置模式下使用命令 **ip authentication key-chain eigrp** 来启用认证。

8.3.2 配置 EIGRP 认证

本节会介绍如何为图 8-12 所示的拓扑配置 EIGRP 认证。

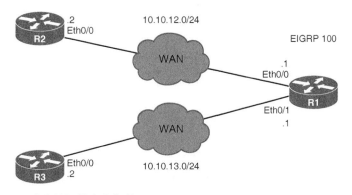

图 8-12　EIGRP 路由认证的参考拓扑

在这个示例中，管理员需要：

■ 配置 EIGRP MD5 认证模式；

■ 配置基于密钥的 EIGRP 路由认证。

1. 配置 EIGRP MD5 认证模式

在例 8-35 中，管理员在 R1 配置了一个名为 **EIGRP-KEY5**，并将密钥串配置为 **secret-1**。

例 8-35 在 R1 上配置密钥链

```
R1(config)# key chain EIGRP-KEYS
R1(config-keychain)# key 1
R1(config-keychain-key)# key-string secret-1
R1(config-keychain-key)# end
R1# show key chain
Key-chain EIGRP-KEYS:
    key 1 -- text "secret-1"
        accept lifetime (always valid) - (always valid) [valid now]
        send lifetime (always valid) - (always valid) [valid now]
R1#
```

可以看出，管理员通过命令 **show key chain** 查看了密钥的具体信息。

在例 8-36 中，管理员在 R2 配置了一个名为 **EIGRP-KEY5**，并将密钥串配置为 **secret-1**。

例 8-36 在 R2 上配置密钥链

```
R2(config)# key chain EIGRP-KEYS
R2(config-keychain)# key 1
R2(config-keychain-key)# key-string secret-1
R2(config-keychain-key)# end
R2#
```

既然已经创建好了密钥串，现在必须对接口进行配置，让它可以支持 MD5 认证。

在例 8-37 中，管理员在 R1 的 e0/0 上配置了 EIGRP MD5 认证，然后将密钥链 **EIGRP-KEYS** 与 EIGRP 自治系统 100 进行了绑定。

例 8-37 在 R1 上配置 EIGRP MD5 认证

```
R1(config)# interface Ethernet 0/0
R1(config-if)# ip authentication mode eigrp 100 md5
R1(config-if)#
*Sep 20 19:47:43.654: %DUAL-5-NBRCHANGE: EIGRP-IPv4 100: Neighbor 10.10.12.2
(Ethernet0/0) is down: authentication mode changed
R1(config-if)# ip authentication key-chain eigrp 100 EIGRP-KEYS
R1(config-if)#
```

可以看到，一旦启用了 EIGRP 认证，R1 与 R2 之间链接关系就会断开。

在例 8-38 中，管理员在 R2 的 e0/0 上配置了 EIGRP MD5 认证。

例 8-38 在 R2 上配置 EIGRP MD5 认证

```
R2(config)# interface e0/0
R2(config-if)# ip authentication mode eigrp 100 md5
R2(config-if)# ip authentication key-chain eigrp 100 EIGRP-KEYS
R2(config-if)#
*Sep 20 19:49:56.127: %DUAL-5-NBRCHANGE: EIGRP-IPv4 100: Neighbor 10.10.12.1
(Ethernet0/0) is up: new adjacency
R2(config-if)#
```

可以看到，在管理员定义好了密钥链之后，R2 与 R1 之间的邻接关系就会重新建立起来。

> **注释** 虽然 SHA 认证的安全性更高，但经典 EIGRP 配置方式并不支持这种算法。MD5 才是 EIGRP 唯一支持的认证类型。

例 8-39 查看了 EIGRP 的邻居关系。

例 8-39 验证与 R2 之间的 EIGRP 的邻居关系

```
R1# show ip eigrp neighbors
EIGRP-IPv4 Neighbors for AS(100)
H   Address              Interface      Hold Uptime    SRTT    RTO   Q   Seq
                                        (sec)          (ms)          Cnt Num
0   10.10.12.2           Et0/0          13 00:24:32    15      100   0   7
1   10.10.13.2           Et0/1          13 01:03:32    9       100   0   3
R1#
```

阴影部分显示，R2 已经是一台 EIGRP 邻居了，这说明通信双方已经开始安全地交换路由更新消息了。

2. 配置 EIGRP 基于密钥的路由认证

R1 和 R3 之间的链路会使用基于密钥的认证。

在例 8-40 中，管理员在 R1 上配置了一个名为 **EIGRP-LIFETIME-KEYS** 的密钥串，并且配置了两个密钥，密钥 1 的密钥串为 **secret-2**，而密钥 2 的密钥串为 **secret-3**。

例 8-40 在 R1 上配置基于密钥的认证

```
R1(config)# key chain EIGRP-LIFETIME-KEYS
R1(config-keychain)# key 1
R1(config-keychain-key)# key-string secret-2
R1(config-keychain-key)# accept-lifetime 00:00:00 Jan 1 2014 23:00:00 Mar 20 2015
R1(config-keychain-key)# send-lifetime 00:00:00 Jan 1 2014 23:00:00 Mar 20 2015
```

（待续）

```
R1(config-keychain-key)# key 2
R1(config-keychain-key)# key-string secret-3
R1(config-keychain-key)# accept-lifetime 22:45:00 Mar 20 2015 infinite
R1(config-keychain-key)# send-lifetime 22:45:00 Mar 20 2015 infinite
R1(config-keychain-key)# exit
R1(config)# interface ethernet0/1
R1(config-if)# ip authentication mode eigrp 100 md5
R1(config-if)# ip authentication key-chain eigrp 100 EIGRP-LIFETIME-KEYS
R1(config-if)#
*Sep 20 20:35:13.837: %DUAL-5-NBRCHANGE: EIGRP-IPv4 100: Neighbor 10.10.13.2
(Ethernet0/1) is down: authentication mode changed
R1(config-if)#
```

可以看出，密钥 1 和密钥 2 的接受和发送生存时间有 15 分钟是重叠的。

例 8-41 在 R3 上配置了一个补充的密钥链。

例 8-41　在 R3 上配置基于密钥的认证

```
R3(config)# key chain EIGRP-LIFETIME-KEYS
R3(config-keychain)# key 1
R3(config-keychain-key)# key-string secret-2
R3(config-keychain-key)# accept-lifetime 00:00:00 Jan 1 2014 23:00:00 Mar 20 2015
R3(config-keychain-key)# send-lifetime 00:00:00 Jan 1 2014 23:00:00 Mar 20 2015
R3(config-keychain-key)# exit
R3(config-keychain)# key 2
R3(config-keychain-key)# key-string secret-3
R3(config-keychain-key)# accept-lifetime 22:45:00 Mar 20 2015 infinite
R3(config-keychain-key)# send-lifetime 22:45:00 Mar 20 2015 infinite
R3(config-keychain-key)# exit
R3(config-keychain)# exit
R3(config)# interface ethernet 0/0
R3(config-if)# ip authentication mode eigrp 100 md5
R3(config-if)# ip authentication key-chain eigrp 100 EIGRP-LIFETIME-KEYS
Sep 20 20:49:34.554: %DUAL-5-NBRCHANGE: EIGRP-IPv4 100: Neighbor 10.10.13.1
(Ethernet0/0) is up: new adjacency
R3(config-if)#
```

例 8-42 查看了 EIGRP 的邻居关系。

例 8-42　验证与 R3 之间的 EIGRP 的邻居关系

```
R1# show ip eigrp neighbors
EIGRP-IPv4 Neighbors for AS(100)
H   Address            Interface        Hold Uptime    SRTT   RTO   Q   Seq
                                        (sec)          (ms)         Cnt Num
1   10.10.12.2         Et0/0            14 01:59:15 2002   5000  0   10
0   10.10.13.2         Et0/1            14 02:00:28    1   4500  0   7
R1#
```

阴影部分的信息说明，R2 是它的 EIGRP 邻居，这证明它们双方现在正在安全地交换路由更新消息。

8.3.3 为 EIGRP 配置 IPv6 认证

这一节会介绍如何在图 8-13 中的拓扑中，配置 EIGRP IPv6 认证。

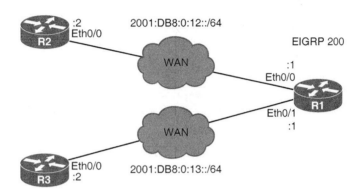

图 8-13 　EIGRP IPv6 路由认证的参考拓扑

在这个示例中，我们需要配置 EIGRP IPv6 MD5 认证。

1. 配置 EIGRP IPv6 MD5 认证

配置 EIGRP IPv6 认证的方法和配置 EIGRP 认证的方法基本相同。

在例 8-43 中，管理员在 R1 上配置了一个密钥链 **R1-IPv6-Chain**，其中包含一个密钥串 **secret-1**。

例 8-43　在 R1 上配置 EIGRP IPv6 认证

```
R1(config)# key chain R1-IPv6-Chain
R1(config-keychain)# key 1
R1(config-keychain-key)# key-string secret-1
R1(config-keychain-key)# exit
R1(config-keychain)# exit
R1(config)# interface ethernet 0/0
R1(config-if)# ipv6 authentication mode eigrp 200 md5
Sep 20 23:06:57.444: %DUAL-5-NBRCHANGE: EIGRP-IPv6 200: Neighbor
FE80::A8BB:CCFF:FE00:7400 (Ethernet0/0) is down: authentication mode changed
R1(config-if)# ipv6 authentication key-chain eigrp 200 R1-IPv6-Chain
R1(config-if)# end
R1#
```

可以看出，接口下的命令现在多出了 **ipv6** 这个关键字。

在例 8-44 中，管理员在 R2 上配置了一个密钥链 **R2-IPv6-Chain**，其中也包含密钥串 **secret-1**。

例 8-44 在 R2 上配置 EIGRP IPv6 认证

```
R2(config)# key chain R2-IPv6-Chain
R2(config-keychain)# key 1
R2(config-keychain-key)# key-string secret-1
R2(config-keychain-key)# exit
R2(config-keychain)# exit
R2(config)# interface ethernet 0/0
R2(config-if)# ipv6 authentication mode eigrp 200 md5
R2(config-if)# ipv6 authentication key-chain eigrp 200 R2-IPv6-Chain
R2(config-if)# exit
R2(config)# exit
*Sep 20 23:13:09.602: %DUAL-5-NBRCHANGE: EIGRP-IPv6 200: Neighbor
FE80::A8BB:CCFF:FE00:5F00 (Ethernet0/0) is up: new adjacency
R2#
```

可以看到，一旦管理员定义好了密钥。R2 与 R1 之间的邻接关系就会重新建立起来。

2. 配置命名的 EIGRP 认证

本节会介绍如何在命名的 EIGRP 配置方式中配置认证。

在例 8-45 中，管理员在 R1 上配置了一个密钥链 **NAMED-R1-Chain**，其中包含一个密钥串 **secret-1**。

例 8-45 在 R1 上配置命名 EIGRP 的认证

```
R1(config)# key chain NAMED-R1-Chain
R1(config-keychain)# key 1
R1(config-keychain-key)# key-string secret-1
R1(config-keychain-key)# exit
R1(config-keychain)# exit
R1(config)# router eigrp ROUTE
R1(config-router)# address-family ipv4 autonomous-system 110
R1(config-router-af)# network 10.10.0.0 0.0.255.255
R1(config-router-af)# af-interface ethernet 0/0
R1(config-router-af-interface)# authentication key-chain NAMED-R1-Chain
R1(config-router-af-interface)# authentication mode md5
R1(config-router-af-interface)# end
R1#
```

可以看到，在命名 EIGRP 配置方法中，管理员需要在 EIGRP 进程下配置接口认证的详细信息。

在例 8-46 中，管理员在 R2 上配置了一个密钥链 **NAMED-R2-Chain**，其中也包含密钥串 **secret-1**。

例8-46 在R2 上配置命名 EIGRP 的认证

```
R2(config)# key chain NAMED-R2-Chain
R2(config-keychain)# key 1
R2(config-keychain-key)# key-string secret-1
R2(config-keychain-key)# exit
R2(config-keychain)# exit
R2(config)# router eigrp ROUTE
R2(config-router)# address-family ipv4 autonomous-system 110
R2(config-router-af)# network 10.10.0.0 0.0.255.255
R2(config-router-af)# af-interface ethernet 0/0
R2(config-router-af-interface)# authentication key-chain NAMED-R2-Chain
R2(config-router-af-interface)# authentication mode md5
R2(config-router-af-interface)# end
*Sep 20 23:37:12.032: %DUAL-5-NBRCHANGE: EIGRP-IPv4 110: Neighbor 10.10.12.1
(Ethernet0/0) is up: new adjacency
R2#
```

命名 EIGRP 也支持较新且较为安全的 SHA256 认证。由于不需要密钥链，因此该方法简化了认证配置。要配置 SHA256，可使用 **authentication mode hmac-sha-256** *encryption-type password* 地址家族接口配置模式命令。

可以看到，一旦管理员定义好了密钥。R2 与 R1 之间的邻接关系就会重新建立起来。

8.4 配置 OSPF 认证

在运行 OSPF 的网络中，管理员需要通过散列算法和预定义的密钥来实施 OSPF 邻居认证。这一节会介绍如何完成下列工作：

- 配置 OSPFv2 邻居认证；
- 配置 OSPFv3 邻居认证。

8.4.1 OSPF 认证

如果管理员在一台路由器上启用了 OSPFv2 邻居认证，那么当路由器接收到每一条路由更新时，它都会去认证路由更新的源。认证的做法是在每个 OSPF 数据包中插入一个认证数据字段。认证数据是根据认证密钥（有时也称为密码）计算出来的，而认证密钥发送方路由器和接收方路由设备上都要配置。

在默认情况下，OSPF 并不会认证路由更新。也就是说，网络中交换的路由信息是没有进行认证的。OSPFv2 支持下述认证方式。

- **明文认证**：即简单密码认证。这种认证方式安全性最差，不建议在生产网络中使用。

- MD5 认证：两条命令就可以实现，既安全又简单。不过只适合部署在不支持 SHA 认证的环境中。

- SHA 认证：使用密钥链进行认证，安全性更高。这种方式也称为 OSPFv2 加密认证特性，只有 IOS 15.4(1)T 之后的版本才支持这种认证方式。

8.4.2 OSPF MD5 认证

启用 MD5 散列认证需要两步。

第 1 步 使用接口配置模式命令 **ip ospf message-digest-key** *key-id* **md5** *password* 来配置密钥 ID 和密钥（即密码）。系统会通过密钥 ID 和密码生成散列值，这个值会添加到 OSPF 更新数据包中。这里的密码最大长度是 16 个字符。如果管理员输入的密码长度大于 16 个字符，Cisco IOS 系统会提示一条警告消息。

第 2 步 使用接口配置模式的命令 **ip ospf authentication message-digest** 或 OSPF 路由器配置模式的命令 **area** *area-id* **authentication message-digest** 来启用 MD5 认证。第一条命令只会在那个接口上启用 MD5 认证，第二条命令则会针对有 OSPFv2 接口启用认证。

> **注释** 如果在接口和区域的密钥设置之间存在矛盾，那么设备会采用接口下的设置。

如果希望在密钥切换期间，设备可以无缝地执行路由转发，管理员需要多次使用命令 **ip ospf message-digest-key** 配置多个不同的密钥 ID。

在管理员更新新的密钥期间，邻居路由器可以继续进行通信。当管理员在接口上配置了两个不同的密钥时，它会在每次用不同的密钥发送两个 OSPF 更新。当本地系统发现所有邻居都知道了新的密钥时，切换就会停止。当系统从邻居接收到了用新密钥认证的数据包时，它就会检测出邻居拥有了新的密钥。在所有邻居都更新为新的密钥之后，管理员必须通过命令 **no ip ospf message-digest-key** 手动移除过去的密钥。

另外，读者应该注意，不同接口上可以配置不同的密码。比如，R1 与 R2 之间的链路用 secret-1 作为密码，而 R1 与 R3 的链路则用 secret-2 作为密码。

1. 配置 OSPF MD5 认证

本节会介绍如何在图 8-14 所示的拓扑中配置 OSPF 认证。

在这个示例中，我们需要：

- 在 R1 和 R3 之间的接口上配置 MD5 认证；
- 在区域 0 配置 MD5 认证。

2. 在接口上配置 OSPF MD5 认证

例 8-47 所示为在 R1 连接 R3 的那个接口上配置 OSPF MD5 认证。

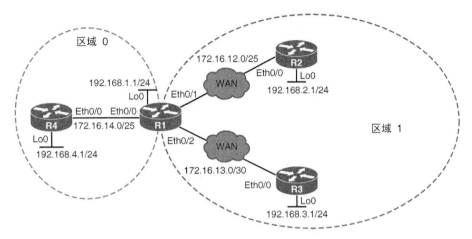

图 8-14 OSPF 路由认证参考拓扑

例 8-47 在 R1 上配置 OSPF MD5 认证

```
R1(config)# interface ethernet 0/2
R1(config-if)# ip ospf authentication message-digest
R1(config-if)# ip ospf message-digest-key 1 md5 secret-1
R1(config-if)#
*Sep 21 14:56:55.750: %OSPF-5-ADJCHG: Process 1, Nbr 3.3.3.3 on Ethernet0/2
from FULL to DOWN, Neighbor Down: Dead timer expired
R1(config-if)#
```

如上所示，由于 Ethernet 0/2 接口当前只接受 MD5 认证的更新消息，因此邻居关系也变为了断开状态。

例 8-48 所示为在 R3 连接 R1 的那个接口上配置 OSPF MD5 认证。

例 8-48 在 R3 上配置 OSPF MD5 认证

```
R3(config)# interface ethernet 0/0
R3(config-if)# ip ospf authentication message-digest
R3(config-if)# ip ospf message-digest-key 1 md5 secret-1
R3(config-if)#
*Sep 21 14:57:41.473: %OSPF-5-ADJCHG: Process 1, Nbr 1.1.1.1 on Ethernet0/0
from LOADING to FULL, Loading Done
R3(config-if)#
```

现在，R3 也已经在用 OSPF MD5 认证，因此邻接关系也就重新建立了起来。

例 8-49 对 R1 和 R3 之间配置的 MD5 认证进行了验证。

例 8-49 在 R3 上验证 OSPF MD5 认证

```
R3# show ip ospf interface E0/0 | include authentication
```

（待续）

```
 Message digest authentication enabled
R3#
R3# show ip ospf neighbor

Neighbor ID      Pri    State          Dead Time     Address        Interface
1.1.1.1           1     FULL/BDR       00:00:33      172.16.13.1    Ethernet0/0
R3#
```

如阴影部分所示，管理员通过命令 **show ip ospf interface** 确认，设备上确实配置了 MD5 认证，命令 **show ip ospf neighbor** 的输出信息显示出了这台设备与 R1（1.1.1.1）之间存在 OSPF 邻接关系。

3. 在区域中配置 OSPF MD5 认证

前面的示例介绍了如何在一个接口上启用 MD5 认证。下面，我们来介绍如何在 R1 和 R4 上针对区域 0 启用 MD5 认证。

在例 8-50 中，管理员在 R1 上配置了 OSPF MD5 认证。

例 8-50 在 R1 上针对区域 0 配置 OSPF MD5 认证

```
R1(config)# interface ethernet 0/0
R1(config-if)# ip ospf message-digest-key 1 md5 secret-2
R1(config-if)# exit
R1(config)#
R1(config)# router ospf 1
R1(config-router)# area 0 authentication message-digest
R1(config-router)#
*Sep 21 15:22:27.614: %OSPF-5-ADJCHG: Process 1, Nbr 4.4.4.4 on Ethernet0/0
from FULL to DOWN, Neighbor Down: Dead timer expired
R1(config-router)#
```

在例 8-51 中，管理员在 R4 上配置了 OSPF MD5 认证。

例 8-51 在 R4 上针对区域 0 配置 OSPF MD5 认证

```
R4(config)# interface ethernet 0/0
R4(config-if)# ip ospf message-digest-key 1 md5 secret-2
R4(config-if)# exit
R4(config)# router ospf 1
R4(config-router)# area 0 authentication message-digest
R4(config-router)#
*Sep 21 15:23:12.394: %OSPF-5-ADJCHG: Process 1, Nbr 1.1.1.1 on Ethernet0/0 from
LOADING to FULL, Loading Done
R4(config-router)#
```

例 8-52 对 R1 和 R4 之间配置的 MD5 认证进行了验证。

例 8-52 *在 R4 上验证 OSPF MD5 认证*

```
R4# show ip ospf interface E0/0 | include authentication
  Message digest authentication enabled
R4#
R4# show ip ospf neighbor

Neighbor ID     Pri   State          Dead Time      Address          Interface
1.1.1.1           1   FULL/BDR       00:00:32       172.16.14.1      Ethernet0/0
R4#
```

如阴影部分所示,管理员通过命令 **show ip ospf interface** 确认,设备上确实配置了 MD5 认证, 命令 **show ip ospf neighbor** 的输出信息显示出了这台设备与 R1 (1.1.1.1) 之间存在 OSPF 邻接关系。

8.4.3 OSPFv2 加密认证

自 Cisco IOS 15.4(1)T 版开始,OSPFv2 开始通过密钥链支持 SHA 散列认证。Cisco 称之为 OSPFv2 加密认证特性。这个特性可以使用 HMAC-SHA 算法来认证 OSPFv2 协议数据包, 以达到防止网络中未授权或无效路由更新信息的效果。

> 注释 人们认为 SHA-256 及更高级别的算法可以提供下一代加密 (NGE), 这类算法能够达到未来 20 年网络在安全性和扩展性方面的需求。

1. 配置 OSPFv2 加密认证

配置工作需要通过下面两个步骤来完成。

第 1 步 通过全局配置模式下的命令 **key chain** *key-name* 来配置一个密钥链, 这个密钥链中包含密钥 ID 和密钥串。然后通过密钥链配置模式下的命令 **cryptographic-algorithm** *auth-algo* 启用加密认证特性。

第 2 步 在接口配置模式下通过命令 **ip ospf authentication key-chain** *key-name* 将密钥链分配给接口。这条命令也会启用该特性。

> 注释 管理员在这里既可以使用其他协议目前正在使用的密钥链, 也可以专门给 OSPFv2 创建一个新的密钥链。

> 注释 如果密钥链配置模式的命令 cryptographic-algorithm *auth-algo* 无法生效, 很可能是因为您当前使用的这个 IOS 不支持这一特性。

OSPFv2 加密认证也可以配置接受生存时间和发送生存时间, 这和配置其他密钥链一样。

> 注释   如果配置 OSPFv2 来使用密钥链，那么此前所有通过命令 ip ospf message-digest-key 配置的 MD5 密钥都会被系统忽略。

2. 配置 OSPFv2 加密认证的示例

在例 8-53 中，管理员通过一个密钥链在 R1 上配置了 OSPFv2 加密认证。

例 8-53　在 R1 配置 OSPF SHA 认证

```
R1(config)# key chain SHA-CHAIN
R1(config-keychain)# key 1
R1(config-keychain-key)# key-string secret-1
R1(config-keychain-key)# cryptographic-algorithm ?
 hmac-sha-1     HMAC-SHA-1 authentication algorithm
 hmac-sha-256   HMAC-SHA-256 authentication algorithm
 hmac-sha-384   HMAC-SHA-384 authentication algorithm
 hmac-sha-512   HMAC-SHA-512 authentication algorithm
 md5            MD5 authentication algorithm

R1(config-keychain-key)# cryptographic-algorithm hmac-sha-256
R1(config-keychain-key)# exit
R1(config-keychain)# exit
R1(config)# interface s0/0/0
R1(config-if)# ip ospf authentication key-chain SHA-CHAIN
R1(config-if)#
*Sep 21 16:53:03.227: %OSPF-5-ADJCHG: Process 1, Nbr 2.2.2.2 on Serial0/0/0
from FULL to DOWN, Neighbor Down: Dead timer expired
R1(config-if)#
```

在本例中，管理员在 R1 上配置了一个密钥链，名为 **SHA-CHAIN**，这个密钥链中包含了密钥 1，密码为 **secret-1**。这个密钥也可以启用 sha-hmac-256 加密。可以看到，这里列出的其他认证算法中也包括 MD5。

在例 8-54 中，管理员在 R2 上通过密钥链配置了 OSPFv2 加密认证。

例 8-54　在 R2 配置 OSPF SHA 认证

```
R2(config)# key chain SHA-CHAIN
R2(config-keychain)# key 1
R2(config-keychain-key)# key-string secret-1
R2(config-keychain-key)# cryptographic-algorithm hmac-sha-256
R2(config-keychain-key)# exit
R2(config-keychain)# exit
R2(config)# interface s0/0/0
```

（待续）

```
R2(config-if)# ip ospf authentication key-chain SHA-CHAIN
R2(config-if)#
*Jul 21 16:13:32.555: %OSPF-5-ADJCHG: Process 1, Nbr 1.1.1.1 on Serial0/0/0 from
LOADING to FULL, Loading Done
R2(config-if)#
```

可以看到，现在 OSPF 已经重新建立起来了邻接关系。

例 8-55 对 R1 上的加密认证配置进行了验证。

例8-55 在 R1 上验证 OSPFv2 加密认证

```
R1# show key chain
Key-chain SHA-CHAIN:
    key 1 -- text "secret-1"
        accept lifetime (always valid) - (always valid) [valid now]
        send lifetime (always valid) - (always valid) [valid now]
R1#
R1# show ip ospf interface s0/0/0 | section Crypto
  Cryptographic authentication enabled
    Sending SA: Key 1, Algorithm HMAC-SHA-256 - key chain SHA-CHAIN

R1# show ip ospf neighbor

Neighbor ID     Pri   State         Dead Time   Address      Interface
2.2.2.2           0   FULL/ -       00:00:39    10.10.0.2    Serial0/0/0
R1#
```

如阴影部分所示，管理员通过命令 **show ip ospf interface** 确认，设备上确实配置了 MD5 认证，命令 **show ip ospf neighbor** 的输出信息显示出了这台设备与 R2（2.2.2.2）之间存在 OSPF 邻接关系。

8.4.4 OSPFv3 认证

OSPFv3 需要使用 IPSec 来实现认证。如果希望使用认证，需要使用加密镜像（crypto image），因为只有加密镜像中才包含 OSPFv3 中需要使用的 IPSec 应用程序接口（API）。

在 OSPFv3 中，数据包头部中已经移除了认证字段。在 IPv6 上运行 OSPFv3 时，OSPFv3 需要通过 AH（认证头部）或 IPv6 ESP（封装安全负载）头部来保障路由交换中的完整性、认证和机密性。AH 或 ESP 这两个扩展头部可以向 OSPFv3 提供认证功能和机密性保证。

如要使用 IPSec AH，可以通过接口配置模式下的命令 **ipv6 ospf authentication** 来进行配置。如要使用 IPSec ESP 头部，可是通过接口配置模式下的命令 **ipv6 ospf encryption** 来进行配置。ESP 头部既可以独立使用，也可以和 AH 头部结合起来使用。使用 ESP 头部可以同时提供加密和认证功能。它可以给一对相互通信的主机、一对相互通信的安全网关，或者相互通信的主机和安全网关之间提供安全服务。

要配置 IPSec，需要配置一个安全策略，所谓安全策略是安全策略索引（SPI）与密钥（也就是用来加密散列值的密钥）的组合。管理员可以在接口上或者 OSPFv3 区域上给 OSPFv3 配置 IPSec。如果希望提供更高级别的安全性，需要在每个配置 IPSec 的接口上分别配置不同的策略。如果管理员给一个 OSPFv3 区域配置了 IPSec，那么这个策略就会应用于所有该区域中的接口上，除了管理员直接配置了 IPSec 策略的那个（那些）接口之外。

1. 配置 OSPFv3 认证

如要部署 OSPFv3 认证，首先需要在组中的各个设备上定义安全策略。安全策略中需要包含密钥和安全参数索引（SPI）。SPI 是添加到 IPSec 头部的一个身份标记。

认证策略可以配置在下述位置。

■　接口上：管理员可以通过接口配置模式下的命令 **ospfv3 authentication** { **ipsec** *spi* }{ **md5** | **sha1** } { *key-encryption-type key* } | **null** 或 **ipv6 ospf authentication** { **null** | **ipsec spi** *spi authentication-algorithm* [*keyencryption-type*] [*key*]}进行配置。管理员在 *key* 部分指定的密钥长度必须正好是 40 位十六进制数。

■　区域上：管理员可以通过路由器配置模式下的命令 **area** *area-id* **authentication ipsec spi** *spi authentication-algorithm* [*key-encryption-type*] *key* 进行配置。在给区域配置认证时，安全策略会应用于该区域的所有接口上。如果希望进一步提高安全性，需要在每个接口上使用不同的策略。

本节介绍了如何在图 8-15 所示的拓扑中配置 OSPFv3 认证。

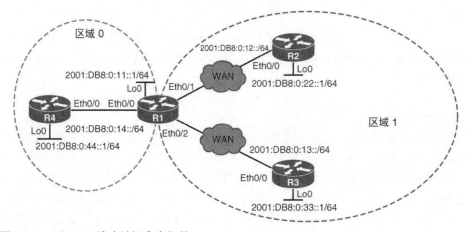

图 8-15　OSPFv3 路由认证参考拓扑

在这个示例中，我们需要：

■　在 R1 和 R2 之间的接口上配置 OSPFv3 认证；

■　在区域 0 配置 OSPFv3 认证。

2. 在接口上配置 OSPFv3 认证

例 8-56 所示为在 R1 连接 R2 的那个接口上配置 OSPFv3 认证。

例 8-56 在 R1 的 E0/1 接口上配置 OSPFv3 认证

```
R1(config)# interface Ethernet0/1
R1(config-if)# ipv6 ospf authentication ipsec spi 300 sha1
12345678901234567890123456789012345678901234567890
R1(config-if)#
*Sep 21 19:56:02.195: %CRYPTO-6-ISAKMP_ON_OFF: ISAKMP is ON
R1(config-if)#
*Sep 21 19:56:35.245: %OSPFv3-5-ADJCHG: Process 1, IPv6, Nbr 2.2.2.2 on
Ethernet0/1 from FULL to DOWN, Neighbor Down: Dead timer expired
R1(config-if)#
```

可以看出，命令 **ipv6 ospf authentication** 中的密钥参数必须正好为 40 位十六进制数。

例 8-57 所示为在 R2 连接 R1 的那个接口上配置 OSPFv3 认证。

例 8-57 在 R2 的 E0/1 接口上配置 OSPFv3 认证

```
R2(config)# interface Ethernet 0/0
R2(config-if)# ipv6 ospf authentication ipsec spi 300 sha1 12345678901234567890123456
7890123456789012345
R2(config-if)#
*Sep 21 19:58:51.543: %CRYPTO-6-ISAKMP_ON_OFF: ISAKMP is ON
R2(config-if)#
*Sep 21 19:58:55.179: %OSPFv3-5-ADJCHG: Process 1, IPv6, Nbr 1.1.1.1
on Ethernet0/0 from LOADING to FULL, Loading Done
R2(config-if)#
```

可以看到，系统通过信息提示我们，OSPFv3 邻接关系已经重新建立起来了。

3. 在区域中配置 OSPFv3 认证

在例 8-58 中，管理员在 R1 上配置了区域 0 的 OSPFv3 认证。

例 8-58 在 R1 上针对区域 0 配置 OSPFv3 认证

```
R1(config)# router ospfv3 1
R1(config-router)# area 0 authentication ipsec spi 500 sha1 12345678901234567890123
45678901234567890
R1(config-router)#
*Sep 21 20:02:24.415: %OSPFv3-5-ADJCHG: Process 1, IPv6, Nbr 4.4.4.4 on
Ethernet0/0 from FULL to DOWN, Neighbor Down: Dead timer expired
R1(config-router)#
```

在例 8-59 中，管理员在 R4 上配置了区域 0 的 OSPFv3 认证。

例 8-59 在 R4 上针对区域 0 配置 OSPF MD5 认证

```
R4(config)# router ospfv3 1
R4(config-router)# area 0 authentication ipsec spi 500 sha1 123456789012345678901234
5678901234567890
R4(config-router)#
*Sep 21 20:02:29.367: %CRYPTO-6-ISAKMP_ON_OFF: ISAKMP is ON
R4(config-router)#
*Sep 21 20:02:31.186: %OSPFv3-5-ADJCHG: Process 1, IPv6, Nbr 1.1.1.1
on Ethernet0/0 from LOADING to FULL, Loading Done
R4(config-router)#
```

可以看到，系统通过信息提示我们，OSPFv3 邻接关系已经重新建立起来了。

例 8-60 在 R1 上 Ethernet 0/0 接口的 OSPFv3 SA（安全关联）进行了验证。

例 8-60 验证 OSPFv3 的 SA（安全关联）

```
R1# show crypto ipsec sa interface ethernet 0/0

interface: Ethernet0/0
    Crypto map tag: Ethernet0/0-OSPF-MAP, local addr FE80::A8BB:CCFF:FE00:5F00

  IPsecv6 policy name: OSPFv3-500

  protected vrf: (none)
  local  ident (addr/mask/prot/port): (FE80::/10/89/0)
  remote ident (addr/mask/prot/port): (::/0/89/0)
  current_peer FF02::5 port 500
    PERMIT, flags={origin_is_acl,}
  #pkts encaps: 21, #pkts encrypt: 21, #pkts digest: 21
  #pkts decaps: 0, #pkts decrypt: 0, #pkts verify: 0
  #pkts compressed: 0, #pkts decompressed: 0
  #pkts not compressed: 0, #pkts compr. failed: 0
  #pkts not decompressed: 0, #pkts decompress failed: 0
  #send errors 0, #recv errors 0

<Output omitted>
R1#
```

这条命令显示出了一个 IPSecv6 策略，这个策略的名称是 OSPFv3-500。OSPFv2 和 OSPFv3 的协议号是 89。通过输出信息可以看出，local ident 和 remote ident 保护协议的协议号都设置为了 89，也就是 OSPF 协议。上面的示例用阴影标记出了数据包的统计数据，以及加密数据包和未加密数据包的追踪号。

8.5 配置 BGP 认证

随着企业越来越依赖网络资源和由此带来的经济回报，人们对于网络在可靠性和区域广泛分布方面的需求也愈发普遍。通过配置多宿主网络的方式（这种方式需要通过 BGP 与服务提供商的 BGP 路由器建立连接），这类需求往往可以得到满足。

然而，在企业中引入 BGP 路由往往也会带来额外的安全风险，这些风险都是因为使用 BGP 才出现的。这类网络威胁之一，就是未经授权的 BGP 对等体向网络中通告伪造的 BGP 路由信息。为了避免接收到这种错误的路由更新，管理员可以启用 BGP 认证，这样就可以防止设备与未经授权的 BGP 对等体之间建立 BGP 会话。

这一节的内容包括：

- 使用 MD5 散列函数的 BGP 认证是如何工作的；
- 如何配置和验证 IPv4 BGP 认证；
- 如何配置和验证 IPv6 BGP 认证。

8.5.1 BGP 认证配置清单

管理员可以在一台路由器上配置 BGP 邻居认证，让这台路由器对它接收到的所有路由更新信息执行源认证。认证是通过源和目的路由器之间相互交换共享的认证密钥（密码）来实现的。

BGP 也和 EIGRP、OSPF 一样，它们都支持 MD5 邻居认证。BGP 会使用共享的密钥、IP 和 TCP 头部，以及 TCP 的负载部分来创建 MD5 散列值。接下来，MD5 散列值会保存在 TCP option 19 之中，这是 RFC 2385 专为这个目的而创建的可选项。

接收方的 BGP 邻居会使用相同的算法和共享密钥来计算自己的 MD5 散列值。接下来，它会用自己计算的数值与它接收到的数值进行比较，根据比较的结果决定是保留这个路由更新还是忽略这个路由更新。如果共享密钥配置有误，BGP 对等体会话就无法建立起来。

如果想要成功执行 MD5 认证，就要求 BGP 对等体上配置的密码完全相同。配置 MD5 认证之后，Cisco IOS 系统就会开始在它通过 TCP 连接发送的每个数据包中创建 MD5 摘要值。

8.5.2 BGP 认证的配置

本节会介绍如何在图 8-16 所示的拓扑中配置 BGP 认证。

图 8-16　BGP 认证参考拓扑

在这个示例中，我们需要在 R1 和 R2 之间配置 BGP 认证。

要在两个 BGP 对等体之间的 TCP 连接上启用 MD5 认证，需要通过路由器配置模式下的命令 **neighbor password** 进行配置，这条命令后面需要指定 BGP 对等体的 IP 地址，或者指定对等体的组名，将整个对等体组作为认证对象，然后再加上共享的密码。

在例 8-61 中，管理员在 R1 上为针对与 R2 的 BGP 对等体会话配置了 BGP MD5 认证。

例 8-61　在 R1 上配置 BGP 认证

```
R1(config)# router bgp 65100
R1(config-router)# neighbor 172.16.12.2 remote-as 65000
R1(config-router)# neighbor 172.16.12.2 password secret-1
R1(config-router)#
```

在抑制计时器过期之前，管理员必须在远程对等体上配置相同的密码。

在例 8-62 中，管理员在 R2 上为针对与 R1 的 BGP 对等体会话配置了 BGP MD5 认证。

例 8-62　在 R2 上配置 BGP 认证

```
R2(config)# router bgp 65000
R2(config-router)# neighbor 172.16.12.1 remote-as 65100
R2(config-router)# neighbor 172.16.12.1 password secret-1
R2(config-router)#
```

另外，管理员可以向当前的 BGP 会话中添加 BGP 邻居认证。当前会话即可交换共享密码，只要两端 BGP 会话都是在 BGP 会话超时时间窗口（默认为 180 秒）中进行修改的，就不需要断开和重建会话。

如例 8-63 所示，认证的 BGP 会话已经建立，BGP 对等体之间已经相互交换了前缀的信息。

例 8-63　在 R1 上验证 BGP 认证

```
R1# show ip bgp summary
BGP router identifier 192.168.11.1, local AS number 65100
BGP table version is 4, main routing table version 4
3 network entries using 444 bytes of memory
3 path entries using 192 bytes of memory
3/3 BGP path/bestpath attribute entries using 408 bytes of memory
1 BGP AS-PATH entries using 24 bytes of memory
0 BGP route-map cache entries using 0 bytes of memory
0 BGP filter-list cache entries using 0 bytes of memory
BGP using 1068 total bytes of memory
```

（待续）

```
BGP activity 6/0 prefixes, 6/0 paths, scan interval 60 secs

Neighbor        V     AS MsgRcvd MsgSent TblVer InQ OutQ Up/Down State/PfxRcd
172.16.12.2     4     65000      14      13     4   0 0 00:06:33     2
R1#
R1# show ip bgp neighbors 172.16.12.2 | include BGP
BGP neighbor is 172.16.12.2, remote AS 65000, external link
  BGP version 4, remote router ID 192.168.22.1
  BGP state = Established , up for 00:07:27
  BGP table version 4, neighbor version 4/0
  BGP table version 4, neighbor version 4/0
R1#
```

命令 **show ip bgp summary** 输出信息的阴影部分显示，R2 现在已经是 BGP 邻居。命令 **show ip bgp neighbors** 的输出信息显示双方正在交换 BGP 更新信息。

8.5.3 IPv6 BGP 认证配置

本节会讨论如何在图 8-17 所示的拓扑中配置 IPv6 BGP 认证。

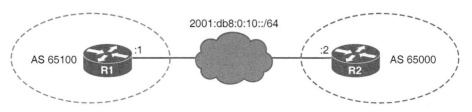

图 8-17 IPv6 BGP 认证参考拓扑

在这个示例中，我们需要在 R1 和 R2 的 BGP 对等体之间配置 IPv6 BGP 认证。

要在两个 BGP 对等体之间的 TCP 连接上启用 MD5 认证，需要通过路由器配置模式下的命令 **neighbor password** 进行配置，这条命令后面需要指定 BGP 对等体的 IP 地址，或者指定对等体的组名，将整个对等体组作为认证对象，然后再加上共享的密码。

在例 8-64 中，管理员在 R1 上为针对与 R2 的 BGP 对等体会话配置了 BGP MD5 认证。

例 8-64 在 R1 上配置 BGP 认证

```
R1(config)# router bgp 65100
R1(config-router)# neighbor 2001:db8:0:10::2 remote-as 65000
R1(config-router)# neighbor 2001:db8:0:10::2 password secret-2
R1(config-router)#
```

在抑制计时器过期之前，管理员必须在远程对等体上配置相同的密码。

在例 8-65 中，管理员在 R2 上为针对与 R1 的 BGP 对等体会话配置了 BGP MD5 认证。

例 8-65 在 R2 上配置 BGP 认证

```
R2(config)# router bgp 65000
R2(config-router)# neighbor 2001:db8:0:10::1 remote-as 65100
R2(config-router)# neighbor 2001:db8:0:10::1 password secret-2
R2(config-router)#
```

8.6 实施 VRF-Lite

虚拟路由转发（VRF）是这样一项技术，它可以让设备拥有多个相互独立的路由表实例，并且保证它们可以共存和同步工作。一个 VRF 实例实际上也就是一台逻辑路由器，它由一个 IP 路由表、一个转发表、一系列使用转发表的实例和多个判断谁进入转发表的路由规则组成。

VRF 可以：

- 在不使用多台设备的条件下，将网络路径完全分割；
- 通过字段隔离流量实现网络安全。VRF 在概念上和二层 LAN 类似，但 VRF 工作在第三层。

服务提供商（SP）往往会通过 VRF 给客户创建独立的虚拟专用网（VPN）。因此，VRF 也常常称为 VPN 路由与转发。

8.6.1 VRF 与 VRF-Lite

VRF 与运行多协议标签交换（MPLS）的服务提供商之间常常存在千丝万缕的联系，因为这两种技术可以很好地协同工作。在服务提供商网络中，MPLS 会隔离每个客户的网络流量，同时服务提供商给每个客户维护一个 VRF。不过，不运行 MPLS 的环境中也可以使用 VRF。

VRF-Lite 就是指在没有 MPLS 的环境中部署 VRF。通过 VRF-Lite 特性，Catalyst 交换可以支持客户端边缘设备上运行多个 VPN 路由/转发示例。

VRF-Lite 可以让一个 SP 通过 1 个接口（和复用的地址）支持两个或者多个 VPN。VRF-Lite 会将一个或多个 3 层接口与各个 VRF 之间进行关联，它会用入向接口来区分发送给不同 VLAN 的路由，并以此建立数据包转发表。

VRF 中的实例既可以是（像 Ethernet 或串行接口这样的）物理接口，也可以是（像 VLAN SVI 这样的）逻辑接口。不过，一个三层接口不能同时属于多个 VRF。

8.6.2 启用 VRF

请看图 8-18 所示的拓扑。

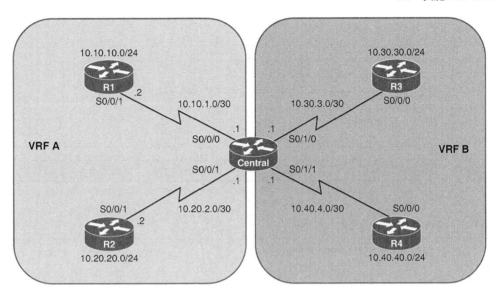

图 8-18 VRF-Lite 参考拓扑

例 8-66 为所示拓扑中的 VRF-Lite 配置示例。

例 8-66 在 Central 上配置 VRF-Lite

```
Central(config)# ip vrf VRF-A
Central(config-vrf)# exit
Central(config)# ip vrf VRF-B
Central(config-vrf)# exit
Central(config)# interface Serial0/0/0
Central(config-if)# ip vrf forwarding VRF-A
Central(config-if)# ip address 10.10.1.1 255.255.255.252
Central(config-if)# clock rate 2000000
Central(config-if)# no shut
Central(config-if)# exit
Central(config)#
Central(config-if)# interface Serial0/0/1
Central(config-if)# ip vrf forwarding VRF-A
Central(config-if)# ip address 10.20.2.1 255.255.255.252
Central(config-if)# no shut
Central(config-if)# exit
Central(config)#
Central(config-if)# interface Serial0/1/0
Central(config-if)# ip vrf forwarding VRF-B
Central(config-if)# ip address 10.30.3.1 255.255.255.252
Central(config-if)# clock rate 2000000
Central(config-if)# no shut
```

（待续）

```
Central(config-if)# exit
Central(config)#
Central(config-if)# interface Serial0/1/1
Central(config-if)# ip vrf forwarding VRF-B
Central(config-if)# ip address 10.40.4.1 255.255.255.252
Central(config-if)# no shut
Central(config-if)# exit
Central(config)#
```

注释 管理员必须先在一个接口上配置 VRF 实例；否则系统会提示错误信息。

例 8-67 查看了路由器 Central 的路由表。

例 8-67 查看 Central 的路由表

```
Central# show ip route | begin Gateway
Gateway of last resort is not set


Central#
Central# show ip route vrf VRF-A | begin Gateway
Gateway of last resort is not set

     10.0.0.0/8 is variably subnetted, 4 subnets, 2 masks
C       10.10.1.0/30 is directly connected, Serial0/0/0
L       10.10.1.1/32 is directly connected, Serial0/0/0
C       10.20.2.0/30 is directly connected, Serial0/0/1
L       10.20.2.1/32 is directly connected, Serial0/0/1
Central#
Central# show ip route vrf VRF-B | begin Gateway
Gateway of last resort is not set

     10.0.0.0/8 is variably subnetted, 4 subnets, 2 masks
C       10.30.3.0/30 is directly connected, Serial0/1/0
L       10.30.3.1/32 is directly connected, Serial0/1/0
C       10.40.4.0/30 is directly connected, Serial0/1/1
L       10.40.4.1/32 is directly connected, Serial0/1/1
Central#
```

在上面的示例中可以看出，第一个 IP 路由表已空。这是因为现在直连接口都已经分别属于不同的 VRF。示例所示的后面两个路由表显示的则是各个 VRF 中的内容。

在例 8-68 中，管理员给 VRF-A 配置了 EIGRP。

例 8-68 给 VRF-A 启用 EIGRP

```
Central(config)# router eigrp 1
Central(config-router)# address-family ipv4 vrf VRF-A
```

（待续）

```
Central(config-router-af)# network 10.10.1.0 0.0.0.3
Central(config-router-af)# network 10.20.2.0 0.0.0.3
Central(config-router-af)# autonomous-system 1
Central(config-router-af)# no auto-summary
Central(config-router-af)#
*Aug 5 04:45:35.879: %DUAL-5-NBRCHANGE: EIGRP-IPv4 1: Neighbor 10.20.2.2
(Serial0/0/1) is up: new adjacency
*Aug 5 04:45:35.883: %DUAL-5-NBRCHANGE: EIGRP-IPv4 1: Neighbor 10.10.1.2
(Serial0/0/0) is up: new adjacency
Central(config-router-af)# ^Z
Central#
```

例 8-69 查看了 VRF-A 的 EIGRP 路由表和邻居。

例 8-69　查看 VRF-A 的路由表

```
Central# show ip route vrf VRF-A | begin Gateway
Gateway of last resort is not set

     10.0.0.0/8 is variably subnetted, 6 subnets, 3 masks
C       10.10.1.0/30 is directly connected, Serial0/0/0
L       10.10.1.1/32 is directly connected, Serial0/0/0
D       10.10.10.0/24 [90/2297856] via 10.10.1.2, 00:00:06, Serial0/0/0
C       10.20.2.0/30 is directly connected, Serial0/0/1
L       10.20.2.1/32 is directly connected, Serial0/0/1
D       10.20.20.0/24 [90/2297856] via 10.20.2.2, 00:05:41, Serial0/0/1
Central# show ip eigrp neighbors
EIGRP-IPv4 Neighbors for AS(1)
% No usable Router-ID found
Central#
Central# show ip eigrp vrf VRF-A neighbors
EIGRP-IPv4 Neighbors for AS(1) VRF(VRF-A)
H   Address                 Interface       Hold Uptime    SRTT   RTO  Q  Seq
                                            (sec)          (ms)       Cnt Num
1   10.20.2.2               Se0/0/1          13 00:43:42     3  100  0  4
0   10.10.1.2               Se0/0/0          11 00:47:54     1  100  0  5
Central#
```

通过上面的示例可以看出，R1 和 R2 的路由现在已经出现在了路由表中，输出信息中也列出了两个 EIGRP 邻居。此外，读者也可以通过上面的示例学习如何查看某个 VRF 的 EIGRP 邻居。

在例 8-70 中，管理员给 VRF-B 配置了 OSPF。

例 8-70　给 VRF-B 启用 OSPF

```
Central(config)# router ospf 1 vrf VRF-B
```

（待续）

```
Central(config-router)# router-id 5.5.5.5
Central(config-router)# network 10.30.3.0 0.0.0.3 area 0
Central(config-router)# network 10.40.4.0 0.0.0.3 area 0
Central(config-router)#
*Aug 5 04:47:22.327: %OSPF-5-ADJCHG: Process 1, Nbr 3.3.3.3 on Serial0/1/0 from
LOADING to FULL, Loading Done
*Aug 5 04:47:22.467: %OSPF-5-ADJCHG: Process 1, Nbr 4.4.4.4 on Serial0/1/1 from
LOADING to FULL, Loading Done
Central(config-router)# ^Z
Central#
```

例 8-71 查看了 VRF-B 的 OSPF 相关信息。

例 8-71 查看 VRF-B 的路由表

```
Central# show ip route vrf VRF-B | begin Gateway
Gateway of last resort is not set

    10.0.0.0/8 is variably subnetted, 6 subnets, 3 masks
C       10.30.3.0/30 is directly connected, Serial0/1/0
L       10.30.3.1/32 is directly connected, Serial0/1/0
O       10.30.30.0/24 [110/65] via 10.30.3.2, 00:05:07, Serial0/1/0
C       10.40.4.0/30 is directly connected, Serial0/1/1
L       10.40.4.1/32 is directly connected, Serial0/1/1
O       10.40.40.0/24 [110/65] via 10.40.4.2, 00:07:30, Serial0/1/1
Central#
```

通过上面的示例可以看出，R3 和 R4 现在已经出现在了路由表中。

8.7 简单虚拟网络

为了实现真正意义上的路径隔离，Cisco 简单虚拟网络（EVN）既拥有 2 层网络的简便，也可以达到 3 层的控制效果。EVN 可以在一台共享的网络基础设备上对流量和路径进行隔离。

EVN 是一种基于 IP 网络的虚拟化解决方案，它可以通过现有的 VRF-Lite 技术来：

- 简化 3 层网络虚拟化；
- 增强对共享服务的支持；
- 强化管理和排错功能。

EVN 可以通过创建虚拟网络干道（trunk）的方式，大大减少在整个网络中部署虚拟化所需要执行的配置。在传统的 VRF-Lite 解决方案中，管理员需要在数据路径中所涉及的所有交换机和路由器上，给每个 VRF 创建一个子接口，对于配置管理来说，这是不小的工作负担。

EVN 不需要给每个 VRF 创建子接口，通过接口配置命令 **vnet trunk** 就可以实现同样的配置目的。因此，整个网络架构中需要执行的配置总量也可以显著降低，如图 8-19 所示。

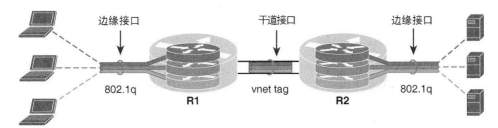

图 8-19 EVN 简化了网络架构

EVN 通过复用路由的方式，强化了对共享服务的支持。大量 EVN 用户可能都需要使用某些常用的服务，如 Internet 连接、电子邮件、视频、DHCP（动态主机配置协议）或 DNS（域名解析系统）。在过去，管理员需要在虚拟网络中使用 BGP（边界网关协议）来导入和导出路由条目，以此达到共享常用服务的目的，这种做法相当复杂。

EVN 复用路由特性可以让每个虚拟网络都能够直接访问各个 VRF 中的 RIB（路由信息库），因此：

- 管理员既可以将共享 VRF 中的路由与各个 VRF 进行分享，同时也可以根据需要保证信息的隔离；
- 不需要借助 BGP 路由和路由区分器（route distinguisher）就可以将路由导入导出，不仅简化了配置，同时也降低了网络复杂性；
- 路由表和路由条目不必重复，因此可以节省内存和 CPU 资源。

EVN 让 VRF-Lite 更容易进行部署、操作和扩展，因此也更容易对网络虚拟化特性进行排错。管理员可以通过 route-context 模式的命令对网络中与 VRF 的问题进行排错，而不需要在每条命令中都重复输入 VRF 的名称。

例 8-72 所示为进入 red routing context 的一个示例。

例 8-72　进入一个 EVN routing context

```
R1# routing-context vrf red
R1%red#
```

8.8　总结

在本章中，读者掌握了下面内容。

- 在配置设备之前首先指定并遵循安全策略。
- 要防止别人窃取配置文件中保存的密码。
- 要用 SSH 协议取代 Telnet 协议，在穿越非安全网络访问设备时尤其应该如此。
- 创建路由器 ACL，通过在网络边缘过滤流量的方式来保护基础设备。

- 如果网络中使用了 SNMP，就需要对这种协议提供保护。
- 需要周期性地保存配置文件，以备该文件遭到损坏或者修改。
- 将日志记录文件保存到外部设备上，以便准确洞悉网络中的动向。
- 禁用没有使用的服务。
- 未经授权的路由器有可能发送恶意的路由更新信息，让接收到这个消息的路由器向错误的设备发送流量。如果启用了路由认证，那么路由器就会验证每个路由更新的源。
- 路由认证有两种类型：明文认证和散列认证。
- 不要使用明文认证。
- 密钥链是一系列可以用来执行路由协议认证的密钥。
- 不同的路由协议支持不同的认证策略。
- 如果配置了 EIGRP 认证，那么路由器就会认证每一个 EIGRP 数据包。
- 经典 IPv4 或 IPv6 EIGRP 只支持 MD5 认证，而命名的 EIGRP 配置则支持 SHA 认证。
- 要配置经典的 MD5 认证，需要首先定义一个密钥，然后在接口配置模式下启用 EIGRP 认证，最后将配置的密钥与接口进行关联。
- 要配置 SHA 认证，需要使用命名的 EIGRP 配置。
- 可以通过验证邻居关系的方式来验证 EIGRP 认证的配置。
- 如果配置了认证，那么路由器就会校验每个 OSPF 数据包，并认证它接收到的每个更新数据包的源。
- 在 OSPFv2 简单密码认证中，路由器会将密钥内置在 OSPF 数据包中进行发送。
- 如果使用 OSPFv2 MD5 认证，路由器会创建一个密钥的散列值、密钥 ID 和消息。消息摘要会随数据包一起进行发送。
- OSPFv3 采用了 IPv6 自带的功能。OSPFv3 认证需要使用的只是 IPSec AH 协议。AH 可以提供认证功能和完整性校验。IPSec ESP 还可以对负载进行加密，这项功能并不是认证的必备条件。
- BGP 会使用 MD5 提供认证。
- 路由器会对所有 BGP 连接中发送的 MD5 摘要信息进行验证。
- 可以通过验证 BGP 会话是否建立的方式来验证 BGP 认证的配置。

8.9 参考文献

更多信息请参见：

- **Cisco IOS Software Releases support page**（Cisco IOS 系统版本支持页面）：http://www.cisco.com/cisco/web/psa/default.html?mode=prod&level0=268438303
- **Cisco IOS Master Command List, All Releases**（所有版本的 Cisco IOS 管理命令集）：http://www.cisco.com/c/en/us/td/docs/ios/mcl/allreleasemcl/all_book.html
- **The Cisco IOS IP SLAs Command Reference**（Cisco IOS IP SLA 命令参考）：http://www.cisco.com/en/US/docs/ios/ipsla/command/reference/sla_book.html

8.10 复习题

回答以下问题，并在附件 A 中查看答案。

1. 下面哪个协议默认即启用认证功能？

 a. EIGRP

 b. 命名的 EIGRP

 c. OSPFv2

 d. 带密钥链的 OSPFv2

 e. 没有路由协议会默认启用认证。

2. 下面关于明文认证的说法哪种是正确的？

 a. RIPv2、EIGRP 和 OSPFv2 支持明文认证

 b. 明文认证会使用 MD5 算法来加密路由更新消息

 c. 明文认证安全性欠佳，不建议采用明文认证

 d. 明文认证会使用密钥和散列算法来创建签名

 e. 明文认证的对等体需要通过不同的密码来认证路由更新消息

3. EIGRP 支持下面哪两种认证方式？

 a. 明文认证

 b. MD5

 c. SHA

 d. IPSec 加密

 e. 以上答案全不对

4. 命令 **show running-configuration** 的输出信息显示了下面的信息：

```
enable secret 4 JpAg4vBxn6wTb6NE3N1p0wfUUZzR6eOcVUKUFftxEyA
```

根据上述输出信息，下列关于启用密码的说法哪个是正确的？

 a. 密码是使用命令 **service password-encryption** 进行加密的

 b. 密码是使用命令 **password service-encryption** 进行加密的

 c. 密码是使用 MD5 进行加密的

 d. 密码是使用 SHA256 进行加密的

 e. 密码是使用 IPSec 进行加密的

5. 命令 **show ip ssh** 的输出信息显示"**SSH Enabled - version 2**"。根据上述输出信息，下列哪种说法是正确的？

 a. 在启用 SSH 时，这是 SSH 的默认版本

 b. 这是最早的版本，这个版本存在一些已知安全漏洞

 c. 这是一种兼容模式，这种默认既支持 SSHv1，也支持 SSHv2

 d. 管理员曾经使用命令 **ip ssh version** 对设备进行过配置

e. 以上答案全不对

6. 在执行日志记录时，最好能够通过_____来确保所有网络设备上的日期和时间都是准确且同步的。

7. 下列关于 SNMP 的说法哪种是正确的？

a. SNMPv1 使用团体字符串来加密 SNMP 消息

b. SNMPv1 是当前安全性最高的版本

c. SNMPv2 支持通过读写团体字符串来加密 SNMP 消息

d. SNMPv3 可以提供真实性、完整性和机密性保障

e. SNMPv1、SNMPv2 和 SNMPv3 皆使用团体字符串

8. 请看下面的配置：

```
R1(config)# archive
R1(config-archive)# path ftp://admin:cisco123@10.1.2.3/$h.cfg
R1(config-archive)# write-memory
R1(config-archive)# time-period 1440
R1(config-archive)# end
R1#
```

根据上述配置，下列说法哪种是正确的？

a. 在指定的 FTP 路径上，（位于 10.1.2.3 的）服务器上有一个名为 admin:cisco 的文件夹

b. 上面的配置中，唯一必须配置的参数是 **path** 命令

c. 管理员需要使用特权模式命令 **config archive** 来保存配置文件

d. 启动配置文件会每 24 小时自动保存一次

e. 命令 **write-memory** 可以在管理员每次将运行配置文件保存到 NVRAM 时让设备自动保存存档文件

9. 填空：特权模式命令_____可以手动创建运行配置文件的存档。

每章末尾复习题的答案

第1章

1. 收敛网络描述了网络中所有路由器具有一致的网络拓扑视图的状态。

2. AD

3. AB

4. B

5. A

6. B

7. 当路由器执行自动汇总，而且需要通过属于某网络的接口发送关于另一个网络中某个子网的路由更新时，这台路由器不会在更新消息中包含子网信息，而是发送主（有类）网络地址。如果路由协议是有类路由协议，则不会包含（有类）子网掩码。如果是无类路由协议，则（有类）子网掩码将包含在更新中。

8. D

9.

距离矢量协议	e
链路状态协议	f
收敛时间	c
扩展性	d
EGP	b
IGP	a

10. ADE

11. ABC

12. B

13. A

14.

IPSec	c
mGRE	a
NHRP	b

15．B

第 2 章

1．E

2．B

3．AE

4．D

5．C

6．D

7．E

8．CE

9．EIGRP 的操作流量为组播（和单播）。

10．四项主要的技术为邻居发现/恢复机制、可靠传输协议（RTP）、弥散更新算法（DUAL）有限状态机和协议相关模块。

11．B

12．EIGRP 会使用下面 5 类数据包。

Hello：邻居发现会使用 Hello 数据包。Hello 数据包会通过组播进行发现，这类数据包不需要进行确认（它们携带的确认号为 0）。

Update：更新数据包包含了路由更新信息。路由器发送更新消息的目的是通告路由器收敛所需的路由。更新消息只会发送给相关的路由器。当路由器发现新的路由，或者当收敛完成（也即当路由变为被动路由）时，路由器就会通过组播发送更新消息。为了同步拓扑表，在邻居路由器启动过程中，更新数据包会通过单播的方式发送给邻居路由器。更新数据包会通过可靠的方式进行发送。

Query：在路由器计算路由且没有发现 FS 时，它就会向自己的邻居发送查询数据包，询问邻居是否拥有去往该目的地的后继路由。一般来说，查询数据包都是通过组播进行发送的，但在重传时有时也会采用单播。这类数据包是通过可靠的方式进行发送的。

Reply：响应数据包是路由器对查询数据包所作出的回应。响应数据包会以单播的形式发送给那台发送查询数据包的设备，这类数据包也是通过可靠的方式进行发送的。路由器必须对查询数据包作出响应。

Acknowledge（Ack）：Ack 数据包的作用是对更新、查询和响应数据包作出响应。Ack 数据包是包含非零确认号的单播 Hello 数据包（注意，Hello 和 Ack 数据包不需要进行确认）。

13．EIGRP Hello 数据包每 5 秒在 LAN 链路上发送一次。

14．Hello 间隔的作用是决定 Hello 数据包的发送频率。默认为 5 秒或 60 秒，具体时间取决于媒体类型。

抑制时间是指，当路由器可以在多长时间之内没有从邻居那里接收到 Hello 或其他 EIGRP 数据包的情况下，依然认为邻居有效（up）。Hello 数据包中就会包含抑制时间。抑制时间间隔默认会被设置为 Hello 时间间隔的 3 倍。

15．ACE

16．AC

17．路由器 A 上的 EIGRP 配置如下：

```
RouterA(config)# router eigrp 100
RouterA(config-router)# network 172.16.2.0 0.0.0.255
RouterA(config-router)# network 172.16.5.0 0.0.0.255
```

18．命令 **passive-interface** 可以让路由器不从某个特定的接口发送某个路由协议的更新信息。如果在 EIGRP 协议中使用命令 **passive-interface**，Hello 消息就不会通过指定接口进行发送。路由器不会与通过这个接口相连的路由器之间建立邻居关系（因为路由器需要通过 Hello 协议来验证路由器之间的双向通信）。由于接口上不会找到邻居设备，因此路由器也不会发送 EIGRP 流量。

19．末节路由器不会收到查询消息。但与末节路由器相连的中心路由器会代替末节路由器对查询消息进行响应。

20．这条命令会让路由器成为 EIGRP 末节路由器。关键字 **receive-only** 会限制路由器与 EIGRP 自治系统中的任何其他路由器共享自己的路由信息。

第 3 章

1．C

2．B

3．AC

4．C

5．DE

6．A

7．BC

8．CD

9．A

10．A

11．E

12．B

13．B

14．AC

15．D

16．B

17．C
18．B
19．A
20．B
21．B

第 4 章

1．CE
2．AC
3．BE
4．BC
5．D
6．AF
7．D
8．AC
9．A
10．E
11．C
12．A
13．B
14．B
15．F

第 5 章

1．C
2．A
3．D
4．ACE
5．PBR 应用于接口的入向数据包。
6．BDE
7．ABE
8．Cisco IOS SLA 使用动态流量监测的方式，通过连续、可靠且可以预测的方式来生成流量，来评估网络的性能。
9．**track 2 ipsla 100 reachability**
10．**ipsla schedule 100 life forever start-time now**

第 6 章

1. C
2. D
3. B
4. B
5. D
6. A
7. B
8. B
9. A
10. C
11. A
12. B
13. B
14. C
15. B
16. A
17. C
18. B
19. D

第 7 章

1. B
2. BC
3. AC
4. AC
5. C
6. D
7. A
8. A
9. B
10. A
11. ACD
12. B
13. BD

14. CD

15. B

16.

属性	优先级顺序	优选最高值还是最低值	发送给哪些路由器
本地优先级	2	高	内部 BGP 邻居
MED	3	低	外部 BGP 邻居。那些路由器会在它们所在的自治系统中传播 MED，自治系统内的路由器会采用这个 MED，但不会将它发送给下一个自治系统
权重	1	高	不发送给任何 BGP 邻居；仅在路由器本地有效

17. <u>10</u> 优选邻居 BGP 路由器 ID 最低的路由

<u>6</u> 优选 MED 值最低的路由

<u>4</u> 优选 AS-Path 长度最短的路由

<u>9</u> 为 eBGP 路径优选最老的路由

<u>5</u> 优选源代码值最低的路由

<u>1</u> 优选权重值较高的路由

<u>8</u> 优选 IGP 邻居最近的路由

<u>2</u> 优选本地优先级值最高的路由

<u>3</u> 优选本地路由器源发的路由

<u>11</u> 优选邻居 IP 地址最低的路由

<u>7</u> 优选 eBGP 路由而不是 iBGP 路由

第 8 章

1. E

2. C

3. BC

4. D

5. D

6. NTP（网络时间协议）

7. D

8. BDE

9. **archive config**

这个附录中包含了一些有关 IPv4 的补充信息, 其中包括以下内容:

- IPv4 地址和子网划分辅助工具;

- 十进制到二进制转换表;

- IPv4 编址回顾;

- IPv4 访问列表;

- IPv4 地址规划;

- 使用变长子网掩码实现层级式编址;

- 路由汇总;

- 无类域间路由。

IPv4 补充内容

这部分 IPv4（互联网协议版本 4）补充内容中提供了辅助工具和一些补充信息，工程师可以在应用 IPv4 地址时使用这些内容。

> **注释** 在这个附录中，术语 IP 表示 IPv4。

这个附录中包含一个 IP 编址和子网划分辅助工具，以及十进制到二进制转换表。"IPv4 编址回顾"和"IPv4 访问列表"中的内容可以作为 IP 编址基础和访问列表配置基础。

本附录中其他的内容与 IP 地址规划相关。可扩展且运行良好的网络并不是偶然得到的，而是先做出良好的网络设计，再有效实施规划后得到的。能够使网络有效扩展的关键因素就是严密且可扩展的 IP 编址规划，详见"IPv4 地址规划"一节。之后讨论了 VLSM（变长子网掩码）、路由汇总和 CIDR（无类域间路由）。网络管理员可以使用 VLSM 进一步划分子网地址，充分利用可用的地址空间。汇总和 CIDR 是高级 IP 编址技术，可以有效防止路由表随着网络的增长而增长。

B.1 IPv4 地址和子网划分辅助工具

图 B-1 中的辅助工具可以从多方面帮助工程师进行 IP 编址，其中包括识别地址类别、

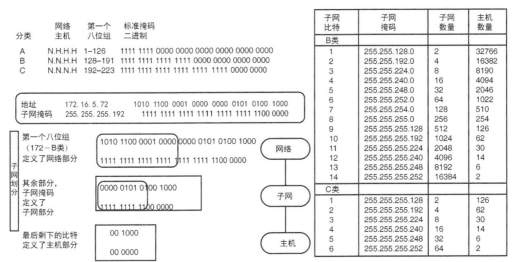

图 B-1 IP 地址和子网划分辅助工具

以不同的子网掩码得到不同的子网和主机数量，以及解释 IP 地址。

B.2　十进制到二进制转换表

工程师可以使用表 B-1 将十进制转换为二进制，或将二进制转换为十进制。

表 B-1　　　　　　　　　　　　　十进制/二进制转换表

十进制	二进制	十进制	二进制	十进制	二进制
0	00000000	28	00011100	56	00111000
1	00000001	29	00011101	57	00111001
2	00000010	30	00011110	58	00111010
3	00000011	31	00011111	59	00111011
4	00000100	32	00100000	60	00111100
5	00000101	33	00100001	61	00111101
6	00000110	34	00100010	62	00111110
7	00000111	35	00100011	63	00111111
8	00001000	36	00100100	64	01000000
9	00001001	37	00100101	65	01000001
10	00001010	38	00100110	66	01000010
11	00001011	39	00100111	67	01000011
12	00001100	40	00101000	68	01000100
13	00001101	41	00101001	69	01000101
14	00001110	42	00101010	70	01000110
15	00001111	43	00101011	71	01000111
16	00010000	44	00101100	72	01001000
17	00010001	45	00101101	73	01001001
18	00010010	46	00101110	74	01001010
19	00010011	47	00101111	75	01001011
20	00010100	48	00110000	76	01001100
21	00010101	49	00110001	77	01001101
22	00010110	50	00110010	78	01001110
23	00010111	51	00110011	79	01001111
24	00011000	52	00110100	80	01010000
25	00011001	53	00110101	81	01010001
26	00011010	54	00110110	82	01010010
27	00011011	55	00110111	83	01010011

续表

十进制	二进制	十进制	二进制	十进制	二进制
84	01010100	116	01110100	148	10010100
85	01010101	117	01110101	149	10010101
86	01010110	118	01110110	150	10010110
87	01010111	119	01110111	151	10010111
88	01011000	120	01111000	152	10011000
89	01011001	121	01111001	153	10011001
90	01011010	122	01111010	154	10011010
91	01011011	123	01111011	155	10011011
92	01011100	124	01111100	156	10011100
93	01011101	125	01111101	157	10011101
94	01011110	126	01111110	158	10011110
95	01011111	127	01111111	159	10011111
96	01100000	128	10000000	160	10100000
97	01100001	129	10000001	161	10100001
98	01100010	130	10000010	162	10100010
99	01100011	131	10000011	163	10100011
100	01100100	132	10000100	164	10100100
101	01100101	133	10000101	165	10100101
102	01100110	134	10000110	166	10100110
103	01100111	135	10000111	167	10100111
104	01101000	136	10001000	168	10101000
105	01101001	137	10001001	169	10101001
106	01101010	138	10001010	170	10101010
107	01101011	139	10001011	171	10101011
108	01101100	140	10001100	172	10101100
109	01101101	141	10001101	173	10101101
110	01101110	142	10001110	174	10101110
111	01101111	143	10001111	175	10101111
112	01110000	144	10010000	176	10110000
113	01110001	145	10010001	177	10110001
114	01110010	146	10010010	178	10110010
115	01110011	147	10010011	179	10110011

续表

十进制	二进制	十进制	二进制	十进制	二进制
180	10110100	205	11001101	230	11100110
181	10110101	206	11001110	231	11100111
182	10110110	207	11001111	232	11101000
183	10110111	208	11010000	233	11101001
184	10111000	209	11010001	234	11101010
185	10111001	210	11010010	235	11101011
186	10111010	211	11010011	236	11101100
187	10111011	212	11010100	237	11101101
188	10111100	213	11010101	238	11101110
189	10111101	214	11010110	239	11101111
190	10111110	215	11010111	240	11110000
191	10111111	216	11011000	241	11110001
192	11000000	217	11011001	242	11110010
193	11000001	218	11011010	243	11110011
194	11000010	219	11011011	244	11110100
195	11000011	220	11011100	245	11110101
196	11000100	221	11011101	246	11110110
197	11000101	222	11011110	247	11110111
198	11000110	223	11011111	248	11111000
199	11000111	224	11100000	249	11111001
200	11001000	225	11100001	250	11111010
201	11001001	226	11100010	251	11111011
202	11001010	227	11100011	252	11111100
203	11001011	228	11100100	254	11111110
204	11001100	229	11100101		

B.3 IPv4 编址回顾

本节回顾了基本的 IPv4 地址知识：

■ 转换十进制和二进制的 IPv4 地址；

■ 决定 IP 地址的分类；

■ 私有地址；

■ 使用子网掩码扩展有类 IP 地址；

　　■ 计算子网掩码；

　　■ 计算子网掩码对应的网络数量；

　　■ 使用前缀来表示子网掩码。

B.3.1 转换十进制和二进制的 IPv4 地址

　　IP 地址是长度为 32 比特的两级编码。之所以是层级式的，是因为地址的第一部分表示网络，第二部分表示节点（或主机）。

　　32 比特分为 4 个八位组，每个八位组 8 比特。每个八位组的取值范围是：十进制 0~255，二进制 00000000~11111111。IP 地址通常写为点分十进制格式，也就是说把每个八位组写为十进制，然后在每两个十进制数值之间加上点号。图 B-2 展示了把 IP 地址中的八位组转换为十进制的方法。

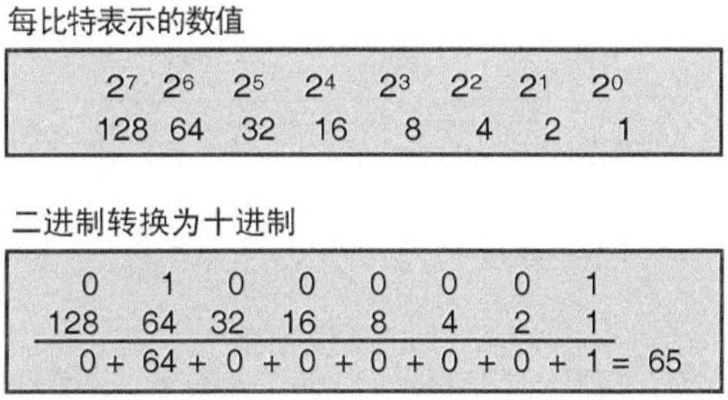

每比特表示的数值

2^7	2^6	2^5	2^4	2^3	2^2	2^1	2^0
128	64	32	16	8	4	2	1

二进制转换为十进制

0	1	0	0	0	0	0	1
128	64	32	16	8	4	2	1

$$0 + 64 + 0 + 0 + 0 + 0 + 0 + 1 = 65$$

图 B-2　把 IP 地址中的八位组转换为十进制

　　一定要明白上述转换是如何完成的，因为计算子网掩码也需要使用这种计算方法，计算子网掩码在后文中介绍。

　　图 B-3 展示了三个将二进制转换为十进制的 IP 地址案例。

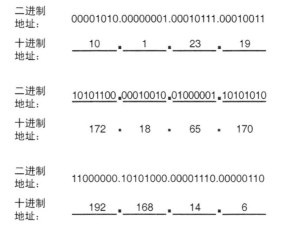

图 B-3　把 IP 地址从二进制转换为十进制

现在我们学会了如何将十进制转换为二进制，以及如何将二进制转换为十进制，接着来看看地址分类和子网掩码的使用。

B.3.2　决定 IP 地址的分类

为了适应大型和小型网络，32 比特的 IP 地址一共被分为 A 类到 E 类。第一个八位组中的几个比特决定了地址的类别，也决定了地址中有多少个网络位和多少个主机位。图 B-4 展示了 A 类、B 类和 C 类地址的比特数。每一类地址都有固定的网络地址数量和固定的主机地址数量。表 B-2 展示了每一类地址的地址范围、网络数量和主机数量（注意，D 类和 E 类地址并不用于主机编址）。

图 B-4　使用地址中的一些比特来决定 IP 地址的分类

表 B-2　　　　　　　　　　　　　　　　IP 地址分类

分类	地址范围	网络数量	主机数量
A[1]	1.0.0.0～126.0.0.0	126（2^7-2 预留）	16 777 214
B	128.0.0.0～191.255.0.0	16 386（2^{14}）	65 532
C	192.0.0.0～223.255.255.0	约 200 万（2^{21}）	254
D	224.0.0.0～239.255.255.255	为组播预留	—
E	240.0.0.0～254.255.255.255	为研究预留	—

[1] 网络 127.0.0.0（任何以十进制 127 开头的地址）是为环回预留的。网络 0.0.0.0 也是预留地址，不能用作设备地址。

使用分类的方式来决定地址中的哪一部分代表网络号，哪一部分代表节点或主机地址，这种方式称为有类编址。使用有类编址会带来一些麻烦。首先，可用的 A 类、B 类和 C 类地址的数量是有限的。其次，并不是所有类别都适用于中型组织机构，详见表 B-2。子网掩码可以帮助组织机构最大化利用它所获得的 IP 地址空间，无论这个地址是什么类别的，具体内容见本附录"使用子网掩码扩展有类 IP 地址"小节。

B.3.3　私有地址

RFC 1918（*Address Allocation for Private Internets*）将下列地址空间保留作私有用途。

- A 类网络：10.0.0.0～10.255.255.255
- B 类网络：172.16.0.0～172.31.255.255
- C 类网络：192.168.0.0～192.168.255.255

除了这些私有地址之外，所有地址都是公有的。私有地址是为企业网络的内部寻址保留的 IPv4 地址。Internet 上并不使用这些私有地址，因此当需要向 Internet 发送数据或从 Internet 接收数据时，必须把这些私有地址映射为相应的公有（注册）地址。

B.3.4　使用子网掩码扩展有类 IP 地址

RFC 950（*Internet Standard Subnetting Procedure*）是用来缓解 IP 地址耗竭的文档。它提出了一个称为子网掩码划分的步骤，用来将 A 类、B 类和 C 类地址分为更小的空间，从而增加可用网络的数量。

子网掩码的长度是 32 比特，它指明了地址中的哪些比特用来表示网络位，哪些用来表示主机位。换句话说，路由器不再通过查看地址的第一个八位组，来决定哪部分表示网络。而是通过查看这个地址关联的子网掩码。这样一来，工程师通过使用子网掩码提高了 IP 地址的利用率。同时这也是将 IP 地址划分为三个层级的方式，如图 B-5 所示。

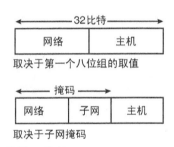

图 B-5　子网掩码决定了如何理解 IP 地址

要想为一个地址创建一个子网掩码，工程师需要把表示地址的网络或子网部分的比特都设置为二进制 1，把表示地址的节点部分的比特都设置为二进制 0。注意子网掩码中的 1 必须是连续的。表 B-3 中给出了 A 类、B 类和 C 类地址默认的子网掩码。

表 B-3　　　　　　　　　　　　IP 地址的默认子网掩码

类别	默认的二进制掩码	默认的十进制掩码
A	11111111.00000000.00000000.00000000	255.0.0.0
B	11111111.11111111.00000000.00000000	255.255.0.0
C	11111111.11111111.11111111.00000000	255.255.255.0

B.3.5　计算子网掩码

在把连续的二进制 1 添加到默认掩码上后，使全 1 的部分变长了，也使 IP 地址的网络部分扩展到了子网部分。不过把更多的比特用来表示地址的网络部分，也同时减少了可以用来表示主机部分的比特。从而创建了更多的网络（子网），却减少了每个网段中可以包含的主机设备数量。

工程师可以使用公式 2^s 来计算创建的子网数量，其中 s 是用来扩展默认掩码的比特数。

> **注释** 从 Cisco IOS 12.0 版本开始，设备中默认包含全局配置命令 **ip subnet-zero**，也就是默认允许子网 0（所有子网比特都是 0）。

工程师可以使用公式 2^h - 2 来计算可用的主机数量，其中 h 是用来表示主机部分的比特数。这个公式中减去的 2 个地址分别是地址位全 0 和全 1 的地址。对于主机位来说，全 0 是为子网识别符预留的，全 1 是为广播地址预留的，广播地址能够到达这个子网中的所有主机。

虽然工程师使用子网掩码从地址的主机部分借用了一些比特，用来表示网络地址，但他肯定不想随意决定额外为网络位添加多少比特。因此，工程师需要做一些功课，决定从给定的 IP 地址中，需要分出多少个网络地址。举例来说，假设工程师可以使用 IP 地址 172.16.0.0，并且希望配置图 B-6 所示的网络。为了创建合适的子网掩码，工程师需要作以下工作。

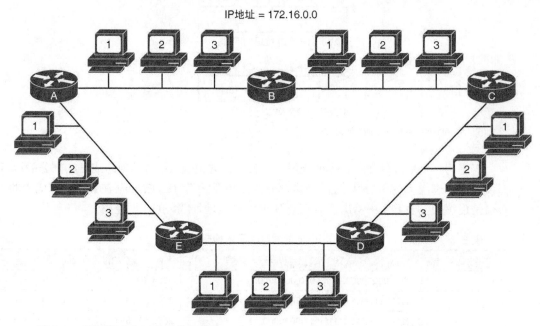

IP地址 = 172.16.0.0

图 B-6 子网掩码案例使用的网络

步骤 1 决定需要的网络（子网）数量。以图 B-6 为例，需要 5 个网络。

步骤 2 决定每个子网中必须至少有多少个节点。本例的每个子网中需要 5 个节点（2 台路由器和 3 台工作站）。

步骤 3 决定未来的网络和节点需求。比如网络可能需要扩张一倍。

步骤 4 综合前三个步骤的信息，决定需要的总子网数量。比如需要 10 个子网的话，工程师可以回顾"IPv4 地址和子网划分辅助工具"一节，选择适用于 10 个网络的子网掩码。

并没有一个子网掩码可以精确分出 10 个子网。根据自己企业网络的扩张趋势，工程师可以使用 4 个子网比特，也就是使用子网掩码 225.255.240.0。用二进制表示这个子网：

11111111.11111111.11110000.00000000

多添加 4 个子网比特可以获得 $2^s = 2^4 = 16$ 个子网。

B.3.6 计算子网掩码划分的网络数量

还以图 B-6 所示的网络为例，在确定了子网掩码之后，工程是必须使用 172.16.0.0 255.255.240.0 计算出 10 个子网地址。工程师可以使用下面的方法进行计算。

步骤 1 把划分的子网以二进制形式写出来，见图 B-7 的上半部分。如果有必要的话，也可以使用表 B-1 提供的十进制到二进制转换表。

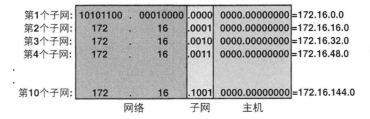

图 B-7 为图 B-6 所示的网络计算子网

步骤 2 在二进制地址上，在第 16 比特和第 17 比特之间画一条线，如图 B-7 所示，这条线划分了网络位和子网位。然后在第 20 比特和第 21 比特之间画一条线，这条线划分了子网位和主机位，同时也是子网掩码中 1 和 0 的分界线。现在可以开始关注目标子网位了。

步骤 3 曾经一段时间，建议工程师按照从最高位（也就是最左侧的比特）到最低位的顺序选择子网，这样在以后需要更多主机比特时，还能够有可用的比特。但这种做法不能很好地汇总子网地址，因此现在建议从最低位向最高位选起（从右到左）。在计算子网地址时，所有主机位都设置为 0。因此第一个子网的子网位是 0000，第三个八位组的其他比特（所有主机比特）是 0000。把它转换回十进制的时候要注意，一定要以八位组（8 比特）为单位进行转换。

如果有必要的话，也可以使用表 B-1 提供的十进制到二进制转换表，找到这第一个编号。第 1 个子网号的第 3 个八位组是 00000000，十进制为 0。别忘了第 4 个八位组中还有其余的 8 个主机位，第 4 个八位组是 00000000，十进制为 0。

步骤 4 （可选）以二进制表示每个子网，以减少错误。这样一来，工程师就不会忘了在子网地址选择中还没用过哪些地址。

步骤 5 接着计算第 2 低位的子网号码。在本例中就是 0001。与其他 4 个比特（主机位）0000 结合在一起，二进制为 00010000，十进制为 16。再次提示，别忘了第 4 个八位组中的其他 8 个主机位，第 4 个八位组还是 00000000，十进制为 0。

步骤 6 继续计算子网号码，直到子网数量满足需求为止——在本例中就是 10 个子网，如图 B-7 所示。

B.3.7 使用前缀来表示子网掩码

如前所述，子网掩码定义了一个地址中用来表示网络、子网和主机部分的比特数量。另一种可以表示这一信息的方式是使用前缀。前缀的形式是斜线（/）加数值，数值表示的是地址中用来表示网络和子网部分的比特数量。换句话说，就是子网掩码中连续的 1 的个数。举例来说，如果工程师使用的子网掩码是 255.255.255.0，用二进制表示就是 11111111.11111111.11111111.00000000，也就是 24 个 1 和 8 个 0；因此前缀是/24，因为用 24 个比特来表示网络和子网信息，也就是掩码中连续的 1。

表 B-4 展示了表示前缀和子网掩码的不同方式。

表 B-4 子网掩码的表示

IP 地址/前缀	十进制子网掩码	二进制子网掩码
192.168.112.0/21	255.255.248.0	11111111.11111111.11111000.00000000
172.16.0.0/16	255.255.0.0	11111111.11111111.00000000.00000000
10.1.1.0/27	255.255.255.224	11111111.11111111.11111111.11100000

知道如何书写子网掩码和前缀非常重要，因为 Cisco 路由器两种方式都会使用，详见例 B-1。工程师在配置 IP 地址时需要输入子网掩码，但在 **show** 命令的输出中通常会显示 IP 地址和前缀。

例 B-1 Cisco 路由器上使用的子网掩码和前缀案例

```
p1r3#show run
<Output omitted>
interface Ethernet0
 ip address 10.64.4.1 255.255.255.0
!
interface Serial0
```

（待续）

```
 ip address 10.1.3.2 255.255.255.0
<Output omitted>

p1r3#show interface ethernet0
Ethernet0 is administratively down, line protocol is down
  Hardware is Lance, address is 00e0.b05a.d504 (bia 00e0.b05a.d504)
  Internet address is 10.64.4.1/24
<Output omitted>

p1r3#show interface serial0
Serial0 is down, line protocol is down
  Hardware is HD64570
  Internet address is 10.1.3.2/24
<Output omitted>
```

B.4 IPv4 访问列表

本节回顾 IPv4 访问列表，其中包含以下内容：

- IP 访问列表回顾；
- IP 标准访问列表；
- IP 扩展访问列表；
- 限制虚拟终端访问；
- 检查访问列表配置。

B.4.1 IP 访问列表回顾

IP 访问列表是按顺序排列的一组允许和拒绝行为的集合，应用于 IP 地址或更高层 IP 协议。IP 访问列表能够识别流量，并且可以用于多种应用，其中包括过滤进入或离开一个接口的数据包，或者限制数据包去往或离开虚拟终端线路。

数据包过滤机制能够帮助工程师控制穿越网络的数据包，如图 B-8 所示。这种控制可以有效减少网络流量，并限制特定用户或设备连接网络。

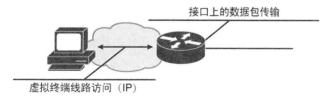

图 B-8 访问列表可以控制穿越网络的数据包

表 B-5 展示了 Cisco 路由器上可用的 IP 访问列表类型及其对应的访问列表编号。命名访问列表也可以用于 IP 协议。

表 B-5 IP 访问列表编号

访问列表类型	访问列表编号范围
IP 标准	1~99 或 1300~1999
IP 扩展	100~199 或 2000~2699

本节介绍了使用 IP 标准和 IP 扩展访问列表进行过滤。其他类型访问列表的更多信息可以参考 Cisco 网站中的技术文档：http://www.cisco.com。

B.4.2 IP 标准访问列表

标准访问列表只能根据数据包的源 IP 地址来允许或拒绝数据包，如图 B-9 所示。标准 IP 访问列表的编号范围是 1~99 或者 1300~1999。标准访问列表的配置比扩展访问列表的配置简单，但它提供的匹配粒度不如扩展访问列表。

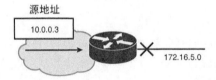

图 B-9 标准访问列表只根据源地址进行过滤

标准访问列表是一组允许和拒绝条件的集合，这些条件是应用在源 IP 地址上的。路由器使用访问列表中定义的条件，逐一测试源 IP 地址。源 IP 地址在访问列表中的第一个匹配条件决定了路由器对这个数据包的处理行为——允许或拒绝。因为当找到了第一个匹配条件后，路由器就不再继续进行测试了，因此访问列表中的匹配条件顺序及其重要。如果源 IP 地址没有匹配任何条件，并且这个访问列表是用来过滤数据包的，路由器因此会拒绝数据包（注意，如果访问列表的作用并不是过滤数据包，那么 "允许" 和 "拒绝" 语句的含义也会不同）。

图 B-10 中展示了用于过滤目的的入向标准访问列表的工作流程。在收到一个数据包后，路由器会用访问列表对数据包的源地址进行检查。如果访问列表中的配置是允许这个地址的，路由器会离开访问列表程序，并继续处理数据包。如果访问列表拒绝这个地址，路由器会丢弃数据包并返回 ICMP 管理拒绝消息。

注意，如果访问列表中没有条目能够匹配数据包，路由器对这个数据包执行的行为是拒绝。这种行为揭示了创建访问列表时的一条重要规则：访问列表中的最后一个匹配条件是隐含的 **deny any**；所有无法精确匹配允许条目的流量都会被拒绝。举例来说，如果工程师创建了一个访问列表，只拒绝了网络中不希望出现的流量，然后把它应用到接口上执行过滤。如果工程师忘记了上述规则，那么所有流量都会被拒绝——包括列表中明确拒绝的流量，以及隐含拒绝的流量。

还有一点也要牢记，配置访问列表的顺序也很重要。要确保访问列表中的条目是按照合理的顺序排列的，从精确到一般。举例来说，如果工程师希望拒绝某个具体的主机地址，并允许其他所有地址，那就要确保拒绝那个主机的条目排在第一条。

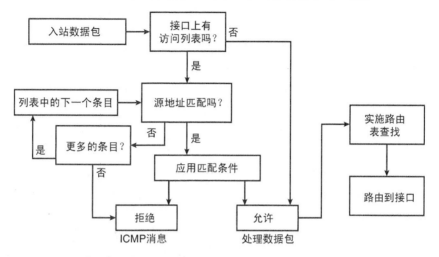

图 B-10 用于过滤目的的入向标准 IP 访问列表工作流程

图 B-11 展示了用于过滤目的的出向 IP 标准访问列表的工作流程。在接收数据包并将其路由到一个受控接口后，路由器会根据访问列表检查数据包的源地址。如果访问列表允许这个地址，路由器就会发送这个数据包。如果访问列表拒绝这个地址，路由器就会丢弃数据包并返回 ICMP 管理拒绝消息。

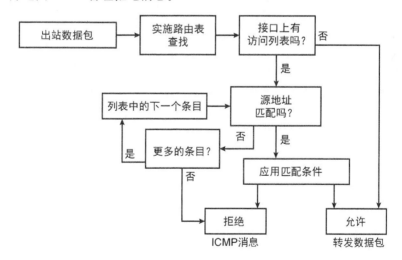

图 B-11 用于过滤目的的出向标准 IP 访问列表工作流程

1. 反掩码

IP 标准和扩展访问列表都使用反掩码。与 IP 地址类似，反掩码的长度也是 32 比特，也写作点分十进制格式。反掩码用来告诉路由器地址中需要比对的比特有哪些。

- 在比对时，与反掩码中的 1 相对应的地址比特会被忽略。
- 在比对时，与反掩码中的 0 相对应的地址比特要进行比对。

还有一种理解反掩码的方式：如果反掩码中出现了比特 0，那么访问列表地址中对应的比特位取值，要与数据包地址中对应的比特位取值完全相同（都是 0 或者都是 1）。如果反掩码中出现了比特 1，那么数据包和访问列表中相应比特位的取值不必相同。因此，反掩码中设置为 1 的比特位有时也被称为不关心位。

访问列表中条目的顺序很重要，因为访问列表在找到匹配项后，就不再继续执行访问列表了。

反掩码

反掩码的概念与计算机命令行接口中使用的掩码字符有些类似。比如要想删除计算机上所有以字母 *f* 开头的文件，工程师需要输入：

delete f*.*

字符*就是掩码。所有这类文件都会被删除：以 f 开头，后面跟随任意字符，然后是点号，最后是任意字符的文件。

路由器并不使用通配符字符，而是使用反掩码来执行类似的概念。

表 B-6 访问列表反掩码案例

地址	反掩码	匹配什么
0.0.0.0	255.255.255.255	任意地址
172.16.0.0/16	0.0.255.255	网络 172.16.0.0 中的任意主机
172.16.7.11/32	0.0.0.0	主机地址 172.16.7.11
255.255.255.255	0.0.0.0	本地广播地址 255.255.255.255
172.16.8.0/21	0.0.7.255	子网 172.16.8.0/21 中的任意主机

2. 访问列表配置任务

无论工程师是使用标准访问列表还是扩展访问列表来执行过滤，都需要完成以下两个任务。

步骤 1 在全局配置模式中创建访问列表，指定访问列表编号和访问条件。

使用源地址和掩码定义 IP 标准访问列表，本节稍后会给出案例。

使用源和目的地址定义 IP 扩展访问列表，还可选使用协议类型信息来细化控制粒度，详见 "IP 扩展访问列表" 一节。

步骤 2 在接口配置模式中将访问列表应用到接口（或在线路配置模式中将访问列表应用到终端线路）。

在创建好访问列表后，工程师可以把它应用到一个或多个接口。访问列表可以应用在接口的出向或入向上。

3．IP 标准访问列表的配置

工程师需要在全局配置模式中，使用命令 **access-list** *access-list-number* [**permit** | **deny**] {*source* [*source-wildcard*] | **any**} [**log**]，创建标准访问列表中的条目，详见表 B-7。

表 B-7 IP 标准 **access-list** 命令描述

参数	描述
access-list-number	指明这个条目属于哪个访问列表。编号范围是 1～99 或 1300～1999
permit | **deny**	指明这个条目是要允许还是要拒绝指定的地址
source	指明源 IP 地址
source-wildcard	（可选）指明地址中的哪一部分必须匹配。比特 1 表示不关心位，比特 0 表示必须严格匹配。如果工程师没有配置这个参数，那么默认使用的反掩码是 0.0.0.0
any	这个关键字是源和源反掩码 0.0.0.0 255.255.255.255 的缩写
log	（可选）数据包匹配条目后，会有信息性日志消息发送到控制接口。使用这个关键字时需要留心，因为它会消耗 CPU 资源 在第一个数据包匹配时会生成这个消息，然后以 5 分钟为间隔，更新在前 5 分钟间隔内，允许或决绝的数据包数量

当数据包没有匹配访问列表中任何配置的条目时，数据包默认是被拒绝的，因为访问列表的末尾会有隐含的拒绝条目 **deny any**（使用 **deny any** 与拒绝地址为 0.0.0.0 反掩码为 255.255.255.255 的条目效果相同）。

访问列表中也可以使用关键字 **host**。在这个关键字后面配置的地址，与使用掩码 0.0.0.0 的效果相同。举例来说，在访问列表中配置 **host 10.1.1.1** 的效果，与配置 **10.1.1.1 0.0.0.0** 的效果相同。

工程师使用接口配置命令 **ip access-group** *access-list-number* {**in** | **out**}，可以把已有的访问列表关联到接口，详见表 B-8。每个接口上可以同时配置入向和出向 IP 访问列表。

表 B-8 **ip access-group** 命令描述

参数	描述
access-list-number	指明要关联到这个接口的访问列表编号
in | **out**	处理到达或离开这个接口的数据包

工程师可以使用全局配置命令 **no access-list** *access-list-number* 删除已有的访问列表条目，使用接口配置命令 **no ip access-group** *access-list-number* {**in** | **out**} 删除接口上配置的访问列表。

4．隐含反掩码

隐含（或默认）的反掩码可以减少工程师输入的字符数量，简化配置；但在应用默认掩码时也要格外谨慎。

例 B-2 中展示的访问列表条目指定了一台主机。对于标准访问列表来说，如果工程师没有指定反掩码，那么默认使用 0.0.0.0。这个隐含的掩码能够简化大量独立地址的配置工作。

例 B-2　使用默认反掩码的标准访问列表

```
access-list 1 permit 172.16.5.17
```

例 B-3 展示了访问列表条目中最常见的错误。

例 B-3　访问列表的常见错误

```
access-list 1 permit 0.0.0.0
access-list 2 permit 172.16.0.0
access-list 3 deny any
access-list 3 deny 0.0.0.0 255.255.255.255
```

例 B-3 中的第 1 行——**permit 0.0.0.0**——会精确匹配地址 0.0.0.0 并放行这个地址。但由于路由器永远不会收到源地址为 0.0.0.0 的数据包，因此这个访问列表会拒绝所有流量（因为列表末尾有隐含的 **deny any**）。

例 B-3 中的第 3 行——**permit 172.16.0.0**——也是一个错误配置。工程师想要放行的应该是 172.16.0.0 0.0.255.255。地址 172.16.0.0 指的是网络地址，这个地址不会被分配给任何主机。因此不会有任何流量能够通过这个访问列表，因为列表末尾有隐含的 **deny any**。要想过滤网络或子网，工程师要明确配置反掩码。

例 B-3 中的后两行——**deny any** 和 **deny 0.0.0.0 255.255.255.255**——是多余的配置，因为它们与隐含 **deny** 的功能重复了，当数据包没能匹配访问列表中配置的所有匹配条目后，自然会匹配这条隐含的 **deny** 语句。虽然这两条命令并不是必要的，但工程师也可以选择一条配置在访问列表中，这样路由器可以记录有多少数据包匹配了这个条目。

5. 配置规则

工程师可以按照下列通用规则来创建访问列表，以便确保访问列表的实际结果与预期相符。

- 从上到下的处理顺序。
  - 整理访问列表，使更为精确匹配网络或子网的条目出现在更为一般的匹配条目之前。
  - 把更常匹配的条目放在不常匹配的条目之前。
- 隐含 **deny any**。
  - 除非工程师在访问列表的末尾明确配置了 **permit any**，否则默认情况下，所有没能与访问列表条目相匹配的流量都会被拒绝。

■ 默认情况下，新添加的条目会出现在最后。
  ■ 默认情况下，新添加的条目总是会按顺序添加到访问列表的最后。
  ■ Cisco IOS 12.2(14)S 版本引入了称为 IP 访问列表条目排序的特性，网络管理员可以在命名 IP 访问列表中，为 **permit** 或 **deny** 语句添加序列号，便于对这些语句进行重新排序、添加或删除。在引入这个特性之前，网络管理员只能在访问列表的最后添加访问列表条目（这是编号访问列表的情况），也就是说，如果网络管理员想在其他地方插入一条命令，那他必须重新配置整个列表。工程师在使用编号访问列表时，还可以通过编辑编号，有选择地添加或删除一些条目，就好像使用命名访问列表时编辑名称一样，在访问列表中，序列号是自动分配到每个条目的。
■ 未定义的访问列表等于 **permit any**。
  ■ 如果工程师在创建某个访问列表前，就使用命令 **ip access-group** 将其应用到一个接口，那么结果是 **permit any**。但如果这个列表被调用了，而后工程师在列表中又只配置了一个条目，那么当工程师按下 **Enter 键**后，这个访问列表会从 **permit any** 变成 **deny** *most*（因为有隐含 **deny any**）。出于这个原因，工程师应该先创建访问列表，再把它应用到接口。

6. 标准访问列表的案例

图 B-12 展示了一个案例网络，例 B-4 给出了图中路由器 X 上的部分配置。

例 B-4 图 B-12 中路由器 X 上的标准访问列表配置

```
RouterX(config)# access-list 2 permit 10.48.0.3
RouterX(config)# access-list 2 deny 10.48.0.0 0.0.255.255
RouterX(config)# access-list 2 permit 10.0.0.0 0.255.255.255
RouterX(config)# !(Note: all other access implicitly denied)
RouterX(config)# interface ethernet 0
RouterX(config-if)# ip access-group 2 in
```

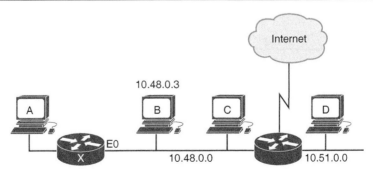

图 B-12 IP 标准访问列表案例使用的网络

考虑一下在这个案例中，哪些设备可以与主机 A 进行通信。

- 主机 B 可以与主机 A 进行通信。访问列表中的第 1 个条目允许了它们之间的通信，这条命令使用了隐含的主机掩码。
- 主机 C 不能与主机 A 进行通信。主机 C 所在的子网被访问列表中的第 2 个条目拒绝了。
- 主机 D 可以与主机 A 进行通信。主机 D 所在的子网被访问列表中的第 3 个条目放行了。
- Internet 上的用户不能与主机 A 进行通信。本地网络之外的用户没有明确放行，因此访问列表末尾的隐含 **deny any** 条目会拒绝这些流量。

7. 标准访问列表的位置

访问列表的位置与其说是门科学，不如说是门艺术。图 B-13 所示网络和例 B-5 所示访问列表配置案例展示了一些通用准则。如果策略的目标是拒绝主机 Z 访问另一个网络中的主机 V，并且不改变其他任何访问策略，那么工程师需要确定应该在哪台路由器的哪个接口上配置这个访问列表。

例 B-5 图 B-13 中路由器上的标准访问列表配置

```
access-list 3 deny 10.3.0.1
access-list 3 permit any
```

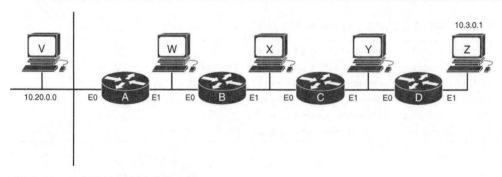

图 B-13 IP 标准访问列表位置案例

工程师应该在路由器 A 上配置访问列表，因为标准访问列表只能指定源地址。指定源地址的主机无法连接路径中的任何设备。

工程师可以在路由器 A 的 E0 接口上，将访问列表配置为出向列表。但更可以在 E1 接口上把访问列表配置为入向列表，这样被拒绝的数据包一开始就不会穿越路由器 A 了。

现在考虑一下在其他路由器上放置访问列表的影响。

- 路由器 B：主机 Z 无法连接主机 W（和主机 V）。
- 路由器 C：主机 Z 无法连接主机 W 和 X（和主机 V）。

■ 路由器 D：主机 Z 无法连接主机 W、X 和 Y（和主机 V）。

因此对于标准访问列表来说，配置原则是把它们放置在尽量靠近目的地的位置，这样可以实现最精准的控制。但这同时也意味着这些流量会一路穿越网络，最终在目的地前被丢弃。

B.4.3 IP 扩展访问列表

标准访问列表的配置简单快速并且开销低，根据源地址来限制网络中的流量。扩展访问列表提供了更高级别的控制，可以基于源和目的地址、传输层协议和应用端口号来进行过滤。通过使用这些特性，工程师可以根据网络的用途来限制流量。

1．扩展访问列表的工作流程

如图 B-14 所示，数据包必须匹配扩展访问列表的一条命令中指定的所有条件，才算是匹配这个扩展访问列表条目，并被应用对应的允许或拒绝行为。一旦某个参数或条件匹配失败，路由器就会去匹配下一个条目。

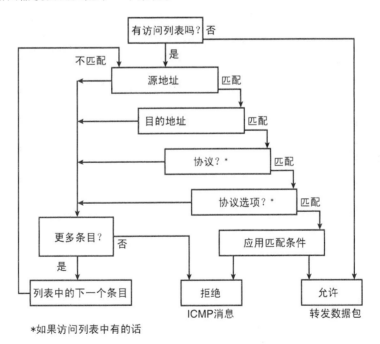

图 B-14 用于过滤目的的 IP 扩展访问列表工作流程

扩展访问列表会检查源地址、目的地址和协议。根据工程师配置的具体协议，路由器还可能会检查与协议相关的更多选项。比如还可以检查 TCP 端口，这样路由器就可以执行应用层过滤了。

2．IP 扩展访问列表的配置

工程师需要在全局配置模式中，使用命令 **access-list** *access-list-number* [**permit** | **deny**] *protocol* {*source source-wildcard* | **any**} {*destination destination-wildcard* | **any**} [*protocol-specific-options*] [**log**]，创建扩展访问列表中的条目，详见表 B-9。

表 B-9　　　　　　　　　　　IP 扩展 **access-list** 命令描述

参数	描述
access-list-number	指明这个条目属于哪个访问列表。编号范围是 100～199 或 2000～2699
permit | **deny**	指明这个条目是要允许还是要拒绝指定的地址
protocol	ip、tcp、udp、icmp、igmp、gre、eigrp、ospf、nos、ipinip、pim 或 0～255 之间的号码。要想匹配任何 Internet 协议，需要使用关键字 ip。本节稍后会展示，有些协议还可以使用该命令的其他配置方式来指定更多选项
source 和 *destination*	指明源和目的 IP 地址
source-wildcard 和 *destination-wildcard*	指明地址中的哪一部分必须匹配。比特 1 表示不关心位，比特 0 表示必须严格匹配
any	这个关键字是源和源反掩码，或者目的和目的反掩码 0.0.0.0 255.255.255.255 的缩写
log	（可选）数据包匹配条目后，会有信息性日志消息发送到控制接口。使用这个关键字时需要留心，因为它会消耗 CPU 资源 在第一个数据包匹配时会生成这个消息，然后以 5 分钟为间隔，更新在前 5 分钟间隔内，允许或决绝的数据包数量

扩展访问列表中的反掩码用法与标准访问列表相同，但要注意，在这里反掩码不再是可选配置参数了。工程师可以在源或目的地址的部分使用关键字 **any**，它会匹配任意地址，是 0.0.0.0 255.255.255.255 的缩写。例 B-6 中展示了扩展访问列表的案例。

例 B-6　使用关键字 any

```
access-list 101 permit ip 0.0.0.0 255.255.255.255 0.0.0.0 255.255.255.255
! (alternative configuration)
access-list 101 permit ip any any
```

工程师也可以在源或目的地址部分使用关键字 **host**。在这个关键字后面配置的地址，于是用掩码 0.0.0.0 的效果相同。例 B-7 给出了相关案例。

例 B-7　使用关键字 host

```
access-list 101 permit ip 0.0.0.0 255.255.255.255 172.16.5.17 0.0.0.0
! (alternative configuration)
access-list 101 permit ip any host 172.16.5.17
```

工程师可以使用全局配置命令 **access-list** *access-list-number* {**permit** | **deny**} **icmp** {*source source-wildcard* | **any**} {*destination destination-wildcard* | **any**} [*icmp-type* [*icmp-code*] | *icmp-message*]，来过滤 ICMP 流量。协议关键字 **icmp** 表示这是用于过滤 ICMP 协议的命令

变体，工程师可以在这条命令中使用更多选项，详见表 B-10。

表 B-10 *IP* 扩展 **access-list icmp** 命令描述

参数	描述
access-list-number	指明这个条目属于哪个访问列表。编号范围是 100～199 或 2000～2699
permit | **deny**	指明这个条目是要允许还是要拒绝指定的地址
source 和 *destination*	指明源和目的 IP 地址
source-wildcard 和 *destination-wildcard*	指明地址中的哪一部分必须匹配。比特 1 表示不关心位，比特 0 表示必须严格匹配
any	这个关键字是源和源反掩码，或者目的和目的反掩码 0.0.0.0 255.255.255.255 的缩写
icmp-type	（可选）根据 ICMP 消息类型来过滤数据包。类型编号的取值范围是 0～255
icmp-code	（可选）根据 ICMP 消息类型进行过滤的数据包还可以根据 ICMP 消息代码进行过滤。代码的取值范围是 0～255
icmp-message	（可选）可以根据以符号表示的名称来表示 ICMP 消息类型，或结合使用 ICMP 消息类型和 ICMP 消息代码。表 B-11 中列出了相关名称

工程师可以在 Cisco IOS 10.3 及后续版本使用符号名称来进行配置，简化了访问列表的阅读难度。使用符号名称的话，工程师就不再需要理解 ICMP 消息类型和编码的含义了（比如消息 8 和消息 0 可以用来过滤 **ping** 命令）。工程师可以使用表 B-11 中列出的符号名称进行配置。比如符号名称 **echo** 和 **echo-reply** 可以用来过滤 **ping** 命令（工程师在输入 **access-list** 命令时，可以使用 Cisco IOS 提供的上下文帮助特性来检查名称是否可用，以及命令语法是否正确，只需要输入**?**即可出发该特性）。

表 B-11 ICMP 消息和类型名称

administratively-prohibited	information-reply	precedence-unreachable
alternate-address	information-request	protocol-unreachable
conversion-error	mask-reply	reassembly-timeout
dod-host-prohibited	mask-request	redirect
dod-net-prohibited	mobile-redirect	router-advertisement
echo	net-redirect	router-solicitation
echo-reply	net-tos-redirect	source-quench
general-parameter-problem	net-tos-unreachable	source-route-failed
host-isolated	net-unreachable	time-exceeded
host-precedence-unreachable	network-unknown	timestamp-reply
host-redirect	no-room-for-option	timestamp-request
host-tos-redirect	option-missing	traceroute
host-tos-unreachable	packet-too-big	ttl-exceeded
host-unknown host-unreachable	parameter-problem	unreachable
	port-unreachable	

工程师可以使用全局配置命令 **access-list** *access-list-number* {**permit** \| **deny**} **tcp** {*source source-wildcard* \| **any**} [*operator source-port* \| *source-port*] {*destination destination-wildcard* \| **any**} [*operator destination-port* \| *destination-port*] [**established**]，来过滤 TCP 流量。协议关键字 **tcp** 表示这是用于过滤 TCP 协议的命令变体，工程师可以在这条命令中使用更多选项，详见表 B-12。

表 B-12 IP 扩展 **access-list tcp** 命令描述

参数	描述
access-list-number	指明这个条目属于哪个访问列表。编号范围是 100~199 或 2000~2699
permit | **deny**	指明这个条目是要允许还是要拒绝指定的地址
source 和 *destination*	指明源和目的 IP 地址
source-wildcard 和 *destination-wildcard*	指明地址中的哪一部分必须匹配。比特 1 表示不关心位，比特 0 表示必须严格匹配
any	这个关键字是源和源反掩码，或者目的和目的反掩码 0.0.0.0 255.255.255.255 的缩写
operator	（可选）匹配条件，可以是 **lt**、**gt**、**eq** 或 **neq**
source-port 和 *destination-port*	（可选）表示 TCP 端口号的十进制号码 0~65535 或名称
established	（可选）当 TCP 分段中设置了 ACK 或 RST 位时表示匹配。当工程师希望只在一个方向上建立 Telnet 或其他会话时使用

扩展访问列表中的关键字 established

当两台设备之间启动了 TCP 会话时，第一个分段的头部会携带同步（SYN）位，而不是确认（ACK）位，因为这时还没有需要确认的其他分段。所有后续分段中携带 ACK 位，因为这时需要确认其他设备发来的前一个分段。路由器也正是通过这种类别来区分一台设备发来的分段是尝试启动一个 TCP 会话，还是属于已建立的会话。在终结已建立的会话时，TCP 会设置 RST 位。

当工程师在 TCP 扩展访问列表中配置了关键字 **established** 后，表示这个访问列表条目之匹配那些设置了 ACK 或 RST 位的 TCP 分段。换句话说，路由器之匹配那些属于已建立会话的数据分段。尝试启动 TCP 会话的数据分段不匹配这个访问列表条目。

表 B-13 中列出了可以代替端口号的 TCP 端口名称。工程师也可以在要输入端口号的位置使用**?**，来查看相应协议的端口号，或者也可以在以下网页上查看端口号：http://www.iana.org/assignments/port-numbers。

表 B-13 TCP 端口号

bgp	echo	irc	pop3	telnet
chargen	finger	klogin	smtp	time
daytime	ftp	kshell	sunrpc	uucp
discard	ftp-data	lpd	syslog	whois
domain	gopher	nntp	tacacs-ds	www
drip	hostname	pop2	talk	

工程师也可以在以下网页上查看其他端口号：http://www.iana.org/assignments/port-numbers。表 B-14 中列出了一部分已分配的 TCP 端口号。

表 B-14 部分保留的 TCP 端口号

端口号（十进制）	关键字	描述
7	ECHO	Echo
9	DISCARD	丢弃

续表

端口号（十进制）	关键字	描述
13	DAYTIME	当前时间和日期
19	CHARGEN	字符生成器
20	FTP-DATA	文件传输协议（数据）
21	FTP-CONTROL	文件传输协议
23	TELNET	终端连接
25	SMTP	简单邮件传输协议
37	TIME	当前时间
43	WHOIS	Whois 协议
53	DOMAIN	域名服务器
79	FINGER	Finger 协议
80	WWW	万维网 HTTP
101	HOSTNAME	NIC 主机名服务器

工程师可以使用全局配置命令 **access-list** *access-list-number* {**permit** | **deny**} **udp** {*source source-wildcard* | **any**} [*operator source-port* | *source-port*] {*destination destination-wildcard* | **any**} [*operator destination-port* | *destination-port*]，来过滤 UDP 流量。协议关键字 **udp** 表示这是用于过滤 UDP 协议的命令变体，工程师可以在这条命令中使用更多选项，详见表 B-15。

表 B-15　　　　　　　　　　　IP 扩展 **access-list udp** 命令描述

参数	描述
access-list-number	指明这个条目属于哪个访问列表。编号范围是 100～199 或 2000～2699
**permit	deny**	指明这个条目是要允许还是要拒绝指定的地址
source 和 *destination*	指明源和目的 IP 地址
source-wildcard 和 *destination-wildcard*	指明地址中的哪一部分必须匹配。比特 1 表示不关心位，比特 0 表示必须严格匹配
any	这个关键字是源和源反掩码，或者目的和目的反掩码 0.0.0.0 255.255.255.255 的缩写
operator	（可选）匹配条件，可以是 **lt**、**gt**、**eq** 或 **neq**
source-port 和 *destination-port*	（可选）表示 TCP 端口号的十进制号码 0～65535 或名称

表 B-6 中列出了可以代替端口号的 UDP 端口名称。工程师也可以在要输入端口号的位置使用**?**，来查看相应协议的端口号，或者也可以在以下网页上查看端口号：http://www.iana.org/assignments/port-numbers。

表 B-16　　　　　　　　　　　　　　　　UDP 端口号

biff	domain	netbios-ns	snmptrap	tftp
bootpc	echo	non500-isakmp	sunrpc	time
bootps	mobile-ip	ntp	syslog	who
discard	nameserver	rip	tacacs-ds	xdmcp
dnsix	netbios-dgm	snmp	talk	

工程师也可以在以下网页上查看其他端口号：http://www.iana.org/assignments/port-numbers。表 B-17 中列出了一部分已分配的 UDP 端口号。

表 B-17 部分保留的 UDP 端口号

端口号（十进制）	关键字	描述
7	ECHO	Echo
9	DISCARD	丢弃
37	DAYTIME	当前时间和日期
42	NAMESERVER	主机名服务器
43	WHOIS	Whois 协议
53	DNS	域名服务器
67	BOOTPS	Bootstrap 协议服务器
68	BOOTPC	Bootstrap 协议客户端
69	TFTP	简单文件传输协议
123	NTP	网络时间协议
137	NetBios-ns	NetBIOS 名称服务
138	NetBios-dgm	NetBIOS 数据报服务
161	SNMP	SNMP
162	SNMPTrap	SNMP Trap 消息
520	RIP	RIP

3. 扩展访问列表的案例

在图 B-15 中，路由器 A 的 E1 接口属于 B 类子网 172.22.3.0，路由器 A 的 S0 接口连接到 Internet，电子邮件服务器地址为 172.22.1.2。工程师把例 B-8 所示的访问列表应用在路由器 A 上。

例 B-8 配置图 B-15 中的路由器 A

```
access-list 104 permit tcp any 172.22.0.0 0.0.255.255 established
access-list 104 permit tcp any host 172.22.1.2 eq smtp
access-list 104 permit udp any any eq dns
access-list 104 permit icmp any any echo
access-list 104 permit icmp any any echo-reply
!
interface serial 0
 ip access-group 104 in
```

在例 B-8 中，工程师把访问列表 104 应用在路由器 A 接口 S0 的入方向上。关键字 **established** 只用于 TCP 协议，用来指明已建立的连接。访问列表中规定，当 TCP 分段中设置了 ACK 或 RST 位时，数据包匹配，这两个字段表明数据包属于已建立的连接。如果会话还没有建立（没有设置 ACK 位，但已设置了 SYN 位），表示有人正从 Internet 尝试初始化一个会话，这时路由器会拒绝这个数据包。本例的配置还放行了 SMTP（简单邮件传输协议）的流量，允许从任意地址访问电子邮件服务器。同时还放行了 UDP 域名服务器数据包和 ICMP Echo 和 Echo-Reply 数据包，允许从任意地址访问任意地址。

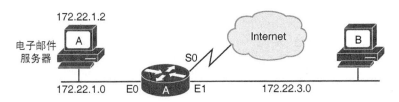

图 B-15　IP 扩展访问列表案例使用的网络

　　图 B-16 展示了另一个案例使用的网络，例 B-9 展示了路由器 A 上应用的访问列表。

例 B-9　配置图 B-16 中的路由器 A

```
access-list 118 permit tcp any 172.22.0.0 0.0.255.255 eq www established
access-list 118 permit tcp any host 172.22.1.2 eq smtp
access-list 118 permit udp any any eq dns
access-list 118 permit udp 172.22.3.0 0.0.0.255 172.22.1.0 0.0.0.255 eq snmp
access-list 118 deny icmp any 172.22.0.0 0.0.255.255 echo
access-list 118 permit icmp any any echo-reply
!
interface ethernet 0
 ip access-group 118 out
```

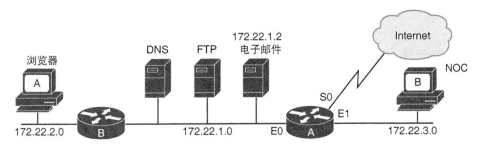

图 B-16　涉及诸多服务器的 IP 扩展访问列表

　　在例 B-9 中，工程师把访问列表 118 应用在路由器 A 接口 E0 的出方向上。根据例 B-9 中的配置，应答客户端 A（或企业网络中的其他主机）浏览器发往 Internet 请求的数据包能够进入企业网络（因为它们属于已建立的会话）。访问列表中并没有明确允许从外部源发起的浏览器请求，因此这些请求会根据访问列表末尾隐含的 **deny any** 被丢弃。

　　例 B-9 中的访问列表还允许向特定的邮件服务器发送电子邮件（SMTP），允许使用域名服务器来解析 DNS（域名服务）请求。子网 172.22.1.0 是由 NOC 服务器（客户端 B）上的网络管理组进行管理的，因此要允许访问服务器群中设备的网络管理请求（简单网络管理协议[SNMP]）流量。从企业外部或从子网 172.22.3.0 发起的针对企业网的 ping 测试都会失败，因为访问列表阻止了 Echo 请求。不过企业网内部针对 Echo 请求生成的 Echo 响应可以顺利返回。

4．扩展访问列表的位置

由于扩展访问列表能够根据源地址之外的信息进行过滤，因此应用它的位置不像标准访问列表那样拘束。工程师需要根据扩展访问列表背后的策略决策和目标来决定实施的位置。

如果工程师的目标是使流量拥塞最小化，以及使性能最大化，那么可以在靠近源的地方应用访问列表，这样可以最小化穿越网络的流量以及由于管理禁止而返回的 ICMP 消息。如果工程师的目标是将访问列表作为网络安全策略的一部分，对网络进行严格控制，那么可以在中心位置实施访问列表。工程师要知道网络目标对于访问列表配置的影响。

在选择扩展访问列表的位置时，工程师可以考虑以下内容：

- 尽量减少被拒绝的流量（和 ICMP 不可达消息）穿越的距离；
- 尽量让被拒绝的流量远离骨干区域；
- 选择 CPU 负载足够处理访问列表的路由器；
- 考虑影响的接口数量；
- 考虑访问列表管理和安全；
- 考虑网络增长对维护访问列表的影响。

5．基于时间的访问列表

Cisco IOS 12.0.1.T 版本中引入了基于时间的访问列表，工程师可以在扩展访问列表配置命令中使用可选项 **time-range** *time-range-name*。

时间范围使用的是路由器的系统时钟；在所有路由器上通告使用 NTP（网络时间协议）。

工程师可以使用命令 **time-range** *time-range-name* 来定义时间范围；这条命令可以针对工程师制定的时间范围名称进入时间范围配置模式。要想设置循环时间范围，工程师可以使用时间范围配置命令 **periodic** *days-of-the-week hh:mm* **to** [*days-of-the-week hh:mm*]。表 B-18 中描述了这条命令。

表 B-18 **periodic** 命令描述

参数	描述
days-of-the-week	这个参数的第一次循环始于开始的那天，第二次循环始于时间范围有效期内结束的那天。参数可以是某一天（**Monday**、**Tuesday**、**Wednesday**、**Thursday**、**Friday**、**Saturday** 或 **Sunday**），或者是某个值：**daily**（周一至周日）、**weekdays**（周一至周五）或 **weekend**（周六和周日）
hh:mm	这个参数的第一次循环始于（写为 24 小时格式）起始的小时和分钟，第二次循环始于时间范围有效期内结束的小时和分钟

工程师还可以使用时间范围配置命令 **absolute** [**start** *time date*] [**end** *time date*]来指定绝对的时间范围，表 B-19 描述了这条命令。

表 B-19　　　　　　　　　　　　**absolute** 命令描述

参数	描述
start *time date*	（可选）定义时间范围生效的绝对时间和日期。日期使用 24 小时格式：*小时:分钟*，日期的格式是：*日 月 年*
end *time date*	（可选）定义时间范围失效的绝对时间和日期。时间和日期的格式与起始时间和日期的各式相同，失效时间和日期必须在生效时间和日期之后

B.4.4　限制虚拟终端访问

这一节讨论如何使用标准访问列表来限制虚拟终端的访问。在接口上应用标准和扩展访问列表，可以阻止数据包穿越路由器。它们并不是用来阻塞从路由器内部发起的数据包的。举例来说，默认情况下出向 Telnet 扩展访问列表不会阻止路由器初始的 Telnet 会话。

出于安全的考虑，工程师可以拒绝用户通过 vty（虚拟终端）访问路由器，或者允许他们通过 vty 访问路由器，但禁止他们通过路由器再访问其他目的地。与其说限制 vty 访问是一种流量控制机制，不如说它是一种增加网络安全性的技术。

vty 连接是通过 Telnet 或 SSH（安全壳）协议实现的。vty 访问列表只有一种类型。

1. 如何控制 vty 访问

就像路由器有物理接口一样，比如 E0 和 E1，它还有虚拟接口。这些虚拟接口称为虚拟终端线路。默认情况下，一台路由器上有 5 条这样的虚拟终端线路，编号为 vty 0~4，如图 B-17 所示。工程师可以增加虚拟终端线路的数量。

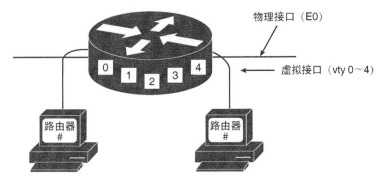

图 B-17　路由器默认有 5 条虚拟终端线路（虚拟接口）

工程师应该为所有虚拟终端线路应用相同的限制，因为无法控制用户会通过哪条虚拟终端线路连接路由器。

2. 虚拟终端线路访问配置

工程师可以使用全局配置命令 **vty** {*vty-number* | *vty-range*}进入路由器的线路配置模式，详见表 B-20。

表 B-20 **line vty** 命令描述

参数	描述
vty-number	指定要配置的 vty 线路数量
vty-range	指定要配置的 vty 线路范围

工程师可以使用线路配置命令 **access-class** *access-list-number* {**in** | **out**}，将现有的访问列表关联到一条或多条终端线路上，详见表 B-21。

表 B-21 **access-class** 命令描述

参数	描述
access-list-number	指明要关联到终端线路上的标准访问列表号码。十进制号码范围是 1~99 或 1300~1999
in	让路由器拒绝接收从访问列表拒绝的地址发来的入站连接
out	让路由器禁止向访问列表拒绝的地址发起 Telnet 连接

注释　当工程师在 **access-class** 命令中使用关键字 **out** 时，标准访问列表中的地址实际上是当作目的地址处理的，而不是源地址。

注释　工程师也可以在 **access-class** 命令中调用扩展访问列表，但在列表中设置的目的地址必须是 **any**，因此并没有必要使用扩展访问列表。

在例 B-10 中，网络 192.168.55.0 中的设备可以与路由器建立虚拟终端会话（比如 Telnet 会话）。当然，用户必须事先知道进入路由器用户模式和特权模式的密码。

例 B-10　配置路由器限制 Telnet 访问

```
access-list 12 permit 192.168.55.0 0.0.0.255
!
line vty 0 4
 access-class 12 in
```

注意在这案例中，工程师在所有虚拟终端线路（0~4）上设置了相同的访问限制，因为他无法控制用户从哪个终端线路连接路由器。注意，这类应用的访问列表中也有隐含的 **deny any** 语句。

B.4.5　检查访问列表的配置

工程师可以使用特权（EXEC）命令 **show access-lists** [*access-list-number* | *name*]来查看

为所有协议设置的访问列表，详见表 B-22。如果没有指定其他参数，路由器会展示出工程师配置的所有访问列表。

表 B-22　　　　　　　　　　　　　**shwo access-lists 命令描述**

参数	描述
access-list-number	（可选）想要查看的访问列表编号
name	（可选）想要查看的访问列表名称

系统会记录有多少数据包匹配了访问列表中的每一条命令。工程师可以使用 **show access-lists** 命令来查看计数器。

例 B-11 展示了 **show access-lists** 命令的输出示例。在这个案例中，访问列表的第 1 行匹配了 3 次，最后一行匹配了 629 次，第 2 行没有匹配。

例 *B-11　show access-lists 命令的输出示例*

```
plr1# show access-lists
Extended IP access list 100
    deny tcp host 10.1.1.2 host 10.1.1.1 eq telnet (3 matches)
    deny tcp host 10.1.2.2 host 10.1.2.1 eq telnet
    permit ip any any (629 matches)
```

工程师可以使用特权（EXEC）命令 **show ip access-lists** [*access-list-number* | *name*]来查看 IP 访问列表，详见表 B-23。如果没有指定其他参数，路由器会展示出工程师配置的所有 IP 访问列表。

表 B-23　　　　　　　　　　　　**shwo ip access-lists 命令描述**

参数	描述
access-list-number	（可选）想要查看的访问列表编号
name	（可选）想要查看的访问列表名称

工程师可以使用特权（EXEC）命令 **clear access-list counters** [*access-list-number* | *name*]来清除扩展访问列表中每个条目的匹配计数器，详见表 B-24。如果没有指定其他参数，路由器会清除所有访问列表的计数器。

表 B-24　　　　　　　　　　　**clear access-list counters 命令描述**

参数	描述
access-list-number	（可选）想要清除计数器的访问列表编号
name	（可选）想要清除计数器的访问列表名称

工程师可以使用特权（EXEC）命令 **show line** [*line-number*]来查看终端线路的信息。*line-number* 是可选参数，指明了具体的线路编号，可以用它来查看某条线路的参数。如果没有指定线路编号，路由器会显示所有线路的信息。

B.5 IPv4 地址规划

大型互连网络拥有设计优良的 IP 地址规划有很多好处，本节将一一进行描述。

B.5.1 优化 IP 地址规划的好处

优化的 IP 地址规划使用层级式编址。

可能最为人所知的编址结构是电话号码网络。电话网络使用层级式编号机制，其中包括国家码、区号和本地交换号码。举例来说，如果你在加利福尼亚州的圣何塞，你希望给同样位于圣何塞的人打电话，那么就需要拨出圣何塞的前缀（528）和被叫方的 4 位线路号码。看到号码 528 后，中心局就会知道这通呼叫的目的地就在本地区域中，因此它会直接查找 4 位线路号码并转发呼叫。

> **注释** 现在在北美很多地方，拨打本地电话也必须拨出区号。这是因为区号和本地交换号码使用的具体编号发生了变化。电话网络正遭受着地址耗竭，与 IPv4 网络一样。更改电话号码的用法是解决这一问题的方法。

在另一个案例中（见图 B-18），用户从圣何塞呼叫位于弗吉尼亚州亚历山大城的朱迪姑姑，用户拨出 1，后面跟着区号 703，然后是亚历山大的前缀 555，然后是朱迪姑姑的本地线路号码 1212。中心局首先会看到号码 1，这表示远端呼叫，然后它会查找号码 703。中心局马上会把呼叫路由到位于亚历山大的中心局。圣何塞中心局并不知道亚历山大的号码 555-1212 具体在哪里，它也不需要知道。它只需要知道区号就行了，区号汇总了一个区域内的所有本地电话号码。

> **注释** 读者可能注意到了，本例中使用的电话号码是国际查号中心的号码。为了不公开朱迪姑姑的私人号码，我们使用这个号码作为演示。

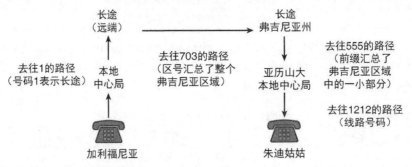

图 B-18 电话网络使用层级式编址

如果不使用层级式结构的话，每个中心局的定位表中都需要拥有全世界所有的电话号码记录。但现在每个中心局中都记录这汇总号码，比如区号和国家码。汇总号码（地址）代表着一组号码。比如区号 408 就是圣何塞区域的汇总号码。换句话说，用户从美国或加拿大的任何地方拨出 1-408，然后跟着 7 位电话号码，中心局都能把这通呼叫路由到圣何塞中心局。同样地，路由网络也可以部署层级式编址计划，享用类似的好处。

层级式编址规划的其中一个优势是减少了路由表中条目的数量。无论是 Internet 路由器还是内部路由器，工程师都应该使用路由汇总功能，尽量把路由表维护在最小的状态。

汇总（或者也称为聚合、超网化或信息隐藏）并不是一个新鲜的概念。当路由器通告去往特定网络的路由时，这条路由汇总了这个网络中所有主机和设备的地址。路由汇总使用单个 IP 地址表示一组 IP 地址的方式。在部署层级式地址规划时，这是很容易实现的。通过汇总路由，工程师可以管理路由表中的条目（在接收汇总路由的路由器上），这样一来工程师可以获得以下好处：

- 更有效的路由；
- 在重新计算路由表或从路由表中查找匹配条目时，减少了 CPU 的负载；
- 减少了所需的路由器内存；
- 减少了所需的带宽，只需要发送较少且较小的路有更新；
- 在网络发生变化后，可以更快地收敛；
- 排错更容易；
- 提高网络的稳定性。因为汇总可以减少明细路由的传播，从而减少明细路由失效对网络带来的影响。

层级式编址的另一个好处是可以有效地分配地址。通过层级式编址，工程师可以有效利用所有地址，因为地址都是连续的。如果使用随机分配的地址，最终可能会因为编址冲突而浪费大量地址。举例来说，有类路由协议（在稍后的"在可扩展网络中实施 VLSM"小节中介绍）会在网络边界自动创建汇总路由。也就是说这些协议不支持不连续的编址，因此如果不连续分配地址的话，有些地址将无法使用。

B.5.2 可扩展网络的编址案例

图 B-19 展示了一个可扩展的编址案例。在本例中，美国全国连锁药店计划在全国人口大于 10 000 的城市中都开设一家零售店。共 50 个州，每个周最多开设 100 家零售店，每个零售店有 2 个以太网 LAN，如图所示。

- 一个 LAN 用来追踪客户处方、药房库存和进货信息；
- 另一个 LAN 用来追踪其他库存，并将点钞机与企业范围内的销售评估工具相连。

以太 LAN 网络的总数量是 50 个州*100 个零售店/州*2 个 LAN/零售店=10 000（与这些零售店之间相互连接的串行线路数量相当）。

在可扩展的设计中，工程师可以创建 51 个分区（一个州一个，再加上一个骨干区域连接所有分区），并且可以为每个分区分配一个 IP 地址块 10.*x*.0.0/16。每个 LAN 得到网络 10.0.0.0 中一个掩码为/24 的子网，从每个分区中分出 200 个这样的子网（100 家零售店，每家零售店 2 个子网）。网络中将会有 10 000 个子网；如果没有汇总的话，网络中 5000 台路由器的路由表中都会有所有这些网络。如果每个分区的路由器都在去往核心网络的位置上，把自己的网络地址块汇总为 10.*x*.0.0/16，那么分区中每台路由器的路由表中只有 200 个掩码为/24 的子网，以及 49 个 10.*x*.0.0/16 汇总网络，每个汇总网络代表一个分区。也就是每个 IP 路由表中总共只有 249 个网络。

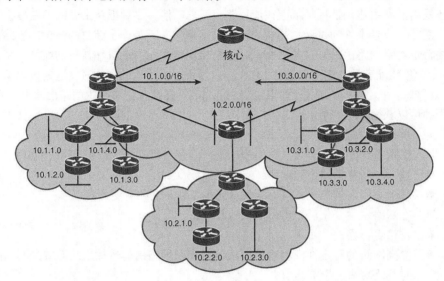

图 B-19　可扩展的编址规划能够执行汇总

B.5.3　不可扩展的网络编址

与上一个案例相反，如果工程师没有使用层级式的编制计划，也就无法汇总网络地址，如图 B-20 所示。这个网络会遇到多种问题，其中包括频繁且大量的路由表更新，以及汇总和非汇总网络如何处理拓扑变化。这些问题将一一进行介绍。

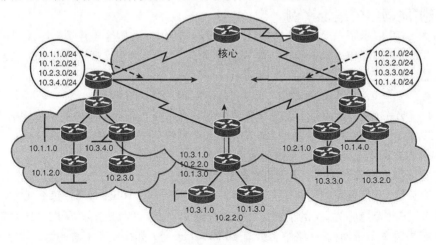

图 B-20　不可扩展的编址规划会导致庞大的路由表

1．更新大小

类似 RIP 的路由协议每 30 秒发送周期性更新，利用宝贵的带宽资源来维护没有进行汇总的路由表。单个 RIP 更新包中最多承载 25 条路由。因此 10 000 条路由意味着每台路由器上的 RIP 进程，每 30 秒必须创建并发送 400 个更新包。如果使用了汇总路由，249 条路由意味着每 30 秒只需发送 10 个更新包。

2．非汇总互联网络的拓扑变化

拥有 10 000 个条目的路由表会不断发生变化。我们以 5000 个不同站点中的某一台路由器来展示这种不断的变化：站点 A 突然发生了断电，挖掘机挖断了站点 B 的线缆，站点 C 新雇用了系统管理员，站点 D 正在进行 Cisco IOS 软件升级，站点 E 新部署了一台路由器。

每次路由发生变化时，网络中的所有路由表都必须进行更新。举例来说，当工程师在网络中部署了动态路由协议（比如 OSPF）后，互连网络中的每次更新或拓扑变化，都会导致 SPF（最短路径优先）算法执行计算。SPF 计算量庞大，因为每台路由器都需要计算去往 10 000 个网络的所有已知路径。每次网络发生变化，路由器都需要花费时间和 CPU 资源来进行处理。

3．汇总网络的拓扑变化

与非汇总网络不同的是，汇总网络对于网络变化的响应效率很高。举例来说，在药店网络中，每个分区有 200 条路由，分区中的路由器可以看到本地分区的所有子网。当分区中的 200 条路由器之中有一条发生了变化，分区中的所有其他路由器会重新计算受影响部分的拓扑。但这个分区的核心路由器会向其他分区的核心路由器通告汇总的掩码为/16 的路由，而抑制掩码为/24 的路由。只要核心路由器能够访问汇总地址中的任意部分，汇总路由就会被通告出去。更明细的路由是被抑制的，因此这个分区中发生的拓扑变化并不会传播到其他分区。

在这个场景中，每台路由器上都只有 200 个掩码为/24 的网络，与非汇总环境中的 10 000 个/24 网络相比少了很多。很明显，200 个网络对于 CPU 资源、内存和带宽的需求也少于 10 000 个网络。通过使用汇总，每个分区都对其他分区隐藏了更为详细的路由信息，只发送代表整个分区的汇总路由。

B.6 使用变长子网掩码的层级式编址

VLSM（变长子网掩码）是可扩展网络高效率 IP 编址规划中的重要内容。这一部分将介绍 VLSM、提供一些案例，并讨论根据特定地址需求确定最佳子网掩码的方法。

B.6.1 子网掩码

这一部分讨论子网掩码的用途以及它在网络中的用法。

1．子网掩码的用途

如果一台 PC 的 IP 地址是 192.168.1.67，掩码是 255.255.255.240（或写为前缀长度/28），它使用这个掩码来决定设备在本地连接中有效的主机地址。本地连接中的所有设备共享 IP 地址中的前 28 比特（本地设备的范围是 192.168.1.65～192.168.1.78）。如果这些设备之间需要进行通信，PC 会使用 ARP（地址解析协议）来查找设备对应的 MAC（媒介接入控制）地址（假设在它的 ARP 表中，还没有其他 IP 地址对应的目的 MAC 地址）。如果 PC 需要向位于本地范围之外的 IP 设备发送信息，PC 会把相关信息转发到它的默认网关（PC 也会使用 ARP 来解析默认网关的 MAC 地址）。

路由器在做出路由决策时，也会做出类似的行为。数据包到达路由器并被交给路由表。路由器会把数据包的目的 IP 地址与路由表中的条目进行对比。路由表中的每个条目也都记录了与之相关的前缀长度。

前缀长度限制了目的地址必须匹配的最少比特数，路由器按照前缀长度指示的比特数进行地址匹配，在路由表中查找与数据包最匹配的条目，然后为数据包使用相应的出向接口。

2．子网掩码案例

假设路由器收到了一个目的地址为 192.168.1.67 的 IP 数据包。例 B-12 展示了路由器的 IP 路由表。

例 B-12　子网掩码案例中的 IP 路由表

```
192.168.1.0 is subnetted, 4 subnets
O 192.168.1.16/28 [110/1800] via 172.16.1.1, 00:05:17, Serial 0
C 192.168.1.32/28 is directly connected, Ethernet 0
O 192.168.1.64/28 [110/10] via 192.168.1.33, 00:05:17, Ethernet 0
O 192.168.1.80/28 [110/1800] via 172.16.2.1, 00:05:17, Serial 1
```

在这个环境中，路由器通过查找路由表来决定应该往哪里发送目的地为 192.168.1.67 的数据包。路由表中有去往网络 192.168.1.0 的 4 条路由。路由器会把目的地址与这 4 个条目进行对比。

目的地址 192.168.1.67 的前 3 个八位组与路由表中的 4 个条目完全相同，但光看十进制并无法判断哪个条目与这个数据包最为匹配。路由器会以二进制来处理数据包，而不是点分十进制。

下面给出了目的地址 192.168.1.67 中第 4 个八位组的二进制表达，以及 IP 路由表中 4 个路由条目中第 4 个八位组的二进制表达。由于目的地址的前缀长度是 28，并且所有 4 个路由条目至少在前 24 比特（192.168.1）都与目的地址相匹配，因此路由器必须在路由表中找到能够匹配 67 的前 4 比特（第 25～28 比特）的路由条目。最后 4 比特是否匹配并不重要（因为这些是主机位），因此路由器的目标是查找 0100*xxxx*。条目 64 是唯一符合前 4 比特为 0100 的路由条目，因此它是唯一满足要求的条目。

- 67：01000011
- 16：00010000
- 32：00100000
- 64：01000000
- 80：01010000

因此路由器会使用路由表中的条目 192.168.1.64，将数据包从 E0 接口转发到下一跳路由器（192.168.1.33）。

B.6.2 在可扩展网络中实施 VLSM

主网络（也称为有类网络）分为 A 类、B 类或 C 类网络。

在使用有类路由时，路由更新中并不携带子网掩码。因此主网络中只能使用一种子网掩码，这称为 FLSM（定长子网掩码）。比如 RIPv1（RIP 版本 1）就是有类路由协议。

在使用无类路由时，路由更新中携带子网掩码。因此主网络中的不同子网可以使用不同的子网掩码，这称为 VLSM。RIPv2（RIP 版本 2）、OSPF 协议、IS-IS（中间系统到中间系统）协议和 EIGRP（增强内部网关路由协议）都是无类路由协议。

通过使用 VLSM，工程师可以在主网络中使用多种子网掩码，可以对已划分为子网的地址再次进行子网划分。

图 B-21 中展示了 VLSM 的工作原理。

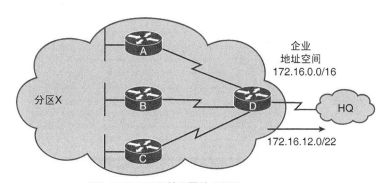

172.16.12.0/22已被分配给分区X。
地址范围：172.16.12.0～172.16.15.255

图 B-21　VLSM 案例使用的网络

VLSM 通过以下特性节省了 IP 地址。

- **有效利用 IP 地址**：不使用 VLSM 的话，企业只能部署一个子网掩码，使用整个 A 类、B 类或 C 类地址。

■ 举例来说，假设网络架构师决定使用地址空间 172.16.0.0/16 来设计一个企业
   网络。架构师需要 64 个地址块，每个地址块最多能包含 1022 台主机。因此每
   个地址块需要 10 个主机位（$2^{10} - 2 = 1022$）和 6 个子网位（$2^6 = 64$）。因此需
   要的掩码是 255.255.252.0，前缀是/22；

■ 网络架构师把地址块 172.16.12.0/22 分配给分区 X，如图 B-21 所示。前缀/22 表
   示这个范围中的所有地址都有相同的前 22 位比特（按照从左到右的顺序）。通过
   这个前缀，分区 X 获得的地址范围是 172.16.12.0～172.16.15.255。分区 X 中可用
   的地址范围详情展示在图 B-22 的中间部分。在分区 X 中，每个网络从这个范围
   内获取地址，同时使用不同的子网掩码。下一小节将介绍地址分配的详细信息。

■ **更便于使用路由汇总**：VLSM 可以使一个编址规划变为层级式结构，这样更便于
   在路由表中进行路由汇总。以图 B-21 为例，地址 172.16.12.0/22 汇总了这个地址
   中所有子网的信息。

■ **减少了路由表条目**：在层级式编址规划中，路由汇总能够以单个 IP 地址代表多个
   IP 地址的集合。在层级式网络中使用了 VLSM 后，工程师就可以执行路由汇总了，
   它会使工程师能够管理路由表条目（在接收汇总路由的路由器上），并能够获得
   "IPv4 地址规划"小节中提到的好处。

点分十进制表达	二进制表达
172.16.11.0	10101100. 00010000.00001011.00000000
（省略了连续的比特/编号格式）	
172.16.12.0	10101100. 00010000.00001100.00000000
172.16.12.1	10101100. 00010000.00001100.00000001
172.16.12.255	10101100. 00010000.00001100.11111111
172.16.13.0	10101100. 00010000.00001101.00000000
172.16.13.1	10101100. 00010000.00001101.00000001
172.16.13.255	10101100. 00010000.00001101.11111111
172.16.14.0	10101100. 00010000.00001110.00000000
172.16.14.1	10101100. 00010000.00001110.00000001
172.16.14.255	10101100. 00010000.00001110.11111111
172.16.15.0	10101100. 00010000.00001111.00000000
172.16.15.1	10101100. 00010000.00001111.00000001
172.16.15.255	10101100. 00010000.00001111.11111111
（省略了连续的比特/编号格式）	
172.16.16.0	10101100. 00010000.00010000.00000000

图 B-22 中间部分给出了图 B-21 中分区 X 的 VLSM 地址范围

现在由于我们对路由器的性能要求也降低了，因此可以在网络中使用一些功能不那么
强大（从而也比较便宜）的路由器。

地址 172.16.12.0/22 代表了前 22 比特同样为 172.16.12.0 的所有地址。图 B-22 展示出
网络 172.16.11.0～172.16.16.0 的二进制表达方式。注意 172.16.12.0～172.16.15.255 的前 22
位比特都相同，而 172.16.11.0 和 172.16.16.0 的前 22 比特与它们不同。因此 172.16.12.0/22

代表的地址范围是 172.16.12.0～172.16.15.255。

B.6.3　VLSM 的计算案例

　　工程师通过学习本节给出的 VLSM 网络案例，可以很好地理解如何设计并实施可扩展的 IP 地址规划。

　　图 B-23 详细展示了图 B-21 给出的分区 X。

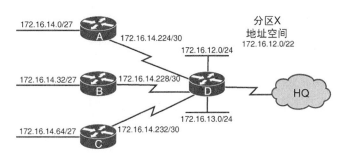

图 B-23　图 B-21 中分区 X 的详细 IP 编址

　　分区 X 中包含以下内容。
- 路由器 D 的 2 个以太网接口上分别连接一个 LAN，每个 LAN 中有 200 个用户。
- 3 个远端站点，分别位于路由器 A、B 和 C，每个站点中都部署了一台 24 端口的 Cisco 交换机。每个远端站点的用户数量不会超过 20。
- 3 条串行链路连接远端站点。这些串行链路是点到点帧中继链路，每个站点都需要配置一个地址。

　　VLSM 让工程师可以进一步在地址空间 172.16.12.0/22 中划分子网，而且可以使用不同的子网掩码，这样做可以满足网络的需求。举例来说，由于点到点串行链路上只需要 2 个主机地址，因此可以为每条线路分配只包含 2 个主机地址的子网地址空间，这样做不会浪费稀缺的子网资源。

　　在开始实施 VLSM 时，工程师要先确定需要分配 IP 地址的网络中需要多少个子网，还要确定每个子网中需要多少个主机地址。要想确定主机数量，工程师可以查看企业策略，看看每个网段或 VLAN（虚拟 LAN）有没有特殊限制，看看交换机上的物理端口数量，看看其他站点满足了相同需求的网络的当前规模。

> 注释　在计算 VLSM 时，工程师可以借助本附录开篇提供的十进制到二进制转换表。

1. LAN 地址

　　由于 IP 地址是二进制的，因此在使用时，也要以 2 的乘方为单位。一个地址块中可以包含 2、4、8、16、32、64、128、256、512、1024、2048 个地址，以此类推。每创建一个子网，都有 2 个地址无法作为主机地址使用：一个用于表示网络（线路）地址，另一个用于表示定向广播地址。

这个范围中最小的地址，也就是主机位全 0 的地址，代表的是网络号或线路地址；范围中最大的地址，也就是主机位全 1 的地址，代表的是定向广播地址；地址块中能够分配给设备的地址数量是 $2^h - 2$，其中 h 是主机位的数量。举例来说，有 3 个主机位的话，可以分配 $2^3 - 2 = 8 - 2 = 6$ 个地址。

工程师可以按照以下步骤来决定一个子网中地址块的大小。

步骤 1　计算子网中主机的最大数量。

步骤 2　在这个数量上加 2，分别加上广播地址和子网地址。

步骤 3　向上找到最近的 2 的乘方。

在这个案例中，路由器 D 上的每个 LAN 中有 200 个用户。因此需要的地址数量为 200 + 2 = 202。比 202 大且离它最近的 2 的乘方是 256。因此这些 LAN 需要的主机位为 8（$2^8 = 256$）；前缀为 /24（32 比特 - 8 比特主机位 = 24 比特）。网络工程师在路由器 D 上，把子网 172.16.12.0/22 再次划分为 4 个掩码为 /24 的子网。

172.16.12.0/24 分配给 LAN 1，172.16.13.0/24 分配给 LAN 2。还剩下 2 个掩码为 /24 的子网：172.16.14.0/24 和 172.16.15.0/24，把它们用在 3 个远端站点的交换机和 3 条点到点串行链路上。

每个远端站点需要的地址数量为 20 + 2 = 22。比 22 大且离它最近的 2 的乘方是 32。因此每个远端站点需要 5 比特的主机位（$2^5 = 32$）；需要使用的前缀为 /27（32 比特 - 5 比特主机位 = 27）。

工程师不能使用 172.16.12.0/24 或 172.16.13.0/24，因为这 2 个子网已经分配给了路由器 D 上的 LAN 1 和 LAN 2。图 B-24 展示了进一步把子网 172.16.14.0/24 划分为掩码为 /27 子网的步骤，这里计算出来的前 3 个子网被分配给了图 B-23 所示的 LAN 中。

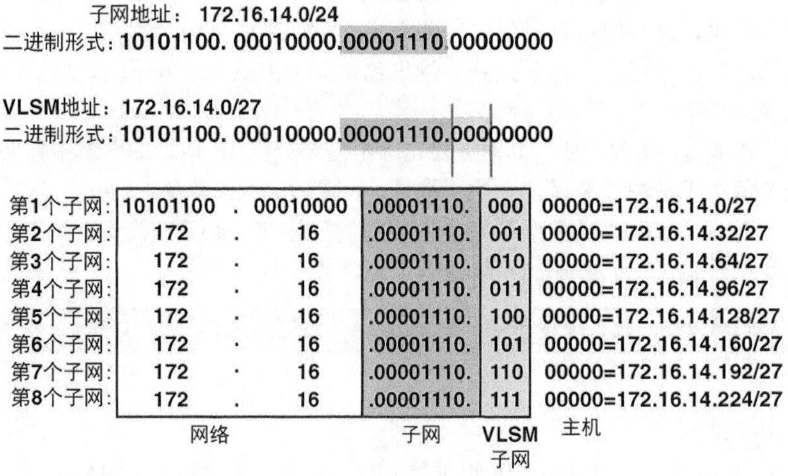

```
            子网地址：172.16.14.0/24
        二进制形式：10101100. 00010000.00001110.00000000


        VLSM 地址：172.16.14.0/27
        二进制形式：10101100. 00010000.00001110.00000000


第 1 个子网：  10101100  .  00010000   .00001110.  000   00000=172.16.14.0/27
第 2 个子网：     172     .     16      .00001110.  001   00000=172.16.14.32/27
第 3 个子网：     172     .     16      .00001110.  010   00000=172.16.14.64/27
第 4 个子网：     172     .     16      .00001110.  011   00000=172.16.14.96/27
第 5 个子网：     172     .     16      .00001110.  100   00000=172.16.14.128/27
第 6 个子网：     172     .     16      .00001110.  101   00000=172.16.14.160/27
第 7 个子网：     172     .     16      .00001110.  110   00000=172.16.14.192/27
第 8 个子网：     172     .     16      .00001110.  111   00000=172.16.14.224/27

                 网络                      子网   VLSM   主机
                                                 子网
```

图 B-24　为图 B-23 中远端站点 LAN 计算子网地址

2. 串行线路地址

在为远端站点上的 LAN 分配好地址后，工程师必须为远端站点与路由器 D 之间的串行链路分配地址。因为串行链路需要 2 个地址，因此总共需要的地址数量为 2 + 2 = 4（2 个额外的地址分别是网络地址和定向广播地址）。

> **注释** 由于点到点链路上只有 2 台设备，因此曾出台一个规范，记录在 RFC 3021（*Using 31-Bit Prefixes on IPv4 Point-to-Point Links*）中，允许在这种链路上只使用 1 个主机位，得出前缀为/31 的掩码。这种掩码会创建出 2 个地址——主机位等于 0 和主机位等于 1——这两个地址会被当作链路两端接口的地址，而不会被当作子网地址和定向广播地址。要想让设备支持/31 掩码，需要使用命令 **ip classless**，这在 Cisco IOS 12.2 及以后的版本中是默认设置。但在本节提供的案例中，并没有使用这个特性。

这一次没有必要向上找到下一个 2 的乘方，因为 4 本身就是 2 的乘方。因此每个包含 2 台主机的子网需要 2 个主机位；需要使用的子网掩码是/30（32 比特 - 2 比特主机位 = 30 比特）。这个前缀只能提供 2 个主机地址——刚好满足点到点连接中的两台路由器。

要想计算用于 WAN 链路的子网地址，需要从还未使用的掩码为/27 的子网中再次进行子网划分。在本例中，我们把 172.16.14.224/27 进一步分为前缀为/30 的子网。WAN 链路上使用了 3 个更多的子网位，因此可以得到 2^3 = 8 个子网。

有一点很重要一定要记住，应该只对未使用过的子网执行进一步子网划分。换句话说，如果工程师已经使用了某个子网中的任意地址，那么这个子网就不应该再进一步划分了。在图 B-23 中，已经有 3 个子网号用于 LAN 上的，还剩一个未使用的子网（172.16.14.224/27），把它进一步划分为 WAN 链路使用的子网。

下面列出了从 172.16.14.224/27 划分出的 WAN 地址。阴影圈出的比特是 3 位多出的子网位：

- 172.16.14.11100000 = 172.16.14.224/30
- 172.16.14.11100100 = 172.16.14.228/30
- 172.16.14.11101000 = 172.16.14.232/30
- 172.16.14.11101100 = 172.16.14.236/30
- 172.16.14.11110000 = 172.16.14.240/30
- 172.16.14.11110100 = 172.16.14.244/30
- 172.16.14.11111000 = 172.16.14.248/30
- 172.16.14.11111100 = 172.16.14.252/30

图 B-23 所示的 WAN 链路上使用了前 3 个子网地址。路由器 A 与路由器 D 之间链路的地址信息如下所示。

- 网络地址：172.16.14.224
- 路由器 A 的串行接口：172.16.14.225
- 路由器 D 的串行接口：172.16.14.226

- 广播地址：172.16.14.227

路由器 B 与路由器 D 之间链路的地址信息如下所示。

- 网络地址：172.16.14.228
- 路由器 B 的串行接口：172.16.14.229
- 路由器 D 的串行接口：172.16.14.230
- 广播地址：172.16.14.231

路由器 C 与路由器 D 之间链路的地址信息如下所示。

- 网络地址：172.16.14.232
- 路由器 C 的串行接口：172.16.14.233
- 路由器 D 的串行接口：172.16.14.234
- 广播地址：172.16.14.235

值得注意的一点是，为了能够适应将来网络的增长，WAN 连接的子网选择使用了172.16.14.224/27，而没有使用下一个可用的子网 172.16.14.96/27。举例来说，如果企业购买了更多交换机，那么下一个要分配的 IP 段会是 172.16.14.96/27，新的远端站点与路由器 D 之间的串行连接会使用子网 172.16.14.236/30。

工程师也可以把地址块 172.16.15.0/24 用于划分掩码为/30 的这些子网，但目前只需要 3 个这种子网，因此会保留很多未使用的地址空间。172.16.15.0/24 地址块可以为未来的 LAN 保留。

3. VLSM 案例中使用的地址汇总

图 B-25 汇总了本例中使用的地址及其二进制格式。

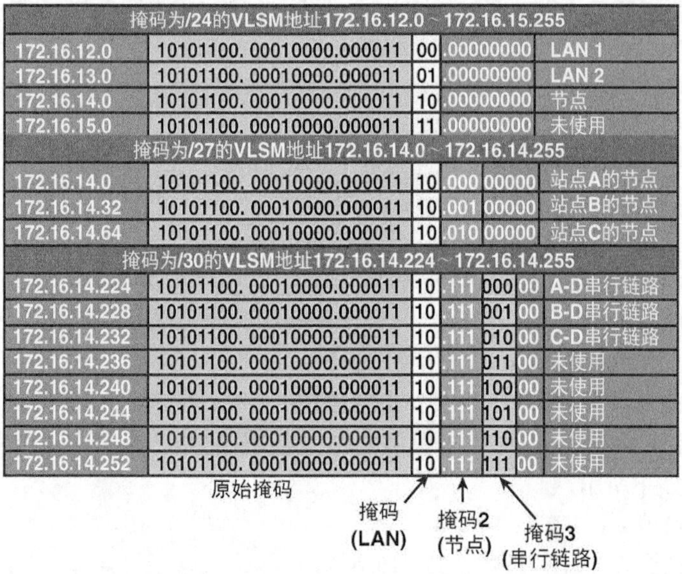

掩码为/24的VLSM地址172.16.12.0～172.16.15.255					
172.16.12.0	10101100. 00010000.000011	00	.00000000	LAN 1
172.16.13.0	10101100. 00010000.000011	01	.00000000	LAN 2
172.16.14.0	10101100. 00010000.000011	10	.00000000	节点
172.16.15.0	10101100. 00010000.000011	11	.00000000	未使用
掩码为/27的VLSM地址172.16.14.0～172.16.14.255				
172.16.14.0	10101100. 00010000.000011	10	.000 00000	站点A的节点
172.16.14.32	10101100. 00010000.000011	10	.001 00000	站点B的节点
172.16.14.64	10101100. 00010000.000011	10	.010 00000	站点C的节点
掩码为/30的VLSM地址172.16.14.224～172.16.14.255				
172.16.14.224	10101100. 00010000.000011	10	.111 000 00	A-D串行链路
172.16.14.228	10101100. 00010000.000011	10	.111 001 00	B-D串行链路
172.16.14.232	10101100. 00010000.000011	10	.111 010 00	C-D串行链路
172.16.14.236	10101100. 00010000.000011	10	.111 011 00	未使用
172.16.14.240	10101100. 00010000.000011	10	.111 100 00	未使用
172.16.14.244	10101100. 00010000.000011	10	.111 101 00	未使用
172.16.14.248	10101100. 00010000.000011	10	.111 110 00	未使用
172.16.14.252	10101100. 00010000.000011	10	.111 111 00	未使用

原始掩码　掩码　掩码2　掩码3
(LAN)　(节点)　(串行链路)

图 B-25 图 B-23 中使用的地址二进制格式

B.6.4 另一个 VLSM 案例

这一节展示了另一个计算 VLSN 地址的案例。在本例中，工程师使用子网地址 172.16.32.0/20，需要为拥有 50 台主机的网络分配地址。在这个子网地址中共有 2^{12} -2 = 4094 个地址，因此如果不进一步划分子网的话，将会浪费 4000 多个 IP 地址。通过使用 VLSM，工程师可以进一步划分 172.16.32.0/20，得到更多子网地址，并且每个子网中的主机地址更少，这种做法会更适应本例中的网络拓扑。举例来说，如果工程师把 172.16.32.0/20 划分为 172.16.32.0/26，将会得到 64（2^6）个子网，每个子网中可以有 62（2^6 - 2）台主机。

要想把子网 172.16.32.0/20 进一步划分为 172.16.32.0/26，工程师可以使用以下步骤，如图 B-26 所示。

步骤 1 把 172.16.32.0 写为二进制格式。

步骤 2 在第 20 比特和第 21 比特之间画一条竖线，如图 B-26 所示。这是原始子网位和 VLSM 子网位之间的分界线。

步骤 3 在第 26 比特和第 27 比特之间画一条竖线，如图 B-26 所示。这是 VLSM 子网位和主机位之间的分界线。

步骤 4 使用两个分界线之间的比特来计算 64 个子网地址，从最小到最大。图 B-26 展示了前 5 个可用子网。

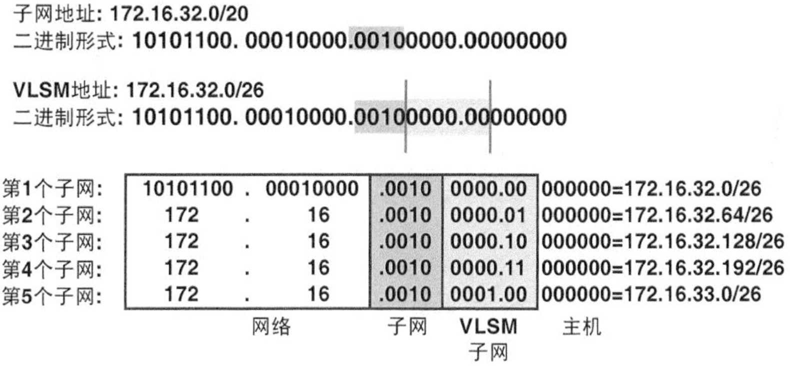

子网地址: **172.16.32.0/20**
二进制形式: **10101100. 00010000.00100000.00000000**

VLSM地址: 172.16.32.0/26
二进制形式: **10101100. 00010000.00100000.00000000**

第1个子网:	10101100 . 00010000	.0010	0000.00	000000=172.16.32.0/26
第2个子网:	172 . 16	.0010	0000.01	000000=172.16.32.64/26
第3个子网:	172 . 16	.0010	0000.10	000000=172.16.32.128/26
第4个子网:	172 . 16	.0010	0000.11	000000=172.16.32.192/26
第5个子网:	172 . 16	.0010	0001.00	000000=172.16.33.0/26

网络　　　　　子网　VLSM　主机
　　　　　　　　　　子网

图 B-26 进一步划分子网地址

B.7 路由汇总

随着企业的扩张和融合，路由表中子网和网络地址的数量也急剧上升。随着这种增长，要想维护更大的路由表，需要消耗更多 CPU 资源、内存和带宽。路由汇总和 CIDR 技术可以有效管理企业的增长，就像管理 Internet 的扩张一样。理解了路由汇总和 CIDR 后，工程师就可以实施可扩展的网络了。这一节将介绍路由汇总（CIDR 将涵盖在下一节"无类域间路由"中），以及路由汇总与 VLSM 之间的关系。VLSM 可以把一个地址块分割为更小的子网。在路由汇总中，多个子网会融合为一个汇总的路由表条目。

B.7.1　路由汇总概述

大型互连网络中可能会有成百上千个网络地址。路由器在维护如此庞大的路由表时常会遇到问题。就像"IPv4 地址规划"一节介绍过的，路由汇总可以减少一台路由器必须维护的路由数量，因为路由汇总可以用单个汇总地址代表一系列网络地址。

以图 B-27 为例，路由器 D 既可以发送 4 个路由更新条目，也可以发送单个网络地址来代表这 4 个地址。如果路由器 D 把 4 个网络信息汇总为单个网络地址条目，网络中会发生以下事件。

- 路由器 D 和 E 之间的链路上节省了带宽。
- 路由器 E 只需要维护一条路由，因此节省了内存。
- 路由器 E 还节省了 CPU 资源，因为它会利用较少的路由表条目来评估数据包。

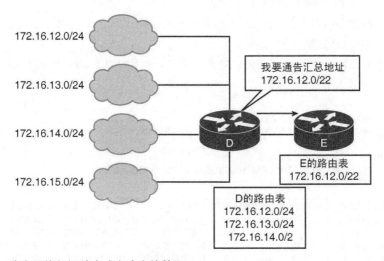

图 B-27　路由器执行汇总来减少路由的数量

只要路由表中有一条明细路由属于汇总路由的涵盖范围，执行汇总的路由器就会通告这条汇总路由。

在一个大型复杂的网络中使用路由汇总的另一个好处是：可以为其他路由器隔离拓扑变化。以图 B-27 为例，如果某个子网（比如 172.16.13.0/24）一直在翻动（快速地连接及断开），汇总路由（172.16.12.0/22）并不会发生变化。因此路由器 E 无需因为路由翻动现象而一直修改自己的路由表。

> **注释**　翻动是一个很常见的术语，用来描述断断续续发生的接口或链路故障。

只有部署了合理编址规划的网络中才能使用路由汇总。当网络中的子网是以 2 的乘方为单位划分的连续子网时，这种环境最适用路由汇总。举例来说，4、16 或 512 个地址可以用单个路由条目来代替，因为汇总掩码是二进制掩码——与子网掩码一样——因此必须在二进制边界（2 的乘方）执行汇总。如果网络地址不是连续的，或者不是 2 的乘方，工程师可以把地址分类为多个组，然后以组为单位，分别执行汇总。

　　路由协议根据网络中的共享网络地址来汇总或聚合路由。无类路由协议（比如 RIPv2、OSPF、IS-IS 和 EIGRP）支持基于子网地址的路由汇总，其中包括 VLSM 编址。有类路由协议（比如 RIPv1）会在有类网络边界自动汇总路由，并且不支持使用其他比特为边界来汇总路由。无类路由协议支持以任意比特为边界汇总路由。

> **注释** RFC 1518（*An Architecture for IP Address Allocation with CIDR*）中描述了汇总详情。

B.7.2　路由汇总的计算案例

　　图 B-27 中路由器 D 的路由表中包含以下网络：

- 172.16.12.0/24
- 172.16.13.0/24
- 172.16.14.0/24
- 172.16.15.0/24

　　要想确定路由器 D 上的汇总路由，先要确定所有地址中最高位（最左侧）完全相同的比特数量。工程师可以按照以下步骤来计算汇总路由。

步骤 1　把地址转换为二进制格式，并把所有地址对齐列在一起。

步骤 2　查看格式完全相同的比特终结在哪里（可以在最后一个相同比特后面画一条竖线）。

步骤 3　计算完全相同的比特的数量。汇总路由的网络地址表现为这个地址块中的第一个 IP 地址，后面跟着斜线，然后是相同比特的数量。如图 B-28 所示，在 172.16.12.0～172.16.15.255 这个 IP 地址范围中，所有 IP 地址的前 22 比特完全相同。因此最佳汇总路由是 172.16.12.0/22。

> **注释** 在这个网络中，4 个子网是连续的，汇总路由覆盖了这 4 个子网中的所有地址，并且只包含这些地址。但考虑一下如果 172.16.13.0/24 并不位于路由器 D 的背后，而是用在了网络中的其他位置,路由器 D 的背后只有其他 3 个子网。这时路由器 D 上就不能使用汇总路由 172.16.12.0/22 了，因为这个汇总路由中包含 172.16.13.0/24，这有可能会导致路由表混淆（但这要取决于网络中的其他路由器如何执行汇总。如果是路由 172.16.13.0/24 传播到了所有路由器，那么这些路由器会根据与目的地地址最为匹配的条目来进行路由，因此应该能够正确路由。"Cisco 路由器上的路由汇总操作"中会进一步进行介绍）。

> **注释** 在图 B-28 中，同时展示出了汇总地址之前和之后的子网。通过观察可以发现，这些地址的前 22 比特与汇总地址并不相同，因此这些子网不包含在 172.16.12.0/22 汇总路由中。

172.16.11.0/24 =	10101100	. 00010000	. 000010	11	. 00000000
172.16.12.0/24 =	172	. 16	. 000011	00	. 00000000
172.16.13.0/24 =	172	. 16	. 000011	01	. 00000000
172.16.14.0/24 =	172	. 16	. 000011	10	. 00000000
172.16.15.0/24 =	172	. 16	. 000011	11	. 00000000
172.16.15.255/24 =	172	. 16	. 000011	11	. 11111111
172.16.16.0/24 =	172	. 16	. 000100	00	. 00000000

相同比特的数量 = 22
汇总：**172.16.12.0/22**

不相同比特的
数量 = 10

图 B-28　图 B-27 中路由器 D 的汇总

B.7.3 VLSM 设计网络中的汇总地址

VLSM 设计能够最大化利用 IP 地址，并且当使用层级式 IP 编址时，还能更有效地交换路由更新信息。在图 B-29 中，发生了以下两级路由汇总。

- 路由器 C 把网络 10.1.32.64/26 和 10.1.32.128/26 的路由更新汇总为一条更新：10.1.32.0/24。
- 路由器 A 收到了 3 个不同的路由更新，它把这些路由更新汇总为一条：10.1.0.0/16，然后再传播到企业网中。

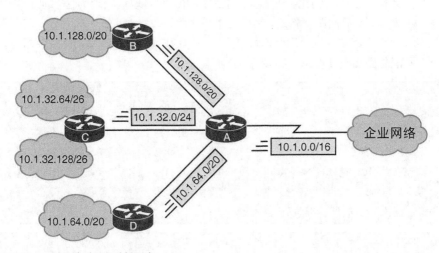

图 B-29　VLSM 地址可以被汇总

B.7.4　实施路由汇总

路由汇总减少了路由器上使用的内存以及路由协议产生的网络流量，因为它减少了（接收汇总路由的路由器）路由表中的条目数量。要想顺利部署路由汇总，网络中必须满足以下要求：

- 多个 IP 地址必须拥有相同的最高有效位；
- 路由协议必须能够根据 32 比特的 IP 地址以及最长 32 比特的前缀长度，来做出路由决策；
- 路由更新必须带有前缀长度（子网掩码）以及 32 比特的 IP 地址。

B.7.5　Cisco 路由器上的路由汇总操作

本节讨论 Cisco 路由器上处理路由汇总的一般原则。具体协议执行路由汇总的详细信息在本书相关的协议章节中进行了详细介绍。

Cisco 路由器以以下两种方式管理路由汇总。

- **发送路由汇总**：在使用 RIPv1 和 RIPv2 时，从一个接口通告出去的路由信息会自动在主（有类）网络地址边界进行汇总。工程师也可以配置 EIGRP 执行这种自动汇总（从 Cisco IOS 15 版本开始，EIGRP 默认不执行自动汇总）。在使用 RIPv2 时，工程师可以禁用自动汇总。当启用自动汇总时，如果路由的有类网络地址与通告发送的目的接口的主网络地址不同的话，路由器就会自动汇总这些路由。

  对于 OSPF 和 IS-IS 来说，工程师必须配置汇总；汇总并不是默认执行的。并不是所有环境都适用路由汇总。

  如果工程师需要把所有网络从边界通告出去，比如使用了不连续的网络，这时工程师就不希望使用路由汇总（尤其是有类路由汇总）。

- **从路由汇总中选择路由**：如果路由表中有多个条目都与特定的目的地相匹配，路由器会使用前缀匹配最长的路由。可能有多条路由都能与同一个目的地相匹配，但匹配前缀最长的路由会被使用。举例来说，如果路由表中包含图 B-30 中所示的路径，去往目的地 172.16.5.99 的数据包会通过路径 172.16.5.0/24 被路由出去，因为这个地址是目的地址的最长匹配项。

172.16.5.33	/32	主机
172.16.5.32	/27	子网
172.16.5.0	/24	网络
172.16.0.0	/16	网络块
0.0.0.0	/0	默认

图 B-30　路由器在选择路由时使用最长匹配条目

> **注释**　当运行有类协议（比如 RIPv1）时，如果工程师希望路由器在必须路由去往某网络（路由器知道这个网络中的一部分子网）中的未知子网的数据包时，能够选择默认路由，就需要配置 **ip classless** 命令。前文已经提到过，这条命令是默认启用的。

B.7.6 IP 路由协议中的路由汇总

表 B-25 中总结了不同 IP 路由协议对路由汇总的支持。

表 B-25　路由协议对路由汇总的支持

协议	在有类网络边界自动汇总？	能够禁用自动汇总？	能够汇总为其他非有类网络边界？
RIPv1	是	否	否
RIPv2	是	是	是
EIGRP[1]	否	—	是
OSPF	否	—	是
IS-IS	否	—	是

[1]Cisco IOS 15 版本之前，EIGRP 默认执行自动汇总，但工程师可以将其禁用。

B.8 无类域间路由

CIDR 是用来缓解 IP 地址耗竭以及路由表增长的机制。CIDR 背后的概念是多个地址块（比如多个 C 类地址）可以合并或聚合在一起，创建出一个更大的无类 IP 地址范围，其中包含更多主机。C 类网络地址段被分配给了每个网络运营商。通过网络运营商获得 Internet 连接的组织机构，需要从运营商的地址空间中获得子网地址。运营商可以在路由表中汇总多个 C 类地址，减少路由通告的数量（注意，CIDR 机制可以应用在 A 类、B 类和 C 类地址上，并不只局限于 C 类地址）。

> **注释**　下列两个 RFC 中详细记录了 CIDR：RFC 1518，*An Architecture for IP Address Allocation with CIDR*；RFC 4632，*Classless Inter-domain Routing (CIDR): The Internet Address Assignment and Aggregation Plan*。RFC 2050 *Internet Registry IP Allocation Guidelines* 中定义了分配 IP 地址的准则。

注意 CIDR 与路由汇总之间的区别：路由汇总通常是在有类网络中，或者最多在有类网络边界实施的，而 CIDR 则是融合了多个有类网络。

B.8.1 CIDR 案例

图 B-31 展示了 CIDR 和路由汇总的案例。本例中使用了 C 类网络 192.168.8.0/24～192.168.15.0/24，并且路由器把这些网络通告给路由器 X。当路由器 X 在通告可用网络时，它可以把这些路由汇总为一个，而不是单独通告这 8 个 C 类网络。通过通告 192.168.8.0/21 路由，路由器 X 告诉其他路由器，它能够去往所有前 21 比特为 192.168.8.0 的目的地址。

计算汇总路由的机制与"路由汇总"小节中介绍的相同。本例中使用了 C 类网络地址 192.168.8.0/24～192.168.15.0/24，并且路由器把这些网络通告给路由器 X。为了汇总这些地址，工程师首先要找出相同的比特位，如下所示（加粗）。

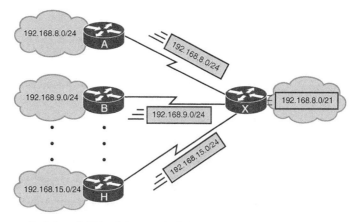

图 B-31　CIDR 使路由器能够汇总多个 C 类地址

```
192.168.8.0          192.168.00001000.00000000
192.168.9.0          192.168.00001001.00000000
192.168.10.0         192.168.00001010.00000000
. . .
192.168.14.0         192.168.00001110.00000000
192.168.15.0         192.168.00001111.00000000
```

　　路由 192.168.00001*xxx.xxxxxxxx* 或 192.168.8.0/21（也可以写为 192.168.8.0 255.255.248.0）汇总了这 8 条路由。

　　在本例中，第 1 个八位组是 192，它表示这是一个 C 类地址。把多个 C 类网络汇总成一个更大的网络块，使用小于/24（C 类地址的默认掩码）的掩码，表示这里应用了 CIDR 技术，而不是汇总技术。

　　在本例中，8 个单独的 C 类地址 192.168.*x*.0 网络都使用前缀/24，汇总为单个地址块 192.168.8.0/21（在网络的其他地方，这个汇总的地址块可能会进一步被结合为 192.168.0.0/16 等）。

　　再考虑另一个案例，假设一个公司使用了 4 个 B 类网络，分区 A 使用 IP 地址 172.16.0.0/16，分区 B 使用 IP 地址 172.17.0.0/16，分区 C 使用 IP 地址 172.18.0.0/16，分区 D 使用 IP 地址 172.16.19.0/16。这些地址可以被汇总为单个地址块 172.16.0.0/14。这一个条目代表了所有这 4 个 B 类网络。这个过程是 CIDR，因为它是在 B 类边界之外进行汇总的。

本附录中包含了一些有关 BGP（边界网关协议）
的补充信息，其中包括以下内容：

- BGP 路由汇总；

- 与 IGP 之间的重分布；

- 团体；

- 路由反射器；

- 通告默认路由；

- 不通告私有 AS 号。

BGP 补充内容

本附录提供了有关 BGP（边界网关协议）的补充信息。

C.1 BGP 路由汇总

这一小节回顾了 CIDR（无类域间路由），介绍了 BGP 如何支持 CIDR 以及如何汇总地址，其中介绍了 **network** 命令和 **aggregate-address** 命令。

C.1.1 CIDR 和汇总地址

正如附录 B 中介绍的，CIDR 是用来缓解 IP 地址耗竭和 IP 路由表增长的机制。CIDR 背后的概念是把多个地址块（比如 C 类地址）进行结合或汇总，创建出一个较大的无类 IP 地址块。然后路由器可以把更多的地址汇总到 IP 路由表中，最终实现较少的路由通告。

早期版本的 BGP 并不支持 CIDR，BGP 版本 4（BGP-4）能够支持 CIDR。BGP-4 支持以下内容：

- BGP 更新消息，其中包括前缀和前缀长度。以前的 BGP 版本中只包括前缀，长度使用的是默认地址分类的掩码长度；
- 在 BGP 路由器通告网络时，可以聚合地址；
- AS-Path 属性中可以包含一个无序列表，其中列出了所有聚合路由需要穿越的 AS。这个组合列表应该能够确保网络中不会产生路由环路。

以图 C-1 为例，路由器 C 通告了网络 192.168.2.0/24，路由器 D 通告了网络 192.168.1.0/24。路由器 A 要把这些路由通告给路由器 B。但路由器 A 要通过把这两条路由聚合为一条（比如 192.168.0.0/16），来缩减 IP 路由表的大小。

> 注释　在图 C-1 中，路由器 A 发送的聚合路由中包含的路由数量要多于路由器 C 和 D 的两条路由。本例假设路由器 A 也向网络中注入了这个聚合路由所包含的其他所有路由。

BGP 有以下两个属性与聚合编址相关。

- **路由聚合（Atomic Aggregate）**：公认自决属性，告诉邻居 AS，源路由器聚合了一些路由。
- **聚合器（Aggregator）**：可选传递属性，指出执行了路由聚合的路由器的 BGP 路由器 ID 和 AS 号。

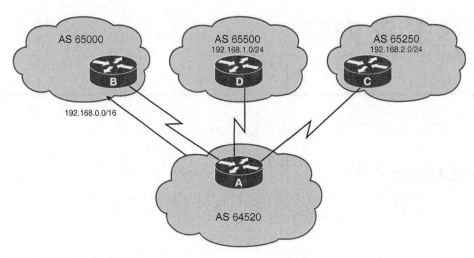

图 C-1　使用 CIDR 的 BGP

　　默认情况下，聚合路由看起来像是从执行了聚合的 AS 发来的入站通告，其中设置了路由聚合属性用来表明这里可能有缺失的信息。非聚合路由的 AS 号不会列在这里。

　　工程师可以配置路由器，使其在无序列表中包含汇总路由穿越的所有路径中的所有 AS 号。

> **注释**　Internet 上并没有在能用聚合地址的时候都应用了聚合地址，因为多宿主 AS（连接多个 Internet ISP 的企业）想要确保自己的路由不会被通告为聚合地址的一部分。

　　在图 C-1 中，聚合路由 192.168.0.0/16 默认的 AS-Paht 属性为(64520)。如果工程师配置了路由器 A，让它提供无序组合的列表，那么它的 AS-Path 属性中会包含{65250 65500} 和(64520)。AS-Path 将会组合为无序的列表{64520 65250 65500}。

C.1.2　网络边界汇总

　　BGP 最初并不是用来通告子网的，它最初的目的是用来通告有类或更大网络的。更大指的是 BGP 可以把多个有类网络汇总成少数几个大地址范围，用少数大地址范围来表示每个网络地址空间（换句话说就是 CIDR 网络块）。比如 BGP 可以把 32 个连续 C 类网络通告为 32 个单独的地址空间，每一块的网络掩码为/24；或者 BGP 也可以把同样的这些网络通告为一个地址空间，使用网络掩码/19。

　　考虑一下其他协议处理汇总的方式。RIPv1（路由信息协议版本 1）和 RIPv2（路由信息协议版本 2）协议默认在有类网络边界汇总路由。与之相反，OSPF（开放最短路径优先）、EIGRP（增强型内部网关路由协议）和 IS-IS（中间系统到中间系统）默认并不执行汇总,但工程师可以手动配置汇总(工程师可以配置 EIGRP 在有类网络边界自动执行汇总)。

工程师可以关闭 RIPv2 的自动汇总(如果 EIGRP 启用了自动汇总的话,工程师也可以关闭它)。比如工程师在网络中分配了 A 类、B 类或 C 类网络地址中的一部分,那就需要关闭汇总;否则设备就会宣称自己拥有整个 A 类、B 类或 C 类地址。

> **注释** IANA(Internet 号码分配管理局)从不再需要 A 类地址的机构收回了 A 类地址。IANA 把 A 类地址重新划分为掩码为/19 的地址空间,然后把它们分配给多个 ISP,ISP 会把这些地址作为 C 类地址分配出去。这种做法使 Internet 成为了一个无类环境。

BGP 的工作方式与其他协议不同。第 7 章中介绍过,工程师可以在路由器配置命令中为 BGP 配置 **network** *network-number* [**mask** *network-mask*]命令,让路由器通告 IP 路由表中的某个网络。这条命令支持无类前缀,因此路由器可以通告单独的子网、网络或超网。路由器默认使用的掩码是有类掩码,这样它就只会通告有类网络。需要注意的是,主网络中必须至少要有一个子网在 IP 路由表中,这样 BGP 才会通告这个有类网络。但如果工程师指定了 **mask** *network-mask*,IP 路由表中必须有完全匹配这个网络的条目(网络和掩码都匹配),BGP 才会通告这个网络。

BGP 的 **auto-summary** 命令决定了 BGP 如何处理重分布路由。工程师可以使用路由器配置命令 **no auto-summary** 来关闭 BGP 自动汇总。如果工程师启用了自动汇总(配置了 **auto-summary** 命令),所有重分布的子网都会在 BGP 表中汇总为相应的有类网络。如果工程师禁用了自动汇总(配置了 **no auto-summary** 命令),BGP 表中会记录这些重分布子网的原始形式。举例来说,一个 ISP 把网络 209.165.200.224/27 分配给一个 AS,然后这个 AS 使用 **redistribute connected** 命令把这个网络通告到 BGP 中,如果工程师配置了命令 **auto-summary** 的话,BGP 会向外通告这个 AS 拥有网络 209.165.200.0/24。对于 Internet 来说,这种通告看起来像是这个 AS 拥有整个 C 类网络 209.165.200.0/24,但事实并不是这样。其他使用 209.165.200.0/24 地址空间的企业可能会遇到连接问题,因为这个 AS 宣称自己拥有这个完整的 C 类地址空间。因此如果 AS 并不真的拥有整个地址空间的话,这个结果是非常不理想的。工程师应该使用命令 **network 209.165.200.224 mask 255.255.255.224** 代替命令 **redistributed connected**,以确保通告了正确的地址范围。

> **注意** 在 Cisco IOS 12.2(8)T 中,auto-summary 命令的默认行为被修改为禁用。换句话说:
> - 在 12.2(8)T 之前的版本中,默认配置为 auto-summary;
> - 从 12.2(8)T 版本开始,默认配置为 no auto-summary。

C.1.3 使用 network 命令进行 BGP 路由汇总

工程师要是只想通告有类网络,可以仅仅使用路由器配置命令 **network** *network-number*,

无需在这条命令中配置 **mask**。如果工程师想要通告 AS 内拥有的聚合前缀，可以使用路由器配置命令 **network** *network-number* [**mask** *network-mask*]，这时要配置 **mask** 选项（但一定要注意，聚合前缀中通告的网络要严格匹配 IP 路由表中的条目[地址和掩码都要匹配]）。

当工程师使用 **network** 命令配置 BGP 来通告有类网络时，IP 路由表中必须至少有一个子网属于这个通告的有类网络，并且这时 BGP 向外通告的是有类网络，而不是 IP 路由表中的具体子网。举例来说，BGP 路由器的 IP 路由表中有去往直连网络 172.16.22.0/24 的路由，工程师配置了 **network 172.16.0.0** 命令，那么 BGP 会向所有邻居通告网络 172.16.0.0/16。如果 172.16.22.0 是 IP 路由表中唯一属于这个网络（172.16.0.0/16）的子网，并且它突然变得不可达，BGP 会马上从所有邻居那里撤回 172.16.0.0/16。如果工程师使用了命令 **network 172.16.22.0 mask 255.255.255.0**，BGP 将会通告 172.16.22.0/24，而不是 172.16.0.0/16。

在 BGP 中，对于 **network** 命令中通告的前缀或掩码，IP 路由表中必须有精确匹配项。工程师可以使用指向空接口（Null 0）的静态路由来满足这一条件，或者这条路由本来就在 IP 路由表中（有可能是因为 IGP 执行了汇总）。

使用 **network** 命令进行汇总的注意事项

network 命令告诉了 BGP 通告哪些内容，但没有告诉它如何通告。当工程师在 BGP 中使用 **network** 命令时，IP 路由表中必须有这条命令所指定的网络号，这样 BGP 才能通告这条路由。

以图 C-2 中的路由器 C 为例。它的 IP 路由表中已经包含以下地址：192.168.24.0/24、192.168.25.0/24、192.168.26.0/24 和 192.168.27.0/24。例 C-1 中展示了工程师在路由器 C 上输入的配置。

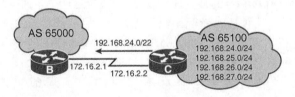

图 C-2　BGP 网络汇总案例

例 C-1　图 C-2 中路由器 C 上的 BGP 配置案例

```
router bgp 65100
 network 192.168.24.0
 network 192.168.25.0
 network 192.168.26.0
 network 192.168.27.0
 network 192.168.24.0 mask 255.255.252.0
 neighbor 172.16.2.1 remote-as 65000
```

由于这四个 C 类网络已经存在于 IP 路由表中，因此工程师单独通告了每个 C 类网络。工程师使用命令 **network 192.168.24.0 mask 255.255.252.0** 汇总了这些网络，但这条命令中指定的路由 192.168.24.0/22 默认并不会被通告出去，因为 IP 路由表中没有这样的一条路由。如果 IGP 支持手动汇总（比如 EIGRP 或 OSPF），并且工程师使用 IGP 命令汇总了这些网络的话，BGP 会通告这条汇总路由。如果 IGP 没有执行路由汇总，而 BGP 又需要通告这条路由，工程师应该创建一条静态路由，把汇总网络放到 IP 路由表中。

这条静态路由应该指向空接口，使用命令 **ip route 192.168.24.0 255.255.255.0 null0**。记住，192.168.24.0/24、192.168.25.0/24、192.168.26.0/24 和 192.168.27.0/24 这些地址已经被放入 IP 路由表中。这条命令会为 192.168.24.0/22 创建一条指向空接口的额外条目。现在假设网络 192.168.25.0/24 变得不可达，那么目的地址为 192.168.25.1 的数据包要与 IP 路由表中现有的条目进行最长匹配。由于 192.168.25.0/24 已从 IP 路由表中移除，因此现在的最优路由是 192.168.24.0/22，这条路由指向空接口。数据包也会被发到空接口，同时路由器会生成 ICMP 不可达消息，并将其发送给数据包的源设备。丢弃这种数据包，可以防止这些数据包通过默认路由消耗带宽资源，这里说的默认路由可能是深入到本地 AS 内部的路由，或者（更糟糕的是）发往 ISP 的路由（这时 ISP 会根据 AS 通告过来的汇总路由把数据包重新发给 AS，从而形成路由环路）。

在这个案例中，工程师使用 **network** 命令一共通告了 5 个网络：4 个 C 类网络和 1 条汇总路由。汇总路由的目的是减少通告的数量，以及减少 Internet 路由表的内容。因此把更精确的网络信息和汇总路由一起通告出去，实际上增加了路由表的大小。

例 C-2 给出了一种效率更高的配置。工程师使用一个条目表示所有四个网络，使用去往空接口的静态路由将汇总路由放入 IP 路由表中，使 BGP 能够找到匹配条目。通过使用 **network** 命令，AS 65100 路由器为分配给这个 AS 的 4 个 C 类网络地址（192.168.24.0/24、192.168.25.0/24、192.168.26.0/24 和 192.168.27.0/24）通告了一条汇总路由。这个新的 **network** 命令（192.168.24.0/22）要想被通告出去，首先要进入本地 IP 路由表中。由于 IP 路由表中存在更为精确的网络，因此工程师创建一条指向空接口的静态路由，使路由器能够在 AS 65000 中通告这个网络（192.168.24.0/22）。

例 C-2 在图 C-2 中的路由器 C 上实施效率更高的 BGP 配置

```
router bgp 65100
  network 192.168.24.0 mask 255.255.252.0
  neighbor 172.16.2.1 remote-as 65000
ip route 192.168.24.0 255.255.252.0 null 0
```

虽然这种配置也能够正常工作，但 **network** 命令本身并不是来执行汇总的。接下来介绍的 **aggregate-address** 命令是用于这个目的的。

C.1.4 使用 aggregate-address 命令在 BGP 表中创建汇总地址

工程师可以使用路由器配置命令 **aggregate-address** *ip-address mask* [**summary-only**] [**as-set**]，在 BGP 表中创建聚合或汇总条目。表 C-1 中介绍了这条命令的参数。

表 C-1   **aggregate-address 命令描述**

参数	描述
ip-address	定义要创建的聚合地址
mask	定义要创建的聚合地址掩码
summary-only	（可选）让路由器只通告聚合路由。默认是既通告聚合路由，又通告明细路由
as-set	（可选）生成聚合路由的 AS-Path 信息，其中包含所有明细路由通过的所有 AS 号。聚合路由中默认只列出生成聚合路由的 AS 号

注意命令 **aggregate-address** 和命令 **network** 之间的区别：

- 命令 **aggregate-address** 只聚合已经在 BGP 表中的网络；
- BGP 中的命令 **network** 只有当 IP 路由表中存在相关路由时，BGP 才通告汇总网络。

如果工程师在配置命令 **aggregate-address** 时没有使用关键字 **as-set**，BGP 会把聚合路由通告为本地 AS 产生的路由，同时设置路由聚合（Atomic Aggregate）属性，表示这里缺失了有一些信息。BGP 会设置路由聚合属性，除非工程师使用了关键字 **as-set**。

如果工程师没有使用关键字 **summary-only** 的话，路由器仍会通告每个网络。在有冗余 ISP 链路的环境中，这样做很有用。举例来说，如果一个 ISP 只通告汇总路由，而另一个 ISP 同时通告汇总路由和明细路由，BGP 会使用明细路由。但如果通告了明细路由的 ISP 变得不可访问了，BGP 会使用另一个只通告了汇总路由的 ISP。

当工程师配置了命令 **aggregate-address** 时，路由器会自动为汇总路由在 IP 路由表中添加一条去往空接口（Null0）的路由。

如果 BGP 表中的已有路由属于命令 **aggregate-address** 指定的范围，这条汇总路由就会被放入 BGP 表中，并且会被通告给其他路由器。这个过程在 BGP 表中创建了更多信息。要想获得聚合属性提供的优势，工程师是应该使用 **summary-only** 选项来抑制汇总路由所涵盖的明细路由。当明细路由为抑制状态时，这些明细路由仍存在于执行聚合的路由器的 BGP 表中。但由于它们被标记为抑制状态，因此路由器不会把它们通告给其他路由器。

要想通过命令 **aggregate-address** 使 BGP 通告一条汇总路由，BGP 表中必须至少有一条或几条这个汇总路由涵盖的明细路由。想要让 BGP 表中有路由，通常要使用 **network** 命令来通告这些路由。

如果工程师在 **aggregate-address** 命令中只使用了关键字 **summary-only**，那么就只有汇总路由会被通告出去，并且路径信息中只会显示执行汇总的 AS 号（所有其他路径信息都缺失了）。如果工程师在 **aggregate-address** 命令中只使用了关键字 **as-set**，那么路径信息中会包含一组 AS 号（但如果之前配置了关键字 **summary-only**，将会删除这个配置）。但工程师可能需要在一条命令中同时使用这两个关键字，这样一来，只有汇总路由会被通告出去，并且路径信息中会列出所有相关的 AS 号。

图 C-3 展示了一个案例网络（与图 C-2 所示的网络相同，为了方便查看再次展示）。例 C-3 展示了路由器 C 上的相关配置，使用了命令 **aggregate-address**。

例 C-3   图 C-3 中路由器 C 的配置，使用命令 aggregate-address

```
router bgp 65100
 network 192.168.24.0
 network 192.168.25.0
 network 192.168.26.0
 network 192.168.27.0
 neighbor 172.16.2.1 remote-as 65000
 aggregate-address 192.168.24.0 255.255.252.0 summary-only
```

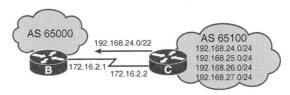

图 C-3   BGP 网络汇总案例

下面来详细说说路由器 C 上的配置。

- router bgp 65100：配置 BGP 进程，AS 号为 65100。
- network 命令：配置 BGP 在 AS 65100 中通告 4 个 C 类网络。这部分配置说明了通告什么。
- neighbor 172.16.2.1 remote-as 65000：指定使用这个地址的路由器（路由器 B）是 AS 65000 中的邻居。这部分配置说命令向哪里发送通告。
- aggregate-address 192.168.24.0 255.255.255.0 summary-only：定义需要创建的汇总路由，并且不向任何邻居通告明细路由。这部分配置说明如何通告。如果工程师没有配置 **summary-only** 选项，这条汇总路由会与明细路由一起通告出去。但是在这个案例中，路由器 B 只从路由器 C 那里收到了一条路由（192.168.24.0/22）。命令 **aggregate-address** 告诉 BGP 进程执行路由汇总，并自动在 IP 路由表中添加一条代表这个汇总路由的去往空接口的路由。

这几条 BGP 命令的主要区别在于：

- 命令 **network** 告诉 BGP 通告什么；
- 命令 **neighbor** 告诉 BGP 向哪里通告；
- 命令 **aggregate-address** 告诉 BGP 如何通告网络。

aggregate-address 命令不能代替 **network** 命令。因为汇总路由中必须至少有一条或者多条明细路由在 BGP 表中。在有些情况中，明细路由是由其他路由器注入到 BGP 表中的，聚合是由其他路由器甚至其他 AS 中的路由器执行的。这种行为称为代理聚合。在这种情况中，工程师只需要在聚合路由器配置正确的 **aggregate-address** 命令，无须 **network** 命令就可以通告明细路由。

　　命令 **show ip bgp** 能够查看路由的汇总信息，它会显示出本地路由器 ID、BGP 进程获知的网络、远端网络的可达性以及 AS 路径信息。在例 C-4 中，注意看命令的输出内容，下面四个网络的第一列显示为 *s*，这表示这些网络是被抑制的；它们是通过这台路由器上的 **network** 命令学来的；下一跳地址是 0.0.0.0，表示是这台路由器在 BGP 中创建的这些条目。注意这台路由器还在 BGP 中创建了汇总路由 192.168.24.0/22（这条路由的下一跳也是 0.0.0.0，表示是这台路由器创建了它）。明细路由都被抑制了，只有汇总路由会被通告出去。

例 C-4　*show ip bgp 命令输出显示被抑制的路由*

```
RouterC# show ip bgp
BGP table version is 28, local router ID is 172.16.2.1
Status codes: s = suppressed, * = valid, > = best, and i = internal
Origin codes : i = IGP, e = EGP, and ? = incomplete
Network           Next Hop        Metric LocPrf     Weight    Path
*>192.168.24.0/22 0.0.0.0              0             32768     i
s>192.168.24.0    0.0.0.0              0             32768     i
s>192.168.25.0    0.0.0.0              0             32768     i
s>192.168.26.0    0.0.0.0              0             32768     i
s>192.168.27.0    0.0.0.0              0             32768     i
```

C.2　与 IGP 之间的重分布

　　第 4 章中介绍了路由重分布及其配置。本节主要讨论何时适合在 BGP 和 IGP 之间执行重分布。第 7 章提到过，从图 C-4 也能看出来，运行 BGP 的路由器会维护一张包含有 BGP 信息的表，这张表与 IP 路由表相互独立。路由器会把 BGP 表中的最优路由提供给 IP 路由表，工程师也可以配置路由器共享两个表中的信息（重分布）。

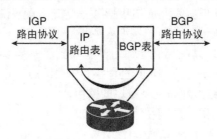

图 C-4　运行 BGP 的路由器维护 BGP 表和 IP 路由表

C.2.1　向 BGP 中通告网络

　　一个 AS 中的路由信息可以通过下列方式进入到 BGP 中。

■　使用 network 命令：前文提到过，**network** 命令可以让 BGP 通告已经存在于 IP 表中的网络。工程师必须使用 **network** 命令通告这个 AS 中所有希望通告的网络。

- 把去往空接口的静态路由重分布到 BGP 中：路由器上运行不同的路由协议，当它把从一个协议接收到的路由通告到另一个协议中时，就需要使用路由重分布。静态路由这时也被当作一种协议，工程师可以通过重分布把静态信息通告到 BGP 中（"使用 network 命令进行汇总的注意事项"一节中已经介绍了空接口的用法）。
- 把动态 IGP 路由重分布到 BGP 中：通常不建议使用这种解决方案，因为这样可能会带来不稳定性。

通常不推荐把 IGP 重分布到 BGP 中，因为 IGP 路由的任何变化（比如一条链路失效）都可能导致 BGP 更新。这种方法会使 BGP 表变得不稳定。

如果工程师使用了重分布，一定要注意只重分布了本地路由。举例来说，从其他 AS 学来的路由（从 BGP 重分布到 IGP 中的路由）一定不能从 IGP 中再次发送出去，否则将会形成路由环路；配置这种路由过滤是很复杂的。

使用 **redistribute** 命令把路由重分布到 BGP 中，会导致这个路由的源属性不完整，工程师可以从 **show ip bgp** 命令的输出内容中看到**?**。

C.2.2　从 BGP 向 IGP 中通告路由

工程师可以通过把 BGP 路由重分布到 IGP 中，使 BGP 的路由信息发送到一个 AS 内。

由于 BGP 是外部路由协议，因此在与内部协议交换路由信息时工程师需要格外谨慎，因为 BGP 表的容量非常庞大。

对于 ISP AS 来说，通常不需要从 BGP 重分布路由信息。其他 AS 可能需要使用重分布，但考虑到路由数量，工程师通常需要对路由进行过滤。接下来的小节中将逐个介绍每种情况。

ISP：不需要从 BGP 重分布到 IGP

ISP 的设备中通常有运行 BGP 的 AS 中的所有路由（或者至少有 AS 中传输路径上的所有路由）。当然了，这需要内部 BGP（iBGP）是全互连环境，并且 iBGP 要用来承载穿越 AS 的外部 BGP（eBGP）路由。在这种环境中，BGP 信息无需重分布到 IGP 中。IGP 只需要把本地信息路由到 AS 以及 BGP 路由的下一跳。

这种环境的好处之一是 IGP 协议不需要考虑所有 BGP 路由，BGP 路由交给 BGP 来处理。在这种环境中，BGP 的收敛速度也更快，因为它不需要等待 IGP 通告来的路由。

非 ISP：可能需要从 BGP 重分布到 IGP

非 ISP AS 通常不知道运行 BGP 的 AS 中的所有路由，网络中可能也没有建立全互连的 iBGP 环境。如果是这样的话，并且如果 AS 内部需要知道外部路由的话，工程师就需要把 BGP 重分布到 IGP 中。但由于 BGP 表中的路由数量过于庞大，因此工程师通常需要执行过滤。

第 6 章中"多宿主 Internet 连接"小节中介绍了另一种方法，也就是企业不用从 BGP 那里接收完整的路由，而是让 ISP 只向 AS 发送一条默认路由，或者几条默认路由以及一些外部路由。

> **注释**　当一个 AS 只在边界路由器上运行了 BGP，AS 内的其他路由器不运行 BGP，但需要知道外部路由时，工程师就需要把 BGP 重分布到 IGP 中。

C.3　团体

第 7 章中已经讨论过，BGP 团体是一种过滤入站或出站 BGP 路由的方法。工程师很难在大型网络中，基于复杂的路由策略来使用分发列表和前缀列表过滤路由。举例来说，工程师可能需要为每台路由器上的每个邻居，都单独配置一条 **neighbor** 命令和访问列表或前缀列表。

BGP 团体功能使路由器能够使用标识符（团体）来标记路由，其他路由器能够根据这个标记做出（过滤）决策。BGP 团体用来识别共享某些相同属性的目的地（路由），它们因此而共享相同的策略。因此作为团体出现的是路由器，而不是单条路由。团体属性并不局限于一个网络或一个 AS，它并没有物理边界。

C.3.1　团体属性

团体属性是可选传递的属性。如果路由器不理解团体的概念，它也能把团体属性传递给下一台路由器。但如果路由器理解团体的概念，工程师必须明确配置它传播团体属性；否则它默认会丢弃团体属性。

每个网络都可以是多个团体的成员。

团体属性是长度为 32 比特的号码，它的取值范围是 0～4 294 967 200。前 16 比特指明了定义这个团体属性的 AS 号。后 16 比特表示团体号，只具有本地意义。工程师可以以十进制数值输入团体值，也可以使用格式 *AS:nn*，其中 *AS* 是 AS 号，*nn* 是后 16 比特本地号码。路由器默认把团体值表示为十进制数值。

C.3.2　设置并发送团体配置

工程师可以使用 route-map 来设置团体属性。

要想在 route-map 中设置 BGP 团体属性，工程师需要使用 route-map 配置命令 **set community** {[*community-number*] [*well-known-community*] [**additive**]} | **none**。表 C-2 中列出了这条命令的参数。

表 C-2　　　　　　　　　　　　　**set community** 命令描述

参数	描述
community-number	团体号，取值范围是 0～4 294 967 200
well-known-community	下面这些是预定义的公认团体 ■ **internet**：把这条路由通告到 Internet 团体，或任何属于 Internet 团体的路由器 ■ **no-export**：不向 eBGP 对等体通告这条路由 ■ **no-advertise**：不向任何对等体通告这条路由 ■ **local-AS**：不把这条路由发送到本地 AS 之外
additive	（可选）把这个团体属性添加到现有的团体中
none	为 route-map 匹配的前缀移除团体属性

工程师需要把 **set community** 命令与 **neighbor route-map** 命令一起使用，把 route-map 应用到路由更新中。

工程师需要使用路由器配置命令 **neighbor** {*ip-addres* | *peer-group-name*} **send-community**，来设置应该向 BGP 邻居发送的 BGP 团体属性。表 C-3 中列出了这条命令中的参数。

表 C-3   neighbor send-community 命令描述

参数	描述
ip-address	BGP 邻居的 IP 地址，要向它发送团体属性
peer-group-name	BGP 对等体组的名称

默认情况下，路由器并不向任何邻居发送团体属性（路由器会在出站 BGP 更新中剥除团体属性）。

图 C-5 中的路由器 C 正在向路由器 A 发送 BGP 更新，但它不希望路由器 A 将这些路由传播给路由器 B。

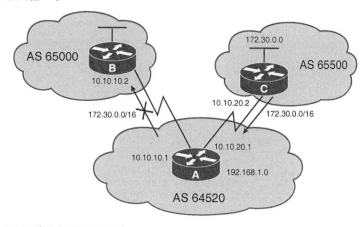

图 C-5   BGP 团体案例使用的网络

例 C-5 展示了本例中路由器 C 上的相关配置。路由器 C 在向路由器 A 通告的 BGP 路由中设置了团体属性。设置 **no-export** 团体属性是为了告诉路由器 A：不应该把这些路由发送给外部 BGP 对等体。

例 C-5   *配置图 C-5 中的路由器 C*

```
router bgp 65500
  network 172.30.0.0
  neighbor 10.10.20.1 remote-as 64520
  neighbor 10.10.20.1 send-community
  neighbor 10.10.20.1 route-map SETCOMM out
!
```

（待续）

```
route-map SETCOMM permit 10
  match ip address 1
  set community no-export
!
access-list 1 permit 0.0.0.0 255.255.255.255
```

在本例中，路由器 C 只有一个邻居，也就是 10.10.20.1（路由器 A）。当它与路由器 A 进行通信时，根据命令 **neighbor send-community** 的设置，它会发送团体属性。在向路由器 A 发送路由时，路由器 C 使用 route-map SETCOMM 来设置团体属性。所有匹配 **access-list 1** 的路由都会被设置上 **no-export** 团体属性。access-list 1 匹配所有路由，因此所有路由都会被设置上团体属性 **no-export**。

在本例中，路由器 A 会收到路由器 C 的所有路由，但不会把它们发送给路由器 B。

C.3.3 使用团体配置

工程师需要使用全局配置命令 **ip community-list** *community-list-number* {**permit** | **deny**} *community-number*，来为 BGP 创建并使用团体列表。表 C-4 中列出了这条命令中的参数。

表 C-4 **ip community-list** 命令描述

参数	描述
community-list-number	团体列表号码，范围是 1~99
**permit	deny**	以允许或拒绝来设置匹配条件
community-number	团体号码或公认属性，由 **set community** 命令配置

工程师可以使用 route-map 配置命令 **match community** *community-list-number* [**exact**]，把 BGP 团体属性与团体列表中的值进行匹配。表 C-5 中列出了这条命令中的参数。

表 C-5 **match community** 命令描述

参数	描述
community-list-number	团体列表号码，范围是 1~99；用来对比团体属性
exact	（可选）表明这里需要精确匹配。团体列表中的所有团体，并且只有这些团体才会出现在团体属性中

图 C-6 中的路由器 C 正在向路由器 A 发送 BGP 更新。路由器 A 根据路由器 C 设置的团体值，为这些路由设置权重。

例 C-6 展示了图 C-6 中路由器 C 的相关配置。路由器 C 只有一个邻居，就是 10.10.20.1（路由器 A）。

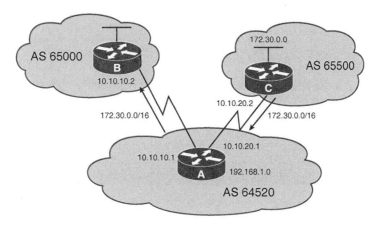

图 C-6　使用权重的 BGP 团体属性案例

例 C-6　图 C-6 中路由器 C 上的相关配置

```
router bgp 65500
  network 172.30.0.0
  neighbor 10.10.20.1 remote-as 64520
  neighbor 10.10.20.1 send-community
  neighbor 10.10.20.1 route-map SETCOMM out
!
route-map SETCOMM permit 10
  match ip address 1
  set community 100 additive
!
access-list 1 permit 0.0.0.0 255.255.255.255
```

　　在本例中，依照 **neighbor send-communiy** 命令的设置，路由器 A 收到了团体属性。route-map SETCOMM 用来设置向路由器 A 发送的团体属性。所有匹配 access-list 1 的路由，都会在路由现有的团体属性中添加团体 100。在本例中，access-list 1 匹配任意路由，因此所有路由的团体列表中都会添加上 100。如果工程师在 **set community** 命令中没有设置关键字 **additive**，那么这个团体属性就会代替现有的团体属性。由于本例中使用了 **additive**，因此 100 会被添加到路由所属的团体列表中。

　　例 C-7 展示了图 C-6 中路由器 A 上的相关配置。

例 C-7　图 C-6 中路由器 A 上的相关配置

```
router bgp 64520
  neighbor 10.10.20.2 remote-as 65500
  neighbor 10.10.20.2 route-map CHKCOMM in
!
```

（待续）

```
route-map CHKCOMM permit 10
  match community 1
  set weight 20
route-map CHKCOMM permit 20
  match community 2
!
ip community-list 1 permit 100
ip community-list 2 permit internet
```

> **注释** 例 C-7 中没有展示路由器 A 上的其他 router bgp 配置。

在本例中，路由器 A 有一个邻居 10.10.20.2（路由器 C）。route-map CHKCOMM 用来在从路由器 C 收到路由时，检查团体属性。任何团体属性匹配了团体列表 1 的路由，其权重团体都会被设置为 20。团体列表 1 允许团体属性为 100 的路由。因此从路由器 C 发来的所有路由（团体列表中都有 100）都会被设置权重 20。

在本例中，所有不匹配团体列表 1 的路由都会与团体列表 2 进行对比。匹配了团体列表 2 的路由可以被放行，但其团体属性不会有任何变化。团体列表 2 中指定了关键字 **internet**，这表示所有路由。

例 C-8 中展示的案例输出内容来自于图 C-6 中的路由器 A。命令输出中展示了路由器 C 发来的路由 172.30.0.0 的详细信息，其中包括它的团体属性 100 和添加后的权重属性 20。

例 C-8 图 C-6 中路由器 A 上的 show ip bgp 命令输出

```
RtrA # show ip bgp 172.30.0.0/16
BGP routing Table entry for 172.30.0.0/16, version 2
Paths: (1 available, best #1)
  Advertised to non peer-group peers:
    10.10.10.2
  65500
    10.10.20.2 from 10.10.20.2 (172.30.0.1)
    Origin IGP, metric 0, localpref 100, weight 20, valid, external, best, ref 2 Community:
100
```

C.4 路由反射器

BGP 规定从 iBGP 学来的路由永远不能传播给其他 iBGP 对等体（有时这种规则称为 BGP 水平分割）。这个规则导致一个 AS 中需要建立全互连的 iBGP 对等体。但如图 C-7 所示，全互连的 iBGP 环境扩展性很差。在只有 13 台路由器的 AS 中，就需要维护 78 条 iBGP 会话。随着路由器数量的增加，所需的会话数量也会增加，计算公式如下所示，其中 n 表示路由的数量：

iBGP 会话的数量 $= n(n-1)/2$

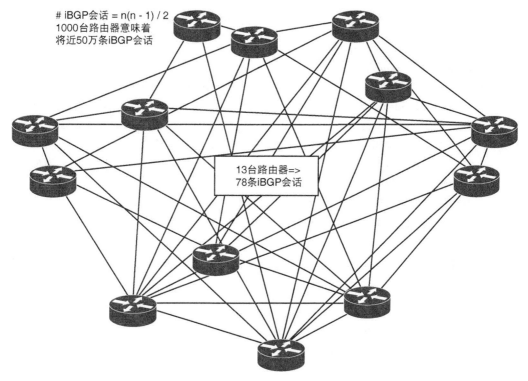

iBGP会话 = n(n - 1) / 2
1000台路由器意味着
将近50万条iBGP会话

13台路由器=>
78条iBGP会话

图 C-7 全互连 iBGP 需要多条会话，因此扩展性不好

除了必须要创建并维护的 BGP TCP 会话数量外，路由流量的总量也可能是个问题。根据 AS 的拓扑，当流量穿越每个 iBGP 对等体时，可能会在一些链路上复制多次。比如，如果一个大型 AS 的物理拓扑中包含一些 WAN 链路，那么运行在这些链路上的 iBGP 会话就会消耗大量的带宽。

对于上述问题的解决方案就是使用路由反射器（RR）。本节将介绍 RR 的工作原理和配置方式。

RR 修改了 BGP 的规则：允许配置为 RR 的路由器将从 iBGP 学到的路由传播给其他 iBGP 对等体，详见图 C-8。

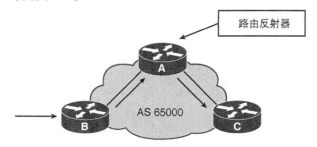

路由反射器

A

AS 65000

B

C

图 C-8 路由器 A 为 RR，它可以把 iBGP 路由从路由器 B 传播给 C

这种做法减少了必须维护的 BGP TCP 会话数量，也减少了 BGP 路由流量。

C.4.1 路由反射器的优势

当配置了 BGP RR 后，就不再需要使用全互连的 iBGP 对等体拓扑了。RR 能够把从 iBGP 学到的路由传播给其他 iBGP 对等体。RR 主要是 ISP 在用，尤其是当 ISP 内部 **neighbor** 命令过多时使用。路由反射器通过使用一个中心路由器来为 RR 客户端复制路由更新，而减少了一个 AS 内 BGP 邻居关系的数量（因此也节省了 TCP 连接）。

路由反射器并不会影响 IP 数据包传输的路径，它只会影响分布路由信息所使用的路径。不过如果 RR 的配置不正确，网路中有可能形成环路，后文"路由反射器迁移提示"小节中给出了案例。

一个 AS 内可以有多个 RR，既可以提供冗余性，又可以以分组的形式减少未来所需的 iBGP 会话数量。

迁移到 RR 只需要很少的配置，并且无需一次性完成配置，因为一个 AS 内可以同时有非 RR 路由器和 RR 路由器。

C.4.2 路由反射器的术语

路由反射器（Route Reflector）是一台拥有特殊配置的路由器，它能够把从 iBGP 学到的路由通告给（或者说反射给）其他 iBGP 对等体。RR 和其他路由器之间建立部分 iBGP 对等体关系，这些路由器称为客户端（Client）。客户端之间无需建立对等体关系，因为路由反射器会在客户之间通告路由信息。

RR 及其客户端的组合称为一个集群（Cluster）。

其他不是 RR 客户的 iBGP 对等体称为非客户端（Nonclient）。

起源 ID（Originator ID）是可选项，是由 RR 创建的非传递 BGP 属性。这个属性中记录了本地 AS 中这条路由的初始路由器 ID。如果由于配置问题产生了环路，这个路由更新再次回到了源路由器，源路由器会忽略它。

通常一个集群中只有一个 RR，这时使用 RR 的路由器 ID 来标识这个集群。为了提高冗余性，并且避免单点故障，一个集群中也可以有多个 RR。当使用多个 RR 时，工程师需要为集群中的所有 RR 都配置集群 ID（Cluster ID）。路由反射器可以通过集群 ID，来识别同一集群中其他 RR 发来的更新。

集群列表（Cluster List）是路由途经的集群 ID 序列。当 RR 将路由从它的客户端反射给集群外的非客户端时，它会在集群 ID 上添加本地集群 ID。如果这个更新的集群列表是空的，RR 会自己创建一个。通过使用这个属性，RR 可以在配置有缺陷的环境中，发现由于环路回到相同集群的路由信息。如果 RR 在通告的集群列表中看到了本地集群 ID，它会忽略这个通告。

起源 ID、集群 ID 和集群列表都有助于在 RR 配置中预防路由环路。

C.4.3 路由反射器的设计

在一个 AS 中使用 RR 时，工程师可以把这个 AS 分割为多个集群，每个集群中至少有一个 RR 和少量客户端。出于冗余性的考量，工程师也可以在一个集群中设置多个 RR。

RR 之间必须建立全互连的 iBGP 关系，确保所有学到的路由能够在 AS 内正确传播。

工程师仍需使用 IGP，IGP 需要承载本地路由和下一跳地址。

RR 及其客户端之间也遵守普通的水平分割原则。因此 RR 从一个客户端收到的路由，不会再通告给这个客户端。

> **注释** 对于一个 RR 可以有多少个客户端并没有官方限制，这完全取决于路由器的内存容量。

C.4.4 路由反射器的设计案例

图 C-9 提供了一个 BGP RR 设计案例。

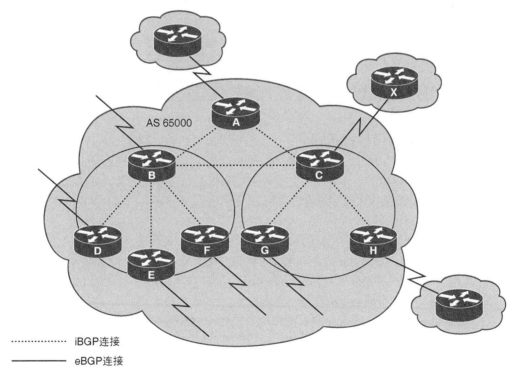

.... iBGP连接

——————— eBGP连接

图 C-9 路由反射器设计案例

> **注释** 图 C-9 中并没有展示 AS 65000 中的物理连接。

在图 C-9 中，路由器 B、D、E 和 F 组成了一个集群。路由器 C、G 和 H 组成了另一个集群。路由器 B 和 C 是 RR。路由器 A、B 和 C 之间建立了全互连的 iBGP 关系。

C.4.5 路由反射器的工作原理

当 RR 收到一个更新时，它会根据发送这个更新的对等体类型，采取以下对策。

- 如果是从客户端对等体收到的更新，它会把更新发送给所有非客户端对等体以及所有客户端对等体（除了路由的始发设备）。
- 如果是从非客户端对等体收到的更新，它会把更新发送给集群内的所有客户端。
- 如果是从 eBGP 对等体收到的更新，它会把更新发送给所有非客户端对等体以及所有客户端对等体。

以图 C-9 为例，在这个环境中会发生以下事件。

- 如果路由器 C 从路由器 H（客户端）那里收到了更新，它会把更新发送给路由器 G，以及路由器 A 和 B。
- 如果路由器 C 从路由器 A（非客户端）那里收到了更新，它会把更新发送给路由器 G 和 H。
- 如果路由器 C 从路由器 X（通过 eBGP）那里收到了更新，它会把更新发送给路由器 G 和 H，以及路由器 A 和 B。

> **注释** 路由器也会向相应的 eBGP 邻居发送更新。

C.4.6 路由反射器的迁移提示

当工程师想要把网络迁移为使用 RR 的话，首先需要考虑的是应该把哪些路由器当作反射器，把哪些路由器当作客户端。要按照物理拓扑做出设计决策，确保数据包转发路径不受影响。如果不遵从物理拓扑的话（比如工程师配置的 RR 客户端与 RR 并不物理相连），可能会造成环路。

图 C-10 展示了不遵从物理拓扑的 RR 设计会带来什么后果。在图中，下面的路由器（路由器 E）同时是两个 RR（路由器 C 和 D）的客户端。路由器 A 是路由器 D 的 RR 客户端，但路由器 A 并没有在物理上与路由器 D 相连。同样地，路由器 B 是路由器 C 的 RR 客户端，但它也没有在物理上与路由器 C 相连。

在这个没有遵从物理拓扑的不良设计中，会发生以下事件。

- 路由器 B 知道去往 10.0.0.0 的下一跳是 x（它从 RR 路由器 C 学到这个下一跳）。
- 路由器 A 知道去往 10.0.0.0 的下一跳是 y（它从 RR 路由器 D 学到这个下一跳）。
- 路由器 B 去往 x 的最优路由可能要穿越路由器 A，因此路由器 B 向路由器 A 发送目的地为 10.0.0.0 的数据包。
- 路由器 A 去往 y 的最优路由可能要穿越路由器 B，因此路由器 A 向路由器 B 发送目的地为 10.0.0.0 的数据包。
- 环路形成了。

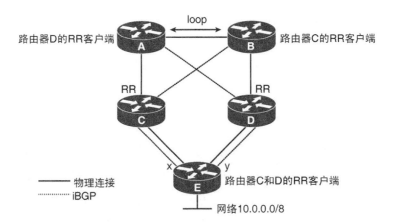

图 C-10 没有遵从物理拓扑的不良 RR 设计

图 C-11 展示了一个相对较好的设计（相对较好是因为它遵从了物理拓扑）。在这张图中，下面的路由器（路由器 E）仍是两台 RR 的客户端。

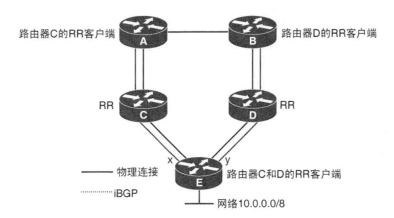

图 C-11 遵从物理拓扑的较好 RR 设计

在这个遵从了物理拓扑的较好设计中，会发生以下事件。

- 路由器 B 知道去往 10.0.0.0 的下一跳是 y（它从 RR 路由器 D 学到这个下一跳）。
- 路由器 A 知道去往 10.0.0.0 的下一跳是 x（它从 RR 路由器 C 学到这个下一跳）。
- 路由器 A 去往 x 的最优路由要穿越路由器 C，因此路由器 A 向路由器 C 发送目的地为 10.0.0.0 的数据包，路由器 C 将数据包转发给路由器 E。
- 路由器 B 去往 y 的最优路由要穿越路由器 D，因此路由器 B 向路由器 D 发送目的地为 10.0.0.0 的数据包，路由器 D 将数据包转发给路由器 E。
- 没有环路。

当工程师把网络迁移为使用 RR 时，要一次配置一个 RR，然后删除客户端之间重复的

iBGP 会话。建议工程师为每个集群就配置一个 RR。

C.4.7　路由反射器的配置

工程师可以使用路由器配置命令 **neighbor** *ip-address* **route-reflector-client**，把一台路由器配置为 BGP RR，并把指定邻居配置为它的客户端。*ip-address* 参数设置的是要成为客户端的 BGP 邻居地址。

> **配置集群 ID**
>
> 如果工程师配置了多个 BGP 集群，并且需要配置集群 ID 时，可以在集群中的所有 RR 上使用路由器配置命令 bgp cluster-id *cluster-id*。注意，在配置了 RR 客户端后就无法更改集群 ID 了。

使用 RR 后，会对一些命令带来限制，其中包括以下命令。

- 当工程师在 RR 上使用命令 **neighbor next-hop-self** 时，只会影响到从 eBGP 学来的路由的下一跳，因为反射 iBGP 路由的下一跳不应该发生变化。
- RR 客户端的配置无法与对等体组共存。这是因为对等体组中的路由器必须向这个对等体组中的所有成员发送更新。如果 RR 的所有客户端都在一个对等体组中，并且其中一个客户端发送了更新，那么 RR 要负责为所有其他客户端共享这个更新。由于水平分割原则，RR 绝不会把更新发送给源客户端。

C.4.8　路由反射器的案例

图 C-12 展示了一个案例网络，其中路由器 A 是 AS 65000 中的 RR。例 C-9 展示了路由器 A（RR）上的相关配置。

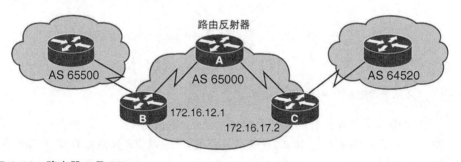

图 C-12　路由器 A 是 RR

例 C-9　配置图 C-12 中的路由器 A

```
RTRA(config)# router bgp 65000
RTRA(config-router)# neighbor 172.16.12.1 remote-as 65000
RTRA(config-router)# neighbor 172.16.12.1 route-reflector-client
RTRA(config-router)# neighbor 172.16.17.2 remote-as 65000
RTRA(config-router)# neighbor 172.16.17.2 route-reflector-client
```

　　工程师使用 **neighbor route-reflector-client** 命令指定了哪个邻居是 RR 客户端。在本例中，路由器 B 和 C 都是路由器 A 的 RR 客户端。

C.4.9　检查路由反射器

　　工程师可以使用命令 **show ip bgp neighbors** 来查看哪个邻居是 RR 客户端。例 C-10 展示了这条命令的部分输出内容，以图 C-12 中的路由器 A 为例，显示出邻居 172.16.12.1（路由器 B）是路由器 A 的 RR 客户端。

例 C-10　在图 C-12 中路由器 A 上查看 show ip bgp neighbors

```
RTRA# show ip bgp neighbors
BGP neighbor is 172.16.12.1, remote AS 65000, internal link
 Index 1, Offset 0, Mask 0x2
  Route-Reflector Client
  BGP version 4, remote router ID 192.168.101.101
  BGP state = Established, table version = 1, up for 00:05:42
  Last read 00:00:42, hold time is 180, keepalive interval is 60 seconds
  Minimum time between advertisement runs is 5 seconds
  Received 14 messages, 0 notifications, 0 in queue
  Sent 12 messages, 0 notifications, 0 in queue
  Prefix advertised 0, suppressed 0, withdrawn 0
  Connections established 2; dropped 1
  Last reset 00:05:44, because of User reset
  1 accepted prefixes consume 32 bytes
  0 history paths consume 0 bytes
--More--
```

C.5　通告默认路由

　　工程师可以使用路由器配置命令 **neighbor** {*ip-address* | *peer-group-name*} **default-originate** [**route-map** *map-name*]配置 BGP 路由器，让它向某个邻居发送默认路由 0.0.0.0，邻居会把这条路由当作默认路由使用。表 C-6 介绍了这条命令的参数。

表 C-6　　　　　　　　　　　　**neighbor default-originate** 命令描述

参数	描述
ip-address	BGP 邻居的 IP 地址
peer-group-name	BGP 对等体组的名称
route-map *map-name*	（可选）指定 route-map，将默认路由按照工程师的规划发送给邻居

C.6　不通告私有 AS 号

　　第 6 章中提到过，IANA 定义了私有 AS 号范围 64512～65534，用于私有目的，这跟私有 IPv4 地址的概念类似。

只有公有 AS 号应该通过 eBGP 邻居发送到 Internet 上。工程师可以使用路由器配置命令 **neighbor** {*ip-address* | *peer-group-name*} **remove-private-as** [**all** [**replace-as**]]，从 AS-Path 属性中移除私有 AS 号；工程师只能针对 eBGP 邻居配置这条命令。

表 C-7 介绍了这条命令的参数。

表 C-7   **neighbor remove-private-as** 命令描述

参数	描述
ip-address	BGP 邻居的 IP 地址
peer-group-name	BGP 对等体组的名称
all	（可选）从出站更新的 AS-Path 中移除所有私有 AS 号
replace-as	（可选）只有当配置了关键字 **all** 时才有效，关键字 **replace-as** 可以把 AS-Path 中的所有私有 AS 号都替换成路由器本地 AS 号。这样做可以维持 AS-Path 属性的长度（用于 BGP 路径选择过程中），使之与替换 AS 号之前一样长

注释 从命令的语法中可以看出，关键字 all 可以单独使用；通过测试得出，只使用关键字 all 和不使用关键字 all 得出的结果相同。

缩写与简称

本附录旨在介绍本书和互联网行业涉及的缩写、简称和首字母缩写。

缩写	全称
3DES	三重 DES
6-to-4	IPv6 到 IPv4
AAA	认证、授权、审计
ABR	区域边界路由器
ACK	1．确认
	2．确认包
	3．TCP 分段中的确认位
ACL	访问控制列表
AD	通告距离
AES	高级加密标准
AfriNIC	非洲网络信息中心
AH	认证头部
APNIC	亚太互联网络信息中心
ARIN	美洲互联网号码注册管理机构
ARP	地址解析系统
AS	自治系统
ASBR	自治系统边界路由器
ASN	AS 号
BDR	备份指定路由器
BGP	边界网关协议
BGPv4 或 BGP-4	BGP 版本 4
bps	每秒位
BSCI	构建可扩展的 Cisco 互联网络
CCDP	Cisco 认证资深网络设计工程师
CCNA	Cisco 认证网络工程师
CCNP	Cisco 认证网络资深工程师
CCSP	Cisco 认证网络安全资深工程师
CDP	Cisco 发现协议
CE	客户边缘
CEF	Cisco 快速转发

续表

缩写	全称
CEFv6	IPv6 Cisco 快速转发
CIDR	无类域间路由
CoS	服务类型
CPE	客户提供商边缘 客户边缘设备
CPU	中央处理单元
DAD	地址冲突检测
DBD	数据库描述数据包
DES	数据加密标准
DESGN	设计 Cisco 互联网络解决方案
DHCP	动态主机配置协议
DHCPv6	IPv6 DHCP
DHCPv6-PD	DHCPv6 前缀代理
DLCI	数据链路连接标识符
DMVPN	动态多点 VPN
DNA	永不老化
DNS	域名服务或域名系统
DR	指定路由器
DUAL	弥散更新算法
E1	外部类型 1
E2	外部类型 2
eBGP	外部 BGP
EGP	外部网关协议
EIGRP	增强型内部网关路由协议
ESP	封装安全负载
EUI-64	64 位扩展唯一标识
FD	可行距离
FHRP	第一跳冗余协议
FIB	转发信息库
FLSM	固定长度子网掩码
FS	可行后继
FTP	文件传输协议
Gbps	每秒吉比特
GE	吉比特以太网
GLBP	网关负载分担协议
GRE	通用路由加密
HMAC	散列消息认证码
HSRP	热备份路由器协议

续表

缩写	全称
HTTP	超文本传输协议
HTTPS	安全 HTTP
Hz	赫兹
IANA	互联网号码分配局
iBGP	内部 BGP
ICANN	互联网名称与数字地址分配机构
ICMP	互联网控制消息协议
ICMPv4	IPv4 ICMP
ICMPv6	IPv6 ICMP
ID	标识符
IDRP	域间路由协议
IEEE	电子电子工程师学会
IETF	互联网工程任务组
IGMP	互联网组管理协议
IGP	内部网关协议
IGRP	内部网关路由协议
IKE	互联网密钥交换
INARP	逆向地址解析协议
IND	逆向邻居发现
IOS	互联网操作系统
IP	互联网协议
IPSec	IP 安全
IPv4	IP 版本 4
IPv6	IP 版本 6
IPX	互联网络数据包交换
IS	1．信息系统
	2．中间系统
IS-IS	中间系统到中间系统
IS-ISv6	IPv6 IS-IS
ISP	互联网服务提供商
ISR	集成服务路由器
ITU-T	国际电信联盟电信标准化部门
Kbps	每秒千比特
LACNIC	拉丁美洲及加勒比地区互联网地址注册管理机构
LAN	局域网
LS	链路状态
LSA	链路状态通告
LSAck	链路状态确认

缩写	全称
LSDB	链路状态数据库
LSR	链路状态请求
LSU	链路状态更新
M	度量
MAC	1. 媒体访问控制
	2. 消息认证码
MB	兆比特
Mbps	每秒兆比特
MD5	消息摘要算法 5
MED	多出口鉴别器
MIB	管理信息库
MOTD	当日消息
MP-BGP	多协议 BGP-4
MP-BGP4	多协议边界网关协议版本 4
MPLS	多协议标签交换
ms	毫秒
MTU	最大传输单元
NA	邻居通告
NAT	网络地址转换
NAT64	NAT IPv6 到 IPv4
NAT-PT	NAT-协议转换
NBMA	非广播多路访问
ND	邻居发现
NGE	下一代加密
NHRP	下一跳解析协议
NLRI	网络层可达性信息
NMS	网络管理系统
NPTv6	IPv6 到 IPv6 网络前缀转换
NS	邻居请求
NSSA	非完全末节区域
NTP	网络时间协议
NVI	NAT 虚拟接口
OS	操作系统
OSI	开放式系统互联
OSPF	最短路径优先协议
OSPFv2	OSPF 版本 2
OSPFv3	OSPF 版本 3
OUI	机构唯一标识符

续表

缩写	全称
P	传播
PA	可汇聚提供商
PAT	端口地址转换
PBR	策略路由
PDM	协议相关模块
PDU	协议数据单元
PE	提供商边缘
PI	独立于提供商
PPP	点到点协议
pps	每秒数据包
QoS	服务直连
RA	路由器通告
RD	报告距离
RFC	征求修正意见书
RIB	路由信息库
RIP	路由信息协议
RIPE-NCC	欧洲 IP 网络资源协调中心
RIPng	下一代路由信息协议
RIPv1	路由信息协议版本 1
RIPv2	路由信息协议版本 2
RIRs	区域性 Internet 注册机构
RO	只读
RR	路由反射器
RS	路由器请求
RTO	重传超时
RTP	可靠传输协议
RTT	往返延迟
RTTMON	往返延迟监测
RW	读写
SA	安全关联
SHA	安全散列算法
SHA256	256 位 SHA
SIA	停滞在活动状态
SIEM	安全信息与事件管理
SLAAC	无状态地址自动配置
SLA	服务等级协定
SM	源度量
SMTP	简单邮件传输协议

续表

缩写	全称
SNMP	简单网络管理协议
SNMPv1	SNMP 版本 1
SNMPv2	SNMP 版本 2
SNMPv3	SNMP 版本 3
SP	服务提供商
SPF	最短路径优先
SPI	安全参数索引
SRTT	平滑的往返延迟
SSH	安全外壳协议
SSHv1	SSH 版本 1
SSHv2	SSH 版本 2
SSL	安全套接字层
STP	1．屏蔽双绞线 2．生成树协议
SYN	同步
TCP	传输控制协议
TCP/IP	传输控制协议/互联网协议
TFTP	小型文件传输协议
TLV	类型、长度、值
ToS	服务类型
TTL	生存时间
UDP	用户数据报协议
U/L	全局/本地
UPS	无间断电源
URL	统一资源定位符
uRPF	单播逆向路径转发
UTP	非屏蔽双绞线
VC	虚链路
VLAN	虚拟 LAN
VLSM	可变长子网掩码
VoIP	IP 语音
VPN	虚拟专用网
VRF	VPN 路由与转发
VRRP	虚拟路由器冗余协议
vty	虚拟终端
WAN	广域网
WWW	万维网